建材行业特有工种职业技能培训教材

水泥中控操作员

主　编　赵晓东　乌洪杰
副主编　赵鹏博

中国建材工业出版社

图书在版编目（CIP）数据

水泥中控操作员/赵晓东，乌洪杰主编. —北京：中国建材工业出版社，2014.2（2020.8 重印）

建材行业特有工种职业技能培训教材

ISBN 978-7-5160-0666-5

Ⅰ.①水… Ⅱ.①赵…②乌… Ⅲ.①水泥-控制设备-操作-技术培训-教材 Ⅳ.①TQ172.6

中国版本图书馆 CIP 数据核字（2013）第 292299 号

内 容 简 介

全书由水泥生产工艺技术、仪表、电气与自动控制、生料制备操作技术、煤粉制备操作技术、熟料煅烧操作技术、水泥制成操作技术等 7 个项目及 47 个相应工作任务组成，比较详细地介绍了新型干法水泥企业的生产工艺流程、主要设备、主要控制参数、正常开车及停车、紧急停车、正常操作控制、常见生产故障及处理等方面的知识技能，构建了以职业能力为核心、以工作项目任务为框架的课程内容体系，是“建材行业特有工种职业技能培训教材”系列丛书中的一本，主要用于水泥中控操作员这一工种的职业技能培训，也可以作为高职高专院校、中等职业院校的硅酸盐工程专业、材料工程技术专业、无机非金属材料等专业的教材，也可作为新型干法水泥企业员工的培训教材。

水泥中控操作员

赵晓东　乌洪杰　主编

赵鹏博　副主编

出版发行：中国建材工业出版社

地　　址：北京市海淀区三里河路 1 号

邮　　编：100044

经　　销：全国各地新华书店

印　　刷：北京雁林吉兆印刷有限公司

开　　本：787mm×1092mm　1/16

印　　张：28.75

字　　数：714 千字

版　　次：2014 年 2 月第 1 版

印　　次：2020 年 8 月第 2 次

定　　价：75.00 元

本社网址：www.jccbs.com.cn　　微信公众号：zgjcgycbs

本书如出现印装质量问题，由我社发行部负责调换。联系电话：（010）88386906

前　言

进入21世纪，我国从东部沿海到西部内陆省份依次掀起了前所未有的预分解窑生产建设高潮，水泥产量迅猛增长，水泥行业发生了翻天覆地的变化。2000年我国预分解窑的水泥产量仅有1.00亿吨，大约只占水泥总产量的12.00%；预分解窑的水泥产量在2013—2016年连续4年达到23.00亿吨，占水泥总产量的95.00%，水泥产量平均年增长率高达27.28%；截至2020年7月，我国拥有7条日产10000吨、6条日产12000吨预分解窑熟料生产线，是世界上拥有万吨生产线最多的国家；预分解窑低温余热发电装机总容量达到6500MW，为世界之最。这些数字充分说明，预分解窑生产技术已经占据我国水泥生产的主导地位。

随着预分解窑生产新工艺、新技术、新装备的更新换代，水泥中控操作技术的飞跃式发展，传统的专业教材已经不能满足建材行业特有工种（水泥中控操作员）职业技能培训及高职院校教学的需求。为了更好地满足建材行业特有工种职业技能培训及高职院校硅酸盐工程专业、材料工程技术专业、无机非金属材料等专业的教学需求，作者编著了《水泥中控操作员》这本教材。

本教材从水泥中控操作员的实际工作过程入手，以职业岗位工作内容为基础，以职业技能培养为核心，以工学结合为原则，遵循职业能力培养的基本规律，重新整合、序化教学内容，构建了以职业能力为核心、以工作项目任务为框架的课程内容体系。全书由水泥生产工艺技术、仪表、电气与自动控制、生料制备操作技术、煤粉制备操作技术、熟料煅烧操作技术、水泥制成操作技术等7个项目及47个工作任务组成，比较详细地介绍了新型干法水泥企业的生产工艺流程、主要生产设备、热工仪表、电气与自动控制、主要控制参数、正常开车及停车、紧急停车、正常操作控制、常见生产故障及处理等方面的知识技能，是“建材行业特有工种职业技能培训教材”系列丛书中的一本，可作为水泥企业中控操作员职业技能的培训教材，也可作为高职高专院校、中等职业院校的硅酸盐工程专业、材料工程技术专业、无机非金属材料专业的核心专业教材。

在撰写过程中，作者力求突出以下三方面的特色：

（1）对传统教材的体系内容进行优化组合，内容新，重点突出，具有很好的适用性。

（2）根据预分解窑水泥企业中控操作员岗位所必备的专业知识和技能来设置教材内容，具有很好的实用性。

（3）大量选取预分解窑水泥企业的典型生产案例，突出职业技能核心，具有很好的针对性。

本教材由重庆电子工程职业学院的赵晓东、乌洪杰任主编，中央民族大学的赵鹏博任副主编。在编写过程中，编者参考了海螺水泥集团、华润水泥集团等有关水泥专家及兄弟院校同仁的著作和论文，得到了彭宝利、田桂萍、聂纪强、朱红英、疏勤、乌洪岩、梁冰、刘锴及易圣的大力支持，在此特向他们表示诚挚的感谢！

由于作者水平有限，书中难免存在疏漏之处，希望广大读者、水泥行业的专家及同仁提出宝贵意见。

编　者

2020年8月

前　言

2020年8月

目　录

项目1 水泥生产工艺技术

项目描述：本项目的具体任务是掌握硅酸盐水泥的生产技术；掌握生产水泥的原料及预均化技术；掌握生料制备技术及生料均化技术；掌握煤粉制备技术；掌握熟料煅烧技术；掌握水泥粉磨技术。

任务1 硅酸盐水泥的生产技术

任务描述：熟悉新型干法水泥生产的工艺流程；熟悉硅酸盐水泥熟料化学组成、矿物组成及率值之间的换算关系。

知识目标：掌握硅酸盐水泥生产技术要求；掌握硅酸盐水泥熟料化学组成、矿物组成及率值之间的换算关系。

能力目标：掌握新型干法水泥生产的工艺流程；掌握新型干法水泥生产的技术特点。

1.1 硅酸盐水泥生产概述

凡由硅酸盐水泥熟料，0～5%石灰石或粒化高炉矿渣、适量石膏磨细制成的水硬性胶凝材料，称为硅酸盐水泥，国外通称“波特兰水泥”。

硅酸盐水泥分为两种类型：粉磨硅酸盐水泥时，不掺加任何混合材料的称为Ⅰ型硅酸盐水泥，代号为P·Ⅰ；粉磨硅酸盐水泥时，掺加不超过水泥质量5%的石灰石或粒化高炉矿渣等混合材料的称为Ⅱ型硅酸盐水泥，代号为P·Ⅱ。

1.1.1 硅酸盐水泥熟料

凡以适当成分的生料烧至部分熔融，所得以硅酸钙为主要成分的产物称为硅酸盐水泥熟料（简称熟料）。

水泥熟料是各种硅酸盐水泥的主要组成材料，其质量的好坏直接影响到水泥产品的性能与质量优劣。

1.1.2 混合材料

混合材料是指在粉磨水泥时与熟料、石膏一起加入磨内用以改善水泥性能、调节水泥强度等级、提高水泥产量的矿物质材料，如粒化高炉矿渣、粉煤灰等。

根据混合材料的性质及其在水泥水化过程中所起的作用，混合材料分为活性混合材料和非活性混合材料两大类。

1.1.3 石膏

石膏用作缓凝剂，其作用是调节水泥的凝结时间。适量石膏可以延缓水泥的凝结时间，同时也可提高水泥的强度；石膏一般用天然二水石膏，也可用硬石膏（天然无水石膏）或工业副产石膏。采用工业副产石膏时，应经过试验证明对水泥性能无害。

1.1.4 硅酸盐水泥生产技术要求

技术要求即品质指标，是衡量水泥品质及保证水泥质量的重要依据。水泥质量可以通过化学指标和物理指标加以控制和评定。

水泥的化学指标主要是控制水泥中有害成分不超过一定限量，若超过了最大允许限量，即意味着对水泥性能的质量可能产生有害的或潜在有害的影响。

水泥的物理指标主要是保证水泥具有一定的物理性能，满足水泥使用要求，保证工程质量。

硅酸盐水泥技术指标主要有不溶物、烧失量、细度、凝结时间、安定性、氧化镁含量、三氧化硫含量、碱含量及强度指标。

(1) 不溶物

不溶物是指水泥经酸和碱处理，不能被溶解的残留物。其主要成分是结晶 SiO_2，其次是 R_2O_3（指 Al_2O_3、Fe_2O_3），是水泥中的非活性组分之一。

Ⅰ型硅酸盐水泥中不溶物不得超过 0.75%，Ⅱ型硅酸盐水泥中不溶物不得超过 1.5%。

(2) 烧失量

烧失量是指水泥在 950～1000℃高温下煅烧失去的质量百分数。P·Ⅰ型硅酸盐水泥中烧失量不得大于3.0%。P·Ⅱ型硅酸盐水泥中烧失量不得大于 3.5%。普通硅酸盐水泥中烧失量不得大于 5.0%。

(3) 细度

细度即水泥的粗细程度，通常用比表面积或筛余百分数表示。水泥细度过粗，不利于水泥活性的发挥；而细度过细时需水量增加，粉磨电耗增加。硅酸盐水泥比表面积大于 $300m^2/kg$，其他水泥的细度控制 80μm 方孔筛筛余不得超过 10.0%。

(4) 凝结时间

水泥凝结时间是水泥从加水开始到失去流动性，从可塑状态发展到固体状态所需要的时间，凝结时间分初凝时间和终凝时间。

初凝时间：水泥从加水开始到标准稠度净浆失去流动性并开始失去塑性的时间；

终凝时间：水泥从加水开始到标准稠度净浆完全失去塑性，开始产生机械强度的时间。

硅酸盐水泥初凝时间不得早于 45min，终凝不得迟于 6.5h；普通硅酸盐水泥初凝时间不得早于 45min，终凝不得迟于 10h。

(5) 安定性

硬化水泥浆体体积变化的均匀性称为水泥体积安定性，简称安定性。安定性一般采用雷氏夹或试饼法、沸煮法检验。

若水泥中某些成分的化学反应发生在水泥水化过程中甚至硬化后，产生剧烈而不均匀的体积变化，使建筑物强度明显降低甚至溃裂，这种现象便是水泥安定性不良。引起水泥安定性不良的原因主要是游离氧化钙、氧化镁含量过高或石膏掺量过多。

(6) 氧化镁含量

水泥中氧化镁含量过高时，可能出现游离 MgO 含量过高和方镁石（结晶 MgO）结晶过大，由于其缓慢的水化和体积膨胀可能使水泥硬化体结构破坏。

游离 MgO 比游离 CaO 更难水化，沸煮法不能检定，必须采用压蒸安定性试验进行检验。硅酸盐水泥中氧化镁的含量不得超过 5.0%，若经压蒸安定性试验合格，则水泥中氧化镁含量允许放宽到 6.0%。

（7）三氧化硫

水泥中的三氧化硫主要是生产水泥时为调节凝结时间加石膏而带入的。硅酸盐水泥中 SO_3 含量超过 3.5%后，强度下降，膨胀率上升，可能造成水泥体积安定性不良。因此，硅酸盐水泥中三氧化硫的含量不得超过 3.5%。

（8）碱含量

水泥中碱含量过高时，若集料中含有活性成分，可能发生碱-集料反应使混凝土破坏。

水泥中碱含量按 $Na_2O+0.658K_2O$ 计算值来表示。用户要求提供低碱水泥时，水泥中碱含量不得大于 0.60%或由供需双方商定。

（9）强度与强度等级

水泥强度是水泥单位面积上所能承受的外力，是水泥技术要求中最关键的主要性能指标，又是设计混凝土配合比的重要依据。水泥强度以不同龄期抗压强度、抗折强度表示。由于水泥强度随时间逐渐增大，一般称 3d 或 7d 以前的强度为早期强度，28d 及其后的强度为后期强度。水泥到 28d 时强度已大部分发挥出来，以后强度增加缓慢。

强度等级是按规定龄期的抗压强度和抗折强度来划分的，硅酸盐水泥划分为 42.5、42.5R、52.5、52.5R、62.5、62.5R 六个强度等级，其中 R 型为早强型水泥，其早期强度较高。各强度等级水泥的各龄期强度值不得低于表 1.1.1 所列的数值。

表 1.1.1　硅酸盐水泥的强度等级

强度等级	抗压强度（MPa）		抗折强度（MPa）	
	3d	28d	3d	28d
42.5	17.0	42.5	3.5	6.5
42.5R	22.0	42.5	4.0	6.5
52.5	23.0	52.5	4.0	7.0
52.5R	27.0	52.5	5.0	7.0
62.5	28.0	62.5	5.0	8.0
62.5R	32.0	62.5	5.5	8.0

（10）合格品与不合格品

化学指标（不溶物、烧失量、氧化镁、三氧化硫等）、凝结时间、安定性、强度检验结果符合 GB 175—2007/XG1—2009 标准技术要求的就是合格品。其中任一项不符合标准技术要求的就是不合格品。

1.2　硅酸盐水泥的生产方法

水泥生产方法可简单概括为“两磨一烧”，即生料粉磨、熟料煅烧、水泥粉磨。原料经破碎后，按一定比例配合，经粉磨设备磨细，得到成分合适、质量均匀的生料；生料在水泥窑内煅烧至部分熔融，得到以硅酸钙为主要成分的熟料；熟料加入适量石膏和混合材，按一定比例配合，经粉磨设备磨细，即为水泥。

粉磨生料和水泥的设备主要有球磨机和立式磨两大类。立式磨通常采用烘干兼粉磨系统，即系统通入热风，在粉磨生料的同时进行烘干；球磨机采用烘干兼粉磨系统，也可采用原料预先烘干后再入磨粉磨工艺。

熟料煅烧的设备有立窑和回转窑两大类。立窑由于生产规模小，熟料质量不均匀，劳动生产率低和劳动强度大等缺点，将被逐步淘汰出局。但考虑到我国的特殊国情，在今后相当长的一段历史时期内，立窑仍将继续存在，发挥其独特的生产作用。

水泥的生产方法按生料制备方法的不同，分为干法、半干法和湿法三大类。

将原料先烘干后粉磨或在烘干磨内同时进行烘干与粉磨成生料粉，喂入干法回转窑内煅烧成熟料，称为干法生产。干法生产的主要设备有干法中空窑、窑尾带余热锅炉的回转窑、悬浮预热器窑、预分解窑等。

将生料粉加入适量水分制成生料球，喂入立窑或立波尔窑内煅烧成熟的生产方法为半干法生产。另外，将湿法制备的生料浆脱水后入窑煅烧，称为湿磨干烧，也属于半干法生产。半干法生产的设备是立波尔窑，它是回转窑生产史上的重大发展，回转窑的热耗降低了50%以上。但由于炉篦子加热机的结构和操作比较复杂，生产设备事故较多，并且加热机内料球受热不均匀，形成的熟料质量较差。

将原料加水粉磨成生料浆后喂入湿法回转窑煅烧成熟料，称为湿法生产。湿法生产的主要设备有湿法长窑、中空湿法窑及湿法短窑。湿法生产由于水分蒸发需要吸收大量汽化潜热，因而熟料热耗较高。但湿法粉磨的电耗较低，生料易于均化，成分均匀，熟料质量较高，且输送方便，扬尘少，在20世纪30年代得到迅速的发展。湿法回转窑煅烧熟料的能耗很高，其已经被国家限制发展，将被逐步淘汰出局。

随着均化技术的发展、收尘设备的改进和一系列新技术的应用，新型干法生产的熟料质量与湿法相当，但由于热耗的大幅度降低和单机生产能力的大幅度提高，以悬浮预热和窑外分解技术为代表的新型干法生产技术已经成为水泥生产的主导技术，特别是新型干法窑已经成为水泥窑的发展方向。

1.3 新型干法水泥生产

1.3.1 新型干法水泥生产技术

新型干法水泥生产技术，就是以悬浮预热和预分解技术为核心，把现代科学技术广泛应用于干法水泥生产的技术。例如：原料矿山计算机控制网络化的开采，原料的预均化，生料的均化，挤压粉磨技术，新型耐热、耐磨、耐火、隔热材料以及IT技术等广泛应用于水泥工业，使水泥企业的生产具有优质、高产、低耗、节能、环保等优点。

1.3.2 新型干法水泥生产的工艺流程

新型干法水泥生产的工艺流程如图1.1.1所示。

1.3.3 新型干法水泥生产的特点

（1）产品质量高：由于生料制备全过程广泛采用现代均化技术，生料成分均匀稳定，熟料质量可与湿法生产相媲美。

（2）生产能耗低：采用高效多功能挤压粉磨、新型粉体输送设备，大大降低了粉磨和输送电耗；悬浮预热和预分解技术使熟料烧成热耗可降低至2900kJ/kg以下，水泥单位电耗降

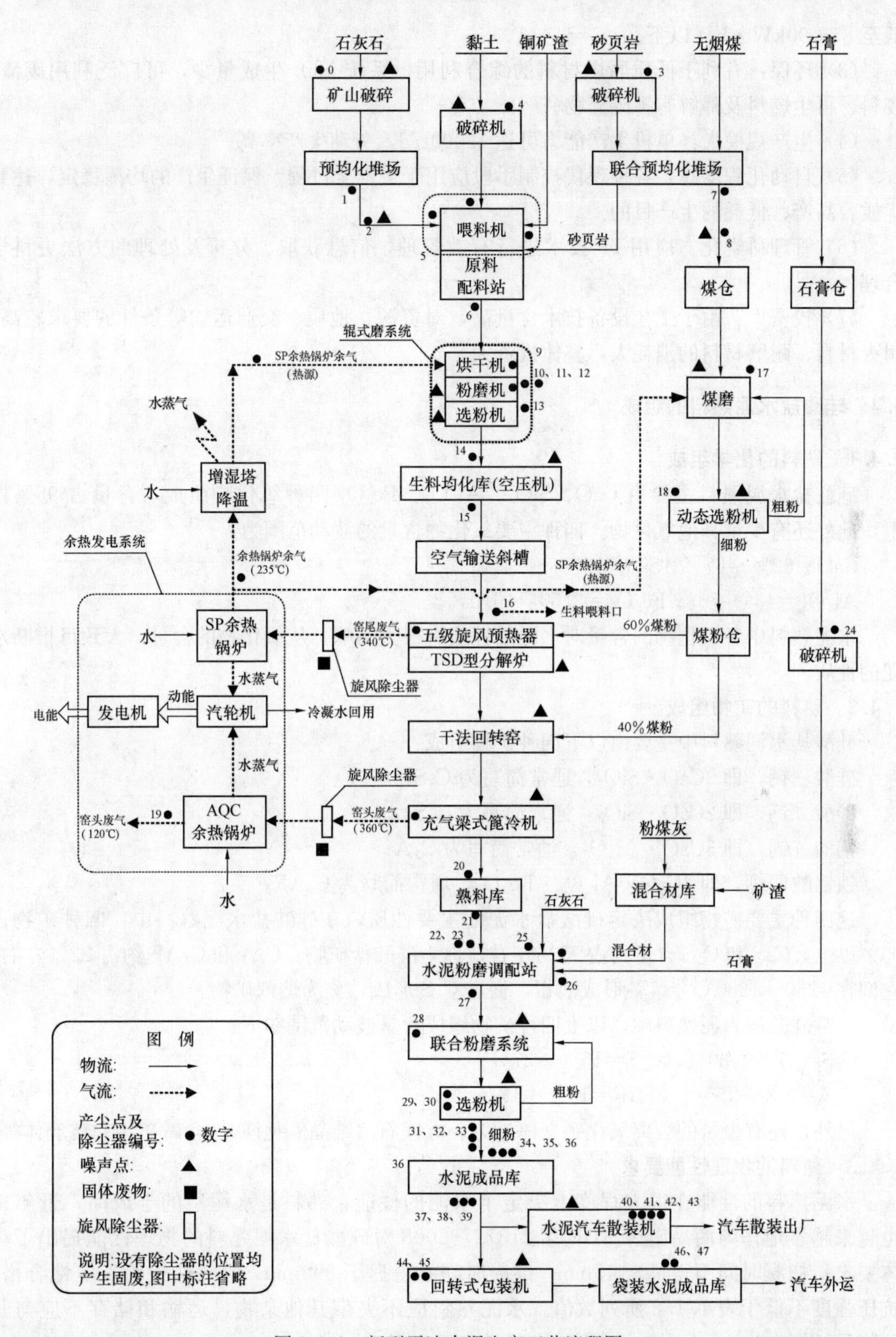

图1.1.1　新型干法水泥生产工艺流程图

低至 85～90kW·h/t 以下。

(3) 环保：有利于低质原燃材料的综合利用，系统 NO_x 生成量少，可广泛利用废渣、废料、再生燃料及降解有害废弃物。

(4) 生产规模大：单机生产能力可达 12000t/d，劳动生产率高。

(5) 自动化程度高：各种现代控制手段应用于生产全过程，保证生产的均衡稳定，达到优质、高产、低耗的生产目的。

(6) 管理科学化：应用 IT 技术进行有效管理，信息获取、分析及处理的方法更科学合理。

(7) 投资大：由于工艺设备技术含量高，对资源、地质、交通运输等条件的要求较高，耐火材料、耐磨材料的消耗大，整体投资大。

1.4 硅酸盐水泥熟料的组成

1.4.1 熟料的化学组成

硅酸盐水泥熟料主要由 CaO、SiO_2、Al_2O_3、Fe_2O_3 四种氧化物组成，含量占 95%以上，此外还有少量其他氧化物。四种主要氧化物含量的波动范围为：

CaO=62%～67%；SiO_2=20%～24%；

Al_2O_3=4%～7%；Fe_2O_3=2.5%～6.0%。

水泥熟料中各氧化物的含量对水泥的性质有极大影响，从氧化物的含量，大致可推断水泥的性质。

1.4.2 熟料的矿物组成

硅酸盐水泥熟料中主要由以下四种矿物组成：

硅酸三钙，即 $3CaO \cdot SiO_2$，通常简写为 C_3S；

硅酸二钙，即 $2CaO \cdot SiO_2$，通常简写为 C_2S；

铝酸三钙，即 $3CaO \cdot Al_2O_3$，通常简写为 C_3A；

铁铝酸四钙，即 $4CaO \cdot Al_2O_3 \cdot Fe_2O_3$，通常简写为 C_4AF。

这四种主要矿物组成决定硅酸盐水泥的主要性质，在硅酸盐水泥熟料中，四种矿物占 95%以上，C_3S 和 C_2S 含量约占 75%左右，称为硅酸盐矿物；C_3A 和 C_4AF 约占 22%左右，它们在 1250～1280℃会熔融形成液相，促进 C_3S 形成，称为熔剂矿物。

通常硅酸盐水泥熟料中，以上四种矿物组成含量波动范围如下：

C_3S=37%～60%；C_2S=15%～37%；

C_3A=7%～15%；C_4AF=10%～18%。

另外，还有少量的游离氧化钙（f-CaO）、方镁石（结晶氧化镁）、含碱矿物和玻璃体等。

1.4.3 熟料的物理性能要求

水泥熟料的性能在很大程度上决定了水泥的性能，熟料是水泥厂的半成品，近年来也越来越多地作为商品出售。GB/T 21372—2008 对硅酸盐水泥熟料的物理性能提出了具体要求：初凝时间不得早于 45min，终凝时间不得迟于 390min；沸煮法检验安定性合格；抗压强度不低于表 1.1.2 所列数值。水泥熟料应不夹带其他杂物，运输和储存不应与其他物品相混杂。

表 1.1.2 水泥熟料的强度等级

水泥熟料类型	抗压强度/MPa		
	3d	7d	28d
通用	≥26.0		≥52.5
中热、中抗及高抗硫酸盐水泥熟料	≥18.0		≥45.0
低热		≥15.0	≥45.0

1.4.4 化学成分与矿物组成之间的关系

熟料中的主要矿物由各主要氧化物经高温煅烧化合而成，熟料矿物组成取决于化学组成，控制合适的熟料化学成分是获得优质水泥熟料的中心环节，根据熟料化学成分也可推测出熟料中各矿物的相对含量高低。

（1）氧化钙（CaO）

CaO是水泥熟料中最重要的成分，与其他氧化物形成四种主要矿物。增加CaO含量能增加C_3S含量，CaO含量低则C_3S低，C_2S相应增加。一般说来，增加熟料中的CaO含量可提高水泥强度，但CaO含量过高易产生f-CaO。

（2）二氧化硅（SiO_2）

SiO_2也是水泥熟料的主要成分之一，与CaO形成硅酸盐矿物。SiO_2高，C_2S多，C_3S低，影响水泥质量，煅烧时液相量少，烧成困难，熟料易“粉化”。SiO_2低，则硅酸盐矿物少，熔剂矿物增加，会降低水泥强度，煅烧时液相量多，易结大块。

（3）三氧化二铝（Al_2O_3）

与氧化钙、氧化铁生成C_3A、C_4AF。Al_2O_3高，C_3A多，水泥凝结硬化速度快，水化热大，抗硫酸盐性能变差。Al_2O_3过高，煅烧时液相黏度大，不利于C_3S形成，易结大块。

（4）三氧化二铁（Fe_2O_3）

与CaO、Al_2O_3形成C_4AF，增加Fe_2O_3，可降低液相黏度，降低熟料烧成温度，加速C_3S形成，提高水泥抗硫酸盐性能，但凝结硬化变慢。Fe_2O_3过高，易结大块。

（5）氧化镁（MgO）

当熟料中含有少量氧化镁时，能降低熟料液相生成温度，增加液相量，降低液相黏度，有利于熟料形成，还能改善熟料色泽。氧化镁过高会造成水泥安定性不良。

（6）碱（K_2O+Na_2O）

碱易挥发，温度降低时又重新冷凝，易导致结皮、结圈和预热器堵塞。碱含量过高时易使水泥产生急凝，与活性集料产生碱-集料反应。

（7）三氧化硫（SO_3）

适量SO_3在烧成过程中可起矿化剂作用，在水泥中作缓凝剂，SO_3过多会导致安定性不良。

（8）氧化钛（TiO_2）

少量TiO_2能提高熟料强度，过高时则会降低水泥强度。

（9）氧化磷（P_2O_5）

少量 P_2O_5 对 β-C_2S 有稳定作用，可提高熟料强度，但过高时会导致 C_3S 分解，使强度降低，硬化过程变慢。

1.4.5 熟料矿物的特性

（1）硅酸三钙

硅酸三钙是熟料的主要矿物，其含量通常为50%左右。硅酸三钙有三个晶系的七种变型，在1250℃以下分解为 C_2S 和 CaO，但反应非常缓慢，使 C_3S 在室温下呈介稳状态存在。

在硅酸盐水泥熟料中，并不是以纯的硅酸三钙存在，而是以少量的其他氧化物，如 MgO、Al_2O_3 等形成固溶体，称为A矿，或称阿利特。A矿的形态通常为板状或柱状晶体，在显微镜下大多呈六角形；A矿的特性是凝结时间正常，水化较快，强度发展快，早期强度高，且强度增进率大，28d强度可达到一年强度的70%～80%，但水化热高，抗水性差。

（2）硅酸二钙

硅酸二钙在熟料中含量一般为20%左右，硅酸二钙有四种晶型，α-C_2S、α′-C_2S、β-C_2S、γ-C_2S，实际生产的正常熟料以 β-C_2S 形式存在，当烧成温度低，液相量不足，C_2S 含量高，冷却速度慢，窑内还原气氛严重时，C_2S 在低于500℃时，容易由 β-C_2S 转变为几乎无水硬性的 γ-C_2S，体积膨胀10%，造成熟料粉化。液相量较多，采用急冷时，可防止 C_2S 晶型转变。

熟料中的 C_2S 并不是以纯的形式存在，而是溶进少量的其他氧化物形成固溶体，称为B矿，或称贝利特。B矿的形态是多数呈圆形或椭圆形，表面光滑或有双晶纹；B矿的特性是凝结硬化慢，早期强度低，但28d以后，强度仍能很快增长，约在一年后可达到A矿的强度；B矿水化热小，抗水性好，因而对大体积工程，适当提高 C_2S 含量，降低 C_3S 含量是有利的。

（3）铝酸三钙

硅酸盐水泥熟料中的铝酸钙主要是铝酸三钙和少量七铝酸十二钙（$C_{12}A_7$），可固溶少量其他氧化物。其形态是快冷时呈点滴状，慢冷时呈矩形或柱状，反光能力弱，一般称为黑色中间相。通常在 Al_2O_3 含量较高的慢冷熟料中，才结晶出较完整的大晶体，熟料质量比较差。其特性是铝酸三钙水化非常迅速，其强度3d内就能充分发挥出来，早期强度高，但绝对值小，后期几乎不再增长，甚至倒缩。水化时放热多，凝结很快，干缩变形大，抗硫酸盐性能差。

（4）铁铝酸四钙

硅酸盐水泥熟料中含的铁矿物比较复杂，为一系列固溶体，常用 C_4AF 来代表熟料中的含铁矿物。C_4AF 常固溶少量其他氧化物，称为C矿或才利特。C矿的形态常呈棱柱状和圆粒状晶体，反射能力强，呈白色，称白色中间相。C矿的特性是水化速度在早期介于 C_3A 和 C_3S 之间，硬化较慢，后期强度较高，抗冲击性能和抗硫酸盐性能较好，水化热较低。

（5）玻璃体

硅酸盐水泥熟料中，除A矿和B矿外，其他物质统称为中间物质，中间物质在熟料烧成温度下变成熔融液相，冷却时，部分液相结晶，部分液相冷凝成玻璃体。玻璃体的数量随冷却条件而变，急冷熟料中玻璃体含量多。玻璃体处于不稳定状态，水化热大，玻璃体含量过多时会影响水泥的正常颜色。

（6）游离氧化钙

当配料不当，生料过粗或煅烧不良时，熟料中出现没有被吸收的以游离状态存在的氧化钙，称为游离氧化钙（f-CaO），又称游离石灰。

产生游离氧化钙的原因：①配料不当，生料过粗或煅烧不良时，煅烧反应不完全，氧化钙没有被完全吸收。②由于熟料慢冷或在还原气氛下使 C_3S 分解出氧化钙，以及熟料中的碱等取代 C_3S、C_2S、C_3A 中的氧化钙，形成二次游离氧化钙。

游离氧化钙产生的危害：死烧的游离氧化钙结构致密，水化很慢，水化生成氢氧化钙时体积膨胀97.9%，在硬化水泥石内部产生膨胀应力。因此，随着游离氧化钙增加，抗拉、抗折强度降低，使3d以后强度倒缩，严重时引起安定性不良。因此，应严格控制熟料中游离氧化钙含量，一般回转窑熟料控制在1.0%以下，立窑熟料控制在2.5%以下。

（7）方镁石

方镁石是游离状态的氧化镁晶体。熟料煅烧时，氧化镁有一部分可和熟料矿物结合成固溶体以及溶于液相中，当熟料中含有少量氧化镁时，能降低熟料液相生成温度，增加液相量，降低液相黏度，有利于熟料形成，还能改善熟料色泽。多余的氧化镁结晶出来呈游离状态的方镁石。

方镁石的水化速度比游离氧化钙更为缓慢，水化生成氢氧化镁时，体积膨胀148%，会导致安定性不良。方镁石膨胀的严重程度与其含量、晶体尺寸有关，国家标准规定，熟料中氧化镁含量应小于5%，但如水泥经压蒸安定性检验合格，熟料中氧化镁含量可允许放宽到6%。

1.5　硅酸盐水泥熟料的率值

硅酸盐水泥熟料中各氧化物之间的比例关系的系数称作率值。

硅酸盐水泥熟料中各氧化物并不是以单独状态存在，而是由各种氧化物化合成的多矿物集合体。因此在水泥生产中不仅控制各氧化物含量，还应控制各氧化物之间的比例即率值。

在一定工艺条件下，率值是质量控制的基本要素，因此，国内外水泥厂都把率值作为控制生产的主要指标，我国主要采用石灰饱和系数（KH）、硅率（n）、铝率（p）三个率值。

1.5.1　硅率（n）

硅率表示水泥熟料中 SiO_2 与 Al_2O_3、Fe_2O_3 之和的比值，也表示熟料中硅酸盐矿物与熔剂矿物的比例。常用 n 或 SM 表示。

$$n=\frac{SiO_2}{Al_2O_3+Fe_2O_3}$$

硅率高，硅酸盐矿物含量多，熟料质量高，但烧成困难；硅率低，液相量多，易烧性好，但熔剂矿物高，硅酸盐矿物减少，会降低熟料强度，硅率过低时易结大块。硅酸盐水泥熟料的硅率控制在1.7～2.7的范围内。

1.5.2　铝率（p）

铝率表示熟料中氧化铝和氧化铁之比，也表示熟料熔剂矿物中 C_3A 与 C_4AF 的比例。用 p 或 IM 表示。

$$p=\frac{Al_2O_3}{Fe_2O_3}$$

p 值的大小，一方面关系到熟料水化速度的快慢，同时又关系到熟料液相的黏度，从而影响熟料煅烧的难易。铝率高，C_3A 高，C_4AF 降低，水泥趋于早凝早强，但液相黏度大，不利于 C_3S 形成；铝率低，C_3A 低，C_4AF 提高，水泥趋于缓凝，早强低，煅烧时液相黏度小，有利于 C_3S 形成，但铝率过低时易结大块。硅酸盐水泥熟料的铝率值控制在 0.9～1.7 范围内。

1.5.3 石灰饱和系数（*KH*）

石灰饱和系数表示熟料中全部氧化硅生成硅酸钙所需的氧化钙含量与氧化硅生成硅酸三钙所需氧化钙最大含量的比值，即表示熟料中氧化硅被氧化钙饱和形成硅酸三钙的程度。

当 $p>0.64$ 时，熟料中的矿物为 C_3S、C_2S、C_3A、C_4AF，石灰饱和系数的表达式为

$$KH=\frac{CaO-(1.65Al_2O_3+0.35Fe_2O_3+0.7SO_3)}{2.8SiO_2}$$

当 $p<0.64$ 时，熟料中的矿物为 C_3S、C_2S、C_4AF、C_2F，石灰饱和系数的表达式为：

$$KH=\frac{CaO-(1.10Al_2O_3+0.70Fe_2O_3+0.7SO_3)}{2.8SiO_2}$$

实际生产时，熟料中还可能含有 f-CaO 和 f-SiO_2，则石灰饱和系数的表达式为：

$$KH=\frac{CaO-f\text{-}CaO-(1.65Al_2O_3+0.35Fe_2O_3+0.7SO_3)}{2.8(SiO_2-f\text{-}SO_2)}$$

一般水泥企业生产的熟料中 f-SiO_2 和 SO_3 含量很少，如果再略去 f-CaO，则石灰饱和系数的表达式可简化为：

$$KH=\frac{CaO-1.65Al_2O_3-0.35Fe_2O_3}{2.8SiO_2}$$

$KH=1$ 时，熟料中硅酸盐矿物全部为 C_3S；$KH=2/3=0.667$ 时，硅酸盐矿物全部为 C_2S，故 KH 值介于 0.667～1 之间。KH 高，C_3S 含量多，有利于提高水泥质量，但煅烧困难，热耗高，易产生 f-CaO。KH 低则 C_2S 高，易烧性好，水化热低，但水泥凝结硬化慢，早期强度低。为保证熟料质量，同时不出现过量 f-CaO，通常 KH 值控制在 0.85～0.96 之间。

1.5.4 石灰饱和率（*LSF*）

在国外，尤其是欧美国家大多采用石灰饱和率 LSF 来控制生产，用于限定水泥中的最大石灰含量，其表达式为：

$$LSF=\frac{CaO}{2.8SiO_2+1.18Al_2O_3-0.65Fe_2O_3}$$

LSF 的含义是熟料中 CaO 的含量与全部酸性组分需要结合的 CaO 含量之比，一般 LSF 高，水泥强度也高。硅酸盐水泥熟料的 LSF 波动在 0.66～1.02，一般控制在 0.85～0.95。

1.6 熟料矿物组成的计算与换算

1.6.1 硅酸盐水泥熟料矿物组成的计算

熟料的矿物组成可用仪器分析测定，如使用岩相分析、X 射线分析、红外光谱等进行分析测定，也可根据化学成分或率值进行计算。

根据熟料化学成分或率值计算所得的矿物组成与实际情况有一定的出入，但计算结果一般已能说明矿物组成对水泥性能的影响，所以水泥企业都使用这种方法进行生产控制。

（1）化学法

其计算公式如下：

$C_3S=3.8\ (3KH-2)\ SiO_2$

$C_2S=8.61\ (1-KH)\ SiO_2$

当 $p>0.64$ 时，

$C_3A=2.65\ (Al_2O_3-0.64Fe_2O_3)$

$C_4AF=3.04\ Fe_2O_3$

当 $p<0.64$ 时

$C_3A=1.70\ (Fe_2O_3-1.57\ Al_2O_3)$

$C_4AF=4.77\ Al_2O_3$

（2）代数法

其计算公式如下：

当 $p>0.64$ 时：

$C_3S=4.07C-7.60S-6.72A-1.43F-2.86SO_3$

$C_2S=8.60S+5.07A+1.07F+2.15SO_3-3.07C=2.87S-0.754C_3S$

$C_3A=2.65A-1.69F$

$C_4AF=3.04F$

$CaSO_4=1.70SO_3$

当 $p<0.64$ 时：

$C_3S=4.07C-7.60S-4.47A-2.86F-2.86SO_3$

$C_2S=8.60S+3.38A+2.15F+2.15SO_3-3.07C=2.87S-0.754C_3S$

$C_4AF=4.77F$

$C_2F=1.70\ (F-1.57A)$

$CaSO_4=1.70SO_3$

1.6.2 熟料化学组成、矿物组成与率值的换算

（1）由矿物组成计算率值

$$KH=\frac{C_3S+0.8838C_2S}{C_3S+1.3256C_2S}$$

$$n=\frac{C_3S+1.325C_2S}{1.4341C_3A+2.0464C_4AF}$$

$$p=\frac{1.1501C_3A}{C_4AF}+0.64$$

（2）由率值计算化学组成

$$Fe_2O_3=\frac{\Sigma}{(2.8KH+1)\ (p+1)\ n+2.65p+1.35}$$

$$Al_2O_3=pFe_2O_3$$

$$SiO_2=n\ (Al_2O_3+Fe_2O_3)$$

$$CaO=\Sigma-\ (SiO_2+Al_2O_3+Fe_2O_3)$$

(3) 由率值计算矿物组成

$$Fe_2O_3=\frac{\Sigma}{(2.8KH+1)(p+1)n+2.65p+1.35}$$

$$\Sigma=CaO+SiO_2+Al_2O_3+Fe_2O_3$$

$$C_4AF=3.04Fe_2O_3$$

$$C_3A=(2.65p-1.69)Fe_2O_3$$

$$C_2S=8.61n(p+1)(1-KH)Fe_2O_3$$

$$C_3S=3.80n(p+1)(3KH-2)Fe_2O_3$$

任务2　原料及预均化技术

任务描述：熟悉生产水泥的原燃材料及质量要求；熟悉原燃材料的预均化及效果的评价。

知识目标：掌握生产水泥的原燃材料技术要求；掌握原燃材料预均化效果的评价。

能力目标：掌握生产水泥的原燃材料及质量要求；掌握原燃材料的预均化技术。

生产硅酸盐水泥熟料的主要原料有石灰质原料和黏土质原料。

2.1　石灰质原料

凡是以碳酸钙为主要成分的原料都属于石灰质原料。它可分为天然石灰质原料和人工石灰质原料两类。水泥生产中常用的是含有碳酸钙($CaCO_3$)的天然矿石。

2.1.1　石灰质原料的种类和特性

(1) 石灰石

石灰石是由碳酸钙组成的化学与生物化学沉积岩。其主要矿物由方解石($CaCO_3$)微粒组成，并常含有白云石($CaCO_3 \cdot MgCO_3$)、石英(结晶 SiO_2)、燧石(又称玻璃质石英、火石，主要成分为 SiO_2，属结晶 SiO_2)、黏土质及铁质等杂质。纯石灰石含 CaO56%、烧失量 44%，随杂质含量的增加，CaO 含量相应减少。石灰石的含水量一般不大于 1.0%，具体值随气候而异，一般含黏土杂质越多，水分含量越高。

(2) 泥灰岩

泥灰岩是碳酸钙和黏土物质同时沉积所形成的均匀混合的沉积岩，属石灰岩向黏土过渡的中间类型岩石。泥灰岩是一种极好的水泥原料，有些地方产的泥灰岩成分接近制造水泥的原料，可直接烧制水泥，称天然水泥岩。泥灰岩的主要矿物是方解石，CaO≥45%时，称其为高钙泥灰岩；CaO<45%时，称其为低钙泥灰岩。

(3) 白垩

白垩是海生生物外壳与贝壳堆积而成的，富含生物遗骸，主要由隐晶或无定形细粒疏松的碳酸钙所组成的石灰岩。白垩的主要成分是碳酸钙，含量一般在 80%～90%之间，有的甚至高于 90%。白垩易于粉磨和煅烧，是生产水泥的优质石灰质原料。

(4) 贝壳和珊瑚类

贝壳和珊瑚类主要指贝壳、蛎壳和珊瑚石等。其主要成分碳酸钙一般在 90%左右，表面因为附有泥砂和盐类(如 $MgCl_2$、NaCl、KCl)等对水泥生产有害的物质，所以使用时需用水冲洗干净。

2.1.2 石灰质原料的选择

(1) 石灰质原料的质量要求

石灰质原料使用最广泛的是石灰石，其主要成分是 $CaCO_3$，纯石灰石的 CaO 最高含量为 56%，其品位由 CaO 的含量来确定。有害成分为 MgO、R_2O、Na_2O+K_2O 和游离 SiO_2。石灰质原料的质量要求如表 1.2.1 所示。

表 1.2.1 石灰质原料的质量要求

成分	CaO	MgO	f-SiO_2（燧石或石英）	SO_3	K_2O+Na_2O
含量（%）	≥48	≤3	≤4	≤1	≤0.6

(2) 石灰质原料的选择要求

①质量好的和差的要搭配使用。

②限制 MgO 的含量。白云石是 MgO 的主要来源，含有白云石的石灰石在新敲开的断面上可以看到粉粒状的闪光。用 10%盐酸滴在白云石上有少量的气泡产生，滴在石灰石上则剧烈地产生气泡。

③限制燧石的含量。燧石含量高的石灰岩，表面常有褐色的凸出或呈结核状的夹杂物。

④新型干法水泥生产，还应限制 K_2O、Na_2O、SO_3、Cl^- 等微量组分，防止窑尾预热系统的结皮。

(3) 常见石灰质原料的化学成分

石灰质原料在水泥生产中的作用主要是提供 CaO，其次还提供 SiO_2、Al_2O_3、Fe_2O_3，并同时带入少许杂质 MgO、SO_3、R_2O 等。我国部分水泥厂所用石灰石、泥灰岩、白垩、大理岩等的化学成分如表 1.2.2 所示。

表 1.2.2 部分水泥厂所用石灰质原料的化学成分

厂名	名称	烧失量	SiO_2	Al_2O_3	Fe_2O_3	CaO	MgO	K_2O+Na_2O	SO_3	Cl^-	产地
冀东水泥厂	石灰石	38.49	8.04	2.07	0.91	48.04	0.82	0.80			王官营
宁国水泥厂	石灰石	41.30	3.99	1.03	0.47	51.91	1.17	0.13	0.27	0.0057	海螺山
江西水泥厂	石灰石	41.59	2.50	0.92	0.59	53.17	0.47	0.11	0.02	0.003	大河山
新疆水泥厂	石灰石	42.23	3.01	0.28	0.20	52.98	0.50	0.097	0.13	0.0038	艾维尔沟
双阳水泥厂	石灰石	42.48	3.03	0.32	0.16	54.20	0.36	0.06	0.02	0.006	羊圈顶子
华新水泥厂	石灰石	39.83	5.82	1.77	0.82	49.74	1.16	0.23			黄金山
贵州水泥厂	泥灰岩	40.24	4.86	2.08	0.80	50.69	0.91				贵阳
北京水泥厂	泥灰岩	36.59	10.95	2.64	1.76	45.00	1.20	1.45	0.02	0.001	八家沟
偃师白垩		36.37	12.22	3.26	1.40	45.84	0.81				
浩良河大理岩		42.20	2.70	0.53	0.27	51.23	2.44	0.14	0.10	0.004	浩良河

(4) 石灰质原料的性能测试方法

①用化学分析方法定量测定石灰质原料中各种元素（或氧化物）的含量。

②用差热分析方法测定碳酸盐的分解温度。

③用X射线衍射方法测定石灰质原料的主要矿物组成。

④采用透射电子显微镜检测石灰质原料的微观结构，研究方解石的晶粒形态、晶粒大小以及晶体中杂质组分的存在形式；用电子探针测试研究杂质组分的形态、含量、颗粒大小、分布均匀程度等。

2.2 黏土质原料

黏土质原料是指含铝硅酸盐矿物的原料总称。其主要化学成分是二氧化硅，其次是三氧化二铝、三氧化铁。

2.2.1 黏土质原料的种类与特性

水泥企业采用的天然黏土质原料主要有黏土、黄土、页岩、泥岩、粉砂岩及河泥等，使用最多的是黏土和黄土。近年来由于限制使用黏土和黄土，水泥企业多采用页岩、粉砂岩等进行替代。

（1）黏土

黏土是多种微细的呈疏松或胶状密实的含水铝硅酸盐矿物的混合体，它是由富含长石等铝硅酸盐矿物的岩石经漫长地质年代风化而成，包括华北、西北地区的红土，东北地区的黑土与棕壤，南方地区的红壤与黄壤等。

（2）黄土

黄土是没有层理的黏土与微粒矿物的天然混合物。成因多以风积为主，也有成因于冲积、坡积、洪积和淤积的，颜色以黄褐色为主。

（3）页岩

页岩是黏土经长期胶结而成的黏土岩。一般形成于海相或陆相沉积，或海相与陆相交互沉积。化学成分类似于黏土，可作为黏土使用，但其硅率较低，通常配料时需掺加硅质校正原料。页岩的颜色有灰黄、灰绿、黑色及紫色等，结构致密坚实，层理发育明显，通常呈页状或薄片状。

（4）粉砂岩

粉砂岩是由直径为0.01～0.1mm的粉砂经长期胶结变硬后的碎屑形成的沉积岩。其主要矿物是石英、长石、黏土等，胶结物质有黏土质、硅质、铁质及碳酸盐质；颜色呈淡黄、淡红、淡棕色、紫红色等，质地一般疏松，但也有较坚硬的。粉砂岩的硅率较高，一般大于3.0，可作为硅铝质原料使用。

（5）河泥、湖泥类

河泥、湖泥类是江、河、湖、泊由于流水速度分布不同，使挟带的泥沙呈规律地分级沉降而形成的产物。其成分决定于河岸崩塌物和流域内地表流失土的成分。建造在靠江、湖的湿法水泥厂，可利用挖泥船在固定区域内进行采掘，做黏土质原料使用。

（6）千枚岩

由页岩、粉砂岩或中酸性凝灰岩经低级区域变质作用形成的变质岩称千枚岩。岩石中的细小片状矿物定向排列，断面上可见许多大致平行、极薄的片理，片理面呈丝绢光泽。岩石常呈浅红、深红、灰及黑等色。

2.2.2 黏土质原料的品质要求及选择

（1）黏土质原料的质量要求如表1.2.3所示。

表 1.2.3 黏土质原料的质量要求

品位	n	p	MgO（%）	R_2O（%）	SO_3（%）	塑性指数
一级品	2.7～3.5	1.5～3.5	＜3.0	＜4.0	＜2.0	＞12
二级品	2.0～2.7 或 3.5～4.0	不限	＜3.0	＜4.0	＜2.0	＞12

（2）黏土质原料的选择要求

①n、p 值要适当。

②尽量不含碎石、卵石，粗砂含量应小于 5%。

③回转窑生产时对可塑性不作要求。

2.3 生产水泥的校正原料

当石灰质原料和黏土质原料配合所得生料成分不能符合配料方案要求时，必须根据所缺少的组分掺加相应的原料，这种以补充某些成分不足为主的原料称为校正原料。

2.3.1 铁质校正原料

当氧化铁含量不足时，应掺加氧化铁含量大于 40%的铁质校正原料。常用的有低品位的铁矿石，炼铁厂的尾矿及硫酸厂工业废渣、硫酸渣等。目前有的水泥企业使用铅矿渣或铜矿渣，既是铁质校正原料，又可兼作矿化剂，使用效果良好。

2.3.2 硅质校正原料

当生料中 SiO_2 含量不足时，需掺加硅质校正原料。常用的有硅藻土、硅藻石、含 SiO_2 多的河砂、砂岩、粉砂岩等。其中砂岩、河砂因为结晶 SiO_2 多，难磨难烧，水泥企业多数不用；风化砂岩易于粉磨，对煅烧影响小，多被水泥企业使用。

2.3.3 铝质校正原料

当生料中的 Al_2O_3 含量不足时，需掺加铝质校正原料，常用的有炉渣、煤矸石、铝矾土等。

2.3.4 校正原料的质量要求

校正原料的质量要求如表 1.2.4 所示。

表 1.2.4 校正原料的质量要求

校正原料	常 用 品 种	质量要求
铁质校正原料	低品位的铁矿石、炼铁厂尾矿、硫酸厂工业废渣硫酸渣（俗称铁粉）、铅矿渣、铜矿渣（还兼作矿化剂）	Fe_2O_3≥40%
硅质校正原料	硅藻土、硅藻石、含 SiO_2 多的河砂、砂岩、粉砂岩	n＞4.0； SiO_2：70%～90%； R_2O＜4.0%
铝质校正原料	炉渣、煤矸石、铝矾土	Al_2O_3＞30%

2.4 燃料

水泥工业是消耗大量燃料的企业。燃料按其物理状态的不同可分为固体燃料、液体燃料和气体燃料三种。我国水泥企业一般都采用固体燃料来煅烧水泥熟料。

2.4.1　固体燃料的种类和性质

固体燃料煤，可分为无烟煤、烟煤和褐煤。回转窑一般使用烟煤，立窑采用无烟煤或焦煤末。

(1) 无烟煤又叫硬煤、白煤，是一种碳化程度最高，干燥无灰基挥发分含量小于10%的煤。其收缩基低热值一般为20900～29700kJ/kg (5000～7000kcal/kg)。无烟煤结构致密坚硬，有金属光泽，密度较大，含碳量高，着火温度为600～700℃，燃烧火焰短，是立窑煅烧熟料的主要燃料。

(2) 烟煤是一种碳化程度较高，干燥灰分基挥发分含量为15%～40%的煤。其收缩基低热值一般为20900～31400kJ/kg (5000～7500kcal/kg)。结构致密，较为坚硬，密度较大，着火温度为400～500℃，是回转窑煅烧熟料的主要燃料。

(3) 褐煤是一种碳化程度较浅的煤，有时可清楚地看出原来的木质痕迹。其挥发分含量较高，可燃基挥发分可达40%～60%，灰分20%～40%，热值为8374～1884kJ/kg。褐煤中自然水分含量较大，性质不稳定，易风化或粉碎。

2.4.2　煤的质量要求

水泥工业用煤的质量要求如表1.2.5所示。

表1.2.5　水泥工业用煤的质量要求

窑型	灰分（%）	挥发分（%）	硫（%）	低位发热量（kJ/kg）
湿法窑	≤28	18～30	—	≥21740
立波尔窑	≤25	18～30	—	≥23000
机立窑	≤35	≤15	—	≥18800
预分解窑	≤28	22～32	≤3	≥21740

2.5　低品位原料和工业废渣的利用

低品位原料是指化学成分、杂质含量、物理性能等不符合一般水泥生产要求的原料。使用低品位原料和工业废渣时应注意这些原料成分波动大，使用前先要取样分析，且取样要有代表性；使用时要适当调整一些工艺。

2.5.1　低品位石灰质原料的利用

低品位石灰质原料是指CaO<48%或含较多杂质。其中白云石质岩不适宜生产硅酸盐水泥熟料，其余均可用，但要与优质石灰质原料搭配使用。

2.5.2　煤矸石、石煤的利用

煤矸石是采矿和选矿过程中分离出来的废渣。其主要成分是SiO_2、Al_2O_3以及少量Fe_2O_3、CaO等，并含4180～9360kJ/kg的热值。

石煤多为古生代和晚古生代菌藻类低等植物所形成的低碳煤，其组成性质及生成等与煤无本质区别，但含碳量少，挥发分低，发热量低，灰分含量高。

煤矸石、石煤在水泥工业中的应用目前主要有三种途径：代黏土配料；经煅烧处理后作混合材；沸腾燃烧室作燃料，其渣作水泥混合材。

2.5.3　粉煤灰及炉渣的利用

粉煤灰是火力发电厂煤粉燃烧后所得的粉状灰烬。炉渣是煤在工业锅炉燃烧后排出的灰渣。粉煤灰、炉渣的主要成分以 SiO_2、Al_2O_3 为主，但波动较大，一般 Al_2O_3 偏高。

粉煤灰及炉渣在水泥工业中的应用目前主要有三种途径：部分或全部替代黏土参与配料；作为铝质校正原料使用；作水泥混合材料。

2.5.4　玄武岩资源的开发与利用

玄武岩是一种分布较广的火成岩，其颜色由灰到黑，风化后的玄武岩表面呈红褐色。其化学成分类似于一般黏土，主要是 SiO_2、Al_2O_3，但 Fe_2O_3、R_2O 偏高，即助熔氧化物含量较多。在水泥生产中可以替代黏土，作水泥的铝硅酸盐组分，以强化煅烧。但因其可塑性、易磨性差，使用时要强化粉磨。

2.5.5　其他原料的应用

珍珠岩是一种主要以玻璃态存在的火成岩非晶类物质，富含 SiO_2，也是一种天然玻璃，可作黏土质原料生产水泥。

赤泥是烧结法从矾土中提取氧化铝时所排放出的赤色废渣，其化学成分与水泥熟料的化学成分相比较，Al_2O_3、Fe_2O_3 含量高，CaO 含量低，含水量大，赤泥与石灰质原料搭配使用可配制出比较理想的生料，通常用于湿法生产。

电石渣是化工厂乙炔发生车间消解石灰排出的含水 85%～90%的废渣。其主要成分是 $Ca(OH)_2$，可替代部分石灰质原料生产水泥，通常用于湿法生产。

2.6　矿山开采

生产水泥的主要原料石灰石和黏土应该靠近工厂，由工厂直接进行开采后运输进厂，只有在特殊情况下，才允许利用外地运来的原料。矿山开采前，应对资源进行详细的勘探，做必要的原料工业性试验，以确保资源的合理和原料开采的高效。

2.6.1　开采方法

露天开采即直接揭露出矿体进行开采。开采时须先搬移土岩，即剥离，再采矿石，即开采。

(1) 剥离

覆盖层是松散状的浮土，采用电铲或人工挖取，也可用水力冲洗；覆盖层是硬质岩石废

图 1.2.1　石灰石矿山

图 1.2.2　石灰石矿山开采设备

矿，先进行覆盖层的爆破，再剥离。

（2）开采

较松散状的矿体，用机械直接挖取，也可用人工挖取；硬质矿体，先爆破再采装、运输、排卸。

按采掘方式分，开采工艺有竖直挖取及平卧挖取两种；按作业形式（即工业环节连续程度）分，开采工艺有循环作业、连续作业及半连续作业三种。目前最常见的开采工艺是竖直挖取的水平分段循环作业方式。

2.6.2 原料运输

石灰石常用运输的方式及使用条件如表1.2.6所示。

表1.2.6 石灰石常用运输的方式及使用条件

道路和通道	主要运输方式	适用条件	主要特征
公路	自卸汽车运输	1. 运距不长的石灰石矿（≤3km，小矿可适当延长） 2. 运距较长的辅助原料矿山 3. 地形和矿体产状复杂或零星分布的矿山 4. 小尺寸的深凹露天矿 5. 陡帮开采的矿山	1. 路线工程量少、施工快、投资较省 2. 有利于分采分运 3. 便于发挥挖掘机效率 4. 便于采用高、近、分散的废石场 5. 有些深凹露天矿可减少剥离量 6. 运距长时成本较高 7. 汽车较多、维修量大、燃油消耗多
铁路	窄轨电机车（内燃机车）牵引侧卸矿车运输	1. 地形平坦、矿体产状简单的大中型水泥厂石灰石矿 2. 高差一般在±50m以内 3. 具有适于敷设铁路的地形和场地	1. 运输量大、成本较低 2. 线路工程量大、施工期长、投资较高 3. 采场内和废石场上移道，工作量大 4. 经济运距较长
斜坡卷扬道	斜坡矿车组	1. 高差在100m以内的中小型水泥厂的石灰石矿 2. 斜坡道倾角5°～20°	1. 设备较简单 2. 斜坡道工程量较小，投资较省 3. 人工摘挂钩，劳动条件差、效率低
	斜坡台车	1. 大中型水泥厂石灰石山坡或深凹露天矿，高差100m或更大 2. 斜坡道倾角20°～30°	1. 设备较简单 2. 修筑斜坡道工程量小，投资较省 3. 上下台车工作麻烦，效率较低
	斜坡箕斗	1. 大中型水泥厂石灰石山坡或深凹露天矿，高差100m或更大 2. 斜坡道倾角10°～25° 3. 因工程地质差，不适于开凿溜井（槽）的山坡矿	1. 可大大缩短运距，减少运输设备 2. 采场内多用汽车运输，具有转载工序，生产较复杂 3. 降段麻烦
平峒溜井（槽）	采场内自卸汽车、下部窄轨电机车或破碎后胶带机	1. 大中型水泥厂的石灰石矿 2. 高差大于100m的山坡矿床 3. 具有适用于开凿溜井（槽）的岩层	1. 设备少、运距短、成本低 2. 采场内用汽车运输，机动性高 3. 需要开凿井巷，施工复杂
胶带输送机道	挖掘（装载）机—破碎—胶带机	1. 特大型水泥厂石灰石矿 2. 矿石质量稳定 3. 采场尺寸大，地形比较规整 4. 矿山服务年限较长	1. 规模越大经济效益越好 2. 用人少、劳动生产效率高 3. 燃油消耗少 4. 降段较复杂
	挖掘（装载）机—汽车—破碎—胶带机	1. 特大型水泥厂石灰石矿 2. 允许多品级矿石搭配开采 3. 矿山服务年限较长	1. 规模越大经济效益越好 2. 用人少、劳动生产率高 3. 降段较复杂

校正原料、其他辅助性原燃材料一般可根据运输距离、交通便利条件、经营费用等考虑是采用铁路还是公路运输进厂。

图 1.2.3　皮带机长距离输送石灰石

2.7　原料破碎与烘干、输送与储存

2.7.1　破碎

破碎的目的是便于运输、储存、烘干、配料和粉磨。常需破碎的物料有石灰石、块状黏土质原料、矿化剂、石膏、熟料等。

（1）破碎工艺

破碎是利用机械方法将大块物料变成小块物料的过程。也有把粉碎后产品粒度大于2～5mm的称破碎。破碎比是物料破碎前后的粒度之比。破碎比的大小是确定破碎段数和破碎机选型的重要参数之一。物料每经过一次破碎，称为一个破碎段，图1.2.4和图1.2.5为一段、二段破碎的工艺流程图。

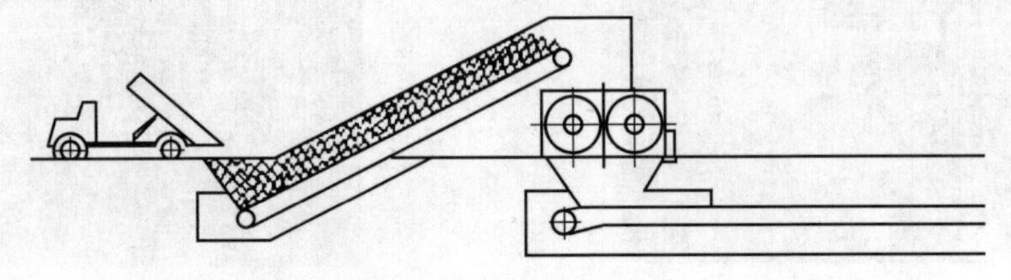

图 1.2.4　装备双转子锤式破碎机的一段破碎工艺流程

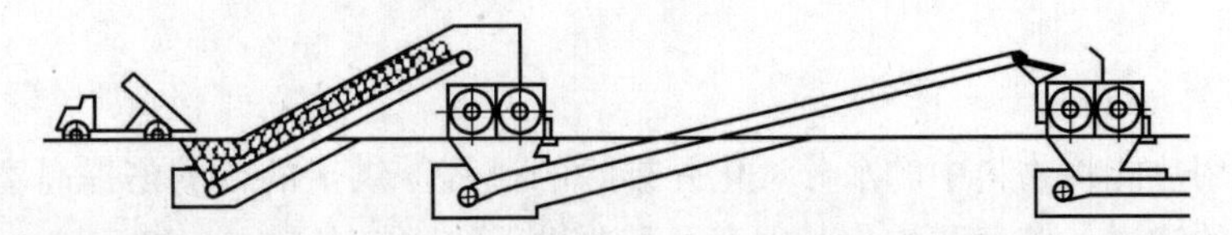

图 1.2.5　采用一级和二级破碎的两段破碎工艺流程

（2）破碎设备及选用

完成破碎过程的设备是破碎机。水泥工业中常用的破碎机有颚式破碎机、锤式破碎机、反击式破碎机、圆锥式破碎机、反击-锤式破碎机、立轴锤式破碎机等。各种破碎机具有各自的特性，生产中应视要求的生产能力、破碎比、物料的物理性质（如块度、硬度、杂质含

量与形状）和破碎设备特性来确定破碎机类型（表 1.2.7）。

表 1.2.7 水泥厂常用的破碎设备及工艺特性

破碎机类型	破碎原理	破碎比 i	允许物料含水量（%）	适宜破碎的物料
颚式、旋回式、颚旋式破碎机	挤压	3～6	<10	石灰石、熟料、石膏
细碎颚式破碎机	挤压	8～10	<10	石灰石、熟料、石膏
锤式破碎机	冲击	10～15（双转子 30～40）	<10	石灰石、熟料、石膏、煤
反击式破碎机	冲击	10～40	<12	石灰石、熟料、煤
立轴锤式破碎机	冲击	10～20	<12	石灰石、熟料、石膏、煤
冲击式破碎机	冲击	10～30	<10	石灰石、熟料、石膏
风选锤式破碎机	冲击、磨剥	50～200	<8	煤
高速粉煤机	冲击	50～180	8～13	煤
齿辊式破碎机	挤压、磨剥	3～15	<20	黏土
刀式黏土破碎机	挤压、冲击	8～12	<18	黏土

图 1.2.6 颚式破碎机

图 1.2.7 锤式破碎机

图 1.2.8 单转子反击式破碎机

图 1.2.9 双转子反击式破碎

2.7.2 烘干

烘干是利用热能将物料中的水分汽化并排除的过程。烘干的目的是提高磨机粉磨效率，利于粉状物料的输送、储存和均化。生产上需要烘干的物料有黏土、煤、矿渣等。确定需烘干的物料品种及烘干后物料水分要求时，应考虑磨机的类型及对入磨物料平均水分的要求，一般需要烘干的物料是用量较多、水分较高的物料。

（1）被烘干物料的水分要求

采用普通干法粉磨工艺时，要求入磨物料的平均水分应小于 1.5%，各种入磨物料的天然水分及烘干后的水分含量如表 1.2.8 所示。

表 1.2.8 物料入磨前后的水分含量

品种	石灰石	黏土	铁粉	煤
天然水分	<1%	0～15%	0～5%	不定
入磨水分	0.5%～1.0%	<1.5%	<5%	<3.0%

（2）烘干工艺

烘干工艺有单独烘干系统和烘干兼粉磨（烘干磨）两种。单独烘干系统就是利用单独的烘干设备（如回转烘干机）对物料进行烘干；烘干兼粉磨（烘干磨）工艺，可简化流程，节省设备和投资，减少人员，减少扬尘点，还可以利用窑尾和冷却机的废气余热，多被新型干法水泥企业采用。

2.7.3 物料的输送与储存

（1）物料的输送

物料的输送方式及采用的设备如表 1.2.9 所示。

表 1.2.9 物料的输送方式及采用的设备

<table>
<tr><th>物料种类</th><th>输送方式</th><th>常用设备</th><th>备 注</th></tr>
<tr><td rowspan="5">块状或小粒状物料</td><td rowspan="5">机械输送</td><td>皮（胶）带输送机</td><td rowspan="3">水平、倾斜输送</td></tr>
<tr><td>振动输送机</td></tr>
<tr><td>埋刮板输送机</td></tr>
<tr><td>斗式提升机</td><td>垂直输送</td></tr>
<tr><td>溜管（溜子）</td><td>倾斜输送</td></tr>
<tr><td rowspan="4">粉状物料</td><td rowspan="2">机械输送</td><td>螺旋输送机（常称绞刀）</td><td>水平输送</td></tr>
<tr><td>提升机</td><td>垂直输送</td></tr>
<tr><td rowspan="2">气力输送</td><td>空气输送斜槽</td><td>水平输送</td></tr>
<tr><td>气力提升泵</td><td>垂直输送</td></tr>
</table>

（2）物料的储存

物料储存的目的是平衡生产。储存期是指某物料的储存量能满足工厂生产需要的天数，储存期过长，增加经营费用，过短则难以保证工厂生产连续均衡。常用物料的最低储存期及一般储存期如表 1.2.10 所示。

表 1.2.10 常用物料的最低储存期及一般储存期

物料名称	最低储存期（d）	一般储存期（d）
石灰质原料	5（外购为 10）	9～18
黏土质原料	10	13～20
校正原料	20	20～30
燃煤	10	22～30

运输不均衡、雨季较长地区的储存期取高限，反之取低限。当原燃料低于最低可用储存量时，工厂应积极采用各种有效措施限期补足储存量。

（3）物料的储存设施

①圆库

圆库一般为混凝土构造，上部为中空圆柱体，下部为锥形料斗，上部进料下部出料。圆库库容有效利用率高，占地面积少，扬尘易处理，但储存含水量较大或黏性较高的块粒状物料易造成堵塞。

②联合储库

联合储库是一座多种块、粒状物料储存、倒运的设施，库内用隔墙分割成若干区间。联合储库有效利用率低，扬尘大，易混料。

③露天堆场

露天堆场一般多用于堆放外部运入的大宗物料，如未经破碎的外购石灰石、煤、铁质校正原料等。物料的损失大、扬尘大，受气候的影响明显。

④堆棚

堆棚类似于联合储库，但储存的物料种类较少。一般主要用于储存未经加工处理的黏土质原料、校正原料等。

⑤预均化库

预均化设施既有储存功能，又有预均化功能。采用原燃材料预均化的工厂，可利用预均化设施进行原燃材料预均化的同时，还可兼作物料的储存。目前新型干法水泥企业多采用预均化库设施。

2.8 原料的预均化

2.8.1 物料均化的概念

(1) 均化就是通过采用一定的工艺措施，达到降低物料的化学成分波动振幅，使物料的化学成分均匀一致的过程。

(2) 均化的意义是保证熟料质量、产量及降低消耗的基本措施和前提条件，也是稳定出厂水泥质量的重要途径。

(3) 生料均化链就是水泥生产的整个过程就是一个不断均化的过程，每经过一个过程都会使原料或半成品进一步得到均化。就生料制备而言，原料矿山的搭配开采与搭配使用、原料的预均化、原料配合及粉磨过程中的均化、生料的均化这四个环节相互组成一条与生料制备系统并存的生料均化系统——生料均化链。生料均化链中各环节的均化效果如表 1.2.11 所示。

表 1.2.11 生料均化链的均化效果

环节名称	完成均化工作量的任务（%）
原料矿山的搭配开采与搭配使用	10～20
原料的预均化	30～40
配料控制及生料粉磨	0～10
生料均化	0～40

(4) 预均化就是原料经过破碎后，有一个储存、再存取的过程。在这个过程中采用不同的储取方法，使储入时成分波动大的原料至取出时成为比较均匀的原料。

(5) 生料的均化就是粉磨后生料在储存过程中利用多库搭配、机械倒库和气力搅拌等方法，使生料成分趋于一致。

2.8.2 均化效果的评价

（1）标准偏差

$$S=\sqrt{\frac{1}{n-1}\sum_{i=1}^{n}(x_i-\overline{x})^2}$$

式中：S——标准偏差（%）；

n——试样总数或测量次数，一般 n 不应少于 20～30；

x_i——物料中某成分的各次测量值，$x_i \sim x_n$；

$\overline{x}$——各次测量值的平均值。

标准偏差是一项表示物料成分均匀性的指标，标准偏差值越小，物料的成分越均匀。

（2）变异系数

$$C_V=\frac{S}{\overline{x}}\times 100\%$$

式中：C_V——变异系数；

S——标准偏差；

$\overline{x}$——各次测量值的平均值。

变异系数表示物料成分的相对波动情况，其值越小，成分的均匀性越好。

（3）均化效果

均化效果又称均化倍数或均化系数，指均化前物料的标准偏差与均化后物料的标准偏差之比。

$$H=\frac{S_{进}}{S_{出}}$$

式中：H——均化效果；

$S_{进}$——进入均化设施之前物料的标准偏差；

$S_{出}$——出均化设施时物料的标准偏差。

H 用来描述均化设施性能，H 越大，表示均化效果越好。

（4）合格率就是若干个样品在规定质量标准上下限之内的百分率，可以反映物料成分的均匀性，但不能反映全部样品的波动幅度及其成分分布特性。

2.8.3 原燃材料的预均化

（1）预均化概念

原燃料煤在储存、取用过程中，通过采用特殊的堆取料方式及设施，使原料或燃料化学成分波动范围缩小，为入窑前生料或燃料煤成分趋于均匀一致而作的必要准备过程，通常称作原燃料的预均化。简言之，所谓原燃料的预均化就是原料或燃料在粉磨之前所进行的均化。原料的预均化主要用于石灰质原料，其他原料基本均质，不需要预均化；燃料的预均化主要用于原煤。

（2）预均化基本原理

预均化的基本原理就是“平铺直取”，即堆放时，尽可能地以最多的相互平行、上下重叠的同厚度的料层构成料堆；取料时，按垂直于料层方向的截面对所有料层切取一定厚度的物料。

（3）原燃料预均化的作用

①消除进厂原燃料成分的长周期波动，使原燃料成分的波动周期短，为准确配料、配热和生料粉磨喂料提供良好的条件。

②显著降低原燃料成分波动的振幅，缩小其标准偏差，从而有利于提高生料成分的均匀性，稳定熟料煅烧时的热工制度。

③利于扩大原燃料资源，降低生产消耗，增强工厂对市场的适应能力。

（4）原燃材料预均化的条件

①$C_V<5\%$时，原料的均匀性良好，不需要进行预均化。

②$C_V=5\%\sim10\%$之间时，原料的成分有一定的波动。如果其他原料包括燃料的质量稳定、准确及生料均化设施的均化效果好，可以不考虑原料的预均化。相反，其他原料的质量不稳定，生料均化链中后两个环节的效果不好，矿石中的夹石、夹土多，应考虑该原料的预均化。

③$C_V>10\%$时，原料的均匀性很差，成分波动大，必须进行预均化。

④校正原料一般不考虑单独进行预均化，黏土质原料既可以单独预均化，也可以与石灰石合后一起进行预均化。

⑤进厂煤的灰分波动大于±5%时，应考虑煤的预均化。当工厂使用的煤种较多，不仅热值各异，而且灰分的化学成分各异，它们对熟料的成分及生产控制将造成一定的影响，严重时对熟料产量、质量产生较大的影响，此时应考虑进行煤的预均化。

（5）原燃材料的预均化设施

①矩形预均化堆场

设两个料堆，一个堆料，另一个取料，相互交替作业，两堆料可以平行排列，也可以纵向直线排列，每堆料的储量5～7d。矩形预均堆场的缺点是当换堆时由于料堆的端部效应会出现短暂的成分波动；好处是扩建时较简单，只要加长料堆即可（图1.2.10）。

②圆形预均化堆场

设一个圆弧料堆，在料堆的开口处，一端连续堆料，一端连续取料，储量4～7d。圆形预均堆场不存在换堆问题，但不能扩建，且进料皮带要架空，中心出料口要在地坑中（图1.2.11）。

图1.2.10　矩形预均化堆场

③堆料方式和取料方式

堆料方式有人字形堆料、波浪形堆料、倾斜形堆料；取料方式有端面取料法、侧面取料法（图1.2.12～图1.2.15）。

④预均化库

预均化库是利用几个混凝土圆库或方库，库顶用卸料小车往复地对各库进料，卸料时几

图1.2.11　圆形预均化堆场

个库同时进行，或使用抓斗在方库上方往复取料。其特点是平铺布料，但没有完全实现断面切取的取料方式，均化效果较差，一般 H 可达 2～3。

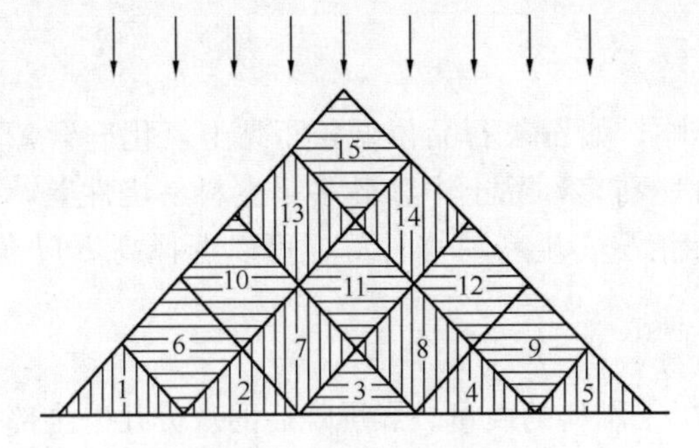

图1.2.12　波浪形堆料法

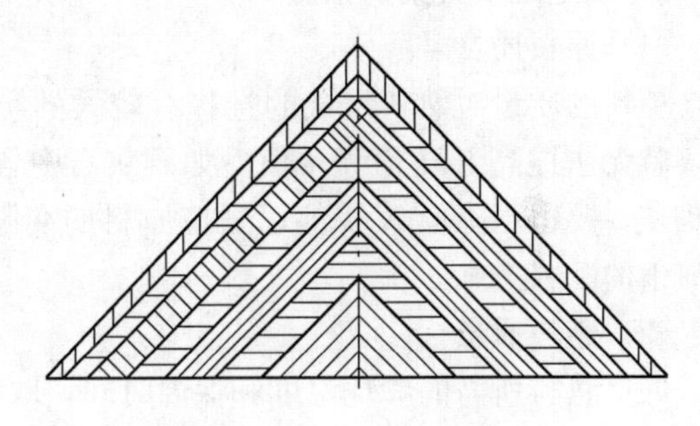

图1.2.13　人字形堆料法

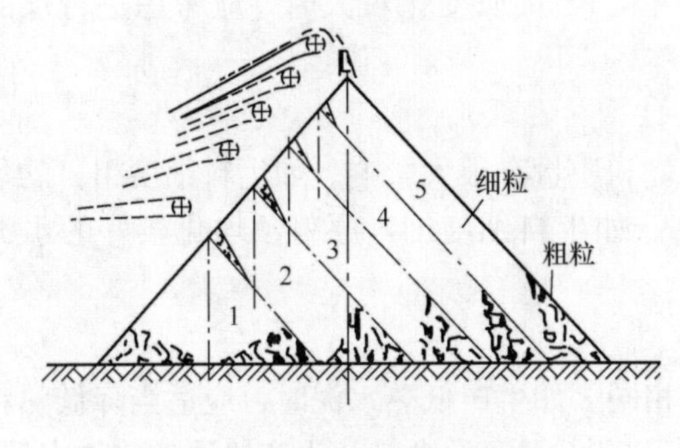

图1.2.14　横向倾斜形堆料法

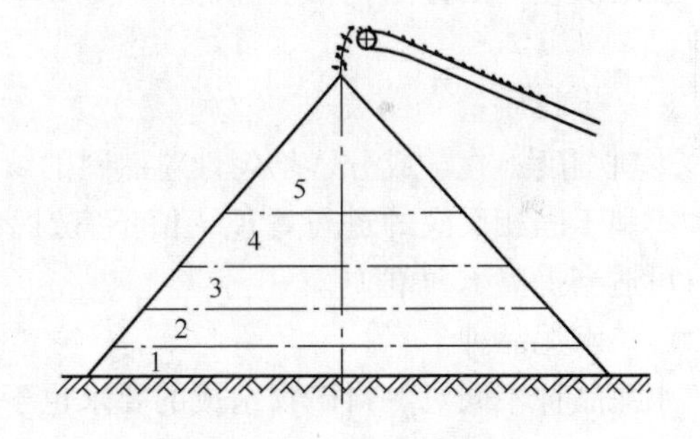

图1.2.15　水平层形堆料法

⑤端面切取式预均化库（又称为DLK库）

端面切取式预均化库的结构是混凝土结构的矩形中空库，库内用隔墙将库一分为二，一侧布料，另一侧出料，交替进行装卸作业。库顶布置一条S形胶带输送机，往返将物料向库内一侧平铺并形成多层人字形料堆。库底设有若干个卸料斗并配置振动给料机，当库内一侧进料，另一侧通过库底卸料设备的依次启动，利用物料的自然滑移卸出物料，实现料堆横端面上的切取，达到预均化的目的，预均化后的物料由库底部的胶带输送机运出。

任务3　生料制备技术

任务描述：熟悉生料粉磨工艺技术；熟悉生料配料方案的设计；熟悉生料配料的计算

方法。

知识目标：掌握生料粉磨工艺技术；掌握生料配料方案的设计。

能力目标：掌握生料配料的计算方法；掌握生料粉磨工艺系统。

3.1 配料方案的设计

根据水泥品种、原料的物理化学性质与具体生产条件确定所用原料的配合比，以得到煅烧水泥熟料所要求的适当成分的生料，称为生料的配料。

配料方案的设计，要考虑原料燃料的质量、水泥品种及具体的生产工艺流程，保证优质、高产、低消耗生产水泥熟料。合理的配料方案既是工厂设计的依据，又是正常生产的保证。

3.1.1 确定配料方案的依据

（1）原料质量

原料的质量对熟料组成的选择有较大的影响。如石灰石品位低，而黏土氧化硅含量不高，就无法提高 KH 值和 n 值。如石灰石中含燧石多，黏土中含砂多，生料易烧性差，熟料难烧，要适当降低 KH 值以适应原料的实际情况。生料易烧性好，可以选择高 KH 值、高 n 值的配料方案。

（2）燃料质量

煅烧熟料所需的煅烧温度和保温时间，取决于燃料的质量。煤燃烧后的灰分几乎全部掺入熟料中，直接影响熟料的成分和性质。因此，煤质好、灰分小，可适当提高熟料的 KH 值。如煤质差，灰分高，相应降低熟料的 KH 值。当煤质变化较大时，应考虑进行煤的预均化。

（3）生料质量

生料细度、化学成分、均匀性对熟料的煅烧和质量有很大影响。如生料细度粗，均匀性差，不利于固相反应的进行，KH 值不宜过高。如生料细度细，原料预均化较好的水泥企业，可适当提高 KH 值。

（4）水泥品种

水泥品种不同对熟料矿物组成的要求也不相同。如生产低热水泥时，应适当降低熟料中发热量较高的 C_3A 和 C_3S 的含量，相应提高 C_2S 和 C_4AF 的含量。生产快硬硅酸盐水泥时，需适当提高早期强度较高的 C_3A 和 C_3S 的含量。

（5）生产工艺

物料在不同类型窑内的受热情况和煅烧过程不完全相同，率值的选择应有所不同。窑外分解窑，由于物料预热好，热工制度稳定，一般考虑中 KH 值、高 n 值、高 p 值的配料方案。一般回转窑，由于物料不断翻滚，受热均匀和煤灰掺入均匀，配料可选用较高的 KH 值。立窑由于通风、煅烧很不均匀，因此 KH 值、n 值应适当降低。

（6）矿化剂

矿化剂的作用是促进熟料的煅烧，在同一条件下，掺矿化剂时，KH 值可取高些，不掺矿化剂时，KH 值可取低些。

3.1.2 熟料率值的选择

水泥熟料的三个率值（KH、n、p）是相互影响、相互制约的，配料计算时不能片面强调某一率值而忽视其他率值，原则上三个率值不能同时偏高或偏低。

(1) KH 值的选择

生产工艺先进，入窑生料均匀稳定，看火操作水平高，燃料稳定或使用了矿化剂，KH 值可选择高些；反之，KH 值应适当降低。适当提高 KH 值，熟料中 C_3S 含量也可适当增加。但 KH 值过高，往往使 f-CaO 偏高，造成安定性不良，熟料质量反而下降。最佳的 KH 值可根据生产经验综合考虑熟料的煅烧难易程度和熟料质量等确定。

(2) 选择与 KH 值相适应的 n 值

为使熟料有较高的强度，选择 n 值时，既要保持有一定数量的硅酸盐矿物，又必须与 KH 值相适应。一般应避免以下几种情况：

①KH 值高，n 值偏高。熟料中硅酸盐矿物含量高，熔剂矿物含量必然少，生料易烧性差，易造成熟料中 f-CaO 偏高，熟料质量差。

②KH 值低，n 值也偏高。熟料中 C_3S 含量低，C_2S 含量高，熟料强度不高，易造成熟料发生“粉化”现象。

③KH 值低，n 也偏低。熟料中硅酸盐矿物含量少，熔剂矿物含量高，熟料强度低。烧成时由于液相量太多，易产生结皮、结大块，物料不易烧透，f-CaO 还是高。

(3) p 值的选择

在选择 p 值时，也要与 KH 值相适应。一般情况下，当提高 KH 值时，要相应地降低 p 值，即提高 C_4AF 的含量，有利于 C_3S 的形成。

①高铝配料方案

熟料中 C_3A 含量高，熟料早期强度高。C_3A 含量高，会使液相黏度增加，不利于 C_3S 的形成。但液相黏度的增加，可使立窑底火结实稳定，不易破裂，不易产生风洞、呲火等现象，有利于底火稳定。对于煤的热值较高，风机的风压较大，操作水平较高的机立窑厂，可采用高铝配料方案。

② 高铁配料方案

熟料中 C_4AF 含量较高，可降低液相出现的温度和液相黏度，有利于 C_3S 的形成，提高熟料强度。但烧成范围窄，易结大块。对立窑而言，底火较脆弱。对于煤质较差，KH 值又较高时，宜采用高铁配料方案。

(4) 矿化剂

配料时是否采用矿化剂，对率值的选择影响很大。使用矿化剂，KH 值可略取高些。新型干法水泥企业使用较多的是萤石-石膏复合矿化剂。各企业应根据原燃材料的特点，确定适宜的氟硫比，一般 CaF_2/SO_3 比应控制在 0.4～0.6 比较合适。

3.2　配料计算

3.2.1　熟料煤耗的计算

$$P=\frac{Q}{Q_{net,ar}}$$

式中：P——熟料煤耗，kJ/kg；

Q——熟料热耗，kJ/kg；

$Q_{net,ar}$——煤的收到基低位发热量，kJ/kg。

3.2.2 熟料中煤灰掺入量的计算

$$q=\frac{P\cdot A_{ar}\cdot B}{100}$$

$$=\frac{Q\cdot A_{ar}\cdot B}{Q_{net,ar}\times 100}$$

式中：q——熟料中煤灰掺入量，kg 煤灰/100kg 熟料；

Q——熟料热耗，kJ/kg 熟料；

$Q_{net,ar}$——煤的收到基低位发热量，kJ/kg 煤；

A_{ar}——煤的收到基灰分含量，%；

B——煤灰分沉降率，%；

P——熟料煤耗，kg 煤/kg 熟料。

说明：水泥厂煤的分析资料为分析基数据，但计算过程需要的是收到基数据，故应将分析基 A_{ad}、$Q_{net,ad}$分别换算成收到基 A_{ar}、$Q_{net,ar}$数据，其换算公式是：

$$A_{ar}=A_{ad}\times\frac{100-M_{ar}}{100-M_{ad}}$$

$$Q_{net,ar}=Q_{net,ad}\times\frac{100-M_{ar}}{100-M_{ad}}-25.09\left(M_{ar}-M_{ad}\times\frac{100-M_{ar}}{100-M_{ad}}\right)$$

配料计算时，若无 M_{ar}（收到基水分）数据，也可用 A_{ad}、$Q_{net,ad}$计算熟料中煤灰掺入量。计算结果与利用 A_{ar}、$Q_{net,ar}$计算结果相比有一定的误差，但误差在配料计算的误差范围之内。

煤灰分沉降率 B 与窑型有关，其值如表 1.3.1 所示。

表 1.3.1 不同窑型的煤灰分沉降率 （%）

序号	窑　型	无电收尘器	有收尘器
1	湿法长窑	100	100
2	湿法短窑	80	100
3	带料浆蒸发机的湿法短窑	70	100
4	干法短窑带立筒、旋风预热器	90	100
5	预分解窑	90	100
6	立波尔窑	80	100
7	立窑	100	100

3.2.3 理论料耗的计算

（1）白生料煅烧工艺的理论料耗

$$S=\frac{1-\text{熟料中煤灰掺入量}\ \%}{1-\text{白生料烧失量}\ \%}$$

$$=\frac{1-q}{1-L_{\text{白}}}(\text{kg 白生料 /kg 熟料})$$

（2）全黑生料煅烧工艺的理论料耗

$$S=\frac{1}{1-L_{\text{黑}}}(\text{kg 黑生料 /kg 熟料})$$

（3）立窑半黑生料煅烧工艺的理论料耗

$$S=\frac{1-q_{半黑}}{1-L_{半黑}}(\text{kg 半黑生料 /kg 熟料})$$

式中：$q_{半黑}$——外加煤掺入熟料中的煤灰百分含量%：

$$q_{半黑}=\frac{外加煤掺入量}{总掺煤量}\times 熟料中煤灰掺入百分数$$

3.2.4　实际料耗的计算

$$实际料耗=理论料耗\times\frac{1}{1-生料水分\ \%}\times\frac{1}{1-生产损失\ \%}$$

3.2.5　生料掺煤量的计算

$$p_1=\frac{100p}{S}$$

式中：p_1——生料中掺煤量，kg 煤/100kg 白生料；

p——熟料煤耗，kg 煤/kg 熟料；

S——理论料耗，kg 生料/kg 熟料。

3.2.6　物料平衡与基准的换算

不考虑生产损失时，其计算及换算的关系如下：

干石灰石＋干黏土＋干铁粉＋其他干基物料＝干白生料

灼烧生料＋掺入生料中的煤灰＝熟料

$$灼烧基成分=干燥基成分\times\frac{100}{100-L}$$

$$灼烧基用量=\frac{(100-L)\times 干基用量}{100}$$

$$干基用量=\frac{100\times 灼烧基用量}{100-L}$$

$$干基用量=湿基用量\times\frac{100-M}{100}$$

$$湿基用量=干基用量\times\frac{100}{100-M}$$

式中：L——物料烧失量；

M——物料水分。

3.3　尝试拼凑法

该方法是先假定原料配比，计算熟料矿物组成及率值，若计算结果不符合要求，则尝试调整原料配比，再进行计算，直至计算结果符合要求为止。以白生料配料及全黑生料配料的计算为例，详细说明尝试拼凑法的计算过程。

3.3.1　计算步骤

（1）列出各原料、燃料的化学成分及煤的工业分析结果。

（2）确定熟料矿物组成或率值。

（3）计算煤灰掺入量。

（4）假设干基原料配比，计算生料、灼烧生料、熟料化学成分。

（5）验算熟料率值并与确定值进行比较。

（6）如率值不符合要求，重复调整配合比计算，直至率值符合要求为止。

（7）将干燥原料配比换算为湿原料配比。

3.3.2 白生料配料的计算实例

例1 某厂原燃料的有关分析数据如表1.3.2、表1.3.3及表1.3.4所示；率值要求为$KH=0.90\pm0.01$，$n=2.0\pm0.1$，$p=1.3\pm0.1$；熟料的热耗为4185 kJ/kg熟料；煤灰分沉降率为100%，应用尝试拼凑法计算白生料的配合比。

表1.3.2 原料与煤灰的化学成分

原料名称	烧失量	SiO_2	Al_2O_3	Fe_2O_3	CaO	MgO	其他	总和
石灰石	42.8	1.82	0.65	0.32	53.25	1.20	0.48	100
黏土	5.34	69.01	13.92	5.69	1.41	1.94	2.69	100
铁粉	2.79	29.05	11.55	46.31	6.42	0.47	3.41	100
煤灰	—	55.96	30.66	5.62	4.27	0.98	2.51	100

表1.3.3 煤的工业分析成分

M_{ad}	A_{ad}	V_{ad}	FC_{ad}	$Q_{nec,ad}$
1.19%	24.12%	10.5%	64.19%	23760kJ/kg煤

表1.3.4 入磨物料的水分 （%）

名称	石灰石	黏土	铁粉	煤
水分	1.00	2.50	4.00	4.50

白生料配料计算的步骤：

（1）计算煤灰掺入量q

$$q=\frac{Q\cdot A_{ar}\cdot B}{Q_{net,ar}\times100}\approx\frac{Q\cdot A_{ad}\cdot B}{Q_{net,ad}\times100}=\frac{4185\times24.12\times100}{23760\times100}=4.25\%$$

（2）假设原料配合比，计算生料、灼烧生料、熟料化学成分。

假设原料配合比如下：石灰石为81.4%；黏土为14.9%；铁粉为3.7%。其计算结果列于表1.3.5。

表1.3.5 配料的计算结果

原料名称	配比	烧失量	SiO_2	Al_2O_3	Fe_2O_3	CaO	MgO	其他	总和
石灰石	81.4	34.42	1.48	0.53	0.26	43.35	0.98	0.39	81.4
黏土	14.9	0.80	10.28	2.07	0.85	0.21	0.29	0.40	14.9
铁粉	3.7	0.10	1.07	0.43	1.71	0.24	0.02	0.13	3.7

续表

原料名称	配比	烧失量	SiO_2	Al_2O_3	Fe_2O_3	CaO	MgO	其他	总和
白生料	100	35.32	12.83	3.03	2.82	43.80	1.29	0.92	100.0
灼烧生料①	100	—	19.84	4.68	4.36	67.72	1.99	1.42	100.0
灼烧生料	95.75②	—	19.00	4.48	4.17	64.84	1.91	1.36	95.75
煤灰	4.25	—	2.38	1.30	0.24	0.18	0.04	0.11	4.25
熟料③	100	—	21.38	5.78	4.41	65.02	1.95	1.47	100.0

注：①灼烧基生料成分$=\frac{100}{100-L_{白}}\times$白生料中各氧化物含量

例：灼烧基成分中 SiO_2 的百分含量，$SiO_2=\frac{100}{100-35.32}\times 12.38=19.84\%$

②灼烧生料配比＝熟料量－掺入熟料中的煤灰量

＝100%－4.25%＝95.75%

③熟料成分＝灼烧基配比×灼烧基生料中各氧化物百分含量

＋煤灰成分中各氧化物百分含量×煤灰掺入量

例：熟料中 $SiO_2=19.00\%+2.38\%=21.38\%$

(3) 计算熟料率值

$$KH=\frac{CaO-1.65Al_2O_3-0.35Fe_2O_3}{2.8SiO_2}$$

$$=\frac{65.02-1.65\times 5.78-0.35\times 4.41}{2.8\times 21.38}=0.901$$

$$n=\frac{SiO_2}{Al_2O_3+Fe_2O_3}$$

$$=\frac{21.38}{5.78+4.41}=2.10$$

$$p=\frac{Al_2O_3}{Fe_2O_3}=\frac{5.78}{4.41}=1.31$$

计算所得的三个率值在要求的三个率值的范围内，配料计算成功，其原料的配合比是石灰石为81.4%，黏土为14.9%，铁粉为3.7%。如计算出的三个率值与设计值不符合，需调整原料配合比，再进行计算，直至符合要求为止。

(4) 计算湿物料配比

$$湿物料量=干物料量\times\frac{100}{100-M}$$

$$湿石灰石=81.4\times\frac{100}{100-1.00}=82.22(份)$$

$$湿黏土=14.9\times\frac{100}{100-2.50}=15.28(份)$$

$$湿铁粉=3.7\times\frac{100}{100-4.00}=3.85(份)$$

将质量比换算成百分比，其结果如下：

$$湿石灰石=\frac{82.22}{82.22+15.28+3.85}\times 100\%=81.12\%$$

$$湿黏土=\frac{15.28}{82.22+15.28+3.85}\times 100\%=15.08\%$$

$$湿铁粉=\frac{3.85}{82.22+15.28+3.85}\times 100\%=3.80\%$$

3.3.3 全黑生料配料计算实例

全黑生料配料计算，一般先计算出白生料的配比，再通过计算求出全黑生料的配比。以例1的数据为条件，说明应用尝试拼凑法计算全黑生料配料的过程，其配料计算步骤如下：

（1）计算白生料理论料耗 S

$$\begin{aligned}S&=\frac{1-q}{1-L_{白}}\\&=\frac{1-4.25\%}{1-35.15\%}\\&=1.476(\text{kg 白生料 /kg 熟料})\\&=147.6(\text{kg 白生料 /100kg 熟料})\end{aligned}$$

（2）计算熟料煤耗 p

$$\begin{aligned}p&=\frac{Q}{Q_{\text{net,ar}}}\\&\approx\frac{Q}{Q_{\text{net,ad}}}\\&=\frac{4185}{23760}=0.1761(\text{kg 煤 /kg 熟料})\\&=17.61(\text{kg 煤 /100kg 熟料})\end{aligned}$$

（3）计算全黑生料中的含煤量

$$\begin{aligned}全黑生料中含煤量&=\frac{煤耗}{白生料理论料耗+煤耗}\\&=\frac{17.61}{147.6+17.61}=0.1066\text{kg 煤 /kg 全黑生料}\\&=10.66\text{kg 煤 /100kg 全黑生料}\end{aligned}$$

将全黑生料中的含煤量换算为干基含煤量，其计算公式如下：

$$\begin{aligned}全黑生料中含干基煤量&=煤量\times\frac{100-M_{\text{ad}}}{100}\\&=10.66\times\frac{100-1.19}{100}=10.53(\text{kg 煤 /100kg 全黑生料})\end{aligned}$$

干基全黑生料中石灰石、黏土、铁粉的总量为：

$$100-10.53=89.47\ (\text{kg/kg 全黑生料})$$

其中，干石灰石量为：

$$81.4\%\times 89.47=72.83\ (\text{kg/100kg 全黑生料})$$

干黏土量为：

$$14.9\%\times 89.47=13.33\ (\text{kg/100kg 全黑生料})$$

干铁粉量为：

$$3.7\%\times 89.47=3.31\ (\text{kg/100kg 全黑生料})$$

根据原燃料入磨时的水分，可求得湿物料的配比：

$$湿石灰石=72.83\times\frac{100}{100-1.00}=73.57\ (份)$$

$$湿黏土=72.83\times\frac{100}{100-2.50}=13.67（份）$$

$$湿铁粉=72.83\times\frac{100}{100-4.00}=3.45（份）$$

$$湿煤=72.83\times\frac{100}{100-4.50}=11.03（份）$$

将求得的质量比换算成百分比：石灰石为72.33%；黏土为13.44%；铁粉为3.39%；煤为10.84%。

（4）计算全黑生料成分

全黑生料中的煤量是10.66kg/100kg全黑生料，白生料量是89.34kg/100kg全黑生料。

煤带入全黑生料的烧失量为（%）：

$$(1-A_{ad}\%)\times10.66=(1-24.12\%)\times10.66=8.09$$

计算出全黑生料成分如表1.3.6所示。

表1.3.6 全黑生料成分 （%）

名称	烧失量	SiO_2	Al_2O_3	Fe_2O_3	CaO	MgO	其他	总和
白生料成分×89.34%	31.55	11.46	2.71	2.52	39.13	1.15	0.82	89.34
煤10.66%（煤灰2.57%）①	8.09	1.44	0.79	0.14	0.11	0.03	0.06	10.66
全黑生料成分②	39.64	12.90	3.50	2.66	39.24	1.18	0.88	100.0

注：①10.66%煤带入的煤灰为：$10.66\times A_{ad}\%=10.66\times24.12\%=2.57\%$。

②煤带入全黑生料中的其他各成分为：2.57%×灰分成分，比如$SiO_2=2.57\%\times55.96=1.44\%$。

3.4 递减试凑法

递减试凑法是从熟料化学成分中依次递减配合比的原料成分，试凑至符合要求为止。计算时以100kg熟料为计算基准，直接利用原料各氧化物百分含量的原始分析结果，逐步接近要求的配合比进行计算。

3.4.1 计算步骤

（1）列出各原料、燃料的化学成分及煤的工业分析结果；

（2）确定熟料矿物组成或率值；

（3）计算煤灰掺入量；

（4）根据熟料率值计算要求的熟料化学成分；

（5）递减试凑法求各原料配比；

（6）验算熟料率值并与确定值进行比较；

（7）计算原料配比。

3.4.2 配料计算实例

用递减试凑法进行配料计算时，如分析结果总和超过100%，则应按比例缩减使总和等于100%。若分析结果总和小于100%，这是由于某些成分没有被分析出来，应把小于100%的差数注明为“其他”项。

例2 某厂原燃料的有关分析数据如表1.3.7及表1.3.8所示；率值要求为$KH=0.89\pm0.01$，$n=2.1\pm0.1$，$p=1.3\pm0.1$；熟料的热耗为3350kJ/kg熟料；煤灰分沉落率为

100%，应用递减试凑法计算白生料的配合比。

表 1.3.7　原料与煤灰的化学成分

原料名称	烧失量	SiO_2	Al_2O_3	Fe_2O_3	CaO	MgO	其他	总和
石灰石	42.66	2.42	0.31	0.19	53.13	0.57	0.72	100
黏土	5.27	70.25	14.27	5.48	1.41	0.92	1.95	100
铁粉	—	34.42	11.53	48.27	3.53	0.09	2.26	100
煤灰	—	53.52	35.34	4.46	4.79	1.19	0.70	100

表 1.3.8　煤的工业分析成分

M_{ar}	A_{ar}	V_{ar}	FC_{ar}	$Q_{nec,ar}$
4.49%	28.56%	20.12%	46.83%	20930kJ/kg 煤

配料的计算步骤如下：

（1）计算煤灰掺入量

$$q=\frac{Q\cdot A_{ar}\cdot B}{Q_{net,ar}\times 100}$$

$$=\frac{3350\times 28.56\times 100}{100\times 20930}$$

$$=4.57\%$$

（2）根据已知率值，计算要求的熟料化学成分

设总和 Σ=97.5%（$\Sigma=CaO+SiO_2+Al_2O_3+Fe_2O_3$），则：

$$Fe_2O_3=\frac{\Sigma}{(2.8KH+1)(p+1)n+2.65p+1.35}\times 100\%$$

$$=\frac{97.5}{(2.8\times 0.89+1)(1.3+1)\times 2.1+2.65\times 1.3+1.35}\times 100\%$$

$$=4.50\%$$

$$Al_2O_3=p\cdot Fe_2O_3\times 100\%=1.3\times 4.50\times 100\%=5.85\%$$

$$SiO_2=n\ (Al_2O_3+Fe_2O_3)\times 100\%$$

$$=2.1\times\ (4.50+5.85)\ \times 100\%=21.74\%$$

$$CaO=\Sigma-\ (SiO_2+Al_2O_3+Fe_2O_3)\ \times 100\%$$

$$=97.5-\ (21.74+5.85+4.50)\ \times 100\%=65.41\%$$

（3）进行递减试凑

以 100kg 熟料与基准进行递减试凑。列表递减试凑如下，用要求熟料成分减去煤灰带入的各种成分后，便是由石灰石、黏土、铁粉等原料提供的成分；再减去石灰石、黏土、铁粉等原料带入的各种成分后，余数应趋近于零。递减试凑法配料计算如表 1.3.9 所示。

表 1.3.9　递减试凑法配料计算表

计算步骤	SiO_2	Al_2O_3	Fe_2O_3	CaO	MgO+其他	说　明
要求熟料成分 −4.57kg 煤灰	21.74 2.45	5.85 1.62	4.50 0.20	65.41 0.23	2.50 0.09	煤灰带入的 SiO_2 量=4.57×53.52% =2.45kg

续表

计算步骤	SiO_2	Al_2O_3	Fe_2O_3	CaO	MgO＋其他	说　明
差 －122kg石灰石	19.29 2.95	4.23 0.38	4.30 0.23	65.18 64.82	2.41 1.57	干石灰石[①]$=\frac{65.18}{53.13\%}$ $=122.7$kg（取122kg）
差 －23kg黏土	16.34 16.16	3.85 3.39	4.07 1.26	0.36 0.32	0.84 0.66	干黏土$=\frac{16.34}{70.25\%}$ $=23.3$kg（取23kg）
差 －5.8kg铁粉	0.18 2.00	0.46 0.67	2.81 2.80	0.04 0.20	0.18 0.13	干铁粉$=\frac{2.81}{48.27\%}=5.8$kg
差 ＋2.6kg黏土	－1.82 1.83	－0.21 0.38	0.01 0.14	－0.16 0.04	0.05 0.07	干黏土配多了 干黏土$=\frac{1.82}{70.25\%}=2.6$kg
和 －0.3kg铁粉	0.01 0.10	0.17 0.03	0.15 0.14	－0.12 0.01	0.12 0.01	干铁粉$=\frac{0.15}{48.27\%}=0.3$kg
差 ＋0.2kg石灰石	－0.09 0	0.14 0	0.01 0	－0.13 0.11	0.11 0	石灰石配多了 干石灰石$=\frac{0.13}{53.13\%}=0.2$kg
余	－0.09	0.14	0.01	－0.02	0.11	偏差不大，不再递减

注：①石灰石的递减量计算

$$\text{石灰石递减量}=\frac{\text{熟料中CaO量}-\text{煤灰中的CaO量（即递减余数）}}{\text{石灰石原始成分中的CaO量}}\times 100\%$$

$$=\frac{65.41-0.23}{53.13}=\frac{65.18}{53.13}\times 100\%=122.7\text{kg}$$

其他原料的递减量计算依此类推。

由计算结果可看出，熟料中尚缺少0.14%的 Al_2O_3，即 Al_2O_3 略为偏低。但再加黏土，则 SiO_2 过高，所以不再递减试凑；“MgO＋其他”项余数也不大，说明总和假定合适。如果计算结果“MgO＋其他”项余数大，则说明总和假设不合适，需重新假设总和，重新计算。

由计算结果可知，煅烧100kg熟料所需各种原料的用量为：

干石灰石＝122－0.2＝121.8kg

干黏土＝23－2.6＝20.4kg

干铁粉＝5.8＋0.3＝6.1kg

各原料的配合比为

$$\text{干石灰石}=\frac{121.8}{121.8+20.4+6.1}\times 100\%=82.13\%$$

$$\text{干黏土}=\frac{20.4}{121.8+20.4+6.1}\times 100\%=13.76\%$$

$$\text{干铁粉}=\frac{6.1}{121.8+20.4+6.1}\times 100\%=4.11\%$$

（4）验算熟料化学成分与率值

计算方法同例1，其结果如表1.3.10所示。

表1.3.10 生料及熟料的化学成分

原料名称	配比	烧失量	SiO_2	Al_2O_3	Fe_2O_3	CaO	MgO	其他	总和
石灰石	82.13	35.04	1.99	0.25	0.16	43.64	0.47	0.59	82.13
黏土	13.76	0.73	9.67	2.03	0.76	0.19	0.13	0.27	13.76
铁粉	4.11	—	1.44	0.47	1.98	0.14	0.004	0.09	4.11
生料	100	35.77	13.07	2.75	2.90	43.97	0.60	0.95	100.0
灼烧生料	100	—	20.35	4.28	4.52	68.46	0.93	1.48	100.0
灼烧生料	95.43	—	19.42	4.08	4.31	65.33	0.89	1.41	95.43
煤灰	4.57	—	2.45	1.62	0.20	0.22	0.05	0.03	4.57
熟料	100	—	21.87	5.70	4.51	65.55	0.94	1.44	100.0

$$KH=\frac{CaO-1.65Al_2O_3-0.35Fe_2O_3}{2.8SiO_2}$$

$$=\frac{65.55-1.65\times5.70-0.35\times4.51}{2.8\times21.87}=0.891$$

$$n=\frac{SiO_2}{Al_2O_3+Fe_2O_3}=\frac{21.87}{5.70+4.51}=2.14$$

$$p=\frac{Al_2O_3}{Fe_2O_3}=\frac{5.70}{4.51}=1.26$$

从计算结果可知，三个率值KH、n、p均在要求范围内，计算结果符合要求，其原料配合比是石灰石为82.13%；黏土为13.76%；铁粉为4.11%。

3.5 生料粉磨工艺

3.5.1 生料粉磨的目的和要求

生料的细度直接影响熟料的煅烧速度。生料细度越细，生料各组分直接的混合均匀，煅烧时各组分能够充分接触，使发生碳酸钙的分解反应、固相反应、烧成反应的速度加快，有利于完成烧成反应。但当生料的细度过细时，生料磨机的台时产量明显降低，单位生料的分步电耗明显升高，生料中的游离氧化钙的含量并没有明显下降很多。生料中的粗颗粒，特别是一些粒径粗大的结晶石英、方镁石，它们的化学反应活性很低，在窑内几乎不和其他氧化物发生化学反应，影响熟料的煅烧反应，使游离氧化钙的含量增大，影响熟料的质量。所以生产上必须控制生料的细度，使用球磨机开路生产时，生料细度控制0.08mm方孔筛的筛余≤10%，0.20mm方孔筛的筛余≤1.50%比较合理；如果使用球磨机闭路生产时，生料细度控制0.08mm方孔筛的筛余≤16%，0.20mm方孔筛的筛余≤2.50%比较合理。控制原料中粒径粗大的结晶石英、方镁石的含量小于4%。

3.5.2 生料粉磨系统的发展特点

随着新型干法水泥生产技术的发展，为了适应不同原料和工艺的要求，提高粉磨效率，生料粉磨系统也得到了不断的改进和发展，其发展特点如下：

(1) 原料的烘干和粉磨一体化，烘干兼粉磨流程得到了广泛应用。并且由于结构和材质方面的改进，辊式磨获得了快速发展，得到广泛应用，粉磨电耗显著降低。

(2) 磨机与新型高效选粉机、输送设备相匹配，组成了各种新型干法闭路粉磨流程，提高了粉磨效率，降低电耗。

(3) 设备日趋大型化，以简化设备和工艺流程，与窑的大型化相匹配。钢球磨的最大直径已达5.5 m以上，电动机功率达6500 kW以上，台时产量达300 t以上。辊式磨系列中磨盘直径已达5 m以上，电动机功率5000 kW以上，台时产量500 t以上。

(4) 新型节能粉磨设备——辊压机作为预粉碎设备得到应用。

(5) 采用预烘干（或预破碎）形式组成烘干（破碎）粉磨联合机组，提高了粉磨、烘干效率，简化了工艺流程。

(6) 管磨机内部结构的改进，如新型环向沟槽衬板，扬料板角度可调的隔仓板等。

(7) 利用悬浮预热器窑和预分解窑320～350℃的废气烘干原料，发展了各种烘干磨。

(8) 采用电子定量喂料秤、X荧光分析仪、电子计算机自动调节系统，控制原料的配料，为入窑生料成分的均齐、稳定创造了条件。

(9) 磨机系统操作自动化。应用自动调节回路及电子计算机控制生产，代替人工操作，力求生产稳定。

3.5.3 选用粉磨流程和粉磨设备需要考虑的因素

(1) 入磨物料的性质

物料的性质主要包括水分、粒度、易磨性和磨蚀性，也要考虑黏土质原料中的含砂量及石灰质原料中燧石的影响。

(2) 粉磨产品的细度要求

所选的粉磨流程和设备应尽可能便于控制粉磨产品的细度。

(3) 生料粉磨系统的要求小时产量

生料粉磨系统的要求小时产量，由主机平衡计算确定。所选生料磨的生产能力，应能满足这一要求。同时，为了简化工艺线，对一台窑来说，一般只配置一台生料磨，而对大型窑来说，生料磨的设置也不宜超过两台。

(4) 粉磨电耗

所选的粉磨流程和设备应尽可能符合节省电耗的要求。干法生料磨的电耗应在17.5kWh/t生料以下。

(5) 废气余热利用的可能性

对于干法生料磨来说，应考虑尽可能利用废气余热来烘干原料和燃料，使生料粉磨与烘干作业同时进行，以节约烘干热能，节省烘干设备，简化生产流程。

(6) 操作的可靠性和自动控制以及设备的耐磨性能。

(7) 所选的生料粉磨设施应力求占地面积小，需要空间小和基建投资低。

3.5.4 生料粉磨工艺系统

(1) 风扫磨烘干兼粉磨系统

在磨尾排风机的抽力作用下，热风进入磨内，已被粉磨的生料由通过磨内的热风带入粗粉分离器内分选，粗粉再次回磨，细粉由旋风收尘器收集。为了减少热耗，部分废气重新返回磨内循环使用，其余废气经收尘器净化后，排入大气中。其流程如图1.3.1和图1.3.2所示。

此流程的优点是热废气利用率高，流程简单，输送设备少，维修工作量小，设备利用率高，允许进磨物料水分较高，可烘干水分含量8%～12%的原料。当原料水分含量高，要求烘干能力强，风扫和提升物料所需的气体量与烘干物料所需的热风量相匹配时，系统效率高，否则，则会造成粉磨单位产品的总电耗较高。

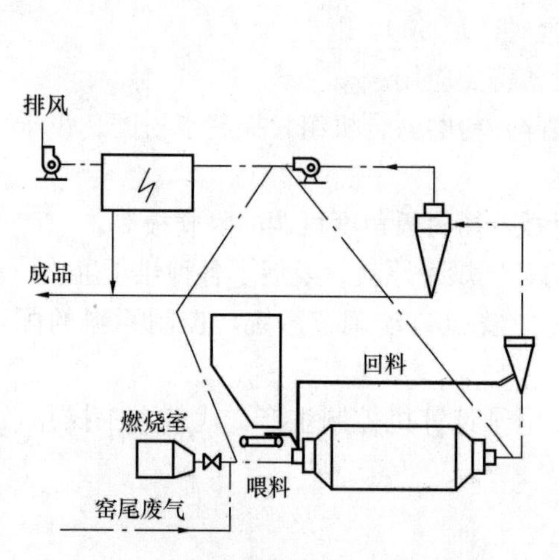

图 1.3.1　风扫磨的烘干—粉磨流程

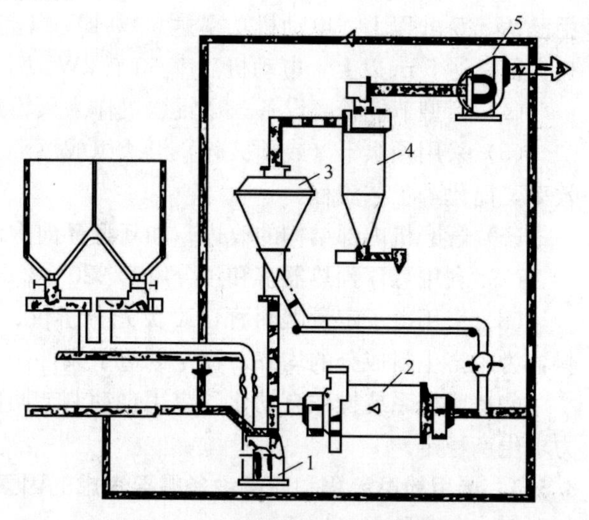

图 1.3.2　预破碎烘干兼粉磨流程

1—破碎机；2—磨机；3—粗粉分离器；4—旋风筒；5—排风机

(2) 尾卸提升循环烘干兼粉磨系统

物料从磨头喂入，经烘干仓和粗磨仓后进细磨仓，物料由磨尾卸出，由提升机送到选粉机内进行选粉，粗粉由磨头喂料端重新入磨，细粉作为成品。来自窑系统的热废气或热风炉的热气体从喂料端进入，窑尾废气可烘干含4%～8%水分的原料，在利用热风炉高温气体时，烘干的水分可达8%～12%，出磨废气经收尘器净化后排入大气中，工艺流程如图1.3.3所示。

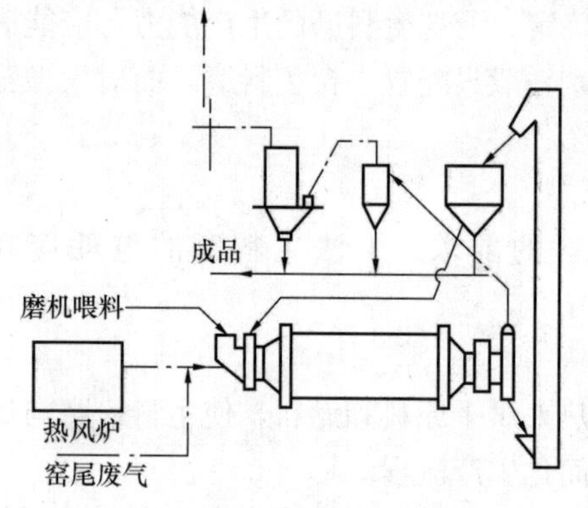

图 1.3.3　尾卸提升循环烘干—粉磨流程

此系统的烘干能力差，在采用大型磨机而又利用窑尾废气作为烘干介质时，需要增加一些辅助烘干设施。例如，常在磨机粉磨仓前增设烘干仓、立式烘干塔、选粉机内烘干、预烘干破碎机组等，以适应不同水分含量原料的烘干要求。

(3) 中卸提升循环烘干兼粉磨系统

喂入磨内物料先在烘干仓内经过烘干，再进入粗磨仓进行初次粉碎。然后从磨机中部卸出，由提升机送入选粉机，选出合格细粉。粗粉中的少部分入磨头，大部分入磨尾细磨仓，比例约为1∶4。粗粉和细粉分开，有利于最佳配球。

物料出粗磨仓后经过分级设备及时选出产品，减少了细磨仓喂料中的细料，消除了过粉磨现象，从而提高了粉磨效率。磨头喂入部分粗粉，可以起到加速物料流速，增强粉磨的作用，同时也均衡了两仓的负荷。该系统的缺点是密封困难，系统漏风较多，生产流程也比较复杂。工艺流程如图1.3.4所示。

(4) 辊式磨系统

辊式磨也叫立磨，常用的辊式磨有LM（莱歇磨）、伯利休斯磨、ATOX磨、雷蒙磨、MPS磨、E型磨、MB磨等。生料立磨应用很广泛，是新型干法水泥企业的首选，已投产的生料立磨，最大的生产能力已经达到1000t/h。

立磨的结构如图1.3.5所示，其内部装有粗粉分离器而构成闭路循环，烘干与粉磨作业同时进行。物料在回转的底盘与磨辊间受到挤压而被粉碎，磨机底部进入热风及时将被粉碎的物料带到粉磨室上部的分离室内，或卸出磨外由提升机提至分离器分离，粗粒被分离后返回磨盘再进行磨细，随气流到磨外被收集下来的细粉即为成品。立磨产品收集工艺流程如图1.3.6及图1.3.7所示。

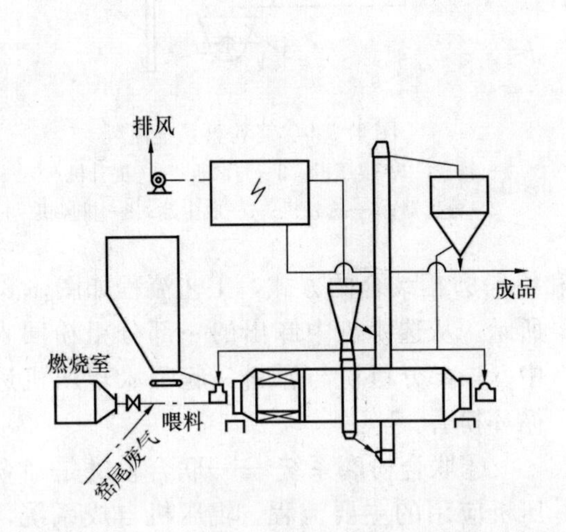

图1.3.4 中卸提升循环烘干—粉磨流程

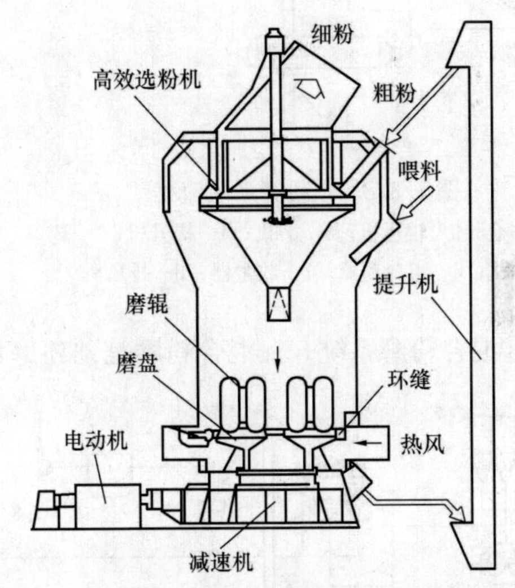

图1.3.5 立磨的结构示意图

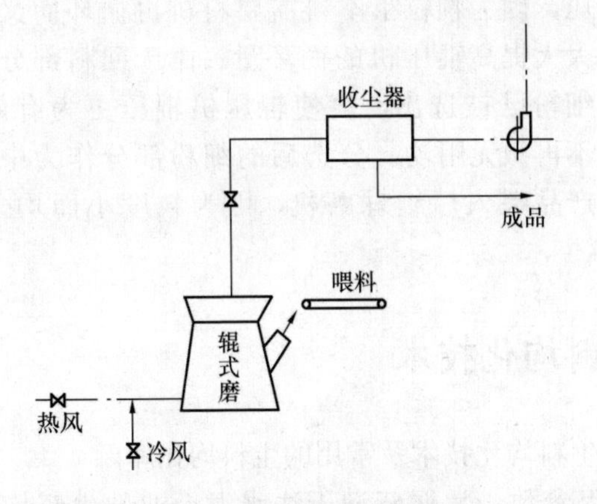

图1.3.6 立磨产品收集流程（一）

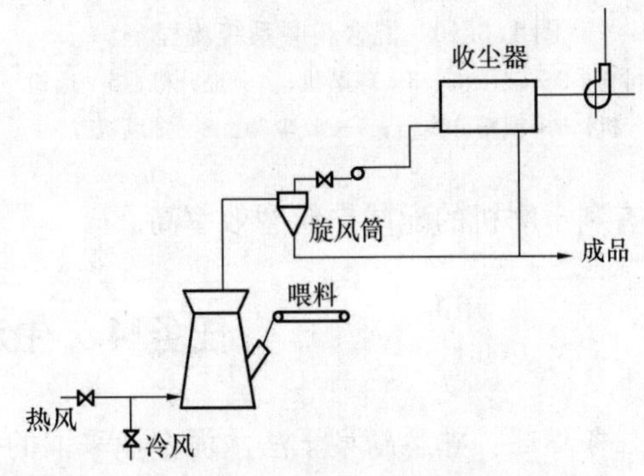

图1.3.7 立磨产品收集流程（二）

(5) 辊压机

辊压机是一种料床粉碎设备，其能量利用率高。辊压机可用于粉磨水泥原料及熟料。辊压机粉磨系统的流程可分为以下几大类：

①预粉磨系统——预粉磨系统如图1.3.8所示。在现有粉磨系统中，安装一台辊压机作

为预粉磨设备，可以使产量大幅度提高。物料喂入辊压机，挤压过的料片再喂入磨机，在闭路系统中进行最终粉磨。

②终粉磨系统——终粉磨系统如图1.3.9所示。经配合的各种物料喂入辊压机后，压成碎片，然后在细粉碎设备中将团聚在一起的细粉打散，同时使已经压出裂纹的小颗粒进一步粉碎。

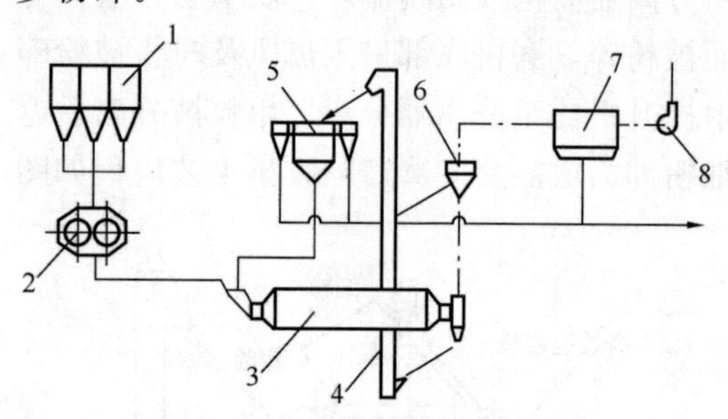

图1.3.8　预粉磨系统流程

1—料仓；2—辊压机；3—磨机；4—提升机；5—选粉机；6—粗分离器；7—收尘器；8—排风机

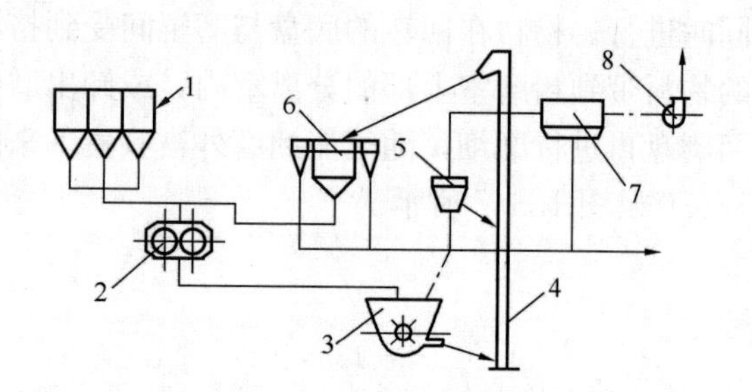

图1.3.9　终粉磨系统流程

1—料仓；2—辊压机；3—打散机；4—提升机；5—粗分离器；6—选粉机；7—收尘器；8—排风机

③混合粉磨系统——混合粉磨是预粉磨和终粉磨相结合的方式，工艺流程如图1.3.10所示。从选粉机中卸出的一部分粗粉回入磨中、一部分粗粉与原料一起喂入辊压机进行循环粉磨。

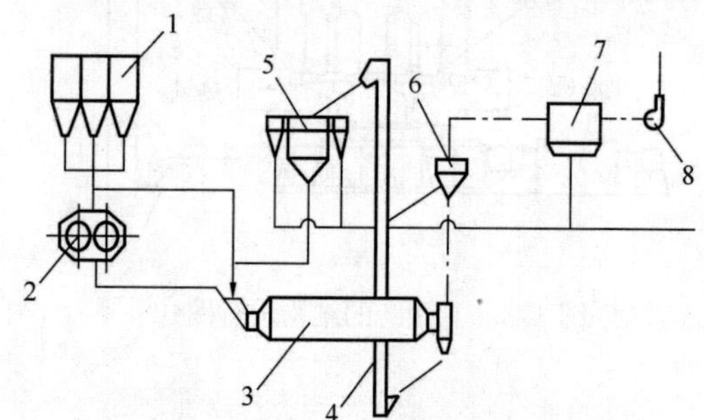

图1.3.10　混合粉磨系统流程

1—料仓；2—辊压机；3—球磨机；4—提升机；5—选粉机；6—粗粉分离器；7—收尘器；8—排风机

④联合粉磨系统——联合粉磨是当今辊压机应用的主要流程。辊压机自成系统，料饼经粗选粉机分选，粗料全部返回辊压机再压，因为颗粒粗不再需要料饼再循环而又能大大提高辊压机的循环量。由于回料部分的细粉已被选出，就使辊压机辊压更为有效，不再做无用功。分选后的细粉部分作为中间产品喂入后续球磨机，因为粒度小而均匀，非常有利于磨机的配球，粉磨效率高。

任务4　生料均化技术

任务描述：熟悉新型干法水泥企业采取的生料均化技术及常用的生料均化库。

知识目标：掌握生料均化原理及均化过程参数；掌握新型干法水泥企业的生料均化技术。

能力目标：掌握新型干法水泥企业生料均化库的应用；掌握提高生料均化效果的最佳途径。

物料均化是水泥干法生产中很重要的工艺环节，它对提高水泥熟料的产量、质量和确保水泥质量的稳定，有着举足轻重的作用。现代大型新型干法水泥企业的生产实践证明，窑型越大，生料均化度对熟料产量、质量和窑热工制度稳定的影响也越大，因此对生料均化度的要求也越高。随着原料预均化技术的出现、X射线荧光分析仪及电子计算机控制系统在生料配料上的应用，又促进了各种连续式均化库的研制和发展。

4.1　生料的均化

4.1.1　生料均化的意义

为了制成成分均齐而又合格的水泥生料，首先要对原料进行必要的预均化。但即使原料预均化得十分均匀，由于在配料过程中的设备误差、各种人为因素及物料在粉磨过程中的某些离析现象，出磨生料仍会有一定的波动，因此，必须通过均化进行调整，以满足入窑生料的控制指标。如 $CaCO_3$ 含量波动±10%的石灰石，采取预均化后措施后，其含量波动可缩小至±1%。

生料均化得好，不仅可以提高熟料的质量，而且对稳定窑的热工制度、提高窑的运转率、提高产量、降低能耗大有好处。

(1) 生料均化程度对易烧性的影响

生料易烧性是指生料在窑内煅烧成熟料的相对难易程度。生产实践证明，生料易烧性不仅直接影响熟料的质量和窑的运转率，而且还关系到燃料的消耗量。在生产工艺一定、主要设备相同的条件下，影响生料易烧性的因素有生料化学组成、物理性能及其均化程度。在配比恒定和物理性能稳定的情况下，生料均化程度是影响其易烧性的重要原因，因为入窑生料成分（主要指 $CaCO_3$）的较大波动，实际上就是生料各部分化学组成发生了较大变化。

用生料易烧性指数或生料易烧性系数表示生料的易烧程度，生料易烧性指数或系数越大，生料越难烧。

$$易烧性指数=\frac{w(C_3S)}{w(C_3A)+w(C_4AF)}$$

由上式可知，较高的 w（C_3S）或较低的 w（C_3A）、w（C_4AF）都会使生料易烧性指数变差。

$$易烧性系数=\frac{100w(CaO)}{2.8w(SiO_2)+1.1w(Al_2O_3)+0.7w(Fe_2O_3)}+\frac{10w(SiO_2)}{w(Al_2O_3)+w(Fe_2O_3)}-3w(MgO)+w(R_2O)$$

如果生料中 w（R_2O）+（MgO）<1%，可以不考虑它们对生料易烧性的影响，则 $3w$（MgO）和 w（R_2O）项略去。

生料中某组分（特别是 $CaCO_3$）含量波动较大，不但使其易烧性不稳定，而且影响窑的正常运转和熟料质量。操作实践证实，易烧性系数改变1.0时，不会造成易烧性的重大变化；当易烧性系数变动大于2.0时，可以明显地感到烧成的煅烧反应受到影响；当易烧性系数变动超过3.0时，窑操作员必须调整燃料用量来应对易烧性大的变化。因此，为确保生料具有稳定的、良好的易烧性，提高熟料质量，除选择制定合理的配料方案和烧成制度外，还应尽量提高生料的均化程度。

(2) 生料均化程度对熟料产量和质量的影响

生料在窑内煅烧成熟料的过程是典型的物理化学反应过程。一般熟料的形成过程可分为三个阶段：第一阶段反应在温度升高时发生；第二阶段反应在恒温时发生；第三阶段反应在温度降低时发生。其中很重要的第一阶段反应，即生料中各化学组分（特别是 CaO）之间的反应，取决于生料颗粒之间的接触机会和细度，而“颗粒接触机会”就是由生料的均化程度所决定的。当均化好的生料在合理的热工制度下进行煅烧时，由于各化学组分间的接触机会几乎相等，故熟料质量好。反之，均化不好的生料，影响熟料质量，减少产量，给烧成带来困难，使窑运转不稳定，并引起窑皮脱落等内部扰动，缩短窑的运转周期和增加窑衬材料的消耗。若均化效果不好，熟料质量通常会降低 5MPa，产量平均下降 5%左右。所以，生料均化程度是影响生料易烧性的稳定与熟料产量和质量的关键，在干法水泥厂中生料均化是不可缺少的重要工艺环节。

（3）生料均化在生料制备过程中的重要地位

水泥工业的生料制备过程，包括矿山开采、原料预均化、生料粉磨和生料均化四个环节，这四个环节也是生料制备的“均化链”。其中生料均化年平均均化周期较短，均化效果较好，又是生料入窑前的最后一个均化环节，特别是悬浮预热和预分解技术诞生以来，在同湿法生产模式的竞争中，“均化链”的不断完善支撑着新型干法生产的发展和大型化，保证生产“均衡稳定”进行，其功不可没。因此，在新型干法水泥生产的生料制备过程“均化链”中，生料均化占有最重要的地位，其功能如表 1.4.1 所示。

表 1.4.1　生料制备系统的均化功能及工作量

	平均均化周期（h）	碳酸钙标准偏差		均化效果 S_1/S_2	完成均化工作量（%）
		进料 S_1（%）	出料 S_1/S_2（%）		
矿山开采	8～168				<10
原料预均化	2～8		±2～±10	7～10	35～40
生料粉磨	1～10	±10	±1～±2	1～2	0～15
生料均化	0.5～4	±1～±2	±1～±2	7～15	约 40

注：平均均化周期就是各环节的生料累计平均值达到允许的目标值所需要的时间。

4.1.2　生料均化的基本原理

生料均化原理主要是采用空气搅拌及重力作用下产生的“漏斗效应”，使生料粉向下降落时切割尽量多层料面予以混合。同时，在不同流化空气的作用下，使沿库内平行料面发生大小不同的流化膨胀作用，有的区域卸料，有的区域流化，从而使库内料面产生径向倾斜，进行径向混合均化。

目前，水泥工业所用的生料均化库，为应用普遍的多料流库的研发，主要在于在保证满意的均化效果（H）的同时，力求节约电能消耗。例如：间歇式均化库虽然均化效果（H）高，但耗电量大，且多库间歇作业。因此，无论哪种形式的多料流均化库都是尽量发挥重力均化作用，利用多料流使库内生料产生众多漏斗流，此外，在力求弱化空气搅拌以节约电力消耗的同时，许多多料流库也设置容积大小不等的卸料小仓，使生料库内已经过漏斗流及径向混合流均化的生料再卸入库内或库下的小仓内，进入小仓内的物料再进行空气搅拌，而卸出运走。

同时，还应注意平时的操作、管理和维修。高新技术的应用对用户提出了相应的现代化管理概念，再好的装备不按其规定的要求运作，也就不能发挥其应有的作用和效果。

4.1.3　均化过程的基本参数

粉状物料均化过程的基本参数包括均化度、均化效率和均化过程操作参数。

（1）均化度

多种（两种以上）单一物料相互混合后的均匀程度称为这种混合物的均化度（M）。均化度是衡量物料均化质量的一个重要参数。

硅酸盐水泥生料中因 $CaCO_3$ 含量占 75%以上，所以生料均化度主要用 $CaCO_3$ 在生料中分布的均匀程度来表示（有时也增加 Fe_2O_3 含量的检测）。生产中常用极差法、标准偏差法和频谱法来表示生料均化度及其波动情况。

（2）均化效率

均化效率是衡量各类型均化库性能的重要依据之一。均化前后被均化物料中某组分（如生料 T_C 值）的标准偏差之比，就称为该均化库在某段时间 t 内的均化效率（H_T），即 $H_T = S_t/S_0$，均化时间与均化效率的关系为：

$$\frac{1}{H_T} = \frac{S_t}{S_0} = e^{-kt}$$

式中：H_T——均化时间为 t 时的均化效率；

t——均化时间；

S_t——均化时间为 t 时，被均化物料中某组分含量的标准偏差；

S_0——均化初始状态时，被均化物料中某组分含量的标准偏差；

k——均化常数。

生产实践证明，粉磨均化初期均化效率很高，随着均化时间的延长，均化效率逐渐降低，一定时间后，效率不再提高。因此，不同均化库在进行均化效率对比时，要做到以下几点：有相同的均化时间；被均化物料有相似的物理化学性能（例如水分、细度、被均化成分的含量等）；经足够多的入库粉料试样分析，各对比库有相近似的波动曲线和标准偏差。

例如，某生料均化库在均化时间为 20min、40min 和 60min 时均化效率分别为 5.26、7.34 和 8.60。当均化时间由 20min 增加到 40min 时，时间增加一倍，而均化效率仅增加 0.4 倍；当均化时间由 20min 增加到 60min 时，时间增加两倍，而均化效率仅增加 0.63 倍，其关系如表 1.4.2 所示。

表 1.4.2　均化效率与均化时间的关系

均化时间（min）	20	40	60	均化时间（min）	20	40	60
均化效率 H_t	5.26	7.34	8.60	均化时间增长率（%）	100	200	300
$1/H_t$	0.19	0.14	0.12	均化效率增长率（%）	100	140	163

若将表 1.4.2 中数据绘制成曲线如图 1.4.1 所示，更能一目了然。均化初期，随着均化时间的延长，均化效率明显提高；均化后期，随着均化时间的延长，均化效率的提高极其缓慢。按曲线增加趋势估计，均化时间延长到 80～100min 时，均化效率不再提高。

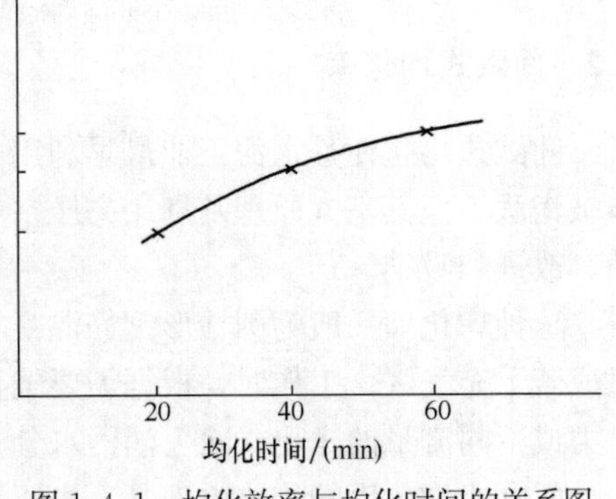

图 1.4.1　均化效率与均化时间的关系图

（3）均化过程操作参数

均化空气消耗量、均化空气压力和均化时间是均化过程操作的三个主要参数。

①均化空气消耗量

均化所需压缩空气量与库底充气面积成正比。另外，生料性质、透气性材料性能、操作方法、库底结构和充气箱安装质量等都是影响耗气量的因素。因此，欲从理论上得到准确的计算结果较为困难，通常根据试验和生产实践总结出的下列经验人工进行计算：

$$Q=(1.2\sim1.5)F$$

式中：Q——单位时间压缩空气消耗量，m^3/min；

1.2～1.5——每分钟每平方米充气面积所需压缩空气体积，$m^3/(m^3.min)$；

F——均化库库底有效充气面积，m^2。

②均化空气压力

均化库正常工作时所需最低空气压力应能克服系统管路阻力，包括透气层阻力和气体通过流态化料层时的阻力之和。

由于流态化生料具有类似液体的性质，因此料层中任一点的正压力与其料层深度成正比。当贯穿料层的压力等于料柱重量时，整个料层开始处于流态化状态。此时所需最低空气压力等于单位库底面积所承受的生料重量加上包括透气层阻力的管路系统阻力，即

$$P=\gamma H+\Delta P$$

式中：P——所需的均化压缩空气压力，Pa；

γ——流态化生料容重，kgf/m^3，取 $1.1\times10^3kgf/m^3$

H——流态化料层高度，m；

ΔP——充气箱透气层和管路系统总阻力，Pa。

另外，也可用下列经验公式计算均化空气压力：

$$P=(1500\sim2000)H$$

式中：P——均化空气压力，Pa；

1500～2000——库内每米流态化料柱处于动平衡时所需克服的系统总阻力，包括均化库内外管道和充气箱透气层阻力以及料层压力等，Pa/m；

H——库内流态化料柱高，m。

③均化时间

实践证明，在正常情况下，对生料粉进行1～2h的空气均化，生料R（R代表极差，表示生料中某种化学成分最大值和最小值的差值。）最大波动值可达小于 ±0.5%，甚至小于±0.25%的水平。如遇暂时性的特殊情况，比如充气箱损坏、生料水分大、生料成分波动特大等，可适当延长均化时间。

4.2 间歇式均化库

间歇式均化库是水泥工业最早利用的均化库，这种均化库由于动力消耗大等原因，已逐步被淘汰。但其基本原理及利用高压空气充分搅拌生料的作用已被许多新型连续式均化库移植、改进和吸纳。

这种均化库一般为圆柱形钢筋混凝土结构，库底铺设一充气箱。充气箱按一定次序排列组成若干充气区。工作时，根据需要经自动配气装置或人工控制，向各充气区轮流通入不同压力或不同流量的净化（除去油污水分）压缩空气。

间歇式均化库的均化原理是：当压缩空气通入库底充气箱经透气层进入料层时，使库内

粉料体积膨胀，呈流态化，再按一定规律改变各区进气压力（或进气量），则流态化粉料在库内也按同样规律产生上下翻滚的对流运动。经1～2h的混合均化，可以使全库粉料得到充分掺和的机会，最终达到成分均匀的目的。这种库的库容一般较小，但个数较多。

由于搅拌是一库一库间歇进行，故又称间歇式空气搅拌均化库。由于间歇搅拌，一般设有两个以上的搅拌库和一个大容积的储存库。一个搅拌库在入料到一定数量后开始搅拌，完成搅拌作业后即输送到储存库去。这时，出磨生料改入另一个搅拌库，如此循环作业，一般每库搅拌时间约为1小时左右，搅拌气压为200～250kPa，每吨生料需压缩空气10～20m³，电耗2.9～3.2MJ，均化效果可达10～15。库底设有各种形式的充气装置，透气部件可选陶瓷多孔板或涤纶、尼龙等化纤织物，库底分区方法有扇形、条形和环行三种，如图1.4.2所示。

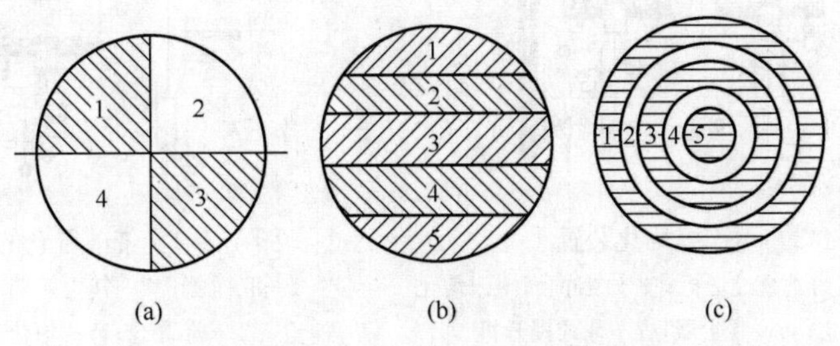

图1.4.2 空气搅拌均化库库底分区方式

(a) 富勒四分扇形；(b) SKET五分条带；(c) Geyser五分同心圆圈

扇形分区法首先由美国富勒公司设计，故称富勒均化系统，库底被等分为4～8块扇形区，每区由若干充气箱组成，充气面积至少占库底总面积的60%以上。各充气箱之间互不相通，压缩空气经导气管通往箱内，透气层可选用陶瓷多孔板、水泥多孔板或纤维布，扇形分区法适用于中心卸料的空气均化库。

条形分区法是由德国SKET公司设计的，均化库库底分成若干条形区，相间各区分别组成两组，工作时，轮流向各组通入压缩空气，其均化原理同扇形分区法，条形分区法可用于中心卸料的空气均化库。

环形分区法是由盖塞公司设计的，故称盖塞均化系统，库底充气区分成若干同心圆环区，各环形区透气面积均相等，环形分区法适用于中心卸料的均化库。

双层式均化库是间歇式空气搅拌库的一种，它是为了缩短搅拌后的生料出料时间、简化流程而研发的。一般上层是多个空气搅拌库，下层为储存库，如图1.4.3和图1.4.4所示。双层库高度一般为60～70m，土建造价高，上下操作不方便，随着连续式均化库的出现而逐步被取代。

4.3 连续式均化库

连续式生料均化库是新型干法水泥厂的重要生产工艺环节，它既是生料均化装置，又是生料磨和窑之间的缓冲、储存装置。连续式生料均化库可以只设一座生料库，也可以由几座并联或串联的生料库组成。它的主要工艺特点是使生料均化作业连续化，即在化学成分波动较大的出磨生料进库的同时，可从库底或库侧不断卸出成分均匀的生料供窑使用。各种连续式生料均化库库底都设置不同类型的充气装置，并结合库底的特殊结构使生料在库内产生重

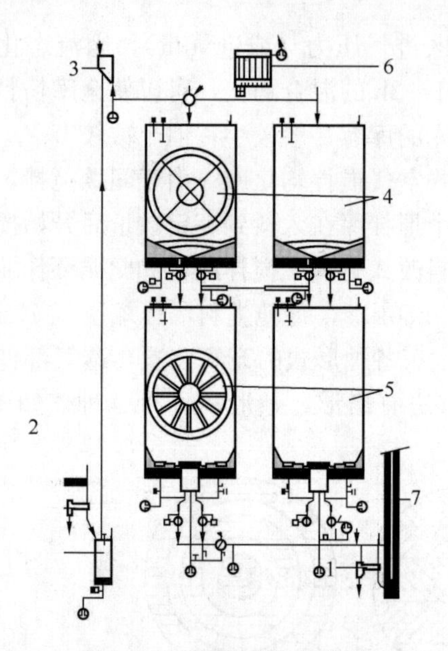

图 1.4.3　不连续均化装置

1—取样器；2—气力垂直输送机；3—缓冲仓；4—均化仓；5—储存仓；6—收尘器；7—斗式提升机

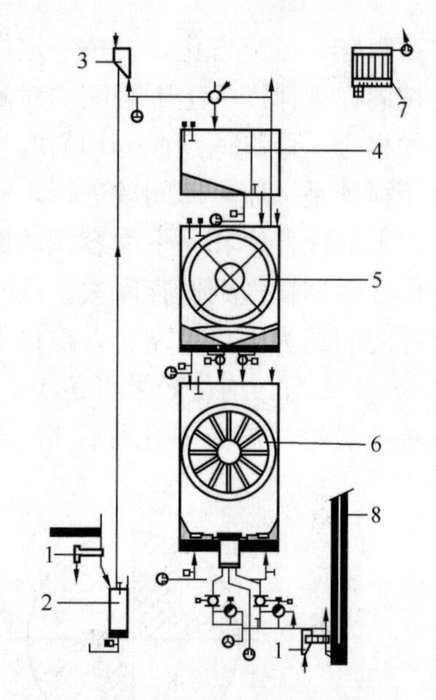

图 1.4.4　带前置仓的不连续均化图

1—取样器；2—气力垂直输送机；3—缓冲仓；4—前置仓；5—均化仓；6—储存仓；7—收尘器；8—斗式提升机

力混合、气力均化和机械混合等各种均化作用。依靠这些均化作用，使出库生料达到要求的均化度。由于连续式均化库只是将出磨或入库生料成分波动范围缩小，而不能起再校正、调配的作用，所以欲使出库生料成分符合控制指标，首先必须严格控制出磨（或入库）生料成分，并要保证入库生料在一定时间内的平均成分符合要求。某些连续式生料均化库要求入库生料成分的绝对波动值不能过大，因为它将影响出库生料成分的波动，这是连续式均化库的主要弱点。采用这种均化库时，对生产过程中质量控制的要求较为严格。

4.3.1　使用连续式均化库具备的条件

使用任何一种连续式生料均化库，若要达到预期的均化效果，必须具备下述两个先决条件：

（1）对矿山实行计划开采，不同质量的原料搭配使用，当原料化学成分波动较大时，应采用原料预均化堆场。

（2）严格控制生料磨头配料计量的准确度，并要保证出磨生料成分的波动周期小于规定值。

4.3.2　连续式生料均化库具有的优点

（1）工艺流程简单，占地少，布置紧凑。

（2）操作控制方便，岗位工人少，并易于实现自动控制。

（3）基建投资省。

（4）耗电较少，操作维修费用低。

4.3.3　连续式生料均化库的主要缺点

当出磨生料成分发生偶然的大幅度波动时，会引起出库生料成分瞬时波动偏大，而且这种情况难以事先进行纠正。

4.4 连续式混合室均化库

4.4.1 彼得斯锥形混合室均化库

简称混合室库，如图1.4.5所示。在大库的中心下部有一个圆锥形搅拌室。出磨生料经库顶生料分配器和放射状布置的小斜槽被送入库中。库底部设置的混合室环形区呈圆锥形斜面，向库中心倾斜（斜度一般为13%左右)。环形区内分8～12个小区，每个区装有充气装置，并由空气分配阀轮流充气，使生料膨松活化，向中央的混合室流动。这样，当每个活化生料区向下卸料时，都产生“漏斗效应”，使向下流出的生料能够切割库内已平铺的所有料层，依靠重力进行均化。进入混合室的生料则由空气进行搅拌均化。

4.4.2 彼得斯圆柱形混合室均化库

彼得斯公司根据锥形混合室库的使用经验，于1976年提出了一种高均化能力的圆柱形混合室库（简称均化室库)。如图1.4.6所示，在大库中间底部装有一个直径较大的圆柱形搅拌室，其他部分构造与锥形混合室库相同，均化原理也相同。由于搅拌室的容积比锥形搅拌室大2倍以上，所以能显著提高室内气力均化效果。混合室库与均化室库相比，均化室库均化效果好于混合室库，前者 H 为10～15，后者为8～10；均化室库电耗为1.8～2.2MJ/t，混合室库电耗为0.54～1.08MJ/t。

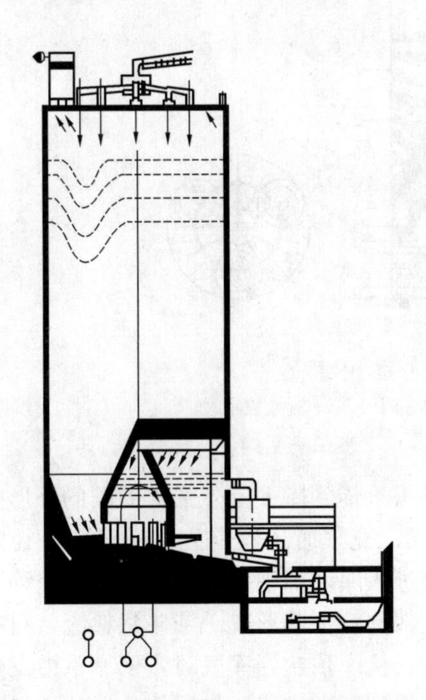

图1.4.5 彼得斯锥形混合室均化库

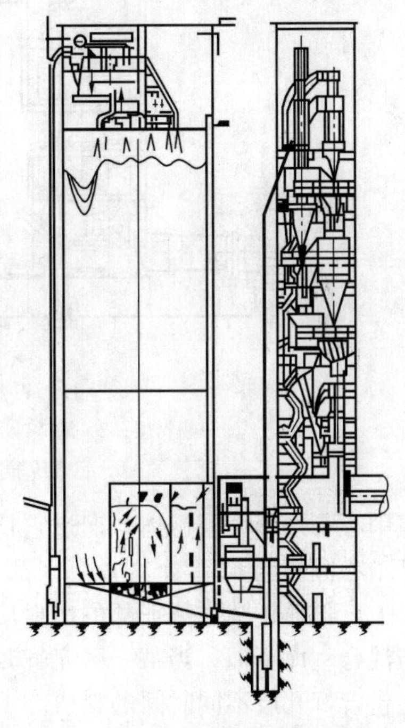

图1.4.6 彼得斯圆柱形混合室均化库

混合室库与均化室库由于库内结构较复杂、充气装置及空气搅拌室维修困难、生料卸空率低，电耗较大等缺点，目前，已逐渐被多料流式均化库所代替。

4.5 多料流式均化库

多料流式均化库是目前使用比较广泛的库型。其均化原理侧重于库内的重力混合作用，而基本不用或减小气力均化作用，以简化设备和节省电力。在混合室库或均化室库内，仅设有一个轮流充气区，向搅拌仓内混合进料，而多料流式均化库则有多处平行的料流，漏斗料柱以不同流量卸料，在产生纵向重力混合作用的同时，还进行了径向的混合，因此一般单库也能使均化效果 H 达到 7。同时，也有许多类型多料流库在库底增加了一个 100m 左右小型搅拌仓，使经过库内重力切割料层均化后的物料，在进入小仓后再经搅拌后卸料，以增加均化效果。一般，60kPa 压力的空气即可满足搅拌要求，故动力消耗不大。目前，多料流式均化库已得到新型干法水泥企业的广泛推广应用。

4.5.1　IBAU 型中心室均化库

(1) IBAU 型中心室均化库的结构

IBAU 型中心室均化库是由德国制造，其结构形式如图 1.4.7 所示。生料入库装置类似混合室均化库，由分料器和辐射形空气斜槽将生料基本平行地铺入库内。

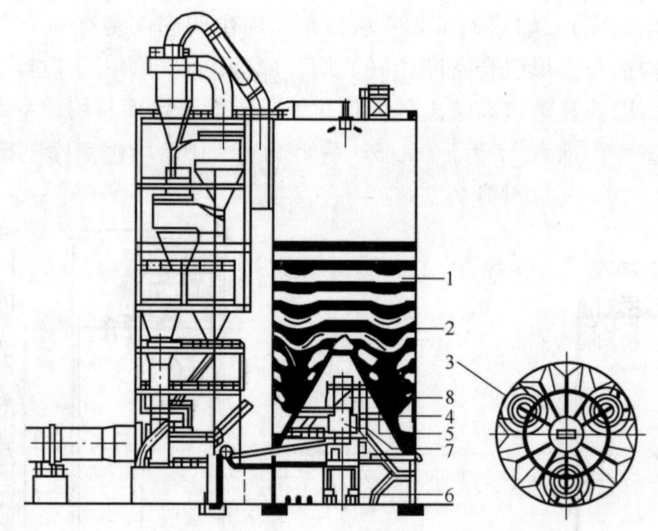

图 1.4.7　IBAU 型中心室均化库

1—物料层；2—漏斗；3—充气区；4—阀门；5—流量控制阀；
6—空气压缩机；7—中央斗；8—收尘器

库底中心有一个大圆锥体，通过它将库内生料重量传到库壁上。圆锥周围的环形空间被分成向库中心倾斜的 6～8 个区，每区都装有充气箱。充气时生料首先被送至一条径向布置的充气箱上，再通过圆锥体下部的出料口，经斜槽进入库底部中央的搅拌仓中。这种库的均化机理与混合室库相似，当某一区充气时，该区上部物料下落形成一漏斗状料流，料流下部横断面上包含好几层不同时间的料层。因此，当生料从库顶达到库底时，依靠重力发生混合作用。当生料进入搅拌仓后，又依靠连续空气搅拌得到气力均化。最后均化后的生料从搅拌仓下部卸出。

(2) IBAU 型中心室均化库的特点

①库底被分成的 6～8 个充气区，每个区有一个流量控制阀门，并为它配置了空气阀来控制卸料量。

②充气部件的更换可以在设备运行时进行，在检修或者检查时，断流闸门保证不让生料进入充气部件，有了这样的装置，必须设置的备用库就可以省掉。因为即使在维修时，搅拌

和均化作用也可以继续而不受干扰。

③中央料仓上面的收尘器，可防止设备运行时产生的任何粉尘污染，装在锥体内的充气系统每小时作8～10次空气转换，为操作和维修提供了良好条件。所有的设备项目，包括库内部的充气部件都安装在锥体下面。这样，维护人员可以很容易和安全地对它们进行维护。

④均化后的生料，通过密闭的空气输送斜槽喂入称重斗中。该称重斗位于库内锥体下的中央并支承在三个测力传感器上，传感器连接在生料自动喂料系统上。

⑤窑的连续运行所需要的生料，经过由生料自动喂料系统控制的流量控制闸门进行喂料，生料由空气输送斜槽送到气力提升泵内。这种均化库的主要优点是：均化电耗较低，一般为0.36～0.72MJ/t；库内物料卸空率较高。主要缺点是：施工复杂，造价较高，而且由于搅拌仓的容积较小，所以均化效果不够理想，一般单库可达7，双库并联可达10。所以该库适用于有预均化堆场，而且出磨生料 Tc（代表 $CaCO_3$ 的滴定值）波动较小的水泥厂。

4.5.2　CF型控制流式均化库

（1）CF型控制流式均化库的结构

FLS史密斯公司开发的控制流均化库，简称CF库。CF库生料入库方式为单点进料，这同其他均化库是不同的。物料从库底的若干出料口同时以不同的速度卸出。这个装置结合窑的喂料装置，可以保证用较小的动力消耗来达到窑的喂料成分稳定。为了在一个连续工作的径流库内，不用空气搅拌而达到高度均匀，须具备以下条件：库内所有的生料都必须向出口保持稳定的移动；生料必须以不同的滞留时间通过储库。生料从CF库库底的几个点以不同的速度卸出，再把这些从不同出口卸出的料流加以混合。事实上，储库被划分成一些流动的料流，各以不同的流速平行移动，随后在窑的小型充气喂料仓或搅拌仓内作最后的搅拌。这样，入窑生料的化学成分就得到了稳定，其操作原理如图1.4.8所示。

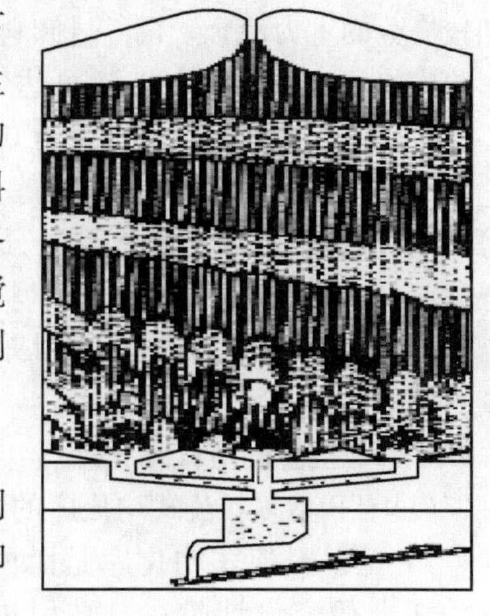

图1.4.8　CF均化库操作原理示意图

（2）CF库的特点

①物料连续进料，库顶安装了人孔、过压阀、低压阀和料位指示器等部件，库底分为7个完全相同的六边形卸料区。

②库底分为7个完全相同的六边形卸料区，每个区的中心设置一个卸料口，上边由减压锥覆盖。

③卸料口下部与卸料阀及空气斜槽相连，将生料送到库底中央的小混合室中。库底小混合室由负荷传感器支承，以此控制料位及卸料的开停。

④每个六边形卸料区又被划分成6块三角形小扇面。这样，库底由42块小扇面组成，所有这些小扇面都装有充气装置，是独立的区域，都由设定的计算机软件控制，使库内卸料形成的42个漏斗流按不同流量卸出。物料卸出的过程中，产生重力纵向均化的同时，也产生径向混合均化。一般保持3个卸料区同时卸料，进入库下小型混合室后的生料也有搅拌混合作用。

⑤由于依靠充气和重力卸料，物料在库内实现纵向及径向混合均化，各个卸料区可控制不同流速，再加上小混合室的空气搅拌，因此，均化效果较高，一般可达10～16，电耗为0.72～11.08MJ/t。生料卸空率也较高。

⑥CF库的缺点是库内结构比较复杂，充气管路多，虽然自动化水平高，但维修比较困难。

4.5.3 MF型多料流式均化库

MF型多料流式均化库是由德国伯利休斯公司在20世纪70年代制造了多料流式均化库，简称MF库，其示意图如图1.4.9所示。

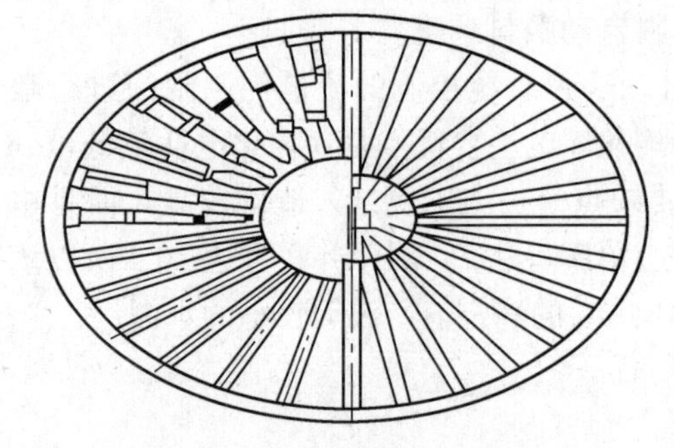

图1.4.9 伯利休斯MF多料流式均化库示意图

库顶设有生料分配器及输送斜槽，以进行库内水平铺料。库底为锥形，略向中心倾斜。库底设有一个容积较小的中心室，其上部与库底的连接处四周开有许多入料孔。中心室与均化库壁之间的库底分为10～16个充气区。每区装设2～3条装有充气箱的卸料通道。通道上沿径向铺有若干块盖板，形成4～5个卸料孔。卸料时，充气装置向两个相对区轮流充气，以使上方出现多个漏斗凹陷，漏斗沿直径排成一列，这样随着充气变换而使漏斗物料旋转，从而使物料在库内不但产生重力混合，同时产生径向混合，增加均化效果。生料从库顶料面到达卸料通道时，已经得到较充分的重力混合，再经过卸料通道和库下中心室搅拌时，又获得较好的气力均化。MF库单库使用时，均化效果H可达7以上，两库并联时可达10。由于主要依靠重力混合，中心室很小，故电耗较低，一般为0.43～0.58MJ/t。

20世纪80年代以后，MF库又吸取IBAU和CF库的经验，库底设置一个大型圆锥，每个卸料口上部也设置减压锥。这样可使土建结构更合理，又可减轻卸料口的料压，改善物料流动状况，使用效果大大改善。

4.5.4 TP型多料流式均化库

(1) TP型多料流式均化库的结构

TP型多料流式均化库是由中国天津水泥工业研究设计院在总结引进的混合室、IBAU型均化库实践经验的基础上研发的一种库型，如图1.4.10所示。

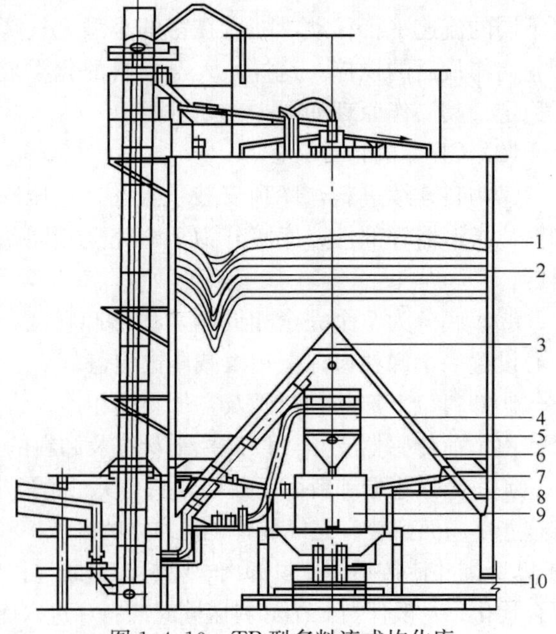

图1.4.10 TP型多料流式均化库

1—物料层；2—漏斗；3—库底中心锥；4—收尘器；5—钢制减压锥；6—充气管道；7—气动流量控制阀；8—电动流量控制阀；9—套筒式生料计量仓；10—固体流量计

这种库吸取了IBAU型和MF型库切向流库的经验，在库底部设置大型圆锥结构，使土建结构更加合理，同时将原设在库内的混合搅拌室移到库外，减少库内充气面积。圆壁与圆锥体周围的环形空间分6个卸料大区、12个充气小区，每个充气小区向卸料口倾斜，斜面上装设充气箱，各区轮流充气。当某区充气时，上部形成漏斗流，同时切割多层料面，库内生料流同时有径向混合作用。

（2）TP型多料流式均化库的特点。

①在库顶采用溢流式生料分配器，向空气输送斜槽分配生料，入库后进行水平铺料。溢流式分配器分为内筒和外筒。内筒壁开有多个圆形孔洞，在外筒底部较高处开有6个出料口，与输送斜槽相连，将生料输送入库。

②在库底卸料区上部设置减压锥，以降低卸料区的压力。生料由库中心的两个对称卸料口卸出。

③出库生料可经手动、气动、电动流量控制阀将生料输送到计量小仓。小仓集混料、称量、喂料于一体。这个带称重传感器的小仓由内、外筒组成。内筒壁开有孔洞，根据连通器原理，进入计量仓外筒的生料与内筒生料会产生交换，并在内仓经搅拌后卸出。TP型多料流式均化库的电耗为0.90MJ/t，入窑生料CaO含量标准偏差小于0.25，均化效果为3～5，卸空率可达98%～99%。

4.5.5　NC型多料流式均化库

NC库是中国南京水泥工业研究设计院在吸收引进MF型均化库的基础上研发的一种库型，如图1.4.11所示。

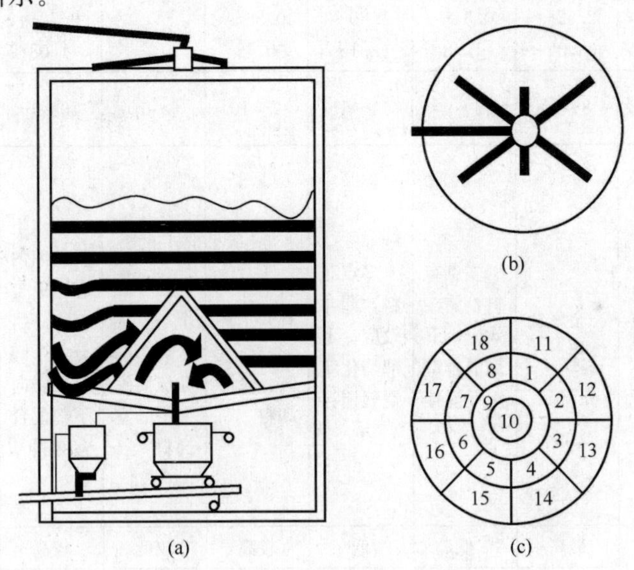

图1.4.11　NC型多料流式均化库

（a）剖面图；（b）库顶下料点分布图；（c）库内充气箱分布图

库顶多点下料，平铺生料。根据各个半径卸料点数量多少，确定半径大小，以保证流量平衡。各个下料点的最远作用点与该下料点距离相同，保证生料磨层在平面上对称分布。库内设有锥形中心室，库底共分18个区，中心室内为1～10区，中心室与库壁的环形区为11～18区。生料从外环区进入中心室，再从中心室卸入库下称重小仓。NC库充气制度与MF库不同，在向中心室进料时，外环区充气箱仅对11～18区中的一个区充气，会对更多料层起强烈的切割作用。物料进入中心仓后，在减压锥的减压作用下，中心区1～8区也轮流充气，并同外环区充气相对应，使进入中心区生料能够迅速膨胀、活化及混合均化。9～10区一直充气，进行活化卸料。卸料主要通过一根溢流管进行，保证物料不会在中心仓短路。

库内中心仓未设料位计，而是通过充气管道上的压力测量反映中心仓内料位状况，实践证明这种方法可靠、有效。NC型多料流式均化库的电耗为0.86MJ/t，入窑生料CaO含量标准偏差小于0.2，均化效果≥8，生料卸空率也较高。

4.6 典型生料均化库的性能对比

生产上常用的几种典型生料均化库的性能对比如表1.4.3所示。

表1.4.3 典型生料均化库的性能对比

均化库种类	间歇式均化库		混合室均化库	多料流式均化库					
均化库名称	双层均化库	串联操作均化库	彼得斯混合室库	彼得斯均化室库	IBAU中心室库	伯利休斯MF库	史密斯CF库	天津TP库	南京NC库
均化空气压力（kPa）	200～250	200～250	60～80	60～80	60～80	60～80	50～80	60～80	60～80
均化空气量[m³/（t生料）]	9～15	16～29	10～15	18～25	7～10	7～10	7～12	7～10	7～10
均化电耗/[MJ/（t生料）]	1.44～2.34	2.52～4.32	0.54～1.08	1.80～2.16	0.36～0.72	0.55	0.72～1.08	0.90	0.86
均化效果 *H*	10～15	8～10	5～9	11～15	7～10	7～10	10～16	3～8	≥8
主要作业的均化方式	上库空气搅拌	全库气搅拌	多点布料，漏斗效应，下部混合室空气搅拌	多点布料，漏斗效应，下部均化室空气搅拌	多点布料，库内有6个环形充气区，轮流卸料	多点布料，库内10～12个充气区，多漏斗流向库底中心室卸料	单点下料，库内有42个充气区，分7个卸料区，向下部混合室卸料	多点布料，有6个卸料大区、12个充气小区，多漏斗流轴向及径向混料，卸入库下小仓	多点布料，有18个区，中心室为1～10区，室外环形区为11～18区。多漏斗流，轴向及径向混料卸入库下小仓
基建投资量	很高	最高	低	低	较高	较低	较高	一般	一般
操作要求	复杂	简单	很简单	很简单	很简单	很简单	简单	简单	简单
结构或均化库的特点	库高60～70m，土建费用大，管理和操作都较复杂	土建费用很大，电力消耗最大	建设费用低，管理方便，维护容易	建设费用低，管理方便，维护容易，电耗不低	土建结构较复杂，但电耗极省，操作很简单	管理方便，电耗也很低	均化效果很好，控制系统较复杂，基建费较高	土建结构合理，电耗较低	土建结构合理，电耗较低

4.7 生料均化的工艺技术

4.7.1 新型干法水泥企业的生料制备及其均化系统工艺流程图

新型干法水泥企业的生料制备及其均化系统工艺流程如图1.4.12所示。

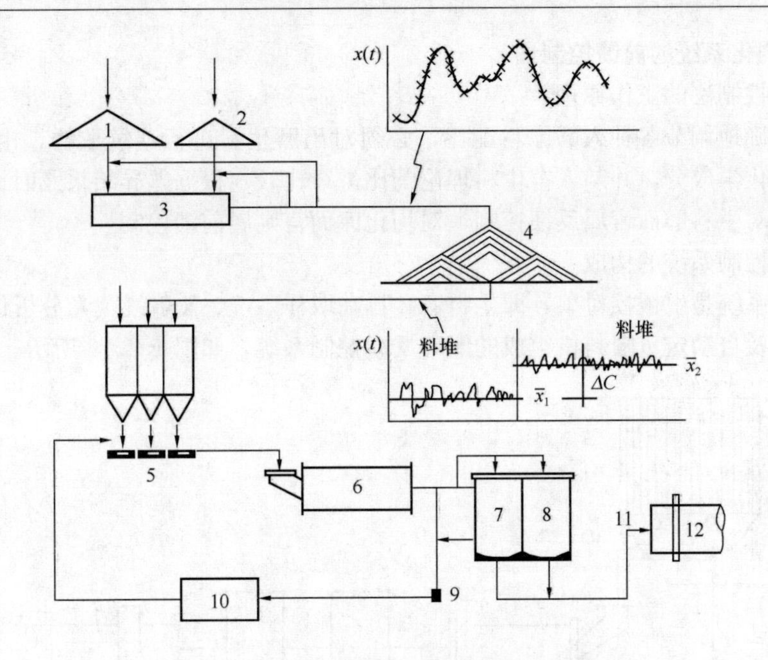

图 1.4.12 生料制备及其均化系统工艺流程

1—石灰石矿；2—第二种原料；3—破碎；4—预均化堆场；5—重量喂料；6—磨机；7—流态化生料均化库；8—备用生料储库；9—试样；10—X射线荧光分析仪；11—均化后入窑生料；12—回转窑

新型干法水泥企业的生料制备及其均化系统工艺流程主要包括下述四道工序：

(1) 选择性地开采矿山。通过矿山的选择性开采，使矿石在采运过程中得到初步均化，以缩小矿石成分的长期波动范围。

(2) 原料预均化混合堆场的使用。经二次破碎后的原料在预均化堆场的储存和运输过程中，完成预均化作用，消除入磨原料的低频波动。

(3) 生料的粉磨。这道工序的主要任务是将原料粉磨到合乎生产要求的细度，并在粉磨过程中消除生料质量波动。

(4) 生料的均化和储存。为满足入磨生料对其成分和均化度的要求，必须对出磨生料继续进行均化，通过均化可以有效地消除生料成分的全部高频波动，如果有预均化堆场，它还可以消除因前后两个料堆平均成分的差异而引起的波动。

4.7.2 新型干法水泥企业均化工艺流程的分类

为获得成分均匀、配比准确的入窑生料，必须把上述四道工序有机地结合起来。而如何选择适当的均化工艺，对提高入窑生料合格率则有更大的现实生产意义。新型干法水泥厂均化工艺流程的分类如表 1.4.4 所示。

表 1.4.4 生料均化、调配及储存工艺分类

均化库类型	生料调配方法	储存方法	原料预均化设施
间歇式空气均化库	X射线荧光分析仪—计算机控制系统	储存库	原料预均化堆场
连续式均化库	无	有或无储存库	无
连续式均化库	X射线荧光分析仪—计算机控制系统	储存库	原料预均化堆场
连续式均化库	带预测控制器的前馈控制系统	储存库	原料预均化堆场

4.7.3 生料均化系统的前馈控制法

(1) 前馈控制法的工作原理

为及时准确地调节各种入磨原料配比，必须对出磨生料进行连续取样，由X射线荧光分析仪测定其化学成分，并与入窑生料理论配比进行比较，根据差异结果及时调整入磨原料配比。因此，对生料磨而言属反馈控制，对均化库而言则属前馈控制。

(2) 反馈控制系统的构成

反馈控制系统是由被控对象，即生料磨、自动取样系统、X射线荧光分析仪、电子计算机或控制器以及自动定量喂料机组成的闭环反馈控制系统，如图1.4.13所示。

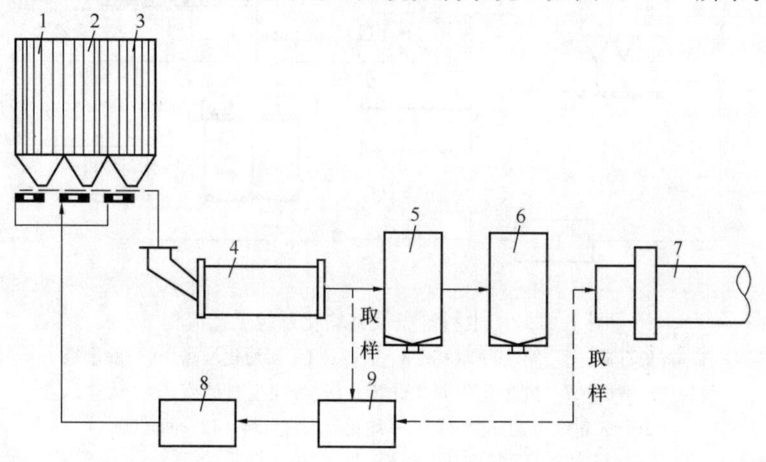

图1.4.13 生料均化系统反馈-前馈控制原理

1—石灰石库；2—页岩库；3—铁粉库；4—生料库；5—均化库；6—生料储库；7—回转窑；8—控制器；9—X射线荧光分析仪

控制系统的产品质量在很大程度上决定于被控对象的动态特性滞后时间。例如，磨机的滞后时间主要由物料在磨内停留时间决定的，球磨机或管磨机大约为20～35min，立式磨为3～5min。因此，若采用反馈控制法，即根据出磨生料化学组成的变化调整磨头喂料配比，虽为时较晚，但一般能满足生产控制要求。

对生料均化库来说，其被控对象的动态特性滞后时间较长，一般可达数小时以上。显然，采用反馈控制是不适宜的。因为，根据入窑生料化学成分的实际波动值再来调整磨头喂料已无实际意义。

(3) 反馈控制系统的自控程序

前馈控制又称扰动补偿控制，它能根据干扰因素的变化进行自动补偿，从而使系统输出的被控系数满足生产控制要求。如果以1小时作为均化库控制的周期时间 At，生料库时间常数为 t，则自控程序为：

①按每小时间隔对进出均化库的生料进行自动取样、分析计算。

②根据时间 t 内的生料量及其化学成分平均值的变化情况，通过预测控制器预测 $t+At$ 时刻的生料化学成分预测值 $X_2(t+\Delta t)$。

③根据预测误差和规定的控制范围（$\Delta t \leqslant 0.1\%$），求出相应的校正信号，并送给磨头喂料电子皮带秤以调节原料配比，这样就能预先掌握未来数小时内入窑生料化学成分的波动情况。

4.8　提高生料均化效果的途径

4.8.1　充气装置的故障及防止措施

均化库能否长期正常运转，达到预期的均化效果，充气装置系统能否正常作业是关键。

（1）充气装置常见的故障

①充气系统充气无力，无法进行均化。

②多孔料发生碎裂、微孔堵塞，空气有短路，局部有堵塞，全库无效吹气。

③卸料口多孔材料常常发生吹掉、撕裂，造成出料不畅或无法出料事故。

④多孔材料被压断、挤裂从而生料倒灌，甚至进入主风管道，再返吹入其他充气箱，致使全部充气系统失效。

（2）防止措施

①保证充气箱与管道金属材料、非金属材料连接部分密封可靠；充气箱要有足够强度，保证耐久性和不变形；安装前要进行单体防漏水压试验；安装后要进行总体防漏检验。

②防止多孔材料断裂、撕裂，防止被压缩空气中的水分及油滴堵塞微孔。

③充气材料要整体铺搭，避免多块搭接；同时要保证充气材料与充气箱体边缘的严密性与可靠性。

4.8.2　入库生料成分的控制

为使出库生料成分均匀、稳定，并达到所要求的控制指标，首先必须保证进库生料在一段时间（如8h）内的平均成分不超出控制范围；其次要求尽量减少入库生料成分的大幅度波动。为保证均化库有较好的均化效果，可在生料磨头装备电子皮带秤，并通过X射线荧光分析仪和电子计算机进行自动配料，以保持出磨生料成分在控制指标线上下的小范围内波动，而且波动周期较短。

（1）入库物料物理性能的影响及防止措施

入库生料含水量对均化效果有显著的影响，一般要保持在0.5%以下，最大不应超过1%，否则会因物料的黏附力增强、流动性变差而影响均化效果。生产中要严格控制烘干原料和出磨生料的水分。

（2）压缩空气质量的影响及防止措施

压缩空气压力不足以及含水量大等，都将会影响均化效果。为提高压缩空气质量应采取以下防止措施：

①管理好空气过滤装置，防止压缩空气中水分含量过大或含有微粒，造成充气材料堵塞。

②应配备多台空压机就近供气，防止管道过长，阻力大，影响供气效果。

③风源的风量、风压要力求稳定，满足均化需要。

4.8.3　机电设备故障及防止措施

（1）机电设备故障

均化库机电设备常见的主要故障有库顶喂料系统堵塞、库底下料器卡死、库底空气分配阀磨损、压缩空气主管道弯曲部分磨坏、库底充气系统控制执行机构不能正常工作等。

（2）防止措施

①加强管理，定期检查、维修。

②保证生料水分<1%。

③防止铁质碎片混入均化系统，造成卡死或堵塞设备。

④风机不要经常开停，保证必要的冷却。

⑤管道弯曲部分用耐磨硬质材料制成或用硬质合金堆焊，提高耐磨性能。

4.8.4 影响间歇式均化库均化效果的因素及防止措施

足够的均化空气量、均化空气压力以及稳定的充气制度是确保生料均化质量的关键。生产中为确保生料均化质量，最好设有专用的均化气源，充气制度的紊乱也会影响均化效果。因此，均化库的充气必须按设计程序进行，并经常检查各阀门的启闭是否灵活、严密。

(1) 稳定入磨原料的成分总平均值以及出磨生料的合格率。化验室虽然规定了生料配比方案，但是由于多种因素的影响，往往使出磨生料成分总平均值和均化后生料成分实测平均值不在规定的控制范围内，为提高出磨生料合格率，必须严格控制入磨原料成分的波动和确保磨头配料的准确。

(2) 入库生料成分的合理调配。实际生产中，由于各种客观因素的影响，有时出磨生料Tc和Fe203的总平均值是不可能完全达到控制指标的，因此，必须在均化前进行生料成分的调配。

(3) 有时也会出现这样的情况，出磨生料总平均值符合要求，而均化后生料成分实测平均值却不在控制范围内。产生这种现象的主要原因是：

①矿山原料成分的突然波动，在没有连续样的情况下瞬时样的代表性差。

②由于磨机运转波动，致使各测定数据所代表的生料流量不等，故生料成分算术平均值不能反映其真实含量。

遇到这种特殊情况，必须重配重搅。若库容允许，可加入适量校正料；反之，就要根据计算先卸出部分不合格生料，再加入适量校正料后复搅，复搅时间应稍加延长。

针对上述原因，在原料成分波动大时，应加强出磨样的测定，尽可能保证具有代表性。如遇磨机运转不正常，则应准确掌握开停次数和时间，对配库平均值作适当调整，提高配库合格率。

4.8.5 影响连续式均化库均化效果的其他因素及防止措施

(1) 入库生料水分

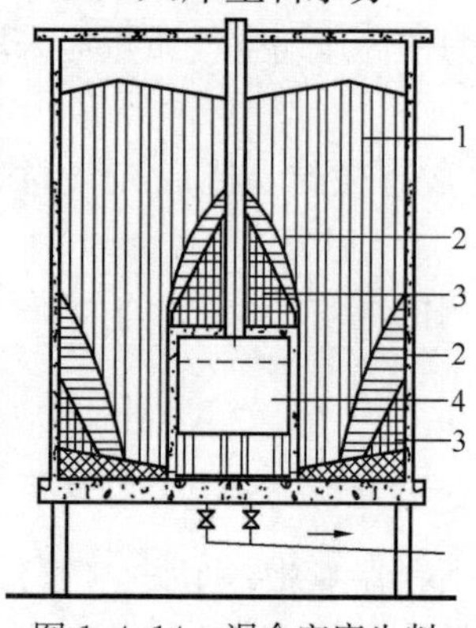

图1.4.14 混合室库生料活动区域图

1—积极活动区；2—不积极活动区；3—死料区；4—流态化区

以混合室库为例，当环形区充气时，库内上部生料能均匀下落，积极活动区范围较大，不积极活动区（料面下降到这一区域时，该区生料才向下移动）较小，如图1.4.14所示。

当生料水分较高时，生料颗粒的黏附力增强，流动性变差。因此，向环形区充气时，积极活动区缩小，不积极活动区和死料区范围扩大，其结果是生料的重力混合作用降低。另外，水分高的生料易团聚在一起，从而使搅拌室内的气力均化效果也明显变差。为确保生料水分低于1%，生产中要严格控制烘干原料和出磨生料的水分。

(2) 库内最低料面高度的控制

当混合室库内料位太低时，大部分生料进库后很快出库，其结果是重力混合作用明显减弱，均化效果降低。当库内料面低于搅拌室料面时，由于部分空气经环形区短路排出，故室内气力均化作用又将受到干扰。为保证混合室库有良好的均化效果，一般要求库内最低料位不低于库有效直径的0.7倍，或库内最少存料量约为窑的一天需要量。

虽然较高的料面对均化效果有利，但是为了使库壁处生料有更多的活动机会，可以限定库内料面在一定高度范围内波动。

（3）搅拌室内料面高度的稳定

搅拌室内料面愈高，均化效果愈好。但要求供气设备有较高的出口静压，否则，风机的传动电机将因超负荷而跳闸。如搅拌室内料面太低，气力均化作用将减弱，均化效果不理想。当搅拌时的实际料面低于溢流管高度时，溢流管停止出料。

如果设计时确定室内料面高度为$h1$m，则操作时应保持搅拌室内实际料面高度为$h1$±0.5m。

当料面超过此范围时，应减少或短时间内停止环形区供风；当室内料位太低时，应增加环形区的供风量。

（4）混合室下料量混合室库的均化效率与下料量成反比。库的设计均化效率是指在给定下料量时应能达到的最低均化效率。因此，操作时应保持在不大于设计下料量的条件下，连续稳定地向窑供料，而不宜采用向窑尾小仓间歇式供料的方法，因为这种供料方式往往使卸料能力增加1～2倍。

对于设有两座混合室库的水泥厂，如欲提高均化效率，可以采用两库同时进出料的工艺流程，并最好使两库库内的料面保持一定高度差。

（5）库顶加料装置堵塞

库顶小斜槽和生料分配器堵塞将引起入库生料提升机大量回料、冒灰，甚至使电机跳闸。堵塞的主要原因是生料水分太大，或是生料中夹有石块、铁器等大块物料，有时也可能因风机进风El过滤网堵死使出风口风压太低而造成。经常定时检查各小斜槽的输送情况，可以避免堵塞现象发生。

（6）库内物料下落不匀或塌方

有时库的设备运转正常，磨头配料也符合要求，但均化效率却明显下降，不能满足生产要求。出现这种情况的原因，大多是由于库顶部生料层不按环形区充气顺序均匀地分区塌落，而是个别小区向搅拌室集中供料，并在库内环形区料层上部出现几个大漏斗，入库生料通过漏斗很快就到达库底，使重力混合作用急剧恶化，总的均化效率必然明显下降。如果此时只出料不进料，库内生料漏斗扩大到一定程度时，库壁处生料大片塌落，最终填满漏斗。

产生这种情况的主要原因首先是生料水分过大，其次是停库时间超过数天以上又恢复使用。显然，解决这一问题的办法仍是限制入库生料水分，使之不超过规定范围，并将库内原有生料尽量放空后再喂入较干的生料。

（7）回转式空气分配阀振动或窜气分配阀在运转中有时会发生剧烈振动，同时传动链条也产生不均匀的拖动，其原因是：

①黄油洗涤剂加得太多，或气温低黄油黏度大，以致在锥形阀芯和阀体间形成挤压。

②由于阀芯和阀体的不均匀磨损，使阀芯的转动偏心，产生一股阀芯要拖住阀体转动的力，因而使分配阀振动。

③阀芯加工精度不高和产生不均匀磨损后，阀芯与阀体之间会窜气，此时可用增加润滑黄油的方法改善阀芯与阀体间的密封，如没有效果，则应对阀芯和阀体进行研磨加工或更换零件。

任务5　煤粉制备技术

任务描述：熟悉煤粉制备的工艺技术；熟悉影响煤粉制备的因素；熟悉煤粉制备系统安全生产的重要性。

知识目标：掌握煤粉制备的工艺技术；掌握影响煤粉制备的生产因素；掌握煤粉发生燃爆的原因及预防措施。

能力目标：掌握煤的工业分析及化学分析法；掌握煤粉发生燃爆的原因及预防措施；掌握煤粉制备的工艺技术。

煤是煅烧水泥熟料的必用燃料，新型干法窑生产一吨水泥熟料的标准煤耗大约在100～140kg之间，回转窑煅烧熟料使用的燃料以烟煤为主，但由于煤资源分布的制约和限制，我国南方许多水泥企业已经开始使用无烟煤作为煅烧水泥熟料的燃料。水泥企业如何选煤是水泥生产的一个重要环节，因为煤的质量好坏，直接影响水泥熟料的煅烧及水泥的质量。

5.1　燃料煤的种类

固体燃料煤，可分为无烟煤、烟煤和褐煤等煤种。回转窑一般用烟煤，立窑采用无烟煤或焦煤末。

5.1.1　无烟煤

无烟煤是一种碳化程度最高，干燥无灰基挥发分含量小于10%的煤。其收到基低热值一般为20900～29700kJ/kg（5000～7000kcal/kg）。无烟煤结构致密坚硬，含碳量高，着火温度为600～700℃，燃烧火焰短，是立窑煅烧熟料的主要燃料。

5.1.2　烟煤

烟煤是一种碳化程度较高，干燥灰分基挥发分含量为15%～40%的煤。其收到基低热值一般为20900～31400kJ/kg（5000～7500kcal/kg）。烟煤结构致密，着火温度为400～500℃，是回转窑煅烧熟料的主要燃料。

5.1.3　褐煤

褐煤是一种碳化程度较浅的煤，有时可清楚地看出原来的木质痕迹。其挥发分较高，可燃基挥发分可达40%～60%，灰分20%～40%，热值为8374～1884kJ/kg。褐煤中自然水分含量较大，性质不稳定，易风化或粉碎。

5.2　煤的组成及分析

煤的分析方法通常有元素分析法和工业分析法。

5.2.1　元素分析法

用化学分析方法，分析燃料的主要元素百分数，即碳（C）、氢（H）、氧（O）、氮（N）、硫（S）及灰分（A）和水分（M）等。这种分析方法可用于精确地进行燃烧计算。

(1) 碳（C）：是燃料中最主要组分，在煤中的含量为55%～99%，是固体燃料的主要热能来源。

(2) 氢(H):是燃料中的一种可燃成分,对燃料的性质的影响较大。在煤中有两种存在形式:一种与碳、硫化合,称可燃氢;另一种与氧化合,不能参加燃烧。氢含量越多,燃料的挥发分越高,越容易着火燃烧,燃烧的火焰也越长。在固体煤料中一般不超过4%~5%。

(3) 氧(O)、氮(N):不参与燃烧反应,不能放出热量。固体燃料中含量约为1%~3%。

(4) 硫(S):有三种形态,有机硫化物、金属硫化物、无机硫化物,前两种可挥发并参与燃烧,放出热量,称为可燃硫或挥发硫。硫燃烧后放出热量,且会形成SO_2气体,对人体有害,污染环境,腐蚀设备,影响产品质量,是燃料中的有害成分,一般含量在2%以下。

(5) 燃料燃烧后剩下的不可燃烧的杂质称为灰分。成分多为硅酸盐等无机化合物,如S、F、A、C、M等。其中S及A占大多数。灰分是燃料中的有害成分,灰分越多,燃料品质越低。

灰分有以下不良影响:

①灰分的存在,降低了燃料中可燃成分含量,同时燃烧过程中灰分升温吸热,消耗热量,降低燃料的发热量。

②灰分过高时,热值低,影响燃料的燃烧速度和燃烧温度,使燃烧达不到工艺要求,影响熟料的产、质量。

③由于煤灰增加,在烧成温度下物料液相量增多,黏性增大易结圈,影响窑系统的通风,增加排风机电耗。

④煤灰增加,相应地增加煤粉用量,改变工厂的物料平衡,同时会影响煤磨产量,有时需要放宽煤粉细度,这样容易产生不完全燃烧,出现恶性循环。

⑤煤的灰分还影响熟料的化学成分,若煤的来源多,又未能均化,其灰分的波动必然导致熟料化学成分及质量的波动。

⑥一般对窑外分解窑,要求煤粉的灰分<27%。

(6) 水分(M):燃料中的水分是指自然水分。不包括化合结晶水,一般是机械地混入燃料的非结合水和吸附在毛细孔中的吸附水。煤粉水分高,使燃烧速度减慢,且汽化时要吸收大量汽化热,降低火焰温度。但少量水分的存在能促进碳和氧的化合,并且在发火后能提高火焰的辐射能力,因此水分一般控制在<2.0%,最好控制在0.5%~1.0%。

5.2.2 工业分析法

煤的工业分析能够较好地反映煤在窑炉中的燃烧状态,而且分析手续简单,因而水泥生产企业大多数一般只作工业分析。

工业分析包括对水分(M)、挥发分(V)、固定炭(C)、灰分(A)的测定,四项总量为100%。在四项量以外还需测定硫分,作为单独的百分数提出。对煤的灰分应该作全分析,包括SiO_2、Al_2O_3、Fe_2O_3、CaO、MgO等化学成分以及煤的热值(发热量以每公斤煤能发出多少千焦的热量表示,单位为kJ/kg)。

煤的分析基准有:

①收到基指工厂实际使用的煤的组成,在各组成的右下角以"ar"表示。

②空气干燥基指实验室所用的空气干燥煤样的组成，即将煤样在20℃和相对湿度70%的空气下连续干燥1h后质量变化不超过0.1%，即可认为达到空气干燥状态，此时煤中的水分与大气达到平衡，在各组成的右下角以“ad”表示。

空气干燥状态下留存在煤中的水分称为空气干燥基水分或内在水分M_{ad}，在空气干燥过程中逸出的水分称为外在水分$M_{ar,f}$。收到基水分为总水分，即内在水分与外在水分之和。

③干燥基指绝对干燥的煤的组成，不受煤在开采、运输和贮存过程中水分变动的影响，能比较稳定地反映成批贮存煤的真实组成，在各组成的右下角以“d”表示。

④干燥无灰基指假想的无灰无水的煤组成。由于煤的灰分在开采、运输或洗煤过程中会发生变化，所以，除去灰分和水分的煤组成，或排除外界条件的影响。在各组成的右下角以“daf”表示。

5.3 回转窑对燃煤的质量要求

新型干法水泥生产采用了多风道燃烧器、篦式冷却机等高性能设备，提高了二次风温度及三次风温度，对燃料要求相对较低，用低质煤煅烧水泥熟料技术已成熟。低质煤就是指挥发分$V_{ad}<20\%$，灰分$A_{ad}>30\%$，热值$Q_{net,ad}<20935$kJ/kg的煤，显然低挥发分煤、贫煤(半无烟煤)、无烟煤均属低质煤。

5.3.1 热值

燃煤的热值愈高愈好，这可以提高发热能力的煅烧温度。热值较低的煤使煅烧熟料的单位热耗增加，同时使窑的单位产量降低。一般要求煤的低位发热量$Q_{net,ad}\geq23000$kJ/kg煤。

5.3.2 挥发分

煤在隔绝空气的条件下加热时，有机质分解释放出气态和蒸气状物质。在燃烧过程中，首先是挥发分从煤粒中析出并在一定的温度下着火燃烧，随着挥发分析出燃烧，在煤粒中形成许多孔隙，煤粒表面的空气向内扩散与煤粒中部的固定碳被点燃，反过来又进一步加快了挥发分的析出和燃烧。

5.3.3 灰分如5.2.1所论述。

5.3.4 水分如5.2.1所论述。

煤的挥发分和固定炭是可燃成分。挥发分低的煤，着火温度高，窑内会出现较长的黑火头，高温带比较集中。一般要求煤的挥发分≤35%。当煤的挥发分不恰当时，应该采用配煤的方法，用高挥发分和低挥发分的煤搭配使用。

煤的着火温度随挥发分增加而降低，挥发分含量高的煤着火早，而且使煤的发热过程持续较长的距离，因此火焰长。挥发分低的煤，绝大部分的热能在很短的距离内部能被释放出来，这样使火焰集中火焰短，有时会出现局部高温现象。

挥发分对煤粉的燃尽也有直接影响，一般挥发分较高的煤形成的焦炭疏松多孔，它的化学反应也较强。

5.3.5 细度

回转窑用烟煤作燃料时，须将块煤磨成煤粉再行入窑。煤粉细度太粗，则燃烧不完全，增加燃料消耗；同时，煤粉太粗，则煤灰落在熟料表面，使熟料成分不均匀，因此会降低熟料的质量；而且燃烧不完全的煤粉落入熟料时由于氧气不足，不能继续燃烧，形成还原焰，使熟料中Fe_2O_3还原成FeO，造成黄心料。因此，煤粉细度最好控制在80um筛余小于

15%。若烟煤挥发分≤15%，则煤粉细度应控制在6.0%及以下。但煤粉磨得过细，既增加粉磨电耗，又容易引起煤粉自燃和爆炸。对正常运转的回转窑，在燃烧温度和系统通风量基本稳定的情况下，煤粉的燃烧速度与煤粉的细度、灰分、挥发分和水分含量有关。一般水泥厂水分控制在1.0%以下，这时挥发分含量越高，细度越细，煤粉就越容易燃烧。

5.3.6　无烟煤的使用

我国幅员辽阔，煤炭储量及品种分布极不平衡。烟煤主要分布在我国北方地区，广大南方地区埋藏着以低挥发分为主的无烟煤。在传统的水泥生产工艺中，回转窑生产线必须使用烟煤，这些烟煤主要来自北方的一些大煤矿。南方水泥厂大量使用北方产烟煤，由于运费消耗，煤价上扬，水泥生产成本大大提高，且由于交通运输紧张，为保证水泥连续生产，水泥工厂必须建大的贮煤场来贮煤，既增加了水泥厂基建投资和占地面积，也使生产成本提高，影响工厂经济效益。若能就地取材，用当地低挥发分的无烟煤作燃料，既可减少基建投资降低生产成本，又可减轻运输压力，合理利用煤炭资源。福建地区的新型干法水泥企业，普遍采用挥发分在3%～5%的无烟煤。根据产地的不同，用无烟煤比外购煤每吨熟料可降低成本25～40元，如果按日产2000吨熟料计算，仅燃料一项每年就可增加净利润1500～2400多万元。

5.3.7　易磨性

煤的易磨性具有两大特点：

（1）不同产地煤的粉磨功指数相差很大，实测数值在16～30kW·h/t之间，最大差值可达数倍。

（2）难磨特性突出。生料的粉磨功指数一般仅为9～12kW·h/t，熟料的粉磨功指数普遍在20kW·h/t左右。可见，即使粉磨功指数为16kW·h/t的较易粉磨的煤，其难磨性也远高于生料而接近于熟料。

无烟煤由于挥发分含量低，粉磨粒度要求更细，粉磨的难度也就更大。取不同产地的两种煤进行相同细度的粉磨时间对比试验，试验结果表明，煤的易磨性随煤种不同、产地不同、粉磨细度的不同而有很大差异。因此，煤粉制备应根据实测结果来选择合理的粉磨工艺，确定相宜的粉磨细度和与之配套的操作控制参数。

5.4　煤粉制备系统的分类

5.4.1　按供窑方式分

煤粉制备系统按供窑方式可分为直接燃烧系统和间接燃烧系统。直接燃烧系统是将粉磨达到合格的煤粉直接风送入窑，煤粉制备与供窑燃烧一步完成；间接燃烧是将粉磨后的煤粉入库贮存，使粉磨和供窑形成两个相对独立的过程。

间接燃烧的煤粉制备系统，虽然要增加贮仓或风机等设备，可能会增大能耗，但是对粉磨和燃烧两个独立系统都具有操作控制的独立性和灵活性。因此，新型干法水泥企业的生产都倾向于窑炉、煤磨分开的间接燃烧系统。

5.4.2　按粉磨设备分

煤粉制备系统按粉磨设备可分为球磨机粉磨系统和立式磨粉磨系统。风扫磨的操作简单、运行稳定、生产可靠，对原煤的适应性很强，是国内煤粉制备应用最普遍的球磨设备。立式磨虽然也属风扫磨性质，但和风扫磨的粉磨原理完全不同，它比风扫磨更有优越性，很多新型干法水泥企业就选用立式磨作为磨制煤粉的设备。

5.5 风扫煤磨系统

5.5.1 风扫煤磨工艺流程

原煤由均化库皮带输送机送入原煤破碎机，出破碎机后再送入磨头原煤仓，提升机提升经皮带输送机送入磨头仓，煤经振动给料机喂入磨内进行烘干粉磨，原煤烘干热源是窑尾废气、篦冷机（窑和篦冷机系统不能提供热源时，使用备用热风炉），出磨煤粉同废气一起入粗粉分离器或动态选粉机，粗粉经下料器回磨再粉磨，细粉和废气进入旋风收尘器，收集的细粉成品经刚性叶轮给料机和螺旋输送机进入煤粉仓储存，废气由风机送入电收尘器净化后排入大气，收尘器收集下来的煤粉经螺旋输送机入煤粉仓。

5.5.2 风扫煤磨的特点

风扫煤磨的特点是短而粗，即长径比小，进出料中空轴大，磨尾没有出料篦板，故通风阻力小，能够进入大量的热风，烘干能力强。利用窑尾预热器废气可烘干水分大约10%，若另设热风炉，则可烘干水分大于20%。

风扫煤磨的磨内风速大，料面低影响粉磨效率。另外，当用粗粉分离器进行分选时，循环负荷和选粉效率均较低，和提升循环磨相比，产量相对较低。

风扫煤磨一般为单仓，磨内衬板和研磨体级配要适应粗磨、细磨的要求，故喂料粒度不宜太大，一般应小于15mm，大型风扫煤磨亦有达25mm的。

过去的风扫煤磨规格较小，大都利用高温气体作为烘干热源。现代化的大型风扫煤磨不仅烘干能力大，还具有工艺简单、维修工作量小、操作容易等优点，采用动态选粉机作为分选设备、细度调节方便、效率高。因此，风扫煤磨的发展趋势是设备大型化。

5.6 立式煤磨系统

5.6.1 立式煤磨的特点

（1）适用煤种范围宽，较低磨蚀性无烟煤、次烟煤、烟煤、水分较低的褐煤等均可磨制。

（2）系统简单。集中碎、粉磨、烘干、选粉等工序为一体，大大简化了流程；便于布置，占地面积小，为球磨系统的50%～70%；建筑空间小，为球磨系统的50%～60%，可露天布置，节省土建投资。

（3）粉磨效率高，粉磨能耗大大降低，粉磨电耗仅为球磨的50%～60%。

（4）烘干能力强。可以通入大量热风，特别适用于新型干法窑的窑尾低温废气。如窑磨能力匹配，则全部废气可入磨，相应地可烘干水分为6%～10%。如应用热风炉供高温风，则可烘干原料的水分大于20%。

（5）由于磨耗小，耐磨件寿命长，一般可达7000～12000h以上。设备运转率高，可达90%及以上。

（6）整个运行期间生产能力和细度稳定，耐磨件磨损后期产量仅下降大约5%，细度无明显变化。

（7）噪声低。由于磨辊与磨盘不直接接触，没有金属撞击声，因此噪声比球磨低10dB以上。

(8) 对原煤中的“铁块、矸石块、木块”有良好的适应性。

(9) 采用独有的外加力结构，运行平稳，振动小。

(10) 不适合粉磨磨蚀性较大的物料，否则辊套、磨盘衬板的磨损大，降低磨机的产量和质量。

(11) 辊套、磨盘衬板的耐磨性偏低时，容易磨损，产生松动现象，增大维修工作量，降低磨机的转率率。

(12) 要求操作人员具有较高的技术水平。

5.6.2　立式煤磨的工作原理

立式煤磨的工作原理以 HRM 型立式煤磨来说明。

图 1.5.1 是 HRM 立式煤磨的工作流程图。其工作原理是电机通过减速机带动磨盘转动，磨内物料在离心力作用下，在向磨盘边缘移动的过程中，受到磨辊碾压而被粉碎，并由高速气流带起，通过磨内分离器分离出粗粉重新粉磨，细粉即为成品。煤在磨内与热风接触的过程中即为烘干过程。通过改变磨内分离器转子的转速完成煤粉细度的调节，煤粉细度控制≥15%时，可采用静态组合分离器，该分离器无转动部件，当细度控制≤12%时，则采用静态组合分离器动态或动态组合分离器。

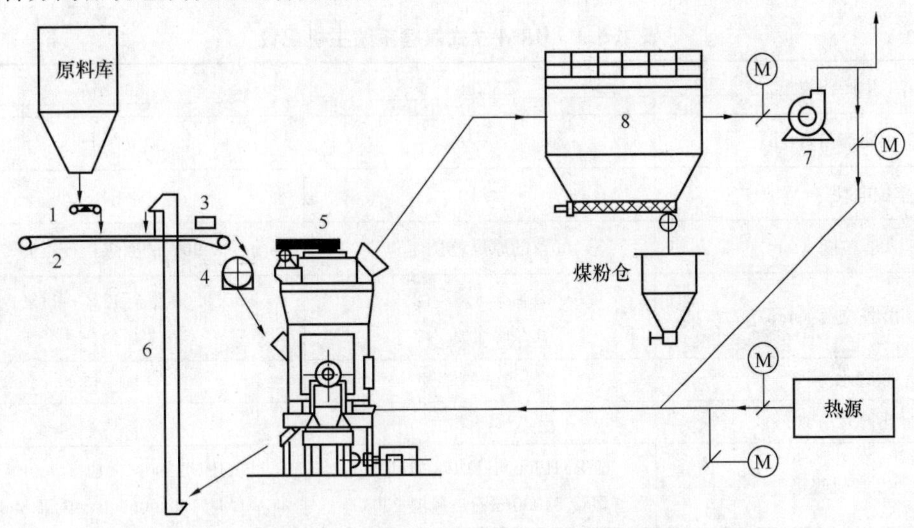

图 1.5.1　HRM 立式煤磨系统工艺流程

1—电子皮带秤；2—胶带输送机；3—电磁除铁器；4—回转锁风喂料器；5—立式煤磨；6—外循环风机；7—主风机；8—气箱脉冲收尘器

5.6.3　影响立式煤磨的因素

(1) 原煤水分。正常情况下，磨机入口风温在 250～400℃即能够满足入磨水分<15%的烘干粉磨要求。如果水分超过 20%则需要热风温度超过 400℃，考虑到喷嘴环过流截面和材料的强度和刚度，需配置单独的烘干程序，来满足磨机允许的水分要求。

对于煤粉的水分，以控制为 1.50%左右为宜，适当含水可起到限制煤粉自燃和爆炸的作用，所以磨机出口废气温度一般控制在 65～75℃。

(2) 煤的易磨性。立式煤磨对煤的易磨性具有较大的适应范围，HRM 型对粉磨功指数为 16～30kWh/t 的煤都能满足生产要求。煤中的矸石等难磨组分，在制备过程中可通过磨机排渣，由外循环提升机重新入磨反复粉磨、分级，从工艺上也加大了对煤种的适应能力。

(3) 灰分。灰分中的 SiO_2、Fe_2O_3、Al_2O_3 的含量及存在形式是影响磨辊及磨盘衬板使用寿命的主要因素。各种立磨都有使用的极限，如 HRM 立磨适应的最高灰分可达 40%，HRM 磨的磨辊、磨盘衬板使用寿命不低于 8000h，其他耐磨件不低于 10000h，且磨辊、磨盘衬板可以翻面使用。

(4) 挥发分。挥发分决定了煤粉的燃烧性能，挥发分高，燃烧性能固然好，但煤粉过细时的自燃几率也增大。因此，当煤的挥发分>35%时，煤粉发生自燃及爆炸的几率增加，立磨的防爆与抗爆能力也应增强。

(5) 入磨粒度。入磨粒度与磨辊、磨盘直径有关，直径越大，对物料的适应性相对较好。与 2500t/d 和 5000t/d 生产线配套的立式煤磨，90%通过的入磨粒度不应>50mm。

(6) 工艺及系统配套。立式煤磨系统工艺，可选一级或二级收尘。对于磨机的选型与配套，通常应考虑煤种、水分蒸发量以及设备耐磨件磨损后的效率下降等因素，可按磨损后期的生产能力选择磨机规格。选型过大，磨机长期处于低负荷运行状态，经济性变差，且一次性投资也增大。与 2500t/d 和 5000t/d 配套的 HRM 立式煤磨系统主要设备及生产指标如表 1.5.1 所示。

表 1.5.1 HRM 立式煤磨系统主机配置

生产线规模	2500d/t	5000d/t
煤粉产量 (t/h)	20～25	40～48
单位电耗 (kWh/t)	≤10	≤10
入磨粒度 (mm)	90%的原煤粒径≤50	90%的原煤粒径≤50
出磨粒度 (mm)	0.08 筛余 8%～12%； 0.2 筛余 0.2%	0.08 筛余 12%～14%； 0.2 筛余 0.8%
入磨水分 (%)	10～15	10～15
出磨水分 (%)	≤0.8	≤0.8
磨机规格	HRM1700M；功率 315kW； 风量 54000m³/t；风温 250℃	HRM2200M；功率 500kW； 风量 110000m³/t；风温 300℃
气箱脉冲收尘器	FGM96-9 (M) 风量 50000m³/t	FGM128-2×8 风量 155000m³/t
主排风机	M6－31NO.17D 风量 55000m³/t； 功率 315kW； 风压 9500～10000Pa	M6-31NO.21.5D 风量 165000m³/t 功率 710kW； 风压 9500～10000Pa

5.7 系统安全运行

5.7.1 煤的自燃和爆炸

煤粉是一种易燃、易爆的物质，当煤粉同时满足以下三个条件时，即有可能发生爆炸。

(1) 存在可燃物质，且浓度在爆炸极限范围内，其下限浓度 $30g/m^3$，上限浓度为 1500

~$2000g/m^3$；

（2）有足够的氧含量。烘干粉磨设备中的最高氧含量应为14%；

（3）存在强烈的热源，如煤的自燃、设备撞击、摩擦产生的电火花以及运行部件的过热和达到燃点的高温气体等。

煤的自燃和爆炸通常发生在磨内、煤粉仓、电收尘器等设备部位，因此，除工艺设计采取相应的防范措施外，还需优化操作参数，执行安全技术操作规程。

在堆积状态下，煤的氧化速率超过散热速率就会产生自燃。煤粉仓的堆积煤粉温度在60℃及以下比较安全，超过120℃很容易发生自燃。因此，仓内煤粉的贮量越大，存积时间越长，自燃的可能性越大。根据生产实践经验，北方地区水泥企业的检修停窑时间大于3d，即需排空煤粉仓，以防止仓内温度升高引起自燃现象，南方地区水泥企业则不超过8~12h。磨内发生自燃的煤粉，多是由于其发热量大、挥发分高及灰分较低，以磨机热风入口管道处最易发生。

系统密封不好，漏风造成大量空气进入煤仓和输送装置，也是导致煤粉自燃的主要原因。大量空气中的富氧离子与贮存环境温度较高的煤粉接触，极易引发煤粉的自燃。因此，生产上既要加强密封工作，减小漏风系数，还要注意煤粉仓的保温，防止仓内壁结露，形成煤粉黏挂结皮而氧化自燃。

对于电收尘器，应针对季节性环境温度的变化来调整磨机出口温度的控制指标，环境温度较高，则控制指标降低，反之亦然。冬季不能达到其控制值时，还应设置电加热辅助升温，避免电场结露、灰斗下料器堵塞。处理堵塞故障时，可能导致煤粉外溢与外界空气接触，引发煤粉着火，烧坏电收尘器电缆，电场内极板变形。

现代新型干法水泥生产企业，许多先进的在线监测自控和灭火装置已装备于煤粉制备系统，如收尘器进口及出口的气体自动分析仪，可对气体中的CO及O_2等实施跟踪监测、报警，一旦发生着火现象，系统可启动CO_2自动灭火装置。针对煤粉易燃易爆的特性，从工艺和设备方面也进行了多种改进。如立式煤磨加强了设备壳体的抗爆能力，HRM煤磨可承受最大煤粉爆炸压力为0.35MPa；各设备加设防爆阀、锁风装置；对磨机启动、停机等易发事故的环节实行严格的操作控制模式。这些措施的制定和实施，都为煤粉制备过程的安全运行提供了基本保证。

5.7.2　煤粉自燃及爆炸的原因

（1）气体中可燃成分的浓度

煤粉燃爆极限的浓度一般为150~$1500g/Nm^3$，此极限波动范围比较大，它随着煤粉的挥发分、灰分、分散度的变化而变化。我国褐煤爆炸下限浓度范围一般是45~$55g/Nm^3$，烟煤是110~$335g/Nm^3$，上限浓度范围均在1500~$2000g/Nm^3$之间。煤粉越细，分散度越高，越易爆炸。其爆炸下限随煤粉粒径的减小而降低，煤粉粒度在$75\mu m$及以下时就容易发生爆炸，粒径大于1mm时爆炸的可能性很小，而实际生产中煤粉的粒径比1mm要小得多，大部分都在$75\mu m$及以下。

煤粉的挥发分含量也是影响爆炸的重要因素，挥发分越高，爆炸的可能性越大，挥发分小于10%时没有爆炸的危险，挥发分大于20%时爆炸的可能性大大增加，实际生产中煤粉的挥发分大多数是大于20%。废气中的CO含量达到0.7%时也容易发生燃爆。

（2）氧气含量越高，煤粉氧化生热速度就越快，系统燃爆的可能性相对较大，特别在富氧条件下就更危险。粉磨煤粉利用的是高温气体，但气体温度越高，煤粉氧化速度就越快，燃爆的可能性就越高。

（3）生产中的火源可以有以下几个方面产生：磨内研磨体和衬板的硬性摩擦产生的火花；金属物敲击煤粉仓等部位产生的火花；焊接时产生的明火；静电产生的电火花。煤粉及空气混合物，用一个小火源在某一局部地方点火引燃，则燃烧便向其他方向传播，使整个混合物自动着火发生燃烧。

5.7.3　防止发生燃爆的措施

（1）控制入磨气体温度

燃料及其混合气体超过着火温度，富氧条件下，混合物便自动地不需外界作用而着火，挥发分含量越高的燃料着火温度越低，烟煤的着火温度是350～500℃。实际生产中，如果磨入口气体温度超过300℃，在刮板腔内就可以看到有火星出现，就是部分煤粒在高温废气作用下产生着火现象了，这些火星如被带入袋收尘或磨腔内就可能引起煤粉燃烧或爆炸。只是落入刮板腔内的煤粒一般不易再被带入磨内。在实际生产中，可根据入磨原煤水分的变化，调节热风和冷风阀门开度，控制入磨气体温度在220～260℃之间，一般不超过300℃，满足烘干及粉磨的要求。

（2）控制出磨气体温度

出磨气体温度一般控制在65～75℃之间，一定不要超过85℃，否则磨机及排风机自动跳停。

实际生产中，可以根据原煤水分的变化，对出磨气体温度作小幅度的调整控制。如出口气体温度达到80℃时，煤粉水分仍不合格，就不能再采用调高出磨气体温度的办法来解决，而应该通过调整选粉机转速、喂料量、通风量等方法降低煤粉的细度。

（3）控制袋收尘器系统的温度

袋收尘器的进口废气温度应该高于露点温度，否则有结露和糊袋的危险；袋收尘的出口温度略低于进口温度；袋收尘器灰斗锥部温度要控制小于65℃，超过65℃系统自动报警，超过80℃系统自动跳停。系统停车后关闭阀门，喷入惰性气体，外排煤粉，检查滤袋。

（4）控制煤粉仓温度

正常生产中，煤粉仓锥部温度控制小于65℃，保持（85%）高料位状态进行生产；如仓锥部温度持续上升，应降低仓内料位；超过85℃且还有上升趋势，表明煤粉已自燃，应立即喷入惰性气体，阻止燃烧，采取放仓等处理措施。

（5）控制煤磨系统主排风机出口温度：

控制煤磨系统主排风机出口废气温度小于70℃。

（6）控制煤粉的沉降和黏附

立磨系统煤粉浓度在650g/m^{3}左右，一般不会发生燃爆，但当煤粉在某些部位沉降和黏附，就可能发生燃爆事故，生产中袋收尘的燃爆大多就是这个原因造成的。煤粉具有较强的氧化生热能力，当氧化生热速度超过排热速度时，煤粉的温度逐渐升高，又加速了氧化生热速度，当达到煤粉的自燃温度时，则可能产生燃爆事故。煤粉的氧化生热速度随废气中的煤粉含量及系统内积存量的增加而加大，所以要控制煤粉的沉降和黏附。

（7）保证系统密封良好

煤粉制备系统属于负压操作，要求系统密封良好，否则产生漏风现象。但在具体生产中，由于磨损、地基沉降等原因，造成系统局部密封不严，严重漏风，使漏风处温度降低，发生结露现象。在阴雨天，雨水随漏风通道进入系统，不但降低了系统温度，还使煤粉黏附在系统的器壁上，日后条件一旦成熟，就可能发生局部氧化自燃现象。

(8) 保证排灰阀灵活

排灰阀具有排灰和锁风功能。在实际生产中，由于排灰阀磨损、卡等原因，排灰阀不能正常工作，造成灰斗积煤，导致局部氧化自燃的隐患。所以在生产过程中，一定要经常检查排灰阀的工作情况，保证排灰阀动作灵活。

(9) 使用石灰石填死角

在试生产时，要预先粉磨不燃物石灰石，使系统各死角被石灰石不燃物完全填充，防止生产时堆积煤粉，发生氧化自燃。

(10) 加强保温

加强系统保温，防止系统温度降低发生结露，使煤粉粘结。

(11) 防止热风带入红热熟料颗粒

一些新型干法水泥企业，煤粉制备所需的热风是从篦冷机内抽取的，当篦冷机工作不正常时，就会将一些红热细小熟料颗粒抽入煤磨系统而造成隐患；特别是停磨后，没有排空系统内的煤粉和其他可燃气体，重新开磨抽风时，易引起明火燃烧，所以要防止带入红热熟料颗粒入磨。

(12) 防止静电产生火花

尽管袋收尘器的滤袋是由抗静电材料制作的，但必须将滤袋和管道、器壁连接起来一起接地，防止产生静电火花而引起燃爆危害。

(13) 防止硬摩擦产生火花

尽管原煤入磨前经过了金属探测和除铁装置，但还有一些金属没有被排除而入磨了；一些金属件如螺栓、螺母、叶片等严重磨损脱落；这些金属物进入磨盘和磨辊之间进行硬性摩擦，产生火花，可能引起系统燃爆现象。

有些厂由于某些不正常的原因，将金属探测和除铁装置停用，造成大量的金属物入磨，不仅引起燃爆事故，还造成磨盘和磨辊的严重磨损，震动加大，缩短了设备的使用寿命，产量、质量得不到保证。

(14) 防止检修设备带入明火

煤磨系统检修规程明确规定，在系统存在燃烧危险的情况下，不允许进行焊接作业，但有些时候，检修人员心存侥幸，不执行操作规程，人为带入明火引发燃爆事故。

(15) 改进取风工艺

很多新型干法水泥企业煤粉制备系统的烘干热风都取自篦冷机，风温一般在500～600℃之间，风温、风量波动大，氧气含量大约21%，煤粉在富氧气氛下制备，氧化生热速度快，袋收尘发生燃爆的危险性相对较大，可以采取以下措施加以改进：在取风管道和篦冷机接口处加挂链条；在热风管道上加装旋风筒；将取风位置放在窑头电收尘器后面，能够保证烘干气体的洁净，防止细小的红热熟料颗粒进入磨内，有效地预防燃爆事故的发生。

(16) 采用窑尾取风

窑尾废气温度一般在350℃左右，氧气含量在4%左右，基本上是惰性气体。煤粉制备在惰性氛围下完成，煤粉氧化生热速度慢，不易发生自燃，袋收尘不易着火，且窑尾废气的温度、风量比较稳定，因此，窑尾取风利于安全生产和稳定操作。但要注意系统密封，防止发生漏风现象。

（17）管道的铺设

煤粉静止堆积角是25°～30°，所以煤粉系统的输送管道要避免水平铺设，上升管道至少大于70°，下降管道至少大于45°，管内应光滑；选取管内风速要适当，既要考虑避免管内积煤粉，又要考虑节省能源，减少磨内磨损及对袋收尘的损坏；管道和除尘器壳体敷设保温层，防止温度降低发生结露粘结煤粉。

（18）加强煤磨系统的安全生产管理

①加强安全教育，将煤磨安全生产放在首位，使人人具有安全生产的知识，杜绝违章作业、违章指挥。

②煤磨操作人员必须严格按操作规程操作，加强和窑操作员的联系，根据具体情况，及时调整热风与冷风的配比、调整喂煤量，保证各点气体温度、压力在控制范围，不能超温操作；在开、停磨前后，必须将系统内的煤粉和可燃气体排空，才可以继续操作；一旦发现系统着火，立即停煤、停风，关闭进出口阀门，采取合适的灭火方法（喷入蒸汽、泡沫、碳酸化合物、氮气、二氧化碳气体），不能用水来灭火，以防煤粉溢流蔓延燃烧。

③现场巡检和维修人员，必须有高度的责任心，密切注意重点设备、重点部位的情况，发现异常问题及时报告处理，将事故消灭在萌芽状态，不能任其发展酿成大的事故。

④加强系统密封，防止漏风、漏水；加强系统保温，防止结露；加强系统接地的检查，防止静电火花的产生。

煤磨系统的安全稳定，关系到全厂生产能否正常进行，煤磨系统一旦燃爆，就会使整个水泥生产系统瘫痪，造成极大的经济损失和人员伤亡，所以要从思想上加以重视，在设计中充分考虑各种因素的相互影响，避免不合理的工艺设计，在操作管理过程中，要注意各参数的动态平衡，严格按操作规程进行生产，保证煤磨系统的安全生产。

任务6　熟料煅烧技术

任务描述：熟悉熟料煅烧过程发生的物理化学变化；熟悉熟料的形成热及影响因素。

知识目标：掌握熟料煅烧的烧成反应及影响因素；掌握影响熟料热耗的因素。

能力目标：掌握快冷对熟料质量的影响；掌握熟料的形成热。

生料在入窑后和热烟气进行热交换，发生一系列的物理化学反应生成熟料。熟料主要含有硅酸三钙（C_3S）、硅酸二钙（C_2S）、铝酸三钙（C_3A）、铁铝酸四钙（C_4AF）等4种矿物。窑内煅烧温度不同，发生的物理化学反应的程度不同，生成的矿物组成不同，水泥熟料的质量和性能也不同。窑内煅烧条件直接影响到水泥熟料的产量和质量、燃料的消耗量、耐火材料的消耗量以及窑的长期安全运转周期。无论窑型如何变化，熟料的煅烧过程和煅烧中所发生的物理化学反应基本相同，掌握了水泥熟料矿物形成的基本机理及影响因素，掌握了窑内发生的物理化学变化规律，对实现“优质、高产、低耗”有重大指导意义。

6.1　煅烧过程发生的物理化学变化

水泥生料入窑后，在加热煅烧过程中发生干燥反应、黏土脱水与分解反应、碳酸盐分解反应、固相反应、熟料烧成反应和熟料冷却等物理化学反应。这些物理化学反应，不仅与生料的化学成分、反应温度有关，也与生料细度、生料均匀性、传热方式等因素有关。

6.1.1　干燥反应

干燥反应即自由水的蒸发过程。

生料中都有一定量的自由水，生料中自由水的含量因生产方法与窑型不同而有很大差异。干法窑生料含水量一般不超过1.0%，立窑、立波尔窑的生料中需加入12%～14%水分进行成球，湿法生产的料浆水分一般在30%～40%。

自由水的蒸发温度为100～150℃。生料加热到100℃左右，自由水分开始蒸发，当温度升到150～200℃时，生料中自由水几乎全部被排除。自由水的蒸发过程消耗的热量很大，每1kg水蒸发热高达2257kJ，如湿法窑料浆含水35%，每生产1kg水泥熟料用于蒸发水分的热量就高达2100kJ，占湿法窑热耗的1/3以上，所以降低料浆水分是降低湿法生产热耗的重要途径。

6.1.2　黏土脱水反应

黏土脱水反应即黏土中矿物分解放出结合水。

黏土主要由含水硅酸铝所组成，常见的有高岭土和蒙脱土，但大部分黏土属于高岭土。黏土矿物的化合水有两种：一种是以 OH^- 离子状态存在于晶体结构中，称为晶体配位水（也称结构水）；另一种是以分子状态存在吸附于晶层结构间，称为晶层间水或层间吸附水。所有的黏土都含有配位水，多水高岭土、蒙脱石还含有层间水，伊利石的层间水因风化程度而异。层间水在100℃左右即可除去，而配位水则必须高达400～600℃以上才能脱去，具体温度范围取决于黏土的矿物组成。下面以高岭土为例，说明黏土的脱水过程。

高岭土主要由高岭石（$2SiO_2 \cdot Al_2O_3 \cdot nH_2O$）组成。加热当温度达100℃时高岭石失去吸附水，温度升高至400～600℃时高岭石失去结构水，变为偏高岭石（$2SiO_2 \cdot Al_2O_3$），并进一步分解为化学活性较高的无定型的氧化铝和氧化硅。黏土中的主要矿物高岭土发生脱水分解反应如下式所示：

$$2SiO_2 \cdot Al_2O_3 \cdot 2H_2O \xrightarrow{400 \sim 600℃} 2SiO_2 \cdot Al_2O_3 + 2H_2O$$

$$2SiO_2 \cdot Al_2O_3 \xrightarrow{400 \sim 600℃} 2SiO_2 + Al_2O_3$$

由于偏高岭土中存在着因 OH^- 离子跑出后留下的空位，通常把它看成是无定型的 SiO_2 和 Al_2O_3，这些无定型物具有较高的化学活性，为下一步与氧化钙反应创造了有利条件。

6.1.3　碳酸盐分解反应

碳酸盐分解反应是熟料煅烧的重要过程之一。碳酸盐分解反应与温度、颗粒粒径、生料中碳酸盐的性质、气体中 CO_2 的含量等因素有关。

石灰石中含有的碳酸钙（$CaCO_3$）和少量碳酸镁（$MgCO_3$）在煅烧过程中都要分解放出二氧化碳，其反应式如下：

$$MgCO_3 \xrightleftharpoons{600℃} MgO + CO_2 \uparrow$$

$$CaCO_3 \xrightleftharpoons{650℃} CaO + CO_2 \uparrow$$

影响碳酸盐分解反应的因素主要有：

（1）石灰石性质

石灰石中含有的其他矿物和杂质，一般具有降低分解温度的作用，这是由于石灰石中的 SiO_2、Al_2O_3、Fe_2O_3 等增强了方解石的分解活力所致，但各种不同的伴生矿物和杂质对分解的影响是有差异的。方解石晶体越小，所形成的 CaO 缺陷结构的浓度越大，反应活性越好，相对分解速度越高。一般来说，石灰石分解的活化能在 125.6～251.2kJ/mol 之间，当含有的杂质、晶体细小时，其活化能将降低，一般在 190kJ/mol 以下。石灰石分解活化能越低，CaO 的化合作用越强，β-C_2S 等矿物的形成反应速度越快。

（2）生料细度和颗粒级配

生料细度和颗粒级配都是影响碳酸盐分解的重要因素。生料颗粒粒径越小，比表面积越大，传热面积越大，分解反应速度越快；生料颗粒均匀，粗颗粒少，也可加速碳酸盐的分解。因此，适当提高生料的粉磨细度和生料的均匀性，都有利于碳酸盐的分解反应。

（3）生料悬浮分散程度

生料悬浮分散程度差，相对地增大了生料颗粒尺寸，减少了传热面积，降低了碳酸钙的分解反应速度。因此，生料悬浮分散程度是决定分解反应速度的一个非常重要因素，这也是悬浮预热器窑、窑外分解窑（分解炉内）的碳酸钙分解反应速度较回转窑、立波尔窑快的主要原因。

（4）反应温度

碳酸盐分解反应是吸热反应。每 1kg 纯碳酸钙在 890℃时分解吸收热量为 1645J/g，是熟料形成过程中消耗热量最多的一个工艺过程，分解反应所需总热量约占湿法生产总热耗的 1/3，约占悬浮预热器的 1/2，因此，提供足够的热量可以提高碳酸盐的分解速度。

温度升高使分解反应速度加快。通过实验得知，温度每升高 50℃分解反应速度约增加一倍，分解时间约缩短 50%，当物料温度升到 900℃后，$CaCO_3$ 分解反应非常迅速，分解时间大大缩短。但应注意温度过高，将增加废气温度，熟料的热耗增加，同时，预热器和分解炉结皮、堵塞的可能性亦增大。

（5）窑内通风

碳酸盐分解反应是可逆反应，受系统温度和周围介质中 CO_2 的分压影响较大。为了使分解反应顺利进行，必须保持较高的反应温度及良好的通风状态，降低周围介质中 CO_2 的分压。如果将碳酸盐的分解反应放在密闭的容器中于一定温度下进行时，随着碳酸钙的不断分解，周围介质中 CO_2 的分压不断增加，分解速度将逐渐变慢，直到最后反应停止。因此加强窑内通风，减小窑内 CO_2 压力，及时将 CO_2 气体排出，有利于 $CaCO_3$ 的分解。生产实践证明，废气中 CO_2 含量每减少 2%，约可使分解时间缩短 10%，当窑内通风不畅，CO_2 不能及时被排出，废气中 CO_2 含量增加，会延长碳酸盐的分解时间，因此窑内通风对 $CaCO_3$ 的分解反应起着重要作用。

（6）黏土质原料的性质

如果黏土质原料的主导矿物是高岭土，由于其活性大，在 800℃下能和氧化钙或直接与碳酸钙进行固相反应，生成低钙矿物，可以促进碳酸钙的分解过程。反之，如果黏土主导矿物是活性差的蒙脱石和伊利石，则 $CaCO_3$ 的分解速度就大大降低。

6.1.4　固相反应

（1）固相反应

固相反应是指固相与固相之间所进行的反应。

黏土和石灰石发生分解反应以后，分别形成了 CaO、MgO、SiO_2、Al_2O_3 等氧化物，这些氧化物随着温度的升高会发生化学反应而形成各种矿物：

①700～800℃：开始反应形成 CA($CaO \cdot Al_2O_3$)、C_2F($2CaO \cdot Fe_2O_3$)，C_2S($2CaO \cdot SiO_2$)；

②800～900℃：开始形成 $Ca_{12}A_7$($12CaO \cdot 7Al_2O_3$)；

③900～1000℃：C_2AS($2CaO \cdot Al_2O_3 \cdot SiO_2$)、$C_3A$($3CaO \cdot Al_2O_3$)、$C_4AF$($4CaO \cdot Al_2O_3 \cdot Fe_2O_3$)；

④1100～1200℃：大量形成 C_3A 与 C_4AF，同时 C_2S 含量达最大值。

从以上化学反应的温度可知，这些反应温度都小于反应物和生成物的熔点，例如 CaO、SiO_2 与 $2CaO \cdot SiO$ 的熔点分别为 2570℃、1713℃与 2130℃，也就是说物料在以上这些反应过程中都没有熔融状态物出现，反应是在固体状态下进行的，这就是固相反应的特点。

熟料煅烧过程中发生的固相反应有四个温度范围，但实际上随着原料的性能、粉磨细度、加热速度等条件的变化，各矿物形成的温度有一定范围，而且会相互交叉，如 C_2S 虽然在 800～900℃开始形成，但全部的 C_2S 形成要在 1200℃，而生料的不均匀性，使交叉的温度范围更宽。

（2）影响固相反应的主要因素

①生料细度及其均匀程度

由于固相反应是固体物质表面相互接触而进行的反应，当生料细度较细时，组分之间接触面积增加，固相反应速度也就加快。从理论上认为生料越细对煅烧越有利，但生料细度过细会使磨机产量降低，同时电耗增加。因此粉磨细度应考虑原料种类、粉磨设备及煅烧设备的性能，以达到“优质、高产、低耗”的综合效益为宜。

生产实践证明，物料反应速度与颗粒尺寸的平方成反比，因而即使有少量较大尺寸的生料颗粒，都可以显著延缓反应过程的完成，所以，控制生料的细度既要考虑生料中细颗粒的含量，也要考虑使颗粒分布在较窄的范围内，保证生料粒径的均齐性。生料细度一般控制在 0.080mm 方孔筛筛余 8%～12%左右；0.2mm 方孔筛筛余 1.0%～1.5%左右。

生料的均匀混合，使生料各组分之间充分接触，有利于固相反应进行。湿法生产的料浆由于流动性好，生料中各组分之间混合较均匀；干法生产要通过空气均化，达到生料成分均匀的目的。

②原料性质

原料中含有石英砂（结晶型的二氧化硅）时，熟料矿物很难生成，会使熟料中游离氧化钙含量增加。因为结晶型 SiO_2 在加热过程中只发生晶型的转变，晶体未受到破坏，晶体内分子很难离开晶体而参加反应，所以固相反应的速度明显降低，特别是原料中含有粗颗粒石英时，影响固相反应的程度更大。要求原料中尽量少含石英砂，原料中含的燧石结核（结晶型的 SiO_2）其硬度大，不宜磨细，它的反应能力亦较无定型的 SiO_2 低得多，对固相反应非常不利，因此要求原料中不含或少含燧石结核。而黏土中的 SiO_2 情况不同，黏土在加热时，分解成游离态的 SiO_2 和 Al_2O_3，其晶体已经破坏，因而容易与碳酸钙分解出的 CaO 发生固相反应，形成熟料矿物。

③温度

温度升高，使 CaO、Al_2O_3、SiO_2、Fe_2O_3 等氧化物能量增加，增加它们的扩散速度和化学反应活性，促进固相反应的进行。

④矿化剂

矿化剂可以增加生料的易烧性，增加反应物的反应活性，加速固相反应的速度。

6.1.5 熟料烧成反应

物料加热到最低共熔温度（物料在加热过程中，开始出现液相的温度称为最低共熔温度）时，物料中开始出现液相，液相主要由 C_3A 和 C_4AF 所组成，还有 MgO、Na_2O、K_2O 等其他物质组成，在液相的作用下进行熟料的烧成反应。

液相出现后，C_2S 和 CaO 都开始溶于其中，在液相中 C_2S 吸收游离氧化钙（CaO）形成 C_3S，其反应式如下：

$$C_2S\text{（液）}+CaO\text{（液）}\xrightarrow{1350\sim1450℃}C_3S\text{（固）}$$

熟料的烧结反应包含三个过程：C_2S 和 CaO 逐步溶解于液相中并扩散；C_3S 晶核的形成；C_3S 晶核的发育和长大，完成熟料的烧结过程。随着温度的升高和时间延长，液相量增加，液相黏度降低，CaO 和 C_2S 不断溶解、扩散，C_3S 晶核不断形成，并逐渐发育、长大，最终形成几十微米大小、发育良好的阿利特晶体。与此同时，晶体不断重排、收缩、密实化，物料逐渐由疏松状态转变为色泽灰黑、结构致密的熟料，这个过程称为熟料的烧结过程，也称石灰吸收过程。

大量 C_3S 的生成是在液相出现之后，普通硅酸盐水泥熟料一般在 1250～1300℃时就开始出现液相，而 C_3S 形成最快速度约在 1350℃，在 1450℃时 C_3S 绝大部分生成，所以熟料烧成温度可写成 1350～1450℃。

任何反应过程都需要有一定时间，C_3S 的形成也不例外。它的形成不仅需要有一定温度，而且需要在烧成温度下停留一段时间，使其能充分反应，在煅烧较均匀的回转窑内时间可短些，而煅烧不均匀的立窑内时间需长些。但时间不宜过长，时间过长易使 C_3S 生成粗而圆的晶体，降低其强度。一般需要在高温下煅烧 20～30min。

从上述的分析可知，熟料烧成形成阿利特的过程，与液相形成温度、液相量、液相性质、氧化钙、硅酸二钙溶解液相的溶解速度、离子扩散速度等各种因素有关。阿利特的形成也可以通过固相反应来完成，但需要较高的温度（1650℃以上），因而这种方法目前在工业上没有实用价值。为了降低煅烧温度、缩短烧成时间，降低能耗，阿利特的形成最好通过液相反应来形成。

液相量的增加和液相黏度的减少，都利于 C_2S 和 CaO 在液相中扩散，即有利于 C_2S 吸收 CaO 形成 C_3S。所以，影响液相量和液相黏度的因素，也是影响 C_3S 生成的因素。

（1）最低共熔点

物料在加热过程中，两种或两种以上组分开始出现液相的温度称为最低共熔温度。最低共熔温度决定与系统组分的数目和性质。表 1.6.1 列出了一些系统的最低共熔点。

表 1.6.1 最低共熔温度

系　统	最低共熔温度（℃）
C_3S-C_2S-C_3A	1455

续表

系　统	最低共熔温度（℃）
C_3S-C_2S-C_3A-Na_2O	1430
C_3S-C_2S-C_3A-MgO	1375
C_3S-C_2S-C_3A-Na_2O-MgO	1365
C_3S-C_2S-C_3A-C_4AF	1338
C_3S-C_2S-C_3A-Na_2O-Fe_2O_3	1315
C_3S-C_2S-C_3A-Fe_2O_3-MgO	1300
C_3S-C_2S-C_3A-Na_2O-Fe_2O_3-MgO	1280

由表1.6.1可以看出，系统组分的数目和性质都影响系统的最低共熔温度。组分数愈多最低共熔温度愈低。硅酸盐水泥熟料一般有氧化镁、氧化纳、氧化钾、硫矸、氧化钛、氧化磷等其他组分，最低共熔温度约为1280℃左右。适量的矿化剂与其他微量元素等可以降低最低共熔点，使熟料烧结所需的液相提前出现（约1250℃），但含量过多时，会对熟料质量造成影响，对其含量要有一定限制。

（2）液相量

液相量不仅和组分的性质有关，也与组分的含量、熟料烧结温度有关。一般铝酸三钙（C_3A）和铁铝酸四钙（C_4AF）在1300℃左右时，都能熔成液相，所以称C_3A与C_4AF为熔剂性矿物，而C_3A与C_4AF的增加必须是Al_2O_3和Fe_2O_3的增加，所以熟料中Al_2O_3和Fe_2O_3的增加使液相量增加，熟料中MgO、R_2O等成分也能增加液相量。

液相量与组分的性质、含量即熟料烧结温度有关，所以不同的生料成分与煅烧温度等对液相量有很大影响，一般水泥熟料煅烧阶段的液相量约为20%～30%。

一般硅酸盐水泥熟料成分生成的液相量可用下式进行计算。

当烧成温度为1400℃时：

$$L = 2.95A + 2.2F + M + R$$

当烧成温度为1450℃时：

$$L = 3.0A + 2.25F + M + R$$

式中：L——液相百分含量（%）；

A——熟料中Al_2O_3的百分含量（%）；

F——熟料中Fe_2O_3的百分含量（%）；

M——熟料中MgO的百分含量（%）；

R——熟料中R_2O的百分含量（%）。

从上述公式可知影响液相量的主要成分是Al_2O_3、Fe_2O_3、MgO和R_2O，后两者在含量较多时为有害成分，只有通过增加Al_2O_3和Fe_2O_3的含量增加液相量，以利于C_3S的生成。但液相量过多易结大块、结圈等，所以液相量控制要适当。

（3）液相黏度

液相黏度对硅酸三钙的形成影响较大。黏度小，液相中质点的扩散速度增加，有利于硅酸三钙的形成。

C_3A和C_4AF都是熔剂矿物，但它们生成液相的黏度是不同的，C_3A形成的液相黏度大，C_4AF 形成的液相黏度小。因此当熟料中 C_3A 或 Al_2O_3 含量增加，C_4AF 或 Fe_2O_3 含量减少时，即熟料的铝率增加时，生成的液相黏度增加。反之则液相黏度减小，铝率与黏度关系如图 1.6.1 所示，从图看出液相黏度随铝率增加而增加，几乎是成直线地增加。从烧成的角度看，铝率高对烧成不利，使 C_3S 不易生成；但从水泥熟料性能角度看，C_3A 含量高的熟料强度发挥快，早期强度高，而且 C_3A 的存在对 C_3S 强度的发挥也有利，同时有适当含量的 C_3A，使水泥熟料的凝结时间也能正常。所以铝率要适当，一般波动在 0.9～1.4 之间。

提高温度，离子动能增加，减弱了相互间的作用力，因而降低了液相的黏度，有利于硅酸三钙的形成，但煅烧温度过高，物料易在窑内结大块、结圈等，同时会引起热耗增加，并影响窑的安全运转。温度与黏度关系如图 1.6.2 所示。

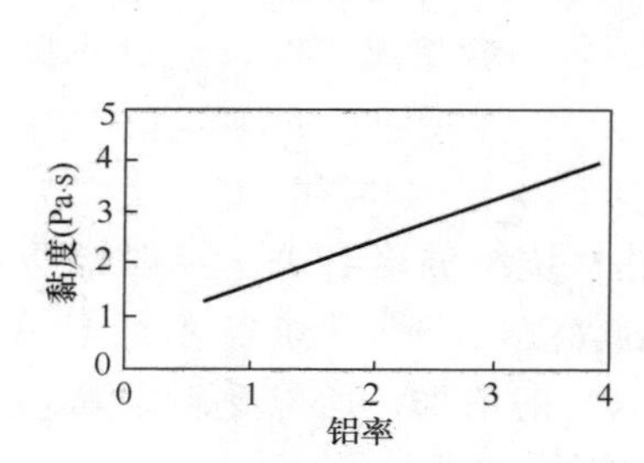

图 1.6.1　液相黏度与铝率关系

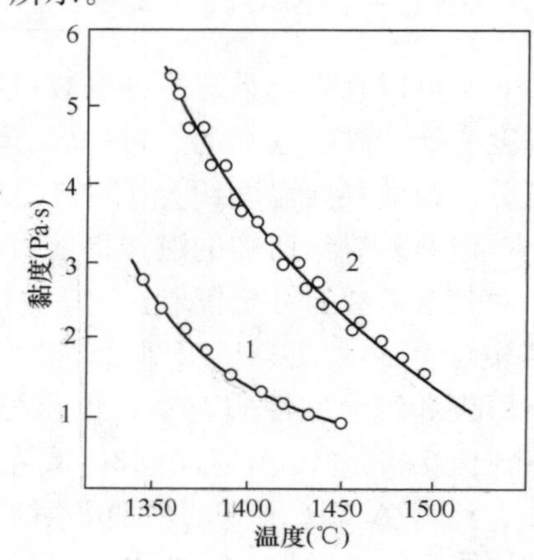

图 1.6.2　液相黏度与温度关系

1—最低共融物；2—1450℃ C_2S 与 CaO 所饱和的液相

液相黏度与液相组成的关系，随液相中离子状态和相互作用力的变化而异，R_2O 含量的增加，液相黏度会增加，但 MgO、K_2SO、Na_2SO、SO_3 含量增加，液相黏度会有所下降。

（4）液相的表面张力

液相的表面张力越小，越易润湿固体物质或熟料颗粒，有利于固液反应，促进 C_3S 的形成。液相的表面张力与液相温度、组成和结构有关。液相中有镁、碱、硫等物质存在时，可降低液相表面张力，从而促进熟料烧结。

（5）氧化钙溶解于液相的速度

C_3S 的形成也可以视为 C_2S 和 CaO 在液相中的溶解过程。C_2S 和 CaO 逐步溶解于液相的速度大，C_3S 的成核与发展也越快。因此，要加速 C_3S 的形成实际上就是提高 C_2S 和 CaO 的溶解速度，而这个速率大小受 CaO 颗粒大小和液相黏度所控制。实验表明，随着 CaO 粒径减少和温度增加，CaO 溶解速率增大。

6.1.6　熟料的冷却

熟料完成煅烧反应后，就要进行冷却过程。冷却的目的在于回收熟料余热，降低热耗，提高热效率；改进熟料质量，提高熟料的易磨性；降低熟料温度，便于熟料的运输、储存和粉磨。

熟料冷却的好坏及冷却速度的快慢，对熟料质量影响较大，因为部分熔融的熟料，其中含有的部分液相，在冷却时往往还会发生化学反应。

熟料的矿物结构决定于冷却速度、固液相中的质点扩散速度、固液相的反应速度等。如果冷却很慢，使固液相中的离子扩散足以保证固液相间的反应充分进行，称为平衡冷却。如果冷却速度中等，使液相能够析出结晶，由于固相中质点扩散很慢，不能保证固液相间反应充分进行，称为独立结晶。如果冷却很快，使液相不能析出晶体成为玻璃体，称为淬冷。

C_3S-C_2S-C_3A 组成的系统，不同的冷却速度对熟料矿物组成的影响如表 1.6.2 所示：

表 1.6.2 C_3S-C_2S-C_3A 系统冷却速度矿物组成

冷却制度	C_3S（%）	C_2S（%）	C_3A（%）	玻璃体（%）
平衡冷却	60	13.5	26.5	
某点淬冷	68			32

生产实践证明，急速冷却熟料对改善熟料质量有许多优点，主要表现在：

（1）防止或减少 β-C_2S 转化成 γ-C_2S

C_2S 由于结构排列不同，因此有不同的结晶形态，而且相互之间能发生转化。煅烧时形成的 β-C_2S 在冷却的过程中若慢冷就易转化成 γ-C_2S，β-C_2S 相对密度为 3.28，而 γ-C_2S 相对密度为 2.97，β-C_2S 转变成 γ-C_2S 时其体积增加 10%，由于体积的增加产生了膨胀应力，因而引起熟料的粉化，而且 γ-C_2S 几乎无水硬性。当熟料快冷时可以迅速越过晶型转变温度使 β-C_2S 来不及转变成 γ-C_2S 而以介稳状态保持下来。同时急冷时玻璃体较多，这些玻璃体包裹住了 β-C_2S 晶体使其稳定下来，因而防止或减少 β-C_2S 转化成 γ-C_2S，提高了熟料的水硬性，增强了熟料的强度。

（2）防止或减少 C_3S 的分解

当温度低于 1260～1280℃以下，尤其在 1250℃时 C_3S 易分解成 C_2S 和二次 f-CaO，使熟料强度降低 f-CaO 增加。当熟料急冷时温度迅速从烧成温度开始下降越过 C_3S 的分解温度，使 C_3S 来不及分解而以介稳状态保存下来，防止或减少 C_3S 的分解，保证水泥熟料的强度。

（3）改善水泥的安定性

当熟料慢冷时 MgO 结晶成方镁石，水化速度很慢，往往几年后还在水化，水化后生成 $Mg(OH)_2$，体积增加 148%，使水泥硬化试体体积膨胀而遭到破坏，导致水泥安定性不良。当熟料急冷时熟料液相中的 MgO 来不及析晶，或者即使结晶也来不及长大，晶体的尺寸非常细小，其水化速度相对于较大尺寸的方镁石晶体快，与其他矿物的水化速度大致相等，对安定性的危害很小。尤其当熟料中 MgO 含量较高时，急冷可以克服由于其含量高所带来的不利影响，达到改善水泥安定性的目的。

（4）减少熟料中 C_3A 结晶体

急冷时 C_3A 来不及结晶出来而存在玻璃体中，或结晶细小。结晶型的 C_3A 水化后易使水泥快凝，而非结晶的 C_3A 水化后不会使水泥浆快凝。因此急冷的熟料加水后不易产生快凝，凝结时间容易控制。实验表明，呈玻璃态的 C_3A 很少会受到硫酸钠或硫酸镁的侵蚀，有利于提高水泥的抗硫酸盐性能。

（5）提高熟料易磨性

急冷时熟料矿物结晶细小，粉磨时能耗低。急冷使熟料形成较多玻璃体，这些玻璃体由于种种体积效应在颗粒内部不均衡地发生，造成熟料产生较大的内部应力，提高熟料易磨性。

从上述分析可知，熟料的急冷对熟料质量、充分利用能源及生产过程有重要的作用。如何使熟料快速冷却并尽可能回收熟料余热，一直是水泥熟料生产过程中的重要课题。从设备、操作入手加速熟料的冷却效果是水泥生产中的重要环节。回转窑要选用高效率的冷却机，如现代新型篦式冷却机等对熟料进行高效冷却、回收余热，提高窑的热效率。

6.2 熟料形成热

水泥生料加热过程中发生的一系列物理化学变化，有些是吸热反应，有些是放热反应，将全过程的总吸热量减去总放热量，并换算为每生成 1kg 熟料所需要的净热量就是熟料形成热，也是熟料形成的理论热耗。熟料形成热与生料化学组成、原料性质等因素有关，与煅烧的窑炉及操作等无关。

6.2.1 熟料形成过程的热效应

水泥生料在加热过程中，其反应温度和热效应的对应关系值列于表 1.6.3。

表 1.6.3 水泥熟料的反应温度和热效应

温度℃	反　应	相应温度下 1kg 物料热效应
100	自由水蒸发	吸热 2249kJ/kg　水
450	黏土脱水	吸热 932kJ/kg　高岭石
600	碳酸镁分解	吸热 1421kJ/kg　$MgCO_3$
900	黏土中无定型物质转为晶体	放热 259～284kJ/kg　脱水高岭石
900	碳酸钙分解	吸热 1655kJ/kg　$CaCO_3$
900～1200	固相反应生成矿物	放热 418～502kJ/kg
1250～1280	生成部分液相	吸热 105kJ/kg
1300	$C_2S+CaO \longrightarrow C_3S$	微吸热 8.6kJ/kgC_2S

反应热效应与反应温度有关。如：高岭石脱水需热量，在 450℃时为 932kJ/kg；而在 20℃时为 606kJ/kg；碳酸钙分解吸热在 900℃为 1655kJ/kg；而在 20℃时为 177kJ/kg，在不同温度下反应，其热效应不同。

6.2.2 熟料矿物形成热

各水泥熟料矿物凡是固体状态生成的均为放热反应，只有 C_3S 是在液相中形成，一般认为是微吸热反应，具体数值列于表 1.6.4 所示。

表 1.6.4 熟料矿物形成热

反　应	20℃时热效应（kJ/kg）	1300℃热效应（kJ/kg）
$2CaO+SiO_2$（石英砂）$=C_2S$	放热 723	放热 619
$3CaO+SiO_2$（石英砂）$=C_3S$	放热 539	放热 464
$3CaO+Al_2O_3=C_3A$	放热 67	放热 347
$4CaO+Al_2O_3+Fe_2O_3=C_4AF$	放热 105	放热 109
$C_2S+CaO=C_3S$	吸热 2.38	吸热 1.55

6.2.3　熟料理论热耗

以20℃为计算的温度基准。假定生成1kg熟料需理论生料量约为1.55kg，在一般原料的情况下，根据物料在反应过程中的化学反应热和物理热，可计算出生成1kg普通硅酸盐水泥熟料的理论热耗：

理论热耗＝吸收总热量－放出总热量

假定生产1kg熟料中生料的石灰石和黏土按78：22配合。取基准温度为0℃，则熟料理论热耗的计算如表1.6.5所示。

表1.6.5　生成1kg硅酸盐水泥熟料的理论热耗

类别	序号	项目	热效应（kJ/kg）	所占比例（%）
吸收热量	1	干生料由0℃加热到450℃	736.53	17.3
	2	黏土在450℃脱水	100.35	2.4
	3	生料自450℃加热到900℃	816.25	19.2
	4	碳酸钙在900℃分解	1982.40	46.5
	5	物料自900℃加热到1400℃	516.50	12.0
	6	熔融净热	109	2.6
	合计		4261.03	100
放出热量	1	脱水黏土结晶放热	28.47	1.1
	2	矿物组成形成热	405.86	16.1
	3	熟料自1400℃冷却到0℃	1528.80	60.5
	4	CO_2 自900℃冷却到0℃	512.79	20.3
	5	水蒸气自450℃冷至0℃	50.62	2.0
	合计		2526.54	100

理论热耗＝4261.03－2526.54＝1734.49kJ/kg熟料

由于原料不同，燃料不一样，原料的配比及熟料组成的变化，煅烧时的理论热耗电有所不同，但一般波动在1630～1800kJ/kg熟料。

从上表可以看出，水泥熟料形成过程中的吸热中，碳酸盐分解吸收的热量最多，约占总吸热量的一半左右；而在放热反应中，熟料冷却放出的热量最多，占放热量的50%以上。因此，降低碳酸盐分解吸收热量、有效提高熟料冷却余热利用是提高热效率的有效途径。

熟料形成热还可用下列经验公式进行计算：

$$Q_{形}=G_{干}(4.5Al_2O_3+29.6CaO+17.0MgO)-284\text{kJ/kg 熟料}$$

式中：　$Q_{形}$——熟料形成热，kJ/kg熟料；

$G_{干}$——生成1kg熟料所需理论干生料量，kg；

Al_2O_3、CaO、MgO——生料中各氧化物含量，%。

6.2.4　熟料实际热耗

在实际生产中，由于熟料形成过程中物料不可能没有损失，也不可能没有热量损失，而且废气、熟料不可能冷却到计算的基准温度（0℃或20℃），因此，熟料形成的实际消耗热量要比理论热耗大。每煅烧1kg熟料，窑内实际消耗的热量称为熟料实际热耗，简称熟料热耗，也叫单位熟料热耗。

影响熟料热耗的主要有以下几个因素：

（1）生产方法与窑型

生产方法不同，生料在煅烧过程中消耗的热量不一样。如湿法生产需蒸发大量的水分而耗热巨大，而新型干法生料粉在悬浮态受热，热效率较高，因此，湿法热耗一般均较干法高，而新型干法生产的熟料热耗则较干法中空窑热耗低很多。窑本身的结构、规格大小亦是影响熟料热耗的重要因素，因为传热效率高，则熟料热耗低。

（2）废气余热的利用

熟料冷却时需放出大量热，虽然这部分热量是必须释放的，但可以设法最大可能地回收利用。熟料冷却时产生的废气可用作助燃空气或进行余热发电；窑尾废气可用作烘干生料或进行余热发电，提高煅烧设备的热效率，最大限度地降低窑尾排放的废气温度则可以降低热损失，从而降低熟料热耗。

（3）生料组成、细度及生料易烧性

生料易烧性好，则熟料的热耗低，而生料易烧性差，则熟料的热耗高；生料细度细，则熟料的热耗低，颗粒粗时则热耗增大。

（4）燃料不完全燃烧热损失

燃料的不完全燃烧包括机械不完全燃烧、化学不完全燃烧。燃煤质量不稳定及质量差、煤粒过粗或过细、操作不当等均是引起不完全燃烧的原因。煤燃烧不完全，煤耗必然增加，故熟料热耗增大。

（5）窑体散热损失

窑内衬隔热保温效果好，则窑体散热损失小，否则散热损失大，熟料热耗增加。

（6）矿化剂及微量元素的作用

生料中加入适量的矿化剂、复合矿化剂、晶种，或合理利用微量元素成分，则可以改善生料的易烧性，降低液相出现的温度，加速熟料烧成反应，降低熟料的热耗。

任务7　水泥粉磨技术

任务描述：熟悉水泥粉磨工艺类型；熟悉袋装水泥及散装水泥的发运。

知识目标：掌握球磨机、立磨及挤压粉磨工艺技术；掌握水泥的储存及发运技术。

能力目标：掌握开路粉磨水泥及闭路粉磨水泥的工艺技术；掌握立磨及挤压粉磨工艺技术；掌握袋装水泥及散装水泥的发运。

7.1　水泥粉磨的目的及要求

水泥的细度越细，水化与硬化反应就越快，水化愈易完全，水泥胶凝性质的有效利用率就越高，水泥的强度，尤其是早期强度也愈高，而且还能改善水泥的泌水性、和易性等性能。反之，水泥中有过粗的颗粒存在，粗颗粒只能在表面反应，从而损失了熟料的活性。根据生产实践经验，水泥颗粒大小与水化的关系是：水泥颗粒在0～10μm之间，水化最快；3～30μm的水泥颗粒，是水泥主要的活性组分；大于60μm的水泥颗粒，水化缓慢；大于90μm的水泥颗粒，只是颗粒表面发生水化反应，内部根本不发生水化反应，只起集料作用。但必须注意，水泥中小于3μm颗粒太多时，虽然水化速度很快，水泥有效利用率很高，但是，因水泥比表面积大，水泥浆体要达到同样流动度，需水量就过多，将使水泥硬化浆体内产生较多孔隙而使强度下降。在满足水泥品种和强度的前提下，水泥细度不宜太细，因为水泥细度过细，会导致粉磨系统的产量下降，单位产品电耗增加；同时也增大混凝土的用水量，直接影响混凝土的使用性能。所以，在满足水泥品种和强度等级的前提下，控制水泥的比表面积在330～360m^2/kg之间比较合适。

7.2　水泥粉磨技术特点

（1）在设备大型化的同时，力求选用高效、节能型磨机。用于水泥粉磨的钢球磨机直径已达5m以上，电机功率达7000kW以上，台时产量已达300t/h及以上。

（2）采用高效选粉机，如日本小野田研发的O-Sepa、丹麦史密斯公司研发的SEPAX型选粉机、美国斯特蒂文特公司研发的SD型高效选粉机等，其选粉能力已达500t/h及以上。

（3）采用新型衬板，可对研磨体起分级作用，提高粉磨效率，降低能耗。目前水泥磨常用的新型衬板主要有压条式凸棱衬板、大曲波形衬板、曲面环向阶梯衬板、锥面分级衬板，螺旋凸棱形分级衬板、角螺旋分级衬板、圆角方形衬板、环沟衬板、橡胶衬板、无螺栓衬板等。

（4）使用助磨剂，提高粉磨效率。在粉磨过程中，加入少量的助磨剂，可以消除细粉的黏附和聚集现象，加速物料的粉磨过程，提高磨机的粉磨效率，降低单位产品的粉磨电耗，提高磨机的产量。

（5）降低出磨的水泥温度，提高粉磨效率，改善水泥质量。

（6）实现自动化操作。粉磨工艺和设备的发展，除了主要体现在节能、增产、提高产品质量和劳动生产率、减少易磨损件、降低成本外，广泛使用各种先进的自动化仪表和微机进行自动控制、降低劳动强度、实现文明生产，也是水泥粉磨技术发展的重要方向。

7.3　磨制水泥的材料及配合比

硅酸盐水泥是将硅酸盐水泥熟料、石膏和混合材按一定比例进行合理配料，经水泥磨机的粉磨、储库存放及均化，再经过质量检测合格，使用包装和散装两种方式通过公路、铁路、水路发运。

7.3.1　硅酸盐水泥熟料

水泥熟料出窑后，不能直接进入粉磨设备进行粉磨，需要经过储存处理工序。熟料进行储存的目的是：

（1）降低熟料温度，保证粉磨机械正常工作。过热的熟料加入磨中会降低磨机产量，对设备安全运行不利，还会使石膏脱水过多，引发水泥凝结时间的不正常。

（2）改善熟料质量，提高熟料易磨性。熟料储存时可吸收空气中的水蒸气，使部分f-CaO消解，既改善了水泥的安定性，还会在熟料内部产生膨胀应力，提高熟料的易磨性。

（3）保证窑、磨生产平衡，有利于控制水泥质量。生产过程中有一定储量的熟料，在窑出现短时间停产情况下，可满足粉磨设备生产需要的熟料量，保证粉磨设备连续工作。同时出窑的熟料还可以根据质量的差别，分别存放、搭配使用，有利于保证水泥质量的稳定。

7.3.2 混合材

混合材是生产水泥时为改善水泥的性能、调节水泥的强度等级而掺入的人工或天然矿物材料。混合材料按照在水泥中的性能表现不同，可分为活性混合材和非活性混合材两大类。

（1）活性混合材

活性混合材是具有火山灰性或潜在的水硬性，或兼有火山灰性和潜在水硬性的矿物质材料。

火山灰性：是指磨细的矿物质材料和水拌合成浆后，单独不具有水硬性，但在常温下与外加的石灰水拌合后的浆体，能形成具有水硬性化合物的性能，如火山灰、粉煤灰、硅藻土等。

潜在水硬性：是指该类矿物质材料只需在少量外加剂的激发条件下，即可利用自身溶出的化学成分，生成具有水硬性的化合物，如粒化高炉矿渣等。

生产水泥常用的活性混合材有火山灰、粉煤灰、矿渣等。

（2）非活性混合材

凡不具有活性或活性很低的人工或天然矿质材料经粉磨而成的细粉，且掺入后对水泥无不利影响的材料称为非活性混合材料。水泥中掺加非活性混合材料主要是起调节水泥强度等级、降低水化热、增加水泥产量等作用。常用的非活性混合材有活性指标较低的粒化高炉矿渣、粒化高炉矿渣粉、粉煤灰、火山灰质混合材料、磨细石灰石和磨细砂岩等，其中石灰石中的三氧化二铝含量不应大于2.5%。

（3）工艺处理

根据进厂混合材的干湿状况进行干燥处理，并输送到储存库中储存，对混合材进行调配，使其质量均匀。

7.3.3 石膏

磨制水泥时必须掺加一定数量的石膏，其主要作用是延缓水泥的凝结时间，同时还有利于促进水泥早期强度的发展。

（1）种类及要求

石膏是以硫酸钙为主要成分的气硬性胶凝材料。我国石膏资源极其丰富，分布很广。自然界有天然二水石膏（$CaSO_4 \cdot 2H_2O$，又称软石膏或生石膏）、天然无水石膏（$CaSO_4$，又称硬石膏）和各种工业副产品石膏（即化学石膏）。作为水泥缓凝剂的石膏主要是天然二水石膏，也可以使用工业副产品石膏，如氟石膏、磷石膏等。工业副产品石膏使用前必须进行小磨试验和强度试验，否则不能直接作为生产使用。

（2）工艺处理

二水石膏和硬石膏经过破碎机的破碎后，输送到储库进行储存；磷石膏入库前必须采取措施，降低其水分，以免堵库影响生产。

7.3.4 水泥配合比的设计

磨制水泥时，水泥组成材料要按照一定的比例配合入磨。在设计水泥生产配合比方案时，应考虑下列因素：

（1）水泥的品种。不同品种的水泥，其组成材料的种类和比例必须符合相应的国家标准要求。

（2）水泥的强度等级。同品种、同强度等级的水泥，质量好的熟料，可以适当多掺混合材料，以减少熟料的使用比例，降低生产成本。

（3）磨制水泥所用的材料种类、质量及成本。

（4）水泥生产控制指标的要求。

7.4　球磨机粉磨工艺

7.4.1　开路粉磨工艺

物料经喂料设备喂入磨机进行粉磨，卸出磨机的即为成品，这样的系统称为开路粉磨。其工艺流程如图1.7.1所示。

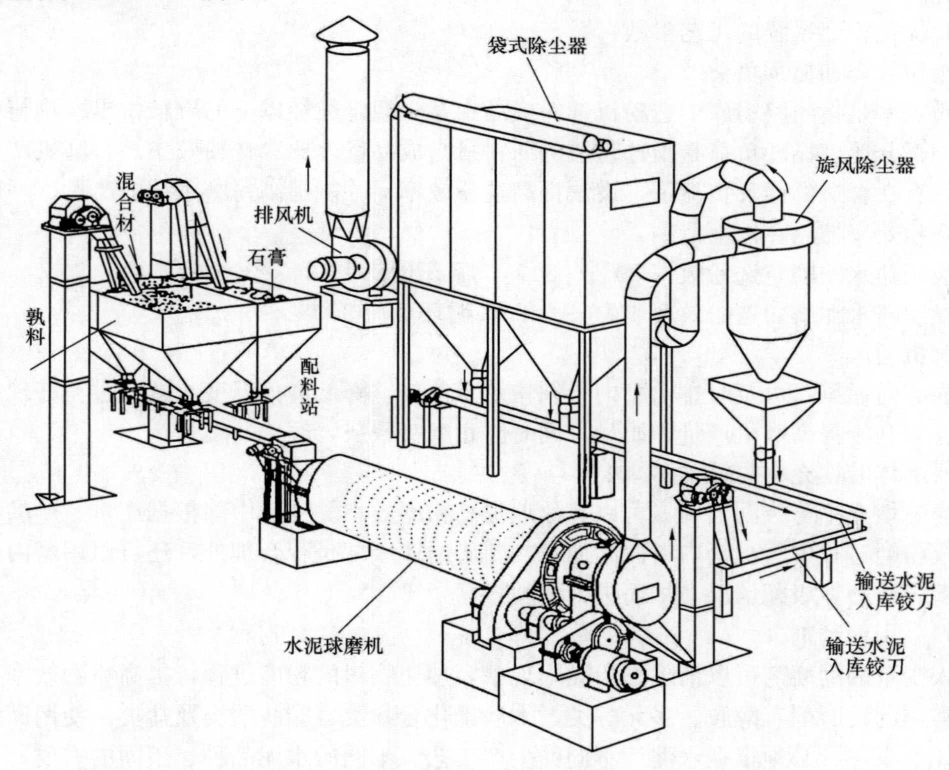

图1.7.1　水泥开路粉磨工艺流程

7.4.2　闭路粉磨工艺

出磨物料经选粉机筛选，细度符合要求的选为成品，粗粉返回磨内重新粉磨，这样的系统称为闭路粉磨。其工艺流程如图1.7.2所示。

7.4.3　开路粉磨和闭路粉磨的比较

开路粉磨系统的优点是工艺流程简单，没有选粉机，设备投资少，操作维护简便；缺点是磨内过粉磨现象严重，粉磨效率低，单位产品的电耗高，成品细度调节困难大。闭路粉磨系统有选粉机设备，消除了过粉磨现象，磨内粉磨效率高，单位产品的电耗低，产量比同规格的开路磨提高了15%～

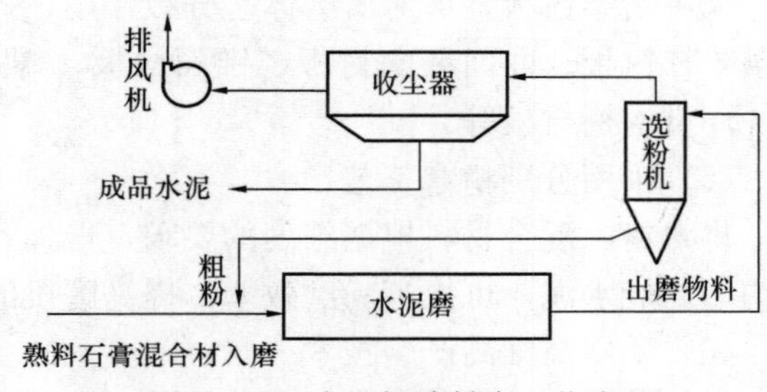

图1.7.2　水泥闭路粉磨工艺流程

50%，细度调节方便灵活，但工艺流程复杂，设备多，投资大，操作维护复杂。

7.4.4 提高球磨机水泥质量的技术途径

（1）降低入磨物料粒度、温度、水分

入磨物料粒度小，可降低磨机第一仓内平均球径，增加钢球个数，提高粉磨效果。入磨物料温度过高，会加剧磨内静电吸附现象，降低粉磨效率，并可能引起石膏脱水，水泥产生假凝现象，影响水泥质量，同时对设备安全运转也不利。入磨物料水分过高，易产生包球、饱磨等不正常现象，但过于干燥也无必要，一般入磨物料的水分控制在1.0%～1.5%之间比较理想。

（2）优化粉磨系统的工艺参数

①选粉效率和循环负荷

选粉效率是指闭路粉磨中选粉机选粉成品中某一规定粒径以下的颗粒占出磨物料中该粒级含量的百分比。循环负荷是指选粉机的回料量与成品量之比。选粉效率高，磨机产量不一定高，只有在合适的循环负荷下，设法提高选粉效率，才能提高粉磨系统的产量。一般循环负荷和选粉效率控制在以下范围：

一级闭路水泥磨，选粉效率50%～80%，循环负荷150%～300%。

二级闭路水泥磨，选粉效率40%～60%，循环负荷300%～600%。

②磨机通风

加强磨内通风，可及时排出磨内微细粉及水蒸气，降低磨内温度，减少过粉磨现象和缓冲作用，有利于提高磨机产量和质量，同时防止磨头冒灰，改善环境。

③研磨体的填充率与级配

研磨体填充率与级配合理，可以有效地提高粉磨效率。生产中除根据产量、产品细度的变化以及粉磨过程中磨机仓内料面高低来判断研磨体级配是否合理外，还可以用磨内筛余曲线分析磨内研磨体级配情况，从而进行调整。

（3）采用助磨剂

加入少量的助磨剂可以消除细粉黏附现象，加速物料的粉磨过程，提高粉磨效率，提高产量。常用的助磨剂有醇胺、多元醇类、木质素化合物类、脂肪酸类及盐类。使用助磨剂时要注意如下事项：必须根据水泥厂不同的生产工艺、不同的水泥品种、不同的需要，来选用不同性能的助磨剂，并且所使用的助磨剂不得损害水泥的质量；应适当降低磨尾排风，控制物料流速，加强密封、收尘工作；研磨体级配进行适当调整，加强粗磨仓的粉磨能力，平衡各仓能力。

（4）采用新型衬板

采用新型衬板，可对研磨体起分级作用，提高粉磨效率，降低能耗。目前常用的衬板有压条阶梯衬板、曲面环向衬板、锥面衬板、螺旋分级衬板、角螺旋分级衬板、圆角方型衬板、环型沟槽衬板等。

（5）采用分别粉磨工艺

将熟料、混合材料根据细度的要求，选择不同的粉磨条件分别进行粉磨，再由混料机混合均匀制成水泥，可提高粉磨效率，提高磨机的台时产量，降低粉磨电耗。

（6）采用高细高产磨技术

高细高产磨采用筛分隔仓板，可消除过粉磨现象，提高粉磨效率。高细高产磨流程简单，设备运转率高，维修方便简捷，生产费用低，适用于开路水泥磨的技术改造。

(7) 开路粉磨改为闭路粉磨

开路磨容易产生过粉磨现象，产量难以提高，水泥细度难以控制。因此新型干法生产线采用开路系统的较少。对于开路粉磨系统，可以增设合适的选粉机，将开路系统改为闭路系统，并对设备和工艺作相应调整，以适应闭路粉磨生产。

7.5　立磨粉磨工艺

7.5.1　立磨的优点

立磨也叫辊式磨，与传统球磨机粉磨系统相比，具有以下方面优点：

(1) 粉磨效率高、电耗低。由于立式磨粉磨方式合理，粉磨功被物料充分利用，且分级及时，可避免物料过粉磨现象，因此其粉磨效率高，电耗低，一般可比球磨机低20%～50%。

(2) 允许入磨物料粒度大，一般可达磨辊直径的4%～5%，约为100～150mm。

(3) 成品细度调节方便。现代立式磨一般和新型高效选粉机配套使用，调节细度方便灵活。

(4) 系统紧凑，占地面积小，土建投资费用低。

(5) 噪声低、振动小。由于磨辊和磨盘彼此不会直接接触撞击，即使在磨机启动时声音和振动也较小，因此磨机的基础不需要特殊的防振处理，只要与建筑物基础分开就足够了。

7.5.2　立磨的粉磨工艺系统

(1) 不设旋风筒和不设循环风的粉磨系统

不设旋风筒和不设循环风的粉磨系统的工艺流程如图1.7.3所示。

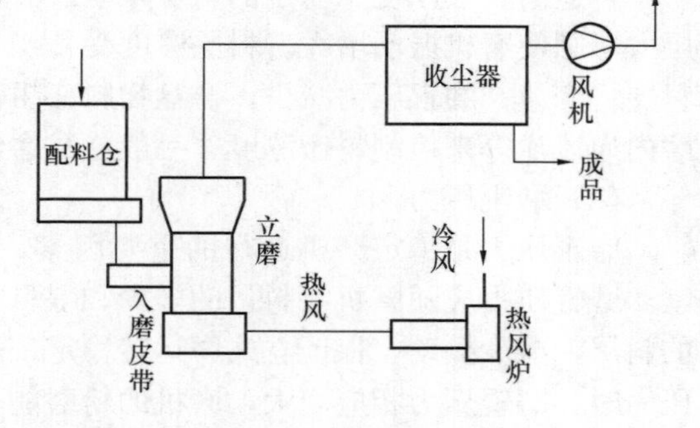

图1.7.3　不设旋风筒和不设循环风的粉磨系统

如图1.7.3所示，随出磨气体带出的合格细粉，全部由一台袋收尘或电收尘器收集。烘干物料用的热风一般取自热风炉或水泥窑尾预热器的热废气。利用冷风调节阀可调整入磨热风温度，使其保持在适宜范围内。这种程设备少，流程简单，系统阻力小，但入收尘器气体含尘浓度大，对收尘器要求较高。

(2) 设有磨外提升循环的粉磨系统

设有磨外提升循环粉磨系统的工艺流程如图1.7.4所示。

如图1.7.4所示，电动机通过减速机带动磨盘转动，物料通过锁风装置经下料溜子落到磨盘中央，在离心力的作用下被甩向磨盘边缘并受到磨辊的碾压粉磨。粉碎后的物料从磨盘边缘溢出，被来自喷嘴环处高速向上的热气流带起烘干，并被气流带到高效选粉机内进行选粉分级，粗粉返回到磨盘上，重新得到粉磨，细粉则随气流出磨，在系统收尘装置中被收集下来成为产品。没有被热气流带起的粗颗粒物料穿过风环落下，通过刮料板和出渣口排出磨外，被外循环的斗式提升机喂入高效选粉机内进行选粉分级，粗颗粒落回磨盘，再次进行挤压粉磨。这种磨外提升循环比磨内气力提升循环更节省电能，适合于硬质物料或易磨性差别较大的物料粉磨。

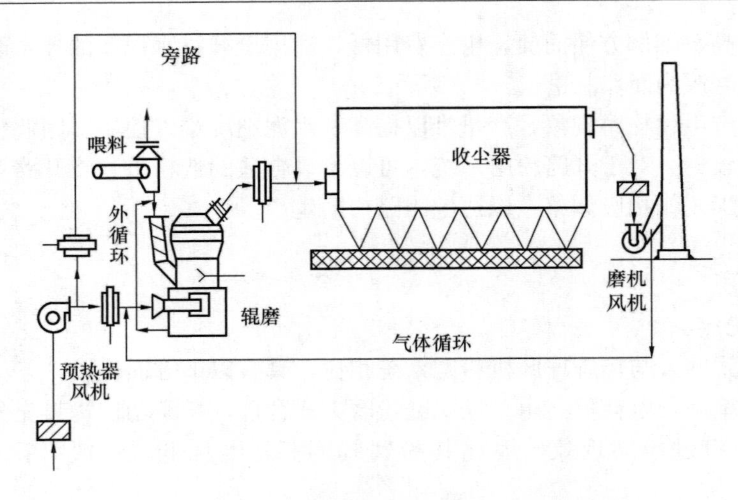

图 1.7.4 设有磨外提升循环的粉磨系统

7.5.3 影响立磨产量和质量的主要因素

（1）磨内料层的稳定

合适的料层厚度、稳定的料层是立式磨稳定运行的基础。料层太厚，粉磨效率降低；料层太薄则使磨机振动增大。料层厚度受各操作参数的影响：如磨辊压力增大，产生细粉多，料层将变薄；磨辊压力减少，磨盘物料变粗，相应的返回料多，料层变厚。此外，还应结合磨内通风量等来控制料床厚度。一般立式磨经磨辊压实后的料床厚度不宜小于 40～50mm。

（2）磨辊压力

磨辊压力是稳定磨机运行的重要因素，也是影响磨机功率、产量和粉磨效率的主要因素。磨辊压力应随磨机喂料量的多少和喂料粒度进行调节。此外，为了保持磨盘上一定厚度的料层，减少振动，保证立式磨运转稳定，也必须控制好磨辊压力。当提高液压装置的工作压力时，磨辊压力相应变大，磨机的粉磨能力提高，但达到某一临界值后不再变化。如果液压缸的设定压力过高，只会增加驱动力，加快部件磨损，并不能按比例提高粉磨能力。

（3）出口气体温度

温度太低会引起物料在磨内的粘结和堵料，而当入磨物料水分变小时，烘干需热小，出磨气温将上升。此时可以通过调整循环风量来调节，如果出口温度高，可增大循环风量，减少进磨热风。或调节冷风阀门开度，增加冷风。一般情况下，出口风门保持不变，也可调节磨内喷水量来控制出磨气体温度。

（4）系统风量

系统通风量根据磨机喂料量确定，当喂料量一定时，磨内通风量应保持稳定。调节风量的方法，一般可通过调节磨机循环风机功率或调节主排风机风门的开度，从而获得适宜的气流量。合理的风量应和喂料量相联系。如喂料量大，风量应增大；喂料量少，风量也要相应减小。

（5）系统漏风

立式磨必须设有密封的进料装置，以防止冷空气漏入干扰磨内气流，影响磨机的烘干能力和粉磨效率。立式磨的进料装置应保证下料流畅均匀，防止外部冷风漏入。

7.5.4 立磨运行中的操作与监控

立磨处于稳定运行状态时，产量和质量都比较理想，无需对其操作参数进行调整。只有当某一工艺或设备参数发生波动变化时，才需对相应的工艺或设备参数作适当调整，日常生产操作过程中应特别注意以下方面：

（1）经常了解入磨物料的粒度、成分、配比和综合水分等参数，根据物料情况适时调整油缸工作压力和入磨风量及风温。

（2）粉磨过程中，经常观察磨辊的位置是否恰当，压力表、温度计、流量计和电流表、功率表的指示是否正常；液压系统是否正常。

（3）利用停机时间检查磨损件的磨损状况，以便确定检修及更换时间，保证设备正常运转。

（4）运行过程中经常检查各螺帽、螺栓是否有松动现象，并及时紧固。

（5）经常检查各辅机运行情况，保证辅机安全运转，以减少磨机的频繁开停。

（6）定期检查系统各部件，及时检查更换磨损部件、更换磨辊轴承润滑油和减速机润滑油。

（7）要经常聆听磨机及选粉机的运转声音是否正常，有无异常声响。

（8）检查减速机及其他设备是否有漏油、漏水现象。

（9）每月检查密封的磨损情况，定期检查外循环系统的工作情况。

（10）每天检查油泵站的油箱油位，必要时要加油，所加油的牌号要与规定的油牌号相符。

（11）检查各压力表压力；检查各过滤器是否堵塞；检查磨辊润滑站回油情况、注油压力是否正常。

（12）经常检查各油管及阀门是否有漏油现象。

7.6　挤压粉磨技术

挤压粉磨工艺系统包括辊压机、打散机、球磨机和选粉机。辊压机采用高压对物料进行挤压粉碎，产生大量的微粉，没有被粉碎的颗粒也因受高压作用，使内部产生大量的微细裂缝，改善了物料的易磨性。挤压粉磨工艺系统已经成为新型干法生产线水泥粉磨系统的优选方案，在水泥粉磨系统技术改造中也得到广泛应用。

7.6.1　挤压预粉磨工艺

挤压预粉磨工艺是将入球磨机的物料由辊压机挤压预处理后送入球磨机粉磨水泥产品。该系统主要用以降低物料粒度。辊压机可以连接开路或闭路球磨系统来提高产量，但增产幅度较小。

7.6.2　挤压混合粉磨工艺

将入球磨机的物料由辊压机预处理后送入球磨机粉磨水泥产品。与预粉磨工艺不同的是：球磨机粉磨的半成品经选粉机分选后，粗粉不是全部返回磨头重新粉磨，而是将部分粗粉返回辊压机重新挤压。该工艺增加了物料在辊压机中挤压的次数，与传统球磨机相比，大约节电达30%，还可确保产品质量。

7.6.3　挤压联合粉磨工艺

挤压联合粉磨工艺是辊压机和打散分级机构成闭路系统，辊压机挤压后的物料先送入打散分级机打散分选，小于一定粒径的半成品送入球磨机粉磨，而分选出来的粗粉重新返回料仓，与新进物料一起再次被辊压机挤压。打散分级机可连接闭路磨或开路磨系统。

7.6.4 挤压半终粉磨工艺

经辊压机挤压的物料，再经打散分级机分选，粗颗粒返回辊压机重新挤压，半成品与球磨机出磨的物料一同进入选粉机分选。水泥成品由两部分构成，一部分由辊压机和选粉机产生；另一部分由球磨机和选粉机产生。由于降低了进入球磨机物料的粒径，使磨机一仓钢球最大球径和平均球径都降低，从而提高了磨机的粉磨效率。

7.6.5 挤压终粉磨工艺

挤压终粉磨工艺系统不设球磨机。物料经过辊压机的挤压后，再由打散分级机打散粉碎，其中一部分靠重力卸出，进入提升机，另一部分靠风力进入粗粉分离器，再经过选粉机选出合格的细粉入水泥库储存，粗粉则返回辊压机再次挤压。

挤压终粉磨工艺是5种挤压粉磨工艺节能增产的最好形式。但该系统磨制的水泥与球磨机相比有如下缺陷：水泥需水量大、易产生急凝、早期强度偏低。其缺陷可采取以下两方面措施加以解决：

（1）使用高速锤磨作为辊压机料饼的研散装置，增加对物料的冲击和研磨作用，从而增加水泥中细粉的含量，改善其颗粒形状。

（2）提高循环负荷，增加物料在辊压机中挤压的次数，借以加强对粗粉的研磨并改善颗粒形状，同时也强化了石膏的研磨与均化。

7.6.6 挤压粉磨系统主机性能与特点

（1）辊压机的工艺性能特点

①辊压机采用高压料层粉碎原理，对物料进行挤压粉碎，由于所施加的压力大大超过物料的强度，所以挤压过的物料中产生大量的微粉，一般在水泥粉磨一次挤压的物料中0.08mm以下的微粉含量占20%～30%。

②由于辊压机磨辊两端面存在边缘效应，因而有10%～20%的物料未经充分挤压混于出料中。

③辊压机挤压的物料颗粒分布宽，而且易磨性差异大。

（2）打散分级机的工艺性能特点

①打散分级机的主要功能是将辊压机挤压的物料研散进行分选，粗颗粒返回辊压机重新挤压。

②打散机可通过变频调速调整入球磨机物料的粒径，因而可以合理分配辊压机的负荷，使整个水泥粉磨系统处于最佳运行状态。

7.6.7 挤压粉磨工艺的选择

选择水泥挤压粉磨工艺，必须根据水泥粉磨工艺特点及水泥产品的要求进行选择。

（1）水泥粉磨系统的选择

挤压粉磨系统是新建新型干法水泥生产线的首选方案，该系统不设球磨机，辊压机完全代替了球磨机的工作，节能增产效果显著。挤压联合粉磨系统和挤压半终粉磨系统也是新建新型干法水泥生产线水泥粉磨优选方案之一，节能增效也十分显著。

（2）水泥粉磨系统的技术改造

为了提高球磨机的粉磨效率和产量，可以选择挤压预粉磨工艺的技改方案。可保留原有粉磨系统不变，投资少，见效快，由于大大降低了入磨物料粒度，磨机产量可以大幅度提高，磨机工艺参数也要作相应调整。

对于生产要求筛余量低、比表面积高、颗粒小的水泥，可选择带有第三代高效选粉机的挤压联合粉磨闭路系统或挤压半终粉磨开路系统，如果同时采取对磨机进行高细高产技术改造后，辊压机的粉碎功能和磨机的研磨能力结合在一起，粉磨系统更加高效、可靠。

7.6.8　选择挤压粉磨工艺应采取的技术措施

（1）在新建新型干法水泥厂水泥粉磨系统中，或对已运行的水泥粉磨的技术改造中，一旦采用了挤压粉磨工艺系统，系统的产量将大幅度提高，因此应认真研究主机能力的匹配，尤其是辊压机和球磨机的匹配，同时也应充分注意运输设备能力的匹配。

（2）对水泥组成材料进行物料水分、易磨性、易碎性、颗粒分布等物性分析，便于选择辊压机的工作参数，包括确定辊压机辊缝、辊压机压力的控制范围。

（3）进辊压机前应设置稳流小仓。设置稳流小仓可以保证辊压机过饱和喂料的要求，连续地实现料层粉碎，同时小仓保持一定的料位，可以使小仓与辊压机垂直溜子始终保持充满状态。

（4）入辊压机物料的综合水分不能控制太低，水分过低，挤压后不密实，挤压效果差，易引起辊压机振动，而且物料太干燥会使球磨机内物料流速加快，产品跑粗，一般物料综合水分控制在0.8%～1.2%的范围。

（5）挤压粉磨系统回料充填了原始物料的空隙，改善了料流的结构，使料流密实，因此增加了物料入辊压机的压力，满足了辊压机的要求，改善挤压效果，同时因粗料中填有细料，空隙小，对辊压冲击力相应减小，从而减小了辊压机的振动。

（6）在生产过程中对主要的工作参数、生产工艺控制参数应不断进行摸索，使系统始终处于高效率的运行状态。

7.7　水泥的储存与发运

7.7.1 水泥的储存与均化

水泥出磨后需送入水泥库储存并进行均化。

（1）水泥储存的作用

①水泥在水泥库中储存，可以起到调节作用，使粉磨车间不间断工作，保证水泥生产的连续性，同时确保水泥均衡出厂。

②水泥在水泥库存放的过程中，吸收空气中的水分，使水泥中部分f-CaO消解，可改善水泥的安定性，改善水泥质量。

③水泥库要以分别储存不同品种、强度等级的水泥，可通过调配生产满足各种土建工程项目需要的水泥。

④水泥在水泥库储存期内，可以完成水泥均化，以稳定出厂水泥的质量，保证出厂水泥全部合格。

（2）水泥的均化

水泥生产过程中，由于多种因素的影响，可能造成水泥质量不均齐。为确保出厂水泥全部合格，留足富余强度，同时减少超强度等级的水泥的比例，降低乃至消灭不合格品，在生产中必须对出厂水泥进行均化，水泥均化可在专设的均化库中进行空气搅拌或机械倒库，消除水泥分层及不均的问题，提高水泥的均匀性。或根据化验结果，按比例进行多库搭配出库，混合包装或散装。

7.7.2 出厂水泥的质量检验

出厂水泥的质量检验室水泥质量控制的最后一关，水泥企业必须严格执行国家标准及相关的技术法规，确保出厂水泥的质量合格。

出厂水泥质量要求是：

（1）出厂水泥合格率100%

水泥各项技术指标及包装质量经过确认符合要求才可以出厂。

（2）28d抗压强度富裕合格率100%

确保出厂水泥28d抗压强度富裕值≥2.0MPa。

（3）水泥袋装合格率100%

袋装水泥20袋的总质量≥1000kg，单包质量净重50kg，并且≥49kg；随机抽取20袋的总质量≥1000kg。

（4）28d抗压强度的目标值≥国家包装规定值+2.0MPa+3S

标准偏差S≤1.65MPa

（5）均匀性合格率100%

每季节进行一次均匀性试验，10个分隔样的指标（细度、凝结时间、安定性、烧失量、SO_3含量、强度等）必须符合国家标准要求，28d抗压强度的变异系数C_v≤3.0%。

出厂水泥质量检验合格后，可以用包装和散装两种方式通过公路、铁路、水路发运。

7.7.3 袋装水泥发运

（1）包装质量

水泥的标准质量必须符合国家标准及相关技术规定，其目的是：

①工程施工中，施工单位常常是按每袋50kg计量混凝土的配合比，质量不足会降低混凝土强度，影响施工质量，超重则浪费水泥，增加施工成本。

②袋装水泥出厂，每袋按50kg计量，超重或质量不足都会给供需双方带领经济损失。

（2）袋重合格率

以20袋为一个抽样单位，在总质量≥1000kg的前提下，20袋分别进行称量，计算袋重合格率。<49kg的为不合格；20袋的总质量<1000kg时，袋重合格率为零。

抽查袋重时，质量记录到0.1kg。计算平均净重时，应先抽取10个包装袋称重并计算平均值，然后将实测袋重减去包装袋质量平均值，按公式计算袋重合格率。

重合格率=（净重≥49kg的包数/20）×100%

水泥企业的化验室要严格执行袋重抽检制度，每班每台包装机至少抽检20袋，同时考核20袋总量和单包质量，计算袋重合格率。

（3）水泥包装袋的技术要求

GB 9774—2010《水泥包装用袋》对水泥包装袋的技术要求作了明确的规定。水泥包装袋上应清楚标明：产品名称、代号、净重、强度等级、生产许可证编号、生产者名称和地址、出厂编号、执行标准号、产品名称、包装日期。对掺加火山灰混合材的普通水泥，还要标注“掺火山灰”字样。

包装袋两侧应该印有水泥名称、强度等级，硅酸盐水泥和普通硅酸盐水泥采用红色印刷，矿渣水泥采用绿色印刷，火山灰水泥、粉煤灰水泥及其他水泥采用黑色或蓝色印刷。

（4）袋装水泥发运系统的发展

发展自动化包装机，可以大大降低包装工人的劳动强度，减少粉尘污染对操作工人的危害。发展火车装车设备，将袋重水泥直接装入火车，使用折叠式胶带装车机，不仅可以满足码包高度要求，而且防止破包。近年来水泥袋装的发运普遍采用了集装运输技术，如网集装、托扳集装、热缩集装、大袋集装等。国内大型的新型干法水泥企业，水泥包装后由包装机通过装运设备，直接送入火车车厢、汽车和船舶内，无需占用面积很大的成品库，避免了包装水泥的码堆和卸堆，提高了劳动生产率。

7.7.4 散装水泥发运

（1）散装水泥是水泥发运的发展方向。

水泥的散装化适应水泥生产、流通、供应一体化的管理体制，代表着水泥工业现代化发展方向。散装水泥在市场竞争中具有很强的优势，发展散装水泥符合中国水泥产业结构调整，有利于建材业、建筑业与世界接轨。

散装水泥发运的优点：不需要包装，节约了大量的木材，具有显著的生态效益，减少了粉尘污染，具有良好的环境效益；节约包装费、水泥成本和流通使用成本；减少水泥损失；计量准确，储运中不易受潮变质，水泥质量可靠。

（2）散装水泥的质量控制要求

①水泥企业应有专门的散装库，每个库的容量以本厂每个编号水泥产量的吨数为宜。

②出磨水泥不应直接入散装库，应先入水泥储存库，技术指标检验合格后再入散装库。

③入散装库水泥品种、强度等级发生变化时，应该使用高等级的水泥洗库。

④散装水泥出厂时，必须按编号吨位取样，教学全套的物理化学性能检验。

⑤散装水泥出厂时，必须向用户提交与袋装水泥相同标志的卡片，化验室向用户寄发水泥质量检验报告单。

（3）散装水泥发运系统

散装水泥发运系统主要有三种：散装水泥集装箱，可提高运输工具的利用率并降低运费；散装水泥库底装车，火车直接开到水泥库底，通过库底卸料器进行装车（如图1.7.5所示）；散装水泥中转站。

（4）水泥出厂

①水泥按编号经过检验合格后，由化验室主任签发“水泥出厂通知单”，一式两份，一份交给销售部门作为发货依据，一份交给化验室存档。

②销售部门必须按照化验室签发“水泥出厂通知单”要求的编号、强度等级和数量发运水泥，并做好发货明细记录，不允许超吨位发货。

③水泥发出后，销售部门必须按发货单位、发货数量、编号填写“出厂水泥回单”，一式两份，一份交给化验室，一份交给销售部门存档。

④用户需要时，化验室在水泥发出7d内寄发除了28d强度以外的各项检查数据，32d内补报28d强度检验结果。

⑤在水泥库或站台上存放1个月及以上的袋装水泥，出厂前必须重新检验，合格后才可以出厂。

⑥水泥安定性不合格、某些指标没有达到国家标准要求的袋装或散装水泥，不得借库存放。

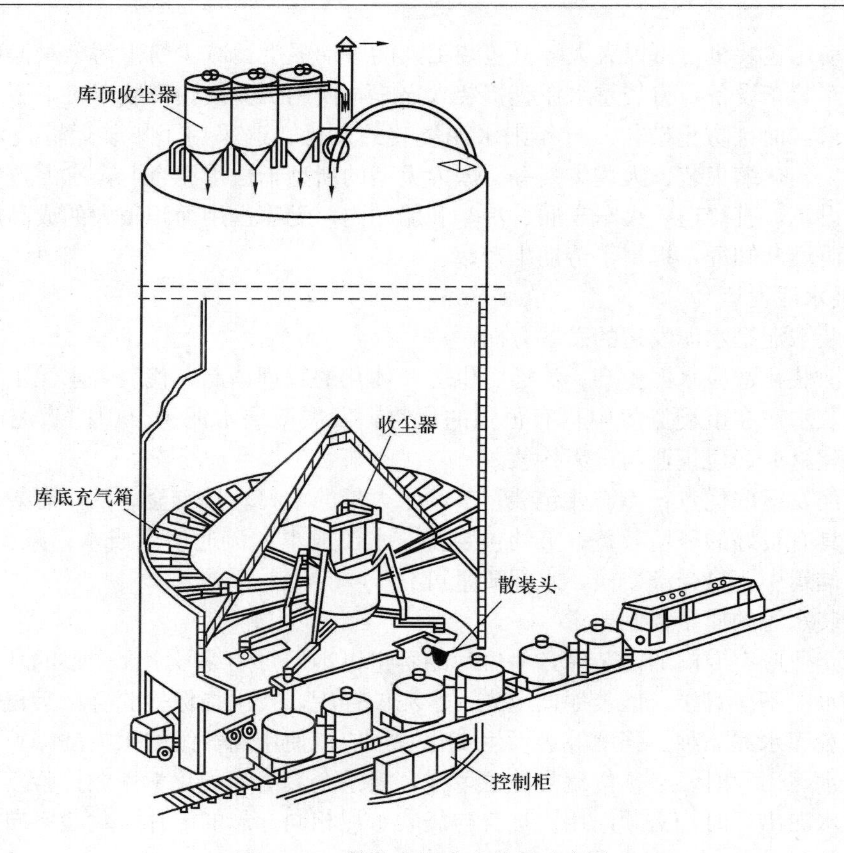

图 1.7.5　散装水泥库底装车示意图

思　考　题

1. 生产水泥的原燃材料种类及质量要求。
2. 原燃材料预均化原理及效果评价方法。
3. 新型干法水泥生产的技术特点。
4. 硅酸盐水泥熟料的率值。
5. 熟料化学组成、矿物组成及率值之间的换算公式。
6. 设计生料配料方案时如何选择熟料率值？
7. 制备生料的粉磨工艺形式。
8. 生料均化的基本原理及生产意义。
9. 水泥企业使用多料流均化库的种类及技术特点。
10. 煤粉发生自燃及爆炸的原因。
11. 防止煤粉发生燃爆的技术措施。
12. 熟料煅烧过程发生的物理化学反应。
13. 快速冷却对熟料质量的影响。
14. 熟料的形成热及影响因素。
15. 降低熟料热耗的技术措施。
16. 设计水泥配合比时的注意事项。

17. 提高球磨机水泥质量的技术途径。

18. 水泥立磨的粉磨原理及技术特点。

19. 影响水泥立磨产量和质量的主要因素。

20. 挤压粉磨工艺技术的类型。

21. 出厂水泥的质量要求。

22. 如何计算出厂袋装水泥的袋重合格率?

23. 散装水泥的质量控制要求。

24. 某水泥生产公司生产的熟料成分 $C+F+A+S=95.6\%$，$KH=0.88$，$SM=2.50$，$IM=1.60$，$M=1.80\%$；$R=0.80\%$。求煅烧1400℃及1450℃时产生的液相量。

25. 某水泥生产公司的NSP窑生产能力是4000t/d，其燃烧带的直径是4.50m，长度是20.00m，每小时用煤20.00t，煤的低位发热量是22990.00kJ/kg，求燃烧带的容积热力强度、截面积热力强度及表面积热力强度。

26. 某水泥生产公司的熟料矿物组成是：$C_3S=67.3\%$，$C_2S=11.2\%$，$C_3A=10.3\%$，$C_4AF=11.3\%$。1300℃条件下，C_3S、C_2S、C_3A、C_4AF生成反应的热效应分别为455kJ/kg、607kJ/kg、340kJ/kg、107kJ/kg，求1300℃条件下熟料矿物的形成热。

附图 1　新型干法水泥生产工艺流程简图

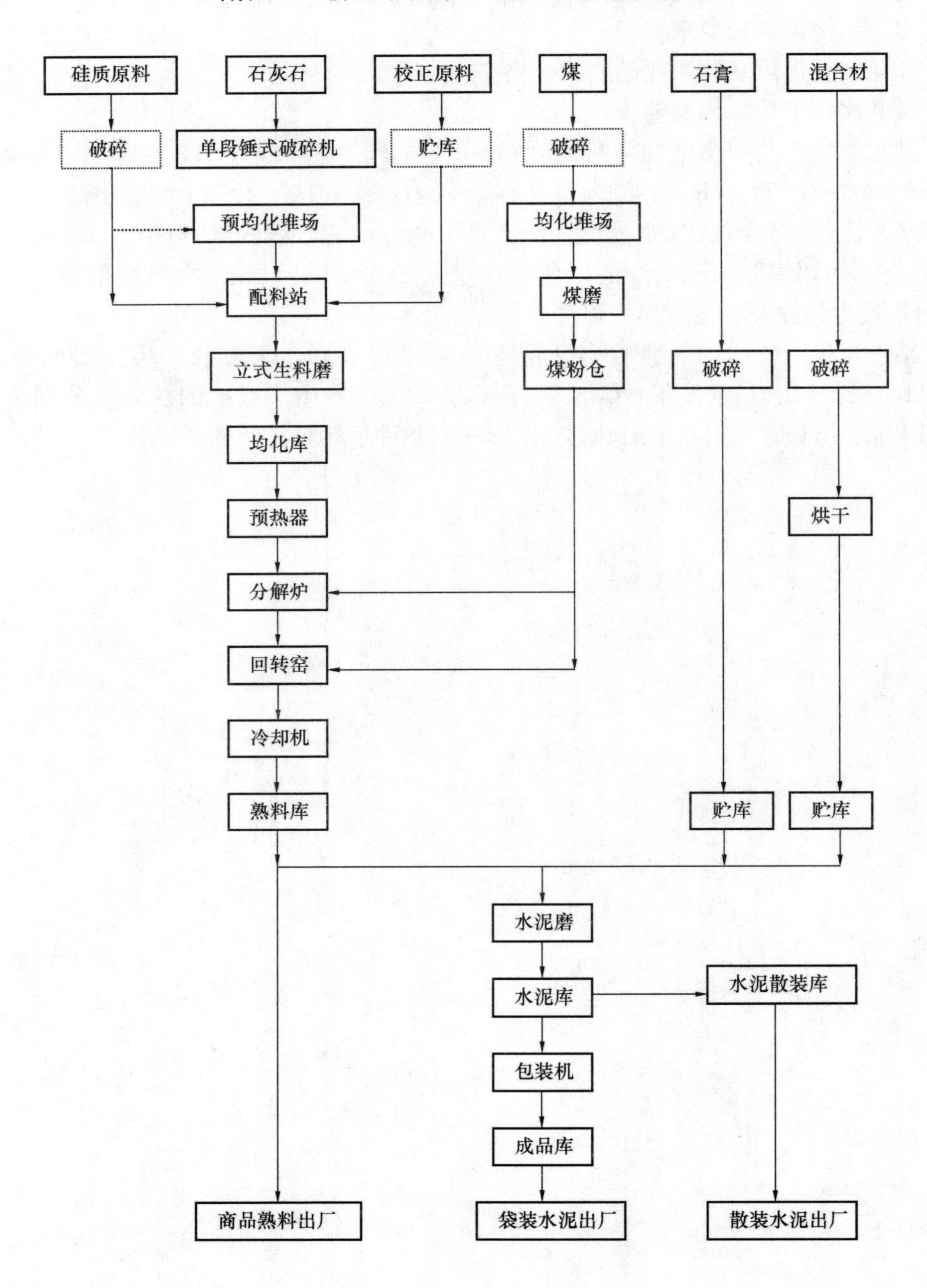

附图2　新型干法水泥工艺生产过程模拟流程图

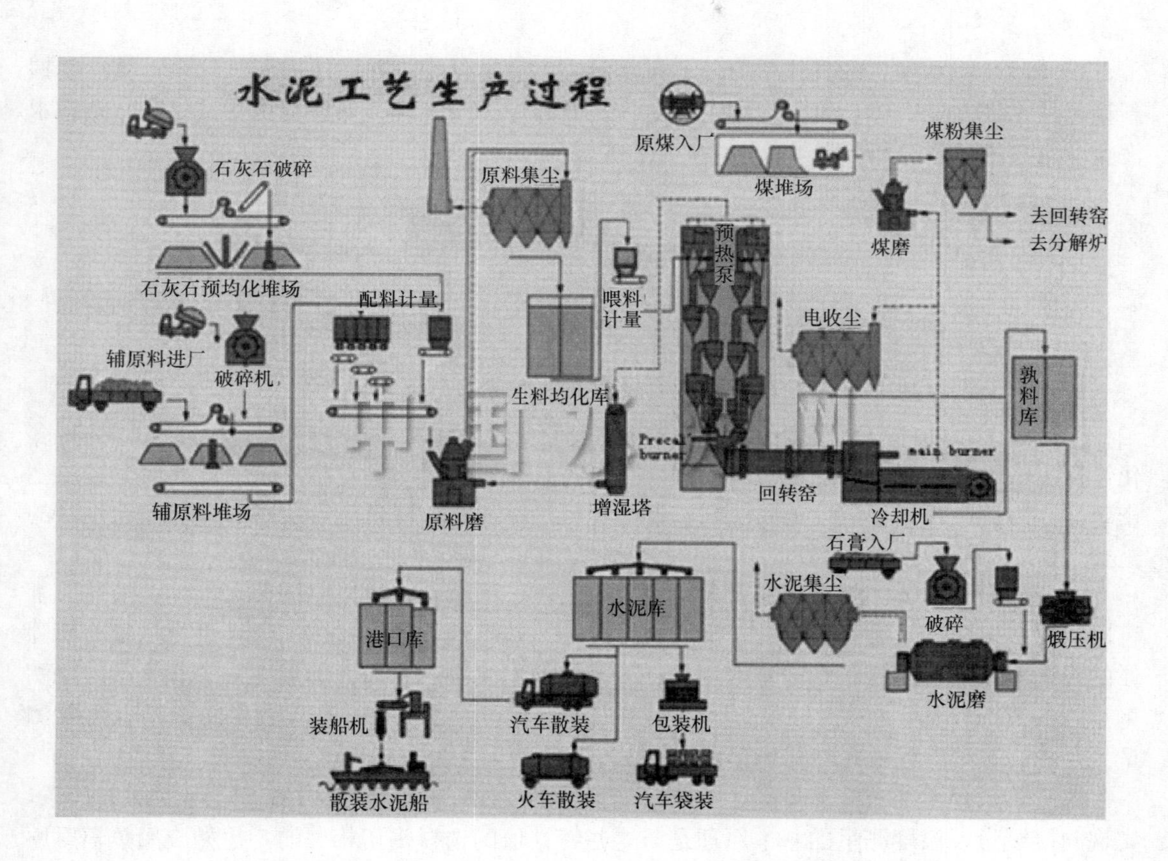

项目2 仪　　表

项目描述：本项目的具体学习任务是熟悉温度测试仪表；熟悉压力测试仪表；重点掌握新型干法水泥企业固体计量仪表的工作原理、故障原因及处理；熟悉料位测试仪表；熟悉水泥企业常用的化学分析仪。

任务1　温度测试仪表

任务描述：熟悉水泥企业温度测试仪表的工作原理、种类、应用部位及日常维护事项。

知识目标：掌握温度测试仪表的工作原理、种类、应用部位及日常维护事项。

能力目标：掌握温度测试仪表发生故障的原因及处理办法。

温度是表征物体冷热程度的物理量。在工业生产过程中，温度检测非常重要，因为很多化学反应或物理变化都必须在规定的温度下进行，否则将得不到合格的产品，甚至会造成生产事故。因此，可以说温度的检测与控制是保证产品质量、降低生产成本、确保安全生产的重要手段。

工业生产中需要测量温度的对象既可以是气体、液体，也可以是固体。气体、液体大都可以通过热电阻、双金属温度计、膨胀式温度计、热电偶、光电比色高温计进行测量。而固体的温度不能直接测量，目前一般用远红外扫描技术测量固体表面的温度。工业生产需要测量温度的范围较宽，水泥生产中需要测定的最高温度达1400℃，但几十度的低温也需要测量。为此，也要合理选择测量温度的仪表。

温度参数是不能直接测量的，一般只能根据物质的某些特性值与温度之间的函数关系，实现间接测量。温度测量的基本原理是与这些特性值的选择密切相关的，比如应用热辐射原理测温、应用热阻效应测温、应用热电效应测温、应用热膨胀原理测温、应用压力随温度变化的原理测温等。

1.1　热电偶温度计

1.1.1　热电偶的组成及选型

热电偶一般由热电极、绝缘子、保护套管和接线盒等部分组成。绝缘子（绝缘瓷圈或绝缘瓷套管）分别套在两根热电极上，以防短路。再将热电极以及绝缘子装入不锈钢或其他材质的保护套管内，以保护热电极免受化学和机械损伤。参比端由接线盒内的端子与外部导线连接。

热电偶的类型很多，可根据用途和安装位置选择。常压下可选用普通结构的热电偶；视被测温度的高低，可选用不同材质的热偶丝，如铂铑-铂或镍铬-镍铝等，被测温度变化频繁时，可选用热反应速度快（时间常数小）的热电偶；被测介质具有一定压力时，可选用固定螺纹和普通接线盒结构的热电偶；使用环境较为恶劣时，如需防水、防腐蚀、防爆等，则应选用密封式接线盒的热电偶；对高压流动介质，应选用具有固定螺纹和锥形保护套管的热电偶；测量表面温度时，可选用热反应速度快的薄膜式热电偶。

在具体选型时，还要注意保护套管的材料、保护套管的插入深度、热电极材料等问题。

1.1.2 热电偶的测温原理

热电偶测温的基本原理是利用两种不同导体连接后可能产生的热电效应，把任意两种不同的导体（或半导体）连接成闭合回路，如果两点的温度不等，在回路中就会产生热电动势，形成电流，这就是热电效应。热电偶是由两种不同的材料一端焊接而成的。焊接的一端叫做测量端，未焊接的一端叫做参比端。如果参比端温度恒定不变，则热电势的大小和方向只与两种材料的特性和测量端的温度有关，且热电势与温度之间有固定的函数关系，利用这个关系，只要测量出热电势的大小，就可测量出焊接端所处位置的温度。

1.1.3 热电偶的测温特点

测量精度高，测量范围广，构造简单，使用方便，不受大小和形状的限制，外有保护套管，用起来方便。

1.1.4 热电偶的型号与分度号

热电偶的分度号是用以确定各种温度传感器在测温范围内随温度变化准确对应的电压或电阻关系的数列；型号表示热电偶或热电阻等温度传感器的外形、材料、安装方式等。因此，依据型号可以定购热电偶，掌握分度号可以在校对热电偶时使用。

1.1.5 水泥企业常用的热电偶分度号

常用的热电偶分度号有：铂铑10-铂热电偶分度号为S；镍铬-镍硅热电偶分度号为K；镍铬-康铜热电偶的分度号为E。其中，在相同温度下热电势最小的为S型，热电势最大的为E型。

水泥企业常用的是K（镍铬-镍硅）和S（铂铑10-铂）两种。K分度号热电偶的特点是抗氧化性能强，宜在氧化气氛、惰性气氛中连续使用，长期使用温度1000℃，短期1200℃，在水泥企业使用最广泛。S分度号热电偶的特点是抗氧化性能更强，宜在氧化气氛、惰性气氛中连续使用，长期使用温度1000℃，短期1200℃，在所有热电偶中，S分度号热电偶的精确度等级最高，通常用作标准热电偶，在水泥企业用得虽少，但配上特殊的保护套管适用在窑尾烟室的温度检测上。

1.1.6 热电偶使用的条件

（1）组成热电偶的两个热电极的焊接必须牢固，两个热电极彼此之间应很好地绝缘，以防短路；补偿导线与热电偶自由端的连接要方便可靠；保护套管应能保证热电极与有害介质充分隔离。

（2）在使用热电偶补偿导线时，必须注意型号相配，极性不能接错，补偿导线与热电偶连接端的温度不能超过100℃。冷端温度补偿器的型号应与热电偶的型号相符，并在规定温度范围内使用。

（3）使用中热电偶的参比端要求处于0℃。由热电偶测温原理可知，热电势的大小与热电偶两端温度有关。要准确地测量温度，必须使参比端的温度固定。由于热电偶的分度表和根据分度表刻度的温度仪表或温度变送器，均带有测温元件，能自动将环境温度测出、扣除，其参比端都是以0℃为条件的，这也是热电偶制造商的统一标准。

1.1.7 热电偶的补偿导线延伸

热电偶做得很长，使冷端延长到温度比较稳定的地方。由于热电偶本身不便于敷设，对于贵金属热电偶也很不经济，因此，采用一种专用导线将热电偶的冷端延伸出来，而这种导线也是由两种不同金属材料制成，在一定温度范围内（100℃以下）与所连接的热电偶具有相同或十分相近的热电特性，其材料也是廉价金属，将这种导线称为补偿导线。

特别要注意：无论是补偿型还是延伸型，补偿导线本身并不能补偿热电偶冷端温度的变化，只是起到热电偶冷端延伸作用，改变冷位置。在规定的范围内，由于补偿导线热电特性不可能与热电偶完全相同，因而仍存在一定的误差。

1.1.8 热电偶使用的补偿导线

补偿导线的作用是将热电偶的冷端延长到温度相对稳定的地方。当冷端温度恒定时，产生的热电势就与热端温度成单值函数关系。工业生产中，为了把冷端延长到温度相对稳定的地方，而又不想使用像热电偶中贵重的金属，采用了与相应热电偶热电特性相近材料做成的补偿导线连接热电偶，将信号送到仪表。对不同分度号的热电偶所采用的补偿导线并不相同，以确保热电特性相近，才能有准确的温度测量结果。所以，用普通导线传送热电偶信号无法完成准确测定温度的任务。

1.1.9 热电偶常见的测温故障及处理

热电偶常见的测温故障及处理如表 2.1.1 所示。

表 2.1.1 热电偶常见的测温故障及处理

故障现象	可能原因	处理方法
温度示值偏低或不稳	电极短路	找出短路原因，如潮湿或绝缘损坏
	接线柱处积灰	清扫
	补偿导线与热电偶极性接反	纠正接线
	补偿导线与热电偶极不配套	更换相配套的补偿导线
	冷端补偿不符要求	调整冷端补偿达到要求
	热电偶安装位置不当	按规定重新安装
温度示值偏高	补偿导线与热电偶极不配套	更换相配套的补偿导线
	有直流干扰信号进入	排除直流干扰
显示不稳定	接线柱处接触不良	将接线柱拧紧
	测量线路绝缘破损，引起断续短路或接地	找出故障点，修复绝缘
	热电偶安装不牢或有震动	紧固电偶，消除震动
	热电偶电极将断未断	更换热电偶
	外界干扰	查出干扰源，采取屏蔽措施
显示误差大	热电偶电极变质	更换热电偶
	热电偶安装位置不当	改变安装位置
	保护管表面积灰	清除积灰
显示无穷大	接线断路	找到断点，重新接好
	热电极断开或损坏	更换热电偶

1.1.10 窑尾温度测试的必要性

窑尾温度的测试对预分解窑的正确操作有着非常重要的作用。但在具体测量中，由于烟室温度过高，常处于1100℃左右，而且不断承受大量物料的冲刷，使热电偶寿命很短，有时每两天就要更换一根。每根高温热电偶的价格都在千元以上，不仅成本增高，也加大了仪表的维护量。因此，常有仪表人员向中控操作员质问，能否取消该点的测量。现在确实有不少生产线此点不再装设热电偶，操作员只好根据其他点的温度推断，由此造成操作误判引发的事故增加，这种事故的责任者应当是仪表工。

实际上，作为测量窑尾烟室温度可供选择的位置较多，最佳位置应该选在受物料冲刷最少、热气流不直接通过的空间，一旦选择后会发现其使用寿命将大大延长，但测出的温度也会比原来的测点低一些，通过同时测量新旧两点的温度差，在操作时考虑进去就可以了。

1.2 热电阻温度计

热电阻是中低温区最常用的一种温度检测器。热电阻温度计是基于金属导体或半导体电阻值与温度成一定函数关系的原理实现温度测量的。它的主要特点是测量精度高，性能稳定，其中铂电阻的测量精度是最高的，可作为基准仪器。

1.2.1 测温原理及材料

热电阻测温是基于金属导体的电阻值随温度的增加而增加这一特性来进行温度测量的。热电阻大都由纯金属材料制成，目前应用最多的是铂和铜，此外，现在已开始采用镍、锰和铑等材料制造热电阻。

1.2.2 热电阻温度计的组成结构

热电阻一般由电阻体、骨架、绝缘体套管、内引线、保护管、接线座（或接线柱、接线盒）等元件组成。

1.2.3 热电阻温度计的特点

(1) 精度较高。例如，铂电阻温度计可用作基准温度计。

(2) 灵敏度高，输出的信号较强，容易显示和实现远距离传送。

(3) 金属热电阻的电阻与温度的关系具有较好的线性度，而且复现性和稳定性都较好。但体积较大，故热惯性较大，不利于动态测温，不能测点温。

1.2.4 水泥企业常用的热电阻

工业上常用的热电阻从材质上分有两类，即铜热电阻和铂热电阻。铜热电阻测温范围为－50～150℃，铂热电阻测温范围为－200～850℃。铜热电阻的分度号是CU50和CU100，其0℃的标准电阻分别是50和100欧姆。铂热电阻分为A级和B级，它们的分度号都是PT10和PT100，其0℃的标称电阻值分别为50和100欧姆。

水泥企业常用的是铂电阻（WZP），分度号是PT100，适用温度范围为200～850℃，常用的量程范围有0～100℃和0～150℃两种。不同的使用条件要求使用的不同类型的热电阻。

(1) 普通型热电阻：体积小、结构简单、不耐振、不耐冲击，一般用于测量电机线圈温度等。

(2) 铠装式热电阻：体积小、机械性能好，适宜安装在管道之间狭窄、弯曲的位置和要求快速反应、微型化和特殊的测温场合。例如用于保护喷煤管的温度测量。

(3) 端面热电阻：多用在测量设备的轴瓦等温度。

(4) 隔爆型热电阻：采用特殊结构的接线盒，当接线盒内部的爆炸性混合气体发生爆炸时，其内压不会破坏接线盒，而由此产生的热能不会向外扩散，一般用在煤粉仓等具有爆炸危险场合的温度测量。

1.2.5 热电阻温度计的异常故障及处理

（1）显示仪表指示值比实际值低或显示值不稳。可能有三种原因引起：保护管内有金属屑、灰尘；接线柱间积灰；热电阻短路等。对应的处理方法是：除去金属屑，清扫灰尘，找出短路处加好绝缘。

（2）显示仪表指示无穷大。属于热电阻短路或引出线断路造成。此时应更换热电阻或焊接断线处。

（3）显示仪表指示为负值。显示仪表与热电阻接线有误或热电阻短路所致。对策是改正接线，找出短路处，处理好绝缘。

（4）阻值与温度关系有非正常变化。此时表明热电阻丝受腐蚀变质。应立即更换热电阻。

（5）有时显示突然升高。此时应检查信号电缆屏蔽层是否接地，受干扰而造成，通过正确接地屏蔽层就可解决。

1.2.6 热电阻元件的常见故障

热电阻元件的主要是故障四类：热电阻线之间短路接地；电阻元件电阻丝断；保护套管内部积水；电阻元件与导线连接松动或断开。其中最常见的故障是短路和断路。短路和断路是很容易判断的，可用万用表的“RX1”挡来测量，若阻值远小于 R0，则说明热电阻有短路现象，如果测得阻值为无穷大，则说明热电阻断路。

1.2.7 热电阻的接线形式

主要是用于消除导线电阻变化带来的影响。

热电阻采用三线制接法，是为了消除连接导线电阻引起的测量误差。因为测量热电阻的电路一般是不平衡电桥。热电阻作为电桥的一个桥臂电阻，其连接导线（从热电阻到中控室）也成为桥臂电阻的一部分，这一部分电阻是未知的且随环境温度变化，因而造成测量误差。采用三线制，将导线一根接到电桥的电源端，其余两根分别接到热电阻所在的桥臂及与其相邻的桥臂上，消除了导线线路电阻带来的测量误差。工业上一般都采用三线制接法。

四线制和三线制的区别是，在热电阻的根部两端各连接两根导线，其中两根引线为热电阻提供恒定电流 I，把 R 转换成电压信号 U，再通过另两根引线把 U 引至二次仪表。可见这种引线方式可完全消除引线的电阻影响，主要用于高精度的温度检测，当然成本也要增加。一般三线制完全能满足生产的需要，所以工业上都用三线制接法。如果有些进口设备上带的热电阻和二次仪表是四线制，就要按四线制去接。

当热电阻与温度变送器（或其他温度仪表）用两线连接时（补偿端短接），如果距离只有几米，影响不大，但当距离较远时，所显示的温度测量结果偏差大至 5～10℃，无法满足测量精度要求高的场所。

如某厂在安装煤立磨后，某点温度（Pt100）与现场实测相差有 10℃左右，经检查发现，该温度变送器直接进入控制柜（距离在 50m 左右），而未装在现场，且三线制 Pt100 只接了两根线，另一个端子被短接，只有在重新正确接线后，温度显示方正常。

1.2.8 热电阻和热电偶的区别

（1）测温原理不同：热电阻与热电偶均属于接触式测温，但是它们的原理与特点却不同，热电阻是靠电阻值随温度变化而测温，热电偶是靠电势随温度变化而测温。

（2）与显示仪表的连线方式不同。热电阻必须采用三线制接法，以消除导线电阻的影响。热电偶产生的是毫伏信号，不存在受电阻干扰的问题。

（3）测温范围不同。一般讲，高温测量应选择用热电偶，低温测量选择用热电阻。

1.2.9　中控室、现场及变送器温度显示不同的原因

（1）中控室与现场变送器量程不符。按正确量程改正。

（2）接线错误，Pt100三线制只接了两根线或热电偶极性接反等。正确改正接线。

（3）度变送器有误差。重新标定。

（4）测温元件没有安装好，松动或退出。重新安装并紧固，振动大的场所要采取防振措施。

（5）高温热电偶安装处没有密封好。高温处如果热电偶没有密封好，漏入冷风，会使温度测量值有所下降，所以要对其进行密封。

（6）测温元件故障等。更换故障的测温元件。

1.2.10　热电阻常见的测温故障及处理

热电阻常见的测温故障及处理如表2.1.2所示。

表2.1.2　热电阻常见的测温故障及处理

故障现象	可能原因	处理方法
温度示值偏低或不稳	保护管内有金属屑、积灰，接线柱处脏污或短路	除去金属屑，清扫灰尘、水滴等，找到短路点，加强绝缘
温度示值无穷大	热电阻或引线断路	更换热电阻，找到断点重新接好
温度显示负值	热电阻接线有错或有短路现象	改正接线，找出短路处，加强绝缘
温度显示误差大	热电阻丝材料受腐蚀变质	更换热电阻

1.3　比色高温计

1.3.1　比色高温计的日常维护内容

（1）每班与中控联系比色高温计工作情况，并现场检查探头情况，保持镜头清洁。

（2）检查冷却水压是否正常。

（3）检查冷却用压缩空气是否正常。

（4）检查二次仪表工作情况。

1.3.2　比色高温计的常见故障

（1）比色高温计中控室温度显示值偏低且波动。一般是窑内工况不好，从镜头处可以看出熟料细粉过多，甚至有生料粉，对比色高温计的测量有影响，使显示值偏低并且波动。待窑况正常后，会自动恢复正常。

（2）比色高温计中控室没有温度显示或显示为最大值。多是比色高温计未接入电源，4～20mA信号线开路等。检查供电电源或4～20mA线路，排除故障。

（3）中控室温度显示值一直偏低。比色高温计镜头脏或通道有灰尘，擦净镜头，清除通道内灰尘。

1.3.3　擦拭比色高温计镜头时的注意事项

镜头的污染会影响到测量温度的准确性，因此应定期检查镜头的清洁状况，清洁镜头时应按照下列步骤小心进行。

（1）轻轻吹走浮尘。

（2）用软刷或专用镜头纸轻轻拂去剩余的粒状粉尘。

（3）将棉签或镜头纸在蒸馏水中蘸湿，擦拭镜头表面，注意不要留下划痕。

（4）对于手印或其他油脂，可以用变性酒精、乙醇、柯达拭镜清洁剂。根据需要和实际情况选用合适的方法，注意动作要轻，要用柔软、干净的布，直到看见镜头颜色为止，然后在空气中风干。千万不要人工擦干镜头表面，以免留下划痕。

（5）如果镜头上有镀膜层，可以用乙烷擦拭，然后风干。

1.4 窑筒体扫描仪

1.4.1 工作原理

窑筒体扫描仪也称窑炉热像仪，由光学扫描单元、光电转换单元、信号处理单元、测窑转速装置、数据分析装置、打印机等部件组成。

窑筒体扫描仪是一种非接触式的，用红外扫描仪监测窑筒体温度的测温装置。它是通过光学扫描对窑筒体各个被测点红外线辐射能量的信号进行采集，并将采集到的光能量转换成电信号，经放大处理并传输给计算机，再由专用的软件进行识别并组态，以图表显示出窑筒体被测范围的温度状况。红外测温扫描仪可以对回转窑筒体表面温度进行实时、连续的测量，将人眼不可见的红外光的辐射转换成电信号，实现了为窑操作人员提供可靠操作依据作为参考的目的。

测温准确性的关键在于扫描采集的特定波段的红外能量能否尽量多地反射到光电转换器上，这就要求有好的镀膜材料、特种锗玻璃镜片及焦距的准确调整，并配置参考黑体的适时校准。

由于窑筒体转速快、需要监测的范围大，扫描仪要求光电转换的速度必须快而准，因此必须配置质量过硬的光电式扫描装置。它的技术参数有扫描、频率、分辨率、扫描点数、响应时间、视场角、测温范围、测温精度与测温波长。

1.4.2 筒体扫描仪的日常维护内容

（1）每班要与中控操作员联系窑筒体扫描仪工作状态，保证其工作正常。

（2）中控室窑筒体扫描仪指示温度与现场红外测温仪测量锰度是否一致。

（3）检查窑筒体扫描仪指示是否正常，显示值是否准确，微机系统工作是否正常，操作是否灵活可靠，是否有误码显示。

（4）现场检查扫描头是否完好，镜头是否干净清洁、测速行程开关是否完好正常，接线是否牢固可靠。

（5）检查二次仪表工作是否正常，接线是否牢固可靠，是否有积灰等。

1.4.3 筒体扫描仪的常见故障

（1）窑速或轮带滑移量显示不正常。现场的接近开关和磁性开关工作不正常，从现场到控制器的连接电极有开路现象。检查接近开关和磁性开关；检查连接电缆并处理和修复。

（2）筒体温度显示偏低。检查并将镜头擦拭干净。

1.5 便携式测温仪的测温原理

这种测温仪是应用红外测温原理制成的，它分有点温仪、面温仪及热像仪等种类，常用的是直接测量物体表面某点温度的点温仪。其结构如图 2.1.1 所示，它的基本结构分光源处理部分、光电转换部分及电信号显示部分三大块。其工作原理是：目标发射的红外能量，经过过滤镜以后，由聚焦镜聚焦到探测器上，把红外能量迅速转换成电量，经过放大处理之后，直接以被测目标温度的形式显示出来。

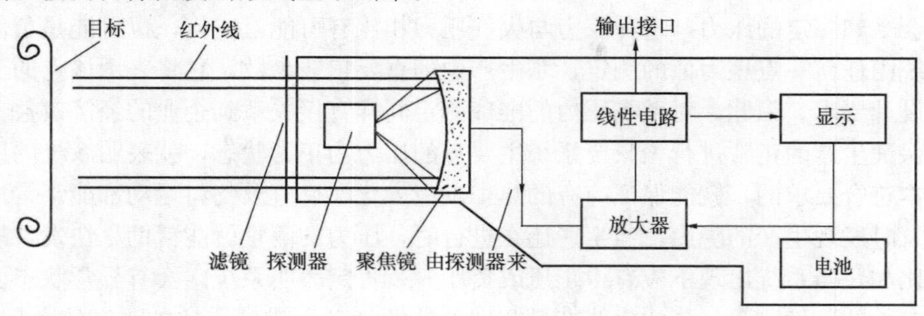

图 2.1.1　点温仪的结构

不同的点温仪可以有不同的距离系数，以适应不同的距离目标使用。因此在选型与使用中要注意此概念。

任务2　压 力 仪 表

任务描述：熟悉水泥企业压力测试仪表的工作原理、种类、应用部位及日常维护事项。

知识目标：掌握压力测试仪表的工作原理、种类、应用部位及日常维护事项。

能力目标：掌握压力测试仪表发生故障的原因及处理办法。

2.1　压力的概念及分类

在物理概念中，压力是垂直作用在单位面积上的力，常有的压力有绝对压力、表压力、负压力和真空度 4 种。

（1）绝对压力：是指被测介质作用在容器单位面积上的全部压力。

（2）表压力：地面上的空气柱所产生的平均压力称为大气压力，绝对压力与大气压力之差，称为表压力。

（3）负压力：当绝对压力值小于大气压力值时，表压力为负值即负压力。

（4）真空度：负压力值的绝对值，称为真空度。

2.2　压力表的测量原理

压力表有弹性压力计和活塞式压力计两种。弹性压力计利用弹性元件受压变形的原理进行测量，弹性元件在弹性限度内受压变形，其变形大小与外力成比例，外作用力取消后，元件将恢复原有形状，利用变形与外力的关系，对弹性元件的变形大小进行测量，可以求得被测压力的大小；活塞式压力计是基于静力平衡原理进行压力测量的，是负荷式压力计，它是校验、标定压力表和压力传感器的标准仪器。

2.3 测定压力的生产意义

在水泥生产中，更多涉及的是气体的压力。一个热工系统中的压力是指系统内的气体借助某种动力按照要求的体积与方向流动，才能满足工艺生产的需要，因此在系统内某一位置的气体都会受到一定的压力，这种压力与大气压力相比有可能是正值，也可能是负值。

对系统内任何一点压力值的测定，是生产中的重要工艺参数，它将表示该点的工艺状态是否符合设计要求。因此，对系统压力的准确测定同样直接关系到企业的经济效益。

（1）保证生产的正常进行。只要系统主要点的压力为正常状态，就表明系统的风量与气氛都是基本符合要求的，就能保证应有的热工反应、化学反应及物料运动都能正常进行。

（2）及时发现生产的隐患，当生产还在进行时，压力的测量就能帮助尽快发现故障并分析原因。比如，当系统出现不应有得正压或负压时，肯定表明系统内会有异常状态。

（3）参数的准确测量，能让生产在最节省的能源消耗下进行。比如，系统负压过高时，虽然生产也在进行，但这是以过高的能量消耗为代价的。

应该特别强调的是，一般压力表所测得的数据都是指容器内的气体对测点壁上的静压。它虽然在很多情况下也能反映气体流动的速度，但与真正能代表气体流速的动压相比，绝不是一个概念，随着系统外形及管路的变化，静压与动压之间的转换比例不会相同。

2.4 压力仪表的选择

选择压力检测仪表的类型、测量范围和精度等级，要根据工艺设计、被测介质的性质、现场环境条件等方面的要求进行。

（1）仪表类型的选择。主要是根据工艺控制与操作的要求、被测介质及现场环境等因素确定。例如，是要进入现场指示，还是要远传、报警或自动记录；被测介质的物理化学性质，如温度高低、黏度大小、腐蚀性、脏污程度、易燃易爆等；现场环境条件，如温度、电磁场、振动等；对仪表是否有特殊要求。对于特殊的介质，则应选用专用压力表，如氨压力表、氧压力表等。

（2）仪表测量范围的确定。压力检测仪表的测量范围要根据被测压力在正常情况下的大小来确定。为了延长仪表的使用寿命，避免弹性元件产生疲劳或因受力过大而损坏，压力表的上限值必须高于工艺生产中的最大压力值。根据规定，测量稳定压力时，所选压力表的上限值应是最大工作压力的1.5倍以上；测量高压压力时，压力表的上限值应大于最大工作压力的1.7倍；测量脉动压力时，压力表的上限值应大于最大工作压力的2倍。但与此同时，为了保证测量值的准确度，仪表的量程又不能选得过大，一般被测压力的最小值，应在量程的1/3以上。

（3）仪表精度的选取。仪表精度是根据工艺生产中允许的最大测量误差确定的。因此，所选仪表的精度必须满足生产的检测要求，但也不应有过高精度要求。因为高精度的仪表未得到合理使用也是一种浪费。

2.5 测压点的选取

（1）测压点的选择。测压点必须能反映被测介质的真实压力情况。要选在被测介质呈直线流动的管段部分，不要选在管路拐弯、分叉、死角或其他易形成漩涡的地方。

（2）测量流动介质的压力时，应使取压点与流动方向垂直，清除钻孔毛刺等凸出物。

（3）测量液体压力时，取压点应在管道下部，使导压管内不积存气体；测量气体压力时，取压点应在管道上方，使导压管内不积存液体。

（4）取压点在管道阀门、挡板之前或之后时，其与阀门、挡板的距离应大于 $2D \sim 3D$（D 为管道直径）。

2.6 铺设导压管的技术要求

（1）导压管粗细要合适，一般内径为 6～10mm，长度≤50m。

（2）当被测介质易冷凝或冻结时，必须加保温伴热管线。

（3）取压口到压力表之间应装切断阀，该阀应靠近取压口。

2.7 安装压力表的技术要求

（1）压力表应安装在易观察和检修的地方。

（2）安装地点应尽量避免振动和高温的影响。

（3）测量蒸气压力时应加装凝液管，以防高温蒸气直接与测压元件接触；测腐蚀性介质的压力时，应加装充有中性介质的隔离罐等。总之，根据具体情况（如高温、低温、腐蚀、结晶、沉淀、黏稠介质等）采取相应的防护措施。

（4）压力表的连接处应加装密封垫片，一般低于 80℃及 2MPa 压力时可用牛皮或橡胶垫片；350～450℃及 5MPa 以下时用石棉板或铝片；温度及压力更高时（50MPa 以下）用退火紫铜或铅垫。另外还要考虑介质的影响，例如测氧气的压力表不能用带油或有机化合物的垫片，否则会引起爆炸。测量乙炔压力时禁止用铜垫片。

2.8 压力变送器零点漂移的判断及标定

将取样管断开，压力传感器的“＋”“－”两孔都处于开放状态，此时观察压力传感器的数值显示应为 0，否则说明零点漂移，需要进行标定校零。

零点标定时要注意压力传感器不能有压力。在检查零点和进行校零时要注意压力传感器的量程范围，因为有的压力传感器的量程是从负到正，例如－10～10MPa，此时如果贸然校零，就会出现错误，为防止此类错误出现，可利用压力信号发生器进行标定。

2.9 压力表的常见故障原因及处理

压力表的常见故障原因及处理如表 2.2.1 所示。

表 2.2.1 压力表的常见故障原因及处理

故障现象	可能原因	处理方法
压力无指示	无电源	检查电源接线，接通电源
	信号接线断路	检找断点，重新接线
压力指示跳动	被测介质压力波动大	关小阀门开度
	安装位置震动大	可安装减震器或移到震动小的地方
显示不变化	导压管堵	透通导压管
	导压管切断阀未打开	打开切断阀
显示误差大	变送器与仪表量程设置不一致	重新设置量程
	检测元件损坏	更换压力计
	零点漂移	重新调校压力计

2.10 差压变送器正常工作的判定

由于差压变送器的故障多是零点漂移和导压管堵塞，所以在现场很少对量程及线性进行校验，而是检查它的零点和变化趋势，方法如下。

（1）零点检查。关闭正负压截止阀，打开平衡阀，此时差压变送器输出电流应为4mA。

（2）变化趋势检查。零点检查以后，各阀门回复原来的开表状态，打开负压室的排污阀，这时变送器的输出应为最大。若只打开正压室的排污阀，则输出为最小。在打开排污阀时，如果被测介质排出很小或没有，说明导压管有堵塞现象，应该设法疏通。

2.11 保持电容式压力传感器输入与输出呈线性关系

电容式压力传感器通常采用改变极板间的距离来改变电容的差动式结构，要使传感器电容量的变化满足线性关系，其条件是位移应远小于极板间的距离。

新型干法水泥生产线基本上用的都是电容式传感器。例如预热器上及各个风管上的压力测量常用的一般是法兰隔膜式电容压力传感器，它适用于测量动态的压力变化，在易堵场所能及时敏感地发现预热器的堵塞情况。

任务3 流量仪表

任务描述：熟悉水泥企业煤粉、熟料及生料等计量仪表的工作原理、种类、应用部位及日常维护注意事项。

知识目标：掌握煤粉、熟料及生料计量仪表的工作原理、种类、应用部位及日常维护事项；掌握电子皮带秤的标定及日常维护事项。

能力目标：掌握煤粉、熟料及生料计量仪表发生故障的原因及处理办法；掌握电子皮带秤、固体流量计的标定及日常维护注意事项。

3.1 流量的概念及流量表示法

流量是指单位时间内经过某一截面的物体质量。由于物体有固态、液态和气态三种形态，对流量的计量办法就有很大差异，其中固体流量计量是最为困难的，它随物料的粒度、湿度、温度不同需要不同的设施，对水泥行业的管理和生产也是最为重要和紧迫的。液体与气体的流量计量相对简单，水泥行业中这类计量也相对较少使用。

流量分体积流量和质量流量。单位时间内流过的流体是以体积表示的，称为体积流量；单位时间内流过的流体是以质量表示的，称为质量流量。

流量还可分为瞬时流量和累计流量。瞬时流量一般简称流量，指的是单位时间内流过管道某截面流体的数量。而累计流量指的是在某一段时间内流过管道的流体量的总和，也可称为总量。

3.2 新型干法水泥企业常用的流体计量仪表

（1）差压式流量计

通过节流装置与差压变送器配套组合测量流体的流量，是目前使用最广的一种流量测量仪表。在管道中流动的流体具有动能和位能，在一定条件下这两种能量可以相互转换，但参加转换的能量总和是不变的，节流元件测量流量就是利用这个原理来实现的，在节流装置中，应用最多的是孔板、喷嘴、文丘利管等仪表。

（2）转子流量计

转子流量计又称面积式流量计或恒压降式流量计，也是以液体流动时的节流原理为基础的一种流量测量仪表，其特点是可以测量多种介质的流量，压力损失小而且稳定，反应灵敏，量程较宽，结构简单，价格便宜，使用维护方便。但转子流量计的精度受测量介质的温度、密度和黏度的影响，而且仪表必须垂直安装。

测试原理：转子流量计是由一段向上扩大的圆锥形管子和密度大于被测介质密度且能随被测介质流量大小上下浮动的转子组成的。当液体自下而上流过时，转子因受到液体冲击而向上运动。随着转子的上移，转子与锥形管之间的环形流通面积增大，液体流速减低，冲击作用减弱，直到液体作用在转子上向上的推力与转子在流体中的重力相平衡。此时，转子停留在锥管中某一高度上。如果液体流量再增大，则平衡时转子所处的位置更高；反之则相反。因此，根据转子悬浮的高低就可测知液体流量的大小。

（3）椭圆齿轮流量计

椭圆齿轮流量计是一种容积式流量计，主要用来测量不含固体杂质的流体流量，适宜于测量黏度较高的介质，其测量精度较高，可达0.5%。

（4）电磁流量计

电池流量计是利用电磁感应定律工作的一种流量计。它用于测量导电液体的流量，压力损失小，可以测量脉动流量和双向流量，测量中流量计读数不受介质密度、黏度、压力等的影响，抗干扰能力强。

3.3 新型干法水泥企业常用的固体计量设备

在传统水泥生产中，固体计量设备很少使用，除了进厂的原材料及出厂的水泥采用地磅予以计量外，中间生产过程面对大宗原燃材料，只是控制流量，而无法准确计量。但是随着技术的发展，新型干法水泥厂中常用的固体计量设备越用越多、越用越准，为稳定控制生产创造了基本条件。新型干法水泥生产所用的固体流量计量设备，按其用途可分为三类：

（1）用于配料计量

构成生料或水泥的各种原料按设定比例配好后入磨，借助于控制系统对各种物料流量大小及时进行调节控制，以满足生料质量性能指标的要求以及水泥强度等级和品种的要求。配料计量用多为固体物料，常采用的设备为定量给料机。

（2）用于入窑生料及煤粉喂料计量

对入窑生料和煤粉实现准确计量、及时调节和稳定喂料。计量物料为粉体物料，生料喂料计量常采用生料计量仓，在仓底配流量控制阀加固体流量计系统。煤粉喂料计量则可采用科立奥利秤、环状天平计重机、转子秤等。

（3）用于生产过程中各种物料的计量

工厂对各个生产过程中产量的考核，常采用的设备为通过式电子皮带秤、链斗秤和核子秤等。

3.4 定量给料机

3.4.1 定量给料机的工作原理、设计选型及生产注意事项

定量给料机主要用于块状、颗粒状及粉状物料的自动连续称量、定量给料及配料计量控制装置。

（1）工作原理

当称量段上的物料通过皮带、称量托辊和称量架时，物料重量由装于称量架的荷重传感器检测并发出相应的信号；速度变量由一个脉冲发生器测出，皮带的速度对应脉冲数，根据公式 $Q=q\cdot v$，将重量和速度乘积可求得瞬时流量。因此控制输送带速度，即可控制流量。如果称量段上的重量负荷发生变化，通过改变速度，使设定的流量值不变。流量设定值由控制系统设定，并与瞬时流量值比较，其偏差值经过微机运算后，输出控制量，由调速装置调整电机转速，改变输送带的速度，使瞬时流量值跟踪、保证设定值。

（2）设计选型

从结构和计量原理看，物料的重量测量和皮带的速度测量是影响该秤计量精度的主要原因。因此要求皮带的张力和平直度要均匀一致，皮带具有较好的挠性。测量皮带速度要保证所测的带速与称量段的带速严格一致。另外，在使用过程中，当给料量较小时，物料的粒度和湿度对计量的准确也影响较大。因为物料的粒度和湿度较大时，会造成出料不均匀或出料困难等现象，对称重产生明显影响。

设计选型中应根据设备给料能力和所承受负荷情况，分别采用重型或轻型定量给料机。重型定量给料机其滚筒直径和托辊直径均较大，轻型定量给料机其滚筒直径和托辊直径均较小。

设计选型中还应根据不同物料的流动特性选择适宜的料斗，才能保证连续稳定的物料流，使定量给料机实现精确的给料、配料。V型系列振动料斗适用于水分较大、流动性较差、易起拱堵料的物料。该料斗设有自动振动装置，可按设定范围自动振动或连续振动。S型系列料斗适用于流动性好的粉状物料。对于水分大，流动性极差、仓底出料困难的物料，一般通过改变料仓锥角，加大开孔，仓底采用调速式板式喂料机或叶轮卸料器作为预给料机，把物料从仓中强制卸出，落到下部的定量给料机上，预给料机与定量给料机同步调速，采用此种方式经实践证明有效可行。

（3）生产注意事项

在选型布置时，皮带应尽量水平，且不应过长。另外上游设备物料的给料应平稳均匀。当给料量小，物料的粒度和湿度均较大时，易出现给料波动，生产中一般采用加板喂机或叶轮卸料器的方式，做到均匀给料。皮带的带速应尽量低，皮带的自重和张力要均匀，使用中需经常对秤体进行调整和维护，并经常进行调整实物标定。

3.4.2 定量给料机计量不准或波动大的原因

定量给料机的控制器靠接受秤体压力传感器及速度传感器的信号工作，实际使用中，速度信号一般不会有故障。更多影响定量给料机计量准确性的主要因素有：荷重传感器的信号、料仓料位、皮带运行时的摩擦力、物料的湿度、温度及皮带张紧程度等。

（1）称量皮带的托辊未调整好，有其他托辊高于称量段托辊的情况，或皮带自身较厚、皮带抖动较大等。

(2) 采用单只称重传感器，如果称重装置上的十字簧片不合格，将会造成漂移。

(3) 预加载调整不合适，如果太轻，会有影响。但是预加载出厂时均已调整好，不熟悉不要轻易调整。

(4) 荷重传感器质量不好，尤其是线性不好，也会影响定量给料机的准确性。

(5) 物料含水量过大，混入异物，或仓内物料量波动太大，称重控制器故障。

3.4.3 定量给料机的日常维护注意事项

定量给料机的运行不仅是能准确计量，更影响配料准确性，因此要重视以下环节。

(1) 必须保持与入料的板喂机同步，并保证料层有一定的厚度，稳流段要大于500mm，皮带转速要慢，不要高于700r/min，为此可以增加皮带裙边的高度至15mm。这样才能减少皮带张力对计量精度的影响。

(2) 物料的含水量不能太高。否则，潮湿物料易粘结在皮带上，影响计量准确。物料粒度必须均齐，如果有大块颗粒，或尖状物料卡在皮带与下料出口的边缘上，会将皮带划坏。

(3) 料仓中的料位不能变化太大，当料空一定量时，应有报警，即刻加料入仓。

(4) 必须使用计量的专用皮带。如果皮带划坏后不及时更换，或用非标准计量皮带代替，不仅有接头，而且皮带厚度不均匀，都会影响计量精度。

(5) 严防异物混入物料，尤其是金属异物。对除铁器及金属探测器的使用应该认真维护。

3.4.4 定量给料机的调零、去皮及量程标定

当定量给料机使用中发现计量不准时，或对该秤作了机械维护及改动后，或更换计量皮带后，只要发生上面三种情况之一，就需要对其进行调零、去皮及标定工作，标定操作中要注意以下两点。

(1) 正确调整定量给料机皮带下的托辊，使称量段内托辊应高于其他托辊3～5mm，称量段内托辊之间高度差应小于0.4mm，并且要保持水平状态。

(2) 给料机中不能有任何杂物卡住。当化验室检验出磨生料结果显示异常，而给定及反馈均显示正常时，一定要检查秤体、下料溜子及荷重传感器等部位，是否会有钢筋等异物卡住，甚至有必要停止给料机运行，认真查找，排除异常。

3.4.5 防止大块物料卡住定量给料机皮带

定量给料机皮带经常被大块物料或带尖的物料划坏、划破，不但影响使用寿命，更影响配料精度。为此，人们常常在下料溜子卡住的位置做文章，将此处位置放大或缩小，但都不能解决问题。经过实践摸索，大块物料被卡在下料溜子与皮带之间，是由于皮带在接料处被物料压凹，使物料出下料溜子时受到阻力。针对此原因，将下料溜子下方的皮带下增加两个新托辊，使皮带不再下凹，而且将出料方向的下料溜子与皮带间的间隙加大，减少对物料向前行的阻力。皮带被卡住的可能性就会大大减少。

3.5 电子皮带秤

3.5.1 电子皮带秤的工作原理

电子皮带秤由承重装置、称重传感器、速度传感器和称重显示器组成。称重时，承重装置将皮带上物料的重力传递到称重传感器上，称重传感器即输出正比于物料重力的电压(mV)信号，经放大器放大后送模/数转换器变成数字量A，送到运算器；物料速度输入速

度传感器后，速度传感器即输出脉冲数 B，也送到运算器；运算器对 A、B 进行运算后，即得到这一测量周期的物料量。对每一测量周期进行累计，即可得到皮带上连续通过的物料总量。

3.5.2 电子皮带秤的分类

（1）输送电子皮带秤：只具有计量功能，作为计量设备使用功能。

（2）定量电子皮带秤：具有计量和定量喂料的功能，多作为配料和定量喂料设备。分恒速和调速定量电子皮带秤两种。

（3）恒速定量电子皮带秤：皮带的速度是恒定的，系统中配备喂料机，通过调节喂料机实现定量喂料。

（4）调速定量电子皮带秤：通过调节皮带的速度来实现定量喂料，无须另设喂料机。

3.5.3 电子皮带秤的应用

（1）调速定量电子皮带秤对环境和物料的适应性、稳定性和可靠性，计量精度高，主要用于小块、粒状物料的自动称量计量、定量喂料和配料。如入磨物料的配料及喂料，入烘干机或窑的定量喂料。如与计算机、磨音电耳和在线X-射线多元素分析仪结合使用，可以实现对磨机负荷的自动控制以及稳定和自动调节喂料量，达到稳定生料化学成分，及时调整成分，实现磨机优质高产低耗的目的。

（2）恒速定量电子皮带秤仅适用于干燥松散的块粒状的物料，并以中小喂料量为佳，如应用于黏湿性细粉状的物料，无法保证电磁振荡喂料机的正常喂料。

3.5.4 标定电子皮带秤的注意事项

标定分挂码标定及实物标定两种形式，其中挂码标定又分静态挂码及动态挂码两种方式。

（1）必须重视动态挂码标定。因为它不仅检验了皮带秤的基本精度，而且还大大简化皮带秤日常生产中的维护工作。只要有了一次动态挂码的数据，以后每经过一段时间，可以按相同条件重复动态挂码标定。如果数据近似不变，说明秤的计量没有漂移；如果数据变了，则应立即进行调整，修正误差使之达到原有状态。

（2）实物标定时，标定量（最小累计料量）的确定有两个原则：要以皮带运行整圈数所得的物料量为标定量，以减少皮带质量不均匀对标定准确性的影响；当额定流量大于20t/h时，标定量应为额定流量的2%～4%。

（3）实物标定时，标定流量（标定速率）的确定一般是选择最大量程的40%和80%两个点进行。对于原料配料，可按接近磨机最佳产量时对应的每台秤的流量进行。如5000t/d生产线的石灰石秤的标定流量接近360t/h即可。

3.5.5 电子皮带秤的调试

（1）首先调整皮带张力适度。通过自动张紧装置上的标尺，分别转动两侧张紧装置的螺母，使皮带逐渐张紧，当标尺上沿达到“今”形观察孔的水平对角线位置上时为张紧适度。然后对皮带跑偏进行调整。

（2）调整传感器受力机构。用软布擦净承重螺钉底部和承重钢球；向下旋动承重螺钉，使底部与钢球接触良好，再拧紧防松螺母；松开支撑保护螺钉后，称量架的重量通过承重螺钉和钢球全部加在称重传感器上。但要注意传感器下边的过载保护螺钉与传感器底部的间隙已由厂家调好，现场不要随意调整。

(3) 调整进料斗出口间板的高度。为决定皮带秤上料层厚度，初次可将此闸板高度调到2/3，待生产正常后，再根据实际情况调整，一般要求进料斗开口高度不低于物料最大粒度的2.5～3倍，防止块状物料的堵塞。

(4) 调整皮带与挡边装置橡胶板之间的间隙。此间隙应有1～2mm，过大会使物料漏出，过小会由于橡胶板的附加力影响计量精度。对于裙边皮带，要注意橡胶板不能与裙边刮碰。

(5) 调整预压力。通过调整称量架使称重传感器受到预压力，并输出相对应的电信号作为皮重，避免计量时传感器不受力或出现负值而造成计量误差。预压力大小一般调为传感器满量程的5%～10%。

(6) 检查和调整速度信号。先检查变频器输出为50Hz时的控制器输出速度信号最大值是否与理论计算一致，若低得较多，则应停车用手动盘车的方法调整。将接近开关旋到靠近测速齿轮的齿尖，然后往回旋出2～3圈（间隙2mm），再锁紧接近开关上的螺帽。待速度最大值正确后，同时检查变频器输出25Hz时的速度值。

(7) 测皮重去皮。测皮重时间应为皮带运转整圈数的时间。皮重至少测三次，取平均值置入参数单元，计算瞬时流量和累计流量。所测皮重变化越小，说明秤运行越平稳。

(8) 标定后进行空车试运，检查皮带秤动态零值稳定性和动态最大累计量是否符合要求。初次带负荷时，会有皮带下料不稳的情况，必要时修改PID参数。如果修改后，仍有波动，应检查压力和速度信号，比如信号电缆布置是否合理，是否有干扰发生；传感器电缆接插件是否有松动或虚接；测速传感器是否固定牢固。

3.5.6 电子皮带秤的日常维护内容

(1) 定期检查承重螺钉与称重传感器的钢球是否接触良好。停机维修时，一定要先旋紧保护螺钉，顶起称量架后再进行。

(2) 保持设备清洁，特别是称量架受力机构、拖动电动机或测速发电机等处的机电转换部分。

(3) 定期检查系统的零点（皮重）和量程，定期进行挂码和实物标定。定期检查和调整皮带跑偏情况，并在保证正常流量时，变频器工作范围为15～45Hz。

(4) 注意检查和调整皮带张力，保持自动张紧装置上的标尺达到规定的位置，使皮带张力保持恒定，防止皮带打滑。检查物料在皮带上是否有偏载，有无漏料嵌入传动滚筒与皮带之间。

(5) 严格控制皮带秤上的物料粒度及水分在允许范围内，如有大于25mm的颗粒就会使皮带秤进料口堵塞，导致计量和控制的失真，甚至将皮带刮伤。露天堆放物料逢雨天更要注意配料库和出料溜子有无堵塞，使得计量无法准确。

3.6 科立奥利计量秤

3.6.1 科立奥利计量秤的原理及构造

科里奥利计量秤用于生料、煤粉、水泥及粉煤灰等粉状物料的计量和喂料。针对不同的物料特性，计量秤的内部配置及结构也不同，但用于喂煤计量系统最为广泛。

(1) 科里奥利秤的计量原理

科里奥利秤的核心部分是一个测量轮，由一根轴驱动。当被测物料从测量轮中心上方进入测量轮，经过锥形的转向装置后，形成散料流，被以恒角速度旋转的测量轮甩出，物料对测量轮的叶片产生一个力，即科里奥利力。该力的大小与物料的数量成正比，因此只要测出该力的大小，便可得出物料的量。在科里奥利秤中，被测的是驱动测量轮的驱动扭矩，因为测量轮的半径是固定的，所以测出扭矩，即得出科氏力。物料微粒和测量轮之间，或者不同速度物料层之间的摩擦，对测量结果均无影响。

由于该计量装置测的是瞬时扭矩，因此对应的是瞬时的流量。同时其测的是扭矩，不会受任何外力的影响，保证了其测量精度。它也不受物料性质、风压波动以及外力、基础振动的影响。

（2）科里奥利秤各组成部分的构造及特点

科里奥利秤体以一个恒定角速度带动测量盘旋转，下端配测力矩传感器及速度传感器，有自己一套独立的传动装置。水平星形给料机：由科里奥利秤测得的实际流量在控制系统中与设定流量进行比较，输出信号，借助变频调速电机调整水平星形给料机的转速，实现流量控制。水平星形给料机上部有一机械搅拌器，作用是防止仓内煤粉起拱、起块，均化并均匀向星形给料器的各室填料，还可起到库与煤粉主输送管线锁风及强制预给料的作用。控制系统设有专门的控制柜，为模块式结构，高度集成化，可任意扩充，调节简便。由于进料口较大，直径为700mm，加上内置搅拌器，物流畅通。另外科里奥利秤计量喂煤系统还配有一煤粉输送管线气压补偿系统。借助此套系统，使水平星形给料机煤粉入口处压力高于煤粉进入输送管线处的压力，从而将煤粉压入输送管线。由于水平星形给料机叶轮与壳体之间的间隙很小，因此这部分压力不能进入煤粉仓，而只能向下进入输送管线。采用这种气压补偿系统，下料更为顺畅。

3.6.2 科里奥利计量秤的常见故障

当发现科里奥利秤出现跳闸时，首先应该检查供电系统与供气系统是否稳定。为了防止在有大功率设备开车时，系统电压下降至360V以下，造成秤的掉闸。在供电系统上，增设ZSBW-100kVA稳压电源。

当系统压缩空气压力低于0.35kPa时，秤也容易掉闸。为此，要装设一个专为秤用的储气罐，以使气源稳定。同时，将螺杆式空压机由机旁开停车，改造为具有备妥、驱动、运行等诸多信号引至DCS现场站的功能，在中控服务器做好相应控制软件，使中控操作员可根据现场压缩空气气压随时开停空压机，避免由于用风不均衡所造成的喂煤秤的掉闸。

3.7 环状天平计秤

3.7.1 环状天平计秤的原理、构造及特点

（1）工作原理

定量供给机内的煤粉受到搅拌翼、转子、搅拌体的作用，以稳定的密度填充到叶轮内，旋转半周后，送到流量计重机内。流量计重机内的煤粉进入到叶轮内，经过叶轮的旋转，从出料口排出。流量计重机内半周的煤粉重量由荷重传感器检测，再经过与转速演算，变为流量信号。煤粉被送料锁气装置顺利地送到输送管内，并解决了输送风的反风问题。

（2）各组成部分的构造及特点

定量供给机专门用于流动性粉体的连续定量供给，它采用了特殊的非刚性密封技术，使

煤粉、粉煤灰等粉体可稳定精确供给。供给机由调压机构、计量机构、调节机构三部分组成。调压机构作用是使仓内的出料粉体不受仓压影响，使给料机内的粉体自动调压；计量机构保证了煤粉自由堆积，以稳定的堆积密度填充到受盘里，通过叶轮的旋转，进行精确、均匀稳定的供给。供给量通过调节机构控制转速，可以进行精确的无级调节。

流量计重机采用环状天平结构：其径向两端有两个支点，其支点的同轴线上有进料口和出料口。荷重传感器能精确地测出通过供给盘半周的粉体重量，其自动控制系统根据测得的流量信号与设定值之差来控制叶轮转数，实现自动定量控制。

送料锁气装置：粉体通过均压罐填充到锁气阀内，经锁气阀转子旋转锁风到出料口，进入输送管道内。由于转子叶片与壳体间密封材料的密封和减压作用，输送管中压缩空气不会窜入均压罐内，即使有少量空气窜入均压罐内，均压罐设置的抽气口可将气体排出，保证了环状天平计重机的正常运转。同时锁气装置的排出口采用了喷嘴结构，有利于煤粉能顺畅地进入输送管。

(3) 特点

集供料、计量、输送、锁风于一体，计量方式连续：只计量粉体的供给重量，不发生零点变化；由于独特的非刚性结构，不会发生粉体的喷流现象，对磨损及温度变化也非常安全可靠。

3.7.2 环状天平计量秤常见故障的处理

(1) 用于煤粉计量的转子秤有两种计量模式：重量模式和容积模式。在调试期间一定要设定在常用的重量模式上，而且不要将出料口闸板开得太小。

(2) 转子秤要求在微负压条件下工作，因此，合理配置计量系统的收尘设施，并保证收尘管道不堵塞是正常运行的关键。

(3) 应严格控制煤粉水分小于100的要求，否则轻者计量不稳，重者管道堵塞。

(4) 在系统运行时能听出负压和风量，经常检查软连接处是否存有积灰，确认收尘设备的风量不可太小，也不能随着磨机的开停而变化。

(5) 重视锁风阀的密封效果。将定量供给机的隔套高度降低在8mm，每天检查锁风阀的状态，当打开锁风阀两端盖上的检测阀，煤粉能连续喷出1min以上时，就需要及时调紧端面密封，每3～6个月，利用停窑时间对锁风阀调整并更换密封毛毡。正确的开停程序是保护锁风阀阀体上每个叶片上密封毛毡的重要条件，喂煤时，应先开启锁风阀，再开罗茨风机；反之，止煤时，先关罗茨风机再关锁风阀。

(6) 长时间停车要按顺序排空转子秤及煤粉仓。

3.8 转子喂料秤

3.8.1 转子喂料秤的构造、原理及特点

(1) 构造及原理

转子平放在转子腔内，上下用密封板密封，将转子沿圆周方向均匀分割成若干行小格子，散状物料由转子直接从仓内卸出，带入称重区，在电机的驱动下，转子靠这些格子携带物料转过260°（从转子秤的加料点至物料送出点），其间通过称重点。被称重后的物料直接进入气力输送管路，在物料送出点下方由罗茨风机提供的压缩空气被引入输送用风并进风管，被称重后的物料经气力输送管路送至窑头喷煤管及分解炉。

为了限制物料的运动，壳体内设置了上下密封板，保证加入的物料都被计量和被计量过的物料都能送出，其中确定转子与密封板的间隙并及时调整间隙大小是转子秤稳定操作的关键。

称量轴线通过物料的卸料点及气力管道和转子之间的弹性连接点，可补偿压力波动造成的二次受力反应，并使物料的计量结果不受影响。凡通过转子称重区的物料重量均由称重装置计量下来。用荷重传感器测转子转过的单位角度时物料的重量，物料的流量和测得的转子速度及重量成正比。物料重量及所在位置都储存在喂料秤的电子系统内，即在物料卸出之前就已知道转子各部位的荷重情况。把测量流量和设定流量不断比较，通过调节转速达到控制流量的目的。

为使预先确定的设定值和存储在存储器内的物料量相适应，在卸料点处要求的转子角速度已预先计算出来，并由转子驱动装置完成。采用这种先期控制原理，转子喂料秤可对任何波动给予校正，并给出短期高精确度。

采用转子秤时，对其上游煤粉仓下部锥体也有要求，如采用不锈钢材料，锥体角度应>70°，仓外锥体设置环状风管，定时吹入压缩空气，可起活化作用，增加煤粉的流动性，避免仓内煤粉粘挂内壁，形成结皮，长期滞留，自燃结焦及仓内着火，也可避免喂煤不稳定。

（2）转子秤的特点

从喂料仓直接卸料，无单独的喂料设备；不需要锁风设备和螺旋泵，可直接将物料喂入气力输送管路；通过平稳的测定重量的操作，可达到瞬时高精确度和可重复性，而不受输送系统压力影响。

3.8.2 转子喂料秤常见故障的处理

（1）下煤不稳，计量不准确，误差大。此时要检查：转子秤下煤管的煤入秤点压力是否与仓内压力均衡；煤粉仓收尘管道能否调节恒定；送煤风机的风量与风压是否满足要求，罗茨风机是否配置变频器。

（2）转子秤过流报警。多是由于转子秤内部煤粉结团，或因煤粉过湿，或因轴密封加油过量形成煤泥，造成设备负荷加大。

（3）运行中突然跳停。变频器过载报警，此时用手盘车困难，说明有异物卡在转子内，先可用手动或机旁开车使转子反转，将异物送至出料口吹走，如盘车力很大，只有调大间隙卸掉进风管取出异物。

（4）转子秤观察孔漏料，多是送煤风机风量过大所致。一般做法是，在风管入秤口加旁路管道，并设有手动蝶阀调节，这样还可减少对秤体的出料口出料头和上下耐磨套的磨损。

3.9 失重计量秤

3.9.1 失重计量秤的工作原理

失重计量秤是适合粉体物料的计量方式。由于采用断续进料，连续出料，静态称量，动态喂料，能保证较好的长期精度。

失重仓主要由仓和卸料装置组成，仓由荷重传感器支撑，用螺旋输送机卸料。仓的装料按一定周期间歇进行，但每次的装料时间愈短，对精度影响愈小。在重量计量阶段，单位时间内由螺旋输送机卸出的物料为测量流量，其不断和设定流量比较，通过改变螺旋输送机的转速来调节流量。但该方式结构复杂，造价高，安装空间高，调试难度大，而且喂料量有一定限制，对进料控制阀门要求动作灵敏可靠，因此未得到广泛采用。

3.9.2 失重计量秤常见故障的处理

（1）下料不稳、波动。一般是由于煤粉水分大、流态化装置不良、振动器或搅拌器有故障等原因。为此，要严格控制煤粉水分；流态化效果不良一般是气管前部的橡胶套损坏，造成空气管道堵塞，需要及时更换；适当调整振动器的扇面角度，加大振动器的振动幅度，增大煤粉在仓内的流动性；搅拌器如遇故障，应该立即修复或更换。

（2）有规律波动。失重计量秤在向称重仓下料时，计量方式由重量方式转为容积方式，下料结束时，延时一段时间（几秒钟）后再转为重量方式。如果该过程的延时与稳流时间过短，转换结束时会造成波动；如果延时时间过长，会造成容积方式过长，转为重量方式时，给定与反馈误差过大，自动调整时造成波动。为此，合理调整延时时间，便可克服这种有规律的波动。

3.10 核子秤的工作原理及技术特点

核子秤是一种非接触式连续动态测量系统，主要用于对物料进行自动连续计量，目前水泥企业多用于熟料的计量。它与给料输送设备分开，只称量输送设备上物体的重量而不改变原设备的输送方式。无称体和机械计量部分，让被测量的物料通过放射源和接收探测器之间的γ射线照射区即可。放射源一般采用Co，其发出的γ射线穿过输送设备上的物料后产生有规律的衰减，所穿过物料越多，衰减的幅度越大，探测器接收到的γ射线强度越小。根据探测器输出信号大小的变化，就可测出输送机上物料的多少。同时测出输送设备的输送速度，则物料的变化与速度之积就是该秤的瞬时流量。

该秤计量精度不受皮带的张力、振动冲击、惯性、物料水分、粒度、环境、温度等因素影响，但是料流断面几何形状和化学组成变化对计量精度有较大的影响。因此，其只适合料流断面和化学成分相对稳定的地方。

3.11 电磁振荡喂料机

3.11.1 电磁振荡喂料机的结构及特点

（1）结构是由喂料槽、电磁激振器、减振器等组成。

（2）性能特点

没有相对运动部件，无机械摩擦，无润滑点，操作简单。槽体磨损小，设备运行费用低，使用输送高温、磨损性大的物料，容易实现密封输送，不适宜输送黏湿性的物料。

3.11.2 电磁振荡喂料机的喂料量调节

（1）改变激振力的方式

①利用可控硅调节器调节电磁线圈的外加电压，来改变激振力。

②改变电磁线圈的匝数来改变激振力。

③调节直流激磁成分来调节振幅大小。

（2）改变激振频率

改变激振电源频率来调节喂料量。使用变频电源改变激振频率，在激振力幅值不变的情况下，由于调谐指数的变化会使振幅发生变化，达到调节喂料量的变化。

3.12　溜槽型固体流量计

3.12.1　溜槽型固体流量计的构造及工作原理

（1）其构造是由给料槽、测量槽、支撑杆、水平杆、检校砝码、荷重传感器等组成。

（2）工作原理

物料沿测量槽切线方向进入，由于物料的重力和沿弧形板的运动，对测量槽产生一个作用力，并使测量槽产生偏转，这个偏转力和物料的流量成正比。偏转力的大小由荷重传感器检测，物料的瞬时流量和累计流量由二次仪表显示。为了自动定量控制给料量，将实际值和设定值比较，通过计算机自动控制给料量并保持给料量的均匀稳定。

3.12.2　溜槽型固体流量计的使用注意事项

（1）保持校正仓中始终稳定有一定的料位，尽量让进料与出料平衡，使仓压的变化及对给料状态的影响减到最小，创造检测准确的条件。

（2）认真对电动流量调节阀的 PID 控制参数进行调整，确认流量是围绕着目标值在波动。由于生料流动性很强，再加上仓压、系统正负压波动及生料本身特性的变化，流量阀的开度调节并不是与实际流量总保持线性关系。根据实际情况反复调节 PID，使系统在响应速度较快的情况下尽量提高下料的稳定性。可采用试凑法，增大比例系数 P，会加快系统的响应，使每次的调节量加大，但过大会使系统超调而振荡，使稳定性变差；增大积分时间 I，有利于减小超调和振荡，但系统响应时间加长；增大微分时间 D，则有利于加快系统的响应速度，减少超调，增加稳定性，但系统对扰动的抑制能力减弱。根据上述参数对控制系统的影响趋势，一般可按先比例、再积分、后微分的顺序予以整定。

（3）保持流量计的清洁状态，检测溜槽上不得黏附物料，保持吊挂在箱体上的称量框架，除与承重螺钉及传感器接触外，应呈悬浮状态，不能有任何异物存在。

（4）通过校正仓定期校准流量计，每月可进行一次校准。校准的方法为：正常生产时，首先停止校正仓的进料和出料，记录此时的仓重，同时把流量计的累计量清零，然后开始从校正仓放料而不进料，并通过流量计检测计量，经过一定时间后，停止计量仓入料后的物料减少量和流量计的累计量之差即为流量计的检测误差。

3.13　冲板流量计

3.13.1　冲板流量计的构造及工作原理

（1）构造组成

它由检测机构、测重传感器、显示控制器组成。用于闭路系统的循环负荷测量、煤粉和生料的计量喂料环节。测重传感器采用差动变压器，它是将重力产生的位移量转换成电信号的元件，影响计量的精度、稳定性。显示控制器就是计算机。

（2）工作原理

它以动量原理为理论依据。物料从具有一定高度的给料器自由下落，打在检测板上产生一个冲击力并反弹起来后又落在检测板上流下去，此时物料与检测板之间产生一个摩擦力，而冲击力和摩擦力的合力与被测物料的瞬时质量流量成正比。合力可以分解为水平和垂直的两个力，检测水平分力就是瞬时质量流量。

3.13.2　冲板流量计精度差异大的原因

（1）采用的机构是否解决了计量精度易受落料点位置影响的问题；是否解决了物料温度造成的漂移问题；平探头是否采取了密封手段。

（2）在二次仪表软件上，是否能使冲量计在动态计量中保证全量程准确度、稳定度和快速响应能力。

（3）冲板流量计及仓称重系统到控制器的信号电缆必须使用屏蔽电缆。

3.14　菲斯特秤

3.14.1　菲斯特秤产生跳动的原因

虽然菲斯特秤煤粉计量的过程是稳定而准确的，但若未调试好，或运行一定时间后维护不当，都会发生喂煤波动的情况，从而使窑的煅烧难以稳定。喂煤波动分几种情况：一种是喂煤无规律地或大或小；一种是在煤磨停车后出现大幅度跳动，其原因有以下几个方面：

（1）煤粉仓助流风不畅。当大多数金属助流过滤垫片被油污染的煤粉堵塞时，或部分电磁阀膜片损坏，或单向阀已存在结构缺陷，都会使助流气流进不到煤粉仓。因此，应该定期对这些配件的完好情况进行检查，并及时更换。

（2）压缩空气系统含水量太多。当储气罐内积水多，或油水分离器里面积水过多，甚至空压机的冷却器发生内漏，或煤粉含水量过多等，都会导致这种现象出现。这两种情况都会造成煤粉粘结仓壁上再脱落，而使下煤不稳。因此，在操作中要时刻注意尽量减少水分进入煤粉仓的可能性。为此，对于北方企业，煤粉仓的保温也显得尤为重要。

（3）煤粉仓下煤不稳。煤粉仓偏空时，煤粉进仓的冲击力过大，也会造成喂煤波动，因此煤粉仓要始终保持一定的储量。

（4）三个送煤支管风速与设计时的要求不能保持一致，尤其是在运行一段时间后，秤体磨损、管道积煤等因素均会使三吹管内阻力改变，一般第一、二两支管的风速是三支管的2.5倍左右，这要通过调整阻尼调速装置，即用调节螺杆控制阻尼板与风管入口间距实现风速调节。同时，要求秤的旁路阀不能超过30%，否则秤体因缺少风量而堵塞。

（5）煤粉秤经过一定时间的运行，转动部位与固定部位之间的间隙就会因磨损而改变，尤其是当窑产量较高，用煤量超过煤粉秤的称量量程时，转子转速快，磨损更快。间隙变大之后，喂煤的准确性会发生变化。不同种类的秤要求不同，菲斯特秤要求的间隙为0.2～0.3mm。

3.14.2　菲斯特秤的日常维护

（1）检查秤体。每班一次，要求秤体无积灰，防爆螺栓（红色）自然松动，螺母垫片能自由活动；传感器保护螺杆与秤体无接触；观察孔无煤粉流出。

（2）检查传动机构。对电机与减速机运行例行检查外，要求传动皮带张紧度合适，标准是加10N的压力后，皮带垂直位移5mm。

（3）正确设定助流风。煤仓助流风压力调整为0.4～0.6MPa，转子秤壳体清洗压力≤0.2MPa。下料管膨胀节清洗时间设置为2min，间隔20min（可编控制程序）。环形助流器循环助流时间可根据下煤状况自行调整，当转子秤负荷率在120%～140%，循环助流时间设置为吹气2s，间隔10s。若秤负荷稳定，可关闭此助流，每班强制助流一次即可。助流风的设定应该根据季节与煤粉状况进行，助吹时间以越短越好。并定期对压缩空气的过滤器、油水分离器检查清理。

（4）调整转子秤间隙。一般每三个月停车用塞尺测量间隙一次，调整定位螺栓。三个点反复进行，直到间隙为0.20mm，当转子或上下密封板有磨损时，要反复调整间隙，找到转子最低点，保证最低点间隙≤0.2mm的同时，最高点不应＞0.3mm。否则要重新加工转子或密封板。整个过程应该用手动盘车，调整后，先机旁开车观察，为小电流平稳即可。

运行中的调整，空负荷设定电机转速1000r/min，转子逆时针旋转数分钟后，测量并观察电机的电流输入的同时，依次拧动三个定位螺栓，缩小间隙。第一次设定之后，要等转子旋转两三圈，电流输入增加表示达到间隙变窄的目的，再将定位螺栓的定位螺母回拧1/8转，再紧固。带负荷时同样是测量电机电流，但必须为手动操作状态。

（5）机旁“反转按钮”是反转操作的点动控制装置，这是一种非正常操作，一般是在发现秤内有异物等紧急故障下使用，但不能频繁点动，建议最好是手动盘车。“远程连锁”信号可作为中控操作急停使用，如遇紧急情况可取消该连锁，秤便因备妥丢失而跳停。

（6）防止异物落入煤粉仓内，当秤被卡住时，严禁用工具强行盘动同步皮带轮，也严禁敲击转子秤秤体和传动部分。

3.14.3 菲斯特秤进行零点曲线的标定

由于菲斯特秤是采用前馈控制，因此存在零点曲线的概念，即空秤状态下，转子旋转一周，CSC把转子不同位置的质量作为皮重记录，形成零点曲线，以此计算出转子每个点的物料量，从而实现前馈控制。又由于转子秤在运行一段时间后，转子的部分分格内会有物料残留，形成死料，同时转子在使用中各部位会产生不同程度的磨损，致使不同点对传感器的压力不尽相同，因此有必要定期对秤进行零点曲线标定。

有一种零点平均值的标定，它是转子停止在某个位置，在静态下进行，因此无法反映风压和秤体振动、磨损等因素对零点的影响，计量误差较大。所以，应该需要一种动态的零点标定，标定时设备和工艺工况越接近实际越好。

零点曲线标定时要求开启风机和秤体，并确保在空秤下进行，必要时开风机把秤吹空。速度设定电位器一般设定到20%～30%，可根据工艺情况及转子秤的负荷率选定，最大限度地减少误差。

3.14.4 菲斯特秤磨损后的修复

当秤内转子及上下密封板有严重磨损时，计量准确性会下降，甚至发生过载报警，必须修复。

基本要求是：上下密封板厚度均为25mm，允许加工到22mm，转子允许加工余量6mm，三种零件的表面平行度为0.2mm，平面度为0.1mm，因为秤体材质选用铸铁，变形较小，容易保证较小间隙。

菲斯特秤磨损后的修复操作如下：

（1）加工前用大的平尺配合塞尺把表面的低点标记出来。然后在立车上进行加工，加工时以最低点为基准确定加工量。为保证较少变形，夹具用多点支撑。确定立车的横梁高度后，用框式水平仪找正校验，避免加工出锥面。

（2）加工量要小，走刀要选快。每次加工前后要多点测量，及时调整。加工后平面度在0.02～0.04m为好。

（3）平行度的确定是以加工好的面作为基准面，就能保证另一个面的平行度，可用测厚仪多点复查。

（4）安装上密封板时一定要装平，用深度尺和塞尺检测，以秤体下边缘为基准。

当上下密封板厚度小于22mm时，可加1～2mm厚的石棉板，用润滑脂将石棉板粘贴到密封板上，紧固上下密封板时，用水平尺检测，保证紧固后的水平。

（5）为保证转子和下密封板配合表面的光洁度，要用油石研磨，更好的方法是让转子与下密封板自研磨，用细煤粉当研磨剂，当空转的电流低于0.49mA时即可装配，装配后调整间隙并多次转动转子测量，使电流不大于0.70mA即可。

3.15 仓式秤的维护事项

仓式秤由仓体、分流锥、传感器装置、软连接、压缩空气的吹堵装置等组成，如果是煤粉仓还要设防爆阀、充CO_2接管、测温装置、接地电缆等。仓式秤无运转部件，维护相对简单，但如下环节不可忽视，否则失去意义。

（1）仓式秤最忌讳下料不稳。为此，对仓侧设置的压缩空气助吹装置要保证有效，尤其要定时检查喷嘴前方盖着的碗状胶膜是否完整，它的损坏会引起物料对喷嘴的堵塞。水分较大的物料仓内下部及锥部应贴有光滑的不锈钢板。

（2）上下的软连接是保证传感器正常工作的条件，尤其是使用价格低廉的非金属软连接，更要注意不能有料在里面结成硬块，如果破损要及时更换。

（3）三个传感器必须平稳受力，没有异物在干扰受力，否则计量无法准确。

（4）煤粉仓的安全性更为特殊，专用设施都必须保证正常工作。

3.16 轨道衡容易遭雷击损坏

轨道衡是用于火车车皮计量的重量测示衡器，现在多采用动态测定，即车皮在低速通过衡器时便可测定出其载重量（扣除车皮重）。它的荷重传感器都是安装在露天的轨道下方，每当雷电暴雨天气，如轨道衡的接地不良，就会损坏荷重传感器。此时，应该仔细检查接地系统是否按要求制作，然后再更换传感器，就可避免因雷电损坏荷重传感器的现象。

轨道衡的使用都是受铁路部门每年监督检查与标定，因此对它的维护工作，需要及时与相关计量部门联系。

任务4 料 位 计

任务描述：熟悉水泥企业料位测试仪表的工作原理、种类、应用部位及日常维护注意事项。

知识目标：掌握料位测试仪表的工作原理、种类、应用部位及日常维护注意事项。

能力目标：掌握料位测试仪表发生故障的原因及处理办法。

水泥生产过程中需要对生料库、煤粉库、水泥库、混合材库等进行料位的测量。随着水泥生产自动化水平和控制系统可靠性要求的提高，料位测量控制的作用日益突出。按生产工艺要求，料位测量装置有两类，第一类是极限料位检测，即料位开关，一般有上限、下限2个检测点，一旦料面达到预先设定的料位，即发出控制信号，使给料或卸料设备进行相应的动作。第二类是连续料位的测量，有定时测定和需要时再进行测定两种工作方式，用于较精确地掌握料面高度的场合。有时为较好地满足工艺要求，在一个料库既设置连续测量的料位计，又配置固定高度的料位开关，即两种料位计各司其职，互相补充。在实际选取料位计的时候，必须针对不同工艺物料要求、不同料库，选用不同型号的料位计。

4.1 电容式料位计

电容式物位变送器是利用电容量的变化来测量容器内介质物位的测量仪表，可直接输出4～20mA电流信号，是一种两线制物位变送器，它主要用于容器中导电或非导电液体、固体块状、粉状、细粒状或卵石状的物位测量。在容器内由电容式物位变送器电极和导电材料制造的容器壁构成了一个电容。对于一个给定的电极，被测介质的介电常数不变时，给电极加一个固定频率的测量电压，则流过电容的电流取决于电容电极间介质的高度，并与之成比例，因此对基于电容量改变来进行物位测量的一个基本要求是被测介质的相对介电常数（被测介质与空气的介电常数之比）在测量过程中不应变化。依据量程的大小和控制方式的不同，电极设计成杆（棒）式或钢缆（重型钢缆）式，可应用于各种料仓。现在的新型产品为全密封一体化安装结构，采用射频振荡器和数字集成电路，无运动机械部件，“数字标定技术”使得用户可以在空仓的状态下一次完成标定，功能齐全，性能可靠，控制及时，显示直观。

安装此类料位计时应注意选取合适的安装点，避开下料口。但仓内物料温度、湿度、运动速度的变化以及物料粘挂仓壁和电极等因素的影响，引起电容介电常数的变化。因此，若将其用作连续料位检测，其测量精度不高，通常用作料位开关。必须定期检查探头和料位开关动作情况并进行校验。

4.2 阻旋式料位计

阻旋式料位计原理是一个小功率的电动马达带动桨叶在不接触被测材料时自由转动，当受到被测材料的阻挡而停止运转时，马达将被迫旋至外壳内。其上加载弹力并启动两个开关，一个负责切断马达电源，另一个控制电气联系及负责警报职能。当被测材料高度下降时，加载的弹簧伸展、马达返回它的原始位置并恢复运转。为防止使用中物料的冲击，在库的侧面安装时，应在检测叶片上方的料仓内壁上方安装防护板。如采用加长轴顶置垂直安装时，则应在轴套外安装保护套筒。此种料位开关结构简单、价格低廉、维护方便，多用作粉状物料料仓的料满开关，适合高温下工作。

4.3 超声波料位计

超声波料位计是测量一个超声波脉冲从发出到返回整个过程所需的时间。超声波料位计垂直安装在物体的表面，它向物面发出一个超声波脉冲，经过一段时间，超声波料位计的传感器接收到从料面反射回的信号，信号经过变送器电路的选择和处理，根据超声波发出和接收的时间差，计算出料面到传感器的距离。物料表面的松散程度，对超声波信号的衰减影响很大；若料仓中弥漫料尘时，超声波会被料尘吸收，从而使信号有所衰减，且粉料黏附在换能器表面等原因都严重影响料位测量的准确性。因此，超声波料位测量装置适合块状物料的连续料位监测。

为解决该类仪器的不足，通过采用新材料、新技术，提高了换能器发射强度，±0.2%精度，最大60m量程，5°声束角，在尘雾中也有较好的穿透能力，多种传感器材质，内置全量程温度补偿。超声波料位计适合测量各类粉状、块状固体介质的料位高度。

4.4　雷达料位计

雷达料位计工作原理利用回波测距原理，其喇叭状或杆式天线向被测物料面发射微波，微波传播到不同相对介电率的物料表面时被反射，并被天线接收。发射波和接收波的时间差与物料面和天线的间距成正比，测出传播时间即可得知距离。一般有导波雷达和调频连续波雷达2种。雷达料位计对液体、颗粒及浆料连续物位测量。测量不受介质变化、温度变化、惰性气体及蒸汽、粉尘、泡沫等的影响。雷达料位计的精度为5mm，量程60m，耐250℃高温、40kg高压，适用于爆炸危险区域。

4.5　重锤式料位计

重锤式料位计的智能电机传动系统控制着系在不锈钢钢缆上的重锤向下降，重锤接触介质表面的瞬间停止下降，而后重锤式料位计改变电机的转动方向将重锤收回。测量过程中，重锤式料位计通过专利的双光学传感器的精确计量，获取料位信号，并将料位信号变送为4～20mA模拟量信号、RS485信号或脉冲信号输出。

重锤式料位计基本上不受库内温度、湿度、粉尘的影响，计量精度较高，重锤式料位计专利的光学测量系统精确，优异的驱动电机及重载钢缆可以提供强大的抗拉伸能力。重锤式料位计的双光学传感器设计可以正确地判断钢缆状态，无需采用可能造成卡涩的机械刹车装置，专利的绕线装置确保不会出现乱线、跳线问题。

重锤料位计安装、运行的注意事项：

（1）测量点的选择：如料库为中心进料，探头单元应安装在料库半径的1/2处，探头与进料口的水平距离要＞1m，应远离下料口。

（2）由于测量重锤上升时有摆动，故在重锤升降时以0.5m为半径的圆柱空间内应无钢筋等障碍物。

（3）库内装料时，不进行测量，因为进料可能埋锤，易造成故障。

（4）定时检查清理探头单元、钢绳（带）、测量锤等并定时校验控制器。

4.6　称重式料位计

称重式料位计是一种非接触式料位计。在水泥生产工艺中的不同环节都可以应用，它的基本原理是将料仓（斗）整个浮空并置于几支传感器上，传感器获取仓中料的质量并传送给控制器，控制料仓的喂料或卸料操作，保持料仓料位稳定。由于它需要将整个料仓浮空，所以适用于金属料仓。它既可作料位开关也可用作连续料位计（计量精度较高可达1%），常用在各种小型中间仓。它若作为连续料位计，常用作小型干法水泥窑的窑头、分解炉的喂煤量的计量仓和入窑生料量的计量、标定仓，解决了稳定喂料（煤）问题。它也用作辊压机上方的稳料中间仓的料位检测控制。它也有用在包装机回转筒上方的缓冲仓作限位开关用，控制进、卸料，以保持缓冲仓内的料位相对稳定。

在某些计量设备，如冲量流量计、科里奥利秤、转子秤等前的料仓一般都设有压力传感器，一方面检测仓的料位，起到稳流的作用，另一方面又能给其下游的这些计量设备进行标定，即通过相对静态的料仓减少量来标定动态的计量设备的精度。

4.7 膜片开关

膜片开关通过检测由仓内的物料作用在传感器上所产生的压力来控制料位。该膜片开关系统可以安装在储仓的外壁。物料接触膜片产生压力，并通过监视器内部的电子线路部分将此压力的变化转换成电子信号。膜片开关输出可以连接到声光报警器、PLC 等设备上。当物料下降离开传感器时，对膜片开关的膜片压力消失，开关恢复原状。

4.8 音叉式料位开关

音叉式物位开关的工作原理是通过安装在音叉基座上的一对压电晶体使音叉在一定共振频率下振动。当音叉与被测介质相接触时，音叉的频率和振幅将改变，这些变化由智能电路来进行检测，处理并将之转换为一个开关信号。若大颗粒物料堆积在两极板间，会影响测量精度。因此该料位计较适合粉料和小颗粒料的测量。

4.9 电容料位开关经常出现的故障

在配料仓中设置可靠的料位开关，就会减少配料过程中某种配料的仓满滥仓或仓空无料的故障发生，避免跑料挤坏设备，或造成质量事故。这种控制靠人在现场操作不但降低劳动生产率，而且也并不能避免事故发生。料位开关经常出现如下故障，使购置者大为不满。

（1）高料位不能及时报警。因为物料下料时是形成锥形料柱，而料位开关的探头安装在料柱之外，无法在料柱顶部已冒仓时就能使喂料停止。

（2）料位开关无反应。电容料位开关是以仓壁和探头各作为一个电极，而导电介质是空气或物料，导电性能差，经常是物料与探头接触时，电阻并无大的变化。特别是当物料较潮湿时，或者有雨水等漏入料仓时，物料总黏在探头上，也失去了报准料位的意义。

（3）低料位不能报警。主要是由于在安装中未将探头倾斜向下，而是水平或倾斜向上。当物料下落后仍未顺利下滑脱离测盘区，当然无法准确报警。

4.10 测量料位的生产意义

物位是液位（气-液分界面）、界位（液-液分界面）和料位（气-固分界面）的总称，相应的检查仪表分别称作液位计、界位计和料位计。

在水泥生产过程中，各种原燃料的库（仓）中的物料存储量是需要随时掌握的，其原因如下：

（1）保持库（仓）中的料量维持在一定数量。这是保证下料量的稳定、均化符合要求的条件之一。

（2）生产调度的依据。当即将库满或库空时，相应设备就应该开或停，或者及时换库。否则会库空被迫停车，或库满酿成事故。

(3) 定期盘库的手段。工厂月底或年底生产统计需要知道原燃料进、用、存的情况。

在传统水泥生产中，没有这类仪表生产照样进行，掌握库内料位都是人工用绳测量，因此这类仪表尚未得到重视，尤其是选用的料位计类型不适用或质量不好时，即使购置安装，也是形同虚设。但是，随着这类检查技术的发展，随着生产的大型化与自动化的要求，人工测量越发显示出它的不适应性：现在的料库都高达数十米，量一次库花费的体力和时间都较长；人为量库的准确程度无法提高，甚至容易带进异物造成物料出库困难。

现在的料位计具有在中控室自动显示、自动记录、自动报警的功能，已经非人工所能替代。所以现代化工厂对它的使用越来越广乏，对它的依存性越来越高。

任务5　化学分析仪

任务描述：熟悉气体分析仪、X射线荧光分析仪的工作原理、种类、应用及日常维护注意事项。

知识目标：掌握气体分析仪、X射线荧光分析仪的工作原理及日常维护注意事项。

能力目标：掌握气体分析仪、X射线荧光分析仪发生故障的原因及处理办法。

5.1　气体分析仪

5.1.1　气体分析仪在水泥生产中的作用

气体分析仪一般用于测定水泥窑的窑尾烟室、分解炉、一级预热器出口等部位废气中CO、O_2、NO_x 等成分的含量，也可测定电收尘入口、煤磨袋收尘入口气体中CO、O_2 等气体成分的含量。获得这些准确数据，不但会指导中控操作员合理选择操作参数，更是水泥生产企业实现如下目标的必需。

(1) 及时判断热工系统中空气与燃料的配比是否适宜，煤的燃烧是否正常。

(2) 生产安全的必需。如果检测出废气中CO含量偏高，对于煤磨系统则表明有部分煤已经自燃，此时应该尽快向相关部位喷入氮气或CO_2，避免燃爆事故发生。如果袋收尘入口气体中CO高，对收尘器的安全运行会形成极大威胁。

(3) 环境保护的需要。废气中含有较多的CO及NO_x 时，不仅企业浪费能源，而且也污染大气。

5.1.2　气体分析仪的日常维护内容

(1) 每日观察气体冷凝器工作是否正常，如果冷凝器自动排放装置积液太多，则需用程序修改自动排放时间。

(2) 每日观察采样气的流量指示，如下降至20L/h发出流量报警信号时，应及时查找原因。

(3) 定时（1周或1月）检查膜式过滤器表面是否有微尘吸附，如膜式过滤器变色则应及时更换，以保证样气回路的畅通。

(4) 每年检查1次冷却水路和采样气路的密封情况，更换老化的密封垫圈。

(5) 每年检查1次电气接头或通讯接口的使用情况。

5.1.3　气体分析仪的常见故障及处理

(1) CO和NO_x 值接近于0，O_2 接近于21%，说明气体分析仪工作不正常，如果是高温型，有可能是探头因故障退出，此时应查明故障并排除，将探头重新送入；如果是常温型，有可能是冷凝水多或灰尘多，使分析仪的吸气泵停止工作，此时可将灰尘清除，排空冷凝水，并检查取样探头的环形加热器和取样管的伴热带是否工作正常。

（2）高温型探头经常自行退出，可能是冷却水温高，要检查冷凝水压力是否够，如果是高温探头和换热器内水垢较多而影响散热所造成的，则要定期对探头、散热器和冷却水循环管道进行除垢。

（3）显示值不准，偏低。检查有无漏气之处，尤其是高温型气体分析仪的冷凝水里常含有酸，对管道腐蚀较为严重，导致漏气。立即密封漏气处，对高温型气体分析仪要保证探头加热器和取样管的保温，避免气体在中途结露，应该在冷凝器内冷凝成水并排出。

（4）探头经常被粉尘堵塞。检查反吹装置是否工作正常，反吹压力是否正常，反吹时间是否合适，否则进行修正和调整。

（5）测量及吹扫故障

① 气体冷凝器冷凝液排放高位报警，主要原因是冷凝液排出管堵塞或液位触点损坏，还有可能是自动排放时间设置太长。处理办法是清通堵塞，更换液位触点重新设置排放时间。

② 试剂瓶液位低位报警，主要原因是试剂用完或液位开关损坏。

③ 探头吹扫压缩空气压力小于 300kPa，主要原因是管路泄漏或压缩空气过滤元件堵塞。处理办法为堵塞泄漏部分，更换过滤元件。

④ 测量气压力小或流量低，导致分析仪工作异常。主要原因可能是采样探头堵塞或探头过滤器堵塞，还可能是探头过滤器密封定位螺钉泄漏。可以将系统转换到手动状态并启动吹扫周期，如无改善，则应检查更换探头过滤器。还可能是气体导管或气体调节输送设备受污染，堵塞或有泄漏。处理办法是把分析系统与气体调节系统断开，用压缩空气吹洗导管或用机械方法清除污物，检查气体导管泄漏。

（6）探头冷却水故障

① 冷却水温度高报，主要是温度控制器或温度监测器损坏或设置不当，还有一种可能是热交换器效果不佳。处理办法是重新设置温度控制器的控制值和温度监测器的报警值，如已损坏则必须更换；热交换器效果不佳多为散热片蒙尘结垢，清洗散热器即可。

② 冷却水压力小或流量小，主要是压力监测表设置不当或冷却水泵损坏，还可能是冷却水管路泄漏。

5.2 高温气体分析仪的维护注意事项

高温气体分析仪和常温型气体分析仪比较，主要多了能自动进退的耐高温探头、气动或电动装置、探头冷却系统及气体冷却处理装置。这些都是维护中需要特别注意的。

（1）在使用及维护中，每日要把探头手动退出，手动反吹一次，再送入，转为自动。

（2）检查探头尾部的 2 微米的陶瓷过滤器，并清除灰尘。

（3）检查进入柜内的取样管是否有冷凝水，如有排空，并检查环形加热器和取样管的加热装置。

（4）检查冷凝器的温度是否合适（2～4℃），否则进行调整。

（5）观察自动反吹系统是否工作正常。

（6）检查循环冷却水温度是否正常，如有异常，则检查循环冷却水管内压力是否正常，散热器工作是否正常，或可能是探头内和散热器内结有水垢，应该用除垢剂清除。

（7）循环冷却水管网内不要经常加生水，否则容易产生水垢。

（8）检查各接头是否有漏气之处。

5.3 烟气粉尘在线监测仪的用途及维护

烟气粉尘在线监测仪是利用红外线激光浊度法测量烟气浓度，同时测量烟气温度、压力、流量等参数的仪器。在水泥企业它一般安装在窑头、窑尾收尘器出口的烟囱上，用于粉尘排放浓度的在线监测，其中窑尾则是重点监测对象。

烟气粉尘在线监测仪的维护要点如下：

（1）一般烟尘连续检测设备具有自检和自动校正漂移的功能，日常维护的重点是检查电源正常，激光器和发射器的污染程度。其中压缩空气用的油水分离器要及时排水；每10天关闭镜头防护片，清洁一次控头镜面的粉尘；对由于下雨或工艺变化造成的烟道结露需要及时清洁，以减少测量误差。

（2）当粉尘浓度偏低或偏高，设备出现故障时，仪器对内部关键器件工作状况具有自我诊断功能，并给出信号提示，涉及数据校验应由环保管理，其余如发射用LED管老化需要更换等工作可由企业自行维护。

（3）中控操作员可通过对该仪器的检测结果调整操作，尤其是在污染物超标时，应当检查收尘器的工作电流与电压状态，如果属于烟气温度过高，则应检查增湿效果。

5.4 X射线荧光分析仪

5.4.1 X射线荧光分析仪的工作原理

X射线荧光分析仪是先进的检验物料化学成分的精密设备。测试时将试样放在原级X射线的通道上，试样中各元素的原子被原级X射线照射后，分别发出各自特征的荧光X射线，利用分析晶体将各元素的特征荧光X射线分辨出来，以探测系统记录被测元素的特征荧光X射线强度。在测试条件下，X射线强度与该元素的含量呈一定的线性关系，据此线性关系进行计算，就可以计算出被测元素的含量。

采用X射线荧光分析仪测定物料的化学成分，具有用时短、准确度高、精密度高等优点，能为生产操作控制及时准确地提供参考数据，克服了一般化学分析法所造成的生产检测滞后问题。

5.4.2 维护X射线荧光分析仪的注意事项

不同型号荧光分析仪有不同的技术特点，但其维护要点大同小异，除了严格遵照厂家说明书及培训要求外，还应注意如下几点：

（1）重视真空度的维护。真空度降低会导致X射线的激发效应减弱，从而使检验结果偏差较大。随着使用时间的延长，粉末压片过程的粉尘是影响真空度的主要威胁，因此，要选择良好的助磨剂、清洁剂，使用微负压的吸尘设备除尘，维护中尽量减少拆除部件。

（2）尽量减少由于停机对仪器稳定性和对生产控制连续性所造成的影响。比如，在更换P10气体时，有的厂对P10两个气瓶通过减压阀与一个三通相连为仪器供气，可以做到不停机便完成无间隙交换。又如，在备件的更换时，不要等到不能用时再换，而是遵照维护服务手册上的要求周期进行，不要为这些小易损件的更换造成更多的停机。更要做到定期对如下主要参数进行检测并记录：各通道波高分布、短期稳定性、真空泄漏及 P10 气体消耗量等，为维修提供依据。

（3）重视正确曲线标定与标样的制备。尤其标样要符合如下要求：对生产样有代表性；能涵盖所要求的分析范围；混合均匀，制样方法统一。当然，方法的选择也要考虑经济性。

5.4.3 检验 X 射线荧光分析仪的标准曲线

X 射线荧光分析仪的准确程度与标准曲线的标定是紧密相关的，因此如何确保标准曲线的可靠性成为关键。有些厂经过长期严格管理与摸索得出如下经验。

（1）始终保持两个样品交替监测仪器的稳定性和制样过程的稳定性，即定期对混合均匀的同一样品制样分析并保存，每 5d 由新样片更换顶替，便于随时发现结果的漂移。

（2）用国家一级标准样品熔融法制备一条分析曲线作为对物料基体变化的检查，也可以作为对压片法的误差核对。有些厂一直用熔融法进行检验，显然提高了制样成本。

（3）有些型号仪器提供的曲线优化的参数，只要已经能满足分析与生产的控制要求，可以尽量不用。

（4）监测试样在仪器稳定及分析条件变化不大的情况下，使用频次并非越大越好，一般每月两次即可。

5.5 γ 射线在线分析仪的操作与维护

γ 射线在线分析仪是一种新型的先进的检验物料成分的检测设备。对 γ 射线在线分析仪的操作要遵循操作说明书的要求进行。调试是由制造厂家派人完成的，因此使用者不要轻易调整，尤其是软件部分更不能随意变动。

γ 射线在线分析仪是一种依靠 γ 射线放射源进行物料成分分析的设备。因此，对它的维护与其他用放射源的计量设备（如核子秤等）的维护类似：放射源附近不能有人靠近，更不要有无关人员接触；每两年对放射源进行更换时，也是由制造厂家的专业服务人员进行。国家对这类设备的管理控制已很严格，已纳入安全管理的范畴。

思 考 题

1. 水泥企业常用的温度测试仪表种类。
2. 水泥企业测试压力的生产意义。
3. 新型干法水泥企业常用的固体计量设备。
4. 标定电子皮带秤的注意事项。
5. 电子皮带秤的日常维护内容。
6. 科立奥利计量秤的原理及构造。
7. 转子喂料秤常见的故障及处理方法。
8. 定量给料机的日常维护注意事项。
9. 菲斯特秤产生波动的原因。
11. 菲斯特秤如何进行零点曲线的标定。
11. 水泥企业测量料位的生产意义。
12. 气体分析仪常见的故障及处理。

13. 维护X射线荧光分析仪的注意事项。
14. 失重计量秤常见的故障及处理。
15. 冲板流量计精度差异大的原因。
16. 如何调节电磁振荡喂料机的喂料量?
17. 热电阻温度计的异常故障及处理。
18. 压力表的常见故障原因及处理。
19. 筒体扫描仪的日常维护内容。
20. 电容料位开关经常见的故障及处理。

项目3 电气与自动控制

项目描述：熟悉电动机的控制方法、常见故障及维护保养；熟悉集散控制系统 DCS 及 PIC 系统的基本知识和应用；熟悉水泥生产企业自动控制系统；熟悉电气常见故障及处理。

任务1 电 动 机

任务描述：掌握电动机的常见故障及处理；掌握高压电机、直流电机及变频电机的维护及保养。

知识目标：掌握电动机的类型；掌握常用电动机的维护及保养。

能力目标：掌握电动机的常见故障及处理。

1.1 电动机的分类

电动机的分类如表 3.1.1 所示。

表 3.1.1 电动机的分类

<table>
<tr><td rowspan="7">按工作电源分类</td><td rowspan="5">直流电动机</td><td rowspan="2">有刷直流电动机</td><td>永磁直流电动机</td></tr>
<tr><td>电磁直流电动机</td></tr>
<tr><td rowspan="3">无刷直流电动机</td><td>稀土永磁直流电动机</td></tr>
<tr><td>铁氧体永磁直流电动机</td></tr>
<tr><td>铝镍钴永磁直流电动机</td></tr>
<tr><td rowspan="2">交流电动机</td><td colspan="2">单相电动机</td></tr>
<tr><td colspan="2">三相电动机</td></tr>
<tr><td rowspan="9">按结构及工作原理分类</td><td rowspan="3">同步电动机</td><td colspan="2">永磁同步电动机</td></tr>
<tr><td colspan="2">磁阻同步电动机</td></tr>
<tr><td colspan="2">磁滞同电动机</td></tr>
<tr><td rowspan="6">异步电动机</td><td rowspan="3">感应电动机</td><td>三相异步电动机</td></tr>
<tr><td>单相异步电动机</td></tr>
<tr><td>罩极异步电动机</td></tr>
<tr><td rowspan="3">交流换向器电动机</td><td>单相串励电动机</td></tr>
<tr><td>交直流两用电动机</td></tr>
<tr><td>推斥电动机</td></tr>
</table>

续表

按启动与运行方式分类	电容启动式电动机	
	电容式电动机	
	电容启动运转式电动机	
按用途分类	驱动用电动机	电动工具用电动机
		家电用电动机
		其他通用小型机械设备
	控制用电动机	步进电动机
		伺服电动机
按转子的结构分类	笼型感应电动机	
	绕线转子感应电动机	
按运转速度分类	高速电动机	
	低速电动机	
	恒速电动机	
	调速电动机	

1.2　电机控制的方法

1.2.1　普通电机的测点

（1）备妥（RD）：DI点，备妥，设备是否具备启动条件；

（2）应答（RN）：DI点，应答，设备是否运行；

（3）驱动（DR）：DO点，驱动，DCS是否给设备驱动；

1.2.2　基本控制方法

电机设备已经备妥才可以驱动；完成驱动后电机设备才能运行；运行过程中要设置联锁保护。

（1）启动故障：设备驱动后，如果在规定时间内没有返回应答，计算机自动产生故障、报警并停止驱动。

（2）运行故障：设备驱动后，返回应答，驱动自保，运行期间如果应答丢失，超过规定时间，计算机自动产生故障、报警并停止驱动。

（3）安全联锁：是电机本身的一种安全保护，包括综合故障、温度开关、速度开关、跑偏开关、撕裂等方式。

（4）上位联锁：也叫启动联锁，确保设备按照工艺顺序启动。

（5）下位联锁：也叫运行联锁，是确保设备按照工艺顺序运行，如参与顺序联锁的下位设备出现异常故障，将自动联锁并停止本设备的驱动。

（6）停车联锁：确保设备按照工艺顺序停车，保证停车命令的有效。

（7）抖动：由现场各种原因所引起的、进入计算机系统的测点信号出现的异常现象，包括测点信号瞬间间断、瞬间闭合、测量值超出正常范围等。

（8）延时保护：安全联锁可以加延时输出保护，延时的时间可以定为1秒或其他适当的时间。在规定的延时内测点的抖动可以忽略不计，不参与联锁控制，一旦超出规定时间，计算机系统将执行相应的联锁控制。同理，下位联锁可以加延时断开保护。

1.2.3 组操作

相关设备按照工艺要求合理分成若干组，实现成组控制，即成组启动、成组停车。

（1）组的表示方式

组有9种表示方式，即组备妥、组启动命令、组启动进行、组停车命令、组停车进行、组故障、组运行、组解锁、组状态。

（2）组操作的例子

根据工艺流程，可以将粉磨工段系统分成8个组进行成组启动、成组停车控制，第1组是稀油站组；第2组是系统风机组；第3组是成品输送组；第4组是选粉机组；第5组是提升机组；第6组是磨主电机水电阻组；第7组是磨主电机组；第8组是喂料组。分组操作的目的是实现更方便的开车操作及停车操作。

1.2.4 解锁

解锁后的电机可脱离组控制，现场可以单独控制其开、停操作，比如现场单独进行检修、更换某设备时，就经常会使用这种控制方式。

1.2.5 电机正反转

（1）电动液压推杆、闸板阀等都属于正反转设备，其电机应该有正反转选择（SEL）。其测点包括备妥（RD）、正向应答（RNF）、反向应答（RNR）、正向驱动（DRF）、反向驱动（DRR）、正向限位（LMF）、反向限位（LMR）等内容。

（2）联锁保护

正反转电机用正反应答作保护，即正转选择和正向应答作联锁，反转选择和反向应答与上作联锁。但电动液压推杆和闸板阀这类电机应该特殊考虑，一般不用正转限位或反转限位作联锁，由于现场的多种复杂原因，多数的限位开关都经常失灵，进入计算机系统的限位测点很难及时、准确，所以不用限位作联锁，否则将会带来不必要的麻烦。此外还应注意，一般是驱动到限位后，应答先丢失，大约2秒后限位才上来，所以要考虑到这段时间，不应该让设备产生运行故障。

1.3 电动机的故障

1.3.1 电机不能启动的原因及处理

（1）电源没有接通。检查开关、电机引线及控制线路是否存在断路现象。

（2）绕组断路。将断路部位加热，使其绝缘软化，将断线焊接，包好绝缘，再上漆、烘干。

（3）绕组接地或匝间短路。拆除绕组，更换绕组。

（4）过流继电器的整定值偏小，需要按电机的容量重新设定整定值。

1.3.2 电机启动困难的原因及处理

（1）电源有一相断路，查出断路相后再修复。

（2）负载过大，需要检查负载的大小及传动装置，也可将负载卸下重新启动电机。

（3）电压过低，需要检查电源电压及电机端电压，如果是电源电压过低则要调高电源电压，如果是开关、接触器造成电压过低，则更换损坏的电气元件。

（4）将三角形接法错误接成星形接法，可能发生在检修电机后。

（5）鼠笼型转子开裂或断裂，需要更换转子。

（6）绕线型的电刷故障，也可能是绕组断路，需要检查电刷，修复绕组断路故障。

1.3.3　异步电动机启动电流大、转矩小

异步电动机在启动的瞬间，由于转子处于静止状态，电机定子产生的旋转磁场对转子绕组相对切割的速度最大，转子绕组的感应电流也最大，电动机定子电流是随转子电流的变化而变化的，所以定子电流也达到最大，一般是额定电流的 5～7 倍。

异步电动机的转矩与有用功分量有关，启动时转子电流很大，即转子的感应电动势很大，但转子的功率因数很低，转子有用功分量很低，所以启动转矩小。在生产上，异步电动机一般都是在轻载状态下完成启动的。

1.3.4　电机空载测试产生的异常现象及处理

生产中当电机发生异常现象或修理后需要确认质量时，都要进行电机空载测试，期间可能会发生以下异常现象：

（1）三相空载电流都大于正常值。

电源电压过高，需要将电压调到正常的额定值。

电机修理后，可能绕组匝数不够；将星形接法误接成三角接法；端盖不正。这些原因都需要重新返修调整。

（2）电流不平衡。可能是电源电压不平衡，也可能将首尾接反，需要重新调整。

（3）电流表摆动大。如果是鼠笼式电动机，可能是转子导条断开；如果是绕线式电动机，可能是转子回路接触不良，需要重新修理。

1.3.5　电动机产生发热及冒烟现象的原因

（1）外部原因有：过载运行；工作环境温度超过规定 40℃范围；电源电压过高或过低；通风不畅；水冷却不良；散热效果差。

（2）内部原因：转子与定子铁芯相擦；绕组匝间短路；相间短路；缺相运行；星形及三角形接错。

（3）电机轴承过热原因：轴承损坏；润滑脂过多或过少；装配过紧或过松；端盖装配间隙不适。

1.3.6　电动机产生异常噪声的原因

（1）电动机轴承损坏，联轴器松动。需要停机更换轴承，调整联轴器。

（2）缺相运行或三相电流不平衡。

（3）电压过高或三相电压不平衡。

（4）电动机冷却风叶刮到风叶罩子，需要调整风叶和罩子之间的间隙。

1.3.7　电动机振动过大的原因及处理

（1）电动机的基础强度不高，地脚螺栓松动，需要加固基础、紧固地脚螺栓。

（2）电动机与被拖动的设备不同心，需要停机后重新找正处理。

（3）轴承损坏，需要停机进行更换。

（4）内部转子不平衡，需要停机后重新找正、紧固相关的螺栓处理。

（5）产生脉冲转矩，需调整供电电源的电压。

1.4 电动机的维护及保养

1.4.1 保证电动机的冷却效果

为了控制电动机的温升不超过报警值，对电动机常常采取风冷和水冷形式，但如果不按要求维护，也得不到很好的冷却效果。

对风冷式电动机，因为进风口没有过滤措施，当风机的风压过大，周围环境的粉尘浓度较高时，容易造成电动机径向风孔堵塞。所以要及时清理冷却风道，每半年使用高压空气喷吹清理一次，每一年要抽芯对转子径向清理一次。

对水冷式电动机，要定期清理水管道的水垢。冷却水达到标准要求的水泥企业，每 5 年清理 1 次；直接使用地下水的水泥企业，水的硬度较高，每 5 年清理 1 次。清理时可以采用酸洗的方法。

1.4.2 如何巡检三相异步电动机

(1) 电动机的温升不能超过规定的极限温升。A 级绝缘是 55℃；B 级绝缘是 70℃；E 级绝缘是 65℃；F 级绝缘是 85℃；H 级绝缘是 105℃。巡检中可以使用红外线测温仪，一般低压电机是 A 级，高压电机是 F 级。

(2) 电动机的振动值不能超过表 3.1.2 所示的规定范围。

表 3.1.2 电动机转速对应的振动值

转速（r/min）	3000	1500	1000	750
振动值（mm）	0.06	0.10	0.13	0.16

(3) 电动机的电压及电流。电源电压波动范围是额定电压的±5%，电压平衡度应该小于 10%，电流小于额定电流。

(4) 电动机不能有摩擦声、尖叫声等。

(5) 对绕组式电动机应该检查电刷与滑环之间接触情况、电刷磨损情况，如果发现火花，及时处理滑环表面，也可以调整电刷的弹簧压力，或更换电刷。

(6) 保持电动机外表清洁，没有油污、粉尘，并且通风良好。

1.5 高压电动机

1.5.1 高压电动机的技术定义

高压电机是指额定电压在 1000V 以上电动机。常用的有 6000V 和 10000V 电压，也有 3300V 和 6600V 的电压等级。电机功率与电压、电流的乘积成正比，低压电机功率增大到一定程度，如 300kW/380V 的电动机，电流受到导线的允许承受能力的限制就难以做大，或制造成本过高，需要通过提高电压实现大功率输出。

1.5.2 高压电机的分类及特点

高压电机有高压同步电机、高压异步电机、高压异步绕线式电动机、高压鼠笼型电机等类型。高压电机优点是功率大，承受冲击能力强；缺点是惯性大，启动和制动都困难，绝缘等级要求较高。

1.5.3 高压电机的启动方式

电机容量 1000kW 以下的高压电机可直接启动，这时的冲击电流是额定值的 3～6 倍。

为了防止冲击电流过大，对于 1000kW 以上的高压电机必须考虑减少启动电流的启动方式，实际采用的有串电抗启动、变频启动、液力耦合器启动等多种方式。由于启动电压高，电流冲击大，电机制造必须满足过电压的要求，绝缘等级必须满足技术要求。

1.5.4　高压电机的控制

高压电机和低压电机的控制比较接近，不同的是增加了一些高压控制保护。如 FT1 是事故跳闸；FT2 是综合过电流继电器故障；FT3 是失电报警；FT4 是跳闸回路断线；FT5 是热过载。

高压电机出现故障时，可以从计算机上查找这些高压保护是否发生了动作。此外，高压电机还增加了电机轴承、转子、定子等温度监视，当温度超过规定值时，计算机起保护动作，将自动取消高压电机的驱动。各种保护的数值可以根据实际运转情况设定，比如轴承温度保护是 75℃；定子温度保护是 120℃；转子温度保护是 120℃。高压风机启动时要将其阀门关闭，即将关限位联锁设置为启动联锁。

1.5.5　使用高压电机的注意事项

随着新型干法水泥企业生产规模的增大，生产设备越来越大型化，拖动电动机的功率也越来越大。水泥行业生产过程的特点为长周期运行，现代化大型水泥企业年运转率都超过 90％以上，这样就必须有高质量的、可靠的电气设备保证其生产过程的连续性，一旦故障停机就会造成巨大的经济损失。特别是大型高压电动机，一般都拖动球磨机、回转窑、风机等重载启动设备，在使用中必须注意以下事项。

（1）引线、接头等焊接部位问题

电动机制造过程或维修中，虚焊、焊不透等问题会造成电动机在运行中焊点脱焊，造成焊接部位接触电阻大，通电发热使焊锡熔化后，在脱焊部位引起火花烧毁电动机线圈。这种问题大多出现在转子线圈插入式绕组导条的并头套、定转子引线、接线端子等需要用锡焊的部位。

（2）轴承问题

在较大型电动机上多采用滑动式轴承结构。安装滑动式轴承时，要特别控制轴瓦的间隙，否则使用中会出现渗油、漏油等问题。使用时要经常补充稀油，还要定期研磨轴瓦。全密封滚动式轴承克服了滑动式轴承的缺点，对粉尘的适应性强，使用中只要定期用油枪补充润滑脂即可，维护工作量较小。

（3）绝缘处理问题

高压绕线式电动机的转子、集电环及引线上出现绝缘故障较多，虽然转子相对于定子来说，电压要低得多，但在耐潮性、绝缘材料等级方面也会存在隐患。常见的有由于转子引线的固定不牢靠，造成绝缘包扎松动，在转子旋转过程中绝缘材料磨损使其对地短路；集电环三相之间隔离绝缘套管由于松动磨穿造成相间短路。

（4）槽楔子问题

在高压电动机的制造过程中，有的由于未采用真空浸漆工艺，在定子铁芯线圈槽中槽满率不高，造成线圈在铁芯槽内受电磁力作用而振动，使槽楔子振动脱落，从而引起事故。

（5）冷却问题

大型高压电动机都设计有冷却装置，有水冷却、风冷却装置等，一般水冷却电动机的冷却器都放在电动机的顶部，由于冷却水内都含有杂质，冷却器的热交换毛细管内会产生结垢堵塞毛细管，影响电动机的冷却效果，用化学清洗剂清洗水垢时，会将毛细管腐蚀，所以清洗后必须检查，确认无漏水。如果冷却水进入电动机内破坏绝缘，会引起相间、接地短路烧毁电动机事故。而风冷却电动机在运行和检修过程中，冷却风扇叶片会发生变形，造成运行中产生振动而损坏电动机事故，所以必须要注意。

1.5.6 高压电动机的节能

高压电动机在水泥生产线上装机容量较大，且属于电感性负载，无功功率损耗很大，在高压电动机和电力变压器装机容量之比中，电动机的无功损耗占所有无功损耗的70%左右，因此要重视高压电动机的节能问题。

（1）选用功率因数高和机械效率高的电压电动机。高压电动机的铭牌中一般都标明功率因数为85%左右，功率因数低会造成很多问题，比如转差率增大、电动机过热等。电动机效率问题是不容忽视的，在计算电动机功率时必须将效率计算进去，才能真实地反映电动机本身的输出功率。

（2）安装电力补偿电容器。其安装方式有两种，一种是集中式补偿，所有的电容器安装在专门设计的电容器室内，对配电室母排和线路进行补偿，便于管理、维护，但是对高压电动机本身无法补偿；第二种办法是机旁就地安装，直接与高压电动机连接进行补偿，或者安装在电动机开关柜内。

（3）使用静止式进相器。它综合了进相机和电力电容器的优点，应用在球磨机等电动机上效果很好，可降低单位能耗而节约电能。

（4）使用高压变频器。它适合于需要频繁调速的设备，一次性投资比较大。

1.6 变频电动机

1.6.1 水泥企业使用变频调速器的好处

（1）满足调速要求。变频调速器调速范围均在10∶1以上，水泥生产企业的设备调速范围在10∶1范围内，完全满足生产要求。

（2）变频器是由一个16（或32）位微处理器所控制，设有RS485（或422）、A/D输入。D/A输出接口为自动控制（与上位机联网）创造了充分的条件。

（3）节能效果显著，在15kW及以上较大功率的风机、泵等设备使用，可节电25%以上。

（4）降低工人的劳动强度。变频器系统的可靠性高，故障率低，维护周期较长，可减轻有关维护人员的工作量。

1.6.2 避免变频器受到干扰的技术措施

在石灰石破碎喂料、各风机、水泵、回转窑、窑尾生料喂料、窑头喂煤、生料磨、水泥磨选粉机等调速环节，由于变频器单台装置相对分散，相互之间的干扰小，不影响正常使用。但在某些生产环节，如生料配料系统、水泥配料系统，要求多台变频器安装在同一电控室的一个控制屏内，就会产生强干扰源，需要采取抗干扰措施。现场生产条件好的，除严格按照要求对干扰源做好屏蔽外，控制信号传输采用电流4～20mA方式，可有效降低干扰对系统的影响，满足生产需求。现场生产条件差的，除必须用屏蔽作为与变频器采样及控制信号的连接线，并对信号线屏蔽网做好单独的专门接地，可有效抑制干扰。在采取上述措施仍不可避免强干扰而影响系统正常使用的，应考虑更换变频器。

1.6.3　使用变频器的电机昼夜电流变化大的原因

一台由变频器调速的开环控制风压的风机，其白天电流与黑夜电流呈现规律性的变化，使得风道内的风压变化也随之改变。原因是白天与黑夜的温度差别大，空气密度变化大，比如黑夜温度低，空气密度变大，为了鼓入同样的风量，电机做的功就要增大，相当于电机负载增大，此时使用变频器控制频率不变时，电机电流就会增大。相反，白天电机的电流就会下降。

1.6.4　使用变频器后是否可以省去减速箱

原来配备减速箱的设备，使用变频器调速后，减速箱是不能省掉的，因为电动机原轴能够承受的最大转矩并没有因为增加了变频器而增大。可以通过计算说明这个问题。假设某皮带电机的功率是75kW，电流时120A，转速时1480r/min，电机设计负载率是90%，减速机的传动比是5。则：

电机的实际运行电流时120×90%＝108A

电机的额定转矩是9550×75/1480＝484N·m

额定状态减速机输出轴的转矩是484×5＝2420N·m

实际负载转矩是2420×90%＝2178N·m

由此计算结果可知，电动机轴上最大转矩只有484N·m，而负载实际转矩是2178N·m，省去减速箱后，电机根本无法带动负载。

1.6.5　变频电机的控制

粉磨系统的选粉机电机、配料皮带电机等一般都是采用变频调速电机，它们都有自己的变频控制装置，只需要计算机系统的驱动和速度给定，且在驱动之前，速度给定要回零。

1.7　直流电动机

1.7.1　直流电机的定义

输出或输入为直流电能的旋转电机，称为直流电机，它是实现直流电能和机械能互相转换的电机。当它作电动机运行时是直流电动机，将电能转换为机械能；当它作发电机运行时是直流发电机，将机械能转换为电能。

1.7.2　直流电机的种类

（1）他励直流电机

励磁绕组与电枢绕组无连接关系，而由其他直流电源对励磁绕组供电的直流电机称为他励直流电机。永磁直流电机也可看做他励或自激直流电机，一般直接称作励磁方式为永磁。

（2）并励直流电机

并励直流电机的励磁绕组与电枢绕组相并联，作为并励发电机来说，是电机本身发出来的端电压为励磁绕组供电；作为并励电动机来说，励磁绕组与电枢共用同一电源，从性能上讲与他励直流电动机相同。

（3）串励直流电机

串励直流电机的励磁绕组与电枢绕组串联后，再接于直流电源，这种直流电机的励磁电流就是电枢电流。

（4）复励直流电机

复励直流电机有并励和串励两个励磁绕组，若串励绕组产生的磁通势与并励绕组产生的磁通势方向相同称为积复励。若两个磁通势方向相反，则称为差复励。

1.7.3 直流调速电机的控制

窑主电机、篦冷机的篦床分段电机、高温风机电机等，一般都是采用直流调速电机，具体的控制方式是先驱动主回路，应答返回，按照规定时间延时，再驱动控制回路。

1.7.4 直流电动机的调速方式及特性

（1）调节电枢端电压。其特点是保持励磁的磁通不变，速度调节范围大，低速稳定性好；额定转速内转矩恒定。这种调速方式通常适用于他励电动机。

（2）调节励磁电流。其特点是保持端电压不变，减小励磁电流和磁通，使电机转速上升；电枢电压及电流不变，功率也不变，属于恒功率调速。这种调速方式通常适用于额定转速以上的调速，运行稳定性比较差。

（3）调节电枢回路的电阻。其特点是转速随回路的电阻增加而降低；机械特性软，效率低下，不经济。这种调速方式通常适用于额定转速以下的调速范围。

任务2 DCS与PLC

任务描述：熟悉集散控制系统DCS及PLC的基本知识和应用。

知识目标：掌握集散控制系统DCS及PLC的基本知识。

能力目标：熟悉集散控制系统DCS及PLC的生产应用。

2.1 DCS系统

2.1.1 DCS系统概况

计算机集散控制系统，又称计算机分布式控制系统（Distributed Control System），简称DCS系统。它综合了计算机技术、控制技术、通信技术、CRT技术，即4C技术，实现了对生产过程集中监测、操作、管理和分散控制的新型控制系统。集散控制系统既不同于分散的仪表控制，又不同于集中的计算机控制系统，它克服了二者的缺陷而集中了二者的优势。与模拟仪表控制相比，它具有连接方便、采用软连接的方法连接、容易更改、显示方式灵活、显示内容多样、数据存储量大、占用空间少等优点；与计算机集中控制系统相比，它具有操作监督方便、危险分散、功能分散等优点。另外，集散控制系统不仅实现了分散控制、分而自治，而且实现了集中管理、整体优化，提高了生产自动化水平和管理水平，成为过程自动化和信息管理自动化相结合的管理与控制一体化的综合集成系统。这种系统组态灵活，通用性强，规模可大可小，既适用于中小型企业的控制系统，也适用于大型企业的控制系统。

2.1.2 DCS系统结构

集散控制系统是采用标准化、规模化和系列化的设计，实现集中监视、操作、管理，分散控制。其体系结构从垂直方向可分为3级，第1级为分散过程控制级；第2级为集中控制管理级；第3级为综合信息管理级。各级相互独立又相互联系，从水平方向，每一级功能可分为若干子级（相当于在水平方向分成若干级），各级之间有通信网络连接，级与各装置之间使用本级的通信网络进行通信联系。DCS系统的结构如图3.2.1所示；DCS的控制系统如图3.2.2所示。

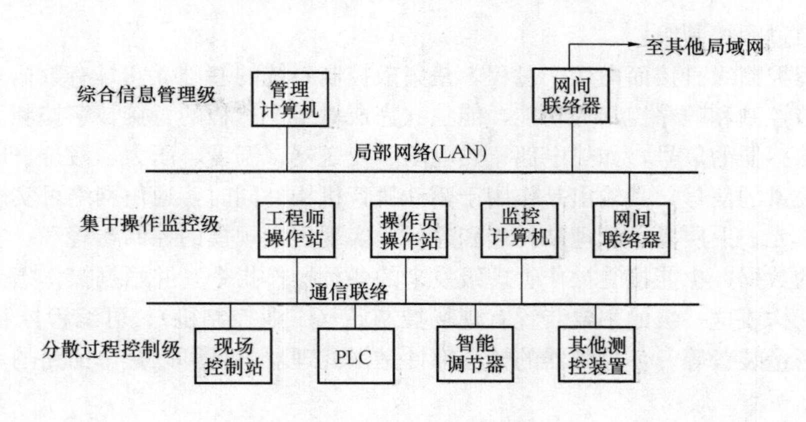

图 3.2.1 DCS 系统结构示意图

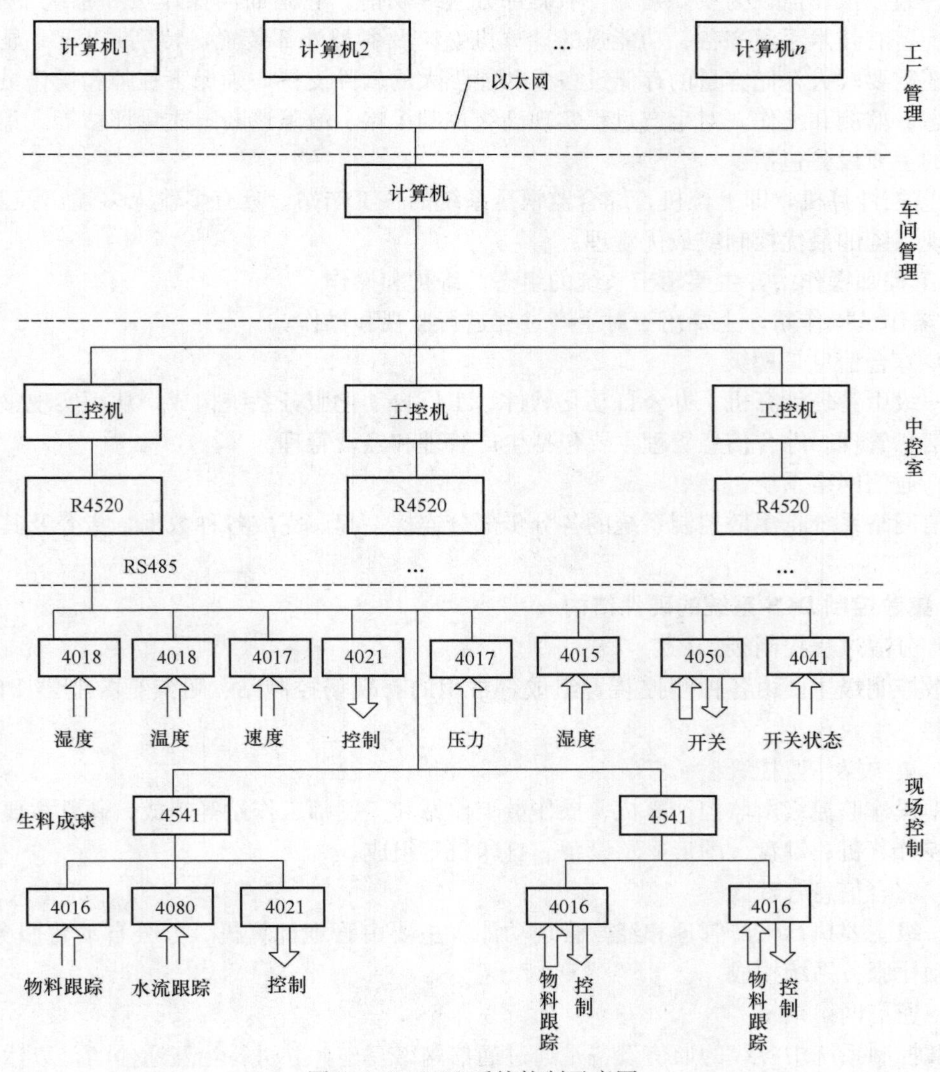

图 3.2.2 DCS 系统控制示意图

（1）分散过程控制级

分散过程控制级直接面向生产过程，是集散控制系统的基础。它具有数据采集、数据处理、回路调节控制和顺序控制等功能，能独立完成对生产过程的直接数字控制。其过程输入信息是面向传感器的信号，如热电偶、热电阻、变送器（温度、压力、液位、电压、电流功率等）及开关量的信号，其输出是作用于驱动执行机构。同时，通信网络可实现与同级之间的其他控制单元、上层操作管理站相连和通信，实现更大规模的控制与管理。它可传送操作管理级所需的数据，也能接受操作管理级发来的各种操作指令，并根据操作指令进行相对的调整或控制。构成这一级的主要装置有现场控制站（工业控制机）、可编程控制器 PLC、智能调节器、测量装置等。各控制器的核心部件是微处理器，且可以是单回路的，也可以是多回路的。

（2）集中操作监控级

这一级以操作监视为主要任务，兼有部分管理功能。它是面向操作员和系统工程师的，这一级配备有技术手段齐备、功能强的计算机系统及各类外部装置，特别是 CRT 显示器和键盘，还需要较大存储容量的存储设备及功能强大的软件支持，确保工程师和操作员对系统进行组态、监测和操作，对生产过程实现高级控制策略、故障诊断、质量评估等。集中操作监控级的主要设备包括：

① 监控计算机，即上位机，综合监视全系统的各工作站，具有多输入多输出控制功能，用以实现系统的最优控制或最优管理。

② 工程师操作站，主要用于系统的组态、维护和操作。

③ 操作员操作站，主要用于对生产过程进行监视和操作。

（3）综合信息管理级

这一级由管理计算机、办公自动化软件、工厂自动化服务系统构成，从而实现整个企业的综合信息管理。综合信息管理主要包括生产管理和经营管理。

（4）通信网络系统

通信网络系统将集散控制系统的各分步部分连接一起，完成各种数据、指令及其他信息的传递。

2.1.3 集散控制 DCS 系统的硬件结构

（1）分散过程控制级

分散控制级主要由各种测控装置组成，常用的有现场控制站、可编程控制器 PLC、智能调节器。

（2）集中操作监控级

集中操作监控级由监控计算机、操作员工作站和工程师工作站等组成，硬件主要由操作台、监控计算机、键盘、图形显示设备、打印机等组成。

（3）综合信息管理级

这一级主要执行生产管理和经营管理功能。主要由管理计算机、办公自动化服务系统、工厂自动化服务系统构成。

（4）通信网络系统

集散控制系统中各级的通信设备是通过通信网络互连，并进行相互通信的，以达到既自治又相互协调工作，主要由通讯设备、通信介质等组成。

2.1.4 集散控制系统的软件技术

集散控制系统的软件可分控制软件、操作软件和组态软件三类。

（1）控制软件：实现分散过程控制级的过程控制设备具有的数据采集、控制输出、自动控制和网络通信等功能。

（2）操作软件：完成实时数据管理、历史数据存储和管理、控制回路调节和显示、生产工艺流程画面显示、系统状态、趋势显示以及产生记录的打印和管理等功能。

（3）组态软件：包括画面组态、数据组态、报表组态、控制回路组态等。

2.1.5 集散控制系统 DCS 的特点

（1）实现了真正的分散控制。在该系统中，每个基本控制器（在系统中起基本控制的部件）只控制少量回路，故在本质上是“危险分散”的，从而提高了系统的安全性。同时，可以将基本控制器移出中央控制室，安装在距现场变送器和执行机构比较近的地方，再用数据通道将其与中央控制室及其他基本控制器相连，这样，每一个控制回路的长度就被大大缩短，不仅节约了导线，而且减少了噪声和干扰，提高了系统的可靠性。

（2）利用数据通道实现综合控制。数据通道将各个基本控制器、监督计算机和 CRT 操作站有机地联系在一起，以实现复杂控制和集中控制。由于其他一些装置如输入/输出装置、数据采集设备、模拟调节仪表等，都能通过通信接Ⅵ而挂在数据通道上，从而实现了真正的综合控制。

（3）利用 CRT 操作台实现集中监视和操作。在该系统中，生产过程的全部信息都能集中到操作站并在 CRT 屏幕上显示出来。CRT 显示器可以显示多种画面，取代大量的显示仪表，缩短操作台的长度，实现对整个生产过程的集中显示和控制。同时，为了保证安全操作以及与高度集中的显示设备相适应，它应具有微处理器的“智能化”操作台，操作人员通过键盘进行简单的操作，就可以实现复杂的高级功能。

（4）利用监督控制计算机实现最优控制和管理。利用监督控制计算机（上位机）可以实现生产过程的管理功能，包括存取有关生产过程的所有数据和控制参数，按照预定要求打印综合报表，进行运行状态的趋势分析和记录，及时实行最优化监控等。

2.1.6 造成 DCS 系统死机原因

主机系统死机有多种原因，干扰信号的存在是其中之一。如果 DCS 接地系统接地电阻达到 4Ω，重新制作接地系统，使接地电阻小于 1Ω，主机系统死机现象基本消除。造成 DCS 系统产生死机的原因如下：

（1）如有强电窜入控制电路，就会导致模件点烧毁。为严格防止强电通过端子排线路窜入 DC24V 供电回路，要求定期检查机柜电源系统，供电电压、系统接地、线路绝缘都应合乎规范，送电符合程序。

（2）粉尘对控制站及控制柜的污染会使通信频繁间歇中断。粉尘不仅容易使电器元件散热不好，而且造成接点的接触不良。

（3）有些电源模块质量不高，或格式化丢失使系统红色报警。只有重新强制格式化，或更新电源模块。

（4）安装时接口端子制作不规范，外露铜芯长于 2mm，造成接口端子与同轴接触较少而成虚接，使通讯中断。

（5）模拟量信号接线端子松动或供电电源及电源变送设备接地都会使模拟量信号波动频繁。

2.1.7 DCS主机电脑运行慢的原因

DCS电脑主机运行慢，严重时电脑没有反应即发生死机现象，重新启动电脑后才能正常工作，产生这种现象的原因如下：

（1）电源故障。电源波动、插头接触不良、有其他负荷与DCS主机共用一个电源等。

（2）接地不良。有接地不良、电脑主机附近使用对讲机、手机等使其受到干扰。

（3）电脑内临时文件较多，电脑硬盘碎片较多，造成电脑运行速度慢。

（4）电脑安装软件过多，数据过多，运算量过大，内存不够等也会造成电脑运行速度慢。

（5）电脑受病毒影响。

2.1.8 DCS系统只有几台设备显示数据的原因及处理

DCS系统仅有几台设备显示数据，其他设备无数据显示，而DCS模块、服务器、交换机状态均显示正常，这时将DCS的操作站电脑、服务器电脑和监视用电脑全部关闭，重新启动后正常。发生这种现象，可能服务器电脑、监视器电脑和交换机中至少有一台设备存在问题，可以逐个排查。

（1）将交换机（原放在室内静电地板下）从地板下取出（便于散热、防尘），并更换新交换机。

（2）某台电脑有问题时，在它们的互相访问时受到影响，可将其中之一从网络上退出、检查。在检查过程中，如该电脑启动困难，需要反复启动几次才能成功，而且将硬盘拆到其他电脑上，启动、运行一切正常。这时可找电脑生产厂家负责处理或更换。

2.1.9 DCS系统接地的技术要求

（1）接地系统直接关系到DCS系统的安全性、抗干扰能力的强弱和通信系统的畅通，因此，按要求接地就成为DCS系统运转正常不可缺少的条件。DCS系统的接地有4类，要求分别是：信号接地、机柜接地，要求它们的电阻小于5欧姆；过程计算机接地、通讯网络屏蔽接地，要求它们的电阻小于1欧姆。它们之间相互独立，每两接地间距要大于5m。

（2）在DCS系统中，DCS柜用铜导线接到装置接地排。机柜内部都模拟地汇流排或其他设施，在接线时将屏蔽线分别接到模拟地汇流排上，然后将各机柜的汇流点再用绝缘的铜辫或铜条以辐射状连到接地点。

如果信号线中间有接头时，屏蔽层应牢固连接并进行绝缘处理，一定要避免多点接地，如果多个测点信号的屏蔽双绞线与多芯对绞总屏蔽电缆连接时，各屏蔽层应该相互连接好，并经绝缘处理，选择适当的接地处单点接地。

2.1.10 DCS系统克服静电干扰的措施

（1）在DCS系统中央控制室均采用防静电地板。

（2）中控室门口放置一块裸露的金属地板，且有良好的接地。

（3）机房保持一定的湿度，防止空气过于干燥而产生静电，一般空气湿度要保持在45％～55％。

（4）维修人员在维护、检修DCS系统内的任何设备时，手不要直接触及电子元件。

2.1.11 利用DCS系统查找设备跳停的原因

当设备在正常运行时发生突然跳停，此时最重要的是尽快找出引起跳停的原因，及早排除并恢复运行。造成跳停的原因很多，如某个轴承温度偏高、液体变阻器故障、某润滑站内的故障、总降等设备的保护装置故障等。为了从这些原因中确定真正的故障点，可以在PLC或DCS系统中，将所有与跳停有关的开关量、模拟量信号经过适当处理后并联起来，并加入延时定时籍，将延时时间定为2s，传送给跳停存储位。当出现不正常的控制信号时，就可以在2s内，在某程序编制中查看梯形图程序状态图及并联的所有分支，如有“能流”通过，该分支所对应控制信号就是引起跳停的原因。

增加延时移后，还能避免一些由于受现场环境对控制信号干扰引起瞬时闪烁所造成的跳停，还可以将自制故障保持记忆电路接到每条回路上。

2.1.12　利用DCS的信号变化判断皮带的卡料和打滑

水泥生产中皮带机的卡料与打滑是影响正常生产的隐患之一，如果是配料皮带，还要严重影响产品质量。用传统的接近开关检测卡料与打滑的失准率较高，目前已经很少使用。应用现有的DCS系统，充分利用压力和速度的检测传感信号，通过信号分析计算变化量，便可以间接地分析和判断皮带的运行状态。因为皮带卡料时，必然出现PID输出即皮带秤速度急增到100%，而且皮带压力下降到量程的20%以下。皮带打滑时，由于压力不变，必然出现流量变化率接近为零的现象。

2.1.13　水泥企业控制站的设置

水泥厂除了设置工程师站、中控室以外，还需要设置若干个现场控制站，但设置多了会增加成本，设置少了又达不到控制的效果，如何才能做到既合理又经济呢？以一条日产5000吨水泥熟料生产线为例来说明这个问题。

根据生产工艺流程可以设置LCS00～LCS06七个现场控制站，RCS3.1、RCS6.1两个远程控制站，它们各自的控制和检测范围分别为：

（1）LCS00现场控制站设置在原料处理电气室，其控制和检测范围包括石灰石破碎、石灰石预均化、辅助原料预均化、原料处理配电站。

（2）LCS01现场控制站设置在原料粉磨电气室，其控制和检测范围包括原料配料站、原料粉磨及废气处理、均化库顶、原料磨配电站。

（3）LCS02现场控制站设置在窑尾电气室，其控制和检测范围包括生料均化库、生料入窑、烧成窑尾及窑中、空压机房。

（4）LCS03现场控制站设置在窑头电气室，其控制和检测范围包括烧成窑头、熟料输送及储存、窑头配电站。

（5）RCS3.1远程控制站设置在熟料输送控制室，其控制和检测范围包括熟料库底、熟料输送至水泥配料站。

（6）LCS04现场控制站设置在水泥粉磨电气室，其控制和检测范围包括水泥配料站、水泥粉磨及输送、水泥储存、石膏破碎及混合材输送、粉煤灰储存、空压机房（B）、水泵房水塔、水泥磨配电站。

（7）LCS05现场控制站设置在煤粉制备电气室，其控制和检测范围包括原煤输送、煤粉制备及煤粉计量输送。

（8）LCS06现场控制站设置在水泥包装控制室，其控制和检测范围包括水泥输送及散装、水泥包装。

（9）RCS06.1远程控制站设置在水泥储存控制室，其控制和检测范围包括水泥库底水泥输送。

2.1.14　DCS操作系统的应用实例

以国内长钢瑞昌100万吨水泥粉磨工厂的DCS操作系统为例，说明DCS操作系统在水泥企业的应用。

这家水泥粉磨工厂的DCS系统采用FREELANCE2000编程软件，由四台DELL微机组成，包括一台工程师站和三台操作员站。工程师站安装DigiTool6.1软件和DigiVis6.1软件，实现系统的组态及编程，也可作操作员站使用。操作员站安装DigiVis6.1软件，分别实现对矿渣粉磨生产线、熟料粉磨生产线以及搅拌包装的操作控制。在生产过程的操作控制中，4台微机是通用的。

1）开机说明

计算机启动后，自动进入DigiVis6.1软件系统，鼠标左键单击即可进入相对应画面（图3.2.3）。

图3.2.3

退出时，点击可选项（O）选择“系统”，在弹出的对话框中（图3.2.4）键入密码，点退出即可。

图3.2.4

2）矿渣粉磨操作系统

矿渣粉磨操作系统由矿渣上料、矿渣配料站、矿渣粉磨及烘干、热风炉和入矿渣粉库等5组画面组成。

（1）矿渣上料

图3.2.5包括矿渣中间仓的重量显示0.0t，矿渣地坑3台振动给料机，两条上料皮带（8245.02和8245.03）和2台除铁器（8245.07和8245.08）的操作及状态指示。点击按钮 矿渣配料站 可切换至矿渣配料站画面，点击按钮 上料急停 可实现此画面内所有设备的急停操作。

普通电机包括皮带、斗提、链式输送机、板式喂料机、风机电机、除铁器、振动给料机、旋转喂料机等通用设备。

双击图标弹出普通电机操作面板（图 3.2.6），面板上有该电机的各种状态指示，正常生产时为联锁状态，需满足条件才能开起，特殊情况下，需单独开起该设备时，先将联锁命令取消，即解锁状态下点击开车按钮即可。

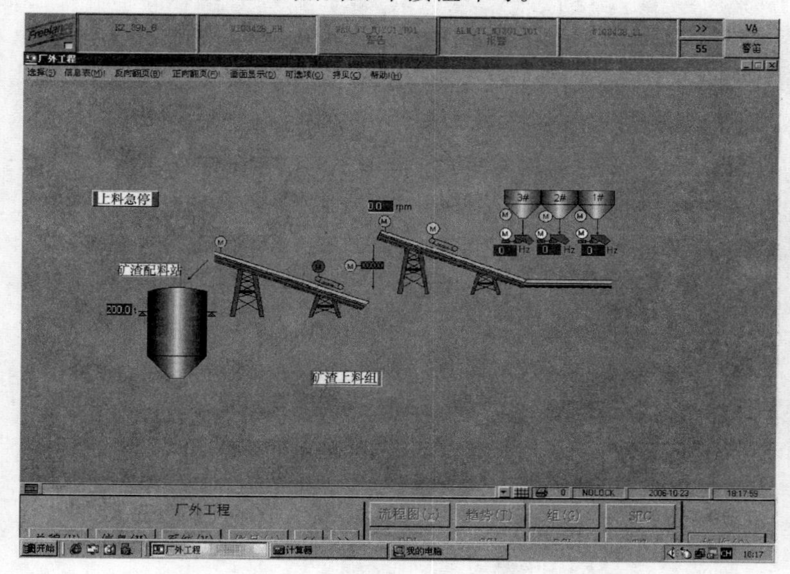

图 3.2.5

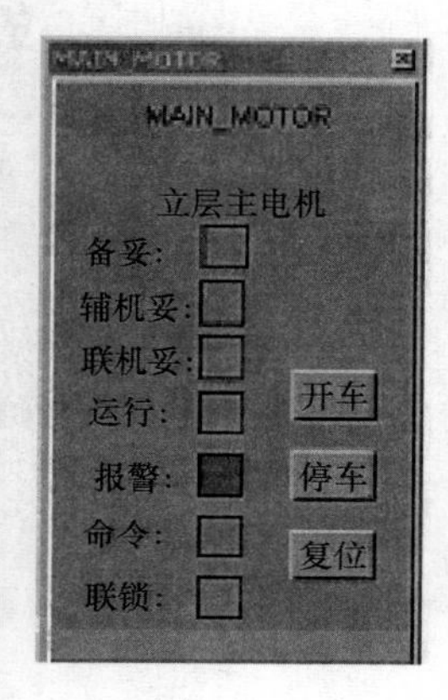

图 3.2.6

状态指示：——电机备妥，——电机运行，——电机故障

（2）矿渣配料站

图 3.2.7 包括了矿渣中间仓的重量显示 0.0t，1 台矿渣配料秤、2 台石子配料秤和 1 台石膏配料秤的给定及反馈 0.0t，2 条上料皮带（1239b03 和 1239b04）的流量显示 0.0t，石膏库位显示 0.0m 以及输送设备的控制和状态显示。画面之间的切换可通过点击按钮“矿渣上料”和“矿渣烘干及粉磨”切换到对应的画面显示。点击按钮“配料急停”，可实现配料组的急停操作。

• 配料称

点击选择 KZPL 弹出画面（图 3.2.8），按所要求的配比对应输入即可。总喂料量在总量栏输入。

（3）矿渣粉磨及烘干

图 3.2.9 包括矿渣生产线的主体设备立磨本体和成品袋收尘、皮带、斗提、斜槽、收尘等辅助设备的操作及状态显示，以及各个工艺监测点的显示值（包括温度 0.0℃，管道负压 0.0kPa，气体流量 0m^3/h，浓度 0.0mg/m^3，转速 0rpm，电流 0A，液压力 0.0bar，振动值 0.0mm/s，位移 0.0mm，物料流量 0.0t/h，阀门开度 0.0%）。点击测点可进入各个测点的详细信息画面（图 3.2.10），其中红色为报警，绿色为正常。点击按钮“矿渣配料站”、“入矿渣粉库”和“热风系统”可实现各对应画面之间的切换。“急停截止阀”、“配料急停”、“缩环急停”按钮点击可实现对应设备的急停操作。

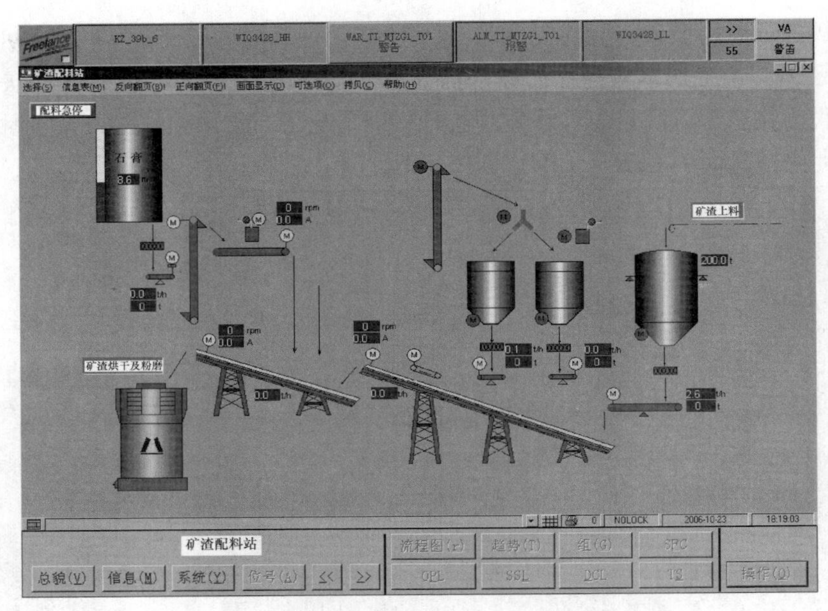

图 3.2.7

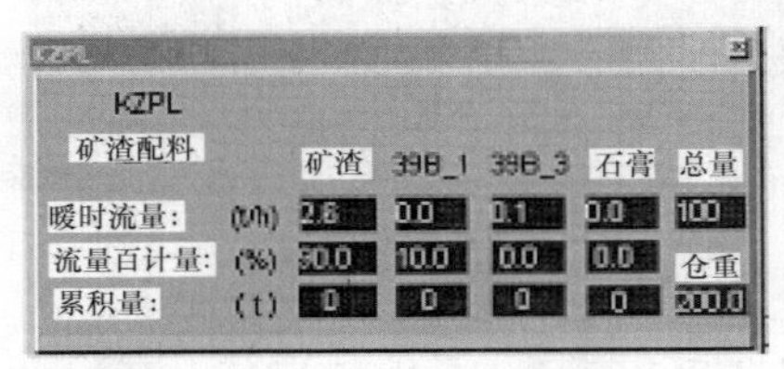

图 3.2.8

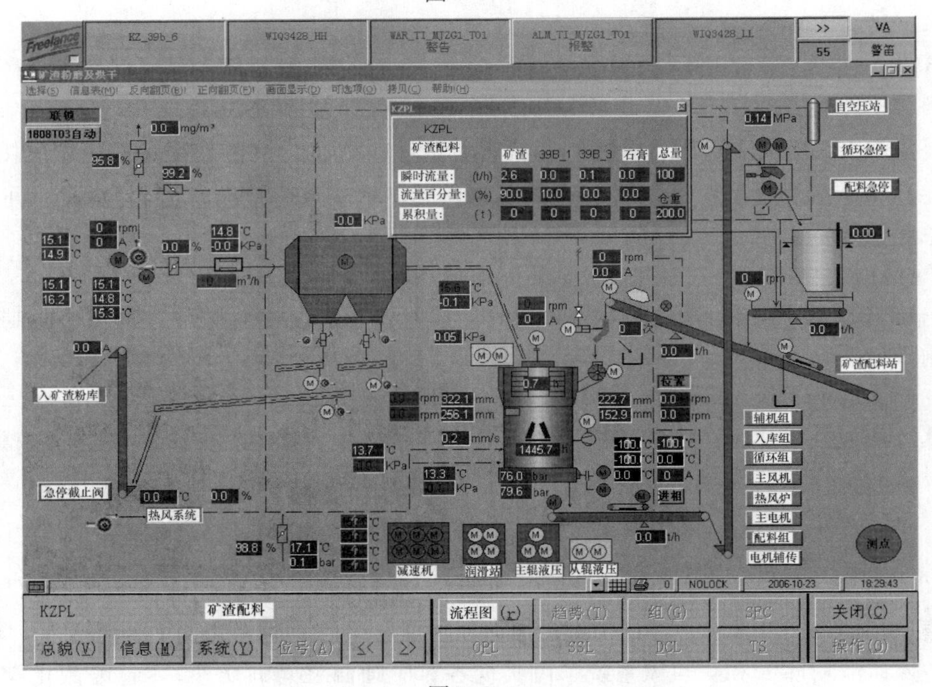

图 3.2.9

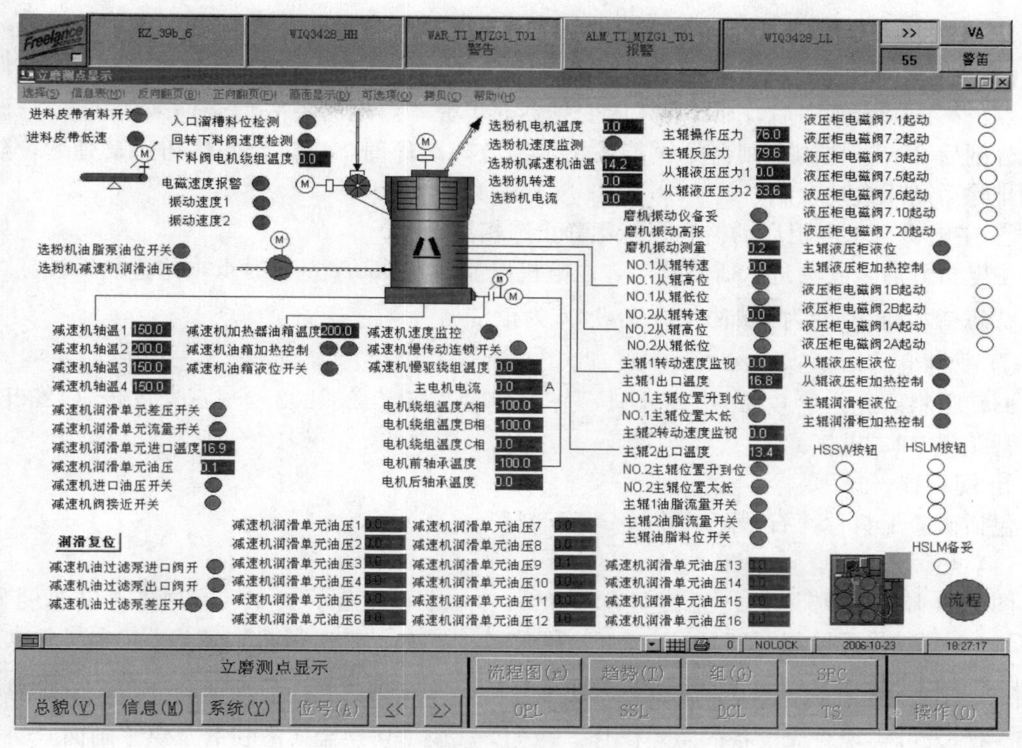

图 3.2.10

矿渣粉磨生产线的设备采用组起的方式进行控制，点击右下角的按钮选择对应的组（图 3.2.11）进入操作画面（图 3.2.12）选择对应操作。

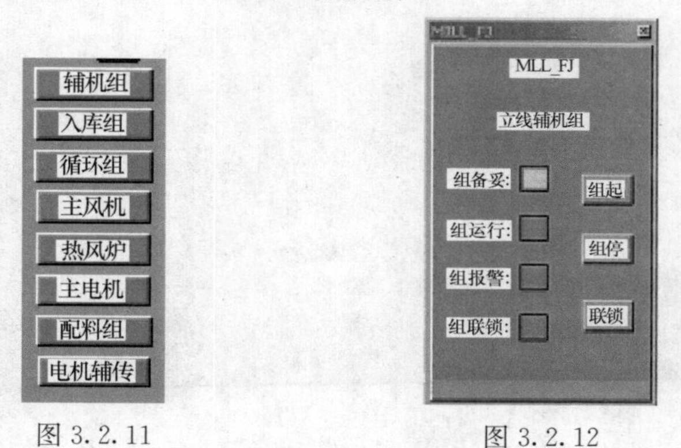

图 3.2.11　　　　图 3.2.12

启动顺序：

① 入库组

斜槽风机→入库斗提→斜槽风机→大布袋收尘

② 辅机组

包括主减速机润滑站、主电机稀油站、主风机稀油站、选粉机稀油站、选粉机甘油泵、主辊摇臂润滑甘油泵、密封空气风机、除铁器、收尘器等。

③ 外循环组

回料皮带→回料斗提→预振动喂料机→鼓形除铁器

④ 选粉机（变频调速）

⑤ 主风机（中压变频器和干式变压器）

点击高压“合闸”后，15S 中高压变频器充电完毕，运行备妥信号回来后，方可开车。高压分闸后 25min 之内合闸命令不能发出，因故障跳停时，应将合闸按钮手动弹起，防止故障排除后高压自动合闸。

⑥ 主电机（水电阻启动器和智能化静止进相器）

主电机开启，立磨进入研磨状态，主电机电流达到 350A 左右时点击“进料”按钮，主电机状态指示由 [图标] 变为 [图标] 时（约 20s）方为正常。

⑦ 配料组

回转喂料阀→入磨皮带（1239b04）→皮带输送机（1239b03）→石膏皮带（1239b06）→石膏斗提（1239b05）

⑧ 配料秤

包括矿渣配料秤、石子配料秤和石膏配料秤。

（4）热风炉

图 3.2.13 包括热风炉内温度显示 0.0℃，炉膛压力显示 0.0Pa，立磨出口温度显示 0.0℃，一、二号配风阀开度显示 0.0%，螺旋绞刀，一、二次风机转速显示 0.0rpm 以及 1～8 号仓壁振动器，变频电机螺旋绞刀，一、二次风机阀门的开关操作。[热风组急停] [急停截止阀] 可实现对应设备的急停操作。[热风去立磨] 可切换至矿渣粉磨及烘干画面。

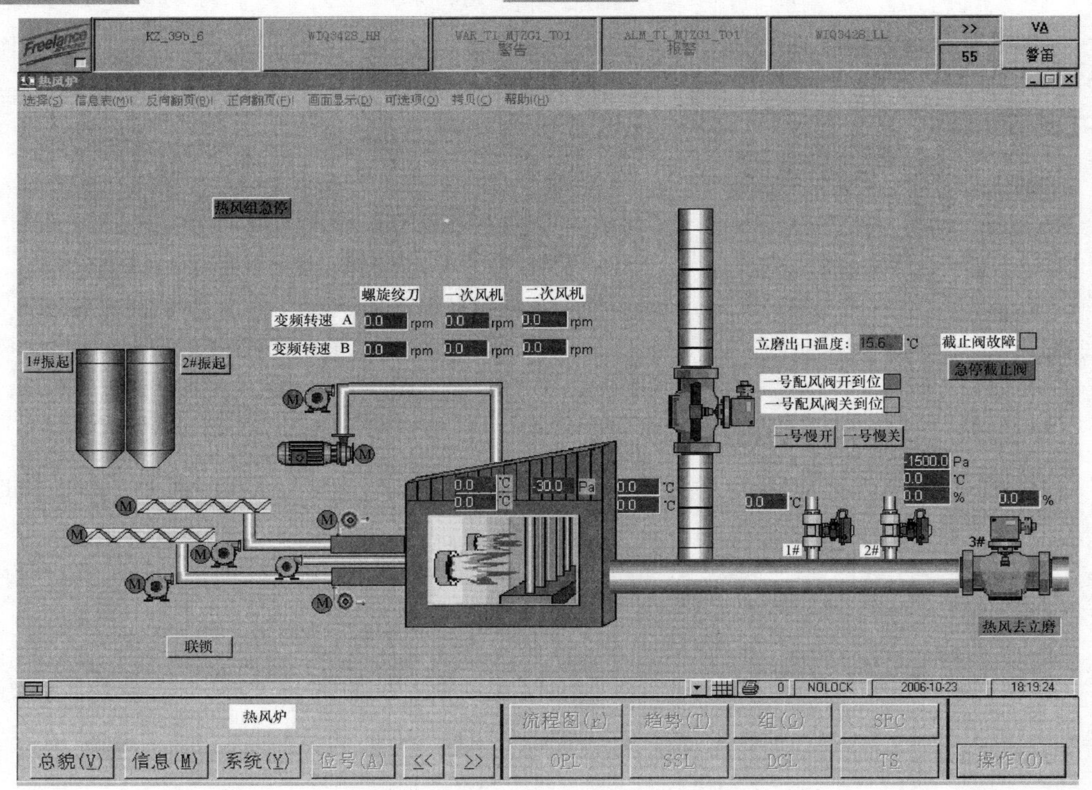

图 3.2.13

• 模拟量的给定

双击设备图标弹出操作面板（图 3.2.14），在输出栏输入数值点击确认或按回车键。PV 栏为反馈值显示。

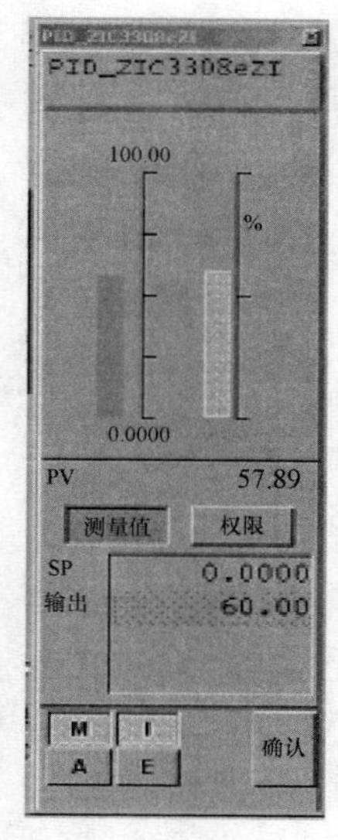

图 3.2.14

（5）入矿渣粉库

图 3.2.15 包括矿渣（熟料）粉库位显示 19.5m，入库斗提电流显示 201A，库底流量阀开度显示 0.0%以及斗提、收尘、斜槽、库底罗茨风机、气动阀门等辅助设备的操作及状态显示。

点击“粉磨入库急停”“矿渣入加急停”“熟料粉出库急停”“矿渣粉出其不意库急停”可实现对应设备的急停操作，“去搅拌站”“来自矿渣粉磨”点击可实现对应画面之间的切换。

• 二位五通阀

双击弹出操作面板（图 3.2.16），点击开（停）车后，运行信号变绿直到开（关）到位信号返回为止。

3）熟料粉磨操作系统

由熟料配料站、熟料粉磨和入熟料粉库三组画面组成。

（1）熟料配料站

图 3.2.17 包括熟料、煤矸石、石膏库位显示 19.5m，1232.12 皮带流量显示 0.0t/h 以及皮带、斗提等输送设备的操作及状态显示。点击按钮“熟料粉磨”切换到对应的画面显示。点击按钮“熟料配料组急停”可实现配料组的急停操作。

图 3.2.15

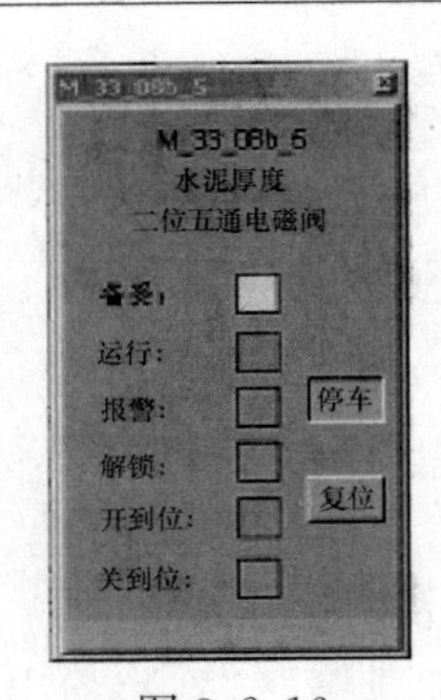

图 3.2.16

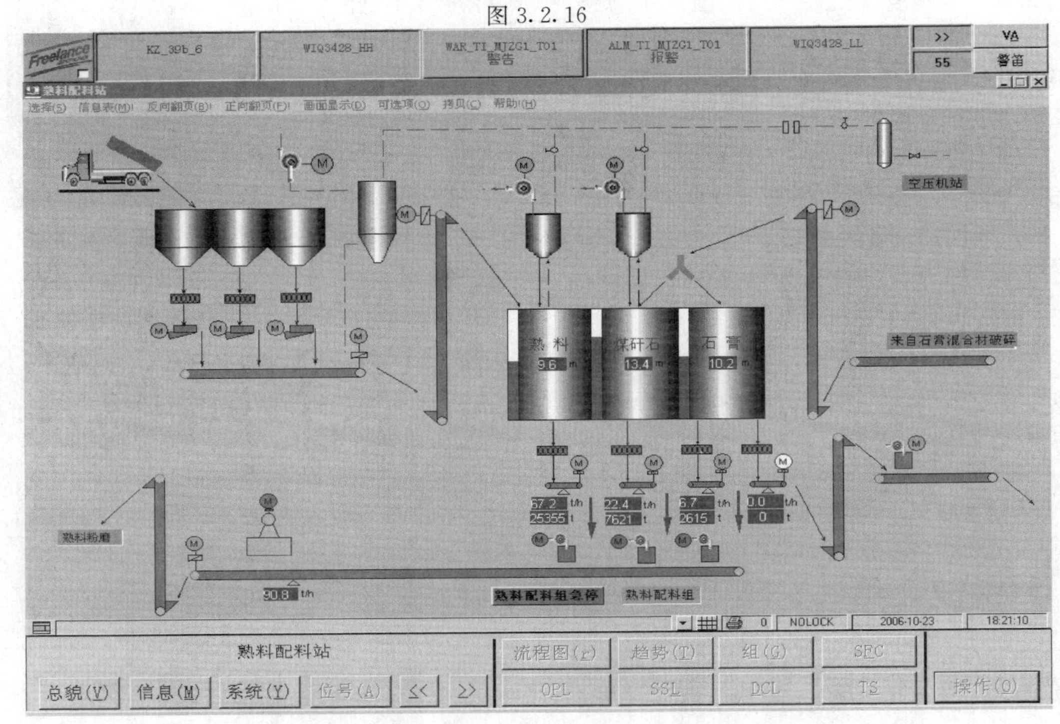

图 3.2.17

- 配料秤

点击▦选择 SLPL 弹出画面（图 3.2.18），按所要求的配比对应输入即可。总喂料量在总量栏输入。

（2）熟料粉磨

图 3.2.19 包括熟料生产线的主体设备辊压机、球磨机、成品袋收尘和皮带，斗提、斜槽、收尘等辅助设备的操作及状态显示以及各个工艺监测点的显示值（包括温度 0.0℃，管道负压 0.0kPa，浓度 0.0mg/m，转速 0rpm，电流 0A，液压力 0.0bar，位移 0.0 mm，物料流量 0.0 t/h，阀门开度 0.0 %，磨音监测 14.1db）。点击按钮 来自熟料配料 熟料粉磨组 可实现各对应画面之间的切换。辊压机组急停 熟料机组急停 按钮点击可实现对应设备

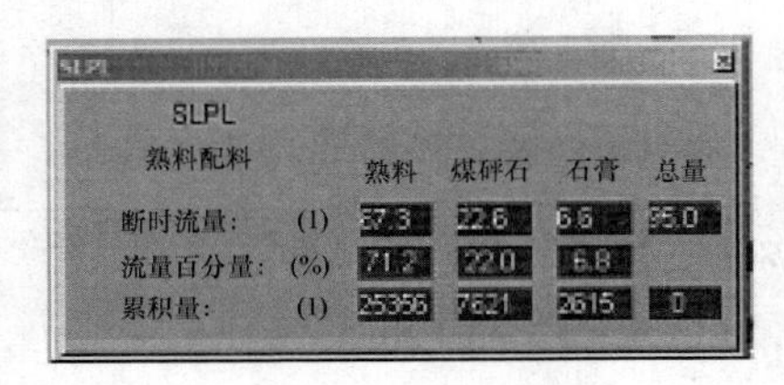
SLPL

SLPL

熟料配料

		熟料	煤矸石	石膏	总量
断时流量:	(t)	67.3	22.6	6.6	95.0
流量百分量:	(%)	71.2	22.0	6.8	
累积量:	(t)	25356	7621	2615	0

图 3.2.18

的急停操作。点击 辊压机组 或双击辊压机电机 可打开辊压机组测点详细信息及操作画面（图 3.2.20）。

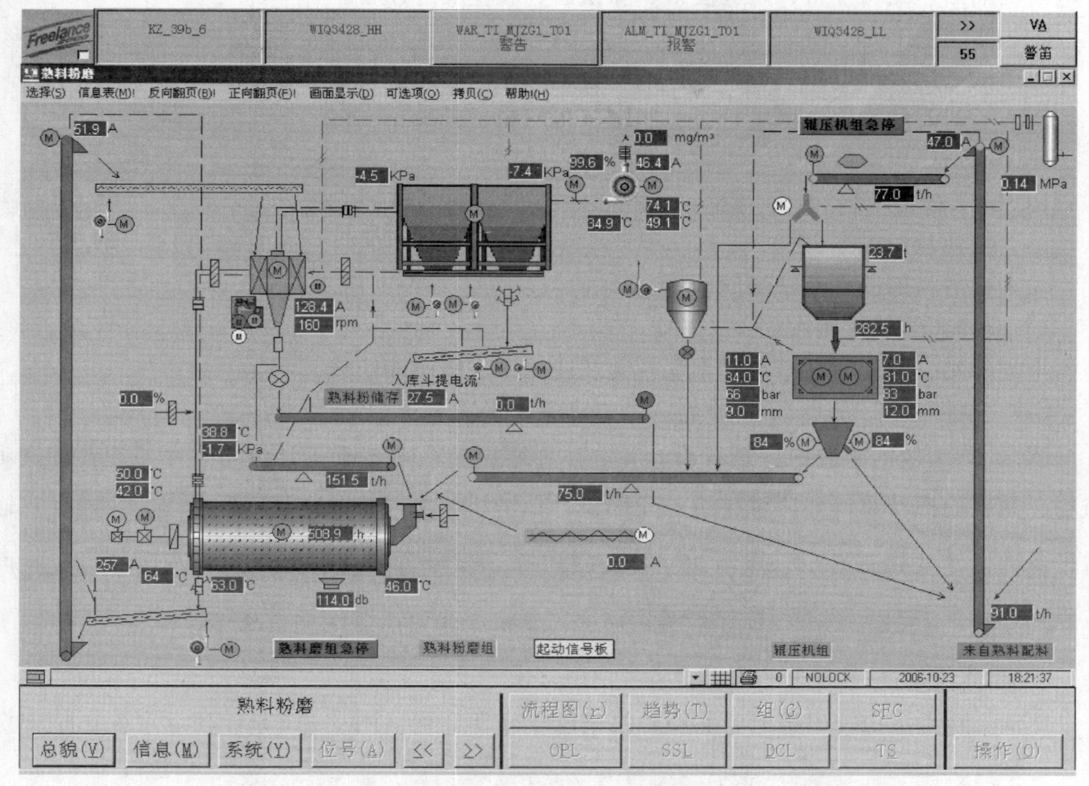

图 3.2.19

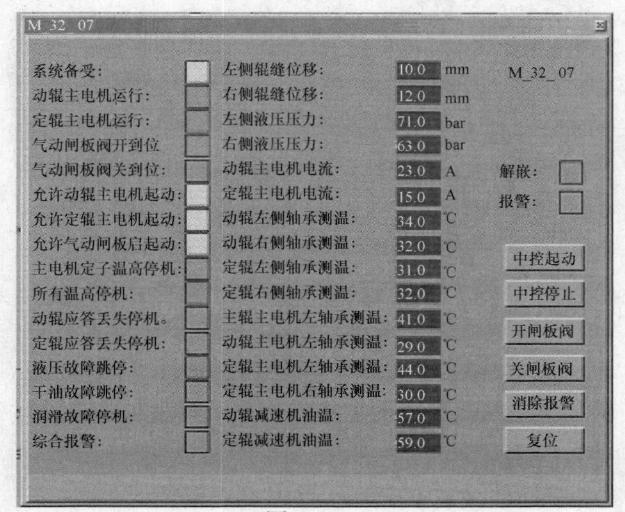

M_32_07

系统备妥：		左侧辊缝位移：	10.0	mm
动辊主电机运行：		右侧辊缝位移：	12.0	mm
定辊主电机运行：		左侧液压压力：	71.0	bar
气动闸板阀开到位		右侧液压压力：	63.0	bar
气动闸板阀关到位：		动辊主电机电流：	23.0	A
允许动辊主电机起动：		定辊主电机电流：	15.0	A
允许定辊主电机起动：		动辊左侧轴承测温：	34.0	℃
允许气动闸板启起动：		动辊右侧轴承测温：	32.0	℃
主电机定子温高停机：		定辊左侧轴承测温：	31.0	℃
所有温高停机：		定辊右侧轴承测温：	32.0	℃
动辊应答丢失停机。		主辊主电机左轴承测温：	41.0	℃
定辊应答丢失停机：		动辊主电机左轴承测温：	29.0	℃
液压故障跳停：		定辊主电机左轴承测温：	44.0	℃
干油故障跳停：		定辊主电机右轴承测温：	30.0	℃
润滑故障停机：		动辊减速机油温：	57.0	℃
综合报警：		定辊减速机油温：	59.0	℃

M_32_07

解嵌：

报警：

中控起动

中控停止

开闸板阀

关闸板阀

消除报警

复位

图 3.2.20

开机顺序

① 入库组

斜槽风机→入库斗提→斜槽风机→主风机→大布袋收尘

② 熟料粉磨组

包括选粉机、选粉机稀油站、选粉机电机冷却风扇，球磨机主电机、主减速机稀油站、主电机稀油站、回料皮带、入磨皮带、除铁器、收尘器等设备。

③ 压机组

包括动（定）辊电机、辊压机稀油站、辊压机液压站、辊压机干油泵、气动插板阀等。

调节分料阀的开度 84 % M 可以控制辊压机回料量的大小。

④ 配料组

1232.02 皮带→1232.01 斗提→1239a.12 皮带→配料秤

（3） 入熟料粉库

与入矿渣粉库操作系统相同。

4） 搅拌包装系统操作

由搅拌站、水泥储存散装和水泥包装及成品库三组画面组成。

（1） 搅拌站

图 3.2.21 包括矿渣粉、熟料粉仓重显示 18.64 t ，固体流量计流量显示 102.1 t/h ，矿渣粉、熟料粉搅拌累计量 6186.6 t ，搅拌机、拉链机、33.01 斗提电流显示 19.5 A 以及输送设备的操作及状态显示。点击按钮 来自矿渣粉库 来自熟料粉库 去水泥库 可实现各对应画面之间的切换。 矿渣粉出库急停 熟料粉出库急停 按钮点击可实现对应设备的急停操作。

- 固体流量计

点击 校正 按钮弹出矿渣（熟料）流量校正操作面板（图 3.2.22），在设定校正量中设

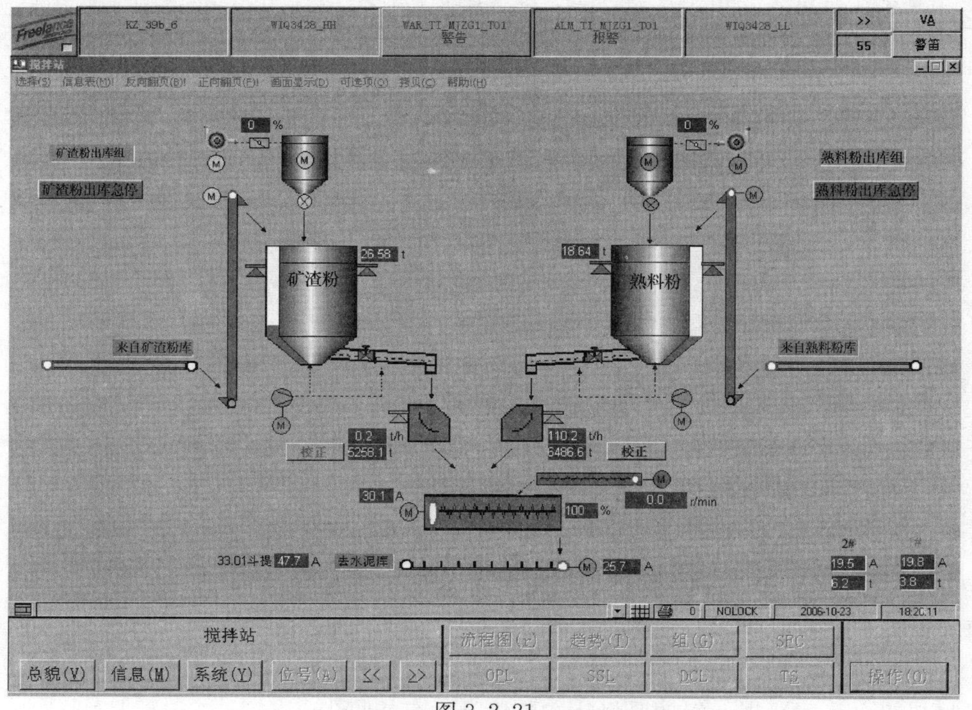

图 3.2.21

定吨数，点击按钮 开始校正 系统开始自动校正，完成后点击校正可将新的校正系数写入系统，拒绝校正则维持原系数不变。

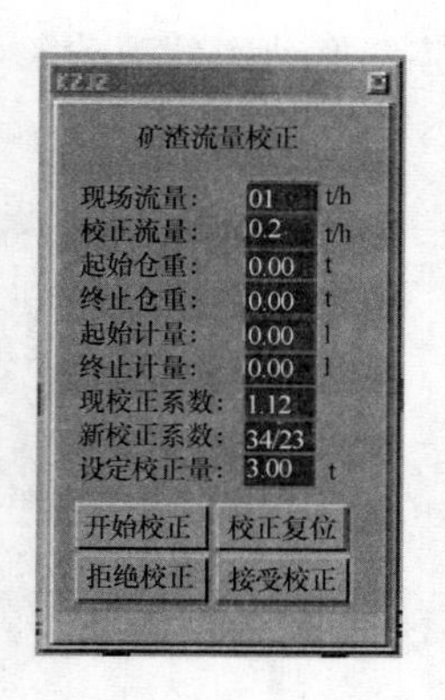

图 3.2.22

（2）水泥储存及散装

图 3.2.23 包括水泥库 1＃—6＃库位显示 19.5 m，入库斗提电流显示 28.1 A，库底流量阀开度显示 60 % 以及斗提、收尘、拉链（现改为斜槽）、库底罗茨风机、气动阀门等辅助设备的操作及状态显示。水泥入库急停 点击可实现水泥入库组设备的急停操作，来自搅拌站 去包装车间 点击可实现对应画面之间的切换。

库底设备的开启顺序为：库底皮带→罗茨风机→流量阀→气动阀。

（3）水泥包装及成品库

图 3.2.24 包括 2 台包机小仓重量显示 6.2 t，斗提、收尘风机电流显示 28.1 A 以及斗提、收尘、气动阀门、电动阀门等辅助设备的操作及状态显示。包装包停 点击可实现包装设备的急停操作，来自水泥库 点击可实现对应画面之间的切换。

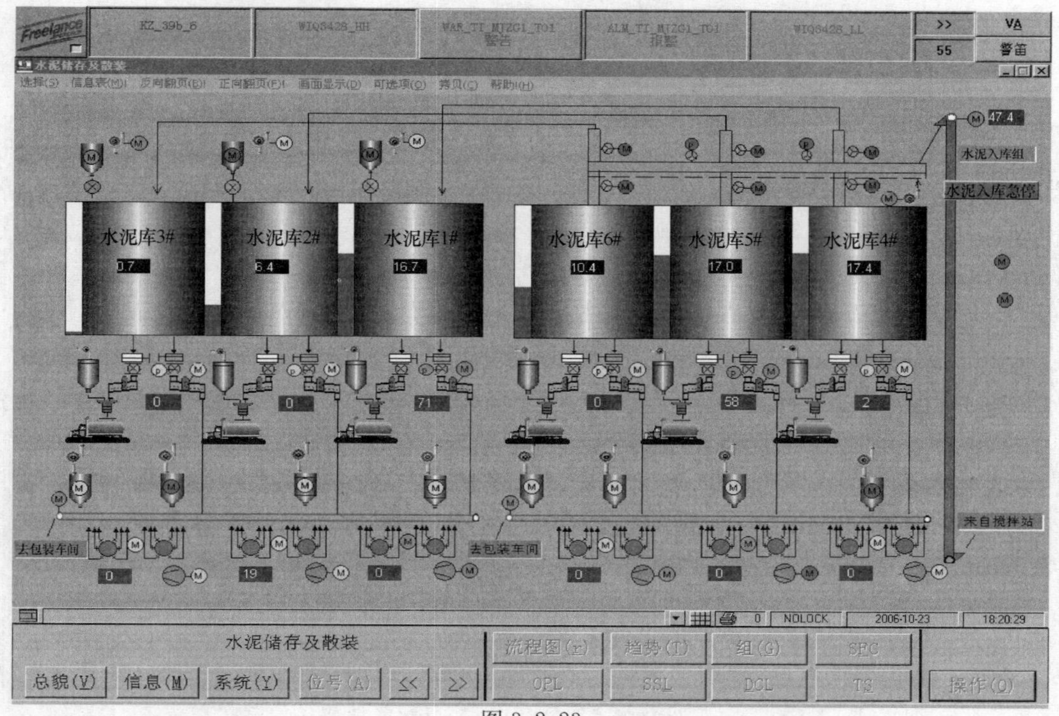

图 3.2.23

• 报警查询

点画面显示，选择进入报警查询画面（图 3.2.25），即可查询发生的报警。

• 趋势查询

点画面显示，选择趋势显示进入趋势画面（图 3.2.26），即可查询所需监视值的历史趋势。拖动底部滚动条可选择要查询的时间。

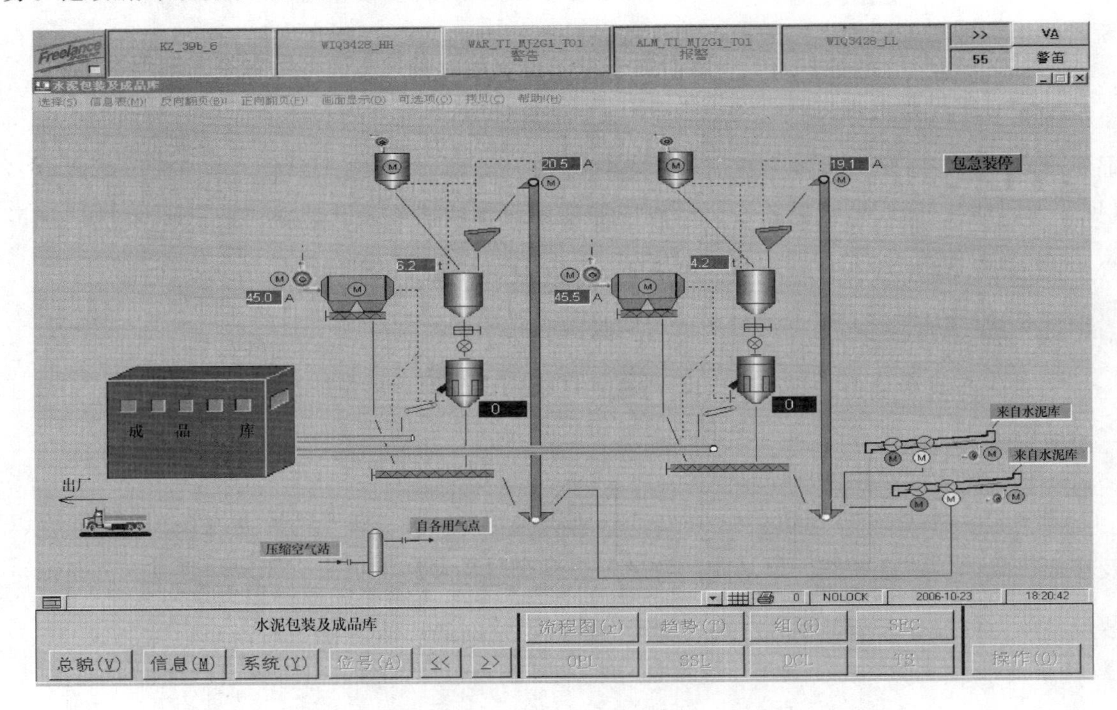

图 3.2.24

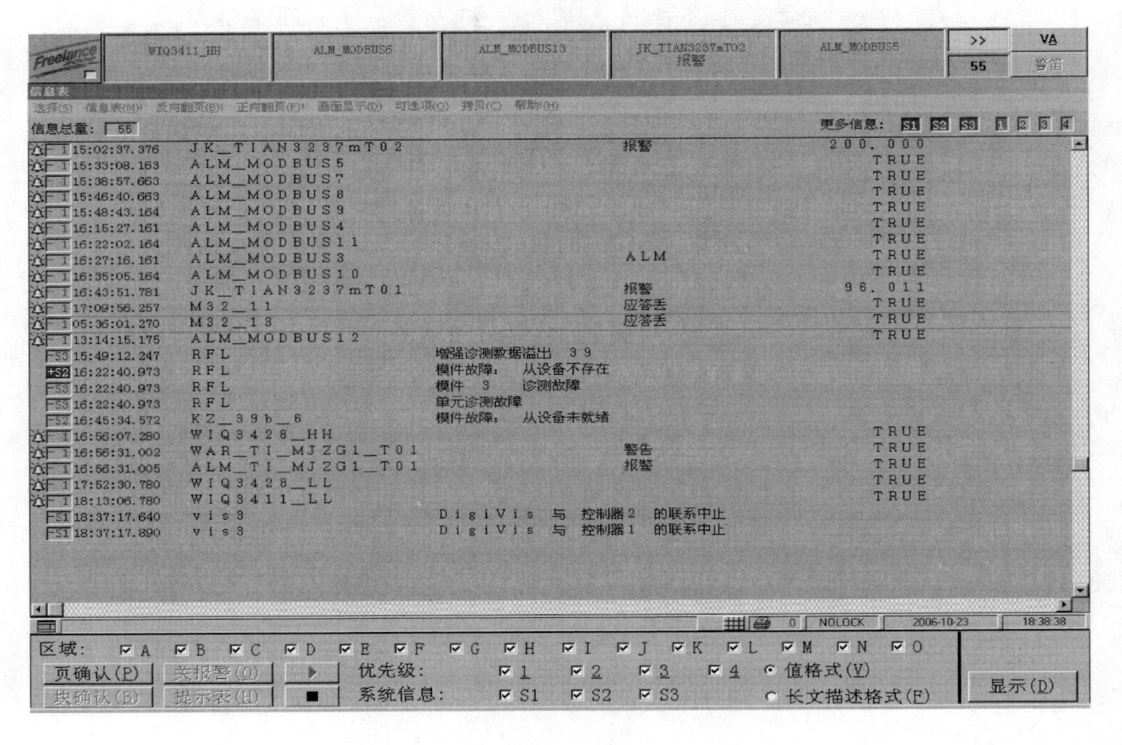

图 3.2.25

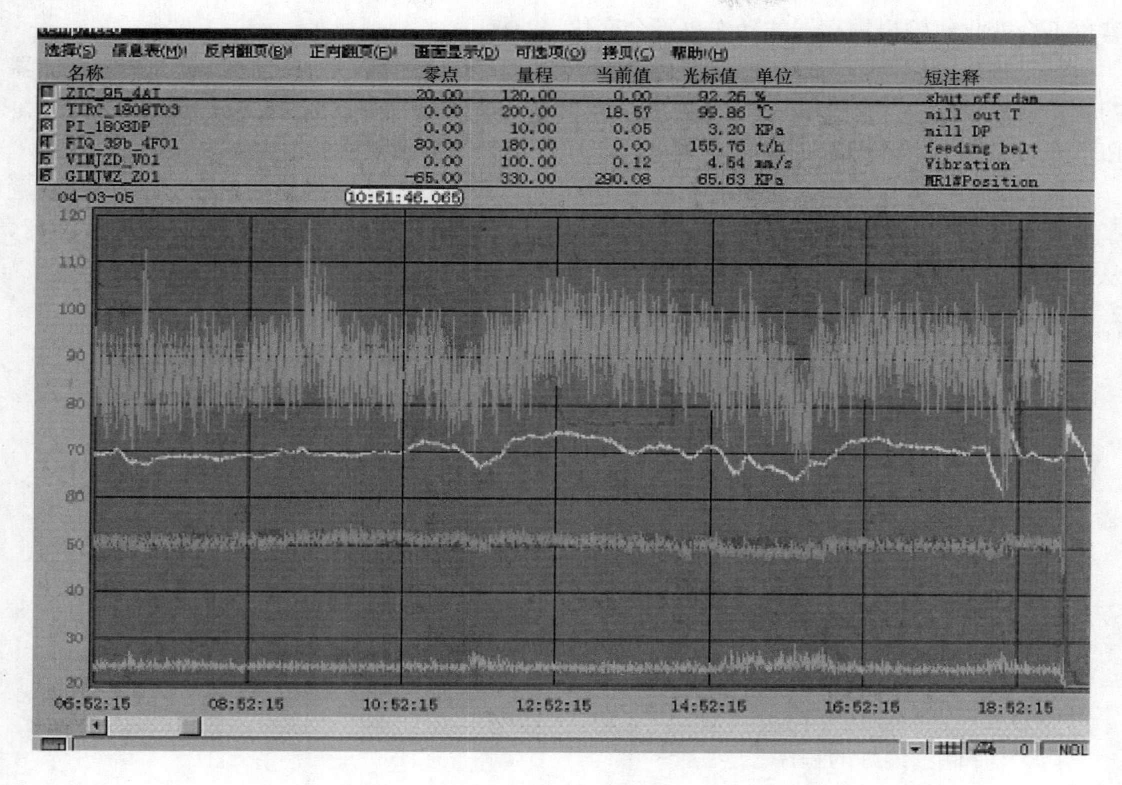

图 3.2.26

2.2　PLC

2.2.1　PLC 的技术含义

可编程控制器（PLC）是一中集微机技术、自动化技术、通信技术于一体的通用工业控制装置，它可靠性强，性价比高，使用方便，已广泛应用于工业生产的各个领域，可以说是 PLC 无处不在。

PLC 作为一种工业控制计算机，其组成与普通的微机系统一样，有 CPU、存储器这两种基本的部件，此外还配置有 I/O 接口、I/O 扩展口、外设口和通信口等部件。

PLC 系统通电以后，首先进行内部处理，主要过程是系统的初始化和工作状态的选择。PLC 执行用户指令动作的过程可分为三个时间段，第一是输入信号采样阶段，第二是用户指令执行阶段，第三阶段是结果输出阶段。

输入信号采样阶段又叫输入刷新阶段。PLC 以扫描方式顺序外面信号的输入状态，并将信号输入到映像寄存器中，PLC 工作在输入刷新阶段，只允许 PLC 接受输入口的状态信息，PLC 的第二、三阶段的动作是处于屏蔽状态的。

用户指令执行阶段：PLC 执行用户程序总是根据梯形图的顺序先左后右，从上到下的执行没一条指令，并从输入映像寄存器和输出映像寄存器中读取输入和输出的状态，结合原来的各元件的状态及数据，进行逻辑计算，运算出每条指令的结果，并马上把结果存入相应的寄存器中，然后再执行下一条指令，直到 END。在进行用户程序执行阶段，PLC 的一、三阶段是处于屏蔽状态的，即在此时，PLC 的输入口信息即使变化，输入数据寄存器的内容也不会变化，输出锁存器的动作也不会变化。

结果输出阶段，也叫输出刷新阶段。当PLC指令执行阶段完成之后，输出映像存储器的状态将成批输出到输出锁存寄存器中，输出锁存寄存器一一对应着物理点输出口，这是PLC的实际输出。在刷新时，PLC对一、二阶段是处于屏蔽状态的。

输入刷新、程序执行及输出刷新构成PLC用户程序的一个扫描周期，在PLC内部设置了监视定时器，用来监视每个扫描周期是否超出规定的时间，一旦超出，PLC就停止运行，从而避免了由于PLC内部CPU出故障使程序运行进入死循环。

2.2.2 编写PLC应用程序的具体步骤

（1）首先必须充分了解被控制对象的生产工艺、技术特性及对自动控制的要求。

（2）设计PLC控制系统图（工作流程图、功能图表等）确定控制顺序。

（3）确定PLC的输入/输出器件及接线方式。

（4）根据已确定的PLC输入/输出信号，分配PLC的I/O点编号，给出PLC的输入/输出信号连接图。

（5）根据被控对象的控制要求，用梯形图符号设计出梯形图。

（6）根据梯形图按指令编写出用户程序。

（7）用编程器汇集将程序送到PLC中。

（8）检查、核对、编辑、修改程序。

（9）程序调试，进行模拟试验。

（10）存储已编好的程序。

2.2.3 PLC常见故障及处理

（1）当电源指示灯灭时，很可能是电源无电或供电电压不正常，或接线有误，或保险熔断。如果这些都正常，则只有更换电源模块。当某设备检修后送电，相应控制器没有反应时，按这些内容逐项检查，便会很快排除。

（2）中央处理器CPU的模块不易损坏，但当RUN指示灯不亮时，首先应检查CPU开关是否处在正确位置，然后进行断电复位。若故障仍未排除，则需要检查PLC程序可能丢失或错误，否则就需要检查PLC系统的电池、工作站是否正常。现场电焊机地线搭接在PLC机柜上或在控制用的UPS电源中接电焊机，都易造成PLC程序的丢失。有时电池电压低也会导致同类故障。

（3）通讯网络系统的故障。当通讯故障指示灯亮时，表示通讯网络出现了可能由以下原因造成的故障：通讯模块损坏或地址不对、通讯电缆损坏、网络连接设备损坏或连接头松动，或是外部信号干扰等。这种情况常在更换模块时，或运转时间较长后发生。

（4）I/O模块是体现PLC性能的关键部件，它的故障率大约占全系统故障发生的90%。如果输入或输出出现故障，应该先检查与外部电路有无输入或输出、有无程序强制；再检查指示灯状态，接线有无松动，检查输入输出电压，检查输出驱动的中间继电器；最后检查外部电路。现场发现的问题证明，在输入回路上重视PLC的接地和防雷，在输出回路上加装保险是减少I/O模块故障的重要措施。

（5）外围设备的故障点较多，可分如下5类：现场按钮、转换和限位开关；继电器、接触器和断路器；传感器或变送器；线路；干扰信号。消除这些故障要从元件质量、设计选型、日常维护、定期更换等环节解决。如北方冬季室温偏低，继电器在低温下触点有变形的可能；电控箱与中控系统需要加隔离装置；操作箱上转换开关的质量不佳或尘土过多等。

2.2.4 PLC系统受到干扰的类型

(1) 供电电网波动产生的干扰。当启动大电机等设备时，电网电压瞬间下降，启动变频器时产生高频电磁波，由向变频器供电的输入线返回电网，引起电网电压波形畸变；雷电对供电电网的干扰等。

(2) 电磁场干扰。大量用电设备产生的不同频率电磁波，产生的交变电场、磁场会引起对PLC的干扰。比如故障报警按钮频繁开停，此时如选配KF继电器，就会出现高频率电磁波的干扰。选用电喇叭声响报警也易产生干扰。

(3) 通信电缆的质量及敷设不当，导致动力电缆对其造成干扰。

(4) 环境异常造成的干扰。比如温度或湿度造成的干扰，当PLC系统内部电子元件受高温高湿度影响时，特别是夏季，使其性能不稳定，又如环境粉尘过多，使得网络设备接口处接触不良而造成干扰。

(5) 静电的干扰。静电产生的大小，不仅与物质种类有关，而且与空气中的湿度有关。静电一经产生便会自动积累，放电时的静电电压高达几百到数千伏，对DCS系统危害相当大。

2.2.5 防止PLC输入信号受到干扰的措施

(1) 正确选择电缆及敷设。设计选用电缆应为双屏蔽双绞式屏蔽电缆；安装时要求控制电缆与动力电缆在电缆沟内应分层敷设，新增变频器等干扰源的电气柜要远离其他设备的控制柜；控制电缆与变频主电缆的布线坚持“远离、正交、缩短平行段”的三原则；使用的电缆不要有接头；通信电缆屏蔽线一端接地，接地电阻小于3Ω，通信电缆要远离大功率电动机等感性负载，必要时可单独架空。

(2) 做好接地技术处理。解决公共接地等电位问题应采用单点接地系统，以避免共阻耦合产生的环流对信号有干扰；控制柜用绝缘板与地面隔离；做到不同类型电源与信号要分别接地，交流电与直流电分开、数字信号与模拟信号分开，安装时，架空通信电缆钢索可靠接地；接地线截面积应尽可能大，减小地线内阻；控制信号电缆屏蔽层一端接地，即输入检测信号线的屏蔽层在信号接收端（控制柜）接地，输出控制信号线的屏蔽层在被控设备处接地。

(3) PLC系统采用单独供电，并加装不间断电源UPS，稳定电网供电质量，变频器远离PLC系统，变频器进线输入端加装交流滤波器。

(4) 易产生高频电磁波的电气设施尽量少用。如改用固态继电器代替KF继电器，并少用声响报警。

(5) 对PLC控制柜密封，安装空调，降低环境温度、湿度对它的影响。

2.3 提高PLC系统可靠性的措施

PLC是专门为工业自动化控制而设计的，大多处在震动大、灰尘多、酸碱腐蚀性强、电磁干扰强等恶劣环境中，存在着各种各样的干扰源。要提高PLC控制系统可靠性，一方面要求PLC生产厂家提高设备的抗干扰能力即软件编程能力，另一方面要求使用单位、应用部门在工程设计、安装施工和使用维护中多方配合解决实际问题，有效地增强系统的抗干扰性能。

2.3.1 硬件解决办法

工业自动化控制系统的可靠性在很大程度上依赖于硬件电路的设计和软件编程，其中包括 PLC 的使用环境、安装、电源、输入、输出电路等。

（1）PLC 的安装环境

PLC 在设计和制造过程中采用了多层次抗干扰和精选元件措施，可直接在工业环境中应用。目前 PLC 的整机平均无故障工作时间一般可达 5～10 万小时。但工作环境过于恶劣或安装使用不当时，可靠性会大大降低。PLC 可工作在－25～65℃环境下，安装时不要把发热量大的元件放在 PLC 下面，PLC 四周通风散热的空间应足够大，开关柜上、下部都应有通风的百叶窗。为保证 PLC 的绝缘性能，空气的相对湿度一般应小于 85%。应使 PLC 远离强烈的振动源，可以用减振橡胶来减轻柜内或柜外产生的振动的影响。为隔离空气中较浓的粉尘、腐蚀性气体和烟雾，在温度允许时可以将 PLC 密封，或者将 PLC 安装在密闭性较好的控制室内，并安装空气净化装置。

（2）PLC 合理的供电系统及正确地接地

通常，由于 PLC 抗干扰的能力很强，只需将 PLC 的电源与系统的动力设备电源分开配线，但在干扰较强或可靠性要求较高的场合，动力部分、控制部分、PLC 和输入/输出（I/O）部分应分别配线，加接一个带屏蔽层的隔离变压器给 PLC 供电。隔离变压器的一次侧应接交流 380V，以避免地电流的干扰。如图 3.2.27 所示为一种常用的供电方式。此外，PLC 的 I/O 线与系统控制线应分开布线，并保持一定的距离，交流线与直流线、输入线与输出线最好都分开走线。开关量与模拟量的 I/O 线最好也分开敷设，传送模拟信号的线最好采用屏蔽线。

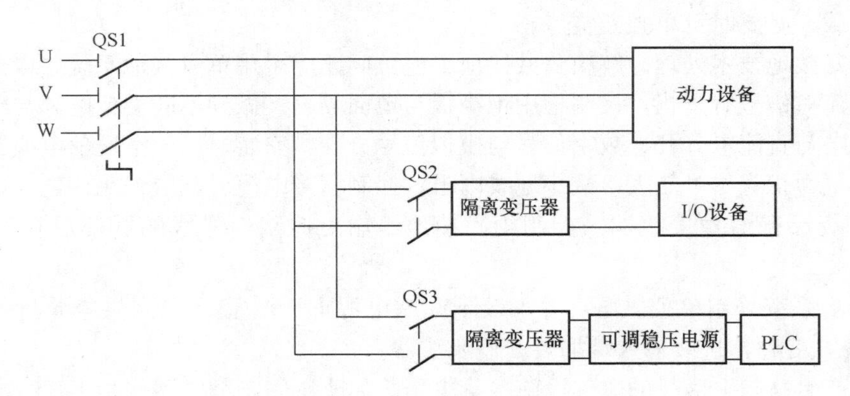

图 3.2.27　PLC 系统供电

在实际工业自动化控制系统中，接地是抑制干扰、使系统可靠工作的主要方法。在设计中将接地和屏蔽正确地结合起来使用，可以解决大部分干扰问题。PLC 系统接地的基本原则是单点接地，为了抑制附加在电源及输入/输出端的干扰，PLC 应采用专用接地，并且接地点要与其他设备分开，如图 3.2.28（a）所示。若没有这种条件，也可以采用公共接地，如图 3.2.28（b）所示，

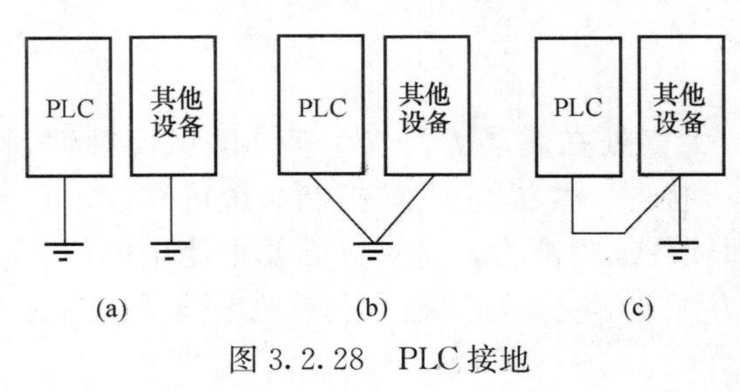

图 3.2.28　PLC 接地

但不准采用与其他设备串联接地方式，如图 3.2.28（c）所示，因为它会使各设备间产生电位差而引入干扰。此外，接地电阻一般应小于 100Ω，接地点应尽可能靠近 PLC。

（3）抑制输入/输出配线引入的干扰

输入端或输出端接有电感元件时，应在它们两端并联续流二极管（对于直流电路）或阻容电路（对于交流电路），以抑制电路断开时产生的电弧对 PLC 的影响。如图 3.2.29 所示。电路中电阻可以取 50～120Ω，电容可以取 0.1～0.47μF，电容的额定电压应大于电源峰值电压，续流二极管可以选用 1A 的管子，其额定电压应大于电源电压的 3 倍。

如果输入信号由晶体管提供，其截止电阻应大于 10kΩ，导通电阻应小于 800Ω。当接近开关、光电开关这一类两线式传感器的漏电电流较大时，可能出现错误的输入信号，可以在输入端并联旁路电阻 R，如图 3.2.30 所示。

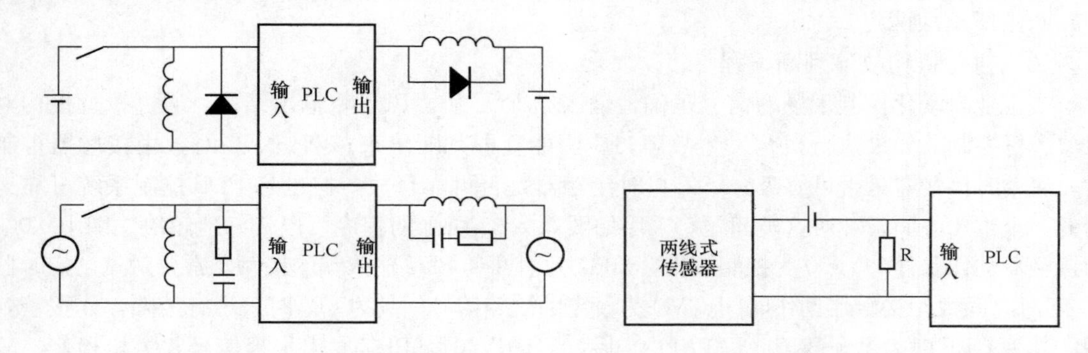

图 3.2.29　PLC 输入/输出电路的处理　　图 3.2.30　PLC 输入电路的旁路

此外，为了抑制输入/输出电路引入的干扰，还要注意以下几点：

（1）开关信号不容易受外界干扰，可以用普通单根导线传输。

（2）数字脉冲信号频率较高，传输过程中易受外界干扰，应选用屏蔽电缆传输。

（3）模拟信号是连续变化的信号，外界的各种干扰都会叠加在模拟信号上而造成干扰，因而要选用屏蔽线或带防护的双绞线。如果模拟量 I/O 信号离 PLC 较远，应采用 4～20mA 或 0～10mA 的电流传输方式，而不用易受干扰的电压信号传输。

（4）对于功率较大的开关输入/输出线最好与模拟输入/输出线分开敷设。

（5）PLC 的输入/输出线要与动力线分开，距离在 20cm 以上，如果不能保证上述最小距离，可以将这部分动力线穿管，并将管接地。决不允许将 PLC 的输入/输出线与动力高压线捆扎在一起。

（6）应尽量减小动力线与信号线平行敷设的长度，否则应增大两者的距离以减少噪声干扰。一般两线间距离为 20cm。当两线平行敷设的长度在 100～200m 时，两线间距离应在 40cm 以上；平行敷设长度在 200～300m 时，两线间距离应在 60cm 以上。

（7）PLC 的输入/输出线最好单独敷设在封闭的电缆槽架内，线槽外壳要良好接地，不同类型的信号，如不同电压等级、不同电流类型的输入/输出线，不应安排在同一根多心屏蔽电缆内，而且在槽架内应隔开一定距离安放，屏蔽层应接地。环境温度高时，额定负载电流相应减小。

2.3.2　提高软件编程系统可靠性

要及时、准确、全面地判断系统故障的来源，并消除事故隐患。通过软件方法设计一些程序，可以消除输入/输出元件的误信号和误动作，提高系统的可靠性、容错性。

（1）输入故障报警编程

实践证明，在软件设计中增加故障检测程序是抑制由 PLC 外部元件引发控制系统故障的有效方法。例如，某行程控制系统，为检测前进端在驱动前进输出 1 秒是否正常工作，并检测在不满 10 秒的机械中连续运行模式确定后，在机械 1 周的运行过程中动作的开关是否正常工作，可以进行如下的编程，如图 3.2.31 所示。M8000 驱动特殊辅助继电器 M8049，使监视器有效。当 Y000 有输出，如果前进端 X000 在 1 秒钟内不动作，或当连续运行模式开关 X003 启动，而 10 秒内动作开关 X004 不工作，这时信号报警状态继电器 S900 或 S901 会立即动作，只要 S900 或 S901 有一个为 ON，则 M8048 立即动作，故障表示输出 Y010 被驱动。当 Y010 被驱动后，PLC 立即发出报警信号并停机待查。而通过 S900、S901 也可立即判断出所出故障点。

（2）执行机构故障判断编程

当工业自动化控制现场的信号正确地输入给 PLC 后，PLC 将输出结果，通过执行机构对对象进行控制。如果执行机构发生故障，应当能立即判断出来。例如，当对象由接触器控制时，启动时接触器是否可靠吸合，停止时接触器是否可靠释放，这也是 PLC 控制系统可靠运行的一个重要方面。针对这类问题，采用如图 3.2.32 所示的程序可以较好地解决。图中 X000 为接触器动作条件，Y000 为控制输出，X001 为引回到 PLC 输入端的接触器常开触点，定时器 T0 定时时间大于接触器动作时间，M0 为设定的故障信号，其为 ON 时表示有故障，作报警处理；其为 OFF 时表示无故障。M0 为 ON 后，启动 Y001，PLC 发出报警信号并关机检修。故障具有记忆功能，由故障复位按钮 X005 清除。例如检测某一电动阀门的动作，当开启或关闭电动阀门时，根据阀门开启、关闭时间不同，设置延时时间，经过延时检测开到位或关到位信号。如果这些信号不能准确地返回给 PLC，即可表明电动阀可能有故障，应作报警处理。这里，X000 为阀门开启条件，Y000 开启信号输出，驱动阀门动作，X001 为阀到位返回信号，M0 为设定的故障信号［3、4］。Y001 为驱动报警蜂鸣器输出信号。

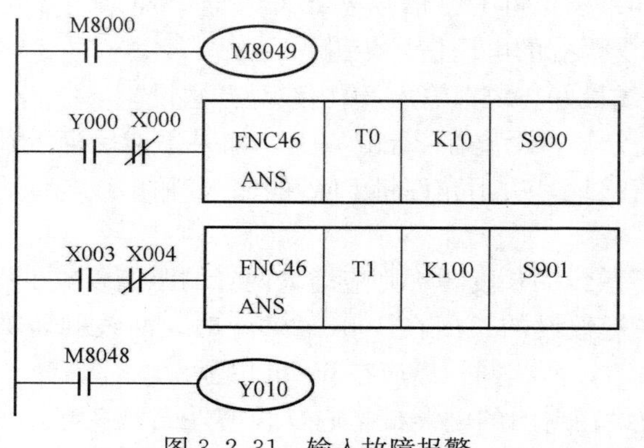

图 3.2.31　输入故障报警

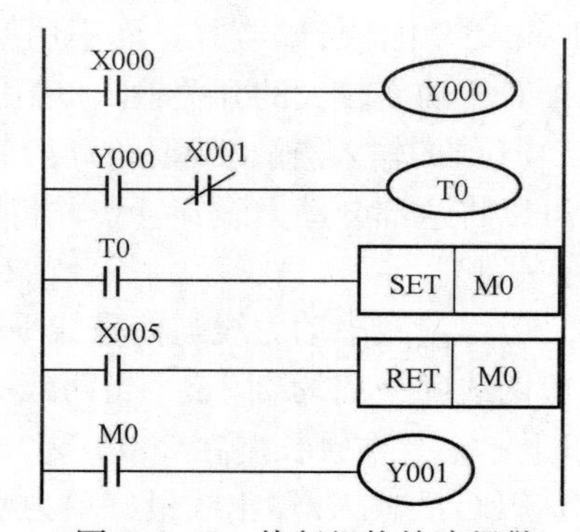

图 3.2.32　执行机构故障报警

2.4　DCS 和 PLC 的区别

（1）DCS 是一种“分散式控制系统”，而 PLC（可编程控制器）只是一种控制“装置”，两者是“系统”与“装置”的区别。系统可以实现任何装置的功能与协调，PLC 装置只实现本单元所具备的功能。

（2）在网络方面，DCS网络是整个系统的中枢神经，它是安全可靠的高速通讯网络，系统的拓展性与开放性更好。而PLC因为基本上都为个体工作，其在与别的PLC或上位机进行通讯时，所采用的网络形式基本都是单网结构，网络协议也经常与国际标准不符。在网络安全上，PLC没有很好的保护措施。

（3）DCS整体考虑方案，操作员站都具备工程师站功能，站与站之间在运行方案程序下装后是一种紧密联合的关系，任何站、任何功能、任何被控装置间都是相互连锁控制，协调控制；而单用PLC互相连接构成的系统，其站与站（PLC与PLC）之间的联系则是一种松散连接方式，不具有协调控制的功能。

（4）DCS在整个设计上留有大量的可扩展性接口，外接系统或扩展系统都十分方便，PLC所搭接的整个系统完成后，想随意地增加或减少操作员站都是很难实现的。

（5）DCS安全性高。为保证DCS控制的设备安全可靠，DCS采用了双冗余的控制单元，当重要控制单元出现故障时，都会有相关的冗余单元实时无扰地切换为工作单元，保证整个系统的安全可靠。PLC所搭接的系统基本没有冗余的概念，就更谈不上冗余控制策略。特别是当其某个PLC单元发生故障时，不得不将整个系统停下来，才能进行更换维护并需重新编程。所以DCS系统比PLC系统的安全可靠性高一个等级。

（6）系统软件对各种工艺控制方案更新是DCS的一项最基本的功能，当某个方案发生变化后，工程师只需要在工程师站上将更改过的方案编译后，执行下装命令就可以了，下装过程是由系统自动完成的，不影响原控制方案运行。系统各种控制软件与算法可以将工艺要求控制对象控制精度提高。而对于PLC构成的系统来说，工作量极其庞大，首先需要确定所要编辑更新的是哪个PLC，然后要用与之对应的编译器进行程序编译，最后再用专用的机器（读写器）专门一对一地将程序传送给这个PLC。在系统调试期间，会大量增加调试时间和调试成本。DCS是一种“分散式控制系统”，而PLC是一种可编程控制器，只是一种控制“装置”，两者是“系统”与“装置”的区别。系统可以实现任何装置的功能与协调，PLC装置只实现本单元所具备的功能。

（7）DCS系统所有I/O模块都带有CPU，可以实现对采集及输出信号品质判断与标量变换，故障带电插拔，随机更换。而PLC模块只是简单电气转换单元，没有智能芯片，故障后相应单元全部瘫痪。

（8）现在高端的PLC与DCS的功能已经差不多，DCS对网络和分布式数据库的定时扫描有较强的功能，同时对运算和模拟量的处理比较拿手。

（9）PLC还分大、中、小、微PLC，其中微型的只卖几百到2000元，点数也很少，大型的可以带数千点，运算能力与DCS差不多，但对多机联网功能较弱。它在控制精度上与DCS相差甚远，这就是大中型控制项目中（500点以上）基本不采用全部由PLC连接而成的系统的原因。

2.5 整定PID控制器的参数

PID控制器的参数整定是控制系统设计的核心内容。它根据被控过程的特性确定PID控制器的比例系数、积分时间和微分时何的大小。PID控制器参数整定主要采用临界比例法，其整定步骤如下：

（1）首先预选择一个足够短的采样周期，让系统工作。

（2）仅加入比例控制环节，直到系统对输入的阶跃响应出现临界振荡，记下此时的比例放大系数和临界振荡周期。

（3）在一定的控制制度下，通过公式计算得到PID控制器的参数。

2.6 现场总线技术FCS

近年来，随着计算机、通讯、网络等信息技术的飞速发展，水泥工业的自动控制正在由传统的分散控制系统和计算机分层控制方式向智能终端与网络结合的现场总线控制系统FCS方式发展。

现场总线技术由于采用了智能化的现场设备，可将原DCS系统中的部分控制模块、输入输出模块分散到现场设备中，实现了更为彻底的分散控制。又由于采用了数字信号代替模拟信号，可以实现一对电缆上传输多个信号，并实现信号的双向传递，还为多个设备提供电源。因此，它具备如下特点：

（1）可以将来自不同供应商的设备单元通过总线组成开放互联系统。

（2）具有互可操作性，实现互联设备间的信息传送与沟通，实现点对点、一点对多点的数字通讯；具有互用性，使不同厂家性能类似的设备实现相互替换。

（3）能将传感测量、补偿计量、工程量处理与控制等功能分散到现场设备中完成，仅靠现场设备就能完成自动控制的基本功能，并可随时诊断并上传设备的运行状态。

（4）构成了新的全分散性控制系统的网络结构，提高了DC5系统的分散性及可靠性。

（5）对现场环境有更好的适应性，可支持使用双绞线、同轴电缆、光缆、射频线，具有较强的抗干扰能力，能采用两线制实现供电与通信，并能满足安全防爆要求。

综上所述，现场总线系统的优点是：接线简单，节省了安装费用；具有自诊断和简单故障处理能力，节省维护费用；具有高度的系统集成主动权；具有智能化和数字化，大大提高准确性和可靠性。

2.7 PCS7系统的主要特点

PCS7是一种模块化的基于现场总线的新一代过程控制系统，结合了传统DCS和PLC控制系统的优点，将两者的功能有机结合在一起。系统的所有硬件都基于统一的硬件平台；所有软件也都全部集成在SIMATIC程序管理器下，有同样统一的软件平台。系统大量采用了新技术，在网络配置上，使用标准工业以太网和PROFIBUS网络。由于PCS7消除了DCS和PLC系统间的界限，真正实现了仪控和电控的一体化，充分体现了全集成自动化的特点，使得系统应用范围变广，是一种适用于现在、面向未来的开放型过程控制系统。PCS7拥有良好的用户界面及强大的系统功能块库，能大大节省系统编程组态的时间和费用。

（1）系统的所有硬件都基于统一的硬件平台，所有软件也都全部集成在SIMATIC程序管理器下，具有同样统一的软件平台。

（2）系统大量采用了新技术，在网络配置上使用标准的工业以太网和PROFIBUS网络。

（3）通过冗余的10Mbps光纤环网（工业以太网）相连接，分别将信号传送至中央控制室，全厂主要设备的开、停和故障信号都将在过程控制系统和中央控制室显示。

（4）采用SIEMENS高速以太网光纤通信模块OSM，大大加强了网络抗电磁干扰的能力，省去了采用普通双绞线联网所必须考虑的防雷击及过电压保护的措施，使得控制系统安全可靠，风险系数大大降低。

(5) 自动化系统的现场控制站采用带有带电热插拔特性的 SIMATICET200M 分布式输入/输出控制站，允许控制站中的信号模块在系统运行的情况下插拔，而无需停止系统，大大提高了系统的可靠性。

(6) 系统所有的分布式远程 I/O 分站和低压保护装置、高压保护装置、执行机构、变频器、现场控制器等通过 PROFIBUS-DP 现场总线与系统控制器进行通信，最高通信速率可达 12Mbps。

任务 3 水泥生产企业自动控制系统

任务描述：熟悉水泥生产企业的生料制备、煤粉制备、熟料煅烧及水泥制成等自动控制系统。

知识目标：掌握水泥生产企业的生料制备、煤粉制备、熟料煅烧及水泥制成等自动控制系统的基本知识和应用。

能力目标：掌握水泥生产企业的生料制备、煤粉制备、熟料煅烧及水泥制成等自动控制系统的实际应用。

3.1 自动调节系统的组成

自动调节系统由调节对象和自动装置两部分组成。调节对象是指自动调节系统所要调节的工艺生产设备，调节的目的是令生产中的各项工艺参数首先要达到给定值，以实现工艺要求的指标，该给定值由操作员在中控通过计算机发出，然后，通过自动装置使该设定的工艺参数保持稳定。

3.2 自动控制系统的组成

自动控制系统包括闭环自动控制系统和开环自动控制系统两种类型。闭环控制系统是指被控对象之间既有顺向控制又有反向联系的自动控制；而开环控制系统是指控制器与被控对象之间只有顺向控制而没有反向联系，即操纵变量通过被控对象去影响被控变量，但被变量并不能通过自动控制装置影响操纵变量，信号的传递未构成回路。

3.3 生料制备系统

3.3.1 生料质量控制 QCS 系统

生料质量控制 QCS 系统在水泥生产中被广泛应用，它由智能在线钙铁荧光分析仪、计算机、调速电子皮带秤等组成。智能在线钙铁荧光分析仪可进行自动取样、制样，并进行连续测定，由 QCS 系统进行配料计算，并通过 DCS 系统对电子调速皮带秤下料量进行比例调节和成分控制，使生料三率值保持在目标值附近波动，从而大幅提高生料的成分合格率和质量稳定性。中控的 DCS 系统可实现与 QCS 系统的互联，对生料质量进行有效的控制。

3.3.2 生料粉磨负荷控制系统

生料粉磨控制的控制难点在于磨机的负荷控制。当入料水分、硬度发生变化时，磨机会产生震动，同时主电机电流也会产生波动，影响磨机系统的稳定运行。生料粉磨负荷控制系统能通过调节入磨物料量及进口热风、冷风阀门，或采用喷水等措施控制磨差压及出口温度，来保证磨机处于负荷稳定的最佳磨粉状态，防止磨机震动过大。中控调节磨机负荷的方法有：一是设置一个入磨量常数，通过 QCS 系统自动设定喂料配比，通过建立数学模型来对喂料进行自动控制；二是以提升机功率作为主控或监控信号，适时调节喂料量。现在还有部分管磨系统主要通过电耳信号来自动调节磨机喂料量，防止出现饱磨或空磨现象。

3.3.3 生料均化系统

生料均化系统利用具有一定压力的空气对生料进行吹射，形成流态并进行下料。通常在库底划分不同区域，每个区域安装电磁充气阀，采用时间顺序控制策略，依据时序开停库底充气电磁阀，使物料流态化并翻腾搅拌，达到对生料库内不同区域内的生料进行均化的目的。

3.3.4 计量仓料量的自动控制系统

计量仓料量的自动控制系统利用计量仓的仓重信号自动调节生料库侧电动流量阀的开度，使称重仓的料量保持稳定，从而保证计量仓下料量的稳定。

3.3.5 生料均化库下料控制

在生产过程中，烧成带温度一般要求控制在一个合适的范围内，因为它对熟料的生产质量至关重要。将生料量、风机风量与烧成带温度结合起来设定生料下料量后，该系统能通过自动调节，利用固体流量计的反馈值自动调节计量仓下电动流量阀的开度，使生料稳定在设定值上，从而使得入窑的生料保持稳定，最终保障窑系统的稳定运行。

3.4 煤粉制备系统

3.4.1 出磨气体温度的自动控制

出磨气体的温度直接关系到出磨成品的水分和系统的安全运转。为了确保生产出合格的煤粉，同时还要保障系统温度不能过高，控制系统中设置了磨机出口气体温度自动控制回路，通过改变磨机进口冷风阀门开度控制磨机出口气体温度保持稳定。

3.4.2 磨机负荷自动控制

在管磨系统中，煤粉仓库内煤粉量变化过大会影响煤粉喂料部分的计量精度。在正常生产过程中，煤粉仓中煤粉量应尽量保持恒定，同时也要保证磨机的正常安全运转，防止“满磨”。为此，中控采用了由磨机电耳信号自动调节磨头定量给料机喂料量的自动控制回路。

3.4.3 磨机防爆控制

煤磨系统最重要的一项工作就是对煤磨带收尘的防爆控制。通常通过对入磨气体进行成分分析，当 CO 含量超标时进行一系列的安全保护操作，保证煤磨袋收尘的安全。

3.4.4 煤粉仓灭火控制

煤粉仓内的煤粉在一定情况下会出现自燃的现象，必须在煤粉仓内安装氮气灭火装置。当煤粉仓温度超过一定值时灭火装置自动启动，防止煤粉仓自燃。

3.5 熟料煅烧系统

3.5.1 分解炉喂煤量的计量与自动调节

分解炉的温度是保证回转窑正常运行的一个重要控制参数。在生料量不变时，燃料和空气的混合比例必须要正确控制。故必须对分解炉的温度进行计算，以便实现现代化控制，并通过自动增减喂煤量对分解炉的温度进行调节，使其控制在所需要的设定值上。这样既能使分解炉保持最高的分解率，又不致使其因温度过高而导致生料粘结，影响窑系统的正常运行。

3.5.2 预热器出口压力调节

预热器出口压力是反映系统风量平衡的一个主要指标，中控主要通过调节高温风机阀门开度来实现预热器出口压力的控制。

3.5.3 预热器自动吹扫装置

预热器自动吹扫装置能使计算机按一定的时间顺序及规律定时接通相应的各级预热器电磁阀，轮流打开压缩空气管路，对预热器进行逐级吹扫，以防结皮堵塞影响预热器系统的正常运行。吹扫时间由人工设定，一般为5～20s。

3.5.4 窑头负压自动控制

窑头负压表征窑内通风及冷却机入窑二次风之间的平衡。中控根据窑头负压自动调节电收尘器排风机进口阀门开度，以控制窑头二次风量、窑尾三次风量及窑头废气量三者之间的平衡，从而实现稳定煅烧和冷却熟料之间的平衡。

3.5.5 回转窑的转速控制

回转窑的转速控制采用的策略是在稳定生料量、熟料量的前提下，通过对回转窑转速进行适当的调整，以维持整个窑系统的均衡稳定生产。

3.5.6 篦冷机一、二室风量自动调节

二次空气对窑内燃烧的好坏、工作的稳定性和煅烧过程中的燃料消耗都有很大的影响。篦冷机一、二室风量自动调节的目的就是通过稳定一、二室风量，从而稳定入窑新鲜空气量，为窑的稳定运行提供条件。它通常采取一室风量调节一室风机阀门开度，二室风量调节二室风机阀门开度的控制策略。

3.5.7 篦冷机料层厚度自动调节

控制篦冷机料层厚度，一是可以稳定二次风量，以稳定窑的正常运行；二是可使熟料达到最佳冷却效果。因为篦冷机料层厚度难以检测，所以在控制策略中采用篦下压力调篦速，以稳定篦冷机料层厚度。对于二段式篦冷机而言，还涉及一、二段篦速比例调节的问题。

3.6 水泥制成系统

3.6.1 入磨喂料量的自动调节与控制

入磨喂料量要求均匀、稳定，常以磨音信号和出磨提升机的功率来自动调节入磨喂料量。磨音信号增加，入磨喂料量相应自动增加，使磨音信号下降，反之亦然；出磨提升机功率增加，入磨喂料量相应自动减少，使出磨提升机功率下降，反之亦然。

3.6.2 出磨气体温度的自动与控制

通过对磨机通风量的调节来控制出磨气体温度。出磨气体温度升高，磨机通风量相应自动减少，使出磨气体温度下降，反之亦然。

3.6.3 选粉机转速的自动调节与控制

通过对选粉机转速的调节来控制水泥的细度。水泥的细度变粗，选粉机转速相应自动升高，使水泥的细度变细，反之亦然。

任务4　电气故障及处理

任务描述：熟悉水泥企业常见的电气故障及处理方法。

知识目标：掌握水泥企业常见的电气故障原因及处理方法。

能力目标：掌握水泥窑系统常见的电气故障及处理方法。

4.1　电源故障及处理

电源故障是电气装置的整体性故障，隐性危险大，偶然因素较小。电源故障具有明显的迹象，如线路断路，设备不能工作；线路短路，短路电流效应明显。但也有些电源故障表现的现象不明显，很难从其表现形式找出故障原因，如交流电源波形不符合要求，可使电气设备发热量增加，电机转速降低，其危害性是不可忽视的。

4.2　现场站CPU突然断电的处理

一般情况下，现场站的CPU都有自带的电池供电，而且可以连续用一年左右的时间，当电池电量低时就会发出报警。如果对此疏忽，就会造成CPU突然断电，导致程序丢失。此时中控与现场通讯中断，站内所有设备停止运转，从ES站无法搜寻到此现场站，在现场发现CPU供电指示异常。

当CPU供电指示已判断此次程序丢失是因为其断电所致，如果此时没有备用电池，就可关掉现场站UPS供电，把CPU下面的电池供电开关拨到OFF，暂时采用外部供电。取出CPU的RAM卡，停大约10s后，重新插上，再上电，此时CPU内已经完全清空，然后重新下装，先下装网络和硬件组态，再下装程序。

4.3　UPS电源的作用

UPS是交流不间断电源系统的英文字头的缩写，是一种高度可靠的交流设备。之所以称为不间断电源系统，是因为外界电源发生意外故障时，它可以及时为不允许断电的设备及设施提供电能，是一种保障安全连续供电的设施。

UPS由两套系统构成，一套作为蓄电池储能的备用电源，另一套是直接使用交流电网的常用电源，两者通过电子开关切换，一旦电网突然停电或供电质量不符合要求，备用电源可以立即投入使用，切换动作可以在几毫秒之内完成，根本不影响设备的连续供电。

4.4　数字量信号故障及处理

首先应检查供电电源、控制电源是否正常；根据故障现象和中控室提供的故障信息综合分析，重点检查该设备开停条件和软、硬连锁条件是否具备；该设备控制柜内元件的触点、接点等是否完好，逻辑控制回路是否完好，接线是否松动；现场控制站内的I/O端子接线是否松动，控制信号是否发出、信号保险是否熔断；如果是压力、流量或温度开关，还要检查核实现场真实数值是否达到动作要求；如果是现场智能设备或仪表，还需检查故障、报警信息、各项参数设置是否正确无误；现场设备是否存在故障导致不能启动，保护装置是否动作。

4.5　模拟量信号故障及处理

（1）对于不准确的信号，如温度参数值，要检查热阻、热耦的插入深度、位置、表面是否结皮、接线是否松动、锈蚀等；若是压力、流量信号，还要检查测量管路是否堵塞、泄漏、控制阀门位置、变送器是否良好等；如是重量、速度、料位等信号，要检查传感器是否良好，接线是否正确紧固，设置是否正确等；若为电参数信号，则要检查各电压、电流互感器、变送器是否正常。由于受工作环境和电磁干扰的影响，现场各类仪表不免存在或大或小的飘移，这就需要定期进行校验、补偿调整，并且要屏蔽干扰的影响。

（4）对于无指示的信号，要重点检查现场电源、接线端子、线路或电缆是否断线，测量设备是否完好，参数设置是否正确，是否实际存在超量程的问题，各类传感器是否损坏等。由于模拟信号相对于数字量信号而言，检测和处理过程复杂，并且抗干扰能力差，更易受到工作环境的直接影响，因此现场的仪器仪表应该具有数字化、智能化、自诊断功能，以便于维修维护。

4.6　电气连锁出现的故障及处理

在设计、安装与使用电气连锁过程中，如果不能严格控制每一环节的质量，在日后的生产中就要付出重大代价。

（1）电气安装中应该有轻故障与重故障的信号之分。轻故障仅作出由中控监视报警的软连锁；重故障则必须在通过继电器触点接到中控用于监视的同时，还要与主电动机电气柜作出确保为设备安全跳闸的硬连锁。不应该简单地将轻故障接到中控，重故障接到电气柜，使设备的任何故障都造成设备跳闸。这种轻重故障的确认，虽然设计单位已有了定式，但仍需要与施工及生产单位的技术人员认真讨论，因为它牵扯到工艺、设备及电气等多专业的综合要求。

（2）有些设备的现场硬连锁并没有在通用设计图纸上详细标明，所以在设备安装结束后，生产单位与安装人员必须重新检查一遍，确认硬连锁的实际接线，并标注在图纸上，供生产维护人员掌握。尤其对那些强电与弱电工种分工明确的企业，这点更为重要，因为在调试或检修过程中，有时需要对设备进行在线解钱，以避免全线停车，但这种解锁必须了解现场是否还有硬连锁，如果只对DCS进行软件屏蔽，则同样会导致重大事故，影响正常生产。

（3）信号控制的设备位置与状态必须做到“三对应”，即中控画面显示的位置与状态、现场控制仪表或指示灯指示的位置与状态、现场设备的实际位置与状态必须一致。如风机风门的位置，常常在中控软连锁显示的门风开度小于5%时，就认定阀门是关闭状态，但硬连锁所确认的关闭必须是关到限位。两者不对应时，就有可能导致风机不能启动。

（4）在满足生产安全的前提下，连锁点数还是越少越好，不但可以减少维护工作量，还可避免误信号造成的系统误动作。比如，为了防止设备跳停后系统继续喂料或喂煤，此时只要将相应设备跳停即可，没有必要对所用的阀门也采取连锁。

（5）为避免误信号产生误动作，既可以对容易变化的参数信号采取“延时”措施，避免瞬间信号变化引起的跳停；也可以对某些功率大的设备采取运行信号与电流信号并联的方式，只要有一个信号正常，程序上就不让系统跳停。

（6）必要的连锁不能轻易取消解除。比如，长皮带的速度开关如果解锁，就可能因为皮带打滑而造成皮带烧毁，引发恶性事故。

（7）当发生由于连锁而使包括主机在内的全线停车时，不仅要认真检查运行时每台设备的变化情况，更要将上下游的设备综合进行比较分析，才可迅速找出故障点，予以排除。

4.7 自动报警及报警死区的故障及处理

在工业生产过程中，有时由于一些偶然因素的影响，导致工艺变量越出允许的变化范围，可能引发事故。所以，对一些关键的工艺变量，要设有自动信号报警与连锁保护系统。当变量接近临界数值时，系统会发出声、光报警，提醒操作人员注意。如果变量进一步接近临界值、工况接近危险状态时，连锁系统立即采取紧急措施，自动打开安全阀或切断某些通路，必要时，紧急停车，以防止事故的发生和扩大。

报警死区处理是计算机应用程序结构中报警处理结构的功能之一。通过设定各种报警限值的死区，防止参数在报警限值附近波动时频繁发出报警，以提高信号系统工作的稳定性。

对于因瞬间报警而连锁条件又多不易锁定具体报警点的设备，为了能在可能引起报警的诸多因素中迅速找出具体原因，采用“存储器”功能块编写报警存储程序，将其中可能出现的报警信号采集到存储器功能块置位端。当出现报警时，相关功能块的输出为“1”，而没有报警或按下复位键的功能块输出为“0”，为此很快能找到报警点。

4.8 高温风机突然跳停的电气故障及处理

（1）温度自动检测报警控制系统受到高频电磁波的干扰。高温风机在运行过程中会产生高频电磁波，如果负责温度超高的巡检仪受到这种电磁波的干扰，就会发出错误的检测报警信号，导致保护设备的误动作而使风机突然跳停。尤其是生产线中随着变频器可控硅装置的增多，对温度巡检仪供电的电源干扰可能性必然增加，为此，有必要对电源进行净化，增设电源滤波装置。

（2）控制电极绝缘性能不好，造成信号瞬间丢失。可以从 DCS 系统的 PLC 柜到高温风机检测柜放一根通讯电缆，取 PLC 柜内主电动机运行信号的中间继电器常开触点，并联到高温风机检测柜 CPU 模块的主电动机运行信号通道上，同时，要维护好总降高温风机开关小车，确保信号稳定可靠。

4.9 窑系统常见的电气故障及处理

窑系统常见的电气故障及处理如表 3.4.1 所示。

表 3.4.1 窑系统常见的电气故障及处理

故障现象	原　因	处理和预防方法
气动阀开关不到位	①压缩空气压力不够	①提高空压机出口压力
	②实际已到位，仪表信号没有显示	②通知仪表人员处理
	③实际不到位，被异物卡住	③取出异物
	④实际不到位，电磁阀损坏	④更换电磁阀
	⑤实际不到位，气管脱落或破损	⑤更换气管
	⑥实际不到位，气管阀门坏或被关	⑥更换气管阀门或者打开阀门

续表

故障现象	原因	处理和预防方法
斜槽堵死	①负荷太大，斜槽上方负压不足	①检查相关联收尘器工作是否正常
	②帆布破	②更换帆布
	③风机电机坏	③选择停机更换程序
	④物料较湿，颗粒大堵塞，或进入杂物堵住通道	④人工清料或用风管辅助吹走
	⑤风机进口风门无故关闭	⑤检查风机进风口是否堵塞或关闭
	⑥下级设备输送异常，物料走不了	⑥检查下级设备工况
		注意：如果确认需更换斜槽滤布就选择停窑、停磨程序
胶带斗提机跳停	①电机无备妥	①通知电工处理，检查是否卡死并处理
	②料位高报警	②停车，打开底盖清理积灰，停车钳工处理
	③跑偏	③调节调偏螺丝
	④低速报警	④检查是否卡死，如果没有卡死电工检查低速开关、检查液力耦合器
	⑤电机没有返回信号	⑤通知电工处理
	⑥因操作连锁导致跳停	⑥检查导致跳停的前端设备工况
		注意：重新启动斗提，必须进行盘车清灰，检查确认以免拉伤斗提
斜槽风机震动大	①轴承缺油	①轴承加油
	②轴承垮掉	②停窑喂料，换轴承
	③风机机壳内进灰	③拆机壳清灰，并检查进灰源
	④地脚松动，或者基础松动	④收紧地脚螺丝，检查基础是否牢固
		注意：根据实际情况选择停窑停磨或者减产程序
回转阀跳停	①无备妥	①电工恢复备妥，重新启动并检查运行状态
	②被卡死	②电工改线，回转阀反转，清开
	③低速报警	③通知电工处理
	④因操作连锁导致跳停	④检查导致跳停的前端设备工况
高温风机跳停	①电气故障或机械振动	①首先应该停冷却风机，控制正压，防止伤人，然后停两台煤秤防止烧结以及回火伤人，再将窑喂料切换入均化库，停止窑喂料，降低窑速和冷却机速度，检查后重启高温风机，检查预热器准备投料，如果高温风机启动不了，则停窑保温
	②各温度点异常波动引起连锁跳停	②仪表工检查修复
		注意：选择停窑程序：迅速降低或者直接停掉几台靠冷却端的冷却风机；通知现场相关人员注意安全防护

续表

故障现象	原　因	处理和预防方法
回灰系统拉链机、螺旋输送机、回转阀跳停	①物料太多，负载过大	①打到现场位，手动分开启动设备，降低输送设备压力，直至正常，或电机接反转，外排灰后，再恢复
	②机械故障	②抓紧时间修复，一般不会影响停窑
电收尘器跳停	①电收尘入口温度太高跳停	①满足条件后重新送高压，严格控制电收尘入口温度；主动选择减产程序
	②其他原因	②15 分钟内不能排除故障，停窑处理
头排风机跳停	①进电收尘温度高，连锁跳停	①见进电收尘温度高
	②头排故障	②加大高温风机转速，适当减少窑的产量，降低窑速，大幅度减少冷却机二段风量，一段风量适当减少，及时处理头排故障，尽快重新启动头排，恢复系统
	③各温度点异常波动引起连锁跳停	③仪表工检查修复
		注意：可以选择减产程序并迅速降低或者停止部分冷却风机，防止各处正压烫伤人员
菲斯特秤跳停，不能拨动传动链条	菲斯特秤被异物卡死	①手动操作正反转，看能否盘活，适当放秤盘间隙，看是否能盘活
		②拆秤，选择停窑程序来清理秤盘
菲斯特秤跳停，能连续拨动传动链条	①无备妥	①恢复备妥，重新启动
	②联锁跳停	②满足联锁条件再启动
	③测速电机故障	③通知仪表人员处理
增湿塔湿底	①增湿塔喷头损坏，雾化不好	①维修更换
	②进出水过滤器堵塞	②维修更换
	③增湿塔喷头布置不好，靠近管壁引起管壁积水	③喷枪长短合理布置
	④水泵压力不足	④调整压力或更换修复
		注意：湿底处理必须减产运行、降低系统抽风；清理过程中必须观察地形，选择好逃生路线
均化库底不下料	①气动阀卡死或打不开	①修复清理
	②充气系统故障，风机皮带磨损，进气口糊住	②修理更换或清灰处理
	③电动调节阀卡死或连杆螺丝掉	③仪表工修复
	④罗茨风机防风阀无法自动关闭	④手工关闭后仪表工修复
	⑤控制充气电磁阀保险烧	⑤电工修理
	⑥下料点底部小斜槽堵或进气管堵	⑥清灰清堵
		注意：处理须迅速，防止断料而停窑。如果时间过长就选择停窑保温程序。处理中必须观察好地形并提前做好逃生准备；处理中必须穿戴好防烫劳保用品

续表

故障现象	原　　因	处理和预防方法
均化库底下料止不住	①气动阀坏，不能自动关闭	①关手动阀，然后修理气动阀或临时用大锤敲打来关闭气动阀
	②气动阀动作，但是内部分格轮不动作	②关手动阀，止住下料，然后拆除阀体，修复更换
		注意：一旦发生，处理须迅速果断，首先急停均化库充气系统，然后迅速组织人关手动阀。防止称量仓出现漫仓而出现重大事故，处理故障时首先必须观察地形并选择好逃生路线，处理故障时必须穿戴防烫劳保用品
申克秤流量保持最大值不能调节	①流量阀被异物卡住	①停申克秤，用备用申克秤喂料，拆开阀取出异物；关掉该部位充气阀门
	②流量阀机械故障	②停申克秤，用备用申克秤喂料，处理机械故障；关掉该部位充气阀门
	③流量阀推杆连接螺丝掉落	③重新安装连接螺丝
	④流量阀密封羊毛毡磨损	④更换；选择备用秤程序并关掉该部位充气阀门
	⑤流量阀阀板磨损	⑤更换；选择备用秤程序并关掉该部位充气阀门

思　考　题

1. 电动机运转时产生异常噪声的原因。
2. 电动机运转时振动过大的原因及处理方法。
3. 使用高压电机的注意事项。
4. 如何利用DCS信号的变化判断皮带的卡料和打滑？
5. PLC系统常见故障及处理方法。
6. 熟料煅烧过程有哪些自动控制系统？
7. 窑系统常见的电气故障及处理。
8. 如何实现水泥细度的自动控制操作？
9. 高温风机突然跳停的电气故障及处理。
10. 现场站CPU突然断电的处理。
11. UPS电源的作用。
12. 电气连锁出现的故障及处理。
13. 水泥企业使用变频调速器的优点。
14. 现场总线技术FCS的技术含义。
15. 直流电动机的调速方式及技术特性。
16. 如何巡检三相异步电动机？

项目4 生料制备操作技术

项目描述：本项目主要讲述了生料制备的生产工艺和设备知识内容。通过本项目的学习，掌握生料中卸磨系统和立磨系统的生产工艺流程、主要设备结构及工作原理、生产实践操作技能。

任务1 生料中卸磨系统的工艺流程及设备

任务描述：熟悉生料中卸磨系统的工艺流程及主要设备的结构、工作原理及技术特点。

知识目标：掌握生料中卸磨系统的主要设备结构、工作原理及技术特点等方面的理论知识。

能力目标：掌握生料中卸磨系统的生产工艺流程及设备布置。

1.1 中卸磨系统的工艺流程

生料中卸磨的粉磨系统工艺流程如图4.1.1所示。它以窑尾预热器排出的废气作生料烘

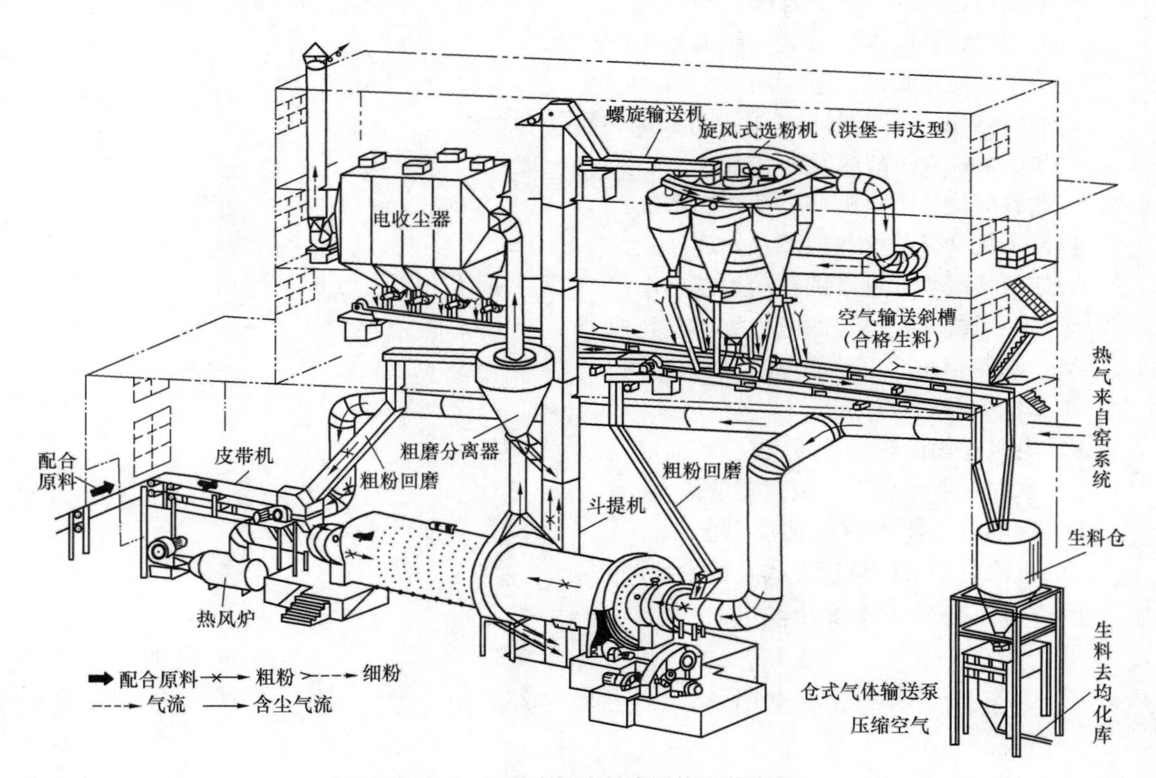

图4.1.1 生料中卸磨粉磨系统工艺流程

干热源。有三种或四种原料配合而成的混合物料经电子皮带秤计量后喂入中卸烘干磨；经粗磨仓破碎及粉磨后的物料送至旋风式选粉机进行选粉，少部分粗料返回粗磨仓继续粉磨，大部分粗料进入细磨仓内进行细磨；从细磨仓内排出的物料和粗磨仓内排出的物料一起被送至选粉机内进行选粉，细度合格的成品生料由输送设备送至均化库。

烘干废气带走的一部分物料，首先经过粗粉分离器进行粗粉的分离，分离的粗粉经过提升机输送到选粉机，剩余细粉则随废气进入电收尘器，被电收尘器收集下的细粉由输送设备送至均化库，净化后的废气则由电收尘器排风机排入大气之中。

1.2　中卸磨系统的主要设备

生料中卸磨系统主要由中卸磨、选粉机及收尘器等主要设备组成。

1.2.1　中卸磨

（1）中卸磨的结构

以 $\phi3.5\times10$m 中心传动中卸磨为例，其结构如图 4.1.2 所示。它的主要结构包括研磨体、衬板、隔仓板及卸料篦板。磨机的两端进料口端设有入料漏斗和进风烟道，中间卸料出口设有出风管。筒体内分成烘干仓、粗磨仓、细磨仓三部分。烘干仓内装设扬料板，粗磨仓内装阶梯衬板，细磨仓内装有小波形衬板。磨中部的卸料筒体上面有卸料孔，卸料孔以密封罩密封。密封罩上部的出风管与粗粉分离器相连，密封罩下部为物料出口。筒体两端与端盖相连，端盖的内侧装有端盖衬板。

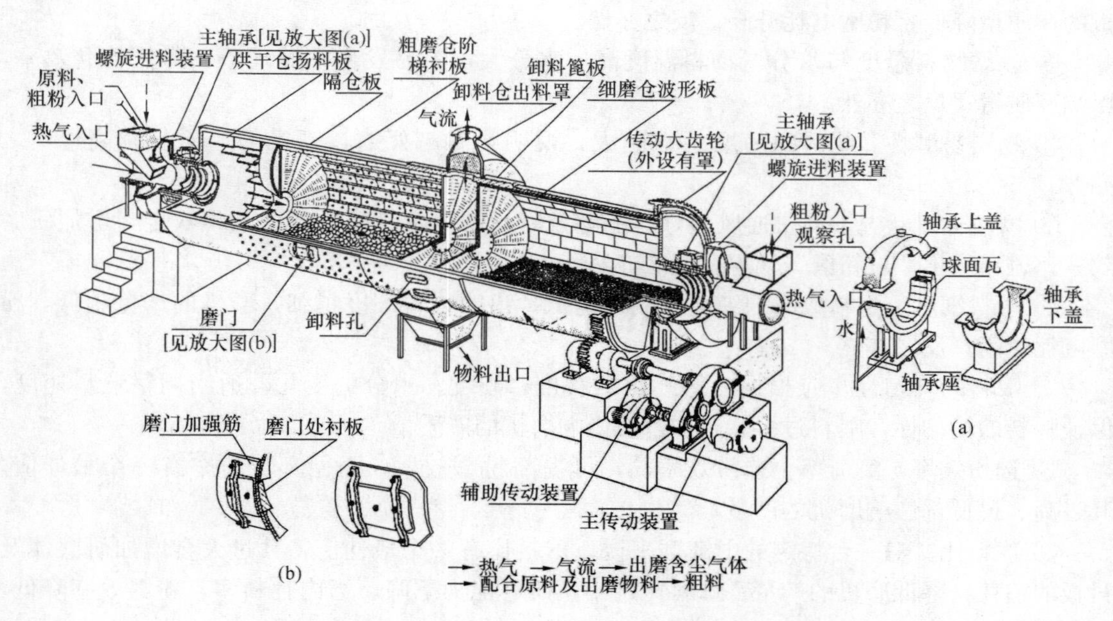

图 4.1.2　$\phi3.5\times10$m 中心传动中卸磨结构

（a）磨机主轴承；（b）磨门与磨门衬板

（2）工作原理

中卸磨可大量采用从预热器出来的气体作为烘干介质，对喂入烘干仓内的物料进行烘干。物料烘干到一定程度后进入粗磨仓，在研磨体的冲击下被粉碎、粉磨并继续烘干，被粉磨到一定细度程度的物料通过双层隔仓板进入卸料仓，由提升机输送到选粉机。分选出来的少部分粗料返回粗磨仓继续粉磨，大部分粗料进入细磨仓内进行细磨，再通过双层隔仓板子进入卸料仓，和粗磨仓出来的物料一起经过提升机输送到选粉机，细度合格的成品生料由输送设备送至均化库。

（3）技术特点

中卸磨是风扫磨和尾卸提升循环磨的有机结合，从粉磨作用来说，又相当于二级圈流粉磨系统，有以下几个技术特点：

① 利用窑尾的高温废气作为物料的烘干热源，大部分热风从磨头进入粗磨仓的烘干仓，不仅物料的烘干效果良好，而且粗磨仓风速大，不致产生磨内料面过低现象。少部分热风从磨尾进入细磨仓，可以提高细磨仓的温度，防止发生冷凝现象，有利于除去物料中的残余水分。利用窑尾废气的中卸磨可以烘干含水分至少是8%的原料。

② 磨机粗磨仓和细磨仓分开，有利于实现最佳配球方案，对原料的硬度及粒度的适应性较好。

③ 磨机的循环负荷率大，磨内发生过粉磨现象少，粉磨效率高。

④ 缺点是系统密封比较困难，系统漏风点较多，生产工艺流程也比较复杂。

（4）影响中卸磨机产量的因素

① 磨机各仓的长度。仓多，则隔仓板也多，磨机有效容积的利用率将减少，流体阻力增加；仓少，则研磨体的级配不能很好地适应物料的硬度及颗粒粒径的变化。

② 入磨物料的粒度。物料粒度大，容易发生离析现象，造成下料不均，粉磨困难，磨机的产质量降低，粉磨电耗升高；反之亦然。

③ 入磨物料温度与水分。物料温度高、水分大，容易发生粘球现象，降低粉磨效率，影响产质量；反之亦然。

④ 物料易磨性。物料的易磨系数越大，说明物料越好磨，磨机的产质量越高；反之亦然。

⑤ 磨机通风状况。磨机通风性好，能够及时把磨内水蒸气及磨内细粉吹走，增加研磨效率，避免发生“过粉磨”现象；反之亦然。

⑥ 生料细度。生料成品的细度控制得越低，出磨物料细度越细，磨机的产量越低，粉磨电耗越高；反之亦然。

⑦ 喂料的均匀性。应根据入磨物料的粒度、硬度、水分的变化，适当调整喂料速度，保证喂料的均匀性，喂料过多、过少都会影响磨机的产质量。

⑧ 选粉效率与负荷率。选粉效率高，可提高粉磨效率；而循环负荷率有一个最佳值，其过高、过低都影响磨机的产量。

⑨ 球料比。对一台特定的中卸磨来说，球料比有一个最佳值，其过大会增加研磨体及衬板的消耗，降低磨机的产量；球料比过小，研磨能力下降，磨内存料多，粉磨效率降低，也降低磨机的产量。

⑩ 生料的配比。生料的配比发生变化，则混合料的性能发生变化，产量也将发生变化。

1.2.2 选粉机

选粉机是中卸磨闭路粉磨系统的重要组成部分。它的作用是将进入选粉机内混合料中细粉合格的成品及时分选出来，将细粉不合格的粗粉返回磨内继续粉磨，防止磨机发生过粉磨现象，增加磨机的粉磨效率。生料粉磨系统常用的选粉机有旋风式选粉机、高效选粉机及组合式选粉机。

(1) 旋风式选粉机

第二代旋风式选粉机的结构如图 4.1.3 所示，其配置风机代替离心式选粉机内大风叶，提供分级气流，采用 6～8 个旋风筒收集细粉，气流由空气入口进入选粉机，经导流叶片进入选粉区，经小风叶的再次分选后，细粉被提升后进入旋风筒，收集为成品，分离后的空气经风机后，再次进入选粉机，形成气流的外部循环。

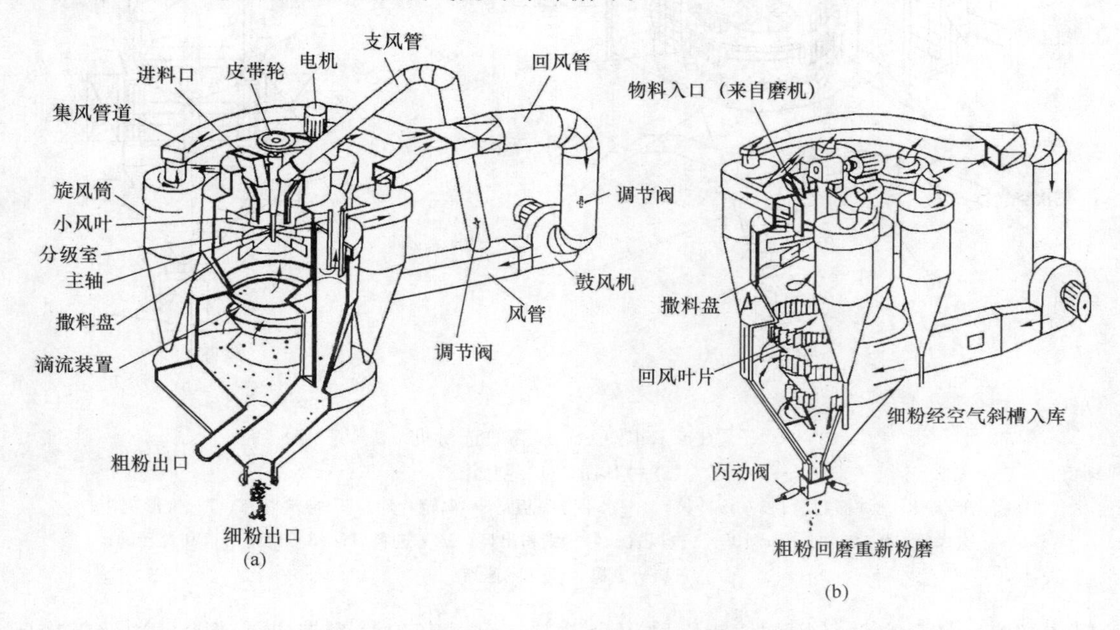

图 4.1.3　旋风式选粉机

(a) 正面图；(b) 侧面图

旋风式选粉机用旋风筒代替离心式选粉机的大直径外筒来收集细粉，提高了收尘效率，从而使循环气流中的含尘浓度大为降低。但选粉区内存在着较大的风速梯度，使分离粒径不均，粗颗粒会被其遇到的高速气流带出；它存在着边壁效应问题，使细小颗粒随粗颗粒碰撞而降落，易造成粉磨系统循环负荷的恶性增加。

(2) O-Sepa 高效选粉机

O-Sepa 高效选粉机的结构如图 4.1.4 所示。分级气流由外配引风机提供，细粉由高效率的袋式收尘器收集。可将磨机内通风引入选粉机，既环保又简单。一次风和二次风切向进入类似旋风筒的壳体，通过导流叶片进入选粉区，在旋转的转子叶片和水平隔板的作用下，形成一个均衡稳定的水平涡流选粉区。物料在撒料盘的离心力作用下，抛向缓冲板，打散后落入选粉区，自上而下，被气流挟带，连续不断地被气流及转子叶片多次分选，细粉经转子叶片、出风管进入收尘器，收集为成品。分离后的空气经引风机，排入大气，气流不循环。

O-Sepa 高效选粉机利用高效率的收尘器收集细粉，较旋风式选粉机又进了一步，引进自然风，因而从根本上消除了循环气流中粉尘多所导致的选粉区内物料的实际浓度大、干扰沉降影响扩大的现象。它利用了水平涡流分级原理，以笼式转子取代小风叶，通过导向叶片的作用，使气流成一定角度稳定均匀地穿越整个选粉区，这样就消除了选粉区内存在着较大

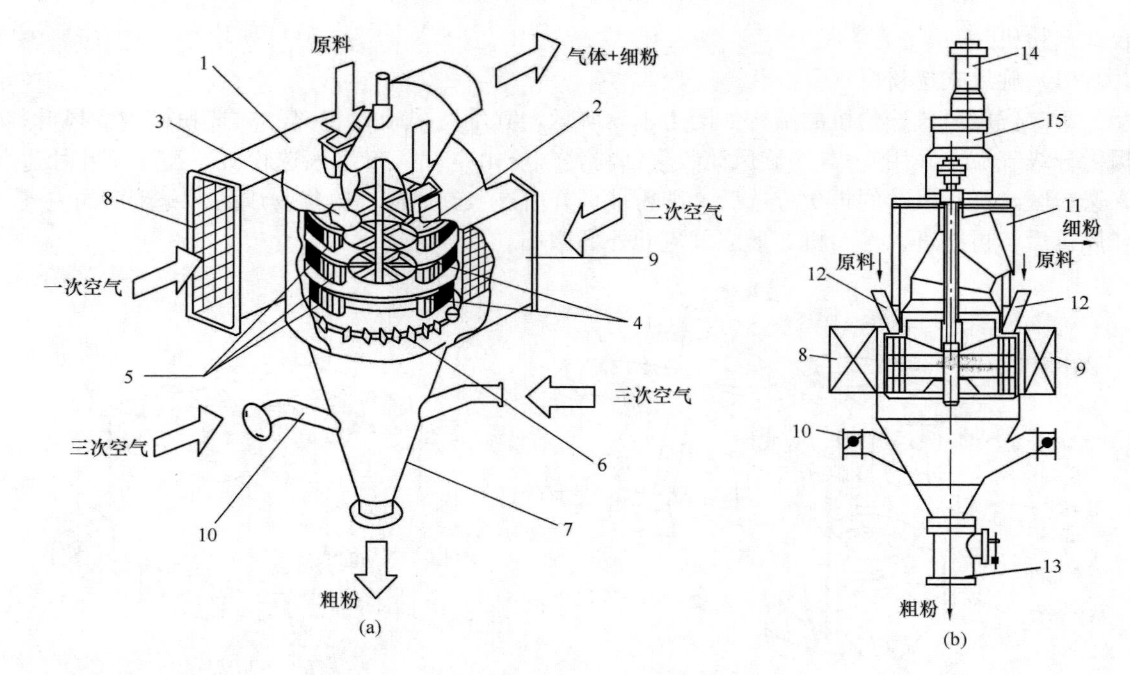

图 4.1.4　O-Sepa 高效选粉机

(a) 立体图；(b) 剖面图

1—蜗壳形筒体；2—撒料盘；3—缓冲板；4—水平分隔板；5—涡轮叶片；6—导流叶片；7—锥形灰斗；8—一次风管；9—二次风管；10—三次风管；11—细粉出口；12—进料口；13—粗粉出口和翻转阀；14—电机；15—减速器

的风速梯度，使分离粒径均匀，粗颗粒不会被其遇到的高速气流带出；消除了边壁效应问题，使细小颗粒不会随粗颗粒碰撞而降落。同时，冷空气的进入，有利于提高水泥的质量。可以肯定地说，O-Sepa 高效选粉机在分级原理上实现了跨时代的突破。

O-Sepa 高效选粉机的结构特点：

① 撒料盘与缓冲板配合，兼有撒料、打散功能，从而保证物料充分被气流分选。撒料盘用耐磨材料，延长了它在物料冲击、磨损工况下的使用寿命。撒料盘上设有凸棱，其高度对物料的分散以及系统的能耗、选粉效率、颗粒级配都有较大影响。生产实践证明，凸棱高度与内径比为 0.035～0.037 时分级精度最高。

② 导流叶片与蜗壳配合，保证了气流、风速的稳定。从一次风或二次风进入的气流，经过导流叶片进入选粉区，导流叶片的角度控制了气流的方向；如蜗壳截面不变，则气流速度随着经过导流叶片间隙的增加而逐渐降低。为了解决这一矛盾，设计者通过减少蜗壳面积来平衡导流叶片间增加的通风面积，确保了风速的稳定。

③ 灰斗内设计有迷宫式挡料圈，可以形成料层保护，因而避免了灰斗磨损。结构、制造都简单可行，细微之处犹显构思之巧。

④ 转子设计有分层隔板和分级叶片，与导流叶片共同整合气、固“两相”，延长了分选时间，避免形成速度梯度，造成成品颗粒不均匀，克服了一、二代选粉机存在的缺陷。

⑤ 整个传动系统采用稀油润滑，不仅散热润滑效果好，并且使选粉机对环境的适应性强，可以提高选粉机的运转率。

⑥ 壳体内衬用耐磨材料，以确保选粉机的寿命和运转率。采用了铬刚玉陶瓷片，在日本获得了“永不磨损”的称号。

O-Sepa 高效选粉机的调节控制：

① 比面积的控制

提高选粉机的转速，产品的比面积增大；降低选粉机的转速，产品的比面积减少。

② 成品筛余细度的控制

降低选粉机的通风量，产品筛余细度变细；增加选粉机的通风量，产品筛余细度变粗。

③ 比面积和细度的关系

生料比面积与细度不一定呈线性关系，比面积主要和产品的均匀性系数 n 或颗粒级配有关。

④ 系统风量的控制

合理调节选粉机系统的一次风（水泥磨出口含尘气体）、二次风（提升机等输送设备的含尘气体）和三次风（外界引进的清洁气体）比例，正常生产时，一次风、二次风、三次风的比例控制为 70%、20%、10%比较合理。

⑤ 辊压机运行及停运时的控制

辊压机运行时，出磨水泥细度偏粗，选粉效率偏低，循环负荷增大，这时应关小一次风的阀门开度，增加二次风和三次风风量，降低选粉机转速来改善磨机工况。辊压机停运时，出磨水泥偏细，选粉效率偏高，循环负荷减小，回料量过少，磨内流速变慢，易造成过粉磨现象。这时应增大一次风阀门开度，减小二次风和三次风风量，提高选粉机转速。

（3）组合式选粉机

组合式选粉机是笼式高效选粉机和粗粉分离器的有机组合，兼有粗粉分离器和选粉机的功能，能简化系统的结构。其结构分上、下两部分，上部为笼式高效选粉机，下部为粗粉分离器。从磨内出来的含尘气体和来自窑尾的气体自下而上进入下部的粗粉分离器，气流中的粉尘和粗粒受到反击锥的碰撞冲击作用而下落，较细的颗粒继续上升，到达上部选粉区，与喂入的物料一并风选。该机通过改变选粉机的转速来调节产品细度。

1.2.3　收尘设备

在水泥生料制备过程中，物料的破碎、烘干、粉磨、生料均化等环节都会产生粉尘，均需安装收尘设备进行收尘处理，以减少粉尘的排放浓度。常用的收尘设备有离心式收尘器、过滤式收尘器及电收尘器等。

离心式收尘器能使含尘气体做旋转运动，利用固体颗粒的离心力、惯性力作用而使其从气体中分离出来，适用于粒径大于 10μm 粉尘的气体，常见的有旋风收尘器等。过滤式收尘器能使含尘气体通过多孔过滤介质层，由于过滤层的阻挡、吸附等作用将粉尘截留并收集起来，适用于粒径大于 1μm 粉尘的收集，常见的有袋式收尘器、颗粒层收尘器等。

电收尘器能在高压直流电场内使粉尘颗粒带电，在电场力作用下使粉尘沉积并收集起来，适用于粒径大于 0.01μm 粉尘的收集，常见的有卧式收尘器、立式电收尘器等。

（1）旋风收尘器

旋风收尘器是利用含尘气体高速旋转产生的离心力将粉尘从气体中分离出来的设备。它的构造简单，易于制造，投资省，尺寸紧凑，没有运动部件，操作可靠，适应高温及高浓度气体，一般收尘效率为 60%～90%，适用于收集粒径大于 10μm 的粉尘。其缺点是流体阻力较大，能耗较大，操作时要求流量稳定、密封好，仅限粗颗粒净化，通常用作水泥企业的一级收尘。

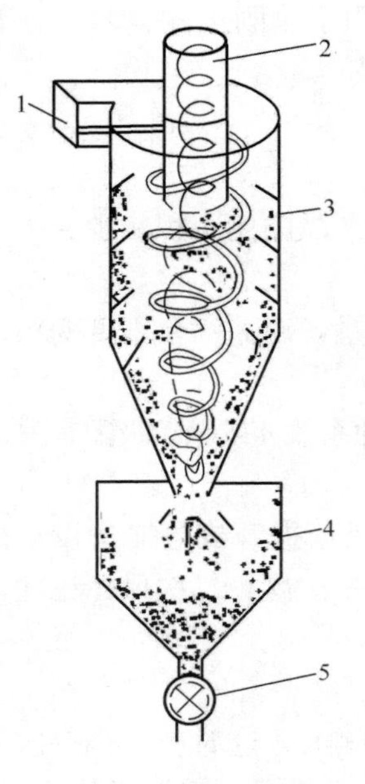

图 4.1.5 旋风收尘器的结构原理图

1—进气口；2—排气管（内管）；3—外圆管；4—集灰斗；5—排灰阀

旋风收尘器的结构原理如图 4.1.5 所示。旋风收尘器主要由锥形底的外圆筒、进气口、排风管（内筒）、排灰阀及集灰斗等组成。排气管插入外圆筒顶部中央，进气口与外圆筒相切连接。

含尘气体从进气口以一定的速度（12～20m/s）切向进入外圆筒后，进行旋转运动。由于内外筒及顶盖的限制，气流在其间形成一股自上而下的外旋流，旋转过程中粉尘颗粒由于惯性力作用而大部分被甩向筒壁，失去动能并沿筒壁下滑，经锥体下料口入集灰斗，最后由排灰阀排出。旋转下降的旋流随着圆锥的收缩而向收尘器中心靠拢，旋转气流进入排气管半径范围附近便开始上升，形成一股自下而上的内旋流，最后经排气管向外作为净化气体排出。

旋风收尘器的技术特点：

① 操作简便，维护方便，压力损失中等，动力消耗不大，运转、维护费用较低。

② 操作弹性较大，性能比较稳定，不受含尘气流的浓度、温度的限制，一般用于捕集 5～15μm 的颗粒，收尘效率可达 80%及以上。

③ 结构简单，无运动部件，不需特殊的附属设备，占地面积小，制造、安装方便，投资较少。

④ 对于粉尘的物理性质无特殊要求，可根据生产的不同要求选用不同材料制作内衬耐磨、耐热材料，以延长收尘器的使用寿命。

（2）袋式收尘器

袋式收尘器利用的是过滤收尘方法，采用透气但不透尘粒的纤维织物作为滤袋，当含尘气体通过滤袋时，尘粒阻留在纤维滤袋上，使气体得到净化。这种收尘器能把 1μm 以上的微小颗粒阻留下来，从而使气体得到净化。因过滤织物通常多做成袋状，故它被称为袋式收尘器。如果把它与旋风收尘器或粗粉分离器串联起来，作为二级收尘设备，对破碎、烘干、生料制备、水泥制成、煤粉制备系统等产生的粉尘进行处理，收尘效率可稳定在 98%及以上，完全能够达到环保要求。

袋式收尘器的技术优点有：

① 排出的粉尘浓度低，一般都低于 50mg/Nm^3，甚至可以小于 20mg/Nm^3。对低硫煤和灰分高的煤，用电除尘器要达到这么低的浓度是十分困难的，需要增加较多的投资，即将常规的 3 电场要扩大至 4～6 电场。

② 排出的粉尘浓度不受粉尘比电阻、浓度、粒度等性质的影响，烟气量波动对袋式收尘器出口排放浓度的影响不大。

③ 一般袋式收尘器采用分室结构，并在设计中留有余量。收尘器分室可轮换检修，而不影整个收尘器的运行。

④ 由于袋式收尘器捕集微细粉尘更有效，它除去飞灰中所含稀有金属微粒比电除尘更有效，而且对 PM10、PM2.5 微细粉尘能更有效地去除，减少对人体健康的危害。

⑤ 袋式收尘器结构和维护均较简单。

⑥ 滤袋材质的使用寿命一般在 2 年及以上，可满足水泥企业生产的需要。

⑦ 在干式、半干式脱硫生产系统中，袋式收尘器可以进一步减少烟气中所含 SO_2 的含量。

袋式收尘器的缺点有：

① 需要坚持正确地运行和维护袋式收尘器。

② 必须严格按照正确的操作程序启动和关停袋式收尘器。

③ 需要注意控制烟气温度不超过滤袋所能耐受的程度，同时不低于露点，以免结露粘袋，影响收尘效率。

④ 气体压力损失比电收尘器大，一般为 1200～1800Pa 左右。

常见袋式收尘器的种类有气箱式脉冲袋式收尘器及气环反吹风袋式收尘器。

① 气箱式脉冲袋式收尘器

气箱式脉冲袋式收尘器的结构及工作原理如图 4.1.6 所示。当含尘气体由进风口进入灰斗后，一部分较粗的尘粒在这里由于惯性碰撞、自然沉降等原因落入灰斗，大部分尘粒则随气流上升进入袋室，经滤袋过滤后，尘粒被阻留在滤袋外侧，净化的气体由滤袋内部进入箱体，再由阀板孔、出风口排入大气。随着过滤过程的不断进行，滤袋外侧的积灰也逐渐增多，从而使收尘器的运行阻力也逐渐提高。当阻力增加到预设值（例如 1250～1500Pa）时，清灰控制器发出信号，首先控制提升阀将阀板孔关闭，以切断过滤气流，停止过滤过程。随后电磁脉冲阀打开，以极短的时间（比如 0.1～0.15s）向箱体内喷入压力为 0.5～0.7MPa 的压缩空气，压缩空气在箱体内迅速膨胀，涌入滤袋内部，使滤袋产生变形、振动，加上逆气流的作用，滤袋外部的粉尘积灰被清除下来并掉入灰斗。清灰完毕后，提升阀再次打开，收尘器再次进入过滤状态。

② 气环反吹风袋式收尘器

气环反吹风袋式收尘器的结构及工作原理如图 4.1.7 所示。含尘气体从上部进气口进入顶

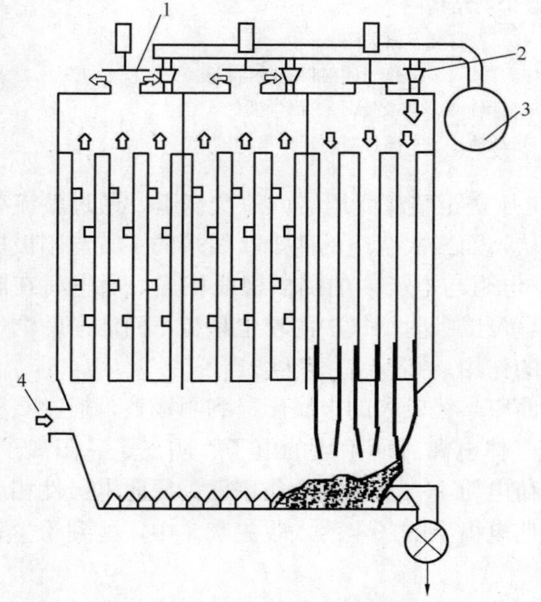

图 4.1.6　气箱式脉冲袋式收尘器

1—排气阀；2—脉冲阀；3—气包；4—进气口

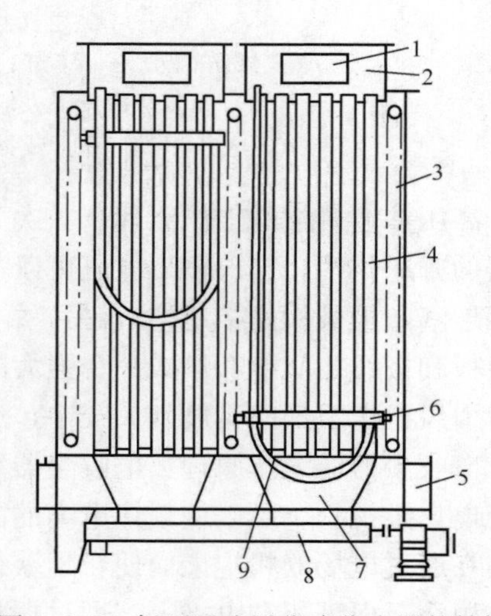

图 4.1.7　气环反吹风袋式收尘器的结构

1—进气口；2—气体分配室；3—过滤室；4—滤袋；5—排气口；6—气环箱；7—集灰斗；8—螺旋输送机；9—胶管

部的分配室后均匀进入各个滤袋内，净化后的气体经排气口排出。吸附在滤袋内壁的粉尘和纤维缝中的粉尘被气环箱喷出的高速空气吹落，吹落的粉尘沉降到集灰斗中并经输送机械送走。气环箱紧贴滤袋靠机械传动装置作周期性上下移动，每移动一次，即完成一次清灰过程。

气环反吹风袋式收尘器的主要技术特点是：适用于高湿度、高浓度的含尘气体；可采用小型高压鼓风机作为气源，过滤风速大、投资省；由于装在机体外部，所以维修管理方便；不需要高精度的控制仪表，造价较低。其主要缺点是气环箱上下移动时紧贴滤袋，使滤袋磨损加快，故障率较高。

(3) 电收尘器

电收尘器的结构如图 4.1.8 所示。电收尘器主要由电晕极、积尘极、振打装置、电收尘器的壳体、保温箱、排灰装置和高压整流机组组成。电收尘器的主要工作部件为电晕极和积尘极。

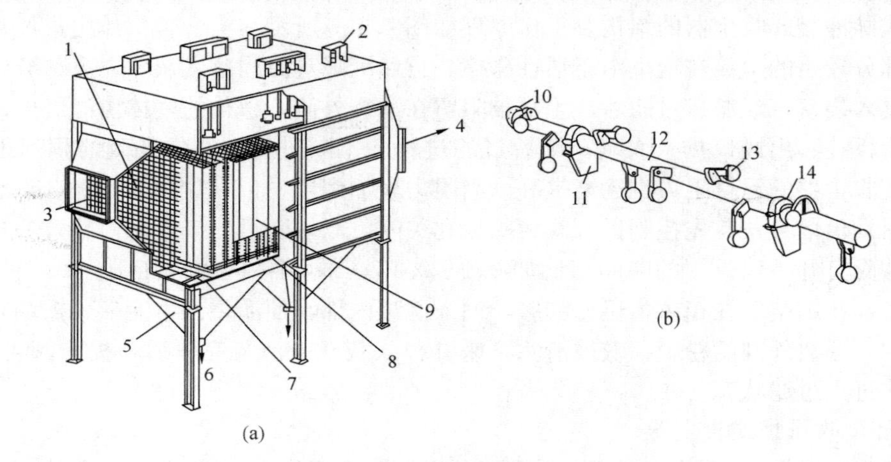

图 4.1.8 电收尘器结构图

(a) 电收尘器结构图；(b) 振打装置放大图

1—气流分布板；2—保温箱；3—含尘气体入口；4—净化气体出口（接排风机）；
5—集灰斗；6—集灰输送设备；7—横梁；8—电晕极；9—积尘极；
10—电机联轴器；11—支撑装置；12—转动轴；13—振打锤；14—滑动轴承

高压整流机组的工作原理：一次 380V 线电压送至整流变压器的一次绕组，通过整流变压器的升压作用，二次输出电压可以达到几万伏，而二次绕组的两个接线端的一端与阳极极板相连（阳极极板是接地的），另一端经过阻尼电阻与电场内的阴极极线相连，通电时在阴阳极板和极线之间能够形成一个强大的静电场，可以吸附烟气中的粉尘颗粒，而洁净的烟气通过引风机送至烟囱排放到大气中，达到除尘的作用。

电收尘器的工作原理：电收尘器是在两个曲率半径较大的金属阳极和阴极上，通过高压直流电，维持一个足以使气体电离的静电场。气体电离后所生成的电子、阴离子、阳离子，吸附在通过电场的粉尘上而使粉尘获得电荷。荷电粉尘在电场力的作用下，便向电极性相反的电极运行而沉积在电极上，通过振打等方式使电极上的灰尘落入收集灰斗中，达到粉尘和气体分离的目的。

电收尘器的工作过程：接通电源后，在电场作用下，空气中的自由离子要向两极移动，电压愈高、电场强度愈高，离子的运动速度愈快。由于离子的运动，极间形成了电流。开始时，空气中的自由离子少，电流较少。当电压升高到一定数值后，放电极附近的离子获得了较高的能量和速度，它们撞击空气中的中性原子时，中性原子会分解成正、负离子，这种现象称为空气电离。空气电离后，由于连锁反应，在极间运动的离子数大大增加，表现为极间的电流急剧增加，空气成了导体。放电极周围的空气全部电离后，在放电极周围可以看见一圈淡蓝色的光环，这个光环称为电晕。电除尘器的电晕范围通常局限于金属棒周围几毫米处。空气在电晕范围电离后，正离子很快向负极移动，只有负离子才会进入电晕外区，向阳极移动。含尘空气通过电除尘器时，由于电晕区的范围很小，只有少量的尘粒在电晕区通过，获得正电荷，沉积在电晕极上。大多数尘粒在电晕外区通过，获得负电荷，最后沉积在阳极板上，使含尘气体得到净化。通过定期振打两极，可使两极吸附的粉尘掉落到集灰斗，再通过输送设备运走。

电收尘器的优点有：

① 压力损失小，一般只有200～500Pa。

② 处理烟气量大，可达105～106m^3/h。

③ 能耗低，大约只有0.2～0.4kWh/1000m^3。

④ 对细粉尘有很高的捕集效率，可达到99%及以上。

⑤ 适合温度高、腐蚀性强的气体。

电收尘器的缺点有：

① 设备庞大，占地面积大。

② 耗用钢材多，一次投资大。

③ 结构较复杂，制造、安装的精度要求高。

④ 对粉尘的比电阻有一定要求。

任务2 生料中卸磨系统的操作

任务描述：熟悉生料中卸磨系统的开停车操作；熟悉生料中卸磨系统的正常操作控制。

知识目标：掌握生料中卸磨系统的开停车操作及正常操作控制等方面的理论知识。

能力目标：掌握生料中卸磨系统的开停车操作及正常操作控制等方面的生产操作技能。

2.1 中卸磨系统开停车操作

2.1.1 中卸磨系统开车前的准备

（1）掌握入磨物料的物理性质，了解生料产品的各项计划指标要求，以保证生产的产品满足要求。

（2）观察磨头仓的备料情况，石灰石、砂岩等物料必须有一定的储存量，一般满足4h及以上的生产需要，其他辅助物料也应根据配料和生产情况适量准备，避免磨机运转过程中发生断料现象。

（3）检查磨内各仓研磨体装载量是否符合要求，检查磨内衬板是否有破损的，检查隔仓板和出口篦板是否有堵塞现象，检查磨内喷水装置是否完好。

（4）检查喂料装置是否正常。

（5）检查磨机各传动部分的螺栓有无松动。

（6）检查选粉机、收尘器、提升机和其他输送设备是否正常，并完成主机的单机试机，以确保正常运行。

（7）检查入磨水管的水压是否正常，冷却水管及下水道是否畅通。如遇小修和短时停磨，不宜关闭冷却水，以便在夏天时增加降温效果，在冬天时防止结冰造成水管冻裂。

（8）检查磨机及其他辅机传动部分的润滑油是否适量，油质是否符合要求。

（9）检查磨机及其他辅机的安全信号装置是否良好，开车时避免其附近有人。

（10）做好其他开车前的准备工作，保证磨机顺利启动。

2.1.2 中卸磨系统开车操作

采用中央控制室集中控制，备有 PLC 程序控制系统，车操作均由中控操作员控制。中卸磨系统的开停采用组控制形式，开车组控制分为库顶收尘器组、气力提升泵、油泵组、排风机系统组、生料输送组、选粉机组、提升机组、磨机组及喂料组等，除油泵组单独与磨机组联锁外，其他各组均进入系统联锁。

正常的开车顺序是与工艺流程相反的，即从进生料均化库的最后提升机输送设备起，按顺序向前开，直至开动磨机后再开喂料机。具体流程是：启动前准备→磨润滑系统启动→生料入库组（若窑灰入均化库，该组在启动窑灰处理前启动）→生料输送组→排风机系统组→烘磨→选粉机组→出磨输送组→磨主电机备妥、脱开辅传离合器→调整系统各阀门开度→磨主电机→入磨输送组→设定喂料量→进入自动调节回路。应该注意的是，在开动每一台设备时，必须等前一台设备运转正常后，再开动下台设备；开车前的准备工作完成并确保正常无误，磨机启动时应先启动减速机和主轴承的润滑油泵及其他润滑系统。

采用静压轴承的磨机，待主轴承油泵压力由零增加到最大值，又回到稳定压力（一般为 1.5～2.0MPa）时表明静压润滑的最小油膜已形成，可启动磨机主电机（若设有辅助传动装置，应先开动辅助传动装置，10s 后方可开主传动装置）。磨体采用淋水的磨机，需要人工开启供水装置，注意控制水量由少到大逐步增加至正常水平。

所有设备运转正常后便可进行喂料操作。如果磨机采用自动控制喂料，则启动后，计算机按一定数学模型运算处理，检测出磨机的负荷值，向喂料调节器送出喂料量的目标值，使之逐步增加喂料量直至达到目标值，磨机进入正常负荷状态。

2.1.3 中卸磨系统停车操作

中卸磨系统的停车分为正常停车和紧急停车两种形式。

（1）正常停车

正常停车的顺序与开车的顺序相反。每组设备之间应间隔一段时间，以便使系统各设备排空物料，其具体流程是：喂料系统→球磨机→出磨提升设备→选粉机系统→成品输送系统→收尘系统→润滑冷却系统。应该注意的是，当磨机停车后，磨机后面的输送设备还要继续运转一段时间，直至把其中的物料输送完为止。若是因为更换衬板、隔仓板、研磨体等故障停磨，应先停喂料机，使磨机继续运转大约 15min，待磨内物料基本排空后才停磨。

（2）紧急停车

只有发生危及人身和设备安全时才允许采用紧急停车。其操作方法是紧急停磨的同时，磨机喂料输送系统设备自动停止，磨机支承装置及润滑装置的高压泵立即启动。如果故障在短时间内可以排除，可以不停系统其他设备，排除故障后再启动磨机主电机和喂料系统；如果故障在短时间无法排除，系统其他设备应按顺序停车。设备超负荷或出现严重的设备缺陷，以致造成磨机不能继续运转的情况通常有以下几种：

① 磨机的电动机运转负荷超过额定电流值；选粉机和提升机等辅助设备的电动机运转负荷超过额定电流值。

② 磨机和主减速机轴承温度超过停车设定温度（如磨机轴承温度超过65℃时）；各电动机的温度超过规定值。

③ 润滑装置出现故障，不能正常供油；冷却水压因故陡然下降而不通。

④ 磨机衬板、挡环、隔仓板等的螺栓因折断而脱落。

⑤ 磨音异常，包括内部零件脱落。

⑥ 主电动机、主减速机出现异常振动及噪声，地脚螺栓松动；轴承盖螺栓严重松动。磨机大、小齿轮啮合声音不正常，特别是出现较大振动。

⑦ 各喂料仓的配合原料出现一种或一种以上断料而不能及时供应；磨机出磨物料输送系统设备及后面的系统设备出现故障，不能正常生产。

(3) 停车操作注意事项

① 关闭主轴承内的水冷却系统。

② 静压轴承停车后，高压油泵还应运行 4h，使主轴承在磨体冷却过程中处于良好的“悬浮”状态，以防擦伤轴承表面。

③ 设有辅助传动装置的磨机，在停车初期，每隔一定时间应启动辅助电机一次，使磨机在较低的转速下运转一定时间，以防筒体变形。

④ 若因检修磨内需要停车，应启动辅助传动装置，慢速转动磨体，当辅助电机电流基本达最低值，即球载中心基本处于最低位置时，立即把磨机的磨门停在要求的位置，以免频繁启动磨机。

⑤ 对于有计划的长期停车，停车后应按启动前的检查项目检查设备各部分是否完好。冬季停磨时间较长时，待磨机筒体完全冷却至环境温度时，可停掉冷却水，用压缩空气将所有通过冷却水的机件内的剩余水吹净。循环水可以不停，但需注意防冻。对于长期停磨，必须将磨内研磨体倒出，防止磨机筒体变形，并定期用辅助传动装置翻磨。

2.1.4　中卸磨系统试运转与正式生产

(1) 磨机的试运转

新安装或大修后的磨机，必须进行空车试运转（磨内无研磨体或物料），其运转时间不得小于 12h。如在运转中发现传动部件产生较大振动、有杂音或运转不平稳，轴承的润滑系统供油情况不良，轴承温度超过 80℃，衬板螺栓和设备地脚紧固螺栓松动等情况，必须及时修理。经空载试车良好并无其他异常现象，即可向磨内加入规定数量的 30%研磨体，运转 16h 后再加入 30%的研磨体，继续运转 48h 后，将余下 40%的研磨体全部加入补足，直至试运转正常为止。每次加入研磨体，都应加入相应数量的物料。在试运转时，必须经常注意磨机电流是否超过规定值，设备是否运行正常，若发生异常应及时处理。

(2) 磨机正式投入生产

磨机成功完成试运转，生产工艺及设备符合下列条件后即可正式投入生产。符合的条件是：磨机的零部件完好；研磨体装载量达到规定数量；所有紧固螺栓均完好；选粉机和收尘等辅助设备完好；电动机和减速机设备完好；设备轴承、大小齿轮和各部件的润滑油符合要求；整个粉磨系统的安全设备、密封设备、照明系统及各岗位间的联系信号完好。

2.2 生料中卸磨的正常操作

2.2.1 中卸磨的操作特点

（1）如何利用与调整热风是中卸磨操作的重要环节，它将直接影响磨机的产质量及消耗指标。根据生产实践经验，中卸磨的用风原则是：小风养料，大风拉粉。即磨尾排风机的风门应小些，进行磨内养料；循环风门开度应大些，拉走选粉机内粉料，有利于提高选粉机的选粉效率。当喂料量一定时，磨尾排风机风门开度小一点，磨系统总抽风量小，物料在磨内的流速减慢，物料在磨内停留时间长，会增加物料的研磨机会，磨得细一些，更容易获得合格细度的成品。相反，磨尾排风门开度大，系统总抽风量大，物料在磨内的流速变快，停留时间短，大颗粒物料未被充分研磨就被带出磨机，进入空气斜槽，长时间后磨仓内细粉被拉空，斜槽内无细粉的冲刷与抖动，只剩下小颗粒物料，则物料的流动性降低，可能会堵塞斜槽造成停磨事故。中卸磨粗磨仓的热风量分配比例大约是70％～80％，细磨仓的热风量分配比例大约是20％～30％，因为粗磨仓物料粒度较大，物料流动性差，需用大风拉动带出磨外，而细磨仓物料颗粒较小，物料流动性好，用风量要小些。当喂料量增大时，操作上应该主要增加循环风的风量。在操作过程中，通过观察磨尾负压、主电机电流、提升机电流、磨音等参数的变化，防止由于喂料量、物料性质、用风量以及选粉效率的变化而发生的饱磨现象。

（2）根据入磨物料粒度的变化合理调整分料阀位置，以平衡粗磨仓与细磨仓的能力。对于破碎粒径范围较宽的物料，经过料仓时就会有严重离析现象，导致仓满至仓空的过程会有小粒径向大粒径转变的过程，此时，如不能及时调整分料阀，让回磨粗粉进入细磨仓的比例变大，就会加重粗磨仓负荷，直到粗磨仓涨磨，使提升机电流下降，甚至接近空载电流。反之，当喂料变细时，分料阀就应反向调整，否则出磨提升机电流就会越升越高，最后细粉仓涨磨，磨机卸料处发生大量漏料现象。

（3）北方冬季开停车时，都应提前一小时通热风或关热风，使系统温度有一个渐进的过程，对设备中空轴和筒体都有好处。

（4）慎重使用高铬球，因为温度的急剧变化会使高铬球炸裂，尤其是直径偏大的钢球。

2.2.2 中卸磨的操作原则

（1）风量与喂料量的匹配

风量的调整直接影响物料的烘干及磨内物料流速，因此风量和喂料量两者必须相匹配。增加磨机喂料量，磨机的通风量首先必须充足，在风机性能允许和成品细度合格的情况下，可以采用增大循环风量、提高选粉机转速的操作方法。

（2）尽可能提高循环负荷率

循环负荷率与成品细度、选粉效率、喂料量有着密切关系。正常情况下，循环负荷率的大小取决于喂料量，增加喂料量，磨机循环负荷率会相应增加。控制较高的循环负荷率是提高产量的必要条件。生料易燃性好时，可适当放宽细度指标；生易磨性好、研磨体级配合理时，可以增加喂料量，或者稳定喂料量，降低循环负荷率。循环负荷率稳定可以提高选粉效率。循环负荷率提高的前提条件是出磨提升机和选粉机的额定功率要足够。根据生产实践经验，中卸磨循环负荷率控制在400％～500％之间比较合适。较高的粗磨仓回料量是体现中卸磨能力的重要标志，也是细磨仓粉磨效率高的前提。

（3）寻找选粉机回粉量的最佳分配比例

回粉量的最佳分配比例，可根据生产实践进行摸索，没有固定的统一比例。中卸磨粗磨仓与细磨仓设计的分料比例为3∶7，但在使用粉煤灰配料时，如果粉煤灰掺加量达到8%及以上，会有明显“助磨”作用，这时可将回粉量全部打入细磨仓，能够获得更好的生产效果。

（4）循环风量与磨尾排风量的匹配

中卸磨产量低的主要原因往往是通风量不足，致使粗磨仓出料困难，生产上虽然有时增加磨尾排风量，但会因为循环风阀门开得过大（比如30%）而抵消了增加的通风量；如果循环风阀门最大只开至10%，同时加强系统锁风堵漏，确保粗磨仓的压差，磨尾排风机风阀开至100%，就能够发挥中卸磨的更大潜力。

中卸磨刚料量较小，如果控制粗磨仓的压差过大，则会造成出仓的物料粒度过大，可能造成回料斜槽堵塞。因此，刚开机时磨尾排风机风阀开度应限制在20%左右，随着喂料量的增加再逐渐增大其开度。

2.2.3　中卸磨的主要控制参数

生产上控制中卸磨的参数很多，包括检测参数和调节参数，其中检测参数反映磨机的运行状态，调节参数则是控制及调整磨机的运行状态。以ϕ4.6×（9.5+3.5）m生料中卸磨为例，其主要控制参数如表4.2.1所示，其中1～12为检测参数，13～22为调节参数。

表4.2.1　中卸磨的主要控制参数

序号	参数	最小值	最大值	正常值
1	磨机电耳（%）	0	100	65～70
2	出磨提升机电流（A）	0	210	170～180
3	进磨头热风温度（℃）	0	300	240～260
4	进磨头热风负压（Pa）	0	800	350～500
5	进磨尾热风温度（℃）	0	300	200～210
6	进磨尾热风负压（Pa）	0	2000	1000～1300
7	出磨气体温度（℃）	0	100	75～80
8	出磨气体负压（Pa）	0	3500	2000～2300
9	出选粉机气体温度（℃）	0	100	70～80
10	出选粉机气体压力（Pa）	0	7000	4500～5000
11	选粉机功率（kW）	0	100	50～65
12	0.08筛余（%）	0	100	12～16
13	生料喂料量（t/h）	0	210	180～200
14	粗粉分料阀开度（%）	0	100	15～20
15	进磨头热风阀门开度（%）	0	100	70～80
16	进磨头冷风阀门开度（%）	0	100	30～40
17	进磨尾热风阀门开度（%）	0	100	20～30
18	进磨尾冷风阀门开度（%）	0	100	40～60
18	选粉机转速（r/min）	0	210	170～210
20	循环风阀门开度（%）	0	100	30～45
21	主排风机进口阀门开度（%）	0	100	80～100
22	系统排风阀门开度（%）	0	100	50

2.2.4 中卸磨的正常操作控制

（1）喂料量的控制

电耳测得的磨音强弱反映了磨内存料量的多少和磨内粉磨能力的大小。磨机正常运转时，磨音强度为60%～70%，磨音强度小，反映磨内料多，反之则料少。磨音强度达到最大值100%时则报警，说明磨内无料或存料很少。

出磨提升机电流（功率）的大小反映通过磨内料量的大小。提升机电流大，说明通过磨内的料量大，反之则通过磨内的料量小。磨内物料通过量由喂料量和粗粉回料量两部分组成，所以常以提升机电流的大小作为调节磨机喂料量的第二位调节变量。

（2）风量的控制

系统中热风、冷风以及排风机的阀门是用来调节系统各控制点处的温度及压力的，如磨头、磨尾两端所设热风阀是用来调节入磨热风温度及使两端的负压相等的。当负压增大时，则将热风阀门开大；反之，负压降低，则将热风阀门关小。当磨机出口压差减小时，则须将排风机阀门开大，或将选粉机的循环阀门关小。

通过调节分料阀的开度，控制选粉机粗粉回粗磨仓的量占30%，细磨仓的量占70%，正常生产情况下，这一比例调好后一般不常变动。

系统的总风量直接关系到粉磨系统的产品质量。风量的调节，除了根据磨机进出口压差外，还应视选粉机的出口压力来调节。

循环风阀门主要用来调节选粉机的工作风量。当出磨风温下降，负压增大时，则可将循环风阀门开大，以提高出磨上升管道中气体的速度。

出磨生料成品的水分一般控制≤0.5%，主要是通过调节入磨热风量及热风温度来实现控制的。

（3）生料细度的控制

生料成品细度主要是通过调节选粉机转速来实现控制的。一般情况下，选粉机转速加快，生料成品的细度就变细，反之则变粗。生料成品的细度控制得太细，会降低磨机产量，增加生料分步电耗；控制得太粗，虽然可以提高磨机的产量，但会影响熟料的煅烧质量。

任务3　生料中卸磨系统的常见故障及处理

任务描述：熟悉生料中卸磨系统的常见故障及处理等方面的知识和技能。

知识目标：掌握生料中卸磨系统发生的常见故障原因。

能力目标：掌握处理生料中卸磨系统常见故障的实际生产操作技能。

3.1 饱磨

（1）饱磨时的现象

当磨机入磨物料量大于出磨量较长时间时，磨机内的物料会越来越多，当磨头喂料端不能再加料而出现吐料时就叫满磨，也叫饱磨，中御磨的粗磨仓及细磨仓都可能发生饱磨现象。磨机产生饱磨的现象时会伴随产生很多症状及现象，比如磨机压差变大，磨机主电流变小，出料提升机电流变小，出磨的物料细度变粗等。粗磨仓饱磨时磨音相当沉闷，细磨仓正常时能听到小钢球研磨的沙沙声，饱磨时听不到声音。

（2）产生饱磨的原因

①钢球磨损后不能及时补足，造成磨机的研磨能力不足。

②磨机内各仓研磨能力不均衡，粗磨仓能力过高，细磨仓就容易发生饱磨现象；粗料仓与细分仓内物料流速不匹配，或粗粉回料入粗料仓与细分仓的比例不当。

③中御磨系统有意想不到的设备故障，会导致发生饱磨现象。比如，选粉机回粉下料管上的双层重锤翻板阀控制失灵，阀片与阀杆连接螺栓脱落，使次阀片成为常开状态，造成风道短路，细粉成品在主排风机强大负压作用下，不可能拉走而返回磨内，实际降低了选粉效率，细粉逐渐累积堵塞了隔仓板，磨内难以通风，最后导致发生饱磨现象；另如选粉机旋风筒下分格轮堵死，引发旋风筒内积满细粉成品，造成粗细粉全部返回磨内形成饱磨；又如隔仓板堵塞，造成仓内物料越积越多而形成饱磨。

④入磨物料粒度大、易磨性差、水分大，降低了磨机的研磨能力；磨机的通风量不足，磨内细粉不容易被带到磨外；循环风量不足，造成选粉机的选粉效率下降，回粉量异常增多。

（3）饱磨的处理

①在保证成品细度合格的前提下，最大限度地降低选粉机的转速。

②增大循环风门的开度，增加选粉机的选粉效率。但循环风量不能增加过大，因为系统总抽风量一定，循环风量过大则磨内通风量减小，造成磨内物料的流速降低。

③粗磨仓发生饱磨时，粗粉回料 90％及以上进入细磨仓；细磨仓发生饱磨时，粗粉回料 70％及以上进入粗磨仓。

④粗磨仓发生饱磨时，为增加粗磨仓的通风量，粗磨仓的冷风门及热风门的开度都有增大，细磨仓的风门开度不变；同理，细磨仓发生饱磨时，细磨仓的冷风门及热风门的开度都有增大，粗磨仓的风门开度不变。

⑤处理饱磨最简单有效的办法是减料，但减多少要根据磨况而定，轻微饱磨时少减，一次减大约 10t/h，严重时要多减，一次减大约 30～50t/h，更严重时，采取止料办法。需要注意的是，减料时要根据出磨物料的流量大小及物料粒度而决定是否减小磨内通风量。当出磨提升机电流比较高，则不需要减小磨内通风量，即使出磨斜槽内有小石子也无妨。经过一段时间后，出磨斗式提升机电流变低，出磨物料流量减小，出磨斜槽内有大约 25％～30％蚕豆般大小的粗颗粒，则说明磨内通风量大了，应减小磨内通风量进行养料。根据成品细度调整选粉机的转速，细度合格就不要降低选粉机的转速，成品细度不合格就要降低选粉机的转速。

3.2　糊球及包球

（1）糊球及包球的现象

当入磨的物料水分含量较高，热风的温度又较低时，磨机容易发生糊球现象。磨内成品不能及时出磨，这些成品在磨内容易产生过粉磨现象，过细产品产生静电效应，吸附在研磨体表面，产生包球现象。磨机发生糊球及包球现象时，会伴随产生很多症状及现象，比如磨机电流变小，磨音变小、发闷，出磨物料量大幅下降，磨机出口废气温度过高，出磨物料细度变细等。

（2）糊球及包球的处理

①加大磨机排风量，增加磨内通风量，及时抽走磨内的合格成品生料粉。

②在入磨物料里适当掺加煤矸石、煤粉，消除细粉产生的静电效应。

③使用助磨剂后，不仅能够消除细粉产生的静电效应，而且可以增加磨内物料的流动性。

3.3 磨头吐料

（1）磨头吐料的原因

①入磨的石灰石、砂岩、矿渣等物料的水分过大，尤其是矿渣含水量达到5%及以上时，容易造成隔仓板、篦板缝隙堵塞，磨内的细粉从隔仓板篦缝中穿过受阻，在粗磨仓内越积越多，发生了满磨现象，物料只好从磨头吐出。

②收尘布袋表面挂灰严重，收尘系统阻力增大，影响磨内通风；风料输送管道壁粘结较厚物料，增加磨机通风阻力，这时如果长时间保持高线喂料量，容易产生吐料现象。

③磨机喂料量异常过大，无法完成全部粉磨任务，部分物料从磨头排出。

④入磨物料粒度较大、易磨性很差。

⑤研磨机磨损后，没有及时补足，级配严重不合理。

（2）磨头吐料的处理

①控制入磨的石灰石、砂岩、矿渣等物料的水分符合标准要求。

②利用停磨机会及时清理收尘布袋表面的挂灰、风料输送管道内壁粘结的积料，减小系统的通风阻力。

③合理控制磨机的台时产量，不能盲目追求喂料量。

④定期清仓计算，按研磨体的最佳级配方案补足磨损的钢球，适应入磨物料粒度、易磨性的频繁波动。

3.4 磨音异常

3.4.1 磨音异常1

（1）现象：磨音发闷，磨尾下料少，磨头可能出现返料现象，产生饱磨现象。

（2）原因分析：磨机进出料不平衡，磨内存料过多，喂料过多或入磨物料的粒度及硬度过大，未能及时调整喂料量；入磨物料水分大，磨内通风不良，造成隔仓板堵塞，物料流速降低；研磨体级配不合适，粗磨仓和细磨仓的研磨能力不平衡；选粉机的选粉效率低，回料粗粉过多，磨机循环负荷率增加。

（3）处理方法：一般应先减少喂料量，如果效果不明显，则需停止喂料，待磨机正常后，再逐渐加料至正常。

3.4.2 磨音异常2

（1）现象：磨音小、低沉，出磨气体中的含水量增大，出磨物料较潮湿，磨机粉磨效率降低，研磨体表面可能黏附一层细粉，发生了包球现象。

（2）原因分析：入磨物料水分大，磨机内通风不良。

（3）处理方法：增加入磨的热风量和热风温度，加强物料的烘干作用；增加磨内通风量，及时而快速地排出磨内的水蒸气；增设磨外淋水装置，增加磨内研磨效率。

3.4.3　磨音异常 3

（1）现象：粗磨仓的磨音降低，出磨提升机功率下降，磨机出口负压上升，细磨仓磨音增大。

（2）原因分析：粗磨仓发生堵塞现象。

（3）处理方法：停止粗磨仓的回粉喂料量，增大粗磨仓的通风量。如处理效果不好，停止磨机喂料量。

3.4.4　磨音异常 4

（1）现象：磨音低，出磨提升机功率下降，磨机出口负压上升，细磨仓磨音低沉甚至不能听到声音。

（2）原因分析：细磨仓发生堵塞现象。

（3）处理方法：停止细磨仓的回粉喂料量，增大细磨仓的通风量。如处理效果不好，停止磨机喂料量。

3.4.5　磨音异常 5

（1）现象：磨音低，出磨提升机功率大。

（2）原因分析：喂料量大，磨内存料多，研磨体少。

（3）处理方法：减少喂料总量，增加磨内通风量，按研磨体的级配适当增加钢球量。

3.4.6　磨音异常 6

（1）现象：磨音高，出磨提升机功率小。

（2）原因分析：磨头喂料量小，磨内存料少，研磨体多。

（3）处理方法：增加喂料总量，减小磨内通风量。

3.5　研磨体窜仓

（1）研磨体窜仓的现象

磨机电流逐渐变小，产量越来越低，出磨物料细度越来越粗，现场可以听到异常的磨音，磨音既不闷也不脆。有时钢球由粗磨仓窜进烘干仓，筒体被钢球砸得咔咔作响，扬料板可能被砸变形。

（2）原因分析

①隔仓板固定不良。

②隔仓篦板脱落或篦孔过大。

③研磨体磨损直径太小。

（3）处理方法

发生研磨体串仓现象时，应立即停磨进行检查，如果隔仓板脱落、固定不良，需要重新补焊固定；如果是隔仓篦板的篦孔过大，需要更换隔仓板或临时焊补，以维持到检修时间；如果是研磨体直径太小，需要停磨清理直径过小的研磨体。

3.6　选粉机故障

3.6.1　故障 1

（1）现象：生料细度过细。

（2）原因分析：选粉机转速过高。

（3）处理方法：降低选粉机转速。

3.6.2 故障2

（1）现象：生料细度过粗。

（2）原因分析：选粉机转速过低。

（3）处理方法：增加选粉机转速。

3.6.3 故障3

（1）现象：选粉机电流突然增大。

（2）原因分析：选粉机传动轴承磨损严重，轴承铜套间隙过小；出磨物料中混入杂物，撒料盘下部出口处发生堵塞现象；立轴下端的紧固螺栓松动，撒料盘壳下降等。

（3）处理方法：停机检查更换选粉机传动轴承；调节铜套间隙；重新调整至合适间隙后再装配；清除杂物；拧紧立轴下端的紧固螺栓。

3.6.4 故障4

（1）现象：选粉机齿轮箱发热、冒烟。

（2）原因分析：润滑油少；润滑油变质；超负荷运行。

（3）处理方法：补加润滑油量到合适位置；更换润滑油；控制磨机的产量。

3.6.5 故障5

（1）现象：选粉机风叶损坏、脱落。

（2）原因分析：材质不良；叶片紧固螺栓松动；安装不正，产生偏斜误差。

（3）处理方法：称重并对称安装叶片；调整安装位置，紧固松动螺栓；防止铁质东西混入出磨物料中。

3.6.6 故障6

（1）现象：选粉机产生振动。

（2）原因分析：叶片破损或掉落；主轴变形或轴承磨损过大或损坏；地脚紧固螺栓松动。

（3）处理方法：更换或调整破损的叶片；更换主轴及轴承；拧紧紧固地脚螺栓。

3.6.7 故障7

（1）现象：入选粉机斜槽堵塞。

（2）原因分析：物料中的粗颗粒多，流动性降低；斜槽帆布层有磨损漏洞；斜槽风机的风量不够。

（3）处理方法：停止磨机喂料，磨机继续运转；关闭粗磨仓及细磨仓的冷热风门；选粉机转速降至最低；增大循环风机的风量，风门开到90%；增大磨内通风量，磨尾排风机的风门开到90%及以上。

3.7 提升机故障

3.7.1 故障1

（1）现象：出磨提升机电流逐渐升高，磨机喂料量一定时，磨机主电动机电流缓慢降低，而出磨和进磨负压都无明显变化。

（2）原因：磨机的循环负荷率增加。

（3）处理：磨系统的循环负荷率在加大，处理时需要减小循环负荷率。根据磨机上一个小时出磨生料成品的细度来决定操作控制，若细度较细，则可以增加磨尾排风量，降低选粉机的转速，加大循环风机的风门开度；若细度较粗，则最有效的方法是降低磨机喂料量。

3.7.2　故障 2

（1）现象：出磨提升机电流突然增高。

（2）原因：出磨输送斜槽内透气帆布层出现磨损漏洞，引起斜槽内堵料。

（3）处理：迅速止料，急停磨机，停出磨斜槽，关小磨尾排风机风门开度，关闭磨机粗磨仓及细磨仓的热风门，冷风门全开，循环风机风门适当打开，等斗式提升机内没有生料时再停斗式提升机，停选粉机，现场检查更换斜槽帆布层。

3.7.3　故障 3

（1）现象：入均化库的提升机电流突然上升。

（2）原因：输送斜槽发生堵塞，其原因是斜槽透气帆布层出现磨损漏洞；增湿塔湿底，引起物料结球。

（3）处理：如果是增湿塔湿底，则不需停磨，只需让现场岗位人员处理则可；如果是帆布层出现磨损漏洞，则必须急停磨机更换帆布层，将增湿塔回灰入窑处理。

3.8　中控和现场显示不一致

3.8.1　故障 1

（1）现象：中控显示饱磨，现场反馈正常。

（2）原因：仪表故障或现场反馈的滞后性。

（3）处理：现场只能定性反映磨况而不可能量化参数，中控应检查风机风门开度是否与喂料相匹配，检查粗磨仓及细磨仓的进出口负压是否异常，检查主电动机电流变化趋势，若磨机运行状态平稳，则说明磨机没有发生饱磨现象，不必进行操作参数调整。

3.8.2　故障 2

（1）现象：现场反馈饱磨，中控显示正常。

（2）原因：除仪表的故障因素外，还与窑系统的运行状况有关，比如窑尾排风机的风门开度过大，窑的喂料量减少等。

（3）处理：此种情况下，生料粉磨系统的负压偏大，首先要减小窑尾排风机的风门开度，再按处理饱磨故障。

3.9　磨机跳停

3.9.1　磨机跳停 1

（1）现象：磨机跳停。

（2）原因：磨机上方设备跳停。

（3）处理：检查磨机上方设备跳停的原因，同时减小入磨冷风量和热风量，减小循环风量，减小磨尾排风量。

3.9.2　磨机跳停 2

（1）现象：磨机跳停。

（2）原因：磨机下方设备跳停。

（3）处理：磨机下方设备跳停后，因联锁关系，磨机很快会跳停。这时必须立即止料，启动磨头、磨尾稀油站高压泵，以减小停磨时对减速机的磨损，待磨机停下来后，关闭磨机进口热风门，冷风阀门全开，循环风门关闭，磨尾排风机风门适当打开。

3.10 磨机压力异常

3.10.1 压力异常1

（1）现象：磨机入口压力增大报警。

（2）原因分析：磨机进风量减少。

（3）处理方法：减少磨机喂料量；增加主排风机的风量；减小循环风量。

3.10.2 压力异常2

（1）现象：磨机进出口压差大。

（2）原因分析：循环风量减少。

（3）处理方法：增加循环风阀门开度，即增加循环风量。

3.11 磨机温度异常

3.11.1 温度异常1

（1）现象：入磨气体温度正常，出磨气体的温度很低。

（2）原因分析：磨机密封部分损坏，漏风严重；入磨物料水分变大。

（3）处理方法：检查磨机密封部位，加强密封堵漏工作；降低入磨物料水分。

3.11.2 温度异常2

（1）现象：出磨气体温度正常，入磨气体温度过高。

（2）原因分析：入磨风温过高；入磨物料过少；入磨物料水分过低。

（3）处理方法：适当开大入磨冷风阀；适当增加入磨物料量；减少入磨热风量；降低入磨热风的温度。

任务4 生料立磨系统的工艺流程及设备

任务描述：熟悉生料立磨系统的工艺流程及主要设备的结构、工作原理及技术特点。

知识目标：掌握生料立磨系统主要设备的结构、工作原理及技术特点等方面的理论知识。

能力目标：掌握生料立磨系统的生产工艺流程及设备布置。

4.1 立磨系统的工艺流程

生料立磨粉磨系统工艺流程如图4.4.1所示。制备生料的三种或四种原料，经过各自的电子皮带秤计量后，一起汇合到配合料胶带输送机上，再经过两道或三道锁风喂料装置进入立式磨进行碾压粉磨。各种原料经磨机粉磨后，由热气流携带到磨机上方的选粉机进行分选，粗粉返回磨盘重新接受碾压粉磨作用，合格的成品细粉随出磨气流进入旋风筒进行气固分离后被收集起来，再经螺旋输送机、皮带输送机及提升机等输送设备送入生料均化库进行均化和储存。窑尾废气作为立磨的烘干热源，送入磨内对含有一定水分的原料进行烘干。出磨废气经旋风筒后一部分作为循环风回到磨内，另一部分则进入电收尘器或袋收尘器进行收尘处理，净化的废气经系统主排风机完成对空排放。

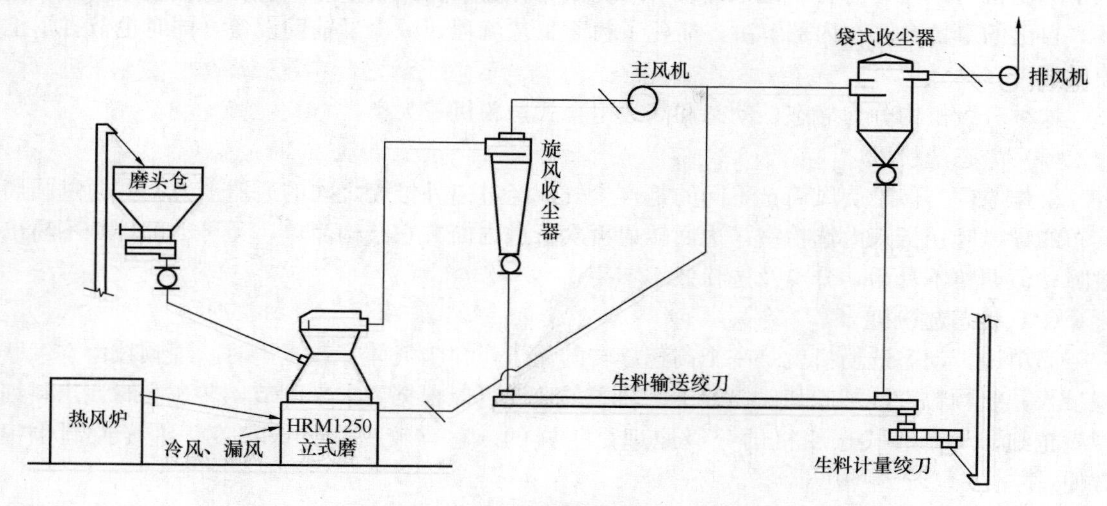

图 4.4.1　生料立磨粉磨工艺流程

4.2　立磨的结构

立磨的结构如图 4.4.2 所示，其主要由磨辊和磨盘、加压装置、分级装置、驱动装置、润滑装置等组成的。

4.2.1　磨辊和磨盘

把石灰石、黏土或砂岩、铁粉等原料碾碎并制成细粉，靠的是 2～4 个磨辊和一个磨盘所构成的粉磨机构，碾辊和磨盘的有机结合，具备了两个必要条件：那就是能形成厚度均匀的料床和接触面上具有相等的比压。磨盘平面上“开凿了”一圈与轮鼓形磨辊相适应的弧形沟槽与辊道，磨辊与磨盘辊道呈倾斜状，这样易于形成均匀的料层。鼓形磨辊的形状对称，磨损后可调换使用。磨辊衬套和磨盘衬板是高强耐磨金属材料，价格很贵，磨损后用慢速转动装置转到便于维修的部位进行维修。

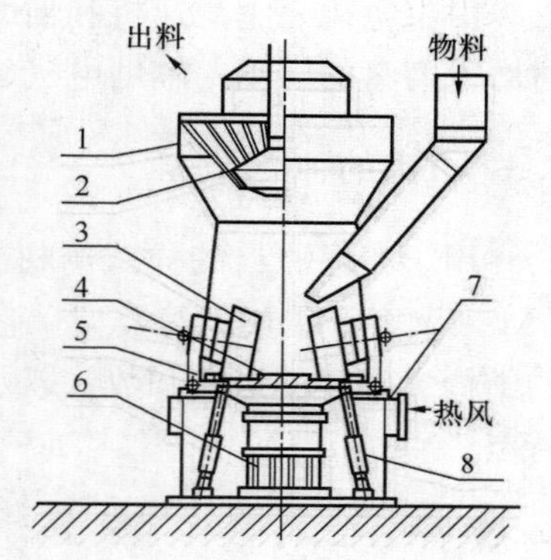

图 4.4.2　立磨结构示意图

1—机壳；2—分级装置；3—磨辊；4—磨盘；5—加压装置；6—传动装置；7—环形风道；8—液压油缸

4.2.2　加压装置

立磨与球磨的粉磨作业原理完全不同，它不是靠研磨体的抛落对物料的冲击、泻落及料球之间的研磨，而是需要借助于加压机构来对块状物料碾碎、研磨，直至磨成细粉。现代化大型立磨是由液压装置或由液压气动装置通过摆杆对磨辊施加压力的。磨辊置于压力架之下，拉杆的一端铰接在压力架之上，另一端与液压缸的活塞杆连接，液压缸带动拉杆对磨辊施加压力，将物料碾碎、磨细。

4.2.3　分级装置

立磨自身已经构成了闭路粉磨系统，它不像球磨机组成的闭路系统那样设备多（提升机、螺旋输送机或空气输送斜槽、选粉机等）而分散、庞大、复杂，显得非常热闹，它只摘取了选粉机的风叶，与转子组成了分级机构，装在磨内的顶部，构成了粉磨—选粉闭路循环，自己的事情自己在内部解决，简化了粉磨工艺流程，减少了辅助设备，同时也节省了土建投资。

这种分级机构分为静态、动态和高效组合式选粉机三大类。

（1）静态选粉机

工作原理类似于旋风筒，不同的是含尘气流经过内外锥壳之间的通道上升，并通过圆周均布的导风叶切折入内选粉室，边回转边再次折进内筒。它结构简单，无可动部件，不易出故障；但调整不灵活，分离及选粉效率不高。

（2）动态选粉机

简单说，动态选粉机就是一个高速旋转的笼子，含尘气体穿过笼子时，细颗粒由空气摩擦带入，粗颗粒直接被叶片碰撞拦下。转子的速度可以根据要求来调节，转速高时，出料细度就越细，与离心式选粉机的分级原理是一样的。它有较高的分级精度，细度控制也很方便。

（3）高效组合式选粉机

将动态选粉机（旋转笼子）和静态选粉机（导风叶）有机结合在一起，即圆柱形的笼子作为转子，在它的四周均布了导风叶片，使气流上下均匀地进入选粉机区，粗细粉分离清晰，选粉效率高。不过这种选粉机的阻力较大，因此叶片的磨损也大。

4.2.4 驱动装置

由主电机、主减速机和辅助电机、辅助减速机等组成。主电机、主减速机用于正常生产时磨机磨盘的转动；辅助电机、辅助减速机用于磨机开车时的慢速启动。

4.3 立磨的种类

用于粉磨原料的立式磨机主要有 MPS 磨、ATOX 磨、OK 系列磨、RM 伯利休斯磨、LM 来歇磨、雷蒙磨等类型，它们的结构大同小异，工作原理也基本相同，不同的是在磨盘的结构、碾辊的形状和数目以及选粉机结构上的差别。表 4.4.1 列出了典型立式磨机的结构特点。

表 4.4.1 立磨的结构特点

类型	磨盘、磨辊形状	结构特点	其他特点	主要制造商
RM 伯利休斯磨	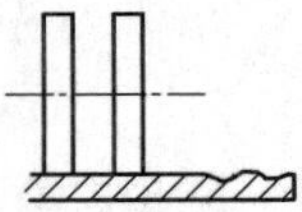	每台磨均有两对磨辊，每对磨辊由两个窄辊组成，装在同一轴上，能相对转动；磨盘上有两条环形槽，磨辊为轮胎形，工作时压在槽内	磨辊用液压气动装置压紧；磨内空气需要量较少；磨辊不能翻出检修	德国伯利休斯公司
LM 莱歇磨	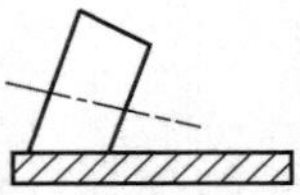	磨盘为平面、磨辊为锥台，磨辊轴与水平面呈 15°夹角，较小的磨有 2 个磨辊，大磨则有 4 个磨辊；磨辊能翻出机外检修；启动时可自动从磨盘上托起	视规格不同，辊数为 2～4 个。大型磨多为 4 辊液压式	德国莱歇公司 美国富勒公司 日本宇部公司

续表

类型	磨盘、磨辊形状	结构特点	其他特点	主要制造商
MPS 立式磨	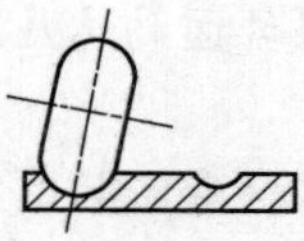	每台磨均有 3 个磨辊，磨辊轴线与水平面呈 12°夹角；磨辊为轮胎形，磨盘上有一条槽形碾槽；启动时不能托起	磨辊用液压气动预应力弹簧加压系统压紧；磨辊和磨盘的分片衬板易于更换；粉磨区通风阻力小	德国法埃夫公司 美国爱立斯·查莫尔斯公司
ATOX 立式磨	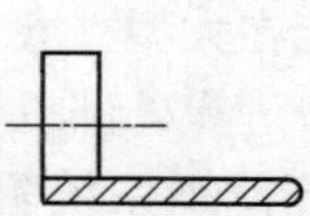	每台磨均有 3 个磨辊，磨盘为平面，磨辊为圆柱体，可在启动时托起，不能翻出机外检修	磨辊使用弧形衬板，磨盘使用段节衬板；喷嘴环面积可调	丹麦史密斯公司
雷蒙磨	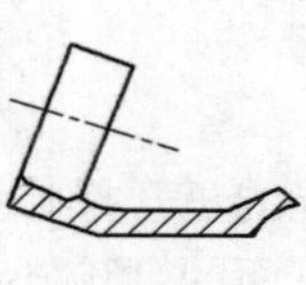	磨盘研磨面为斜面，与水平面呈 15°夹角，磨辊为圆柱体；大型磨有 3 个磨辊，小型磨有 2 个磨辊，磨辊能翻出机外检修	传统型为弹簧压紧，新型多为液压压紧，磨盘多为碗形	美国燃烧工程公司 日本三菱重工
E 型磨	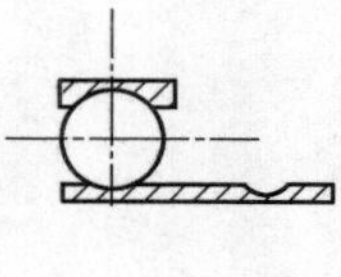	磨盘上有一环形碾槽，上磨环也有相同的环形槽，磨盘与上磨环之间是用于碾磨物料的空心钢球、钢球的直径和个数取决于磨机的大小，一盘为 6～19 个	采用弹簧压紧，通过调节叶片角度控制粉磨细度	德国皮特斯公司
R 型磨	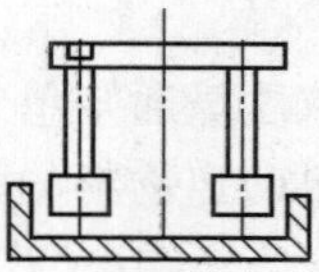	磨盘为碗形，固定不动，磨辊为圆柱形，通过辊轴悬吊在花盘上，花盘转动带动磨辊转动，由所产生的离心力研磨物料，每台磨有 3～5 个磨辊		英国拨伯葛公司

4.4 立磨的粉磨原理

由传动装置带动机壳内磨盘旋转，磨辊在磨盘的摩擦作用下围绕磨辊轴自转，物料通过锁风喂料装置和进料口落入磨盘中央，受到离心力的作用向磨盘边移动。物料经过碾磨轨道时，被啮入磨辊与磨盘间碾压粉碎。磨辊对物料及磨盘的粉碎压力是由液压拉伸装置提供(适宜的粉碎压力可根据不同物料的硬度进行调整)。物料在粉碎过程中，同时受到磨辊的压力和磨盘与磨辊间相对运动产生的剪切力作用。物料被挤压后，在磨盘轨道上形成料床（料床厚度由磨盘挡料环高度决定），而料床物料颗粒之间的相互挤压和摩擦又引起棱角和边缘的剥落，起到了进一步粉碎的作用。粉磨后的物料继续向盘边运动，直至溢出盘外。磨盘周边设有喷口环，热气流由喷口环自下而上高速带起溢出的物料上升，其中大颗粒最先降落到磨盘上，较小颗粒在上升气流作用下带入选粉装置进行粗细分级，粗粉重新返回到磨盘再粉磨，符合细度要求的细粉作为成品，随气流带向机壳上部出口进入收尘器被收集下来。喷口环处上升的气流也允许物料中比重较大的物质落入喷口环下面，从机壳下部的吐渣口排出，由于喷口环处的气流速度高，因此热传递速率快，小颗粒被瞬时得到烘干。据估算，进入立磨的每一颗粒在成为成品之前，平均在磨辊下和上升气流中往复内循环运动达几十次，存在多级粉碎的事实。

从上述可以看出，立磨工作时对物料发挥的是综合功能。它包括在磨辊与磨盘间的粉磨作用；由气流携带上升到选粉装置的气力提升作用；在选粉装置中进行的粗细分级作用；与热气流进行热传递的烘干作用；对于大型立磨而言（指入磨粒度在 100mm 左右），实际上还兼有中碎作用。故大型立磨实际具有 5 种功能。上述吐渣口的功能在大型立磨上也发生了变化，利用吐渣口与外部机械提升机配合，将大比例的物料经吐渣口进入外部机械提升机重新喂入磨内粉磨，以减轻磨内气力，提升物料所需风机负荷，有利于降低系统阻力和电耗，因为机械提升电耗明显低于气力提升出现的较高电耗，这种方法称为物料的外循环。

任务 5　生料立磨系统的操作

任务描述：熟悉生料立磨系统的开停车操作；熟悉生料立磨系统的正常操作控制。

知识目标：掌握生料立磨系统的开停车操作及正常操作控制等方面的理论知识。

能力目标：掌握生料立磨系统的开停车操作及正常操作控制等方面的生产操作技能。

5.1　立磨系统开停车操作

5.1.1　立磨系统开车前的准备

（1）检查系统联锁情况

（2）开车前 1h 通知巡检人员做好开车前检查工作，如少于 1d 的时间停车，可提前 15min 通知巡检人员。

（3）通知变电站和化验室等相关人员准备开磨，并向化验室索取质量通知单。

（4）检查配料站各库（仓）内的物料料面位置，根据质量通知单确定物料的配合比。

（5）检查系统测量仪表是否显示正常。

（6）检查各风机的风门、阀门是否处于集中控制位置。

（7）将所有控制仪表由输出值调整到初始位置。

5.1.2　立磨系统开车操作

（1）立式磨通风前必须先启动密封风机组，然后再开启废气处理及生料输送部分。

（2）在不影响窑操作的前提下，启动立磨循环风机。启动前，先关闭进入磨机的热风风门、出口风门，全开旁路风门。

（3）启动生料均化库顶的袋式收尘器；启动生料入库设备。

（4）启动预热器后的收尘设备的粉尘输送设备；启动增湿塔的粉尘控制设备。

（5）窑运行时，电收尘器后的排风机风门开度适当大些，以保持窑用风的稳定。根据增湿塔的出口废气温度，适时调节增湿用水量，并通知巡检人员检查增湿设施有无“湿底”迹象。

（6）如果利用窑尾废气开磨，应打开热风风门、磨机出口风门，进行升温操作以完成生料烘干。此时可调节冷风风门、循环风风门、旁路风门以及热风风门等，达到控制磨机出口废气温度的目的。如果利用热风炉开磨，应确认高温风机出口风门关闭、磨机出口风门全开，通知巡检人员，做好热风炉点火准备；通过调节热风炉燃油（煤粉）量、循环风风门及冷风风门控制磨机出口废气温度。

（7）启动立磨润滑系统、选粉分级设备。

（8）在主电机所有联锁条件满足时，确认无其他主机设备启动情况下，启动立磨主电机。

（9）磨机充分预热后，启动磨机喂料设备。

（10）为稳定操作，可适时开启立磨机喷水泵。根据石灰石配料库料位，适时启动收尘及石灰石输送系统，稳定原料的供料。

5.1.3 立磨系统的停车操作

（1）计划停车操作

立式磨系统停车顺序与正常开车顺序相反。

（2）故障停车操作

故障停车就是在系统运行过程中，因设备突然发生故障，比如电机过载跳闸、设备保护跳闸、现场停车按钮误操作等因素引发的部分或全部设备的联锁停车。这时的停车操作顺序如下：

①停止喂料设备。

②如停车时间较长，应通知现场停止向配料站及各仓进料。

③停止向磨内喷水的水泵。

④停止立磨的主电机组。

⑤如利用窑尾废气开磨，应打开旁路风门及冷风风门，逐渐减小热风风量；如需进入磨机内检查，则应关闭热风风门及磨机出口风门；如利用热风炉作为烘干热源，则应停止热风炉。

5.1.4 立磨启动与停机的操作技巧

（1）不同类型立磨的启动方式

立磨启动方式主要分两大类：一类配有防止磨辊与磨盘直接接触的限位装置，比如HRM型立磨；另一类无此装置，要求启动准备工作较多，比如MPS型立磨。

①MPS型立磨启动前的准备条件

MPS型立磨启动前需要进行布料、烘磨、抬辊等工作环节。

布料是指在磨盘上铺一定厚度料层的过程，现场检察布料的厚度与均匀程度，不要有过多细粉，如果发现料层过薄，或有断料，需要从新布料。布料后系统温度较低时，可以同时烘磨、抬辊。

烘磨时热风阀不能开得过大，要防止升温过快、过热而引发损坏磨机轴承、软连接、润滑油变质等，必要时用冷风阀调节控制升温速度。

启动液压站后，采用中控操作抬辊时，发现三个反馈压力始终比设定值小，或者反馈电磁阀一直处于轮番动作，表明中控操作抬辊条件不具备，需要现场操作抬辊。

在确认抬辊到位后，迅速检查各个设备的“备妥”状态、各组设备的连锁、进相机“退相”、辅传脱开、三通阀打至入磨等细节。

待磨辊压力油站在油缸调整平衡，保持系统正常，并将其他条件全部准备完毕，待发出“允许启动”的信号后，方可进行启动操作。

如果因物料过干、过细，不易形成料层，主减速机启动后易跳停，此时应采用辅助电机启动，并用喷水的方法将料层压死，再用主传启动。

②HRM立磨启动要点与原则

HRM立磨属于无压力框架结构的立磨，拥有磨辊限位装置，使启动操作简单化，只要启动润滑站，抬起磨辊，就可启动主电机，投料30～60s后就可落辊。其中关键在于掌握落辊时机，落辊过早，物料少不足以形成料层；落辊过迟，会使磨机内物料外排太多，损坏刮料板，或大块料堵塞喷嘴及下料溜子。

立磨的启动时间应该越短越好，尤其是一旦磨主电机转动，就应该投入满负荷产量。为此，需要做好如下准备工作：辅机组启动时间应控制在60s以内，该组设备较多，包括相关的生料均化库的生料入库设备、生料输送设备、立磨自身设备等。开启磨机辅助传动，与此同时，启动喷水泵喷入足够水量，将事先存于磨内的物料碾成料垫，此时间不能过长，只有此时进行风门调整，进出循环风机的风门开度打到95%，入窑尾短路风门关闭，让窑尾废气全部通过立磨。一般在风门调整任务完成后，料层已经形成，大约需要90s，此时启动主电机，同时按理想产量，开启从配料站至立磨的所有喂料设备。两项合计时间150s。该启动方法不仅可靠，而且节电。

磨内下料锥斗的溜子出口离磨盘距离过大，会造成返回磨盘的粗料与上升的细粉物料碰撞，不利于磨机提产及节能，但如出口距磨盘过近，返料或喂料不易散入辊磨下方，也容易造成停磨。

（2）止料及停磨的技巧与要求

在处理各种异常磨机状况时，都会遇到要求及时止料及停磨的操作，为了避免不应有的损失，磨机操作员应熟练掌握如下要求与技巧。

①对于磨辊无限位装置的立磨，当自配料站开始的喂料设备没有停住给料前，不能停下立磨。在逐渐减料后，电流明显下降时，才可以立即停机。为了节省人工现场的操作工作量，中控磨机操作员可将喂料量调制最低点，此时配料的调速给料机基本处于只有运行信号而不下料的状态。否则，要求现场人工将配料库下的棒条闸阀打入断料，待开车时，再人工打开棒条闸阀。

②有循环提升机外排翻板设计的立磨，在停磨前会有数吨待处理外排物料。为了再启动的方便与安全，应当减少此量。为此，停磨前几分钟减少喂料量大约5%～8%，并降低研磨压力，将外排翻板设置在返回位置，取消外排料，当入磨皮带上只剩吐渣料时，选择恰当时间提辊，并尽量在磨振前多磨一段时间，磨空物料，少排吐渣。

③磨辊可以抬起的立磨，当逐渐减料时，要掌握抬辊时机，不可过晚，否则会引起振动。

④对于长时间停机或检修前的停机，首先要关闭热风阀，打开冷风阀，最后关停循环风机，并对磨机液压站进行卸压。

⑤因故障停磨时，如果窑尾废气未被利用发电，就要考虑窑废气对窑尾收尘的安全及粉尘排放超标的可能，应尽早调整增湿条件。如果有余热发电，立磨停机时掺入的窑灰温度会直接威胁生料入库胶带提升机的胶带寿命，因此，设置窑灰仓储存，即可用作水泥混合材，

也可在立磨开车时与生料同时均匀入库。

（3）立磨开停车的连锁设计

在设计开停车程序时，要注意修正一般电气自动化设计原则，既开机顺序与停车顺序并非完全可逆，联锁关系要根据需要进行调整。如 HRM 立磨，开机顺序为：立磨减速机润滑站、液压站抬辊、磨内选粉机、风机、喂料阀、三通阀、金属探测器、除铁器、入磨喂料皮带、外循环提升机。立磨主电机、配料皮带秤、液压站落辊。而正常停机的顺序为：配料皮带秤、立磨主电机、磨内选粉机、液压站抬辊、减速机润滑站。紧急停机的顺序为：立磨主电机、配料皮带秤、液压站抬辊、磨内选粉机、减速机润滑站。

5.2　立磨的正常操作

5.2.1　生料立磨的主要控制参数

以台时产量 400t/h 的 MPS 生料立磨为例说明，其主要控制的操作参数如表 4.5.1 所示，其中 1～7 为调节参数，8～15 为检测参数。

表 4.5.1　生料立磨的主要控制参数

序号	参数性质	操作参数	正常生产控制值	备注
1	调节参数	喂料量	410～450t/h	控制料层厚度
2	调节参数	磨辊压力	10～15MPa	控制粉磨效率
3	调节参数	冷风阀	10%～50%	调节入磨风温、风量
4	调节参数	选粉风叶转速	800～1400rpm	控制细度
5	调节参数	热风阀	50%～90%	调节入磨风温、风量
6	调节参数	循环风阀	50%～90%	调节入磨风温、风量
7	调节参数	喷水阀门	30%～70%	控制喷水量
8	检测参数	出磨风温	80～95℃	反映通风量、物料水分
9	检测参数	细度	R0.08≤16%	
10	检测参数	水分	≤0.5%～1.0%	
11	检测参数	入磨风温	180～210℃	
12	检测参数	振动值	≤1～3mm/s	反映料层情况
13	检测参数	磨内压差	5500～6500Pa	反映磨内通风阻力
14	检测参数	料层厚度	辊径×2%±20mm	控制料层厚度的理论依据
15	检测参数	喷水量	10～15t/h	控制料层厚度、出磨风温

5.2.2 立磨调节参数与检测参数之间的变化关系

检测参数反映生料立磨的运行状态，调节参数控制立磨的运行状态，它们之间的变化关系如表 4.5.2 所示。

表 4.5.2 立磨调节参数和检测参数对应变化表

检测参数	调节参数						
	喂料量	入磨气体流量	入磨气体温度	选粉机转速	喷水阀门	磨辊压力	挡料环高度
气体流量（m^3/h）	↓	↑	↓	→	→	→	→
磨机台时能力（t/h）	↑	↑	→	↓	↑	↑	↑
磨机压差（MPa）	↑	↑	↓	↑	↑	↑	↑
成品细度（%）	↓	↓	→	↑	→	↑	↓
循环负荷率（%）	↑	↓	→	↑	↓	↓	↑
排渣（t/h）	↑	↓	→	↑	↓	↓	↑
选粉机电流（A）	↑	↑	↓	↑	↑	↓	↑
出口温度（℃）	↓	↑	↑	→	↓	→	→
进口压力（MPa）	↓	↑	→	↓	↓	→	↑
出口压力（MPa）	↑	↑	→	↑	↑	↓	↑
磨机电流（A）	↑	↓	→	↑	↑	↑	↑
磨风机电流机（A）	↑	↑	↓	→	↑	↑	↑

注：↑表示增加；↓表示下降；→表示不变。

5.2.3 立磨正常操作要点

（1）稳定的料床

立磨稳定运转的一个重要因素是料床稳定。料层稳定，风量、风压和喂料量才能稳定，否则就要通过调节风量和喂料量来维持料层厚度。若调节不及时就会引起磨机振动加剧，电机负荷上升或系统跳停等问题。理论上讲，料层厚度应为磨辊直径的 2%±20%，实际生产控制经磨辊压实后的料床厚度大约是 40～50mm。最佳料层厚度主要取决于入磨物料的质量，比如含水量、粒度、颗粒分布和易磨性等。为了找到最佳的料层厚度，就要调试挡料圈的高度。而在挡料圈高度一定的条件下，稳定料层厚度的重要条件之一是喂料粒度及粒度级配。喂料平均粒径太小或细粉太多，料层将变薄；平均粒径太大或大块物料太多时料层将变厚，磨机负荷率上升。可通过调整喷水量、研磨压力、循环风量和选粉机转数等参数来稳定料层。喷水是形成坚实料床的前提，适当的研磨压力是保持料床稳定的条件，磨内通风是保证生料细度和水分的手段，比如辊压加大，产生的细粉多，料层变薄；辊压减小，产生的细粉少，相应返回的粗料多，料层变厚。

（2）适宜的辊压

立式磨是借助于对料床高压粉碎来进行粉磨的，压力增加则产量增加，但达到某一临界值后变化不大。辊压要与产量、能耗相适应，辊压大小取决于物料性质、粒度以及喂料量，正常生产操作控制时，辊压一般是最大限压的 70%～90%。

（3）合理的风速

立式磨系统主要靠气流带动物料循环，合理的风速可以形成较好的内部循环，使盘上料层适当、稳定，有利于提高粉磨效率。在生产过程中，当风环面积确定时，风速由风量决定，合理的风量应和喂料量相联系，比如喂料量增加，则风量应该也增加；相反，喂料量减小，则风量也应该减小。立式磨系统风环处的风速一般控制大约 60～90m/s；磨内风量可在 70%～100%范围内调整，但窑磨串联系统应不影响窑系统的操作。

（4）适宜的出磨气体温度

立式磨是烘干兼粉磨设备，出磨气体温度是衡量烘干是否正常的综合指标。出磨气体温度是可以变化的，主要看出磨产品的水分能否保证≤0.5%。出磨温度由入口温度和喷水量来调节控制。喷水过多会形成料饼导致磨内工况恶化，喷水量过少，料层不稳，振动加剧；当喂料量和风量一定时，喷水量可稳定在最低量。正常生产时，出磨气体温度一般控制在 80～90℃之间。

（5）振动值

振动是立磨运转中普遍存在的问题，合理的振动是允许的，但是若振动过大，则会造成磨盘和磨辊的机械损伤，以及附属设备和测量仪表的毁坏。料层厚薄不均、不稳定是产生振动的主要原因，其他还有磨内有大块金属物体、研磨压力太大、耐磨件损坏、储能器充气压力不足、磨通风量不足等原因。正常生产时，立磨的振动值控制在 2～4mm/s 之间比较合适。

5.2.4　立磨正常操作控制

（1）根据原料水分含量及易磨性，正确调整喂料量及热风风门，控制喂料量与系统用风量的平衡；加大喂料量的幅度可根据磨机振动、出口温度、磨机压差及吐渣量等因素决定，在增加喂料量的同时，调节各风门开度，保证磨机出口温度。

（2）减少磨机振动，力求运行平衡。在进行生产操作控制时，应注意喂料平衡，每次加减幅度要小，防止磨机断料或来料不均匀，如已发生断料，应立即按故障停机；注意用风平稳，每次风机风门调整幅度要小。

（3）严格控制磨机出口及入口温度。磨机出口温度一般控制在 80～90℃之间，可通过调整喂料量、热风风门和冷风风门控制；升温要求平缓，冷态升温烘烤大约 60min，热态烘烤大约 30min。

（4）控制磨机压差。磨机的压差主要由磨机的喂料量、通风量、磨机的出口温度等因素决定的，在压差变化时先看喂料量是否稳定，再看磨机入口气体温度的变化。

入磨负压过低，磨内通风阻力大，通风量小，磨内存料多；入磨负压过大，磨内通风阻力小，通风量较大，磨内存料少。调节负压时，入磨物料量、各检测点压力、选粉机转速正常时，入磨负压在正常范围内变化，通常调节磨内存料量，或根据磨内存料量调节系统排风机入口阀门开度，使入磨负压控制在正常范围。若压差过大，说明磨内阻力大，内循环量大，此时应采取减料措施，加大通风量，加大喷水，稳定料层，也可暂时减小选粉机转数，使积于磨内的细粉排出磨外，待压差恢复正常，再适当恢复各参数。若压差过小，说明磨内物料太少，研磨层会很快削薄，引起振动增大，因此应马上加料，增加喷水量，使之形成稳定料层。

（5）质量控制指标。化学成分由 X 荧光分析仪完成检测，如和目标值有偏差，DCS 系统将自动调整相应组分的皮带秤，调节其化学组分值。通过调节热风风门、冷风风门及喷水量，控制入磨物料的水分。通过调节选粉机的转速和磨机通风量，控制生料成品的细度。提高选粉机的转速，生料成品的细度变细；增加磨机通风量，生料成品的细度变粗。

(6) 注意观察系统漏风状况，在系统总风量一定的情况下，系统漏风使喷嘴风环处的风速降低，导致吐渣量增大。

5.3 立磨系统的优化操作

5.3.1 调整喂料量

(1) 调整入磨物料的水分。生产实践证明，当物料平均水分超过磨机的烘干能力时，物料粘结在辊道上结皮，形成牢固的缓冲层，从而降低粉磨效率，故入磨物料水分应严格控制在12%及以内。

(2) 控制入磨物料粒度大小。如果入磨物料粒度过大，为了生产细度合格的生料，必然会加大其循环负荷率，从而减少磨机产量。只有粒度适中的物料，才能提高磨机的生产质量。

(3) 根据磨机负荷率，调整喂料量。为充分发挥磨机的生产效率，可根据磨机的功率或电流的变化，及时调整磨机的喂料量，使磨机达到较高产量。如果磨机功率过大，说明磨内物料过多，此时在磨辊和辊道之间会形成缓冲垫层，从而减弱碾磨能力，或者是物料粒度过大、物料水分过大而未及时调整喂料量，所以磨机操作员可根据磨机的功率或电流的变化情况，适当增加或减少喂料量，使磨机处于最佳工作状态。

5.3.2 调整循环量

磨机生产稳定后，一般不宜随意改动循环量，以免影响系统稳定，只有重新配料或物料粒度发生变化时，才进行调整循环量。

由于回料与喂料同时入磨粉磨，所以要保证磨机操作稳定，必须稳定循环量。生产中一般用循环提升机电流的大小来判断回料量的大小。当提升机电流升高或下降时，应分析其变化的原因，相应对循环量作调整，使提升机电流稳定在适当的范围以内。

根据生料碳酸钙滴定值（KH）变化情况调整喂料量，生料中KH的高低，主要取决于混合原料中的石灰石的数量和质量。生料中石灰石的数量越多，其KH值也越高，反之则越低。

通过观察磨头的闭路监视电视，随时注意来料的水分、粒度等的骤然变化，及时调整喂料量，保持喂料的均匀性。

为了防止喂料发生堵塞现象，要定时、定期检查清理各储仓喂料口，启动各储仓锥部装有的空气炮，随时振打黏附的物料。

5.3.3 调整热风的平衡

立磨是风扫磨中一个特殊的范例，只有在烘干能力与粉磨能力达到动态平衡时，才能实现系统的稳定，故必须根据生产的实际状况，正确及时调整热风量，以满足粉磨对烘干的要求。

调整热风包括两个方面，一是热风温度，二是热风量。入磨热风的温度越高，风量越大，则烘干越快，但温度过高，会使磨辊的轴承及其他设备温度上升过高，从而使其部件变形或损坏。同时，风速过快会加速设备的磨损，故调整热风的原则是：在保证设备安全的前提下，应达到较快的烘干速度，使磨机的粉磨能力与烘干能力相平衡，努力降低热耗。

保持磨机良好的密封是提高烘干能力的重要因素。由于整个粉磨系统处于较高负压状态，如果密封较差，就会漏入大量冷空气，从而降低系统风速并相应增加系统的电耗，所以要经常检查喂料和排渣溜管的锁风装置是否有效。

做好通风管道的保温工作，可以有效防止收尘设备的“结露”，防止因粉料黏附在管道内壁而导致系统阻力的增加。

5.3.4　调整碾磨压力

立磨是靠磨辊对物料的碾压作用，将物料粉磨成细粉。研磨压力的大小，直接影响磨机的产量和设备性能。研磨压力太小，则不能压碎物料、粉磨效率低、产量小、吐渣量也大。研磨压力大则产量高，主电机功率消耗也增大。因此确定研磨压力大小时，既要考虑粉磨的物料性能，又要考虑单位产品电耗、磨耗等诸多因素。

根据入磨物料特性，选定最终的合适的液压研磨压力。在一定范围内，碾磨压力与磨机的产量成正比。当磨机电流增加、循环量增加、压差过大、料层过厚、可适当增加碾磨压力，反之亦然。立磨的液压系统允许大范围地调整压力，以适应实际生产条件下所需的粉磨能力。

5.3.5　控制产品细度

生料细度越细，越有利于熟料的煅烧，但同时会使生料磨机产量降低，增加生料电耗和成本。故生料细度一般控制在16%（0.080mm方孔筛）左右。控制好生料细度，要从碾磨压力、选粉机、喂料量和入磨热风4个方面考虑。

立磨粉磨需要适当的碾磨压力。当碾磨压力过大时，会引磨机的振动；当碾磨压力过小时，又会造成料层过厚，从而降低粉磨效率，生料细度便粗。生产上可以根据成品细度的大小适当调整碾磨压力。

在粉磨条件不变的情况下，成品细度的大小主要取决于选粉机转子的转速，转子的转速高，成品细度就细，转子的转速低，成品细度就粗。如果通过对转子转速的调节，仍不能达到细度的要求，就要调整热风量，减少入磨热风量，降低物料的流速，成品细度就变细，反之则变粗。

5.3.6　调整挡料环高度

挡料环的高度可以控制料层厚度，在相同的通风量及相同的研磨压力条件下，挡料环的高度越大，料层越厚，反之亦然。当磨盘衬板严重磨损后，就要及时调低挡环高度，以维持原来要求的料层厚度。

5.3.7　调整喷口环的通风面积

喷口环通风面积是指沿气流正交方向的有效通风截面，其示意图如图4.5.1所示。喷口环通风面积与物料吐渣量、风速、通风设备的功耗有直接关系，喷口环通风面积越小，则吐渣量越少、风速越大、风机功耗越大；反之亦然。ATOX立磨喷口环气体风速通常控制在35～50m/s之间；MLS立磨喷口环气体风速通常控制在50～80m/s之间。正常生产条件下，喷口环气体风速越高，物料落入喷口环越少，循环量降低。

5.3.8　调整选粉机导向叶片的倾角

导向叶片的倾角越大，风速越大，气流进入选粉置内产生的旋流越强烈，越有利于物料粗细颗粒的有效分离，产品细度越细，但通风阻力也越大，是细度调整的辅助措施。MLS

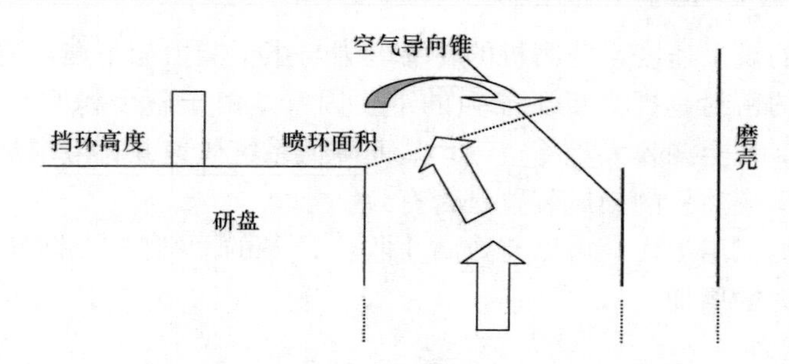

图 4.5.1　喷口环的通风面积示意图

和 MPS 型立磨需要在停机检修时，由设备维修人员配合工艺人员入磨进行调整；ATOX 和 RM 立磨则可在立磨运转时，由工艺人员、巡检人员从立磨顶部完成调整。调整时要特别注意，叶片倾斜方向应顺着进入选粉装置的气流旋向。

5.3.9　调整喂料溜槽磨内段节斜度

RM 立磨喂料溜槽在磨内有一悬臂段节，该段节斜度可调，当入磨物料的物料的粒度、湿度、自然堆积角等发生变化时，可在停磨检修时，进入磨内调整段节斜度。段节斜度越大，物料流入越顺畅，有利于喂料的连续性，但斜度过大，溜槽易磨损。调整时要特别注意，斜度以略大于物料自然堆积角为宜。

5.3.10　稳定的压差

在喂料量、研磨压力及系统风量不变的前提下，磨内压差增大时，主电机负荷增大，内循环量增大，外循环量减小，提升机负荷率减小，导致系统风量极不稳定，塌料振停的可能性增大。此时应适当降低喂料量，在生料成品细度合格的前提下降低选粉机转速，并加大系统风机的抽力；磨内压差降低时，说明磨机料层变薄，容易产生振动，此时应检查系统风量及配料站下料是否有故障，如果有故障需要迅速排除。

磨机压差的大小不只取决于排风能力，还取决于喷口环的开度及气流方向。喷口环的开度大，喷口风速小，立磨外循环量增加，此时，磨内的压差明显下降，磨机主电机的负荷变小。同时，喷口环的气流方向直接影响粉碎后的成品在立磨上方选粉区的数量，因此，必须调整喷口环的方向以求该区细粉的最大化。

除此之外，还要防止系统漏风，喂料锁风阀及外旋风筒锁风阀的密封是提高产量不可缺少的条件。特别是回转锁风阀容易卡料、堵料，或由于摩擦联轴器的打滑，使磨机频繁跳停，于是有些水泥企业干脆将锁风阀取消，或增设了旁路溜子，其结果是磨机总排风能力大大减弱，如果不减产，就要开启风机更大的风门开度，增加粉磨电耗。

5.3.11　合理的料层厚度

（1）适宜的料层厚度是实现高产的必要前提，而影响料层厚度的因素有很多，比如辊压、排风风压、挡料环的高度等。料层过薄时，磨机会产生振动；但料层过厚时，磨盘上存有一层硬料饼，磨辊与磨盘的碾压面也不光亮，磨机的主电机电流增大，研磨效率明显降低。

正常生产时，对于不同性质的物料，应该有不同的料层厚度。干而细、流动性好的物料不易形成稳定料层，影响粉磨效率，所以要找到合理的料层厚度，其操作原则如下：喂料量不能过于偏离额定产量，尤其开始喂料时不要偏低；喂料中过粉碎的细粉不要太多，排风量与选粉效率能满足产量与细度要求，使回到磨盘上的粗粉中很少有细粉；严格控制漏风量；磨辊压力适中，保持立磨溢出料量不要过大，要注意液压系统的刚性大小，当蓄能器不起作用时，要适当降低蓄能器的充气压力；挡料环的高度不宜过低，一般为磨盘直径的3%，生产中还要不断摸索与磨辊磨损量适宜的合理高度；物料过干或过湿都会破坏稳定的料层，所以，要控制好喷水量及进入磨机的热风温度。

（2）适宜的料层厚度是保证立磨稳定运行的前提条件。磨盘上的料层稳定与喂料角度及位置有关，因为随着喂料量的提高和物料的配比、水分等因素的变化，物料在磨盘上的落点就不一定会在磨盘中心。为此，要求调整好入磨的下料溜子角度，确保物料落在磨盘中心位置，使物料在离心力作用下能均匀进入辊道下粉碎；并调整磨盘上方两侧的刮板，使其起到刮平料层的作用。磨盘上的料层稳定还受喷水量及喷水方式的影响，磨内喷水一定要有电动阀门控制，甚至在每个支管上也要装有电动阀门，保证喷水位置合适、流量均匀，并且是雾化水。

5.3.12　合理的吐渣量

对于正常运行的立磨，吐渣量可以反映其运转参数的平衡状态。在磨辊与磨盘间隙、磨盘与通风环间隙合理的条件下，如果吐渣量过大，说明磨机已有不正常的险患因素存在，或系统排风量不足，或磨辊液压的压力不足，或喂料量过多，或喂料粒度过大，或原料含铁等杂质多，或辊盘磨损严重等。如果吐渣量越来越大，则说明吐渣本身已经严重影响磨机的通风量，造成进风口水平处的风速过低，使积料加多，导致立磨通风更加不畅，进一步加剧了吐渣量，成了恶性循环。吐渣量过小，说明喂料量不足，或喂料粒度偏细，设备提产还有潜力可挖。

为了控制立磨合理的吐渣量，应该采取以下技术措施：

①为了保证吐渣量不能过大，开磨前应该检查并调整磨辊与磨盘之间、磨盘与通风环之间的间隙。磨辊与磨盘之间的间隙保持在5～10mm，大于该尺寸的石块和金属从磨盘打落到强制鼓入的热风系统中，并被回转刮板通过能锁住漏风的溜子刮出。如果吐渣量大于磨机喂料量的2%，可能是由于磨辊与磨盘之间的间隙已大于15mm。磨盘与通风环之间的间隙不应超过10mm，否则穿过通风环所需要的气流速度就要大于25m/s。

②正确控制磨机总排风与功率、磨辊压力及磨盘挡料环。对于大排风、高挡环，磨盘上的料层偏薄，其中大部分受负压作用在磨机内循环，不会成为溢出料，使溢出的物料量变小。此时，或利用磨机机会降低磨盘挡环，或暂时减少拉风，或对磨辊压力进行调整。反之，对于小排风、低挡环，磨机内循环负荷会很低，此时如喂料量不变，吐渣量将加大，导致磨机粉磨效率大幅度降低。如果磨损或挤坏了部分挡环，溢出料会周期性变大，此时只有利用停车机会，抓紧修理或更换。

③正确掌握磨辊与磨盘的磨耗规律，一般情况下，磨辊磨损比磨盘快，两者的磨损量约是3∶2；对于磨损后的旧辊，其产量比新磨辊要减少大约10%。

④磨内喷水能够改善较干较细物料的料层厚度，降低产生的吐渣量。

⑤使用自动化专家控制系统，不仅能优化磨机操作，避免误操作，而且可以稳定料层厚度，减小磨机振动，提高产量。没有使用专家控制系统时，磨机加料会引起剧烈地振动，难以继续运行；使用专家控制系统后，开始是减少喂料，以减少磨盘上的料层厚度，增加粉磨液压的压力，使振动降低，然后产量便很快提高上去，并保持稳定。

任务6　生料立磨系统的常见故障及处理

任务描述：熟悉生料立磨系统的常见故障及处理等方面的知识和技能。

知识目标：掌握生料立磨系统发生的常见故障原因。

能力目标：掌握处理生料立磨系统常见故障的实际生产操作技能。

6.1　磨机振动的原因及处理

（1）测振元件失灵

测振仪紧固螺栓经常发生松动现象，这时中控操作画面显示的参数均无异常，现场也没有振感。处理时只需重新拧紧紧固螺栓即可，预防发生此类故障，要求平时巡检多注意紧固螺栓，并保持测振仪清洁。

（2）辊皮松动及衬板松动

辊皮松动时的振动一般很有规律性，因磨辊直径比磨盘直径小，所以表现出磨盘转动不到一周，振动便出现一次，再加上现场声音辨认，便可判断某一辊出现辊皮松动。衬板松动时振动，一般表现出振动连续不断，现场感觉到磨盘每转动一周便出现三次振动。当发现辊皮和衬板有松动时，必须立即停磨，进磨详细检查表处理，否则当其脱落时，必将造成非常严重事故。

（3）液压站N2囊的预加压力不平衡

当N2囊的预加压力不平衡时，各拉杆的缓冲力不同，使磨机产生振动。过高、过低则缓冲能力减弱，也易使磨机振动偏大，所以每个N2囊的预加压力要严格按设定值给定，并定时定期检查，防止因为漏油、漏气而造成压力不平衡。

（4）喂料量不稳

磨机喂料量过多，造成磨内物料过多，磨机工况发生恶变，很容易瞬间产生振动跳停。喂料量过小，则磨内物料量过少，形成的料层薄，磨盘与磨辊之间物料缓冲能力不足，易产生振动。处理方法就是均匀喂料，保持喂料量稳定。

（5）系统风量不足或不稳

使用窑尾废气作为烘干热源的立磨，窑磨操作要求一体化，磨机操作会影响窑，同时窑操作也会影响磨。有时窑工热工制度不稳，高温风机过来的风量波动很大，同时也伴随风温变化，使磨机工况不稳，容易产生振动。这时可通过调整冷风和循环风挡板的开度，保证磨机入口负压的稳定，并尽力保持磨机出口废气温度的稳定，可以避免磨机产生振动，使磨机正常工作运转。

（6）研磨压力过高或过低

当喂料量一定，压力过高，就会产生研磨能力大于物料变成成品所需要的能力，造成磨空产生振动；相反压力过低造成磨内物料过多，产生大的振动。处理方法是根据生产实践经验找准并保持适量的研磨压力，使研磨压力处于最佳的控制范围，既不过高也不过低，避免产生振动现象。

（7）选粉机转速过高

选粉机转速过高，粗粉回料增多，磨内细粉增多，容易产生过粉磨现象，过多的细粉不能形成结实的料床，磨辊“吃”料较深，易产生振动。处理方法是降低选粉机转速，增大入磨物料的颗粒粒度。

(8) 入磨温度过高或过低

入磨温度骤然发生变化，过高或过低都使磨机工况就会发生变化。过高使磨盘上料床不易形成，过低不能烘干物料，造成喷口环堵塞等，料床变厚使得磨机产生异常振动。

处理方法是通过调整磨内喷水、增湿塔喷水，或掺冷风、循环风，稳定磨机入口及出口的废气温度。

(9) 出磨温度骤然变化或过高或过低

立磨一般都是露天安装的，环境对其影响非常大，当下大雨、暴雨时，使磨机本体和管道温度骤然下降，磨机出口废气温度瞬间降低，这时极易造成磨机跳停。处理方法是减少喂料量，减少冷风的风门开度，提高出磨气体温度。

出口废气温度过高，易出现空磨，物料在磨盘上形成不了结实的料床，也容易产生振动现象。处理方法是采取降低入磨热风温度、增大冷风的风门开度、磨内喷水、增加喂料量等措施。

(10) 喷口环严重堵塞

当入磨物料十分潮湿，并且掺有很大数量的大块；磨机系统风量不足、喂料量过多、风速不稳等因素的影响，都会产生喷口环堵塞现象。堵塞严重时，使磨盘四周风速、风量不均匀，磨盘上不能形成稳定的料床，容易产生较大的振动。这时需要停磨清理堵塞的物料，再次开磨时要注意减少大块物料入磨，操作时适当增加系统风量、减少喂料量，同时保持磨机工况稳定，防止再次发生喷口环堵塞现象。

(11) 入磨锁风阀的影响

当入磨锁风阀发生堵塞现象时，无物料入磨，则形成空磨，因而会产生较大的振动，处理方法是清理锁风阀堵塞的物料。当入磨锁风阀漏风，磨盘上形成的料床非常不平整，因而会产生较大的振动，处理方法是修理漏风的锁风阀，平时注意巡检、保养锁风阀，保证其锁风的效果。

(12) 异物或大块的影响

平时要注意磨内各螺栓是否松动，各螺栓处是否脱焊，包括锁风阀。荻港和池州都曾出现三道锁风阀壁板脱落，而引起磨机振动。当发现有大铁块在磨内时，应及时停磨取出。即使它不引起振动跳停，也会对磨机造成伤害，例如对挡板环的损坏。池州1#磨曾出现此现象，因磨机产能大，一般铁矿不容易发现，最后破坏了挡板才知道。

大块入磨，除了可能堵喷口环外，还有可能打磨辊，产生振动打，所以要杜绝大块入磨。

6.2 生料细度跑粗的原因及处理

(1) 选粉机转速调整不当

调整选粉机转子转速是调整、控制生料细度最简单实用的方法。一般条件下，加快转子转速，生料细度变细；降低转子转速，生料细度变粗。处理生料细度粗的方法是增加选粉机转子的转速。

(2) 系统通风量过大

正常生产时，选粉机转子的转速设定为70%～80%，生料细度基本就可以达到控制指标。但随着窑投料量的不断增加，有时增加到满负荷及以上，窑尾产生的废气量也大幅度增加，甚至出现EP风机开到100%，磨机入口还会出现正压现象，这时生料细度很容易变粗，即使选粉机转子的转速增加至最大值也不能使生料细度合格，其原因就是系统通风量过大。处理的最佳方法是减少系统的通风量，即减少窑尾废气入生料立磨的热风量。

（3）研磨压力小

立磨的研磨压力可由中控磨机操作员设定，一般情况下，开磨时研磨压力设定为最小数值，随着喂料量的逐渐增加，必须逐渐增加研磨压力，否则因为破碎和碾磨能力不足，而使生料成品细度变粗。处理的最佳方法是增加研磨压力。

（4）温度影响

磨机出口废气温度较高、或升温速率很快，容易使生料成品细度变粗。因为磨机出口废气温度上升的过程中，改变了磨内流体速度和磨内物料的内能，增加细料作布朗运动的几率，出现颗粒偏大的物料粉被拉出磨外。这可能是窑尾风温、风量发生变化或入磨物料水分发生变化而造成的。处理的方法是调整磨内喷水量。如果磨机与增湿塔采用串联的生产工艺线，也可调整增湿塔的喷水量、多掺循环风或冷风。

（5）喂料不稳

磨机喂料不稳，易使磨内工况发生紊乱，磨内风量及风速产生波动现象，造成生料成品间断跑粗。解决的方法是稳定入磨喂料量，保证适量的研磨压力，适量降低喂料量。

（6）物料易磨性差

入磨物料的强度和硬度过大、物料颗粒直径大，相当于物料的易磨性差，物料难以破碎和粉磨，最终表现为磨内残存物料量过多，解决的方法是改善入磨物料的易磨性，降低物料颗粒直径，适量增加研磨压力，适量降低产量。

（7）设备磨损严重

磨机长时间运转后，选粉装置叶片、磨辊辊皮、磨盘衬板、喷口环等部位的部件都会受到不同程度的磨损，造成磨机破碎和碾磨能力下降，出磨成品细度变粗。处理的最好方法是更换辊皮或衬板，改善入磨物料的易磨性；预防措施是平时加强对选粉机叶片、喷口环等部件的巡检工作，损坏严重时要及时修补、更换。

（8）选粉机的故障

选粉机的轴承严重磨损，运转振动值偏大，转子的转速不能高速运转；旋转叶片严重磨损，内部密封硅膏严重脱落，漏风相当严重；这些严重故障缺陷使得生料成品细度0.08方孔筛筛余达25%左右，从操作上根本没法降低。最好的处理方法是修复这些故障缺陷，更换选粉机的轴承、更换旋转叶片、漏风处重新涂刷密封硅膏。特别注意旋转叶片的安装方向和固定角度必须符合技术要求，否则肯定会影响生料细度。

6.3 锁风阀堵塞的原因及处理

不管是三道锁风阀还是回转阀堵塞后，清理都非常危险，十分费力，严重地制约生产。堵塞的原因和处理方法主要有下列几项：

（1）物料潮湿、黏度大、易积料

制备生料的原料一般有三种及以上，每种物料的成分不同、含水量不同、表现出来的黏性也不同，比如黏土的含水量多时，其黏性很强；铁粉和粉煤灰的含水量多时，其黏性比较大，容易产生积料现象。矿山早期开采的石灰石地表面层，非石灰石物质含量偏高，颗粒粒径小、黏性比较强，水分大时容易积料。这些粘结性很强的物料会在锁风阀翻板上（或回转下料器的旋转叶片上）和溜槽壁上逐渐积结，越结越多，最终造成堵塞事故。这种现象在雨季更容易发生，严重时磨机运转 3～4h，锁风翻板阀便发生堵塞现象，清理难度很大，需要长达 8～10h 时间，给生产造成相当严重的损失。针对发生的这种恶劣状况，采取如下解决方法：

①从抓源头抓起，控制采购入厂辅助材料的含水量。

②控制矿山石灰石的开采。初采时期，注意将含黏土多的低品位石灰石“转场”或“排废”，尽量采用高品位的石灰石。

③防止入磨的物料受潮。对各堆场加盖简易大棚，入仓和入磨皮带加设防雨罩。

④在质量允许的情况下，改用不易堵塞的辅助材料，比如雨季尽量采用干燥的砂岩代替易粘结的黏土；采用铁尾砂和煤矸石代替铁粉、粉煤灰，防堵效果很好。

（2）锁风阀自身结构弊端

回转锁风阀需要入磨物料在回转腔内滞留片刻，回转叶片上容易粘结物料；下部出料的溜槽壁处容易堆积物料，造成溜壁上粘结物料。回转锁风阀自身的结构确实存在弊端。翻板式锁风阀主要利用杠杆原理，依靠物料形成的一定的高度实现锁风目的，物料在翻板上会停留很长一段时间，发生粘结堵塞的几率比回转锁风阀要大。翻板式锁风阀自身的结构也存在弊端。针对锁风阀自身结构存在的弊端，采取如下解决方法：

①改变翻板式锁风阀的整体安装倾斜角，使其变得更陡峭，让入磨物料更流畅下滑。

②在最容易发生粘结堵塞的部位安装空气炮，定时轰打危险部位。

③回转锁风阀的回转腔内通入热风，使叶轮在接触物料之前和接触物料过程中，被通入腔内的热风预热、烘干，使湿物料不容易粘结而积料。

④改造锁风阀自身结构的宗旨是在不影响锁风的前提下，尽量减少物料滞留时间，使物料更加流畅入磨。同时要保持入磨斜槽下部热空气室的畅通，具有良好的预热效果。

（3）被石块卡死

翻板式锁风阀长时间运转，翻板被物料严重冲刷磨损，溜壁上方的溜板也被磨平，输送的物料尽管并不潮湿，不发生粘结堵塞，但容易在凸起部位卡石子，造成翻板式锁风阀被卡死不动作。回转式锁风阀的内腔有时也容易被大石块卡死，造成阀体不动作，而且滑动联轴节的特殊功能电机也并不立即跳停，造成入磨皮带继续输送物料而堵塞。针对锁风阀被石块卡死的状况，采取如下解决方法：

①减少入磨物料中的大块石子，减少锁风阀被石子卡死的现象。

②平时加强对锁风阀的巡检和维护工作，更换被严重冲刷磨损的翻板和溜板，减少锁风阀被石子卡死的现象。

6.4　液压张紧系统的故障

液压张紧系统的故障主要是蓄能器氮气囊破损、液压站高压油泵频繁启动、液压缸缸体损伤或漏油 3 大类故障。

（1）蓄能器氮气囊破损

当磨辊压力不平衡时，各拉杆的缓冲力不同，而压力过大、过小时，又会导致氮气缓冲力减弱，引起磨机振动。及时发现氮气囊破损的方法有：

①用手感触蓄能器壳体温度，如接近油温，说明蓄能器工作正常；如明显偏高或者偏低，表明蓄能器损坏，需要更换气囊或单向阀。

②当立磨停机时，液压站卸压后，在蓄能器阀嘴上装压力表进行检测判断。如果压力接近氮气囊正常压力，表明蓄能器完好，否则蓄能器损坏。

③现场观察磨辊抬起或加压时间如果明显延长，表明蓄能器氮气囊有破损现象，否则是完好的。

④拉伸杆及拉伸杆螺栓频繁断裂。

解决蓄能器氮气囊破损的有效方法有：

①根本的措施在于稳定磨机的运行工况，避免磨机剧烈振动。

②每个氮气囊的预加载压力要严格按设定值给定，并定时检查，及时补充氮气，掌握正确充氮方法，防止漏油、漏气所造成的压力不正常。

③当发现氮气囊破损时，蓄能器已无法起到缓冲减震的作用，不能吸收料层厚度变化对液压系统的冲击，导致持续不断的冲击性振动，同时也加速了液压缸密封件和高压胶管的损坏，此时要尽快更换胶囊。

（2）液压站高压油泵频繁启动

立磨运行中当液压系统压力无法保持，高压油泵频繁启动，液压油温升高时，磨机的研磨效率降低。此时应查找原因：或是液压油缸的拉杆密封损坏，油缸内漏；或是回油阀内漏或损坏。未检查液压缸是否有内漏，可在停磨后将张紧液压站油泵断电，观察液压站油压，如果是逐渐下降，说明液压缸有内漏，应及时更换密封。

为防止发生这类现象，应合理设定液压站压力范围。若范围过窄，不仅减弱氮气囊的缓冲能力，而且会导致高压油泵短时间内频繁启停，严重时会烧毁高压电机；同时，要定期检查和清洗液压阀，防止杂物挡在阀口造成泄压。

（3）液压缸缸体损伤或漏油

当液压油中存在杂质，细颗粒夹在液压缸与活塞杆之间时，或蓄能器单向阀阀柄断裂，螺旋和垫圈进入液压缸内，这些原因均会拉伤缸体、活塞环，损坏密封，从而导致外漏油。当液压缸密封圈老化时，或由于研磨压力设定偏高，液压缸油压持续偏高，使密封圈长期承受较高压力而损坏时，都会产生漏油。

为此，液压油必须保持搞清洁度。在缸体检查、管路清洗、更换氮气囊和液压油时，周围环境一定要高度洁净；应每半年监测和检查液压油的油质，发现油液变质时应及时更换；合理设定研磨压力，实际操作压力一般应为最大限压的70%～90%；在拉杆与液压缸连接部位外部，做一个软连接护套以防止细颗粒物料落入。

6.5 磨辊漏油和轴承损坏

磨辊轴承一般多采用稀油循环润滑。立磨磨辊轴承的脆弱性，主要表现在磨辊漏油和轴承损坏故障环节。

（1）判断磨辊轴承损伤的有效方法有：

①现场观察磨辊回油的油质，或监测油样中的金属颗粒含量，如果油样中金属颗粒含量

较多，表明轴承损伤严重。

②观察磨辊回油温度，如某磨辊回油温度升高，其他磨辊正常，说明该磨辊轴承有损伤现象发生。

(2) 磨辊轴承损坏的原因

①对以风压密封轴承的多数立磨而言，密封风机风压低或滤网的滤布积灰堵塞，或磨内密封管道上关节轴承及法兰连接点漏风，都会使磨腔内的密封风量及风压降低；投料或停机的操作不合理，使磨辊腔内产生微负压而吸入粉尘。

②磨辊回油管真空度的调整直接关系到磨辊轴承的润滑，油压过高，磨辊内油位上升，易造成磨辊漏油，甚至损坏油封；油压过低，磨辊内油量欠缺，润滑不足而损伤磨辊轴承。

(3) 维护磨辊轴承的有效方法

①保证密封风机正常运行，风压不得低于规定值，要定期检查密封风管、磨腔内密封风管与磨管连接的关节轴承法兰是否漏风。同时为保证风源清洁，在风机入口处要加装滤网和滤布。

②慎重调整真空度压力。

③定期检查辊磨润滑系统，正常生产中油温应在 50～55℃之间，磨辊与油箱之间连接的平衡管无堵塞，真空开关常开，油管接头和软管无破损漏气，回油泵正常。当发现油箱油位不正常波动时，要仔细分析原因，及时处理。

④定期向磨辊两侧密封圈添加润滑脂。

⑤定期检测油质及金属颗粒含量，根据油质情况及滤油器的更换周期及时更换润滑油。

⑥重视磨机的升温和降温操作。合理的升温速度可以使辊套、衬板、轴承均匀受热，从而延长其使用寿命。

⑦在磨内焊接施工时，必须防止焊接电流伤害轴承或交接点。

6.6　磨机堵料

当发现磨机主电流逐步升高或明显变化、吐渣量明显增加、振动加剧时，应该警惕发生“饱磨”现象，为确定导致“饱磨”的原因，可以从以下细节逐项排查。

(1) 观察外循环量的三种不同变化情况

①外循环提升机的电流突然上升时，有可能是挡料环局部脱落，磨盘上挤出一部分料；或喷口环上的某些盖板脱落，通风横断面突然增大，风速降低，难以带起的物料走向外循环；磨盘下部刮料板掉落，物料聚集在刮板室内，影响风环通风；选粉机叶片脱落，或联轴器故障，降低选粉效率，并伴有磨机振动加大；由于液压系统故障，使磨辊加压困难或难以保持。这些突然的机械故障都可以导致外循环量突然增加。

②如果外循环量电流是数日、数周逐渐增加时，就要考虑磨内的喂料溜子在逐渐磨漏，使越来越多的入磨物料直接落入喷口环内，增加外循环量。这时外循环物料的粒径分布较广。

③如果外循环提升机出料溜子有部分堵塞时，提升机电流会增加，而循环量却在减少。

(2) 观察磨机振动的特性

如果磨机振动幅度比正常时略高 1～2mm/s，但仍在持续运转，同时伴有磨内压差降低，选粉机负荷率降低，磨机出口温度升高，此时可能是喂料溜子下料不畅所致。如果物料发黏或含水量偏大时，物料容易粘在入磨管道前后；如果锁风阀的叶片与壳体磨损间隙变大时，则是大颗粒物料卡住。

（3）观察主电动机功率（电流）的变化

当磨盘电动机功率升高较多时，说明磨盘上的料层厚度增加，很可能是磨机的排渣溜子堵塞，或是刮板下腔内存有积料。如果是较湿的物料，喷口环也有可能堵料。

发现有“饱磨”迹象后，在检查原因的同时，磨机操作员可以采取立即加大磨内通风量、减少喂料量的方法，如果不见症状缓解，一定要尽快停下磨机查明原因并处理。

6.7　选粉机塌料

当磨机喂料量较高，其研磨能力明显不足时；或喂料细粉过多；或磨内压差过大；或系统漏风严重，都会出现来自选粉机的塌料，表现为磨机压差突然升高。

排风管道走向不当也可引起塌料，甚至使磨机严重振动而跳停。在立磨的出口去旋风筒的管道布置中，为使管道支撑方便，经常出现不合理走向，设计中没有考虑此排风管道中带有大量成品，它们会在管道弯头处随着气流变向出现少量沉降，积少成多后顺着管壁流回立磨，轻者降低磨机产量，重者使磨机发生振动跳停事故。

6.8　磨机压力异常

6.8.1　压力异常 1

（1）现象：磨机压差急剧上升；选粉机转速过高；磨机出口温度突然急剧上升。

（2）原因分析

振动高报；密封风机跳闸或压力低报；液压站的油温高报或低报；主排风机跳停；选粉机跳闸；液压泵、润滑泵或主电机润滑油泵跳闸；磨机出口温度高报；磨主电机绕组温度高报；减速机轴承温度高报；主电机轴承温度高报；研磨压力低报或高报；粗渣料外循环跳闸；磨辊润滑油温度报等。

（3）处理方法

现场检查密封风机及管道，并清洗过滤网；加大冷却水量；更换加热器；现场检查，对症排除；调节热风风门、循环风机风门及磨机喷水量；检查绕组及稀油站运行情况；更换密封，消除漏油；清理堵塞；减少喂料量；加强润滑油的冷却等。

6.8.2　压力异常 2

（1）现象：立式磨进出口压差值偏高，现场有过量排渣溢出。

（2）原因分析：喂料量过多、磨辊压力过低、选粉机转速过高、物料水分偏大等。

（3）处理方法：减少喂料量、磨辊加压、降低选粉机转速、控制入磨物料水分。

6.8.3　压力异常 3

（1）现象：立式磨进出口压差值低。

（2）原因分析：喂料量小、磨辊压力过高、选粉机转速过低、物料水分偏小等。

（3）处理方法：增加喂料量、减少磨辊压力、提高选粉机转速、适当降低出磨温度等。

6.9 磨机粉磨异常

6.9.1 异常 1

（1）现象：立式磨出现跑料现象。

（2）原因分析：料干、料细、物料流速快、盘上留不住物料等。

（3）处理方法：磨内喷水以增加物料黏性，降低流动性。一般喷水量控制在 2%~3%。

6.9.2 异常 2

（1）现象：立式磨出现抛料现象。

（2）原因分析：料干、粒粗、磨辊研磨压力低、压不碎物料等。

（3）处理方法：适当增加磨辊压力。

6.9.3 异常 3

（1）现象：立式磨出现掉料现象。

（2）原因分析：磨内风速小、风量小。

（3）处理方法：加大磨机通风量。

6.9.4 异常 4

（1）现象：立式磨内粗渣料偏多。

（2）原因分析：喂料量过多；系统通风不足；磨辊研磨压力过低；入磨物料易磨性差且粒度大；选粉机转速过高；喷口环磨损大；挡料环已磨损；辊套、衬板的磨损严重。

（3）处理方法：设定合适的喂料量；加强系统通风；重新设定磨辊研磨压力；降低入磨物料粒度；调整选粉机转速；更换磨损的喷口环；重新调整挡料环高度；更换或调整辊套、衬板。

6.10 磨辊张紧压力下降

（1）原因分析：管路渗漏；压力安全溢流阀失灵；油泵工作中断；压力开关失常。

（2）处理方法：检查油管路，修复渗漏管路；检查压力安全溢流阀及压力开关，修复其故障；重新启动工作中断的油泵，恢复磨辊张紧压力。

6.11 磨辊密封风压下降

（1）原因分析：管道漏风；密封风机产生故障；阀门开度调节不当。

（2）处理方法：检查风管路，修复渗风管路；检查密封风机，适当增加其阀门开度，若风压略有降低后仍能恒定，可不停机，但如果其恒定值已超过最低要求，磨机将自动连锁停机。

6.12 磨机排渣量过多

（1）原因分析：喂料量过多、磨机过载；磨机通风量偏小；选粉机转速过快，生料成品细度过细；喷口风环面积过大或磨损严重。

（2）处理方法：减少喂料量；增加磨机通风量；适当降低选粉机转速。如果采取以上技术措施后，其效果还是不理想，停机检修、修复磨损严重的喷口风环。

任务 7　生料制备系统的生产实践

任务描述：熟悉生料风扫磨系统及生料立磨系统的中控操作技能；熟悉生料制备系统实现“优质、高产、低耗”的技术措施。

知识目标：掌握生料制备系统的中控实践操作技能；掌握水泥企业实现生料制备系统达标达产的技术措施。

技能目标：实现生料制备系统中控操作理论与生产实践的有机结合及辩证统一。

7.1　生料中卸磨的中控操作

以 ϕ4.6m×(10.0+3.5)m 生料中卸磨为例，详细说明生料中卸磨的中控操作技能。

7.1.1　质量控制指标

(1) 入磨石灰石粒度≤25mm，合格率≥85%；水分≤1.0%，合格率≥80%。

(2) 入磨黏土水分≤5.0%，合格率≥80%。

(3) 出磨成品生料 KH=目标值±0.02，合格率≥75%。

(4) 出磨成品生料 n=目标值±0.10，合格率≥75%.

(5) 出磨成品生料细度 S≤16%，合格率≥85%。

7.1.2　生料磨操作员岗位职责

(1) 遵守公司的劳动纪律、厂规厂纪，工作积极主动，听从领导的调动和指挥，保质保量完成生料制备任务。

(2) 认真交接班，把本班运转和操作情况以及存在的问题以文字形式交给下班，做到交班详细，接班明确。

(3) 及时准确地填写运转和操作记录，要按时填写工艺参数记录表，对开停车时间和原因要填写清楚。

(4) 坚持合理操作，运转中注意各参数的变化，及时调整，在保证安全运转的前提下，优质高产。

(5) 严格执行操作规程及作业指导书，保证和现场的联系畅通，减少无负荷运转，保持负压操作，以降低消耗，保持环境卫生。

(6) 负责记录表、记录纸、质量通知单的保管，避免丢失。

7.1.3　开车前的准备工作

(1) 确认岗位巡检工已经完成对设备各润滑点的检查，确保润滑油量、牌号、油压、油温等正确无误。

(2) 确认岗位巡检工已经完成对设备冷却水的检查，确保冷却水畅通、流量合适、无渗漏现象。

(3) 确认岗位巡检工已经确保设备内部清洁无杂物，已经关好检查孔、清扫孔，做好了各人孔门及外保温的密封。

(4) 确认岗位巡检工已经完成对所有阀门及开关的检查，确保其位置及方向与中控室显示的完全一致。

(5) 确认现场仪表指示值正确，与中控室显示一致。

(6) 确认岗位巡检工已经完成对磨机的衬板螺栓、磨门螺栓、电机地脚螺栓、传动连杆等易松部位的检查。

(7) 已经与窑操作员取得联系，确认窑运行状况正常。

(8) 确认巡检工已经调节选粉机导板开度和放风阀开度到适当角度。

(9) 确认分料阀开度已经调节到合适位置。

(10) 确认岗位巡检工将系统全部设备的机旁按钮盒选择开关打到“集中”位置并锁定，检查所有系统设备是否已全部备妥。

7.1.4　开车操作

(1) 确认生料磨运行前的准备工作已经完成。

(2) 确认窑煅烧系统正常运行。

(3) 确认原料调配站已经进料。

(4) 启动磨机稀油站组（冬季时通知巡检工提前 2h 加热稀油站，提前 30min 开启稀油站）。

(5) 启动调配站库顶收尘组。

(6) 启动均化库库顶组。

(7) 启动生料输送及入库组。

(8) 启动循环风机组。

(9) 暖磨操作。

逐步提高进入磨机热风量的同时，逐步提高出磨气体温度、磨尾进口的气体温度，各阀门的操作如下：逐步加大磨机排风机进口阀门的开度，逐步加大热风管总阀的开度，逐步加大磨尾热风阀门的开度；将磨头、磨尾冷风阀关到适当位置，使出磨气体温度不高于 100℃，磨头热风温度不高于 250℃，磨尾热风温度不高于 250℃，磨头负压 200～400Pa，磨尾负压为 1000～1200Pa；当磨头热风温度达 100℃时操作磨机慢转，当磨机粗磨仓筒体温度达到 40℃及以上时，暖磨结束。

(10) 启动磨机回料组。

(11) 启动选粉机组。

(12) 启动磨机组。

(13) 启动入磨输送组。

7.1.5　主要操作控制参数

磨机达到额定产量时，其主要操作控制参数是：

(1) 磨尾热风温度 200～300℃。

(2) 磨头热风温度 250～350℃。

(3) 出磨气体温度 70～80℃。

(4) 磨头负压 300～700Pa。

(5) 磨尾负压 900～2000Pa。

(6) 出磨负压 1600～2500Pa。

(7) 窑尾排风机电收尘出口负压 1000～1500Pa。

(8) 磨机台时产量 180～220t/h。

7.1.6 正常生产的操作控制

(1) 喂料量过多

现象：磨头负压下降，磨中负压上升，选粉机出口负压上升，电耳信号降低，磨机电流降低，出磨提升机功率先升后降，现场磨音低沉发闷。

调整方法：先降低喂料量，逐步消除磨内积料，待磨头、磨尾压差恢复正常后，再逐步调整喂料量至正常。

(2) 喂料量不足

现象：磨头负压上升，磨中负压下降，选粉机出口负压下降，电耳信号增大，磨机电流增大，出磨斗式提升机功率下降，现场磨音脆响。

调整方法：逐步增加喂料量，待各参数恢复正常为止。

(3) 烘干仓堵塞

现象：出磨斗式提升机功率下降，磨头负压下降，磨中负压上升，选粉机出口负压上升，电耳信号增大，现场磨音脆响。

调整方法：降低喂料量，增大磨机通风量，适当提高磨头风温，如效果不明显则停止喂料，如果还没有明显效果，只有停磨检查处理。

(4) 细磨仓堵塞

现象：电耳信号降低，出磨斗式提升机功率下降，磨尾负压下降。

调整方法：调节分料阀，增加粗粉仓的回料粗粉分配比例，适当提高磨尾风温。

(5) 生料水分偏高

现象：出磨生料成品细度变粗，水分增大。

调整方法：减少喂料量，或提高入磨气体风温。

(6) 成品细度

如果出磨生料成品细度不合格，按下述方法进行调整：

①调节选粉机转子的转速，正常生产条件下，转速加大，成品细度变细；转速减小，成品细度变粗。

②调节选粉机转速仍达不到要求时，再考虑调节选粉机导板开度，导板关紧，成品细度变细；导板开大，成品细度变粗。

③调节循环风机入口的阀门，正常生产条件下，循环风机入口阀门开大，细度变粗；关小，细度变细。

④调整喂料量。

⑤调整磨内钢球级配。

(7) 磨机轴瓦温度高

检查供油系统是否堵塞，供油压力是否过小，润滑油中是否有水或含有杂质，入磨风温是否过高等，再根据检查结果采取相应的技术措施。

(8) 磨机减速机油温高

检查供油系统是否堵塞，供油压力是否过小，润滑油中是否有水或含有杂质，冷却水是否堵塞等，再根据检查结果采取相应的技术措施。

7.1.7 停车操作

(1) 喂料量设定值降到0；在降低喂料量的同时逐步降低入磨气体温度及风量，各阀门的操作如下：逐步加大磨头冷风阀门开度，逐步加大磨尾冷风阀门开度，逐步减小磨头热风阀门，逐步减小磨尾热风阀门开度，逐步减小磨系统排风机进口阀门开度。

（2）确认磨机处于低负荷运转，比如出磨提升机功率下降，磨音信号增大，选粉机电流下降等。

（3）停入磨输送组。

（4）原料调配站停止进料，通知化验室。

（5）调配站库顶组停车。

（6）停磨主电机，现场间隔慢转磨机。

（7）降低磨机循环风机进口阀门的开度，打开磨头、磨尾冷风阀门，关闭磨头热风阀门。

（8）入选粉机输送组停车。

（9）选粉机组停车。

（10）回料组停车。

（11）循环风机组停车。

（12）生料输送及入库组停车。

（13）均化库库顶组停车。

（14）磨机筒体温度接近环境温度时慢转停止。如短时间停磨，磨机润滑系统不停；如长时间停磨，停润滑系统：磨机滑履轴承稀油站停车，磨机主轴承稀油站停车，磨机减速机稀油站停车，磨机主电机稀油站停车。

7.1.8　设备紧急停车操作

某台设备因负荷过大、温度超高、压力超高等原因均可，这是设备自我保护的一种方式。发生设备跳停前，操作屏幕上有报警显示，指示发生故障的设备，磨机操作员可根据生产实际状况，迅速判断发生故障的原因，采取正确的处理措施，完全可以避免发生设备跳停事故。但是如果设备不停车，很可能发展成更大的设备事故，造成更大的经济损失，这时磨机操作员就要采取紧急停车操作，使所有设备立即同时停车。

（1）生料输送及入库设备跳闸或现场停车，生料磨系统除磨排风机组、库顶收尘器组和稀油站组外都联锁停车。

处理办法：关闭进磨的热风阀门，打开磨头、磨尾的冷风阀门，将磨排风机进口阀门关小，循环风阀门开大，增湿塔出口阀门开大，喂料量设定为 0，废气处理系统进行调整，选粉机转速设定为 0，磨机慢转，通知电气、仪表等相关人员进行检查处理。

（2）磨机或减速机的润滑油压过高或过低，造成润滑油泵跳闸或现场停车，磨机、入磨输送组联锁停车。

处理办法：关闭进磨的热风阀门，打开磨头、磨尾冷风阀门，关小磨排风机进口阀门，开大循环风阀门，开大增湿塔出口阀门，喂料量设定为 0，废气处理系统进行调整，对油泵和管路进行检查处理。

（3）磨机排风机因为润滑油的油压过高或过低跳闸或现场停车，磨机、入磨输送组联锁停车。

处理办法：关闭进磨的热风阀门，打开磨头、磨尾的冷风阀门，将磨排风机进口阀门关小，循环风管阀门开大，增湿塔出口阀门开大，喂料量设定为 0，废气处理系统进行调整，关闭磨排风机进口阀门、磨机慢转，通知电气及仪表等相关人员进行检查处理。

(4) 选粉机输送组任一台设备跳闸或现场停车，磨机、入磨输送组联锁停车。

处理办法：关闭进磨的热风阀门，打开磨头、磨尾的冷风阀门，将磨排风机进口阀门关小，循环风管阀门开大，增湿塔出口阀门开大，喂料量设定为0，废气处理系统进行调整，通知电气及仪表等相关人员进行检查处理。

(5) 选粉机因为速度失控跳闸或现场停车，磨排风机、入选粉机输送组、磨机及入磨输送组联锁停车。

处理办法：关闭进磨的热风阀门，打开磨头、磨尾的冷风阀门，将磨排风机进口阀门关小，循环风管阀门开大，增湿塔出口阀门开大，废气处理系统进行调整，通知电气及仪表等相关人员进行检查处理。

(6) 压力螺旋输送机跳闸或现场停车，磨排风机、选粉机及出磨输送组、磨机、入磨输送组联锁停车。

处理办法：关闭进磨的热风阀门，打开磨头、磨尾的冷风阀门，将磨排风机进口阀门关小，循环风管阀门开大，增湿塔出口阀门开大，喂料量设定为0，废气处理系统进行调整，选粉机转速设定为0，关闭磨排风机进口阀门、磨机慢转，通知电气及仪表等相关人员进行检查处理。

(7) 入磨输送组中的入磨胶带机跳闸或现场停车

处理办法：喂料量设定为0，关闭磨头、磨尾的热风阀门，打开磨头、磨尾的冷风阀门，将磨排风机进口阀门关小，增湿塔出口阀门开大，循环风管阀门开大，废气处理系统进行调整，通知电气及仪表等相关人员进行检查处理，其必须在10min内恢复入磨胶带机运转，否则只好停止磨机。

7.1.9 生产注意事项

(1) 磨机不允许长时间空转，以免钢球砸坏衬板和损坏钢球。一般在非饱磨情况下，应在10min内喂入原料。

(2) 当磨机主电机停车后，为避免磨机筒体冷却收缩，滚圈与托瓦之间相对滑动而擦伤轴承合金面，应继续运行磨机轴承润滑装置和高压泵，直至磨机筒体完全冷却，并通知磨机岗位巡检工慢转翻磨，防止磨机筒体变形，翻磨间隔一般是20～30min，每次转半圈。长时间停磨，还需倒出钢球。

(3) 冬季停磨，水冷却的设备在停冷却水后，需要排空其腔体内的滞留水，必要时使用压缩空气吹干滞留水，以防冻裂管道。

(4) 生料中卸磨在运转过程中，要保持原料供应的连续性，定时观察原料调配站各储库的料位变化，及时进料补足，防止发生断料现象。

(5) 烘干中卸磨原料的热风来自窑尾预热器的高温废气。若废气温度过高，容易使设备受高温作用变形、损坏，生产上通过调节磨头冷风阀、磨尾冷风阀及进磨热风阀等风门的开度来控制其温度不超过规定值，保证设备安全运转。

7.2 生料立磨的中控操作

以与日产5000t熟料生产线相配套的生料MPS型立磨为例，详细说明生料立磨的中控操作技能。

7.2.1　操作控制原则

（1）在各专业人员及现场巡检人员的密切配合下，根据入磨物料的粒度及水分、磨机差压、磨机出口及入口气体温度、系统排风量等参数的变化情况，及时调整磨机的喂料量和相关风机的风门开度，努力提高粉磨效率，使立磨的运行平稳。

（2）树立“安全、优质、高产、低耗”的生产观念，充分利用计量监测仪表、计算机等先进科技手段，实现最佳优化操作。

7.2.2　开磨前的准备工作

（1）通知 PLC 人员投入运行 DCS 系统。

（2）通知总降工作人员做好开磨上负荷准备。

（3）通知电气人员给不备妥设备送电。

（4）通知质量控制人员及生产调度准备开磨。

（5）通知现场巡检人员做好开机前的检查及准备工作，并与其保持密切联系。

（6）进行联锁检查，对不符合运转条件的设备，联系电气、仪表等相关技术人员检查处理。

（7）检查各风机的风门、闸阀等动作是否灵活可靠，是否在中控位置，中控显示与现场显示数值是否一致，若显示的数值不一致，要联系电气、仪表等相关技术人员校正。

（7）查看配料站各储仓料位情况，储仓料位不符合生产要求的，开磨前要补足。

（8）查看启停组有无报警或不符合启动条件，应逐一找出原因进行处理，直到启停组备妥。

7.2.3　使用热风炉开磨操作

（1）烘磨

联系现场确认柴油罐内要有足量的油位，如果是新磨的首次开机，烘磨时间一般控制在2h 左右，且升温速度控制的要慢和平稳，磨出口温度控制在 80～90℃之间。升温前先启动窑尾 EP 风机，将旁路风阀门关闭，调节 EP 风机的风门开度、磨出口和入口的风门开度，点火后可稍加大磨内抽风。现场确认热风炉点着后，通过调节给油量、冷风挡板的开度来控制合适的风量和风温。鉴于生料粉是通过窑尾电收尘进行收集，热风炉点火时，窑尾电收尘不能荷电，火点着后一定要保证油能充分燃烧，不产生 CO，这时窑尾电收尘才可荷电。

（2）布料

使用热风炉首次开磨时，应在磨盘上进行人工均匀布料。具体的布料操作是：

①可以从入磨皮带上通过三道翻板锁风阀向磨内进料，然后进入磨内将物料铺平。

②直接由人工从磨门向磨内均匀铺料。铺完料后，用辅助传动电机带动磨盘慢转，再进行铺料，如此反复 3～5 次，从而确保料床上的物料被压实，料层平稳，最终料层厚度控制在 80～100mm 左右。同时也要对入磨皮带进行布料，即先选择“取消与磨主电机的联锁”选择项，然后启动磨机喂料，考虑到利用热风炉开磨时的风量和热量均低，可将布料量控制在 120～140t/h 左右，入磨皮带以 25%的速度运行，待整条皮带上布满物料后停机。

（3）开磨操作

当磨机充分预热后，可准备开磨。启动磨机及喂料前，应确认粉尘输送及磨机辅助设备已正常运行，磨机水电阻已搅拌，辅传离合器已合上等。给磨主电机、喂料和吐渣料组发出启动命令后，辅传电机会先带动磨盘转运一圈，时间是 2min，在这期间加大窑尾 EP 风机阀门挡板至60%～70%左右，保证磨出口负压控制在5500～6500Pa，磨出口阀门全开，入口第一道热风阀门挡板全关，逐渐开大热风挡板和冷风阀门。如果系统有循环风阀门应全开，待磨主电机启动后入磨皮带已运转，这时可设定65%～75%皮带速度，考虑到热风炉的热风量较少，磨机台时喂料量可控制在250～300t/h左右，开磨后热风炉的供油量及供风量也同步加大，通过热风炉一、二次风的调节，使热风炉火焰燃烧稳定、充分。

由于入磨皮带从零速到正常运转速度需要将近10s时间，导致磨内短时间物料很少，具体表现在磨主电机电流下降至很低，料层厚度下降，振动大，处理不及时将会导致磨机振动跳停。这时可采取以下几种措施解决：

①磨主电机启动前10～20s，启动磨机喂料系统，但入磨皮带速度应较低。

②可先提高入磨皮带速度至85%左右，待磨机稳定后再将入磨皮带速度逐渐降下来。

③开磨初期减小磨机通风量，待磨机料层稳定后再将磨机通风量逐渐加大。

（4）系统正常控制

磨机运转后，要特别注意磨主电机电流、料层厚度、磨机差压、磨机出口气体温度、振动值、磨出入口负压等参数。磨主电机电流在270～320A，料层厚度在80～100mm，磨机差压在5000～6000Pa，磨出口气体温度60～80℃，振动值在5.5～7.5mm/s，张紧站压力在8.0～9.5MPa。

（5）停磨操作

①停止配料站各个仓的进料程序，如果是长时间停机要提前准备，以便将配料站各仓物料尽量用完。

②停止磨主电机、喂料组和吐渣组。

③关小热风炉供油量及供风量，如果是长时间停机应将热风炉火焰熄灭，减小窑尾EP风机冷风阀及磨进口阀门开度，保证磨内有一定通风量即可。

7.2.4　使用窑尾废气开磨

使用窑尾废气开磨，控制窑的喂料量≥200t/h。

7.2.4.1　烘磨

利用窑尾废气烘磨时，控制两旁路风阀门开度在60%～80%左右，打开磨进出口阀门，保证磨内通过一定热风量，烘磨时间控制在30～60min左右，磨出口废气温度控制在80～90℃左右，如磨机属于故障停磨，停机时间较短，可直接开磨。

7.2.4.2　开磨操作

开磨前需掌握磨机的工况：磨内是否有合适的料层厚度，入磨皮带是否有充足的物料，如果料少，可提前布料。启动磨主电机、磨喂料和吐渣料循环组，组启动命令发出后，加大窑尾EP风机入口阀门开度至85%～95%左右，保证磨出口负压控制在6500～7500Pa左右，逐渐关小两旁阀门至关闭，逐渐打开磨出口阀门和两热风阀门直至全部打开，冷风阀门可调至20%左右的开度以补充风量。在磨主电机启动前，上述几个阀门应完成动作，但不宜动作太早，从而导致磨出口气体温度过高。

立磨主电机、喂料和吐渣循环组启动后，即可给入磨皮带输入65%～75%速度，喂料量控制在340～380t/h左右，并可根据刚开磨时磨内物料多少，调节入磨皮带速度、喂料量、选粉机转速、磨机出口挡板等控制参数，使磨机状况逐渐接近正常。根据磨进出口气体温度高低来决定是否需要开启磨机喷水系统。针对增湿塔工艺布置位置不同，启动磨机时控制磨出口温度方法也有所不同，当增湿塔位置在窑尾高温风机之前，由于进磨热风已经过增湿塔喷水的冷却，故进磨气体温度较低，一般在 250℃左右，相应磨进出口气体温度也低。如果增湿塔位置在高温风机之后，从而导致进磨热气没有经过冷却，气体温度在 310～340℃左右，这时需启动磨机喷水来控制磨出口温度。

7.2.4.3　立磨系统的正常控制

磨机正常生产时，其主要参数的控制范围是：磨主电机电流在 300～380A，料层厚度在 100～120mm，磨机差压在 6500～7500Pa，磨机出口气体温度在 80～95℃，磨机喂料量在 380～450t/h，张紧站压力在 8.0～9.5MPa，振动值在 5.5～7.5mm/s。关于磨机的正常操作，主要从以下几个方面来加以控制：

（1）磨机喂料量

立磨在正常操作中，在保证出磨生料质量的前提下，尽可能提高磨机的产量，喂料量的调整幅度可根据磨机的振动值、出口气体温度、系统通风量、磨机差压等因素决定，在增加喂料量的同时，一定要调节磨内通风量。

（2）磨机振动

振动值是磨机操作控制的重要参数，是影响磨机台时产量和运转率的主要因素，操作中力求磨机运转平稳。磨机产生振动与诸多因素有关，单从中控操作的角度来讲，要特别注意以下几点：

①磨机喂料要平稳，每次加减料的幅度要小，加减料的速度要适中。

②防止磨机断料或来料不均。如来料突然减少，可提高入磨皮带速度，关小出磨挡板。

③磨内物料过多，特别是粉料过多，要及时降低入磨皮带速度和喂料量，或降低选粉机转速，加强磨内拉风。

（3）磨机差压

立磨在操作中，差压的稳定对磨机的正常运转至关重要，它反映磨机的负荷。差压的变化主要取决于磨机的喂料量、通风量、磨机出口气体温度。在差压发生变化时，先查看配料站下料是否稳定，如有波动查出原因后通知相关人员迅速处理，并作适当调整，如果下料正常，可通过调整磨机喂料量、通风量、选粉机的转速、喷水量等参数来稳定磨机的压差。

（4）磨机出口气体温度

立磨出口气体温度对保证生料水分合格和磨机稳定具有重要作用，出口气体温度过高（比如>95℃），料层不稳，磨机振动加大，同时不利于设备安全运转。出口温度主要通过调整喂料量、热风阀门、冷风阀门及磨机和增湿塔喷水量等方法控制。

（5）出磨生料水分和细度

生料水分控制指标一般是<0.5%，为保证出磨生料水分合格达标，可根据喂料量、磨进出口温度、入磨生料水分等情况，通过调节热风量和磨机喷水量等方法来实现控制。对于成品生料细度，可通过调节选粉机转速、磨机通风量和喂料量等参数实现控制。若生料细度或水分超标没有合格，要在交接班记录本上注明原因及纠正措施。

7.2.4.4　停机操作

正常停机时，可先停止磨主电机、喂料及吐渣组，同时打开旁路风阀门，调小窑尾 EP 风机入口、磨出口和进口阀门，打开全部冷风阀门，开启或增大增湿塔喷水，停止配料站相关料仓供料。

7.2.5 故障停窑后磨机维持运行的操作

鉴于大部分水泥生产企业窑的产量受生料供应的影响较大，为延长磨的运转时间，停窑后可维持磨的运行。当窑系统故障停机时，由于热风量骤然减小，这时应及时打开冷风阀门，适当减小EP风机挡板开度，停止喷水系统，关闭旁路风阀门，大幅度减小磨机喂料量到250～300t/h左右，从而保证磨机状况稳定。为防止进入窑尾高温风机气流温度过高，可适当打开高温风机入口冷风阀，高温风机入口挡板可根据风机出口温度和出磨温度进行由小到大调节。保证高温风机入口温度在450℃以下，出磨温度高于40℃。当窑系统故障恢复投料时，应做好准备，及时调整操作参数，避免投料时突然增大的热风对磨机产生冲击。即在投料前，可稍增大磨机喂料量，控制较高料层厚度，窑系统投料改变通风量时，迅速增大磨机喂料量和入磨皮带速度，保证磨内物料量的稳定，并且根据热风量，逐渐开启喷水系统，关小冷风阀门。

7.2.6 操作注意事项

(1) 当磨机运转中有不明原因振动跳停，应进磨检查确认，并且密切关注磨机密封压力、减速机12个阀块径向压力、料层和主电机电流。如果出现异常大范围波动和报警，应立即停磨检查有关设备和磨内部状况，确保设备安全运行。

(2) 加强系统的密封堵漏，系统漏风不仅影响磨机的稳定运行，而且对磨机的产量影响非常大，尤其是电收尘拉链机、风管法兰联接处、三通闸阀等。

7.2.7 起磨过程中注意事项

由于MPS型立磨没有升辊机构，没有在线调压手段，主要靠辅传布料，借助主、辅传扭力差启动，因此在起磨过程中应特别注意如下事项：

(1) 在启动磨机前应对磨内料床厚度作详细了解，决定在辅传启动后、主传启动前多少秒启动磨机喂料系统进行喂料。也就是说在主传启动时料床要有均匀的缓冲层，减小主传启动时产生的振动。主传启动时的料层厚度一般应控制在130～190mm合适。

(2) 在启动辅传前应对磨机进行烘烤，冷磨烘磨应分为两个阶段升温，第一个阶段出磨温度控制在60℃以下，应注意升温的速度节奏要尽量慢；第二个阶段控制在60℃以上，升温速度节奏可以快一点，但应注意磨机出口温度不要超过130℃。

(3) 启动磨辅传布料时，可提前拉风至正常操作用风量的85%，等主传启动后随时根据主传电机功率或电流进行调整。

(4) 调整料床厚度一般采用如下办法：应急提高或降低入磨皮带速度（比如料床短时间波动）；提高或降低选粉机的转速，此手段主要是调整料床上细料的比例，增加或减少料床厚度；降低或提高磨机主排风机的风量，此手段既可调整细料量又可调整吐渣量，比如减小风量可增加料床厚度，反之亦然。

(5) 当磨机三次启动失败后，一定进行料床检查，如果料床超过230mm，则应进行现场排料，同时补充新鲜物料填充料床，等主电机准许启动时再次开机。

(6) 处理磨机异常振动引起的跳停，首先应检查机械原因，操作员应入磨检查判断磨辊是否在正常轨道，也就是磨辊是否产生上偏和下偏现象。如果辊不在正常轨道，则应现场进行用辅传调偏工作。

(7) 当入磨物料异常干燥时，应加大磨内喷水量并合理调整增湿塔的喷水量，以便进一步稳定料床。

(8) 当磨工况稳定后，一般先加大风量，随即加料，再观察主电机电流和料层厚度。

(9) 停磨时应先降低选粉机转速至正常的 60%后保持 3min，再减少抽风量。

总之，MLS 型立磨操作时应注意配置合适的料气比，既不要因为料床细料太多出现“饱磨”现象，也不要因为料床太薄出现“空磨”现象，随时注意主电机电流变化，随时修正磨机抽风量及选粉机转速。

7.3　生料中卸磨达标达产的典型案例

以 ϕ4.6m×(9.5+3.5)m 生料中卸磨为例，详细说明生料中卸磨达标达产的生产实践。

7.3.1　前言

山东联合某水泥有限公司 ϕ4.6m×(9.5+3.5)m 中卸磨生料粉磨系统采用石灰石、砂岩、铁粉等三种原料进行配料，是南京水泥工业研究设计院设计的。该生产线自 2005 年 4 月投产以来，经过 6 个月的试生产，2006 年即实现达标达产，磨机的台时产量平均达到 210t/h，超设计台时产量 30t/h，取得了较好的生产效果。本文对此达标生产实践作一简要概况总结，供水泥业界的朋友及同事借鉴和参考。

生产线的主机设备配置如表 4.7.1 所示。

表 4.7.1　ϕ4.6m×（9.5+3.5）m 生产系统的主机设备配置表

系统	主机名称	型号、规格、能力
石灰石破碎	锤式破碎机	LPC1020.18，1250×1000×800，500t/h
石灰石储存	预均化库	CHO-80，轨道直径 ϕ=80m，30000t，堆料 650t/h，取料 400t/h
黏土破碎	辊式破碎机	ϕ1250×1000，60～90t/h
生料制备	生料磨	MIHϕ4.6m×（9.5+3.5）m，180t/h，3350kW
	提升机	NSE700×42400，700t/h
	选粉机	XW55 ϕ5500，250t/h
	循环风机	2300DBB50，流量 310000m^3/h
	均化库	ϕ18m×50m，8000t
	提升机	N-TDG-630×55400，250t/h

7.3.2　主要生产措施

7.3.2.1　加强对原材料的管理，质量指标不合格的拒收。

(1) 公司采用石灰石、砂岩、铁粉及黏土 4 组分配料。石灰石、砂岩采用大批量定点采购，石灰石采用单段锤式破碎机进行破碎，破碎的成品采用圆形预均化堆场储存：悬臂式堆料机、桥式刮板取料机。砂岩、铁粉及黏土使用预均化堆棚储存：悬臂定点式堆料机、铲车人工取料机。

(2) 对大批量定点进厂前的石灰石、砂岩，分别以 20000t、5000t 为单位进行易磨性系数检测。易磨性系数小于标准的，必须和优质料重新搭配、均匀混合，其易磨性系数复检合格后方可进厂，这样保证了入磨物料易磨性系数的均匀稳定。

(3) 加大对石灰石破碎机的管理力度。根据成品石灰石的粒度变化波动情况，及时调整锤头和篦板之间的距离、篦板的篦条间隙及喂料量，保证出破碎机石灰石的成品粒度小于25mm。

(4) 控制进厂铁粉和砂岩的水分≤10%；黏土的水分≤15%；进厂石灰石的最大粒度≤1000mm；砂岩中结晶石英含量≤3.5%。

7.3.2.2 稳定生料的质量

生料质量的稳定，不但有利于提高磨机产量和质量，也有利于提高窑产量和质量。为了稳定生料的质量，在生产上采取了以下技术措施：

(1) 保证配料站石灰石、砂岩、铁粉及黏土4条皮带秤的计量准确。每周标定校验一次零点，并做好记录，遇到特殊生产状况，增加校验次数，做到随时标定，保证计量皮带秤的精度，做到配料计量的准确性。

(2) 对QCX配料岗位人员进行岗位技能培训，提高他们的责任心和实际操作技能水平，四个班做到统一思想，统一操作，确保配料的准确性，入窑生料氧化钙及氧化铁的合格率达到85%及以上。

(3) 根据物料的变化及时调整操作参数。公司使用的原料粒度、水分波动比较大，要求化验室对入厂原料的水分及时检测并告知中控室，中控室的磨机操作员再及时和现场巡检人员联系，调整磨机操作参数。如现场入磨物料水分变大，要提高入磨的热风温度，保证磨机内物料烘干过程和研磨过程的平衡；如石灰石、砂岩的粒度变大，要减少喂料量，保证磨机粗磨仓和细磨仓的平衡。

7.3.2.3 合理调整磨机系统的用风量

粉磨系统所需的热风是窑尾废气提供的，分别进入磨头的粗粉仓和磨尾的细粉仓，其中进入磨头粗粉仓的热风占大约80%，进入磨尾细粉仓的热风占大约20%。磨尾细粉仓进入热风不仅有利于去除物料中的残余水分，而且可以提高细磨仓内和出磨的风、料温度，防止发生冷凝现象。

磨机在正常生产时，如果系统的用风量过大，会使物料在磨机内流速过快，物料停留时间过短，造成产品细度过粗，磨机产量反而下降。反之，如果系统用风量不足，会使磨机内的物料停留时间过长，产生过粉磨现象，磨机产量也会降低，情况严重时还可能发生饱磨现象。所以在操作磨机时，要根据入磨物料的粒度、水分、易磨性等变化情况及时调整下料量和通风量：下料量增加，通风量要相应增加；下料量减小，通风量要相应减少。生产实践证明，粗仓内的风速大约控制在7m/s，细仓内的风速大约控制在3m/s时，磨机系统的风、料能保持较理想的平衡状态。

调整系统用风时，要注意选粉机的循环风。生产调试初期，我们曾一度忽略循环风的使用，有一周时间磨机的生产状况很恶化：出磨物料负荷很高，出磨提升机的电流高达210A，并且成品细度很粗。当打开循环风的风门后，随着风门开度调节到40%左右时，磨机的生产状况发生明显变化：出磨的负荷逐渐下降，出磨提升机的电流也逐渐下降到正常值170A，生料成品细度也恢复到理想指标。增加循环风量，有利于增加选粉机的选粉效率。

7.3.2.4 合理控制系统用风的温度和压力

系统用风的温度对磨机的产质量影响很大，特别是在入磨原料水分较高时，适当提高入磨热风温度可以避免磨内糊球现象，提高磨机的粉磨效率，保证磨机的烘干效果。公司的生产经验是将磨机的出口热风温度由 72℃提高到 78℃，磨机的台时产量大约提高 5t/h。

系统压力的控制目的是检测各部位的通风状况，防止磨机出现如隔仓板堵塞、饱磨等问题。系统各部分压力的大小，表明磨内通风阻力的大小，在操作过程中，要密切监视系统各部分压差的大小变化，防止出现异常情况。

7.3.2.5 根据物料筛析曲线和循环负荷率，适时添补研磨体

根据入磨物料粒度、水分、易磨性系数的不均匀变化，对应地选择交叉多级配球方案。但在实际生产中，很难达到这种理想状态，往往不能及时调整研磨体，致使研磨体相对过量或不足。我们的经验是以月为单位，按每吨生料平均消耗的研磨体量，计算当月实际消耗掉的研磨体量，并选用平均球径的研磨体予以添补。生产实践证明：这种添补研磨体的方法简单而实用，能很好地适应磨机生产的需要。

7.3.2.6 磨机饱磨时的现象及处理措施

(1) 粗磨仓的饱磨

饱磨现象：出磨温度有缓慢升高的趋势。由于已经发生饱磨现象，物料和热风之间的热交换不能充分进行，造成出磨气体温度缓慢升高。当磨况进一步恶化时，磨机的阻力会发生较明显的变化，即出磨负压会升高，入磨负压降低，压差大约升高 300Pa，此时出磨的负荷降低，出磨提升机电流大约降低 5A，磨机主电流大约增加 10A。当饱磨现象很严重时，出磨提升机电流大约降低 10A，磨机主电流增加大约 20A，入磨负压会变为零，压差大约升高 500Pa，磨头漏料严重，粗磨仓不出料，粗磨仓的研磨体窜到烘干仓，在现场可以听见筒体被钢球砸得咔咔作响，停磨后检查扬料板被不同程度地砸变形。

处理措施：粗粉回料 90%及以上进入细磨仓；增加粗磨仓的通风量，粗磨仓的冷风门及热风门的开度都有增大，但细磨仓的风门开度不变；根据磨机发生饱磨的实际情况及时减少喂料量，轻微饱磨时少减，一次减大约 10t/h，比较严重时要多减，一次减大约 30～50t/h，更严重时，采取止料办法。如果物料的水分大，要适当提高入磨热风量及热风温度。处理饱磨现象时尤其要注意用风量的调节，使风和料保持平衡。

(2) 细磨仓的饱磨

饱磨现象：当细磨仓刚出现饱磨时，细磨仓的气体压力反映最明显，负压缓慢降低。当饱磨现象很严重时，入磨的负压会很快降低，甚至变为零。所以细磨仓气体压力的变化是判断细磨仓物料粉磨状况的重要参数。

处理措施：粗粉回料 90%及以上进入粗磨仓；增加细磨仓的通风量，细磨仓的冷风门及热风门的开度都有增大，但粗磨仓的风门开度不变；根据磨机的实际情况及时减少喂料，当出磨提升机的电流明显减小时就要及时调整处理，否则会更加重饱磨现象。

无论是粗磨仓的饱磨还是细磨仓的饱磨，重要的是预防。中控室操作员要及时和现场岗位巡检人员保持联系，以便准确掌握物料的性质变化情况，提前采取有效的预防措施，避免发生饱磨现象。

7.3.2.7 优化操作参数

稳定磨况是磨机生产操作控制的出发点，优化操作参数是稳定磨况的保证。通过对磨机

系统的风、料、循环负荷等参数的优化调整控制，实现磨机产量和质量的双提高，如表4.7.2所示。

表4.7.2 磨机系统控制的主要操作参数

序号	控制项目	参数范围	序号	控制项目	参数范围
1	喂料量	215～220t/h	8	中卸磨出口气体温度	75～80℃
2	磨音	65%～70%	9	中卸磨出口气体负压	2000～2300 Pa
3	主电机电流	320～330A	10	选粉机出口气体温度	70～80℃
4	磨头进口气体温度	240～260℃	11	选粉机出口气体负压	4500～5000Pa
5	磨头进口气体负压	350～500Pa	12	粗粉分料阀开度	15%～20%
6	磨尾进口气体温度	200～210℃	13	出磨提升机电流	165～175A
7	磨尾进口气体负压	1000～1300 Pa	14	选粉机循环风开度	30%～45%

7.3.2.8 设备管理

在设备管理上，实行点检定修和改善维修制度。公司推行设备处、生产车间、生产班组三级点检责任制，对点检发现的问题和隐患，进行有计划的统筹安排：每半个月安排点检小修，解决设备存在的小问题，保证设备的正常运转；每一个月安排改善性维修，解决设备存在的隐患。推行点检定修和改善维修制度的效果比较理想，2006年设备的完好率达到97.2%，为提高磨机的产质量奠定了坚实基础。

7.3.3 效果及效益

7.3.3.1 实现达标达产

2006年磨机的台时产量平均达到210.12t/h，较设计台时产量提高30.12t/h，全年生产成品生料146万吨，和2005年相比，每吨生料电耗下降2.21kW·h，全年节约电费150万元。

7.3.3.2 生料质量提高

2006年成品生料的细度合格率达到90.6%，较2005年提高18.5%；生料三个率值的合格率达到85.30%，较2005年提高19.9%。

7.3.4 生产实践体会

原材料的质量是前提，优化操作是关键，设备运转率是保证。在选择原材料供应时，要坚持“点少质优量足”的原则，严把质量关；在生产实践中，坚持优化操作参数，保持磨机系统风、料的动态平衡。

思 考 题

1. 生料中卸磨粉磨系统的生产工艺流程。
2. 生料中卸磨的技术特点。
3. 生料中卸磨开车前的准备工作。
4. 生料中卸磨的操作参数。
5. 生料中卸磨的正常操作控制。
6. 生料中卸磨的常见故障及处理。
7. 生料立磨粉磨系统的生产工艺流程。

8. 生料立磨的工作原理。
9. 生料立磨的开车及停车操作。
10. 生料立磨如何实现优化操作?
11. 选粉机常见的故障及处理。
12. 生料立磨振动的原因及处理。
13. 立磨生料细度跑粗的原因及处理。
14. 生料立磨液压张紧装置常见的故障及处理。
15. 生料立磨堵料的原因及处理。
16. 选粉机塌料的原因及处理。
17. 生料立磨排渣量过多的原因及处理。
18. 生料立磨磨辊密封风压下降的原因及处理。

项目5　煤粉制备操作技术

项目描述：本项目主要讲述了煤粉制备系统的生产工艺和设备知识内容。通过本项目的学习，掌握煤粉风扫磨系统和立磨系统的生产工艺流程、主要设备结构及工作原理等方面的理论知识，掌握煤粉风扫磨系统和立磨系统的生产实践操作技能。

任务1　煤粉系统的工艺流程及设备

任务描述：熟悉煤粉风扫磨系统的工艺流程及主要设备的结构、工作原理及技术特点。

知识目标：掌握煤粉风扫磨系统主要设备的结构、工作原理及技术特点等方面的知识内容。

能力目标：掌握煤粉风扫磨系统的生产工艺流程及设备布置。

煤粉制备系统承担着为分解炉和窑的煅烧提供成品煤粉的任务。入磨的原煤经过烘干、粉磨后制成细度合格煤粉，然后按一定的分配比例分别输送至窑、分解炉进行燃烧，放出热量供物料发生分解反应、固相反应及煅烧反应之用。水泥企业煤粉制备系统按粉磨设备的类型可分为风扫磨制备系统和立式磨制备系统等两种。其中，日产熟料2000t及以下规模的生产线一般采用风扫磨制备煤粉，而日产熟料2000t以上规模的生产线一般采用立式磨制备煤粉。

风扫磨对煤质的适应性很强，操作维护都很简单，但其粉磨效率比较低，分步粉磨电耗比较高，系统粉磨电耗一般在27～29kWh/t之间；风扫磨系统需要的厂房大、土建投资比较大；磨机产生的噪声比较大，一般在100dB及以上。而用立式磨制备煤粉，虽然其设备投资较高，操作维护技术要求也较高，但其分步粉磨电耗比较低，和风扫磨粉磨系统相比，一般降低大约10kWh/t及以上，而且其体积较小，所需布置空间小，故可降低土建投资费用。此外，立式磨的工艺流程简单，没有单独的选分分级设备，输送设备也较风扫磨粉磨系统少，对原煤烘干及粉磨的适应性强等优点。

1.1　风扫磨系统的工艺流程

煤粉风扫磨系统的工艺流程如图5.1.1所示。来自预均化堆场并经过破碎的原煤，经皮带、提升机等输送设备的输送，进入煤磨系统的原煤仓，再经过电磁振荡喂料机喂入风扫磨。从篦式冷却机抽取的经过旋风收尘器净化的热风由磨头热风管进入磨内，磨尾收尘器排风机所产生的负压风将煤磨中已经被粉磨的煤粉抽走，经过粗粉分离器（近年来多采用动态选粉机）把不合格的粗颗粒分离出来，通过输送设备回到磨头再接受粉磨，细颗粒随风进入细粉分离器（比如旋风分离器）收集成成品，输送至窑头和分解炉用的煤粉仓。细粉分离器（旋风分离器）排出的含尘气体，经袋收尘器（电收尘器）收尘净化后经排风机及烟囱排入大气，收尘器收下的煤粉输送至窑炉煤粉仓。煤粉仓中的煤粉经过计量和气力输送设备，分别送到分解炉及窑头煤粉燃烧器内完成煅烧反应。

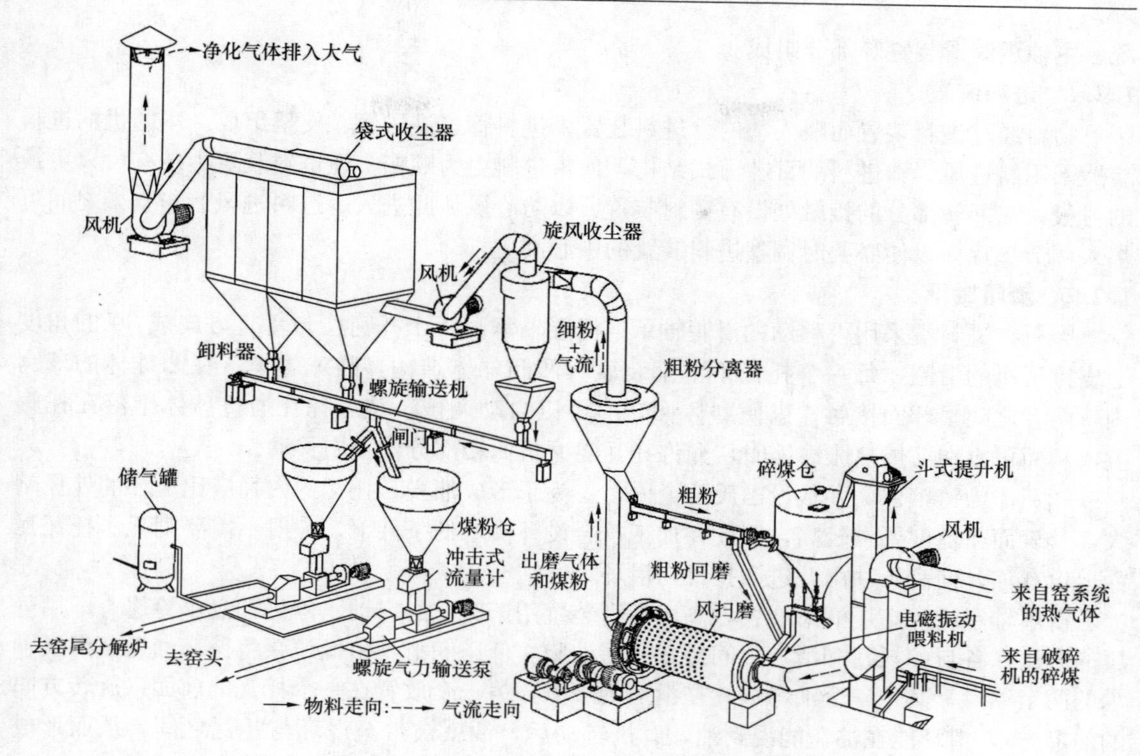

图 5.1.1 煤粉风扫磨系统工艺流程图

风扫磨煤粉制备系统所需要的烘干热风一般都是来自篦式冷却机，但热风中含有一定量的熟料细颗粒，对输送风管等部件易造成冲刷磨损，同时，细颗粒熟料温度很高，进入磨内不但影响煤粉的质量，而且容易引起煤粉发生自燃反应，造成很大的安全隐患，所以生产上一般都通过旋风收尘器对其进行收尘净化处理，使进入风扫磨内的烘干热风不再含有熟料细颗粒。

1.2 风扫磨的构造

以 MFB3873＋35 型风扫煤磨为例，详细说明风扫磨的构造。如图 5.1.2 所示，风扫磨主要由进料装置、滑履轴承、主轴承、回转部分、出料装置、传动部分及滑履轴承润滑系

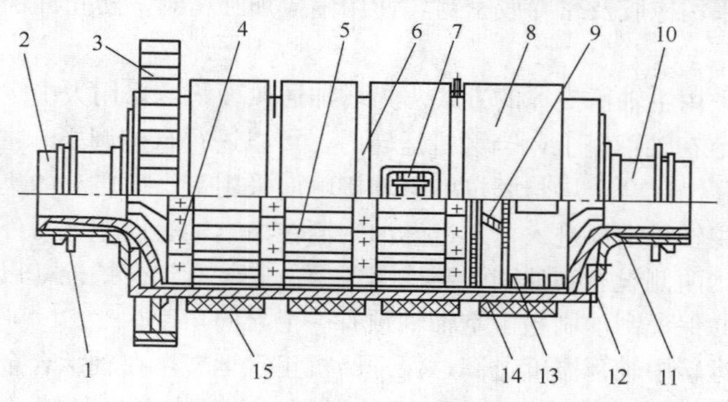

图 5.1.2 风扫磨筒体结构

1—油圈；2—出料中空轴；3—大齿轮；4—压条衬板；5—条形衬板；6—筒体；7—人孔门；8—磨头密封罩；9—导料锥；10—进料中空轴；11—锥套；12—磨头衬板；13—扬料板；14—隔仓板；15—膨胀珍珠岩

统、主轴承润滑装置等部分组成。

1.2.1 进料装置

物料经过进料装置而喂入磨内。进料装置由进料管、进风管、支架组成。本磨机的进料装置采用斜进风、斜进料的百叶窗式结构，使得进料更为顺畅。在进料装置中装有可以更换的衬板，在回转部分的接触处设有密封装置，以防冷风从此进入。进料进风管与支架之间可垫入调节垫片，以便必要时调整进料装置的中心高。

1.2.2 滑履轴承

磨机在进料端采用可移动的滑履轴承。滑履轴承由两个托瓦在与垂直方向成30°的角度上支撑磨机的滑圈，每一个托瓦下部都装设有凹凸球体结构，凸球体坐落在凹球体的球窝内，两者之间呈球面接触，以便磨体回转时可以自动调位，整个托瓦通过球体坐落在托辊上，从而可以在筒体热胀冷缩时，允许托瓦随磨机回转部分作轴向移动。

托瓦体为铸钢件，并敷设巴氏合金内衬。为了形成油楔，托瓦的内径应比滑环的外径略大，其表面粗糙度要求较高，因此在加工符合设计要求的条件下，一般不需要刮瓦。托瓦瓦面上设有油，使高压油由此进入托瓦与滑环之间。

滑履轴承设置高压润滑装置，高压润滑装置用于磨机的启动、停机和盘车检修，即用静压的方法在各自的托瓦和滑环之间形成一层油膜。低压润滑是由低压泵将循环油送至滑履轴承的两个油盘，其中一个油盘放置在滑环的下方，另一个放置在一个托瓦的前面（旋转方向的前上方），滑环能在油盘能浸到油，磨机转动后，油就被带至滑环与托瓦之间，从而形成动压润滑。

在滑环两端的上行侧各安装一个刮油刷，以防润滑油外流，刮油刷靠拉杆上的弹簧拉紧，安装时可作调整，以便使刮油刷与滑环两侧贴合良好。

为了防止磨机运转中托盘温度过高，保证磨机正常运行，托瓦腔体用水冷却，冷却水进口在托瓦的最低点，出水通过管子和软管接头流至安装在轴承罩外的一个排水箱，由此排走。

在滑环上方放置测温元件，可以在磨机运转中随时监测滑环的温度，它与主电机连锁。一旦轴瓦温度超过规定值，可发出报警信号直至主电机停止运转。

滑履轴承罩由钢板焊接而成，上面设有检查孔，以便日常操作、维护、检查之用。滑履轴承罩和底座之间采用橡胶及密封胶密封，使用中应加强密封、防止漏油。

1.2.3 主轴承

本磨机出料端采用主轴承支撑的方式。为增加通风面积，采用大中空轴径结构，轴瓦包角120°。球面瓦坐落在轴承座上，当磨机运转时，可以进行自位调心。主轴承采用固定式。

主轴承球面轴瓦巴氏合金层与磨机中空轴接触面采用带高压启动的集中强制润滑，润滑油以一定的压力从主轴承上部进入，通过淋油管洒在中空轴表面上，另外配有备用油泵。为了防止润滑油外流，两侧设有刮油刷，刮油刷滑竿上安装有定位螺栓，以便使刮油刷与中空轴轴颈紧密贴合，并保证刮油刷与中空轴轴颈有一个导向角度。

为了防止磨机运转中轴瓦温度过高，保证磨机正常运转，在轴承合金的下面设置了端面热电阻，可以在磨机运转中随时监测主轴瓦的温度，它与主电机联锁，一旦瓦温超过规定值，就会报警和自动停磨，以防轴瓦损坏。

本磨机主轴承的轴承盖用螺栓固定在轴承座上，在轴承座上安装有挡板，使得主轴承只能在给定的间隙内摆动。为了便于观察，在轴承盖上设有观察孔。为了便于清渣和更换热电阻，在轴承座内分别设有清渣门和检修门。

1.2.4 回转部分

回转部分是磨机的主体，原煤就是在回转部分的筒体内部进行烘干、破碎、研磨成成品的。回转部分由中空轴、筒体、扬料板、隔仓板、衬板等部分组成。

（1）隔仓板

隔仓板由篦板、扬料板、支撑板、挡板、出料中心板和锥形卸料体组成。隔仓板的挡板安装在烘干仓一侧，挡板的高度对烘干仓内料层的厚度起着决定作用。篦板安装在粉磨仓一侧，由于粉磨仓的磨损较大，篦板用耐磨铸钢铸造，同时为了增加磨机的通风面积，部分篦板上还装有回球装置。

原煤在烘干仓内经热风烘干后，进入隔仓板，并由隔仓板内的扬料板送至粉磨仓内研磨。为了使窜入烘干仓的钢球能够返回粉磨仓，在隔仓板上还装有回球装置。

（2）筒体

筒体由钢板卷制焊接而成，筒体进料端采用焊接滑环与筒体钢板焊接，出料端采用平端盖与筒体钢板焊接，中空轴与筒体端盖采用螺栓连接。在烘干仓和粉磨仓的筒体上各开设有人孔，以供装卸研磨体、内部零件更换及检修时工作人员出入之用。另外，筒体上还焊有法兰以便同大齿圈相连接。

（3）筒体衬板

烘干仓内装有扬料板，既能保护磨机筒体，又能使得原煤与热风进行充分热交换。在粉磨仓内依次装有阶梯衬板、双阶梯衬板、波纹衬板，使煤块在粉磨仓内的研磨过程更合理。扬料板和衬板均用螺栓与筒体连接。

1.2.5 出料装置

出料装置采用弯形管结构，风管内装有衬板以防磨损，它可以利用返料螺旋筒将不合格的粗粉再推回到粉磨仓进行粉磨，避免了磨机出渣及积尘，保证了安全生产，减轻了环境污染和工人的劳动强度。为了便于检查，在出料装置上安装了检查门。

1.2.6 传动装置

磨机的传动装置有主传动和辅助传动两部分组成，包括主辅电动机、主辅减速机、离合器、制动器、大小齿轮等。其中主传动用于磨机的正常生产；辅助传动用于磨机的非正常运转，比如磨机的开启、停机后的翻磨、检修及更换磨内衬板时的转磨等。

1.2.7 滑履轴承润滑装置

滑履轴承选用NC-63S高低压稀油站，高压系统与磨机主电动机实行联锁，低压油输出管道上设置了油流指示器，并和主电机联锁。

1.2.8 主轴承润滑装置

主轴承润滑装置选用NC-25S高、低压稀油站。润滑装置高压系统设置了电动高压泵，高压系统的最大供油压力为25MPa，低压系统的供油压力为0.5MPa。高低压系统与磨机主电机实行联锁。

1.3 选粉机

国内新型干法水泥企业煤粉制备系统选用的选粉机一般都是动态选粉机，其常用的机型

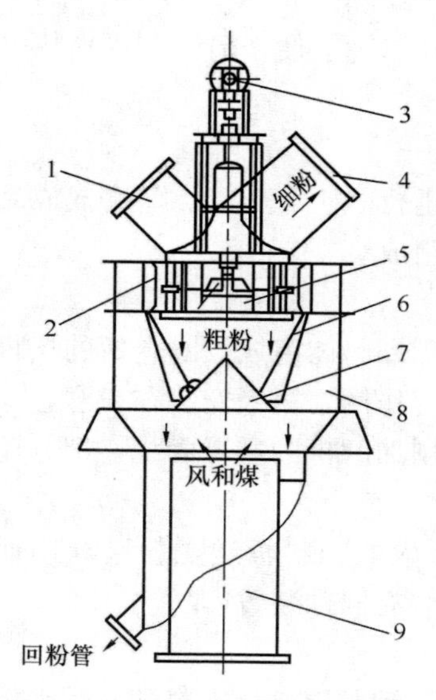

图 5.1.3　NHX 型选粉机

1—接防爆阀；2—导向叶片；3—电动机（变频）；4—出风口；5—分离器；6—内锥筒；7—反射料锥；8—外锥筒；9—入口管道（风和煤）

有 NHX 型、MDS 型、CMS 型等。使用煤粉动态选粉机可以很方便地调节控制煤粉的细度，生产上只需要改变选粉机转子的转速，就可以调节控制煤粉的细度，一般条件下，增加选粉机转子的转速，煤粉的细度变细，反之，降低选粉机转子的转速，煤粉的细度变粗。通过调节控制选粉机转子的转速，可以控制煤粉的细度 0.08 筛余在 2%～16%范围之间。

NHX 型煤粉动态选粉机的结构如图 5.1.3 所示，其结构主要由导向叶片、旋转转子、内锥筒、外锥筒、反射料锥等部分组成。NHX 型选粉机的工作原理是：出磨煤粉在气流作用下从选粉机下部的进风管进入，粗颗粒撞击到反射料锥失去速度，滑到粗粉回料管，其余煤粉在气流作用下，穿过内锥筒和外锥筒之间的空间，再经导向叶片上升至笼型分级转子与导向叶之间的分级室，在强制水平涡流流场中被反复分级，合格细粉被气流从出分口带出，粗粉落入内锥，从粗粉出口返回煤磨重新被粉磨。

1.4　收尘设备

由于煤粉具有易爆、易燃、质轻、粉细的特点，除应满足收尘器的一般技术性能要求外，还必须满足防止燃爆、捕捉微细粉能力强、收尘效率高的要求，因此，煤磨的收尘一般选用袋式收尘器，或进行特别设计的含煤粉气体净化功能的煤粉专用电收尘器。电收尘器除结构特殊外，还设有无火花自动控制系统，CO 浓度超标和温度超标自动报警装置，反射煤粉自燃现象时，能自动关闭进口、出口闸门并喷入 CO_2 气体的灭火装置，以保证系统的操作安全。收尘设备的相关知识内容参见项目 4 生料制备操作技术中卸磨系统章节的收尘设备。

1.5　防止煤粉制备系统发生燃烧爆炸事故的措施

堆积状态下的煤粉氧化速率超过散热速率就会发生自燃现象。煤磨运转或停转中，系统中某些沉积的煤粉容易发生自燃；当环境温度较低时，如煤磨系统温度控制得较低时，容易发生煤粉结露现象，造成粘结堵塞，也易引起自燃。因此，防止系统中煤粉沉积、堵塞，防止粉磨系统漏风，是预防煤粉自燃的重要措施。

当煤粉很细时，在悬浮状态下直接与空气接触，一旦引燃就能迅速发生氧化反应而爆炸。根据水泥企业多次发生煤粉爆炸事故的经验可知，如果煤粉要发生爆炸，必须具备 4 个条件：①可燃性物质高度分散且气体中可燃性物质的浓度在可爆炸极限之内；②可燃气体达到可爆的程度；③足够的氧气；④存在火源。生产过程中只要控制 4 个条件中任何一个，就可以防止产生爆炸事故。为防止煤粉制备系统发生燃烧爆炸事故，采取如下的解释措施：

（1）开车前应认真检查系统内的仪表、指示灯、报警器是否完好，系统内各处的温度及 CO 浓度是否正常，确定无误后方可开车。

（2）磨主机启动前应先暖机，待磨机出口温度达到 65～70℃时方可开磨喂煤，其目的是防止系统温度低而使煤料结露，造成粘结堵塞，引起自燃或爆炸。

(3) 严格控制入磨及出磨气体温度，对于粗粉回磨头的工艺流程，要求入磨热风不高于250℃，以免使细煤粒达到燃点。对于粗粉回磨尾的工艺流程，入磨热风温度可适当高些。实际生产中，入磨气体温度是根据出磨气体温度来控制的，出磨气体温度最高不超过80℃。

(4) 在正常生产中，应密切关注系统内各处温度及CO浓度变化，当发现系统中任一设备的出口温度大于入口温度或CO浓度升高时应立即停车检查及处理。

(5) 密切注意系统中的压力变化，严防系统内堵塞造成煤粉堆积。严禁煤磨在断煤的情况下长时间空磨高温运转，生产上一般断煤超过10min就要停磨待料。

(6) 严禁系统带料停车。若因故长时间带料停车，在开车时向磨内喷入CO_2或惰性气体，关闭所有阀门并启动风机，然后慢慢打开进口阀。先慢转磨，再启动主传动装置，以防大量进氧及把大量煤粉搅起引起爆炸。

(7) 若系统发生了爆炸，在没有查清原因并措施前，必须立即停磨。

(8) 在停磨检修时，应等磨内冷却后再把磨门打开，避免磨内高温的含细煤粉气体遇氧气爆炸。

(9) 不允许有火焰、火星和其他高温源在煤粉设备附近出现，在磨机运转中禁止用电焊、气焊焊补或吹割管道。

(10) 整个煤粉制备系统应完全密闭，严禁漏风。

(11) 过分干燥的煤粉易燃易爆，因此出磨煤粉的水分不能低于0.5%。

(12) 正在燃烧的煤粉严禁打扫和吹动。若在磨中燃烧，磨机转动会熄灭，也可喷入惰性气体，但绝不允许通入蒸汽或压缩空气。若煤粉仓内着火，应将入口关闭，用灭火器灭火。

(13) 煤在储存时会发生自燃，因此计划停窑3d以上时，煤粉仓中的煤粉要排空；停窑15d以上时，原煤仓中的原煤也要排空。

(14) 煤粉制备厂房内应经常打扫，严禁煤粉堆积并应备有足够的灭火器。

(15) 磨机正常运转时，出磨气体温度应保持在合适温度范围内，不能过高。注意煤粉细度及水分，避免发生过粉磨和过烘干现象。在喂料量过高或过低、处理饱磨、断煤空转磨、止煤停磨等操作过程中，必须严格监视各点工艺操作参数，防止磨出口温度过高引发事故。

(16) 为防止发生煤粉外逸现象，磨机正常运转时，要保证整个粉磨系统处于负压状态，不允许出现正压现象。

(17) 粗粉分离器、电收尘器（袋收尘器）及煤粉仓等部位的煤粉输送管上都要设置防爆阀，当系统内部气体压力达到大约100kPa时，防爆阀的阀片自动崩裂，可以从裂口处释放气体压力，防止设备遭到爆炸性的破坏。

(18) 系统所有工艺管道或收尘管道都有足够的倾斜度，在避免管道水平的同时采用了比较高的管内风速以防止煤粉颗粒沉降，并在管道外壁设置了保温层，以避免气体产生结露现象，防止管道内部煤粉吸附粘接结硬，成为日后产生自燃的隐患。

任务2　煤粉风扫磨系统的操作

任务描述：熟悉煤粉风扫磨系统的开停车操作；熟悉煤粉风扫磨系统的正常操作控制。

知识目标：掌握煤粉风扫磨系统的开停车操作及正常操作控制等方面的知识内容。

能力目标：掌握煤粉风扫磨系统的开停车操作及正常操作控制等方面的生产操作技能。

2.1 风扫磨系统的开停车操作

2.1.1 开车前的检查

（1）冷却水的检查。认真检查供水系统是否正常，确认各冷却水（包括系统用冷却水、磨机主轴承用冷却水、磨机减速滑润油站用冷却水、主排风机用冷却水）进口阀门是在正确位置，调整出口阀门开度，满足正常生产时的流量，根据环境温度、冷却水温度，一般控制滑润油的油温不超过40℃。

（2）确认各单机设备空载运转良好，密封良好，以防止正常运转时粉尘溢出；确认系统有关阀门，闸板等设备动作灵活，各防爆、消防器材备齐。

（3）确认系统设备内无任何杂物。

（4）系统设备润滑油的检查。比如提升机上、下托的轴承；螺旋输送机的传动轴承；各电动机、减速机的轴承等。

（5）防爆收尘器的检查。整体密封性检查，要求泄压阀、检修门及连接处不得有任何漏风现象；各机械运动部分的动作要灵活、到位，反吹风机旋转方向正确，脉动阀与壳体之间不得有摩擦现象；确认电磁阀动作到位；确认清灰、卸灰设备工作正常。

（6）压缩空气系统的检查。确认煤磨岗位贮气罐进气阀关闭，排积水后再打开；确认通往煤磨防爆收尘器（MDC防爆袋收尘）的压缩空气管网阀门开度在合适位置；确认进入气缸的压缩空气阀门打开；确认空气压缩站供气准备完毕。

（7）煤磨润滑系统的检查。确认油箱内的润滑油量在合适位置；确认油路系统阀门开度正确；确认系统各润滑装置的油压合适、润滑状况良好，反油量正常、不漏油；确认油泵运转无杂音、无异常振动；确认润滑油质量符合要求、确认润滑油的油温正常。

（8）煤磨内衬板及螺栓的检查。检查磨内衬板是否符合标准要求；检查衬板螺栓及其他设备的地脚螺栓是否牢固。

（9）确认原煤仓的料位在适量位置，原煤运输设备能正常运行。

（10）系统自动化仪表的检查。确认所有温度、压力测量仪表显示准确；确认所有温度、压力测点位置合适、仪表无损坏现象。

2.1.2 风扫磨系统正常开车操作

风扫磨系统正常开车操作流程如下：确认开车范围，做好检查和准备工作，确认窑系统正常运转→原煤仓进煤→通知熟料烧成系统→确认系统内各阀门位置，风机入口阀门全开，热风扇门全开，冷风阀全开，喂料闸板阀全开→煤磨润滑系统启动→煤粉入仓组启动→袋式收尘器组启动→煤磨排风机组启动→选粉机组启动→高温风机组启动→系统预热，入磨风温≤150℃，出磨风温≤75℃→磨机慢转→预热结束，煤磨主电机组启动→喂煤组启动→调整喂煤量→系统调整，增加喂料量，增大热风量，入磨风温控制位200～300℃，出磨风温控制为65～80℃→确认电收尘器入口CO浓度不超标后电收尘器电场送电→系统运转稳定后，投入自动控制回路。

2.1.3 风扫磨系统正常停车操作

风扫磨系统正常停车操作流程如下：确定停车范围→通知熟料烧成、煤堆场等岗位→自动控制回路转为手动→逐渐减小喂煤料→喂煤组停车→停喂煤组 5～10min 后，煤磨主电机组停车，间隔慢转磨机→高温风机组停车→高温风机入口阀门关闭→选粉机组停车→煤磨排风机组停车→收尘器组停车→煤粉入仓组停车→煤磨润滑系统停车→确认磨筒体温度接近环境温度，磨机慢转停止→系统停车后的检查（比如风机入口全关，热风阀门全关，冷风阀全开）。

2.1.4　风扫磨系统的紧急停车

当磨机在运转中发生下列异常情况时，应及时与有关岗位、有关人员联系，按规定顺序停磨，检查并处理发生的异常故障。

（1）滑履轴承润滑、主轴承润滑或冷却系统发生故障，进口滑履轴承轴瓦温度超过规定值并继续上升；出口主轴承轴瓦温度超过规定值并继续上升。

（2）磨机衬板连接螺栓发生松动、折断或脱落。

（3）隔仓板或出料篦板发生篦孔堵塞而影响生产。

（4）磨机内衬板、隔仓板等部件脱落。

（5）减速器润滑系统发生故障而引起轴承温度上升超过规定值。

（6）减速器发生异常振动及噪声。

（7）电动机轴承温度超过其规定值。

（8）如果磨机在运转中突然停电，应立即将磨机及其附属设备的电机电源切断，以免来电时发生意外事故。

（9）原煤仓发生堵塞，已经断煤 10min。

（10）煤粉仓、电收尘器灰斗等部位发生煤粉自燃现象。

2.1.5　风扫磨系统停车时的注意事项

（1）在磨机主机和主轴承温度尚未降至常温之前，不准停止润滑和水冷却系统；

（2）磨机停止运行前 10min，应接通高压启动装置，以防磨机冷却收缩时损伤轴承合金，直至磨体完全冷却到常温（环境温度），磨机不再定时转动为止；为防止磨机筒体变形，在停磨后应通过慢速驱动装置转动磨机，每隔 10～30min 将磨机转动 180°，直至磨体温度降至环境温度后，方可以停止间断翻磨操作。

（3）当停磨时间较长时，应将磨内研磨体卸除，以免磨体变形。

（4）冬季停磨时间较长时，各处冷却水要放净（比如主轴瓦冷却水道中的水），必要时要用压缩空气吹尽，以免冻坏设备。

2.2　风扫磨系统的正常操作

2.2.1　风扫磨的操作原则

（1）操作时要保持喂煤均匀。

（2）操作时要关注磨音曲线。

（3）操作时要关注磨主机功率和电流曲线。

（4）操作时要关注磨机出口压差。

（5）操作时要关注磨机出口废气温度、煤仓温度及电收尘出口及入口温度、电收尘灰斗温度。

（6）操作时要关注原煤水分含量、成品的细度、水分含量等情况。

（7）操作时要关注磨机通风管道的气体温度和压力。

（8）操作时要坚持安全第一的指导思想。

2.2.2 风扫磨的主要控制参数

风扫煤磨的控制参数包括检测参数和调节参数，其中检测参数反映磨机的运行状态，调节参数调节控制磨机的运行状态，通过改变调节参数，实现对检测参数的调整与控制。风扫磨系统的检测参数主要有温度、压力、电流、磨音、料位、气体成分、细度等；调节参数主要有喂料量、风机的风门开度、选粉机转子的转速等。以台时产量 15t/h 的 ϕ2.8m×（5+3）m 风扫煤磨为例说明，其主要控制的操作参数如表 5.2.1 所示，其中 1～8 为检测参数，9～14 为调节参数。

表 5.2.1 风扫煤磨的主要控制参数

序号	参数	最小值	最大值	正常值
1	磨机电耳（%）	0	100	65～70
2	进磨头热风温度（℃）	0	350	250～350
3	进磨头热风负压（Pa）	0	600	350～550
4	出磨气体温度（℃）	0	100	70～80
5	出磨气体负压（Pa）	0	2500	1500～2000
6	出选粉机气体温度（℃）	0	100	70～80
7	出选粉机气体压力（Pa）	0	4000	2000～3000
8	0.08 筛余（%）	0	100	4～12
9	生料喂料量（t/h）	0	16	15～18
10	进磨头热风阀门开度（%）	0	100	70～80
11	进磨头冷风阀门开度（%）	0	100	30～40
12	选粉机转速（r/min）	0	250	170～210
13	袋收尘器进口阀门开度（%）	0	100	50～80
14	主排风机进口阀门开度（%）	0	100	70～90

2.2.3 风扫磨的正常操作控制

（1）控制磨音（电耳）

磨音大小反映了膜内物料量的多少和磨机粉末能力的大小，磨音过大，表明磨内的物料量过小，即磨空，磨机的产量较低，消耗过大；磨音低沉，表明磨内物料量过多，粉磨能力不足或饱磨。正常磨音控制为 50%～80%，可根据入磨物料粒度、产品细度等及时调节喂料量，使磨内物料量稳定。

（2）控制入磨负压

入磨负压反映了入磨风量的多少，过低和过高都会使磨通风量受到限制。入磨负压过低，磨内通风阻力大，通风量少，磨内存料量多，易产生排渣；若入磨负压过大，磨内通风阻力小，通风量较大，磨内存料量过少。通常调节磨内存料量或据磨内存料量调节系统排风机入口阀门开度，使入磨负压在－200～－300Pa。也可调节磨内存料量或据磨内存料量调节系统排风机入口闸门开度，达到稳定入磨负压的目的。

（3）控制选粉机电流

选粉机电流的大小反映了出磨物料量的多少和选粉机上游设备的运转情况。选粉机电流过大，表明入选粉机物料量过多。反之，入选粉机物料量过少。其原因可能是出磨物料量少；也可能是选粉机前的设备出现堵塞或故障。通常根据入磨物料粒度、易磨性等及时调节喂料量。使入磨选粉机物料稳定，确保选粉机电流在要求的范围内，当选粉机电流过低时检查其上游设备运行情况。

（4）控制出磨气体温度

出磨气体温度的大小反映了磨内的烘干效果即喂料量的多少、入磨热风温度和热风量等问题。出磨气体温度过低，对磨内物料的烘干效果差，出磨产品水分大。温度过高，会影响系统排风机和窑尾收尘器的安全运转。通常根据出磨风温，及时调节喂料量或调节入磨风温和风量，使出磨风温稳定。

（5）控制出磨气体压力

中卸磨出、入口压差的大小反映了磨内物料量的多少，磨内是否发生堵塞和磨内通风量的大小情况。压力过低，磨内排风量不够，烘干效果差，出磨产品水分大、细度硬；压力过高，表明磨内物料量过多或磨内发生堵塞或磨内通风量过大。通常在各测点工作正常时，依据不同的生产情况、入磨物料量或系统排风机阀门等进行调节。

（6）控制出磨煤粉细度

出磨煤粉细度反映出磨煤粉的质量。出磨煤粉越细，着火燃烧越快，形成的火焰越短。但煤粉过细时，会使磨机产量降低，各种消耗增大。根据产品细度要求调节喂料量、选粉机转速、系统拉风等参数，确保出磨煤粉细度在要求的范围内。

任务3　煤粉风扫磨系统的常见故障及处理

任务描述：熟悉煤粉风扫磨系统的常见故障及处理等方面的理论知识和实践技能。

知识目标：掌握煤粉风扫磨系统发生的常见故障原因。

能力目标：掌握处理煤粉风扫磨系统常见故障的实际操作技能。

3.1　常见的生产故障及处理

常见的生产故障及处理如表5.3.1所示。

表5.3.1　常见的生产故障及处理

序号	故障	原因及现象	处理方法
1	煤磨喂煤量过多	1. 磨音低沉、电耳信号变低； 2. 煤磨电流由小突然变大； 3. 煤磨进出口压差升高	1. 降低喂煤量，并在低喂煤量下运转一段时间，以消除磨内过多的积煤； 2. 逐渐增加给煤，使磨恢复正常； 3. 稳定给煤量，使之正常工作
2	煤磨喂煤量过少	1. 磨音高，声脆，电耳信号变大； 2. 磨电流变由大变小； 3. 煤磨进出口压差变小	1. 逐渐增加喂煤量，使煤磨恢复正常状态； 2. 确认煤仓是否架空

续表

序号	故障	原因及现象	处理方法
3	煤磨烘干仓堵	1. 电耳信号变高，磨音高，声脆； 2. 煤磨进出口压差升高	1. 检查原煤水分是否较大，若较大可适当减少喂煤量； 2. 适当提高煤磨进口风温； 3. 如以上措施无明显效果，停磨检查处理烘干仓堵现象
4	主轴瓦温度高	1. 温度测试指示值高； 2. 调出温度趋势曲线，确认温度上升速率	1. 检查供油系统，查看供油压力、温度是否正常，如不正常进行调整； 2. 检查润滑油量是否合适、润滑油中是否有水或其他杂物； 3. 检查入磨风温是否过高，如过高适当降低入磨风温； 4. 检查冷却水系统是否正常； 5. 最后判断是否仪表故障
5	出磨气体温度太高	1. 入磨热风量太多； 2. 煤磨进口冷风阀开度太小或没有打开； 3. 喂煤量过少	1. 减少入磨热风量； 2. 增加煤磨进口冷风阀开度； 3. 增加喂煤量
6	出磨气体温度太低	1. 热风量太少； 2. 煤磨进口冷风阀开度太大； 3. 喂煤量过大； 4. 原煤水分比较大	1. 减少入磨热风量； 2. 增加煤磨进口冷风阀开度； 3. 增加喂煤量； 4. 采取措施，控制原煤水分含量
7	袋收尘出口气体温度太高	1. 袋收尘灰斗积灰； 2. 入磨热风量大； 3. 煤磨进口冷风阀开度小	1. 通知现场岗位清理排灰； 2. 调小热风挡板开度； 3. 加大冷风挡板开度
8	煤磨出口气体负压太高	1. 煤磨排风机进口阀门开度太大； 2. 发生堵磨现象	1. 关小磨排风机进口阀开度； 2. 减少喂煤量，必要时可停止喂煤
9	煤磨出口气体负压太低	1. 煤磨排风机进口阀门开度太小； 2. 给煤量太小，发生空磨； 3. 给煤机不下料； 4. 下煤溜子堵塞	1. 加大排风机阀门开度； 2. 加大喂煤量； 3. 现场检查给煤机、下煤溜子，调大主排风机入口挡板开度，关冷风阀，并现场捅堵
10	选粉机电流降低	1. 系统出力功率不足； 2. 选粉机系统堵塞； 3. 叶轮与轴的销子脱落	1. 调整出力功率到最大； 2. 查找并疏通堵塞部位； 3. 停选粉机检修叶轮
11	袋收尘进出口差压大	1. 出磨排风挡板开度小或关闭； 2. 袋收尘各室反吹风系统不正常； 3. 收尘袋上糊煤粉； 4. 分格轮磨损严重，锁风效果不良	1. 打开出磨挡板，增加其开度； 2. 通知现场岗位处理反吹风系统； 3. 出磨气体温度偏上限控制； 4. 检查更换磨损的分格轮

续表

序号	故障	原因及现象	处理方法
12	袋收尘灰斗温度太高	1. 灰斗积煤粉多； 2. 灰斗煤粉着火	1. 通知现场岗位检查处理； 2. 停机使用CO_2或N_2灭火剂
13	定量喂煤机电机跳闸	给料量降至零	1. 系统中除了喂煤设备以外的设备继续运行； 2. 逐渐减少进磨热风量，慢慢打开煤磨进口冷风门，使煤磨出口气体温度保持在70℃以下； 3. 正常停运时，按给煤系统设备停运后的操作顺序停运系统
14	煤磨电机跳闸	磨机电流为零	1. 因设备间的联锁，给煤系统设备立即停运； 2. 迅速打开煤磨进口冷风门，关闭热风门，使煤磨出口气体温度保持在70℃以下； 3. 煤磨慢转装置能工作时，按煤磨正常停运后的操作顺序停运系统； 4. 煤磨慢转系统不能工作时，按下面方法操作：全关进磨热风管道阀门，全开煤磨进口冷风门，逐渐降低煤磨出口气体温度在50℃以下； 5. 排风机系统及煤粉输送系统设备停运
15	煤磨排风机电机跳闸	煤磨主电机、选粉机、给料机、热风风机跳闸，电流为零	1. 煤磨及喂煤系统设备因联锁而立即停运； 2. 立即关闭进磨热风阀门，打开冷风阀，降低煤磨进口气温； 3. 按煤磨排风机正常停运后的操作顺序停运其余设备
16	煤粉输送设备电机跳闸	煤磨主电机、选粉机、给料机、热风风机跳闸，电流为零	1. 全关煤磨排风机入口挡板，停风机； 2. 因设备间的联锁关系，煤磨及给煤设备立即停运，并切换至辅传动，并按正常停运步骤进行操作
17	煤磨突然断煤	1. 煤磨原煤仓堵塞； 2. 入磨溜子堵塞； 3. 电动翻板阀堵塞； 4. 原煤输送线故障	1. 打开煤磨进口冷风阀，使磨出口气体温度在70℃以下； 2. 检查并清理堵塞部位； 3. 如处理时间超过15min需停磨
18	煤磨堵塞	1. 磨音降低、沉闷； 2. 烘干仓堵塞，原煤水分过高； 3. 粉磨仓堵塞，喂煤过多	1. 迅速停止喂煤； 2. 风量维持正常； 3. 当煤磨出口气体温度超过80℃时，降低煤磨进口气温
19	煤磨内部着火	1. 煤磨出口气温突然高于80℃； 2. 磨筒体上油漆剥落	1. 迅速查明着火点； 2. 立即停磨，关闭煤磨进风口阀门 3. 立即向磨内喷入CO_2或N_2气
20	袋收尘出口气体温度上升报警	堆积的煤粉发生自燃	1. 根据报警，增大煤磨进口冷风门的开度，降低煤磨出口气体温度； 2. 确认有着火现象时，系统紧急停运，关闭袋收尘进出口气门，向袋收尘内喷入CO_2或N_2气体灭火； 3. 现场检查，排出堆积的煤粉

续表

序号	故障	原因及现象	处理方法
21	灰斗内煤粉温度上升报警	灰斗内堆积的煤粉自燃	1. 系统紧急停运，停反吹风系统，关闭袋收尘进出口气阀； 2. 喷入 CO_2 或 N_2 进行灭火； 3. 现场检查，排出堆积的煤粉
22	煤粉仓内温度迅速上升	煤粉仓内的煤粉自燃	1. 系统紧急停运； 2. 关闭仓下闸门； 3. 确认着火时，喷入 CO_2 或 N_2 气体灭火
23	仓内煤粉跑粉	1. 煤粉仓在正压下进料； 2. 局部煤粉爆炸使防爆阀门的法兰等变形	1. 检查上部收尘管道是否堵塞，可用锤敲打听音等方法进行鉴别； 2. 检查仓上防爆阀门是否损坏
24	煤粉仓爆炸	有限空间内剧烈的燃烧，空气压力急剧升高	1. 立即紧急停运煤粉制备系统，关闭锁风阀。汇报相关领导，圈定安全区域，清理外溢的煤粉； 2. 修复系统设备、电缆、仪表等，修复并验收合格后投入运行
25	防爆阀片破损、漏气和煤粉外溢、爆炸声	1. 系统负压急剧下降； 2. 入磨气体温度太高； 3. 设备摩擦撞击产生高温或火花	1. 煤磨系统紧急停运； 2. 确认设备内部着火情况，如内部着火，则采取措施灭火，将着火煤粉排出之后再处理； 3. 修理损坏的防爆阀，更换阀片，如法兰有损坏则对法兰进行更换； 4. 进行外溢煤粉的清扫工作
26	煤秤卡死	有大块或钢筋、角钢卡死	1. 予以清除； 2. 检查皮带损伤情况
27	秤计量值突变	称量装置有异物，或损伤	1. 清除秤体上异物； 2. 通知电气、仪表人员检查确认并修复
28	饱磨	1. 喂煤量过多、煤块粒度过大、硬度过大； 2. 原煤水分过大； 3. 磨内通风量不足，入磨热风温度过低； 4. 钢球级配不当，研磨能力降低； 5. 隔仓板堵塞严重； 6. 选粉效率低、回粉过多	1. 减少喂煤量； 2. 增加热风量或减少喂煤量； 3. 增加入磨热风风门开度，增加磨尾排风机风门开度； 4. 优化补球方案，重新配球补球； 5. 停磨后检查清理隔仓板堵塞部位； 6. 检查、调整选粉机相关参数，增加选粉机的选粉效率
29	糊球及包球	1. 原煤的水分含量较高； 2. 入磨的热风的温度较低； 3. 磨内通风不足，过粉磨现象严重； 4. 磨机出口废气温度过高； 5. 磨音变小、发闷	1. 增加磨内通风量，及时抽走磨内的合格成品细粉，减少过粉磨现象； 2. 增加入磨的热风风门开度，增加热风量及热风温度； 3. 控制入磨的原煤水分
30	研磨体窜仓	1. 隔仓板固定不良； 2. 隔仓篦板脱落或篦孔过大； 3. 研磨体磨损直径太小； 4. 筒体被钢球砸出声响	1. 停磨检查并补焊修复隔仓板； 2. 更换篦孔过大的隔仓板； 3. 停磨清理筛分直径过小的研磨体

3.2　常见的煤粉质量故障及处理

常见的煤粉质量故障及处理如表 5.3.2 所示。

表 5.3.2　常见的煤粉质量故障及处理

序号	故障	原因及现象	处理方法
1	成品煤粉细度太粗	1. 喂煤量过大； 2. 钢球级配不合理； 3. 磨机通风量过大； 4. 选粉机转子的转速过低； 5. 选粉机系统漏风严重； 6. 煤块粒度大、硬度大，易磨性差	1. 减少喂煤量； 2. 补球或重新配球； 3. 减少排风机风门的开度； 4. 增加选粉机转子的转速； 5. 检查并处理选粉机系统的密封装置； 6. 注意不同矿点煤的搭配
2	成品煤粉细度太细	1. 喂煤量过小； 2. 钢球平均球径小，填充率不够； 3. 隔仓板堵塞严重； 4. 磨机通风量过小； 5. 选粉机转子的转速太高	1. 适当增加喂煤量； 2. 优化配球方案，重新补大球，增大钢球平均球径； 3. 停磨检查并清理堵塞的隔仓板篦缝； 4. 增大排风机风门的开度； 5. 降低选粉机转子的转速
3	成品煤粉水分太低	1. 喂煤量太少； 2. 原煤水分比较低； 3. 入磨热风量过高； 4. 入磨热风温度过高	1. 适当增加喂煤量； 2. 适当减少入磨热风风门的开度，减少入磨热风量； 3. 适当增加入磨冷风的风门开度，降低入磨气体温度
4	成品煤粉水分太高	1. 喂煤量太高； 2. 原煤水分比较高； 3. 入磨热风量过低； 4. 入磨热风温度过低； 5. 烘干仓扬料板磨损严重，烘干仓内热交换效率低	1. 适当减少喂煤量； 2. 适当增加入磨热风的风门开度，增加入磨热风量； 3. 适当减少入磨冷风的风门开度，增加入磨气体温度； 4. 停磨检查更换磨损严重的扬料板

任务 4　煤粉立磨系统的工艺流程及设备

任务描述：熟悉煤粉立磨系统的工艺流程及主要设备的结构、工作原理及技术特点。
知识目标：掌握煤粉立磨系统主要设备的结构、工作原理及技术特点等方面的知识内容。
能力目标：掌握煤粉立磨系统的生产工艺流程及设备布置。

4.1 立磨系统的工艺流程

煤粉立磨粉磨工艺流程如图 5.4.1 所示。经过破碎粒度小于 40mm 的原煤经皮带机等输送设备输送至磨头原煤仓，经过电子皮带秤计量后，原煤经过除铁器除铁，由皮带机输送到带有回转锁风阀的下料装置进入立磨。从篦式冷却机抽取的经过旋风收尘器净化的热风从磨下进入磨内，原煤在磨内进行烘干和粉磨，煤粉经磨内的选粉机进行筛分分离，细度不合格的粗粉回到磨盘继续接受粉磨，成品煤粉随气流排出磨外，经收袋尘器收集后的成品煤粉，经输送设备送至窑头煤粉仓和分解炉煤粉仓，以供窑头和分解炉生产使用，净化后废气经排风机排入大气。

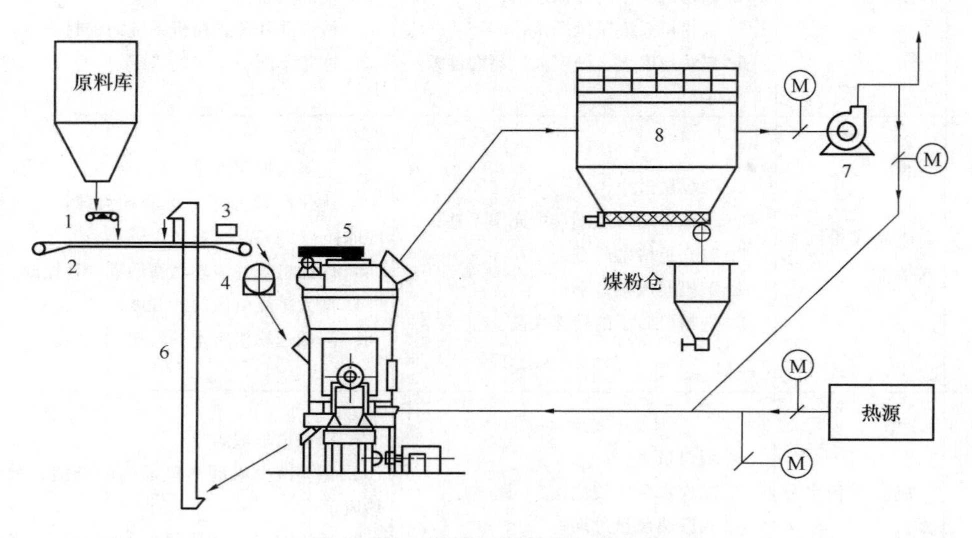

图 5.4.1 煤粉立磨粉磨工艺流程

1—电子皮带秤；2—皮带输送机；3—电磁除铁器；4—回转锁风喂料机；5—立磨；6—外循环提升机；7—主排风机；8—带式收尘器

煤粉立磨是集中碎、粉磨、烘干和选粉于一体的粉磨设备，与风扫磨系统相比，具有粉磨效率高、烘干能力强、系统工艺布置简单、噪声低、运转率高、对原煤粒度适应性强等优点。煤粉制备系统采用立磨主要体现以下特点：

（1）适用煤种范围宽，无烟煤、次烟煤、烟煤及水分较低的褐煤等均可磨制。

（2）立磨集中碎、粉磨、烘干和选粉于一体，大大简化了生产工艺流程，设备占地面积小，约为球磨系统的 50%～70%，建筑空间约为球磨系统的 50%～60%，可露天布置，节省土建投资成本。

（3）粉磨效率高，粉磨能耗约为球磨机的 50%～60%。

（4）烘干能力强。可以通入大量热风，特别适用新型干法窑的窑尾低温废气处理。如窑磨能力匹配，则全部废气可入磨，可烘干水分为 6%～8%的原煤。如应用热风炉供高温热风，则可烘干水分达 20%的原煤。

（5）运转率高。立式磨磨耗小，耐磨件寿命长，一般可达 7000～12000h 以上，且设备运转率高，可达 90%及以上。

(6) 整个运行期间能力和细度稳定，耐磨件磨损后期的产量也仅下降大约 5%，并且细度无明显变化。

(7) 噪声低。由于立式磨磨辊、磨盘不直接接触，没有金属撞击声，噪声比球磨机至少降低 10dB 及以上。

(8) 对原煤中“三块”（铁块、矸石块、木块）有良好的适应性。

(9) 采用独有的外加力结构，运行平稳，产生的振动小。

(10) 立式磨的缺点主要是不适于磨蚀性大的物料。

4.2　立磨的结构

以 UM23.3D 型煤粉立磨为例，详细说明煤粉立磨的结构。

4.2.1　分离器

在磨机的上部设有动态分离器，其结构如图 5.4.2 所示。其作用是将不合格的粗颗粒分离出来进行再粉磨。分离器主要由壳体、转子、中间下料管及传动装置组成。

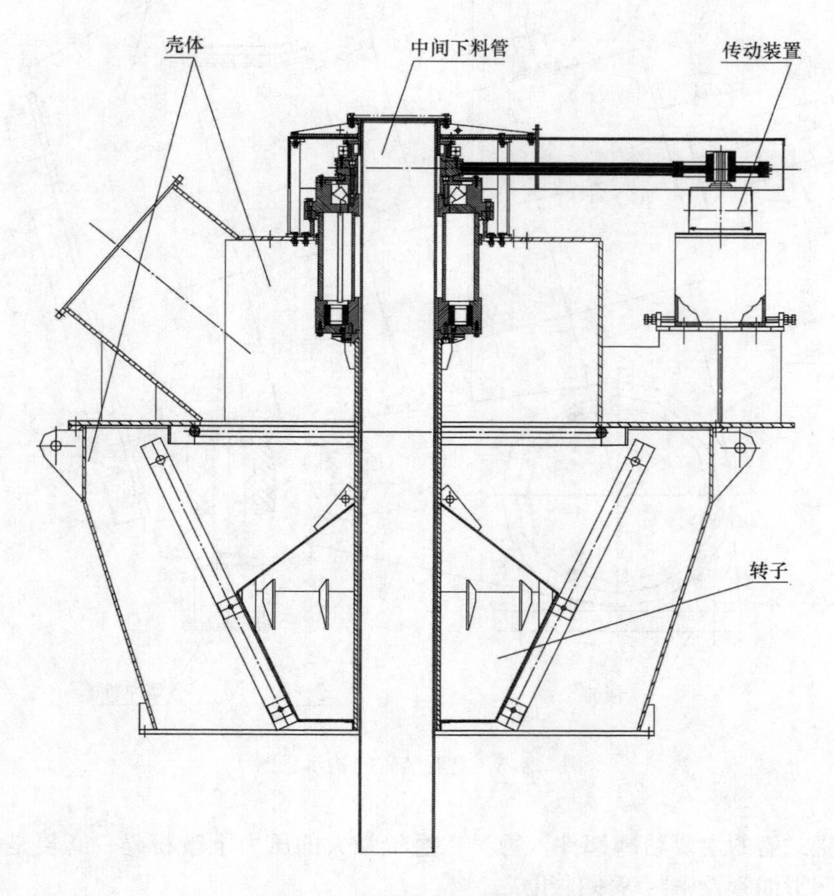

图 5.4.2　分离器的结构示意图

壳体是用于支撑传动装置和转子的，其上有出风口，转子上带有叶片和空心轴，并由两个滚动轴承支撑。设置中间下料管，物料借助于重力落在磨盘中心，这样可以保证下料通畅，避免粘连。传动装置是由变频调速电机、减速器和皮带轮组成，分离器转子的转速可由电控柜支配电动机来进行无极调速。

4.2.2 磨辊装置

磨辊装置主要由磨辊、缓冲装置、摇臂、轴、轴承、连杆等零部件组成，其结构如图 5.4.3 所示。

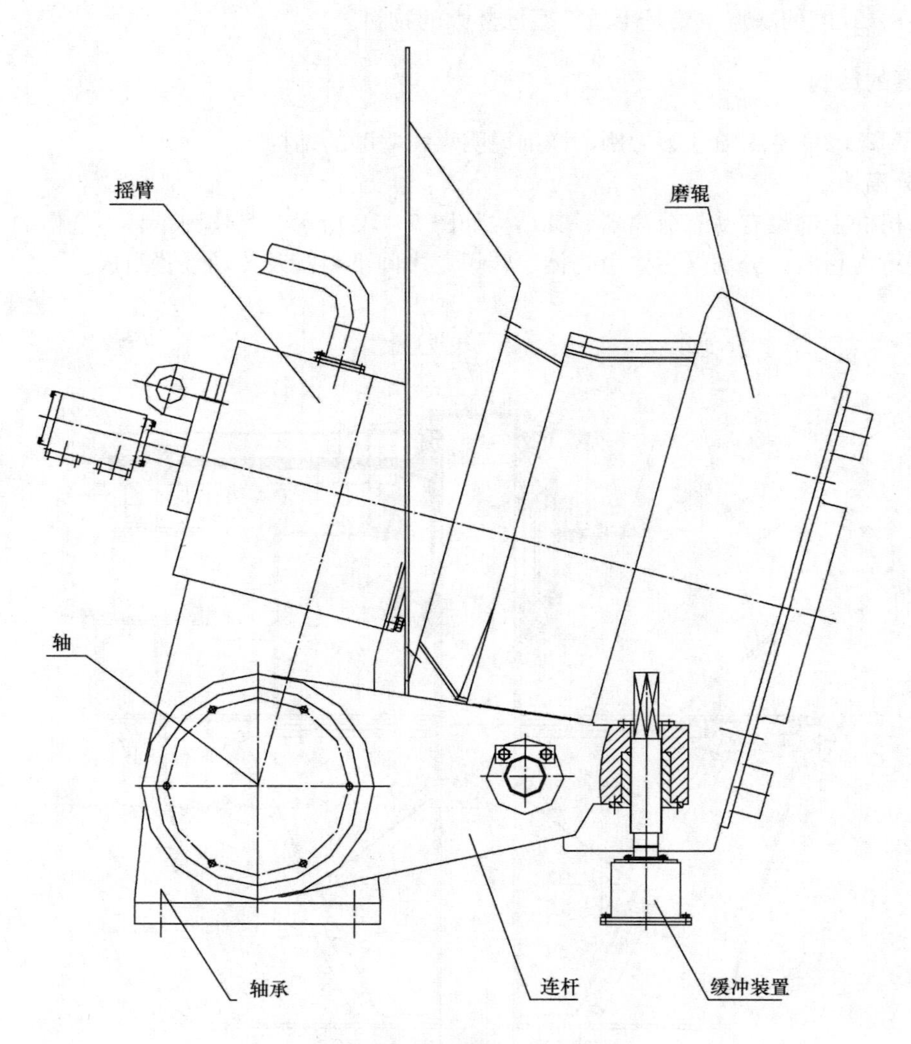

图 5.4.3 磨辊装置结构示意图

磨辊是辊式磨的主要粉磨部件，物料在磨辊强大的压力下被粉碎。磨辊是由辊套、轮毂、辊轴、润滑油管及密封等零件组成。

辊套采用耐磨焊条堆焊而成，能够延长辊套的使用寿命，减缓磨损，降低操作费用，对于提高辊式磨的运转率和粉磨效率起着相当关键的作用。辊套呈圆锥体，借助于轮毂、螺栓及弹簧垫圈的紧固连接。辊轴为磨辊的主要支持零件，轴上装有两个滚动轴承，轴承之间通过间隔套支撑，两端用端盖压紧，轴承采用稀油润滑。为保护轴承，在磨辊上设置了双道密封，同时在摇臂上开设了高压通气孔，以避免磨内粉尘的进入。磨辊与中壳体之间的密封，是采用弧形板式密封结构，它与摇臂一起沿周向摆动，因此可达到良好的密封效果。摇臂是磨辊施压传递力矩的主要部件，摇臂的上部分与磨辊相连，下部分则通过两个短轴支撑在两个滑动轴承上，每个短轴都是用胀套分别与摇臂及连杆相连，使它们连为一体。在连杆的端部设有一丝杠，用以调节磨辊与磨盘之间的间隙，同时在磨外对每个磨辊分别设置了限位装置，可以直接看到磨辊的动作，当磨辊抬起或下落的行程达到最大极限时，控制系统将报警停机。在丝杠的下部装有缓冲装置，可缓冲磨辊在遇到大块物料时而引起的剧烈振动，另外还可调节磨辊与磨盘之间的间隙。

4.2.3　磨盘

磨盘是辊式磨的重要部件，它承受着来自磨辊巨大的辊压，块状物料被粉磨成合格细度的产品都是在磨盘上进行的。磨盘设置在立式出轴减速器上，减速器靠螺栓连接所产生的摩擦力以及两个拱键将扭矩传递给磨盘，磨盘的转向自上向下看为顺时针旋转。

磨盘主要由压板、衬板、风环、导向环、挡料圈、盘体、刮料装置、单作用柱塞油缸千斤顶等组成，其结构如图5.4.4所示。

盘体是一大型铸件，运转时盘体能够吸收一部分磨辊所产生的振动，在盘体上装耐磨衬板，用来保护磨盘不受磨损。在每块衬板下都设有一定位销，以防衬板周向串动。当衬板磨损到一定程度时，可以更换。压板主要用于固定衬板。风环是热风通道，通过风环的高速热气流沿着叶片和导向环的导向旋转上升，将经过研磨的物料带入分离器分选或吹回磨盘进行再次粉磨。挡料圈的高度是可调的，它的高度取决于运转中的稳定料床的厚度。在磨外装有刻度板，运转时可直观料床厚度。盘体为一大型铸件，在盘体的下面设置有刮料装置，用于清渣，刮料板磨损后可更换。在盘体的中央配置了一个单作用柱塞油缸，用于在检修减速器时，将磨盘顶起，使之脱离减速器，然后将减速器拖出磨外进行维修。如图5.4.5所示。

4.2.4　传动装置

传动装置主要包括电动机及其底座、膜片联轴器、行星齿轮减速器及其润滑装置。行星齿轮减速机是一个垂直输出的减速装置，输出端采用法兰与磨盘相连。运行时垂直向下的粉磨力由设在减速机上的液压推力轴承支撑。

4.2.5　中壳体

中壳体为圆柱形焊接结构件，主要作用是支撑分离器，并可以作为气流上升的通道；为保护壳体不受磨损，其内部装有衬板，衬板用螺栓固定，磨损后可更换。在中壳体上不但开设了两个用于翻辊的检修孔，还为便于工人入磨检查，设置了一个检修门。注意：中壳体上的所有孔和门都应密封严密，不得有漏风现象。

4.2.6　机座

机座也起支撑作用，磨机上部的分离器、磨辊装置及中壳体的重量均由机座传递到底座上。在机座和机座之间设有通风道，来自窑尾的热气流就是由此被送到磨内的。在两个风道的下端设有排渣口，从磨盘上被甩出的硬杂质如铁块等便由此排出磨外。

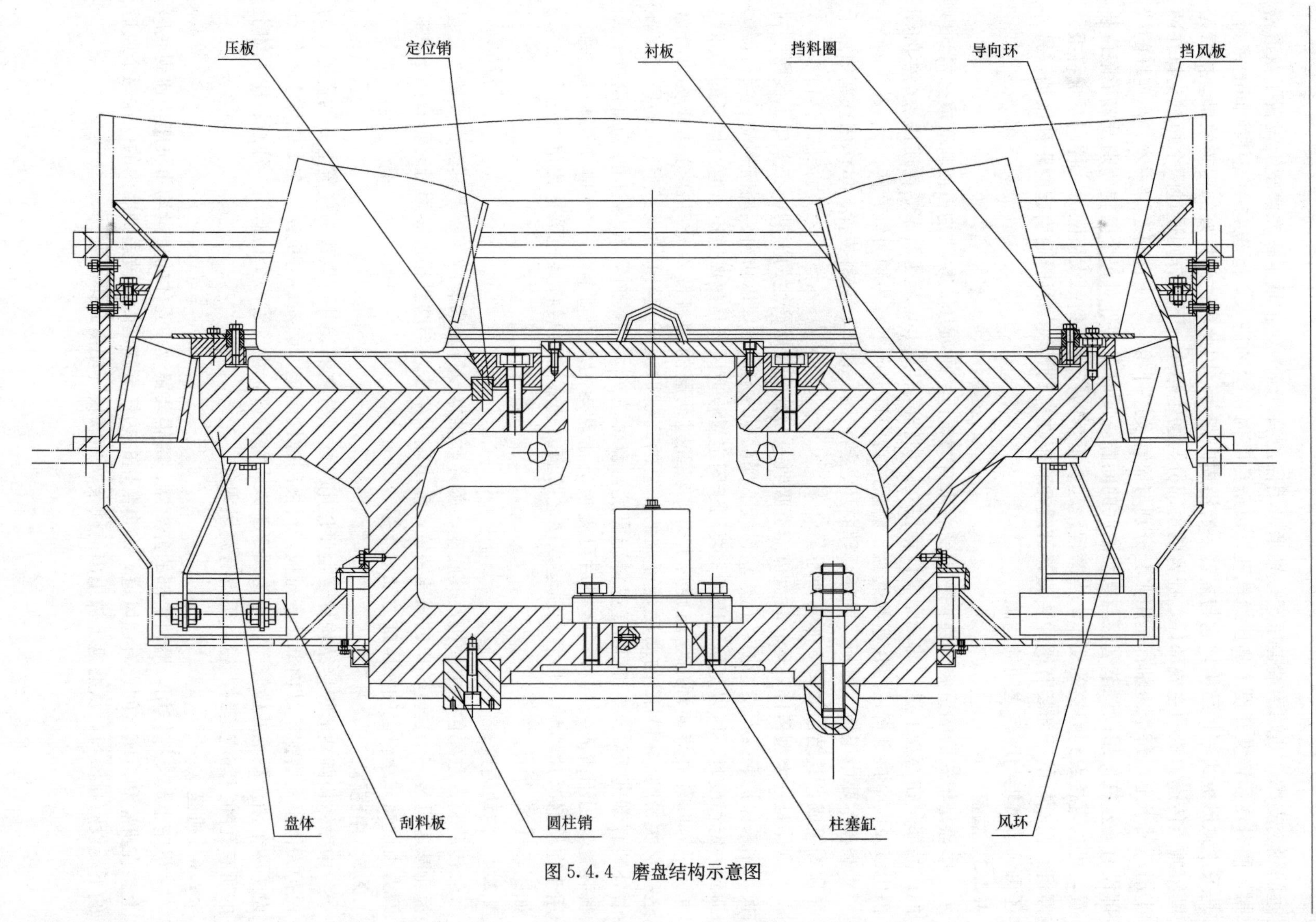

图 5.4.4 磨盘结构示意图

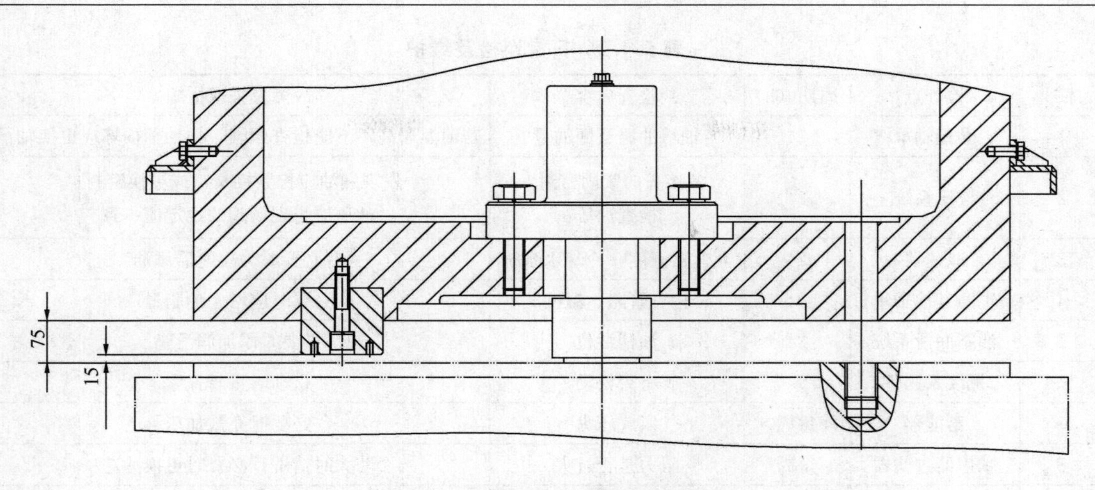

图 5.4.5　顶起磨盘示意图

4.2.7　底座

底座为一由两个部分组合成一体的焊接件，它不但承受着辊式磨上的所有部件的重量，而且还承受着磨辊的辊压力，并将所有的力传递给基础。机座、减速器和液压加压装置均直接设置在底座上。底座的大部分将埋入混凝土基础之中。

4.2.8　维护及保养

（1）设备润滑

按表 5.4.1 的项目内容定期为每个润滑点加油。

表 5.4.1　定点润滑表

名　称	加油点数量	周期（h）	润滑油种类
干油润滑系统	1	500	1 号极压锂基润滑脂（GB 7323—2008）
油缸的双耳环球面关节轴承	8	48	1 号极压锂基润滑脂（GB 7323—2008）
三道锁风阀油缸	6	每周	1 号极压锂基润滑脂（GB 7323—2008）

（2）行星齿轮减速机使用 N460 极压齿轮油，新机器第一次使用，运转一个月后应重新更换新油，以后可根据实际情况 3～6 个月换一次。由于管路和减速机某些部位可能有渗漏现象，因此运转一段时间应对油位进行检查，作少量补充，新油也须经过滤后注入减速机。

（3）液压系统需保持清洁，为油箱补油的油桶应专用、清洁，切忌不同牌号油混用。每半年更换一次液压油，更换时需将系统管路内的存油完全排净。

（4）由于辊磨的振动较大，因而每班都应对设备外部的紧固件进行检查，及时紧固。

（5）日常巡检及维护

按表 5.4.2 的内容进行日常巡检及维护。

表 5.4.2 日常巡检及维护

序号	检查点	周期（h）	检查内容	故障及采取措施
1	磨辊轴承	24	轴承油温及回油量	若油温居高不下应检查原因，如轴承损坏应更换轴承
2	液压系统	24	各接头的紧固密封，检查油压	发现漏油应拧紧接头，或更换密封；油压应与现场阀的设定值一致
3	减速器	24	减速器温度，冷却水系统	有必要时为减速器添油
4	辊磨其他轴承	24	检查管路、温度	必要时应增大油脂量
5	油脂润滑系统	24	油桶油位	必要时添加润滑脂
6	螺纹紧固件	8	有否松动	松动时重新拧紧
7	蓄能器	每周	氮气压力	必要时充气加压
8	减速器过滤器	每周	阻力是否过大	若大时清洗，必要时更换滤芯
9	油缸密封	24	是否漏油	严重时更换密封
10	液压系统油箱	24	油箱油位	必要时加油
		每周	过滤器是否堵塞	清洗或更换
11	磨辊	每月	检测磨损情况	必要时应对辊子进行补焊
12	磨盘衬板	每月	磨损情况	必要时更换
13	风环	每月	磨损情况	必要时修焊、更换

4.3 立磨的粉磨原理

本台 UM23.3D 辊式磨是用于粉磨原煤的，其工作原理是：原煤通过中间下料管落到磨盘中央，旋转着的磨盘借助于离心力的作用将原煤向外均匀分散，并将其铺平，从而形成料床，当原煤被甩入磨辊下面时，在辊子压力的作用下被挤压碾碎。在粉磨的同时，通过风环进入磨内的热气体对含有水分的原煤进行烘干，并由以一定速度上升的气流将已被粉碎的原煤带入磨机上部的分离器中进行筛选，合格的产品随气流排出磨外，而被分离出的粗颗粒则重新回到磨盘上进行再粉磨。那些未经粉碎或未被粉碎成小颗粒的原煤则被挤到风环处，并以高达 50m/s 以上风速的热气流通过风环将其吹回磨盘进行再粉磨，而随气体出磨的煤粉将由设置在磨外的细粉分离器分离并收集。

任务 5 煤粉立磨系统的操作

任务描述：熟悉煤粉立磨系统的开停车操作；熟悉煤粉立磨系统的正常操作控制。

知识目标：掌握煤粉立磨系统的开停车操作及正常操作控制等方面的知识内容。

能力目标：掌握煤粉立磨系统的开停车操作及正常操作控制等方面的生产实践操作技能。

5.1 立磨系统开停车操作

5.1.1 立磨系统开车前的检查及准备

（1）液压和润滑系统的检查

确认液压和润滑系统油管路无漏油、仪表完好、油温合适、油量合适、油质符合标准要求。

（2）人孔门、检修门等的检查及密封

在设备内部检查完毕后，所有人孔门、检修门都要严格密封，防止生产时产生漏风、漏料现象。

（3）闸阀的检查和备妥

系统内所有手动闸阀均要开到适当位置，保证料、气畅通；所有电动闸门应检查其启闭是否灵活，阀轴与连杆有无松动；对中控室遥控操作的阀门，要确认中控室与现场的开闭方向一致，开度与指示准确，带有上下限位开关的阀门，需与中控室核对限位信号是否返回。

（4）设备紧固检查

检查设备紧固件（比如磨内衬板的紧固螺栓），所有设备的基础螺栓和连接螺栓等不能有任何松动，对设备传动等易松动部件要严格检查。

（5）凡需遮盖的部分均应盖好，如设备的安全罩，螺旋输送机盖板，地沟盖板等，均应逐一检查

（6）冷却水系统

检查给排水管路阀门是否已打开，水管连接部分要保证无渗漏。特别要注意冷却润滑液压单元的冷却水，不得流入油中。对冷却水量要进行合理控制，水量太少会造成设备温度上升，水量太大将造成不必要的浪费。

（7）确认原煤仓内料位合适，有足够的原煤储量

（8）确认磨内预铺料的厚度适当（在磨外料位计上可以看出）

（9）确认磨机储能器内的氮气压力符合启动条件

（10）现场仪表的检查

认真检查现场的仪表，比如温度、流量、压力及料位等，保证其指示数值准确。

（11）压缩空气的检查

检查各用气点的压缩空气管路是否能正常供气，阀门位置是否符合要求，压缩空气压力是否达到设备要求。

（12）检查电气室及控制开关柜

检查电气室的MCC柜电源是否接通，检查电气室的控制开关柜的空气开关是否接通，注意有无正在检修的设备，不能误送电，检查PLC柜电源是否接通，所有设备机旁按钮盒在“中控”位置。

（13）确认所有设备有备妥信号，符合启动条件。

5.1.2　立磨系统开车操作

立式磨系统正常开车操作流程如下：通知生产相关部门及相关岗位，启动润滑液压组，启动选粉机组→选粉机组设备正常运转后，启动袋（电）式收尘组，并通知岗位检查气缸工作和压缩空气清灰是否正常→袋式收尘组设备运转正常后，通知生料和窑系统并启动供应热风的旋风收尘系统→热风系统准备好后，开启风机组，调节挡板（主风机挡板、热风风机挡板和冷风挡板）控制风量、风温，对系统进行预热（主风机挡板开大约30%～50%）→预热不可过急，应严格控制系统为负压状态→磨出口气体温度达到60℃时启动磨机主电机组，启动前确认磨辊抬起→磨机出口气体温度达到65～75℃时，开主风机挡板到80%～85%，

然后启动喂料机组→待料到磨盘上时，降磨辊并加压，并通知现场检查外排情况→观察到袋收尘器内有一定压差时，主风机挡板开到正常→缓慢调节参数至系统正常运作（在操作过程中要密切注意系统温度和压力的变化情况，并及时通知相关岗位进行检查处理）。

5.1.3 立磨系统停车操作

立式磨系统正常停车流程如下：确认原煤仓料位，如长时间停机需将仓放空→与窑操作员联系，做好停机准备，并通知其他现场相关岗位→关小热风挡板开度，开大冷风挡板开度，喂煤量调到最小，同时降低磨出口气体温度，当磨出口温度下降至大约60℃时，使磨内物料基本排空→停止磨喂料组及磨主电机（如短时间停机应保证磨盘料层，否则要清空磨盘料层）→停磨机主电机后，磨机润滑组要运行2～4h（冷却减速机和磨辊）→停止喂料，同时停掉热风风机，并关小主排风机挡板，适当开大冷风挡板使磨机缓慢降温→停止喂料2min后停磨主排风机，并关闭系统所有挡板，使磨机缓慢降温→主排风机停2～4h后方可停密封风机→整个调风过程要缓慢，保证系统正常负压和温度，同时不要影响窑系统的风量→待袋收尘起清空后（约在停止喂料30min后），停掉袋收尘组→停掉袋收尘组后，待磨机内温度降到大约50℃时停选粉机组→停磨后要密切观察各处温度变化。

5.1.4 立磨系统的紧急停车操作

当立磨系统发生下列情况之一时，应采取紧急停车操作：

（1）系统内发生了重大人身、设备事故。

（2）磨机吐渣料出口发生严重堵塞。

（3）袋收尘器的灰斗发生严重堵塞。

（4）断煤时间超过3min。

（5）液压系统、磨机润滑系统发生严重漏油现象。

（6）磨机的主减速机有异响，任何一个传动装置的联轴器发生故障。

（7）CO浓度超标且袋收尘器入口温度高限报警，随时有爆炸的危险。

（8）有大块金属、异物进入磨内。

5.2 立磨的正常操作

5.2.1 立磨的正常操作要点

立磨系统的操作要做到“五稳定和七兼顾”，“五稳定”是指喂料量、磨机出口气体温度、磨机进出口压差、外循环量及选粉机的转速。“七兼顾”是指磨机的振动幅度、主电机电流、料层厚度、成品细度、窑煅烧状况、收尘器出口CO浓度及灰斗温度。操作上只有做到了“五稳定”和“七兼顾”，才能确保磨机系统安全运转。

（1）控制合适的料层厚度

磨内料床过薄，易引起磨机振动；磨内料床过厚，磨内粉磨效率过低，严重时也会引起磨机剧烈振动。合适的料层厚度，可以通过改变挡料环的高度、风环处的风速、辊压的大小等方法控制及实现。

（2）控制适宜的辊压

进入立式磨系统的物料是借助于对料床施以高压而粉碎的，压力增加则产量增加，但达到某一临界值后不再有明显的变化。

（3）控制合理的风速

立式磨系统主要靠气流带动物料循环，合理的风速可以形成良好的内部循环，使盘上料层适当、稳定，粉磨效率高。风速可以由磨机入口的负压来表示，如果风速太小，会造成磨内大量细度合格的成品不能被及时带走，电耗肯定会增加。当磨机进口压力过高时，说明入磨气体量太小，应调大磨机进口风口开度；反之，应调小磨机进口风口开度。

（4）保持物料平衡

立式磨要求粉磨系统的喂料能力、粉磨能力、烘干能力、排渣量或外循环之间应处于平衡状态。在喂料能力一定时，若粉磨能力不足，会引起大量的吐渣，需增加工作量以提高粉磨能力，或适当减少喂料量；反之，粉磨能力过强，料层工作压力逐渐减薄，最终将引起振动，此时应该增加喂料量或减小工作压力。如果输送能力不足，同样引起大量的吐渣，此时应该加大风量以增加输送能力。若烘干能力不足，说明温度太低，成品水分大，将直接影响粉磨效率和收尘系统的效果。

（5）停窑后立磨维持运行的操作

使用预热器出口废气作为烘干热源的立磨，当窑因故临时停机，为保持立式磨运行，此时应打开冷风阀门，停止喷水系统，并大幅度减少磨机喂料量，保证磨机出口气体温度高于露点60℃。当窑故障排除后，在窑投料前可稍增大磨机喂料量，控制料层厚度使其偏高。窑投料时，应迅速增大磨机喂料量，并根据热风量及热风温度逐渐开启喷水系统及关小冷风门。

5.2.2　立式磨系统正常操作控制

（1）控制磨机压差

立磨进、出口压差主要反映了磨内物料量的多少或磨内通风量的大小在立磨通风一定、各测点压力正常的情况下，出入口压差过大。表明磨内喂料量过大。若喂料量变，出入口压差过大，表明磨内通风量过大。通常靠调节入磨物料量来稳定出入口压差。压差增高，表明入磨物料量多于出磨物料量，料层变厚，主机电流增大，也会出现磨机震动。

（2）控制入磨负压

入磨负压反映入磨风量的多少，过低或过高都会使通风量受到限制。入磨负压过低，磨内通风阻力大，实际通风量变小，磨内存料多，容易产生排渣现象；入磨负压过高，磨内通风阻力小，实际通风量变大，磨内存料小。通常根据磨内存料的大小来调节系统排风机的风门开度，控制入磨负压在正常范围之内。

（3）控制入磨气体温度

入磨气体温度反映了入磨冷风、热风比例的大小。入磨风温高，表明入磨冷风掺量减少，或高温风机出口风温增高。当入磨风温增高，在入磨喂料量不变、原煤水分不变时，使出磨风温偏高，反之，出磨风温偏低。通常调节入磨冷风量，使入磨风温控制在要求的范围内。

（4）控制出磨气体温度

磨机出口气体温度的大小直接反映磨内烘干能力、喂料量的大小、入磨热风温度及风量的参数关系。磨机出口气体温度过低，对磨内物料的烘干能力不足，出磨成品水分大，容易使收尘气体结露；磨机出口气体温度过高，直接影响系统排风机、收尘器的安全运行。一般调节喂料量、入磨热风风门开度及冷风风门开度，控制磨机出口气体温度在70～80℃。

（5）控制拉紧力

研磨压力（磨辊自重＋中心架质量＋拉紧力等）是作用在物料上的力，操作上的压力指的是拉紧力（滚压力或液压力），生产中通过控制液压系统，以改变拉紧力大小来满足粉磨需要。拉紧力是控制成品细度和产量的主要参数之一。随着拉紧力增大，产量增加，料层变薄，物料粒径变小。但提高到一定程度后，产量增加变化不明显，反而带来主机电流增大，磨辊、磨盘的磨损也加大负面效果。拉紧力太小，煤粉的细度就会不合格，吐渣量大，产量低。合理的辊压力是在高喂料量的前提下，使磨机的振动值保持正常，磨辊使用寿命长。操作控制拉紧力的大小，要与物料易磨碎性相结合，易碎性好的物料，拉紧力控制得低，易碎性差的物料拉紧力控制值要大。

（6）控制料床厚度

磨内料床厚度反映了入磨物料量、入磨物料的性质与磨机辊压、磨内风速的匹配情况。磨内料床过薄，易引起磨机振动；磨内料床过厚，磨内粉磨效率过低，影响磨机的产量。一般根据入磨物料粒度、易磨性、喂料量，选择适当的辊压和磨内风速，以稳定磨内压实后的料床厚度控制在40～50mm。

（7）控制出磨成品细度

出磨成品细度的大小反映出磨煤粉的质量。出磨煤粉细度越细，煤粉的燃烧速度越快，形成的火焰就短。但细度过细时，磨机产量就会降低，电耗即会增加。通常根据产品细度要求调节喂料量、选粉机转速、系统拉风等变量，确保煤粉细度在要求的范围内。

任务6　煤粉立磨系统的常见故障及处理

任务描述：熟悉煤粉立磨系统的常见故障及处理等方面的理论知识和实践技能。

知识目标：掌握煤粉立磨系统发生的常见故障原因。

能力目标：掌握处理煤粉立磨系统常见故障的实际生产操作技能。

6.1　皮带机

表5.6.1　皮带机常见故障及处理

序号	故　障	产生原因	处理方法
1	胶带打滑	驱动滚筒和胶带间摩擦系数小或包角过小； 张紧装置拉力过轻； 承载量大于设计能力	停车检查处理； 提高摩擦系数； 校对调整拉紧力； 减轻承载量
2	胶带某一部分突然跑偏	胶带有部分弯曲； 接头中心未对准	停车检查处理； 严重时更换弯曲段； 重新把接头接好
3	空载时跑偏	胶带成槽性不好	停车检查处理； 换成槽性好的皮带或用自调托辊

序号	故　障	产生原因	处理方法
4	胶带边部磨损过大	托辊和滚筒黏附物过多； 托辊或导向滚筒调整不好； 托架不平； 自动调整托辊和导辊不良； 块状物料进入胶带托架之间； 卸料器不正	停车检查处理； 安装有效的清扫器； 重新调整托架； 调整或更换托辊及导辊； 清扫干净积料； 检修及调整卸料器
5	托辊轴承异声	轴承使用时间过长，磨损严重； 润滑不良	停车检查处理； 更换检查轴承； 清洗后加润滑脂

6.2　堆料机及取料机

表5.6.2　堆料机及取料机故障及处理

序号	故　障	产生原因	处理方法
1	堆料皮带机跑偏	胶带成槽性不好； 胶带张紧不均匀	停车检查处理； 使用自调托辊进行调整； 通过调整托辊位置，调整局部位置跑偏； 调整尾部张紧装置
2	堆料仰俯，液压缸爬行	液压油内含有空气； 管路有泄漏现象	排除液压油中的空气； 更换泄漏管道
3	料耙往复运动，换向时振动大	液压油内含有空气； 液压缸的行程终端无缓冲	停机检查处理； 增加料耙往复液压站的自循环时间，并注意排气； 适当液压缸延长换向时间
4	取料机链条导向轮运转不灵活	导向轮轴承损坏	停机检查处理； 更换导向轮
5	链齿有磨损	两侧链条张紧不一致； 链条链板间距不一致； 链条节距不一致	停机检查处理； 重新张紧链条； 更换链板间距不一致的链节； 更换节距不一致的链节
6	端梁运行时电流波动	下部回转轴承运转不灵活； 轨道不平齐； 电机故障	停机检查处理； 检查下部回转轴承的润滑情况； 调整轨道使之平齐

6.3 煤磨系统

表 5.6.3 煤磨系统常见故障及处理

序号	故障设备	现象及原因	处理方法
1	堆料机/取料机停机	堆、取料机相碰	选择“手动”操作； 在取料机上操作台选择“倒退”及“快速”开关，将取料机移出故障区； 按“故障复位”钮； 选择“自动”操作； 按正常顺序启动取料机
2	取料机故障停机	刮板机链速过低，刮板链被卡住或断链	处理故障，接好链条； 选择“手动”操作，驱动刮板机看是否正常； 确认正常后，按“故障复位”钮； 选择“自动”操作按正常顺序启动取料机
3	胶带输送机	胶带接头断裂； 胶带带芯脱开； 胶带跑偏； 滚筒托辊中心线与胶带机中心线不成直角； 滚筒不水平； 滚筒表面粘结物料	检查修复胶带； 更换胶带； 调整滚筒； 清除滚筒上物料； 调整下料点
4	胶带输送机电机	驱动电机电流突然升高； 电机停止工作或不正常	检查胶带运行情况及下料情况； 检查电源情况； 系统立即停机，更换电机
5	喂煤设备故障	电机跳闸	系统中喂煤设备以外的设备继续运转，逐步减少进磨热风量，慢慢开大循环风阀，使磨机出口气体温度保持在80℃左右； 按正常停车时，喂煤系统设备停车后的操作顺序使系统停车
6	磨机	主机跳闸； 电动机线圈温度≥130℃	因设备间的联锁，喂煤系统设备立即停车； 迅速打开循环风阀，关闭热风风机进口阀门； 按煤磨正常停车后的操作顺序使系统停车
		各润滑系统、液压系统； 油泵跳闸； 油量过低； 磨辊油温≥110℃； 齿轮箱进口油压≤1.0kPa； 平面推力瓦油池温度≥70℃	因设备间的联锁，磨机及喂煤系统设备立即停车； 迅速打开循环风阀使煤磨出口气体温度保持在80℃左右； 按煤磨正常停车后的操作顺序使系统停车
		选粉机电机跳闸	
		磨体振动过大	
		密封风与一次风的压差≤1.47kPa	
		分离器出口温度：≤60℃或≥110℃	

续表

序号	故障设备	现象及原因	处理方法
6	磨机	突然断煤 磨头仓堵塞； 入磨翻板阀堵塞	喂煤设备停车； 迅速开大循环风阀，关小热风风机进口阀门； 迅速检查、清理现场，争取尽快恢复； 如不能尽快排除故障，按喂煤设备正常停车后的操作顺序使系统停车
		磨机内部着火： 磨机出口温度检测报警； 气体中CO浓度超限报警； 磨体上油漆剥落	如情况紧急，按下面方法操作： 全关进磨热风风机进口阀门，全开循环风阀，逐渐降低磨机出口气体温度； 系统风机及煤粉输送系统设备停车； 迅速查明着火点； 立即启动CO_2灭火系统
7	煤磨排风机	电机跳闸； 一次风量小于最小风量	因设备间的联锁，磨机及喂煤系统设备立即停车； 迅速全关热风进口阀门，全开冷风阀； 按煤磨正常停车后的操作顺序使系统停车
8	煤粉输送设备	电机跳闸	煤磨排风机、煤磨袋收尘器立即停车； 因设备间的联锁关系，煤磨及喂煤设备立即停车
9	需要时的系统紧急停车	全部设备紧急停车	系统紧急停车； 全部关闭所有电动、气动阀门； 严密监视煤粉仓、电收尘器的温度值； 如果紧急停磨1h后，若仍无法排除故障，无法恢复磨煤机运行，则应及时进行以下操作： a. 煤磨开空车，将磨盘上的大量积煤排尽，避免积煤自燃着火； b. 关闭密封风机、稀油站、高压油站； 如果紧急停磨后，故障已经排除，煤磨可以再启动，应进行以下准备工作： a. 检查一下磨煤机及辅助设备； b. 排渣 按正常启动程序启动煤磨
10	袋收尘器	温度报警： 出磨气体温度上升报警； 灰斗内煤粉温度上升报警	根据报警，增大磨头冷风阀的开度，使温度降低； 确认有着火现象时，迅速关闭收尘器进出口截止阀； 煤磨系统紧急停车； 确定着火点后，启动CO_2灭火系统
		CO含量上升报警	根据报警，检查着火点； CO含量持续上升时，迅速关闭收尘器进出口截止阀； 煤磨系统紧急停车； 确认着火点后，启动CO_2灭火系统

续表

序号	故障设备	现象及原因	处理方法
11	煤粉仓	煤粉仓内温度上升报警，是仓内煤粉自燃	煤磨系统紧急停车； 关闭仓下闸门； 确认着火时，启动 CO_2 灭火系统
		仓内煤粉外逸： 煤粉仓在正压下进料； 局部煤粉爆炸使法兰变形	检查上部收尘管道是否堵塞，可用锤打听音方法进行鉴别； 检查仓上顶防爆阀片是否损坏
12	各防爆阀	防爆阀片破裂； 巡检中发现有漏气和煤粉外逸； 爆炸声	煤磨系统紧急停车； 进行外逸煤粉的清扫工作； 在现场确认设备内部着火情况，如内部着火，则喷入 CO_2 气体灭火或将着火煤粉排出之后再处理； 修理损坏的防爆阀，更换阀片，如法兰有损坏则对法兰进行更换

任务7　粉磨制备系统的生产实践

任务描述：熟悉煤粉风扫磨系统及煤粉立磨系统的中控操作技能；熟悉煤粉制备系统实现安全生产的技术措施。

知识目标：掌握煤粉制备系统的中控实践操作技能；掌握水泥企业防止煤粉发生自燃及爆炸应该采取的技术措施。

技能目标：实现煤粉制备系统中控操作理论与生产实践的有机结合及辩证统一。

7.1　煤粉风扫磨的中控操作指导书

以MFB3873＋35型煤粉风扫磨为例，详细说明煤粉风扫磨的中控操作指导书。

7.1.1　质量控制指标

(1) 入磨原煤粒度≤25mm，合格率≥85%。

(2) 入磨原煤水分≤10%，合格率≥80%。

(3) 出磨成品煤粉的水分≤1.5%，合格率≥85%。

(4) 出磨成品烟煤的细度0.08筛余 S≤12%，合格率≥85%。

(5) 出磨成品无烟煤的细度0.08筛余 S≤3%，合格率≥85%。

7.1.2　煤磨操作员岗位职责

(1) 煤粉制备系统在水泥生产工序中的主要任务是为窑系统提供生产所需的煤粉，保证窑的连续运转。

(2) 煤磨操作员要学习并掌握煤粉制备系统的工艺流程及所属设备的工作原理及规格性能，对各测量仪表的位置及参数范围要了如指掌。

(3) 熟练掌握煤粉磨系统的开停车操作及正常操作控制。

(4) 时刻注意系统控制参数的变化，发现异常及时采取措施，使控制参数保持在正常值范围之内。

（5）严禁正压操作和长时间超高温或超低温运行，以防系统煤粉发生燃烧爆炸或结露堵塞。

（6）熟练掌握 CO_2 及 N_2 集中灭火装置及其使用方法。

（7）煤磨操作员必须遵循“安全第一，预防为主”的方针，要正确处理安全运转与产质量的关系，生产中后者一定要服从于前者。

7.1.3　工艺流程

（1）原煤来源

通过原煤预均化堆场取料机刮取原煤，再通过皮带输送机送至磨头原煤仓。

（2）热风来源

正常生产期间使用篦冷机的热风，在煤磨主排风机的作用下，为煤磨烘干提供热源；非正常生产期间使用热风炉的热风，作为煤磨烘干和粉磨的热源。

（3）煤粉制备工艺流程

原煤仓内原煤经定量给料机计量后由电动双翻板阀喂入风扫磨，在煤磨主排风机的抽力作用下，篦冷机的热气被抽到旋转的磨机筒体内，原煤进入烘干仓时，由于烘干仓内设有特别的扬料板将原煤扬起，含有水分的原煤在此处与热气进行强烈的热交换而得到烘干，烘干后的煤块通过设有扬料板的双层隔仓板进入粉磨仓，粉磨仓内的研磨体被旋转的筒体带起、抛落，从而把煤块粉碎和研磨成煤粉，煤粉在排风机的抽力作用下被送入高效选粉机，经选粉机分级后，粗粉由螺旋输送机送入磨内重新粉磨，细粉进入袋收尘收集后由螺旋输送机送入煤粉仓，经收尘器过滤后的气体通过排风机排入大气。煤粉进入煤粉仓后带入的废气经安置在煤粉仓顶部的袋收尘过滤后由独立的风机排出。

（4）安全防范

为防止煤粉仓、主/辅袋收尘器着火，粉磨系统设置了一套氮气灭火装置，分别为煤粉仓、袋收尘器提供灭火功能；另外煤磨还专门设置一套消防水装置。

7.1.4　煤磨系统设备的分组

（1）设备分组的目的

系统的每台设备都不是孤立的，在正常生产过程中它与其上下流程设备间都存在着相互制约的关系，在生产中，一旦某台设备故障，将会牵涉其他设备的运行安全。因此，为了保护整个工艺流程中每台设备，或使系统按正确的程序依次安全启动或停机，根据设备间相关性将系统设备划分成若干个组，每组设备都建立起一定的“联锁”关系，从而使这些设备能安全地启动、运转、停机，自动地达到保护系统设备的目的。

（2）设备联锁

联锁是保护系统设备的一种有效方法，根据联锁的功能不同，将其划分为安全联锁、启动联锁、运转联锁、保护联锁。在生产工艺流程中设有启动和运转两种类型的联锁。

（3）启动联锁：

①目的：为了使工艺流程不中断，并能从下部流程的设备开始按顺序启动，工艺流程内的设备都被联锁着。

②联锁的功能：只在工艺流程内的设备启动时起作用，当不符合启动条件时进行联锁使设备不能启动，满足了所有的启动联锁条件的设备方可启动。启动后，即使出现不满足启动联锁的条件，此时设备仍继续运行。

③启动操作：按规定好的分组顺序，选择好要启动的组，并做好启动联锁条件准备，在条件具备的前提下依次完成启动操作。不按规定的顺序进行启动前的选择，或启动的联锁条件不具备，包括前组设备没有选择或没有完成启动时，即使进行启动操作，组设备启动是不会实现的。

（4）运转联锁：

①目的：为了保护流程的系统功能和流程内的设备（电动机），一旦某台设备故障停机，则该工艺流程的上部流程中，对该设备的运转能产生影响的所有设备的电动机均随之停机。

②功能：运转联锁系统在设备启动或运转过程中检测到异常时，便使运转的设备（电动机）及由该设备的运转所能产生影响的所有设备（电动机）均停止运转（或给出相应的报警信号）。

③操作：运转联锁兼有启动联锁功能。在工艺流程中，不在下部流程的设备启动后，就不能启动上部流程的设备，因而要参照联锁程序与上述启动操作顺序，按规定的顺序启动各设备。

（5）煤磨系统设备的分组

①煤磨喂料组（定量给料机）。

②磨机油站组 。

③煤磨主电机控制组。

④煤粉分级处理组。

⑤煤粉输送设备组 。

⑥原煤输送组。

（6）煤磨系统开机顺序

①磨机油站组。

②煤粉输送设备组。

③煤粉分级处理组。

④启动煤磨主电机。

⑤启动煤磨喂料组。

（7）煤磨系统停机顺序

①停止定量给料机组。

②停煤磨主电机。

③停煤粉分级处理组。

④停煤粉输送设备组。

⑤停煤磨油站组。

7.1.5 运行前的准备工作

（1）巡检工对系统设备进行巡检，并确认设备是否具备开机条件。

（2）进行联锁检查，确认现场所有设备均打到“中控”位置，并处于备妥状态。

（3）开机前通知调度、总降、窑操等相关人员。

（4）如果使用热风炉，提前一小时点燃热风炉。

（5）检查原煤仓、煤粉仓料位，原煤仓料位不足则启动原煤输送组。

（6）通知取样人员做好取样准备。

（7）通知巡检工确认灭火系统可随时投入运行。

（8）对所有风机挡板进行“三对一”确认工作。

7.1.6　利用热风炉作烘干热源时的操作

（1）启动磨机油站组，确认各润滑系统正常，高压油泵启动后 10min 磨机方可启动。

（2）启动煤粉输送设备组。

（3）关闭冷风挡板和热风挡板，启动煤粉分级处理组，调节相应挡板，使磨机入口处保持微负压（100～300Pa）。启动时，应确认选粉机密封充气正常，转速 *SP* 值设定为零。

（4）通知巡检工关闭热风炉出口挡板。

（5）热风炉点火升温，慢慢打开热风炉出口挡板，调节热风炉冷风挡板，使磨机系统缓慢升温预热。升温时间按磨出口温度每分钟 1℃升至 70℃，通知巡检工合上磨机慢速驱动装置并慢转磨机。

（6）当磨机预热达到要求后，通知现场巡检工停止磨机慢转，断开离合器。

（7）启动煤磨主电机组。启动该组前，需现场确认慢转离合器断开，各润滑油泵 30min 前启动并无故障运行。

（8）启动煤磨喂料组。

7.1.7　利用篦冷机作为烘干热源时的操作

（1）启动磨机油站组，确认各润滑系统正常，高压油泵启动后 10min 磨机方可启动。

（2）启动煤粉输送设备组。

（3）关闭冷风挡板和热风挡板及热风炉出口挡板，启动煤粉分级处理组，调节相应挡板，使磨入口处保持微负压（100～300Pa），对磨机缓慢升温预热，升温时间按磨出口气体温度每分钟 1℃升至 70℃。

（4）通知巡检工合上磨机慢速驱动装置并转动磨机。

（5）当磨机系统预热达到要求后，同窑操、巡检工联系准备开磨，通知巡检工停止磨机慢转，断开离合器。

（6）启动煤磨主电机组，启动该组前，需现场确认慢转离合器脱开，各润滑油泵 30min 前已启动，并都处于正常状态。

（7）启动煤磨喂料组。

（8）启动原煤喂料组后依据原煤的情况和煤粉质量的要求，将烟煤和无烟煤按化验室通知单确定入磨比例，根据磨机电流、差压、进出口气体温度、选粉机电流等参数调整喂煤量。同时调整各挡板开度，确保磨机稳定运行。

7.1.8　正常操作控制

（1）喂煤量的控制

磨机在正常操作中，在保证出磨煤粉质量的前提下，尽可能提高磨机的产量，喂料量的多少是通过给料机速度来调节，烟煤和无烟煤的比例按化验室的通知单控制，喂料量的调整幅度可根据磨机的电流、进出口温度及差压、选粉机电流及转速等参数来决定，在增减喂料量的同时，调节各挡板开度，保证磨机出口温度在 70～75℃之间。

①原煤水分增大，喂煤量要减少，反之则增加，也可通过调节热风量来平衡原煤水分的变化。

②原煤易磨性变好，喂煤量要增加，反之则减少。

③磨出口负压增加，差压增大，磨机电流下降，说明喂煤量过多，应适当减少喂煤量。

④磨尾负压降低、差压变小，磨尾温度升高，说明喂煤量减少，应适当增加喂煤量，同时应注意原煤仓、给料机、下煤溜管等处是否堵塞导致断煤。

（2）磨机差压

风扫磨差压的稳定对磨机的正常运转至关重要。差压的变化主要取决于磨机的喂煤量、通风量、磨机出口温度、磨内各隔仓板的堵塞情况。在差压发生变化时，先看原煤仓下煤是否稳定。如有波动，查出原因通知现场人员处理，并在中控作适当调整稳定磨机喂料量。如原煤仓下煤正常，查看磨出口温度变化，若有波动，可通过改变各挡板来稳定差压。如因隔仓板堵塞导致差压变化则等停磨后进磨内检修处理。

（3）磨机出、入口温度

磨机出口温度对保证煤粉水分合格和磨机稳定运转具有重要作用，尤其是风扫煤磨更为敏感。出口温度主要通过调整喂煤量，热风挡板和冷风挡板来控制，一般出口温度控制在70～75℃之间；磨机入口风温主要通过调整热风挡板和冷风挡板来控制，一般入口温度控制在280～330℃之间。

（4）煤粉水分（控制指标≤1.5%）

为保证出磨煤粉水分达标，根据喂煤量、差压、出入口温度等因素的变化情况，通过调整风机挡板开度，保证磨机出口温度在合适范围内。

（5）煤粉细度（烟煤控制指标≤8.0%；无烟煤控制指标≤3.0%）

为保证煤粉细度达标，在磨机操作中，可以通过调整选粉机转速、喂料量和系统通风量来加以控制。若出现煤粉过粗，可增大选粉机转速、降低系统的通风量，减少喂煤量等方法来控制；若出现煤粉过细，可用与上述相反的方法进行调节。如果细度或水分一个点超标，要在交接班记录上分析原因提出纠正措施；如连续两个点超标要报分厂分管领导，并采取措施；如连续三个点超标，要上报公司分管领导。

（6）袋收尘进口风温

袋收尘进口风温太高时（进口风温控制在55～75℃），要适当降低磨出口风温，袋收尘进口风温太低<55℃时，可能导致结露和糊袋，应适当提高磨出口风温。

（7）袋收尘出口风温（出口风温>55℃）

正常情况下出口风温略低于进口风温，若高于进口风温且持续上升，判断为袋收尘内着火，应迅速停止主排风机，关死袋收尘进出口阀门，采取灭火措施；若出口风温低于进口风温较正常为多，且差压上升，判断为袋收尘漏风，应立即通知现场检查处理。保持袋收尘出口风温不要太低，以防结露、糊袋。

（8）煤粉仓锥部温度（50～70℃）

若出现异常持续升温，应通知现场检查。根据温升和现场检查情况可采取一次性用空仓内煤粉后重新进煤粉的措施，防止锥部温度继续升高。

（9）设备的正常运转

生产过程中应随时注意观察磨机、选粉机、排风机等设备的运转状况，尤其是传动部分的轴承温度变化情况，发现异常或温升超限应及时采取有效措施。

7.1.9 正常停机操作

（1）停止原煤输送组，确认原煤仓料位，如长时间停磨（预计8h以上）应将原煤仓放空，以防结块自然。

(2) 同窑操、现场巡检联系做好停磨准备。

(3) 关小热风挡板开度，开大冷风挡板开度，调节给料机喂煤量至最小，降低磨出口温度。

(4) 当磨出口温度下降至 60℃时，关闭入磨热风挡板，停磨喂料组，5～10min 后停磨主电机，如果较长时间停磨应尽量将磨内拉空并通知巡检工合上磨机慢速驱动装置，对磨机按下述要求进行慢转：停磨后 10min 第一次慢转 180°，以后每次转度相同，时间间隔如表 5.7.1 所示：

表 5.7.1　翻磨时间间隔表

时间（min）	10	30	50	70	100	160	220
转动序数（次）	1	2	3	4	5	6	7
旋转量（度）	190	190	190	190	190	190	190

(5) 停磨 20min 后，通知现场检查袋收尘灰斗及煤粉输送设备内有无煤粉，拉完后可停煤粉分级处理组和煤粉输送设备组。

(6) 关闭收尘器入口和出口挡板，经常密切关注系统温度，防止系统着火。

(7) 磨机低压油泵在停机后运转 48h，高压油泵运转 4h 后自动停止。

(8) 停磨后按相关规程对系统进行检查，并注意以下几点：

①确认入磨热风挡板、袋收尘进口阀门，主排风机入口挡板全关。

②系统停机时间较长时，原则上应排空煤粉仓，若因窑系统原因不能排空时，应加盖生料粉分隔氧气。

③停机后，中控室仍需密切监视系统各点温度，现场应继续巡检。

7.1.10　紧急停机操作

当系统发生如下情况时，采取紧急停机操作。

(1) 系统发生重大人身、设备事故。

(2) 袋收尘灰斗发生严重堵料。

(3) 煤磨、袋收尘、煤粉仓着火。

(4) 其他意外情况必须停机。

7.1.11　运行中的注意事项

(1) 正常运行中，操作员应重点监视喂煤量、回粉量、主电机电流、磨机进出口温度、差压、选粉机电流和转数、热风挡板、冷风挡板、主排风机挡板开度等参数，发现问题要及时分析和果断处理，使这些参数控制在合适的范围内，确保系统完全、稳定、优质、高效运行。

(2) 操作过程中，要密切关注袋收尘灰斗锥部温度变化，温度大于 65℃或过低时，通知现场检查灰斗下料情况，并采取必要的处理措施（如敲打等）直至正常。

(3) 当系统出现燃爆、急冷或其他紧急事故时，立即关闭入磨热风挡板，进行系统紧急停机。

(4) 尽量将两煤粉仓控制在高料位（85%左右），勤观察煤粉仓顶部、锥部温度。锥部温度超过 85℃且有上升趋势时，表明煤粉已经自燃，要采取紧急措施处理。

（5）在整个系统稳定运转的情况下，一般应避免调整选粉机各风门的开度，细度的调整主要是调整选粉机的转速，循环负荷必须控制在一定的范围内。

（6）无论在何种情况下，磨机必须在完全静止状态下启动，严禁在筒体摆动的情况下启动。

（7）严禁频繁启动磨机，连续两次以上启动磨机，必须取得电气技术人员同意方可操作。

（8）在磨机开机前（预热过程中）和停机后最初一段时间内，一定要严格监视系统温升的变化，杜绝爆燃、起火现象的发生。

（9）运转记录必须在整点前后 10min 内填写，严禁几小时或交接班时一次性完成，记录数据要真实、有效、及时、完整。

7.1.12 操作参数的控制范围

（1）磨机进口气体温度正常/最大值：280/330℃。

（2）磨机出口气体温度正常/最大值：70/75℃。

（3）磨机差压：1000～2500Pa。

（4）袋收尘入口温度：55～75℃。

（5）袋收尘出口温度：55～75℃。

（6）磨机喂料量 38～42t/h。

7.1.13 常见故障及处理

（1）煤粉水分太高

①原因是系统用风量过高，掺入冷风较多。处理方法是减少系统用风量，调整入磨冷风、热风挡板，适当提高出磨气体温度。

②原因是烘干仓扬料板磨损严重，烘干仓内热交换效率低。处理方法是检修更换磨损严重的扬料板。

（2）煤粉水分太低

①原因是喂煤量太少，系统的用风量、喂煤量、系统温度不匹配。处理方法是适当增加喂煤量，增加入磨冷风挡板开度，减少系统用风量，适当降低出磨气体温度。

②原因是原煤水分小，用风量大。处理方法是增加喂煤量，减少用风量。

（3）出磨煤粉细度过粗

原因分析：

①风量过大。

②料量过大。

③选粉机转速过低。

④研磨压力低；入磨物料粒度大、煤质硬。

⑤选粉机导向叶片磨损严重，选粉效果不好。

处理方法：

①降低排风机挡板开度。

②适当减少喂料量。

③增加选粉机转速。

④降低入磨物料粒度、换位取煤。

⑤更换导向叶片。

(4) 出磨煤粉细度过细

原因分析：

①选粉机转速太高。

②系统通风小。

③磨机喂料量小。

处理方法：

①降低选粉机转速。

②开大系统排风机挡板，增大系统拉风。

③增加喂料量。

(5) 磨尾排风机入口负压过高

原因分析：

①排风量过大。

②磨尾收尘器堵塞或通风阻力过大。

处理方法：

①关小该风机入口阀门。

②检查收尘器出、入口压差是否比正常值高很多，查明原因进行处理。

(6) 出磨气体温度过高

原因分析：

① 热风量太多。

② 入磨冷风阀门开度太小。

③ 喂煤量过少。

④ 原煤水分小。

处理方法：

① 关小入磨热风阀门。

② 增加入磨冷风阀门开度。

③ 增加喂煤量。

(7) 煤粉仓着火

处理方法是停止仓顶袋收尘器，停止细粉绞刀，关闭细粉绞刀下料入仓挡板，关闭收尘挡板；从煤粉仓顶部、中部、下部锥体部位充氮气，若荷重传感器处温度大于50℃，要求将荷重传感器拆除。

(8) 袋收尘器着火（包括袋子及收尘器灰斗）

处理方法是关闭收尘器入口、出口挡板，停止收尘器，停止煤磨主排风机，关闭压缩空气入口阀门，打开灰斗部位的充氮装置。着火煤粉可以通过螺旋绞刀反转外排。

(9) 磨机电流过大

原因分析：

①磨机喂料量过多，磨机喂料量达到饱磨临界点以前，磨机电流都会随喂料量的增加而增大。

②回磨粗粉量过多，使磨内总的存料量过多，此时物料易磨性降低，且未及时减料造成

磨内存料量过多。

处理方法：

减少喂料量，效果不明显时采取停料方法，同时要适当加大排风量。

7.1.14 保证煤磨系统安全的措施

（1）为了防止袋收尘、煤粉仓着火、爆炸，对袋收尘和煤粉仓设置有 N_2 灭火系统。

（2）在任何情况下，进磨风温不得太高。若袋收尘内着火，应立即关闭出口阀门，并喷入 N_2 灭火。

（3）煤粉仓锥部装有温度监测装置，仓内着火时应立即采取灭火措施。先停止向仓内进煤，将原有煤粉全部用空后，据现场实际情况进行处理。

（4）为防止开磨时发生爆炸，应先启动排风机，将袋收尘及管道中可能产生的易燃易爆气体全部排出。

（5）磨机正常运转时，出磨气体温度应保持在合适温度范围内，不能过高。注意煤粉细度及水分，避免发生过粉磨和过烘干现象。在喂料量过高或过低、处理饱磨、断煤空转磨、止煤停磨等操作过程中，必须严格监视各点工艺操作参数，防止磨出口温度过高引发事故。

（6）对于其他设备（如袋收尘、煤粉输送设备等）应从温度、压力及电流等参数判断是否存在堵塞及煤粉自燃现象。

（7）系统停机前应注意把袋收尘和煤粉输送等设备中的煤粉全部排空、排净。

（8）预计停机时间较长时，原煤仓、煤粉仓要及时排空，若因故不能排空，需对煤粉仓采取铺加生料粉等防护措施。

（9）系统停机后应及时关闭各挡板并确认，经常密切注意系统各温度监测点温度的变化情况，如异常应及时分析和处理。

7.2 煤粉立磨操作实例

以与日产 5000t 熟料生产线相配套的国产 MPF2116 型煤粉立磨为例，详细说明煤粉立磨的实际操作及控制。

7.2.1 运转前的准备工作

为了确保本系统设备的安全运行，避免人身和设备事故的发生，在每次开机前，都应对本系统的全部设备与管道进行认真、全面的检查。要对原煤取料系统、压缩空气、冷却水供应、燃料储存、原煤仓料位、煤粉仓、定量给料机、喂煤秤、袋收尘等情况逐一检查，并确认灭火系统随时可以投入使用，现场与中控操作员密切配合，共同完成开机前的协调准备工作。

（1）检查系统各主机、辅机设备是否具备开机条件。

（2）检查各液压站、润滑站的油过滤器是否堵塞、压力是否达到规定值，各冷却器是否畅通。

（3）磨辊、减速机、液压系统油箱都应有足够的油量。

（4）磨机出口温度、润滑油及液压系统的油温控制装置正常；

（5）检查袋收尘及风机是否正常。

（6）检查并确认主电机后，通知总降准备开磨。

（7）如果使用热风炉，现场确认柴油储存情况并对油枪进行清洗。

（8）检查原煤仓料位，不足则启动原煤输送线。

（9）中控进行联锁检查，确认各单机都已备妥。

（10）检查各挡板、闸阀是否在中控位置，动作是否灵活。

7.2.2　热风炉浇注料的烘烤

（1）热风炉浇筑料在投入使用之前，要进行烘烤程序，其作用是避免温度升高过快，造成混凝土浇筑料开裂，出现很多裂缝，影响其使用寿命。烘烤的过程是用干柴缓慢升温，烘烤 3h，待烘磨时再延续烘烤 2h，其烘烤升温曲线如图 5.7.1 所示。

（2）根据热风炉出口温度来烘热风炉，但必须通过调节磨机入口冷风挡板开度来确保磨机出口温度不超过 80℃。

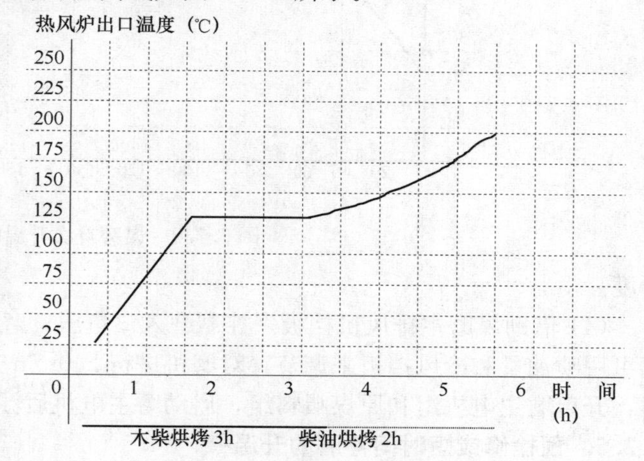

图 5.7.1　热风炉浇注料烘烤升温曲线

7.2.3　开机操作

（1）启动设备前要确认磨内料层状况，首次开磨前要向磨内布入一定量的原煤形成料层，料层控制在 50～70mm 为宜。

（2）启动煤磨综合控制柜组。

（3）启动煤粉输送组，启动煤磨袋收尘组，在该组启动前及运行中均要保证足够的压缩空气压力大于 0.5MPa。

（4）启动煤磨主排风机组，通过对各挡板开度调节控制磨机预热升温过程。

（5）启动原煤输送组（本组根据原煤仓料位及生产情况随时开机），检修结束或长时间停机，开机之前必须确认好各下料溜及分料挡板位置是否正常确，同时必须对煤粉仓上的隔网进行清理。

（6）当磨机充分预热后可开启煤磨主电机和原煤喂料组，磨机启动后，要注意磨主电机电流、振动等参数，根据磨机电流、差压和振动等情况调整定量给料机喂料量，同时调整各挡板开度，确保磨机稳定运行。

（7）调整各参数时应小幅度进行，切忌大起大落，在加料减料的同时，要相应地改变磨通风量，以使系统达到平衡。

（8）根据煤粉的质量控制指标及时调整系统风量、喂料量及选粉机转速，保证成品煤粉细度、水分合格。

7.2.4　首次开磨前的升温

（1）首次开磨前的升温

无论利用热风炉还是篦冷机热风作为煤粉立磨的烘干热风，在立磨投入使用前按图 5.7.2 所示的升温曲线进行烘磨升温。

（2）磨机首次开机升温控制时间为 240min（首次开磨磨系统内无煤粉），升温时温度要平稳缓慢上升，避免温度有大起大落现象，保证磨系统内各部件能均匀受热。

（3）使用热风炉升温时确认入磨热风挡板关闭，磨出口挡板全开，冷风挡板开至合理

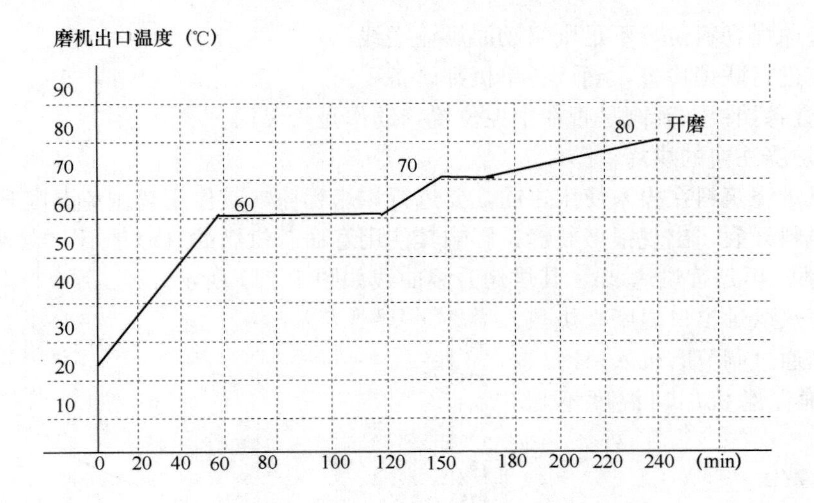

图 5.7.2　煤磨首次升温曲线

开度。

（4）借助煤磨主排风机挡板来控制磨入口负压，磨机入口负压控制在－300～400Pa，风温可用喷油量和冷风挡板来调节，对磨机进行 240min 升温预热；当磨机出口温度达到 78℃时，开启磨主电机组和原煤喂料组，启动磨主电机后注意其电流、振动等参数变化。

7.2.5　预检修或短时间停磨的升温

预检修或短时间停磨按图 5.7.3 所示的升温曲线进行烘烤操作。

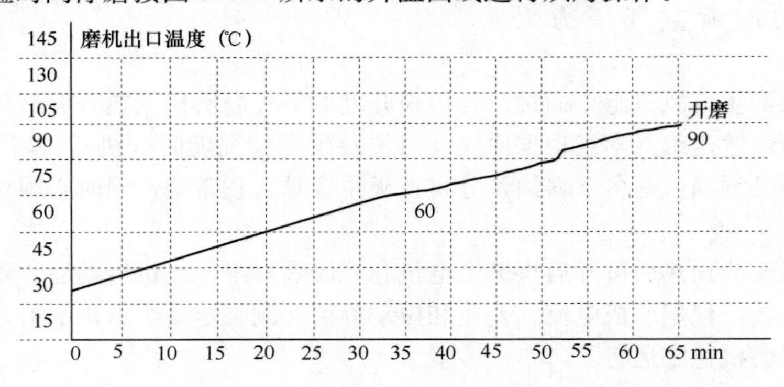

图 5.7.3　预检修或短时间停磨的升温曲线

（1）预检修或短时间停磨，磨机在冷态状态下，磨机的升温时间控制在 1h 以内（升温曲线的上图）；磨机在热态时，磨机可根据情况升温时间控制在 30min 内。由于磨内有煤粉，升温时间过长有引发煤粉自燃的危险。

（2）升温时在前 30min 内磨机出磨温度要平稳快速的超过 60℃，以防磨系统内出现结露（磨机露点为 45℃）和袋收尘出现糊袋现象（袋收尘露点为 55℃），磨机在升温时要密切关注磨系统各温度变化，如有异常要及时通知现场检查确认，如在升温过程中发现磨机出口温度、袋收尘出口温度、袋收尘灰斗温度出现异常，要及时停机磨机的升温过程，待现场检查确认无误后方可恢复。

（3）当磨机出口温度达到 78℃时，开启磨主电机组和原煤喂料组，启动磨主电机后注意其电流、振动等参数变化。

7.2.6　磨机首次开机操作

（1）启动煤输送系统，从石灰石堆场用铲车通过原煤输送皮带向原煤仓送入20t石灰石，并将此石灰石向磨内布料，用剩余的石灰石代替原煤粉磨后填充磨机系统各缝隙，防止出现煤粉自燃现象；粉磨的生料粉按5t打向窑头仓和15t打向窑尾仓分配；石灰石磨完后停磨进行紧螺栓。

（2）磨机初次负荷运行后，分别在运行2h、4h、8h对磨辊及磨盘衬板螺栓进行紧固，此段时间内，磨机采取60%负荷运行；24h后进行螺栓抽检，磨机负荷可控制到80%；运转50h后，仔细检查设备，检查磨机所有接头，所有螺栓连接情况，并将螺栓拧至限定力矩，检查所有液压和润滑设备的油位，检查磨辊和支架，磨机负荷可控制到100%；磨机运行72h后要求各项指标都达设计要求。

（3）利用热风炉开磨最大喂料量为30t/h，待磨工况稳定后，可将磨机负荷逐步加至35t/h。

（4）在磨机初次试运行中，各种负荷下各个参数要详细做好记录，以便日后更好地指导操作。

7.2.7　磨机正常运行的操作控制

（1）磨机的喂料量

在保证出磨煤粉质量的前提下，尽可能提高磨机的产量，调整幅度可根据磨机的振动、出口温度、磨机差压等因素来决定，在增加喂料量的同时，调节各挡板开度，保证磨机出口温度在正常范围内。

（2）磨机振动

振动是影响磨机台时产量和运转率主要因素，操作中要力求振动最小。磨机的振动与许多因素有关，单从中控操作角度来讲，特别要注意以下4个因素：

①磨机喂料量要平稳，每次加减料幅度要小。

②磨机通风要平稳，每次风机各挡板动作幅度要小。

③防止磨机断料或来料不均，断料主要原因有原煤仓堵料、给煤机故障、下料溜槽堵塞等。

④磨机出口温度变化，出口温度太高或太低都会使磨机振动加大。

（3）磨机差压

立磨在操作中，差压的稳定对磨机的正常工作至关重要，差压的变化主要取决于磨机的喂料量、通风量、磨机出口温度、选粉机转速，在差压发生变化时，先看原煤仓的下料是否稳定，如有波动，查出原因通知相关人员处理，并在中控作适当调整，来稳定磨机振动，若原煤仓下料正常，查看磨出口温度变化，若有波动，可通过改变各挡板来稳定差压，差压高时可适当降低选粉机转速，差压低时要提高选粉机转速。

（4）磨机出口及入口温度

磨机的出口温度对保证煤粉水分合格和磨机稳定具有重要作用，出口温度主要通过调整喂料量、热风挡板和冷风挡板的开度来控制，磨机出口气体温度一般控制在65～75℃之间。磨机入口温度主要通过调整热风挡板和冷风挡板来控制，入口气体温度控制在150～300℃范围内，烟煤的着火点温度在350℃以上。

（5）出磨煤粉水分和细度

①为保证出磨煤粉水分达标，根据喂料量、差压、出入口温度和磨机振动等因素的变化情况，通过调整各风机挡板开度，保证磨机出口温度在合适范围内。

②煤粉成品细度控制在0.08mm方孔筛余≤12%，为保证细度达标，在磨机操作中，可通过调整选粉机转速、喂料量和系统通风量来加以控制。若出现物料过粗，可增大选粉机转速，降低系统的通风量、减少喂料量等，若出现物料过细，可用与上述相反的方法进行调节。若细度或水分有一个超标，要在交接班记录本上分析造成细度、水分超标的原因及纠正措施；若连续两个超标，要上报值班长并采取纠正措施；若连续三个超标，要上报中控室主任，值班长要写出分析报告。

（6）袋收尘进口风温

袋收尘进口风温太高时，要适量降低磨出口风温（进口风温控制在65～70℃范内）；袋收尘进口风温太低时，有结露和糊袋危险，适当提高磨出口风温。

（7）袋收尘出口风温（出口风温≥60℃）

正常情况下出口风温略低于进口风温，袋收尘出口温度控制在60～65℃为宜，袋收尘出口风温不要太低，以防袋收尘结露和糊袋。如出口温度过低，可通过调节磨出口温度以提高袋收尘出口温度；若袋收尘出口温度高于进口温度且持续上升，判断为袋收尘内可能发生煤粉着火现象，应迅速停止主排风机，关闭袋收尘进出口阀门，采取灭火措施。

（8）煤粉仓锥部温度（60～70℃范围内）

若出现异常持续升温，立即停止向仓内进煤粉，并判断煤粉仓是否已着火，关闭仓锥部充压缩空气和仓顶各挡板、阀门，如温度上升过快应向仓内充入N_2，喂料秤继续运行，等温度下降后再恢复向仓内进煤粉。

（9）袋收尘灰斗温度

正常情况下袋收尘器灰斗温度略低于袋收尘器出口温度1～2℃，各灰斗温度基本相同，若出现某一灰斗温度低于其他灰斗5℃以上，且呈直线下降趋势，通知现场巡检人员检查灰斗下煤情况，确认是否有堵塞现象。

7.2.8 磨机正常运行的控制参数

磨机正常运行时，主要控制参数如表5.7.2所示。

表5.7.2 磨机的主要控制参数

序号	参 数	控制范围
1	磨机喂料量	35～38t/h
2	主电机功率	35～44A
3	磨机振动	1.5/1.0mm/s
4	磨入口温度	150～250℃
5	磨出口温度	65～75℃
6	磨机差压	6500～7000Pa
7	选粉机转速	450rpm
8	排风机挡板开度	85%
9	袋收尘差压	1.5～2.0kPa

7.2.9　磨机操作注意事项

（1）操作过程中要密切关注袋收尘灰斗器煤粉温度变化，温度＞65℃或＜40℃时，通知现场岗位人员检查灰斗下料情况，并采取必要处理措施。

（2）现场巡检人员发现设备出现重大故障，可以按紧停按钮。

（3）当系统出现燃爆、着火或其他紧急事故时，进行系统紧急停机操作，停磨之前必须关闭入磨热风挡板。

（4）观察煤粉仓顶部、中部、锥部温度，若锥部温度超过85℃且有上升趋势，结合观察CO含量情况，采取充氮、放仓等处理措施。

（5）磨机运行中要密切关注磨机系统温度变化，磨入口温度控制在150～300℃之间；磨出口温度控制在65～75℃之间；当磨机研磨的是高挥发分的原煤时，磨机的出磨温度要控制在60～65℃之间；入袋收尘的温度与磨出口温度控制相近，而出袋收尘的温度一般控制在60～65℃。

7.2.10　正常停机操作

（1）停止原煤输送组，若停磨检修，应将原煤仓放空，防止原煤结块、粘接筒壁。

（2）逐渐关闭磨机热风挡板和冷风挡板，待出磨温度低于60℃时停止磨喂料组、煤磨主电机组。

（3）逐渐关闭排风机入口挡板，待磨出口温度低于50℃、磨入口温度低于100℃时，停止主排风机，待磨系统温度下降后要及时关闭磨系统出入口挡板。

（4）磨主排风机停机后，袋收尘组和煤粉输送组继续运行30min后停机。

（5）主排风机停1h后方可停密封风机；磨主电机停机15min后方可停主减速机油站和选粉机。

（6）短时间停磨，喂料量减至60%，适当降低选粉机转速，保持磨盘留有一定的料床停机以便下次顺利开磨。

（7）长时间停磨，将喂料量设定为零，研磨压力降低（比正常值低20%～30%），当磨机电流降低，振动增大，意味着研盘上的料床很薄，停磨主电机组，便于现场清理磨盘煤粉。

7.2.11　停磨注意事项

（1）停磨前要与窑操作员联系妥当，磨机在停机时防止磨盘无料层，根据检修停磨时间的长短控制预留的料层厚度；磨机在停磨前要先降低磨系统温度再停磨机喂料组。

（2）停机后要确认磨机冷风及热风的挡板、袋收尘进口阀门、主排风机入口挡板关闭，煤粉仓顶各闸门和孔洞要及时关闭。

（3）磨机系统停机时间较长，应排空煤粉仓。若窑系统故障不能排空时，应及时对煤粉仓进行隔氧处理，比如在仓顶加生料粉或向仓内充入N_2气体，同时仓底阻流及伴热带也要及时停止使用，防止仓内煤粉发生自燃现象。

（4）停机后，中控应密切监视袋收尘的温度、灰斗温度和煤粉仓CO浓度含量，防止小部分煤粉发生自燃。

7.2.12　磨机紧急停机操作

当磨机系统发生下列情况之一时，应采取紧急停机操作。

（1）系统内发生重大人身、设备事故。

（2）磨机吐渣料出口发生严重堵料。

（3）袋收尘灰斗发生严重堵料。

（4）出磨气体温度急剧上升明显，表明磨内煤粉已经着火。

（5）袋收尘器、煤粉仓等已经着火。

7.2.13　异常故障及处理

（1）主排风机跳停

处理方法：

煤磨热风系统、磨机喂料和磨机系统因联锁跳停，立即开冷风挡板至100%，关热风阀为0%，降低磨进口、出风温，关闭主排风机入口挡板，通知相关人员排除故障，中控检查有无异常报警。

（2）煤粉输送设备跳停

处理方法：

上游设备因为联锁跳停，通知相关人员排除故障，开冷风挡板至100%，关热风阀为0%，降低系统温度，关闭袋收尘及排风机入口阀门。

（3）给煤机或喂煤溜子、原煤仓发生堵塞

处理方法：

紧急清料、清堵，如果10min不能完成清理，只有停磨处理。

（4）磨内着火

处理方法：

当磨机出口温度持续上升，判断为磨内着火，立即停排风机和磨机，迅速关闭出入磨各挡板，排风机挡板归零，立即通知现场向磨内充入CO_2或N_2气体，关注磨内温度变化，待磨内温度降低后，通知现场打开磨门进行冷却，待磨内温度冷却后，打开出磨挡板进行磨内通风，通风达1h后确认磨内无CO气体后再通知现场人员进磨检查，并进行相应的处理。

（5）袋收尘器内着火

处理方法：

当袋收尘器出口气温迅速上升，判断袋收尘内着火，应立即停止主排风机，磨机联锁跳停，迅速关闭出入磨挡板和袋收尘出入口挡板，通知现场向袋收尘内充入N_2，同时要输送绞刀及时打向外排，将燃烧的煤粉及时送出袋收尘器外。同时，现场要确认着火部位，待袋收尘内温度降低，确认袋收尘内的煤粉已全部排出后，立即对着火部位的袋室进行抽袋处理。待着火的袋室及相邻的袋室内的滤袋全部抽出后，打开袋收尘出口挡板及袋收尘灰斗门，进行通风，通风1h后确认袋收尘内CO已排出后，通知现场进行袋室内部检查和处理。

（6）煤粉仓着火

处理方法：

煤磨系统紧急停机，关闭仓底压缩空气和仓顶各人孔门及收尘蝶阀，立即向仓内喷入N_2或生料粉，直到控制火情，仓底喂煤系统继续运行直至将仓内煤粉送空。严禁在未采取任何措施情况下，轻易将燃烧的煤粉排出仓外。

（7）振动跳停的原因及处理

振动跳停的原因及处理如表5.7.3所示。

表 5.7.3　振动跳停的原因及处理

序号	振动原因	处理方法
1	喂料量过大	根据差压调整喂料量
2	系统风量不足	调整磨机排风机的挡板开度，增加系统风量
3	研磨压力过高或过低	重新设定液压张紧压力
4	出磨温度骤然变化	根据磨电流、料层厚度变化及时调整喂料量
5	磨内有异物或大块	观察吐渣，加强入磨物料除铁、金属杂质的分离
6	选粉机转速过高	调整选粉机转速
7	磨内料层波动大	调整好喂料量、系统通风量
8	液压站 N_2 囊预加载压力过低或不平衡	调整两个 N_2 囊预加载压力
9	测振元件失灵	重新校正或更换
10	衬板或紧固螺栓松动	停磨检查处理

（8）磨机差压高

磨机差压高的原因及处理如表 5.7.4 所示。

表 5.7.4　磨机差压高的原因及处理

序号	磨机差压高的原因	处理方法
1	喂料量过大	根据差压调整喂料量
2	入磨物料易磨性差或粒度大	根据物料特性，适当降低喂料量
3	研磨压力过低	重新调整设定液压研磨压力
4	系统通风不畅	调整各挡板开度，增强系统风量
5	选粉机转速过高	根据煤粉细度指标，适当降低选粉机转速
6	磨机系统漏风量大	加强系统密封，减少漏风量

（9）吐渣多

吐渣多的原因及处理如表 5.7.5 所示。

表 5.7.5　吐渣多的原因及处理

序号	吐渣多的原因	处理方法
1	喂料量过大	减少喂料量
2	入磨物料粒度过大	根据物料特性适当降低喂料量
3	研磨压力过低	适当增加液压研磨压力
4	系统风量不足	增加系统风量
5	喷口环盖板损坏或磨损	停机检查更换磨损严重的盖板

（10）细度过粗

细度过粗的原因及处理如表 5.7.6 所示。

表 5.7.6 细度过粗的原因及处理

序号	细度过粗的原因	处理方法
1	系统的风、料、选粉机转速等不匹配	调整风、料、选粉机转速等之间的比例，使之匹配
2	系统通风量过大	适当降低系统的用风量
3	物料易磨性差	提高研磨压力、减少喂料量、提高选粉机转速
4	磨机研磨能力下降	修复或更换磨机的研磨件及磨损部位
5	选粉机磨损严重或间隙过大	停机调整选粉机间隙
6	选粉机叶片损坏或磨损严重	停机检查更换选粉机的叶片

7.2.14 煤磨巡检及安全注意事项

(1) 每班按时巡检，在设备停机时，也必须坚持巡检。检查煤及煤粉是否外溢；磨系统内有无明火；磨系统内整洁情况；有无煤粉堆积现象。

(2) 检查系统内的设备是否因为轴承摩擦、螺旋输送机叶片与壳体摩擦等原因引起发热现象。

(3) 检查润滑部位润滑油量和润滑是否正常。

(4) 检查各防爆阀、防爆门是否冲开或冲裂。

(5) 观察现场各温度仪表显示值是否正常。

(6) 检各下料溜子是否存在堵塞和发热现象。

(7) 检查煤粉仓锥部是否发热，N_2 气装置及管道是否完好。

(8) 煤磨系统内严禁烟火，不准在煤磨系统内吸烟，不准在未采取任何防范措施的前提下，在煤磨系统内进行气割、气焊、点焊等动火作业。

(9) 煤磨系统长时间停车，再开车时要检查煤粉仓、袋收尘器易堵塞部位及输送设备内部有无煤粉及杂物；检查车间内是否有煤粉堆积现象。

(10) 煤磨系统短时间停车，再开车时要检查确认输送设备内部有无煤粉堵塞及自燃现象。

(11) 为防止开车时发生爆炸，应先启动排风机，将袋收尘及各管道中可能产生的易燃易爆气体全部排出。

7.3 保证煤粉制备系统安全生产的典型案例

以 ϕ2.8m×(5+3)m 型煤粉风扫磨为例，详细说明防止煤粉制备系统发生自燃及爆炸应该采取的安全技术措施。

7.3.1 前言

2012 年 5 月，上海某水泥有限公司的 ϕ3.75m×57m 预分解窑的煤粉制备系统发生了严重的爆炸事故，系统所有的防爆阀都被炸开，袋收尘器箱体严重变形，笼骨严重变形而全部报废，布袋全部被烧毁，现场所有电缆、仪表等都被烧毁不能再用。大火经消防车奋力扑救才熄灭。此次的煤粉爆炸事故，共造成停窑 7d，少产熟料 1.5 万吨，加上更换设备、仪表等费用，直接经济损失累计一百余万元，可谓损失惨重。

7.3.2 煤粉制备系统的工艺概况

该煤粉制备系统采用的是 ϕ2.8m×(5+3)m 风扫磨，生产能力 16t/h，粗粉分离器的规格是ϕ2500，袋式收尘器的型号是PPDC96-6（M）；系统配置2台CO气体分析仪，一台用于监测袋收尘器的进口及出口的CO浓度，另一台用于监测窑头及窑尾煤粉仓的CO浓度；袋收尘器及2个煤粉仓各配置1套CO_2自动灭火装置；粗粉分离器的入口管道、袋收尘器的入口管道及袋收尘器分别安装了防爆阀。煤磨烘干热风来自篦冷机。该系统的生产工艺流程简捷，从总体设计上来说，系统是非常安全的，不会发生爆炸现象。

7.3.3　爆炸原因分析

（1）进厂原煤水分高达15%，超过煤磨的烘干能力，出磨煤粉水分高达3%～4%，使窑头、窑尾的喂煤秤无法正常使用，严重影响窑的煅烧操作。为了提高煤磨的烘干能力，降低出磨煤粉水分，操作上将煤磨出口废气温度由原来的大约70℃提高到大约85℃。

（2）系统的防爆阀数量少，爆炸产生的能量不能得到迅速释放，致使袋收尘器受到很大的爆炸冲击力作用而严重受损变形。袋收尘器系统安装2个防爆阀，防爆阀的阀盖在爆炸的冲击下全部打开并冲过了检修平台栏杆，但由于袋收尘器的检修平台栏杆设计的不合理，发生爆炸后，阀盖在重力作用下回扣时，却被检修平台栏杆所阻挡，致使防爆阀不能重新闭合，不能及时、有效地隔绝外界空气，从而加剧了袋收尘器内残存的煤粉及布袋的燃烧。

（3）袋收尘器的CO_2灭火装置没能及时地自动启动，延误了灭火时机。现场尽管能够实现手动开启，但由于防爆阀没能及时重新闭合，已经造成大量外界空气进入袋收尘器内部，加剧煤粉的燃烧，其灭火效果很差，相当于杯水车薪。

（4）自控系统不能有效预防和阻止爆炸的发生。煤粉制备系统使用的是ABB公司生产的集散型自动控制系统，其生产检测点多，反应迅速，自动化程度高。但发生爆炸之前，中控室自控系统所监测到的参数没有任何异常变化，爆炸的瞬间，系统所有的参数都是无征兆地突变，爆炸的整个过程非常短促，自控系统根本来不及作出迅速的反应，所以煤磨的自控系统不能预防和阻止爆炸的发生。自控系统的扫描周期将近1s，参数趋势曲线的数据为15s一个平均值，而发生爆炸的时间为毫秒级，因此中控室显示和记录的系统参数变化、参数报警先后顺序，都无法准确地反映爆炸时的真实情况，不能从中分析出爆炸发生的真实详细过程。

（5）煤粉发生爆炸的条件

煤粉如果要发生爆炸，就要满足以下3个条件：

①煤粉与空气形成的混合物浓度处在容易发生爆炸的浓度范围之内，表5.7.7列出了引起煤粉爆炸的浓度范围和产生的爆炸压力。

②有足够的氧气浓度。

③混合物的温度达到煤粉的燃点，或产生火花、明火等。

表5.7.7　引起煤粉空气混合物爆炸的浓度范围和爆炸压力

燃料	最低煤粉浓度（kg/m^3）	最高煤粉浓度（kg/m^3）	混合气易爆浓度（kg/m^3）	最低氧气浓度（%）	爆炸产生的最大压力（MPa）
烟煤	0.32～0.47	3～4	1.2～2	19	0.13～0.17

（6）从爆炸时间分析产生爆炸的原因

煤磨在运转过程中，气体分析仪检测到的CO浓度值都正常，并且低于生产控制值，由此可以排除由于煤粉自燃而引发的爆炸。煤粉爆炸是发生在煤磨电机停运的一瞬间。在停磨过程中，为了降低出磨气体温度，加入了新鲜的冷空气，不可避免地增加了系统中的氧气浓度，而且使之达到爆炸所需要的最低值。同时，系统残余煤粉的浓度也达到爆炸浓度范围，在磨机停止运行的一瞬间，由于磨内研磨体之间、研磨体和衬板之间的机械摩擦作用以及电气、静电等因素的作用产生了火花，最终引发了煤粉的爆炸。

7.3.4 改进措施

(1) 加宽了袋收尘器安装防爆阀处的检修平台，保证防爆阀发生爆炸后能够重新闭合，避免大量外界空气进入袋收尘器。

(2) 重新调试袋收尘器 CO_2 灭火装置的自动控制系统，保证发生异常生产状况时能够自动开启，发挥自动灭火的功能。

(3) 在磨头、磨尾的通风管上再增加 2 个 $\phi600$ 的防爆阀，一旦系统发生爆炸现象，增加释放系统产生爆破压力的能力，减少爆炸对收尘系统的破坏程度。

(4) 增设消防用水装置，一旦系统出现火灾险情时，能迅速发挥消防水的灭火作用。

(5) 防止静电产生火花

收尘滤袋的材质选用抗静电材料，安装时要将滤袋与管道、器壁连接起来一起接地，防止静电作用产生火花。

(6) 防止硬摩擦产生火花

尽管原煤入磨前设置了金属探测器和除铁器，但还有一些金属没有被除掉而入磨了；设备长时间的运转磨损，一些金属件，比如螺栓、螺母、叶片等会严重磨损脱落，它们和输送设备之间可能进行硬性摩擦而产生火花，成为引起煤粉燃爆的导火索。

(7) 控制系统温度

①控制入磨气体温度在 220～260℃之间，一般不要超过 300℃。因为入磨气体温度超过 300℃时，在出磨内腔处就可看到火星出现，这是部分煤粒在高温废气作用下着火造成的，这些火星是引起煤粉燃爆的罪魁祸首。

②控制出磨气体温度在 65～75℃之间，不要超过 85℃，否则磨机及排风机自动跳停。

③控制袋收尘器入口废气温度要高于气体露点温度，以免产生结露和糊袋现象；控制袋收尘器灰斗锥部温度小于 65℃，超过 65℃就报警，超过 80℃将跳停。系统停车后，自动开启灭火装置，向仓内喷入 CO_2 惰性气体。

④控制煤粉仓锥部温度小于 65℃，保持高料位（85%）状态进行生产；如仓锥部温度持续上升，应降低仓内料位；超过 85℃且还有上升趋势，表明煤粉已自燃，应立即开启灭火装置，向仓内喷入 CO_2 惰性气体，阻止煤粉继续燃烧。

⑤控制煤磨系统主排风机出口废气温度小于 70℃。

(8) 加强系统的密封工作，防止发生漏风、漏水现象；加强收尘系统的保温工作，防止发生结露、粘袋现象；加强系统接地工作的检查力度，防止产生静电火花；加强对防爆阀膜片的检查力度，防止由于膜片的损坏而渗入外界空气。

(9) 进厂原煤水分控制在小于 10%，超标的拒绝接收，避免出磨废气温度达到或超过 85℃。

(10) 保持均匀稳定的喂煤，防止发生堵煤、断煤现象。原煤断 5min 即报警，断 10min 煤磨即跳停。

(11) 加强停磨操作，关闭热风阀后即打开冷风阀，用冷风扫磨，使出磨气体温度由正常运行时的 70℃慢慢降到 50℃，然后停磨尾排风机，最后再停煤磨主电机组，整个停磨操作过程控制在 5～8min。

（12）增设一台旋风收尘器，用以除去煤磨烘干热风中的细小熟料颗粒，避免高温细小熟料颗粒带进煤磨引起隐患。

7.3.5　实践效果

实施改进措施后的一年多时间，煤粉制备系统生产稳定，没有再发生过煤粉燃烧及爆炸事故，取得了较好的实践效果。

思　考　题

1. 煤粉风扫磨系统的工艺流程。
2. 风扫磨的工作原理。
3. 防止煤粉制备系统发生燃爆的措施。
4. 风扫磨粉磨系统的主要控制参数。
5. 煤粉细度过粗的原因及处理。
6. 煤粉水分过高的原因及处理。
7. 煤粉立磨系统的工艺流程。
8. 煤粉立磨的结构。
9. 如何维护及保养煤粉立磨？
10. 煤粉立磨的紧急停车操作。
11. 煤粉立磨正常操作的要点。
12. 煤粉立磨产生振动跳停的原因及处理。
13. 煤粉立磨吐渣多的原因及处理。
14. 煤粉立磨磨机差压高的原因及处理。
15. 如何处理煤粉风扫磨袋收尘器的着火？
16. 煤粉立磨开机前如何进行升温？
17. 煤粉风扫磨发生饱磨的原因及处理。
18. 煤粉风扫磨研磨体发生糊球、包球的原因及处理。
19. 煤粉立磨的开车及停车操作。
20. 煤粉立磨出口气体负压低的原因及处理。

项目6　熟料煅烧操作技术

项目描述：本项目主要讲述了新型干法水泥熟料煅烧工艺及设备知识内容。通过本项目的学习，掌握预热器、分解炉、多风道煤粉燃烧器、篦冷机及预分解窑等的实践操作技能。

任务1　新型干法水泥熟料煅烧工艺及设备

任务描述：熟悉新型干法水泥熟料煅烧工艺流程及主要设备的结构、工作原理及技术特点。

知识目标：掌握新型干法水泥熟料煅烧系统的主要设备结构、工作原理及技术特点等方面的知识内容。

能力目标：掌握新型干法水泥熟料煅烧系统的生产工艺流程及设备的技术性能。

1.1　新型干法水泥熟料煅烧工艺流程

以带五级悬浮预热器的预分解窑煅烧系统为例，说明新型干法水泥熟料煅烧工艺流程。如图 6.1.1 所示，生料经提升设备提升，由一级旋风筒 C1 和二级旋风筒 C2 间的连接管道

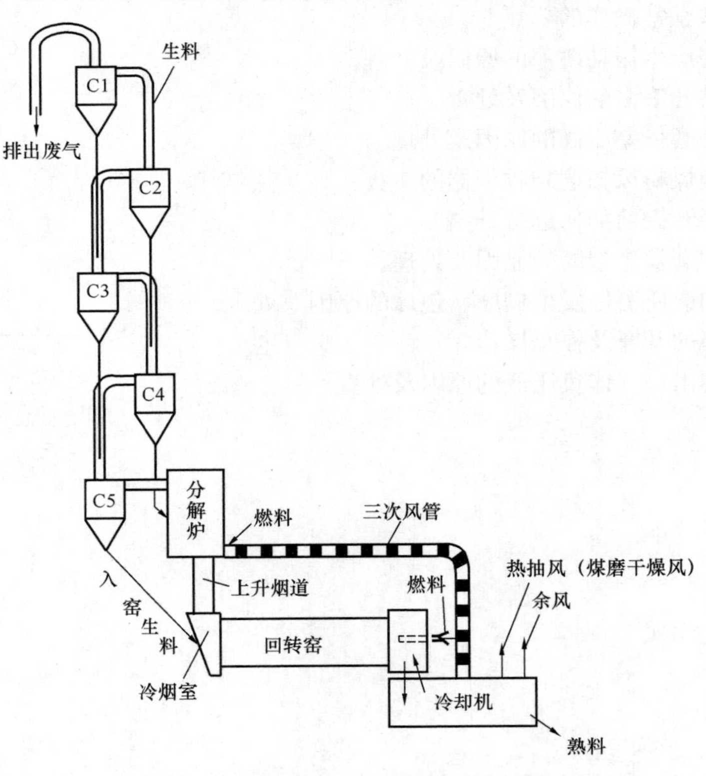

图 6.1.1　新型干法水泥熟料煅烧工艺流程

喂入，被热烟气分散，悬浮于热烟气中并进行热交换，然后被热烟气带入旋风筒 C1，在 C1 筒内与气流分离后，由 C1 筒底部下料管喂入第二级旋风筒 C2 的进风管，再被热气流加热并被带入 C2 筒，与气流分离后进入 C3 筒预热，在 C3 筒内与气流分离后进入 C4 筒预热，生料在 C4 筒内与气流分离后进入分解炉，在分解炉内吸收燃料燃烧放出的热量，生料中碳酸盐受热分解，然后随气流进入五级旋风筒 C5，大部分碳酸盐已完成分解的生料与气流分离后由 C5 筒底部下料管喂入回转窑，在回转窑内烧成的熟料经冷却机冷却后卸出。

气流的流向与物料流向正好相反，在冷却机中被熟料预热的空气，一部分从窑头入窑作为窑的二次风供窑内燃料燃烧用；另一部分经三次风管引入分解炉作为分解炉燃料燃烧所需助燃空气（根据分解炉的形式不同，三次风可能在炉前或炉内与窑气混合）。分解炉内排出的气体携带料粉进入 C5 旋风筒，与料粉分离后依次进入 C4、C3、C2、C1 旋风筒预热生料。由 C1 旋风筒排出的废气，一部分可能引入生料磨或煤磨作为烘干热源，其余经增湿塔降温处理，再经收尘器收尘后由烟囱排入大气。

1.2 新型干法水泥熟料煅烧系统的主要设备

1.2.1 悬浮预热器

悬浮预热器由若干级换热单元（换热单元由旋风筒和换热管道组成）串联组成，其结构组成如图 6.1.2 所示，通常为 4～6 级，习惯上将旋风筒由上到下进行依次排列和编号。

1.2.1.1 悬浮预热器技术及其优越性

悬浮预热器技术是指低温粉状物料均匀分散在高温气流之中，在悬浮状态下进行热交换，使物料得到迅速加热升温的技术。

悬浮预热技术的优越性主要表现在：物料悬浮在热气流中，与气流的接触面积大幅度增加，对流换热系数也较高，因此换热速度极快，大幅度提高了生产效率和热效率。

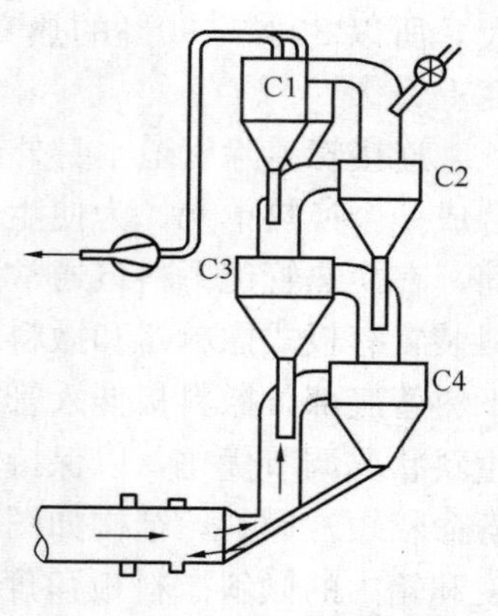

图 6.1.2 悬浮预热器结构

1.2.1.2 悬浮预热器的工作原理

设置悬浮预热器的目的就是为了实现气（废气）、固（生料粉）之间的高效换热，从而达到提高生料温度，降低排出废气温度的目的。

生料由第一级旋风筒 C1 的进风管喂入，被热烟气分散，悬浮于热烟气中并进行热交换，然后被热烟气带入一级旋风筒 C1；生料在离心力和重力作用下与烟气分离，沉降到旋风筒锥体底部，由下料管喂入第二级旋风筒 C2 的进风管，被进入 C2 筒的气流分散、悬浮、加热，再被气流带入 C2 筒，在 C2 筒内与气流分离，接着生料依次喂入三级旋风筒 C3、四级旋风筒 C4 的进风管，依次被悬浮及进一步加热，在 C4 旋风筒内与气流分离，经下料管进入分解炉，在分解炉内完成碳酸盐分解任务，经过碳酸盐分解后的生料与气体一起进入 C5 分离后，通过下料管进入回转窑进行熟料煅烧。窑尾排出的热烟气，依次经 C5、C4、C3、C2、C1 旋风筒，与生料换热后，排出预热器系统，经收尘净化后由烟囱排入大气。

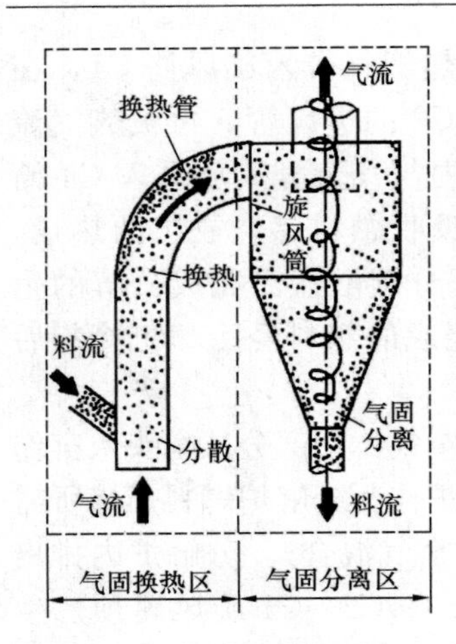

图 6.1.3 悬浮预热器换热单元功能示意

1.2.1.3 悬浮预热器的换热单元

悬浮预热器每一级换热单元主要由旋风筒和换热管道组成。图 6.1.3 为一个换热单元，每级预热单元同时具备气固混合、换热和气固分离三种功能。

(1) 旋风筒

旋风筒的主要作用是分离物料。其工作原理与旋风收尘器类似，也是利用离心力的作用使气体、物料分离，只不过旋风收尘器不具备换热功能，仅具备较高的气固分离效率，而预热器旋风筒则具有一定的换热功能，只要保持必要的气固分离效率即可。

在窑尾预热系统中，通常有四到六级旋风筒。除最低一级旋风筒外，它们将共同完成对物料的干燥、预热作用，最低一级旋风筒是连接分解炉和回转窑之间的纽带，从分解炉出来的气体携带物料一起进入最低一级旋风筒，经气、料分离之后，物料从下料管进入回转窑。

(2) 连接管道

每两级旋风筒之间有连接管道相连，其上有下料点，承担着物料分散、均布、锁风和换热的任务，其中最主要的作用是进行气体对物料的传热过程。从下一级旋风筒上来的气体将携带料粉进入上一级旋风筒，在气体携带料粉运动的过程中，由于管道内气体流速较高，气、固之间的相对运动速度较大，物料的分散比较充分，气、固的传热面积很大，所以 80%～90%的热交换是在管道中进行的，传热的结果使气体温度下降，物料温度上升。

连接管道除管道本身外还装设有下料管、撒料器、锁风阀等装置，它们与旋风筒一起组合成一个换热单元。为使生料迅速分散悬浮，防止大料团难以分散甚至短路冲入下级旋风筒，在换热管道下料口通常装有撒料装置，并可以促使下冲物料至下料板后飞溅并分散。撒料装置有板式撒料器和撒料箱两种形式。板式撒料器结构如图 6.1.4(a)所示，一般安装在下料管底部，撒料板伸入管道中的长度可调，伸入长度与下料管安装的角度有关，必须根据生料状况调节优化，以保持良好的撒料分散效果。撒料板暴露在炽热的烟气中，磨蚀严重，寿命较短。撒料箱结构如图 6.1.4(b)所示，下料管安装在撒料箱体的上部，下料管安装角度和箱内的倾斜撒料板角度经过试验优化并固定，撒料箱经优化并选定角度，打上浇注料后，既能保证撒料效果，又能降低成本，延长寿命。

旋风筒下料管应保证下料均匀通畅，同时应密封严密，防止漏风。如密封不严，换热管道中的热气流经下料管窜至上级旋风筒下料口，引起已收集的物料二次飞扬，将降低分离效率。因此，应在上级旋风筒下料管与下级旋风筒出口换热管道的入料口之间的适当部位装设锁风阀（翻板排灰阀）。锁风阀可使下料管经常处于密封状态，既保持下料均匀通畅，又能密封物料不能填充的下料管空间，防止上级旋风筒与下级旋风筒出口换热管道间由于压差产生气流短路及漏风，做到换热管道中的热气流及下料管中的物料“气走气路，料走料路”。目前广泛使用的锁风阀有单板式和双板式两种，如图 6.1.5 所示。一般倾斜的或料量较小的下料管多采用单板阀，垂直的或料流量较大的下料管多采用双板阀。

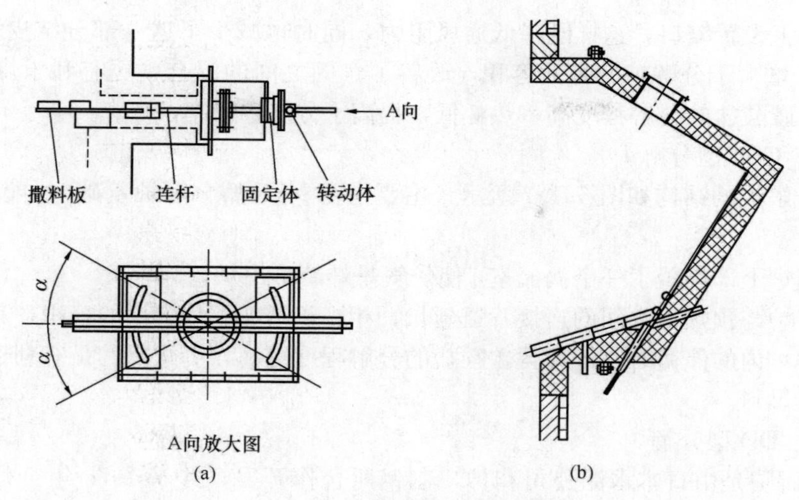

图 6.1.4　撒料板及撒料箱结构

（a）撒料板（b）撒料箱

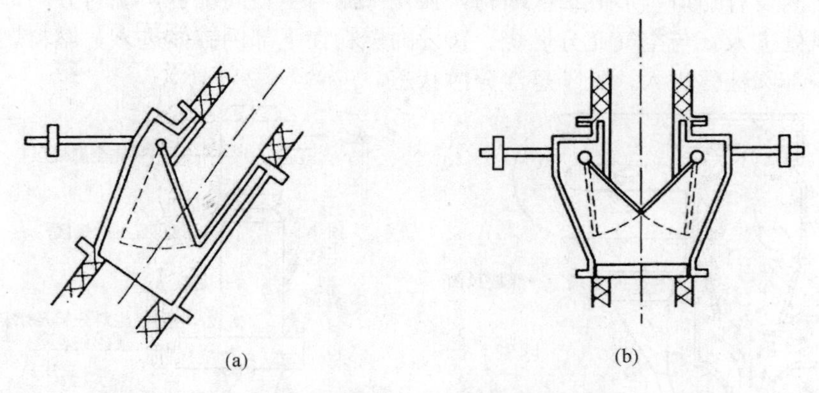

图 6.1.5　锁风阀结构示意

（a）单板式锁风阀；（b）双板式锁风阀

1.2.2　分解炉

分解炉是窑外分解系统的核心部分，主要具备流动、分散、换热、燃烧、分解、传热和输送等功能，其中分散是前提，换热是基础，燃烧是关键，分解是目的。

1.2.2.1　NSF 型分解炉

NSF 型分解炉和 CSF 型分解炉都是 SF 型分解炉的改进型，是世界上最早出现的分解炉，由日本石川岛公司与秩父水泥公司研制，于 1971 年 11 月问世。

NSF 型分解炉属于旋流—喷腾式分解炉，其结构如图 6.1.6 所示。上部是圆柱＋圆锥体结构，为反应室；下部是旋转蜗壳结构，为涡旋室。三次风以切线方向进入涡流室，窑气则单独通过上升管道向上流动，使三次风与窑气在涡旋室形成叠加湍流运动，以强化料粉的分散及混合；燃料由涡流室顶部喷入，C4 筒来料大部分从上升烟道喂入，少部分从反应室锥体下部喂入，用以调节气流量的比例，因

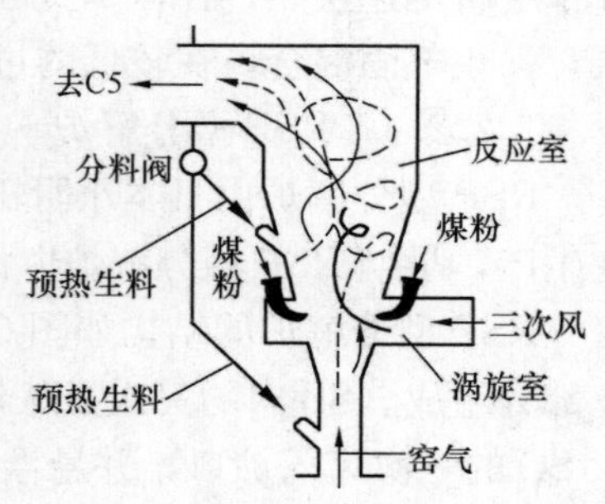

图 6.1.6　NSF 型分解炉结构

而不需在烟道上设置缩口，这样既降低通风阻力，同时也减少了这一部分结皮堵塞的可能。NSF 型分解炉增大了分解炉的有效容积，改善了气固之间的混合，更有利于煤粉充分燃烧和气固换热，碳酸盐的分解程度高，热耗低，提高了分解炉效率。

1.2.2.2　CSF 型分解炉

CSF 型分解炉的结构如图 6.1.7 所示，主要是在 NSF 型分解炉基础上再改进以下两点得到的。

①在分解炉上部设置了一个涡流室，使炉气呈螺旋形出炉。

②将分解炉与预热器之间的连接管道延长，相当于增加了分解炉的容积，其效果是延长了生料在分解炉内的停留时间，使得碳酸盐的分解程度更高，更重要的是有利于使用燃烧速度较慢的一些燃料。

1.2.2.3　DD 型分解炉

DD 型分解炉是由日本水泥公司和神户制钢所合作开发，并于 1976 年 7 月用于工业生产。DD 型分解炉的结构如图 6.1.8 所示，上部和中部为圆柱体结构，下部为倒锥体结构，两个圆柱体之间设有缩口，形成二次喷腾，强化气流与生料间混合。燃料分两部分，90％的燃料在三次风处进入，与空气充分燃烧。10％的燃料在下部倒锥体进入，燃料燃烧处于还原态。生料由中部圆柱体进入，处于悬浮分散状态。

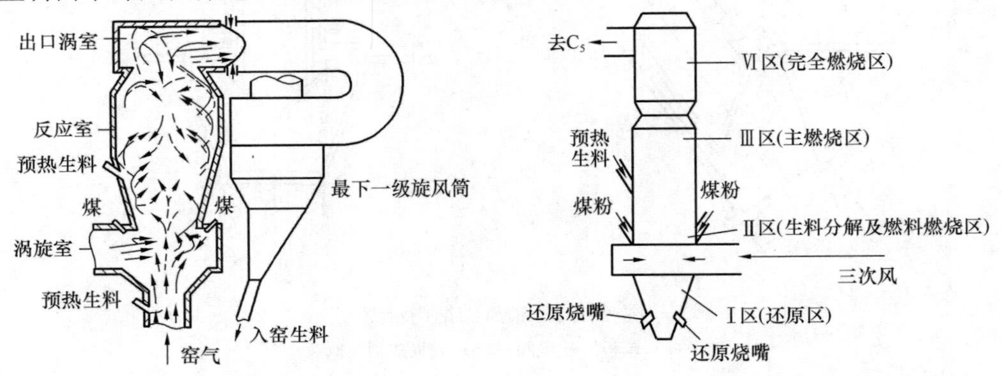

图 6.1.7　CSF 型分解炉结构　　　图 6.1.8　DD 型分解炉结构

DD 型分解炉直接装在窑尾烟室上，炉的底部与窑尾烟室连接部分没有缩口，无中间连接管道，阻力较小。炉内可划分为四个区段：Ⅰ区为还原区，包括喉口和下部锥体部分；Ⅱ区为燃料分解及燃烧区；Ⅲ区为主燃烧区，经 C4 预热的生料由此入炉，煤粉在此充分燃烧并于生料迅速换热；Ⅳ区为完全燃烧区。第Ⅲ、Ⅳ区之间设有缩口，目的是再次形成喷腾层，强化气固混合，在较低的过剩空气下使燃料完全燃烧并加速与生料的换热。

1.2.2.4　RSP 型分解炉

RSP 型分解炉由日本小野田水泥公司和川崎重工共同开发，并于 1974 年 8 月应用于工业生产，早期 RSP 型分解炉以油为燃料，在 1978 年第二次石油危机后改为烧煤。

RSP 型分解炉的结构如图 6.1.9 所示，由涡旋燃烧室 SB、涡旋分解室 SC 和混合室 MC 三部分组成。SB 内的三次风从切线方向进入，主要是使燃料分散和预燃；经预热的生料喂入 SC 的三次风入炉口，并悬浮于三次风中从 SC 上部以切线方向进入 SC 室；在 SC 室内，燃料与新鲜三次风混合，迅速燃烧并与生料换热，至离开 SC 室时，分解率约为 45％。生料和未燃烧的煤粉随气流旋转向下进入混合室 MC，与呈喷腾状态进入的高温窑延期相混合，使燃料继续燃烧，生料进一步分解。为提高燃料燃尽率和生料分解率，混合室 MC 出口与 C4 级旋风筒的连接管道常延长加高形成鹅颈管。

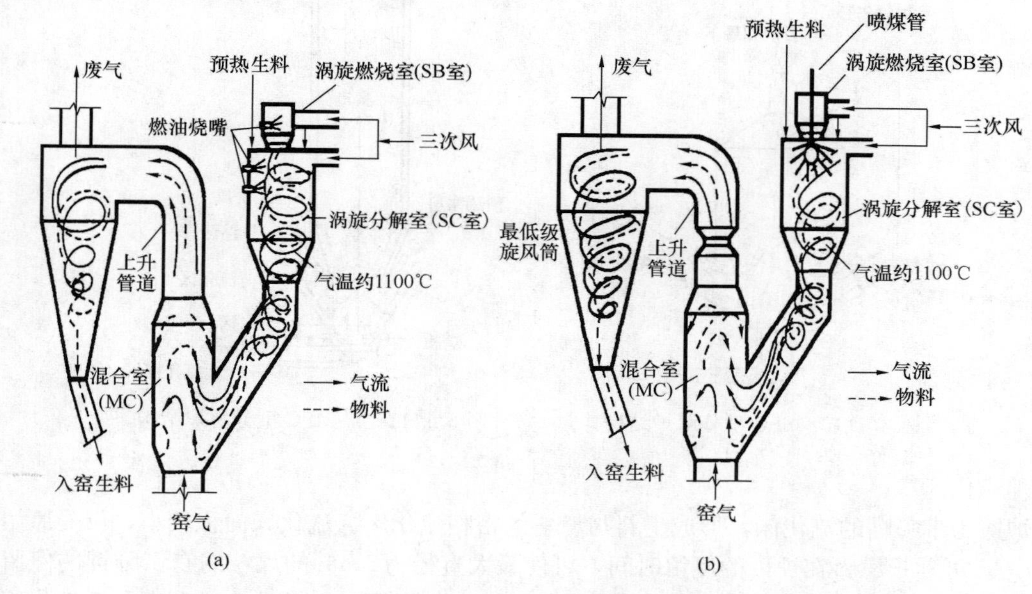

图 6.1.9　RSP 型分解炉结构

（a）烧油的 RSP 分解炉；（b）烧煤的 RSP 分解炉

1.2.2.5　SLC 型分解炉

SLC 分解炉由丹麦 FLS 史密斯公司研制，第一台 SLC 型分解炉于 1974 年初在丹麦丹尼亚水泥厂投产，其结构如图 6.1.10 所示。由两个预热器系列预热的生料经 C3、C4 筒从分解炉中、上部喂入，由三次风管提供的热风从底锥喷腾送入，产生喷腾效应。燃料由下部锥体喷入，使燃料、物料与气流充分混合、悬浮。分解后的料粉随气流由上部以轴向或切向排出，在四级筒 C4 与气流分离后入窑。窑尾烟气和分解炉烟气各走一个预热器系列，两个系列各有单独的排风机，便于控制。分解炉内燃料燃烧条件较好，有利于稳定燃烧，炉温较高，煤粉燃尽度也较高。预热生料在分解炉中、上部分别加入，以调节炉温。分解炉燃料加入量一般占总燃料量的 60%。

SLC 窑点火开窑快，可如普通悬浮预热器窑一样开窑点火。开窑时分解炉系列预热器使用由冷却机来的热风预热，当窑的产量达到额定产量的 35%时即可点燃分解炉，并把相当于全窑额定产量的 40%的生料喂入分解炉系列预热器。当分解炉温度达到大约 850℃时，即可增加分解炉系列预热器的喂料量，使窑系统在额定产量下运转。

1.2.2.6　N-MFC 型分解炉

MFC 型分解炉由日本三菱重工和三菱水泥矿业公司研制，第一台 MFC 窑于 1971 年 12 月投产。第一代 MFC 炉的高径比约为 1，第二代 MFC 炉高径比增大到 2.8 左右，第三代 MFC 炉的高径比增大到 4.5 左右，流化床底部断面减小，改变了三次风入炉的流型，形成 N-MFC 炉，其结构如图 6.1.11 所示。

N-MFC 炉可划分为以下四个区域：

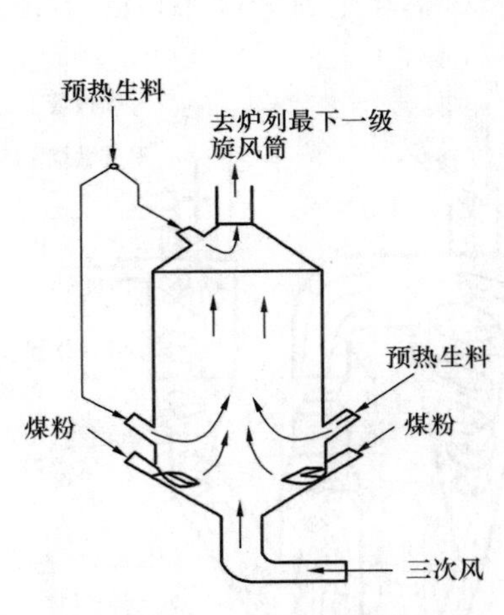

图 6.1.10 SLC 型分解炉结构

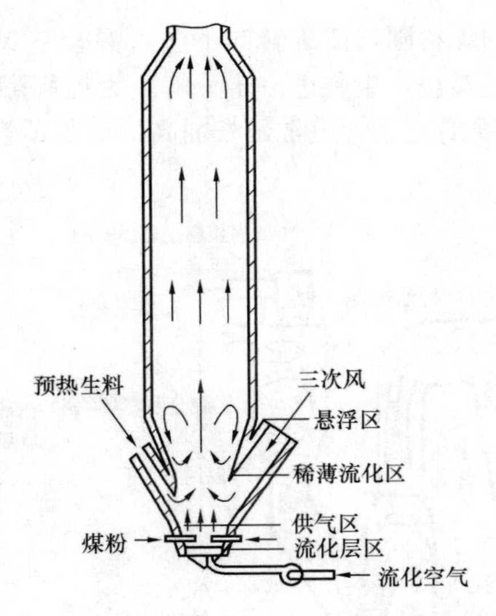

图 6.1.11 N-MFC 型分解炉结构

①流化区

炉底为带喷嘴的流化床，形成生料与燃料的密相流化区。流化床面积较小，仅为原始型的 20%，可延长燃料在炉内的停留时间，可使最大直径为 1mm 的煤粒约有 1 分钟的停留时间。C4 来的生料自流化床侧面加入，煤粉可通过 1～2 个喂料口靠重力喂入。由于流化床的作用，生料、燃料混合均匀迅速，床层温度分布均匀。

②供气区

由冷却机抽取的一次风，以切线方向从分解炉下锥底部送入流化料层上部，形成一定的旋转流，促进气固换热与反应。

③稀薄流化区

位于供气区之上，为倒锥形结构，气流速度由 10m/s 下降到 4m/s，形成稀薄流化区。

④悬浮区

该区为细长的柱体部分，煤粉和生料悬浮于气流中进一步燃烧和分解，至分解炉出口时生料分解率可达 90%以上。出炉气体自顶部排出，与出窑烟气在上升烟道混合，进一步完成燃烧与分解反应。

1.2.2.7 CDC 型分解炉

CDC 型分解炉是成都水泥设计研究院在分析研究 NSF 分解炉的基础上研发的适合劣质煤的旋流与喷腾相结合的分解炉，有同线型（CDC-I）和离线型（CDC-S）两种炉型，图 6.1.12 所示为 CDC 同线型分解炉。

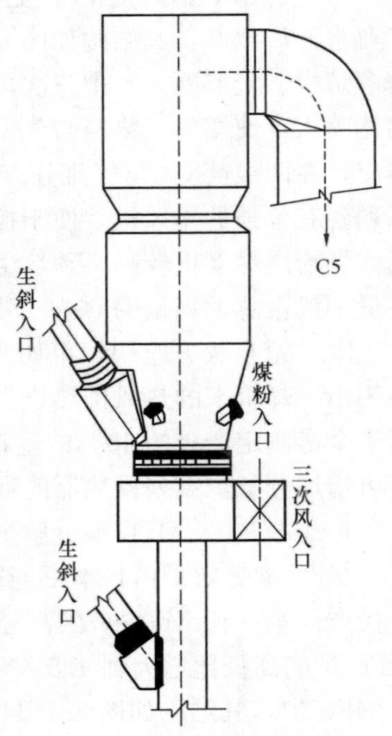

图 6.1.12 CDC 同线型分解炉

煤粉从分解炉涡旋燃烧室顶部喷入，三次风以切线方向进入分解炉涡旋燃烧室。预热生料分为两路，一路由涡旋燃烧室上部锥体喂入，一路由上升烟道喂入，被气流带入涡旋燃烧室，与三次风及煤粉混合，再与直接进入分解炉的物料混合，经预热分解后由炉上部侧向排出。

CDC型分解炉的特点是采用旋流和喷腾流形成的复合流。炉底部采用蜗壳型三次风入口，炉中部设有缩口形成二次喷腾，强化物料的分散；预热生料从分解炉锥部和窑尾上升烟道两处加入，可调节系统工况，降低上升烟道处的温度，防止结皮堵塞。出口可增设鹅颈管，满足燃料燃烧及物料分解的需要。

1.2.3 回转窑

回转窑由筒体、支承装置、传动装置、密封装置、喂料装置和窑头燃烧装置等组成。回转窑是个圆形筒体，它倾斜地安装在数对托轮上。电动机经过减速后，通过小齿轮带动大齿轮而使筒体作回转运动。其结构如图6.1.13所示。

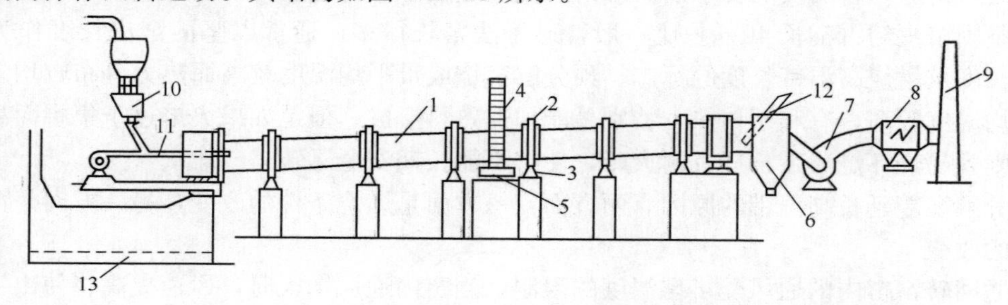

图6.1.13 回转窑结构示意

1—回转窑筒体；2—滚圈；3—托轮；4—大齿轮；5—小齿轮；6—烟室；7—排风机；8—电收尘器；9—烟囱；10—煤粉仓；11—喷煤嘴；12—喂料管；13—篦冷机

1.2.3.1 回转窑的工艺带及工艺反应

预分解窑将物料的预热过程移至预热器，碳酸盐的分解移至分解炉，使回转窑的工艺与热工任务发生了重大变化，窑内只进行小部分分解反应、放热反应、烧结反应和熟料冷却。因此，一般将预分解窑分为三个工艺带：分解带、过渡带、烧成带。

从窑尾至物料温度达到1000℃左右的区域为分解带，主要任务是物料继续升温，没有完成分解反应的碳酸盐继续进行分解反应，同时也发生很少一部分的固相反应；物料温度处于1000～1280℃的区间为过渡带，物料完成固相反应，形成C_2S、C_3A、C_4AF；物料温度处于1280～1450～1300℃的区间为烧成带，完成熟料的煅烧反应，形成C_3S。

物料由最低一级旋风筒入窑，由于重力作用，沉积在窑的底部，形成堆积层，只有料层表面的物料能继续发生分解反应，料层内部颗粒的周围则被CO_2气膜包裹，同时受上部料层的压力作用，使颗粒周围CO_2的分压达到0.1MPa左右，即使窑尾烟气温度达1000℃，因物料温度低于900℃，分解反应亦将暂时停止。

物料继续向窑头运动过程中，受气流及窑壁的加热，当温度上升到900℃时，料层内部剧烈地进行分解反应。在继续进行分解反应时，料层内部温度将继续保持在900℃左右，直到分解反应基本完成。由于窑内总的物料分解量大大减少，因此窑内分解区域的长度比悬浮预热器窑大为缩短。当分解反应基本完成后，物料温度逐步提高，进一步发生固相反应。一般初级固相反应于800℃左右在分解炉内就已开始，但由于在分解炉内呈悬浮状态，各组分间接触不紧密，所以主要的固相反应在进入回转窑并使料温升高后才大量进行，最后生成

C_3A、C_4AF、C_2S。为促使固相反应较快的进行，除选择活性较大的原料以外，保持或提高料粉的细度及均匀性是很重要的。

固相反应时放热反应，放出的热量使窑内物料温度较快地升高到烧结温度。预分解窑的烧结任务与预热器窑相比增大了一倍。其烧结任务的完成，主要是依靠延长烧成带长度及提高平均温度来实现。

1.2.3.2 窑的热工性能

预分解窑内的煅烧反应需要的热量相对减少，但需要的温度条件较高，因此在预分解窑内应该有较长的高温带。

(1) 预分解窑内燃料的燃烧和较长的高温带

预分解窑对燃料品质的要求以及燃料的燃烧过程等与普通回转窑均大致相同。但预分解窑内的坚固窑皮约占窑长40%，比一般普通干法窑长得多。通常以坚固窑皮长度作为衡量烧成带长度及燃烧高温带长度的标志。预分解窑烧成带平均温度较高而热力分布较均匀，火焰的平均温度较高，有利于传热，特别是能加速熟料形成。但是如果火焰过于集中而高温带过短，则容易烧坏烧成带窑皮及耐火砖，使窑不能长期安全运转。

预分解窑能延长高温带的原因有两方面：一方面是燃烧条件的改变，另一方面是窑内吸热条件的改变。

普通回转窑窑内的通风受窑尾温度的限制，当窑内通风增大时，风速提高将使出窑烟气温度升高，热损失增大。对于预分解窑，出窑烟气温度提高后，由分解炉及悬浮预热器回收，可在窑后系统不结皮的条件下，控制较高的窑尾烟气温度，窑的二次风量可增大，一次风及燃料的喂入量亦可适当调节而获得较长高温带。

在普通回转窑内，$CaCO_3$ 分解常紧靠燃烧带，当生料窜进烧成带前部继续分解时，不但大幅度降低窑温，分解出的 CO_2 也干扰燃料的燃烧，影响高温带的长度。预分解窑受分解反应的干扰就小得多。

在普通回转窑内，$CaCO_3$ 分解带处于燃烧带的后半部，料层内部温度只有900℃左右，并强烈分解吸收大量热量，因此使气流迅速降温，高温带缩短。在预分解窑中，因 $CaCO_3$ 大部分已在窑外分解，窑内分解吸热量少，且在距窑头相当远的地方即已分解完全，料层温度升高，因此高温火焰向料层（包括窑衬）散热慢，高温带自然延长，坚固窑皮长度增加。

(2) 预分解窑的热负荷

窑的热负荷，又称热力强度，反映窑所承受的热量大小。窑的热负荷越高，对衬料寿命的影响越大。窑的热负荷常用燃烧带容积热负荷、燃烧带表面积热负荷及窑的断面热负荷表示。

同等产量条件下，不同类型的回转窑烧成带热负荷相差很悬殊。预分解窑的断面热负荷及表面积热负荷比其他窑型低得多。在成倍增大单位容积产量的同时，大幅度地降低了窑的烧成带热负荷，使预分解窑烧成带衬料寿命大大延长，耐火材料消耗减少，延长了窑的运转周期。

(3) 预分解窑的物料运动

物料在预分解窑内运动的特点是时间较短而流速均匀。物料在窑内停留时间为30～40min，为一般回转窑内物料停留时间的1/3～1/2。窑内物料流速均匀，料层翻滚运动较好，滑动减少，为稳定窑的热工制度创造了条件。

入窑 $CaCO_3$ 分解率的提高、窑内高温带及烧成带的延长，可大幅度提高窑速、提高生产能力，但仍需保持物料在烧成带停留一定的时间。目前预分解窑内物料在烧成带停留时间为 10～15min，比一般回转窑要短。

预分解窑内的传热方式以辐射为主，在过渡带，对流传热也占有较大比例。从窑内气流对物料的传热能力来看，预分解窑过渡带的物料温度升高比一般回转窑快，物料的平均温度较高，减小了气固相之间的温差，因而预分解窑比同规格的悬浮预热器窑的传热能力要小。

由于预分解窑传热能力降低，如果保持与预热器窑相同的热负荷，窑尾烟气温度将升高到 1100℃及以上，可能引起窑尾烟道、分解炉、预热器系统的超温和结皮堵塞。因此预分解窑的发热能力和热负荷比预热器窑要低。

1.2.4　篦式冷却机

篦式冷却机是一种骤冷式气固换热设备。熟料由窑进入冷却机后，在篦板上铺成料床，由鼓风机鼓入一定压力的冷风，冷风以垂直方向穿过熟料料层达到骤冷的目的。冷风可在 10～15min 内将熟料由 1200℃骤冷到 100℃及以下。篦式冷却机属于快冷设备，具有改善水泥安定性、减少液相中 C_3A 结晶体、防止熟料粉化、提高熟料易磨性等优点。目前新型干法水泥企业使用最广的是第三代及第四代篦式冷却机。图 6.1.14 所示的就是 SF 型第四代篦式冷却机的篦床示意图。

图 6.1.14　SF 型第四代篦冷机的篦床

SF 型第四代篦冷机利用篦上往复运动的交叉棒式来输送熟料，使篦冷机的机械结构简化，固定的篦板便于密封，熟料对篦板的磨蚀量小，没有漏料，篦下不需设置拉链机，降低了篦冷机的高度。在 SF 型第四代篦冷机中，每块空气分布板均安装了空气流量调节器(MFR)，它采用自调节的节流孔板控制通过篦板的空气流量，其结构如图 6.1.15 所示。MFR 保证通过空气分布板和熟料层的空气流量恒定，而与熟料层厚度、颗粒尺寸和温度无关。如果由于某种原因，通过熟料层的气流阻力发生局部变化，MFR 就会立即自动补偿阻力的变化以确保流量恒定。MFR 没有采用电气控制，而是基于简单的物理定律和空气动力学原理。MFR 防止冷却空气从阻力最小的路径通过，这有助于优化热回收以及冷却空气在整个篦床上的最佳化

图 6.1.15　空气流量调节器（MFR）

分布。

1.2.5 多风道煤粉燃烧器

1.2.5.1 三风道煤粉燃烧器

三风道煤粉燃烧器利用直流、旋流组成的射流方式来强化煤粉的燃烧过程，其结构如图6.1.16所示。内风通道的出口端装有旋流叶片，在火焰的中心造成回流，能够卷吸大量高温烟气，旋转射流在初期湍流强度大、混合强烈，动量和热量传递迅速。煤风采用高压输送，煤粉浓度高，流速较低，且风量较小，着火所需求的热量就比较小，具有良好的着火性能。外风采用直流风，虽然喷出的湍流强度并不是很大，但具有很强的穿透能力，使得煤粉着火后的末端湍流增加，大大强化了固定碳的燃尽。外风的风压及风速一般比较高，风量并不大，故可以增强卷吸炽热燃烧烟气的能力。

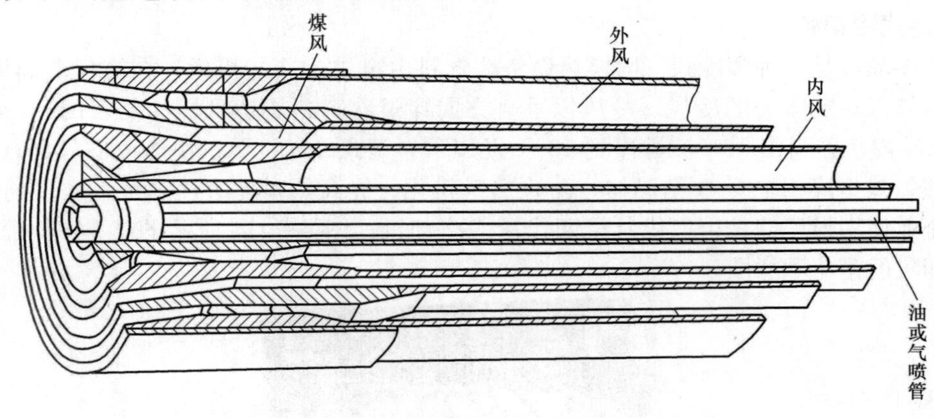

图6.1.16 三风道煤粉燃烧器结构示意

输送煤粉的风速度一般控制在20～40m/s，内风及外风的风速控制在75～210m/s，内风及外风把煤粉夹在中间，利用其速度差、方向差和压力差与煤粉充分混合，形成比较理想地混合及燃烧过程。由于喷嘴射流的扩散角度不同、旋转强度不同、射流速度不同，这样就极大促进了射流介质与周围介质的动量交换和热量交换。由于旋转作用所产生的离心力，改变了射流在横断面上的压强分布，从射流中心轴线沿切向和径向至射流边界的压强降低，射流轴向速度也逐渐衰减，在射流中心形成一个断面近似柳叶型的低压回流区，吸入射流前方的高温气体，有利于煤粉的燃烧。

内风、煤风和外风采用同轴套管方式制作，喷出后的混合过程是逐渐进行。分级燃烧使整个燃烧过程更加合理，也使燃烧过程中的有害产物生成减少。三通道燃烧器的内外风和煤风三者的总风量，只相当于单通道喷煤管燃烧空气的8%～12%，故可大大减少煤粉气流着火所需的热量，并可充分利用熟料冷却机排出的热气流。高湍流强度、高煤粉浓度和高温回流区是三风道煤粉燃烧器强化煤粉着火、燃烧和燃尽的根本原因。

1.2.5.2 四风道煤粉燃烧器

四风道煤粉燃烧器与三风道燃烧器相比，其结构就多加了一股中心风和拢焰罩，其结构如图6.1.17所示。

四风道煤粉燃烧器拢焰罩的作用：

（1）随着拢焰罩长度的增加，主射流区域旋流强度亦不断增大，有助于加强气流混合、

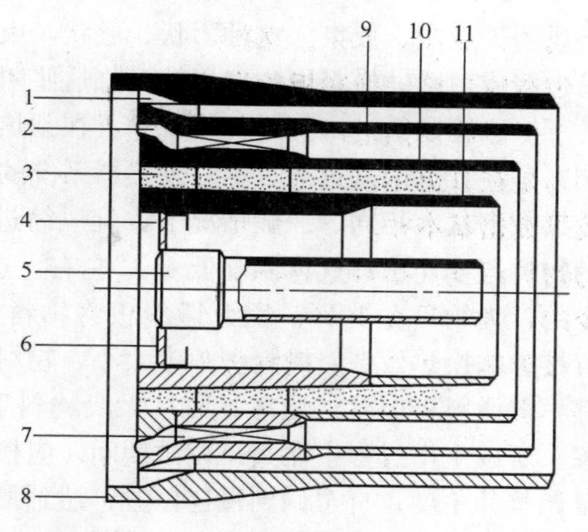

图 6.1.17　带四风道煤粉燃烧器结构示意
1—轴流风；2—旋流风；3—煤风；4—中心风；5—燃油点火器；6—火焰稳定器；7—螺旋叶片；8—拢焰罩及第一层套管；9—第二层套管；10—第三层套管；11—第四层套管

促进煤粉分散、保证煤粉的充分燃烧。

（2）增加火焰及窑内高温带的长度，避免出现局部温度，有利于保护窑皮。为得到相同长度的火焰，可以增大燃烧器出口旋流叶片的角度，在缩短火焰长度的同时，提高了旋流强度，强化了煤粉的燃烧。

（3）提高煤粉的燃尽率。如果拢焰罩长度选择合理，其燃尽率最高可以达到98.00%。

四风道燃烧器中心风的作用：

（1）防止煤粉回流堵塞燃烧器喷出口

中心风的风量不宜过大，一般占一次风量的10%左右，过大不仅增大了一次风量，而且会增大中心处谷底的轴向速度，缩小马鞍形双峰值与谷底之间的速度差，对煤粉的混合和燃烧都是不利的。

（2）冷却及保护燃烧器的端部

燃烧器端部周围充满了热气体，没有耐火材料保护，完全裸露在高温气体中，再加上负压的回流作用，往往使端面喷头内部温度很高，缩短其使用寿命。中心风能够将端面周围的高温气体吹散，不仅冷却了端面，而且冷却了喷头内部，达到保护燃烧器端部的目的。

（3）稳定火焰

通过板孔式火焰稳定器喷射的中心风与循环气流能够引起减压，使火焰更加稳定，并延长火焰稳定器的使用周期。

（4）减少 NO_x 有害气体的生成

火焰中心区域是煤粉富集之处，燃烧比较集中，形成一个内循环，在很小的过剩空气下就能完全燃烧。中心风使窑内流场衰减过程明显变慢，煤粉与二次风的接触表面减小、时间增长，但混合激烈程度并没有减弱，因而可降低废气中的 NO_x 的含量。

（5）辅助调节火焰形状

尽管中心风的风量不大，压力也不大，但它对火焰形状的调节起一定的辅助作用。

任务2　预热器系统的操作控制

任务描述：熟悉预热器的结构及工作原理；掌握预热器系统发生结皮、塌料的原因及处理方法。

知识目标：掌握预热器的工作原理；掌握预热器系统发生结皮、塌料等方面的知识内容。

能力目标：掌握处理预热器系统的结皮、塌料等方面的实践操作技能。

2.1　撒料板角度的调节

撒料板一般都置于旋风筒下料管的底部。根据生产实践经验，通过锁风翻板阀的物料都是成团、成股、成束。这种团状、股状、束状的物料，气流不能将它们带起而直接落入旋风筒中造成短路。撒料板的作用就是将这些团状、股状、束状物料撒开，使物料均匀分散地进入下一级旋风筒进口管道的气流中。在预热器系统中，气流与均匀分散物料间的传热大约有90%是在管道内进行的。尽管预热器系统的结构形式有较大差别，但物料和气体之间的传热效果数据基本相同。一般情况下，旋风筒进出口气体温度之差多数在20℃左右，出旋风筒的物料温度比出口气体温度低10℃左右。这说明在旋风筒中物料与气体之间的热交换是很少的，大约只有10%。因此撒料板将物料撒开程度的好坏，决定了生料受热面积的大小，直接影响换热效率。撒料板角度太小，物料分散效果不好；撒料板角度太大，物料分散效果好，但撒料板极易被烧坏，而且大股物料下塌时，由于管路截面积较小，容易产生堵塞现象。所以生产过程中尤其是调试期间，应根据各级旋风筒进出口的气体温差和物料温差，反复调整其角度，直至调到最佳位置，达到最佳生产效果。

2.2 锁风翻板阀平衡杆角度及其配重的调整

预热器系统中每级旋风筒的下料管都设有锁风翻板阀。一般情况下，锁风翻板阀摆动的频率越高，进入下一级旋风筒进气管道中的物料越均匀，发生气流短路的可能性就越小。锁风翻板阀摆动的灵活程度主要取决于平衡杆的角度及其配重。根据生产实践经验，锁风翻板阀的平衡杆位置应在水平线以下，并与水平线间的夹角一定要小于30°，最好能调到大约15°左右比较理想，因为这时平衡杆和配重的重心线位移变化很小，而且随翻板阀板开度增大，其重心和阀板传动轴间距同时增大，力矩增大，阀板复位所需时间缩短，锁风翻板阀摆动的灵活程度可以提高。至于配重，应在冷态时初调，调到用手指轻轻一抬平衡杆就起来，一松手平衡杆就复位，热态时，只需对个别锁风翻板阀的配重作微量调整即可。

2.3 压缩空气喷吹时间的调整

在预热器系统中，根据每级旋风筒的位置、内部温度和物料性能的不同，在其锥体部位一般都设有1～3圈压缩空气作为防堵喷吹装置，压缩空气压力一般控制在0.6～0.8MPa。预热器系统正常运行时，由计算机定时控制进行自动喷吹，喷吹间隔时间可以根据需要人为设定，整个系统自动轮流喷吹一遍大约需要20min，每级旋风筒完成一次喷吹大约需要3～5s。当预热器系统压力波动较大或频繁出现塌料等异常生产情况时，随时可以缩短喷吹时间间隔，甚至可以定在某一级旋风筒上进行较长时间的连续喷吹。如果生产无异常情况，不应采取这种喷吹方法，因为吹入大量冷空气将会破坏预热器系统正常的热工制度，降低热效率，增加预热器系统的热耗。

2.4 发生堵塞时的征兆

（1）锁风翻板阀静止不动。

（2）堵料部位以上各处负压值剧烈上升；堵塞部位以下部位则出现了正压，捅料孔、排灰阀等处向外冒灰、冒烟；窑头通风不好，严重时往外冒火、冒烟。

（3）排风机入口、一级筒出口、分解炉出口、窑尾等部位的温度异常升高，甚至达到或超过报警上线的危险温度范围。

（4）堵塞预热器的锥体部位负压急剧减小，或下料温度减小。如果发现不及时，旋风筒内几分钟就可以积满料粉，但进窑内的下料量却很少。当堵窑料量过大时，就有可能出现突然塌料，料粉冲出窑外，酿出生产事故。

2.5 容易发生堵塞的部位

对于五级旋风预热器或预分解窑来说，预热系统内容易发生堵塞的部位主要有以下几处：

（1）四级旋风筒 C4 垂直烟道、C4 锥体，堵塞物主要是高温未燃尽的煤粒和生料沉积物。

（2）窑尾烟室缩口和窑尾下料斜坡，堵塞物主要是结皮物料，碱含量（R_2O）高，冷却后很硬，粘接比较结实、牢固。

（3）五级旋风筒 C5 锥体及下料管，主要堵塞物是结皮物料，碱含量（R_2O）高，冷却后很硬，粘接比较结实、牢固。

（4）分解炉及其连接管道

C4 筒及分解炉连接管道堵塞物中有大量结皮物料，有的质地坚硬，结皮物上有大量未燃尽的煤粒子，用高压风吹时，会出现明火现象。

2.6 发生堵塞种类及原因

（1）结皮性堵塞

由于钾、钠、氯、硫等有害成分在窑内挥发性加大，又在预热器系统的部位冷凝；或当物料的易烧性不好，煅烧温度提高时，或是窑内有不完全燃烧现象，出现还原气氛时，都会使这些有害成分循环富集，形成越来越厚的结皮，如果这些结皮处理不及时就会发生堵塞现象。只要原料及工艺不发生变化，这类堵塞经常会发生在某一位置，比如窑尾缩口、末级预热器的锥部等。这类堵塞完全可以靠人工定时清理，用空气炮吹扫予以解决。

（2）烧结性堵塞

由于某级预热器温度过高，使生料在预热器内发生烧成反应而堵塞，这种情况多发生在分解炉加煤过量，煤粉产生不完全燃烧现象，过剩煤粉于末级预热器内继续燃烧所致。处理这种堵塞的难度较大，因为预热器内形成了熟料液相烧结，需要停窑数天时间，逐块敲打清理。

（3）沉降性堵塞

由于系统排风不足，不能使物料处于悬浮状态而沉降于某一级预热器。上级预热器或某处塌料致使次级预热器来不及排出的堵塞，就属于此类性质堵塞。这类堵塞和系统的用风量有关，和操作关系不大，如果用风不当的原因没有找到，就会出现周期性地反复堵塞。

预热器锁风阀漏风较严重，物料在向下级运动时被漏入的风托住而堵塞。这种堵塞也是由于气流对物料正常运动的干扰而产生的。

（4）异物性堵塞

由于系统内有浇注料块、翻板阀、内筒挂板等异物脱落，或系统外异物掷入预热器，都会造成此类堵塞。这类堵塞如果发现不及时，就会转化成为烧结性堵塞，如果及早判断准确，不但处理容易，还能尽快发现系统的损坏配件。

2.7 处理堵塞的操作

（1）接到发生堵塞报告后，应立即采取止料、减煤、慢转窑等措施。

（2）抓紧时间探明堵塞部位及堵塞程度。

（3）制定清堵方案，准备好清理工具、器械、防护面具、手套等。

（4）如果堵塞较轻，可采取减煤操作，继续转窑，人工即可完成清堵工作；如果堵塞严重，则采取停料、停煤操作，同时慢转窑。

（5）捅堵时，可用压缩空气喷枪对准堵塞部位直接捅捣。

（6）清堵时，应本着“先下后上”的原则，即先捅下部，后捅上部，禁止上下左右同时作业，保证捅下的物料顺畅排走。

（7）清堵时，要适当增加排风机的风门开度，不得关闭排风机，保证预热器系统内呈负压状态，捅料孔正面、与捅料平台相连接的楼梯、窑门罩前、冷却机人孔门等部位不许站人，防止热气喷出伤人。

（8）捅堵完毕后，进行预热系统详细检查，确保各级旋风筒锥体、管道、撒料器、阀门等干净完好，确保所有人孔门、捅料孔等密封严密，各处压力、温度恢复正常。

（9）完成点火、升温、投料操作。

2.8 影响结皮的因素

（1）与物料中碱、氯、硫的挥发系数有关，特别是在还原气氛中，挥发系数增大时，对结皮影响很大。

（2）与物料易烧性有关，如果物料易烧性较好，则熟料的烧成温度相应降低，结皮就不易发生。

（3）与物料中 SO_3 与 K_2O 的摩尔比（硫碱比）有关，物料中的可挥发物含量越大，窑系统的凝聚系数越大，则形成结皮的可能性越大。

（4）系统发生严重漏风。如果系统密封不严出现严重漏风时，除影响煤的燃烧、烧成温度的稳定外，在温度较高的部位冷凝在生料表面的低熔点物质出现液相，漏风能在瞬间使物料表面的熔融物凝固，在漏风的周围形成结皮，漏风处的结皮厚且强度高，很难清理掉。

最容易发生结皮堵塞的部位主要在窑尾烟室、下料斜坡、缩口、最下一级旋风筒锥体、最下两级旋风筒下料管等部位。

（5）当煤粉太粗或操作不当时，产生机械不完全燃烧，煤粉燃烧区域和系统温度分布将发生变化，结皮部位也随之改变。

2.9 预防结皮与堵塞的措施

（1）在选择原材料、燃料时，应在合理利用资源的前提下，尽量采用碱、氯、硫含量低的原材料和燃料，避免使用高灰分和灰分熔点低的燃煤。

（2）稳定生料成分，控制窑尾温度、分解炉出口温度等，使系统温度与成分相匹配，防止局部过热，防止窑炉发生不完全燃烧现象。对窑和预热器精心操作，使各部位温度压力稳定及喂料量稳定。

（3）分解炉前后的温度处于一些低熔点物质开始熔化的范围，难免产生结皮，可采取定期检查，用压缩空气喷吹或用空气炮轰打的方法。

（4）在容易结皮的部位，增设空气炮及压缩空气喷吹装置，如在 C5 锥体部位，可加装空气炮或压缩空气喷吹装置；在 C5 上升管道可加装喷吹管；在窑尾下料斜坡加装空气炮；在分解炉设置捅料孔。捅料孔及喷吹装置一般应均布于易堵部位的周围，一旦发生堵塞，能够从四个方向捅堵。

（5）在易堵料的“瓶颈”部位，即各级下料管段增设核子料位计，用来监测物料堆积情况。为防止核子料位计误动作，可在易堵部位如 C4、C5 级各下料锥管段安装压力变送器，并远传到后备仪表控制盘及 DCS 系统，组成监测报警控制系统。

（6）丢弃一部分窑灰，减少氯的循环。

（7）采用旁路放风。

为防止有害成分在预热器系统中循环富集可能造成的结皮堵塞及熟料质量下降，首先必须合理选用原、燃料。当原、燃料资源受到限制，有害成分含量超过允许限度，系统内富集严重，直接影响到操作可靠性和熟料质量时，可采取旁路放风措施。旁路放风是将含碱、氯、硫浓度较高的出窑气体在入分解炉、预热器之前引入旁路排出系统，减少内循环。放风口位置直接影响到放风效果，原则上应设在气流中碱浓度高、含尘量较小的部位。

放出的含尘气体要掺冷风立即降温到 400℃左右再进行收尘处理。因此旁路放风需要增加基建投资，增加能耗。生产实践经验表明，每放出废气量的 1%，熟料热耗增加 17～21kJ/kg 熟料，因此放风量一般不超过 25%，通常控制在 10%以下。

（8）使用含 ZrO_2 和 SiC 的耐火砖或浇注料。

在预热器易结皮的部位（比如锥体缩口），使用含 ZrO_2 和 SiC 的耐火砖或浇注料，可以降低结皮趋势，即使出现结皮，也容易脱落及处理。

2.10　预热器的塌料原因

塌料是指成股成束的生料失控，在极短时间内从预热器底部下料管快速卸出。预热器系统塌料严重时，也会造成分解炉塌料，对于在线布置的分解炉，塌料经窑尾烟室冲进窑内，使窑内生料量骤增，影响熟料的煅烧。塌料前预热器系统的风量、风温、负压等参数均无异常，塌料时分解炉和最下一级旋风筒出口温度偏高、负压增大，塌料后系统风量、负压又很快恢复正常。由于塌料突发且无预兆，操作上很难预防。

（1）预热器的结构设计存在缺陷，旋风筒进口水平段太长，蜗壳底部倾角太小，容易形成积料，这些部位风速过低时，气体携料能力减弱，受其他因素干扰极易引起系统塌料。

（2）预分解系统中撒料装置对物料的分散起重要作用，若撒料装置设计或安装不合理，不能有效分散从上级旋风筒下来的成股成束生料，当风管风速稍低时，生料由于短路逐级落入下级旋风筒形成塌料。

（3）旋风筒下料管锁风不严密，出现严重内漏风，造成旋风筒分离效率下降，一部分物料随气流进入上一级旋风筒，一部分在旋风筒内循环积聚，当积聚生料达到一定量时，就会成股成束地冲出旋风筒，导致系统塌料。因此，下料管锁风阀应能严密锁风，翻动灵活，配重不宜过轻，尽可能减少漏风，是防止塌料的重要途径。

（4）原燃料中含有的碱、氯、硫有害成分含量高，它们循环富集到一定程度，就会在预热器系统内积料和结皮，形成阵发性的塌料，如果结皮性塌料不能顺利通过下料管，就可能形成堵塞。

（5）窑产量偏低，处于塌料危险区，比如开窑点火阶段，采取“慢升温、慢窑速、低产量”的操作方法，喂料量没有达到设计能力的80%，这时就很容易发生塌料现象。

（6）生料质量波动大、KH值过低；风、煤、料及窑速等参数不匹配，尤其喂料量波动大，容易发生塌料现象。

2.11 预热器系统塌料的处理

预分解窑喂料量达设计能力80%以上后塌料现象就很少出现。但由于操作不当、喂料量大起大落等原因，塌料又是不可避免的。预热器系统出现较大塌料时，首先应加窑头煤，以提高烧成带温度，等待塌料的到来，当加煤不足以把来料烧成熟料时，应及时降低窑速，严重时还应减料，适当减少分解炉用煤量，以确保窑内物料的烧成，以后随着烧成带温度的升高，慢慢增加窑速、喂煤及喂料量，使系统达到原有的正常运行状态。但当塌料量很少时，由于预分解窑速快，窑内物料负荷率小，一般不必采取任何措施，它对窑操作不会有大的影响。

任务3 分解炉的操作控制

任务描述：熟悉分解炉的热工特性及工作原理；掌握分解炉的点火、温度调节及控制等方面的实践操作技能。

知识目标：掌握分解炉内煤粉燃烧、传热及换热等方面的知识内容。

能力目标：掌握分解炉的点火、温度调节及控制等方面的实践操作技能。

3.1 分解炉的热工特性

分解炉的主要热工特性在于燃料燃烧放热、物料的吸热和分解这三个过程紧密结合在一起进行，燃烧放热的速率与物料分解吸热的速率相适应。

分解炉生产工艺对热工条件的要求是：炉内温度不宜超过1000℃，以防系统产生结皮及堵塞；燃烧速度要快，以保证供给碳酸盐分解所需的大量热量；保持窑炉系统具有较高的热效率和生产效率。

在分解炉中，燃料与生料混合悬浮于气流中，燃料迅速燃烧放热，碳酸盐迅速吸热分解。由于燃烧速度快，发热能力高，满足了碳酸盐强吸热反应的需要；同时，碳酸盐的不断分解吸热，限制了气体温度的升高，使炉内温度保持在略高于碳酸盐平衡分解温度的范围。

3.1.1 分解炉内的燃烧特点

回转窑内燃料的燃烧属于有焰燃烧。一次风携带燃料以较高的速度喷射于速度较慢的二次风气流中，形成喷射流股。燃料悬浮于流股气流中燃烧，形成一定形状的火焰。

在分解炉内，燃烧用的空气也可分为一次风和二次风（又称系统的三次风）。一次风携带燃料入炉，因风量较少且风速较低，燃料与一次风不能形成流股，瞬间即被高速旋转的气流冲击混合，使燃料颗粒悬浮分散于气流中。物料颗粒之间各自独立进行燃烧，无法形成有形的火焰，看不见一定轮廓的有形火焰，只能看到无数小火星在炉内发光，并非一般意义的无焰燃烧，通常称为辉焰燃烧。当使用燃料油时，油被雾化成无数小液滴，附着在料粉颗粒表面迅速燃烧，形成无焰燃烧，有利于物料的传热过程。

分解炉内无焰燃烧的优点是燃料均匀分散，能充分利用燃烧空间而不易形成局部高温，有利于全炉温度分布均匀，具有较高的发热能力。物料均匀分散于许多小火焰之间，既有利于向物料传热，又有利于防止气流温度过高，很好地满足物料中碳酸盐分解的热工条件。

3.1.2　分解炉内的传热

在分解炉内，燃料燃烧速度很快，发热能力很高。料粉分散于气流中，在悬浮状态下，气固相之间的传热面积极大，传热速率极快，燃烧放出的大量热量在很短的时间内被物料所吸收，既达到很高的分解率，又防止气流温度过高。

分解炉内以对流传热为主，约占 90%的比例；其次是辐射传热，约占 10%的比例。炉内燃料与料粉悬浮于气流中，燃料燃烧产生的高温气流以对流方式传热给物料。如果是雾化燃油蒸气或煤挥发物附着在料粉表面进行燃烧，则传热效果更好，物料表面与气流将有近乎相同的温度。

分解炉中气体温度大约 900℃，气体中含有大量固体颗粒，CO_2 含量较高，增大了气流的辐射能力，炉内的辐射传热对促进全炉温度的均匀极为有利。

分解炉内料粉在悬浮状态下传热传质速率极快，使生料碳酸盐分解过程由传热、传质的扩散控制过程转化为分解的化学动力学过程。极高的悬浮态传热、传质速率与边燃烧放热、边分解吸热共同形成了分解炉的热工特点。

3.1.3　分解炉内气体的运动

分解炉内的气体具有供氧燃烧、悬浮输送物料及作传热介质等多重作用。为了获得良好的燃烧条件及传热效果，要求分解炉各部位气流保持一定的速度，以使燃烧稳定，物料悬浮均匀。为使炉内物料滞留时间长一些，则要求气流在炉内呈旋流或喷腾状态，以延长燃料燃烧的时间以及生料的分解时间；为提高传热效率及生产效率，又要求气流有适当高的固气比，以缩小分解炉的容积，提高热效率。在满足上述条件下，要求分解炉有较小的流体阻力，以降低系统的动力消耗。

分解炉内要求有一定的气体流速，保持炉内适当的气体流量，以供燃料燃烧所需的氧气，保持分解炉的发热能力；合理的气体流速使喷入炉内的燃料与气流良好混合，使燃烧充分、稳定；利用旋风、喷腾等效应，使喂入炉内的物料能很快分散，均匀悬浮于气流中，并有一定的停留时间。以旋风型分解炉为例，一般要求缩口流速在 20m/s 以上，出口风速在 15～20m/s 之间，锥体部分流速相应减小，圆筒部分流速最小。分解炉内气体流速通常用气体流量与截面积计算表观风速，一般表观风速取 4.5～6.0m/s。但炉内气体运动通常是回旋上升或下降，实际风速比表观风速要大。

合理的气体流型对分解炉功能的发挥有明显的影响。单纯旋流虽能增加物料在炉内的停留时间，但旋流强度过大易造成物料的贴壁运动，对物料的均布不利；单纯的喷腾有利于分散和纵向均布，但会造成疏密两极分化；单纯流态化由于气固参数一致，降低了传热和传质的推动力；单纯的强烈湍流则使设备的高度过高。所以分解炉内合理的气体流型应该是旋风效应、喷腾效应、流态化效应和湍流效应等的叠加组合。

悬浮在气流中的料粉及煤粉，如果在分解炉中与气体没有相对运动而随气流同时进出，则在炉内只有 1～2.0s 的停留时间，这对 $CaCO_3$ 分解反应以及煤粉的燃烧来说是远远不够的，必须大大延长物料和煤粉在炉内的停留时间。单靠降低风速或增大炉的容积是难以解决的，主要的方法是使炉内气流作旋风效应、喷腾效应、流态化效应和湍流效应等的叠加组合，气流与料粉之间、气流与煤粉之间产生相对运动而使料粉和煤粉滞留，延长其在炉内的停留时间，达到预期的分解效果和燃烧效果。

3.1.4 料粉、煤粉的悬浮及含尘浓度

料粉、煤粉的均匀悬浮分散，对于分解炉内的传热速率、传质速率和分解率有着重大的影响。如果燃料和生料不能均匀分散悬浮于气流中，将使燃料燃烧速度减慢，发热能力降低，生料不能迅速吸热分解，造成分解速度减慢、分解率降低，同时将造成炉内局部温度过高，容易引起结皮堵塞。

为加强燃料和生料的分散与悬浮，首先分解炉内应有合理的气体流场和适当的风速，选择合理的喂料位置。喂料点应设在分解炉物料落差较小、气体流速较大的部位，以使物料和煤粉充分分散。同时，喂料点应尽量靠近气流入口，但以不致产生落料为前提。

操作中应注意来料的均匀性，要求下料管的翻板阀灵活严密，来料多时能起到缓冲作用，来料少时能防止漏风。在下料口部位安装适当形式的撒料装置，一方面可减缓物料下冲的速度，另一方面将料股冲散，并改变方向，与气流充分接触悬浮分散。

气流的含尘浓度是影响生产的一个重要参数。气流含尘浓度高，可减小分解炉容积，减少废气带走热损失。对输送或预热物料来说，气流中的含尘浓度越高越好。但在分解炉中，含尘浓度的确定，还应考虑燃烧供氧的情况。如 $1m^3$ 气体能输送 0.6kg 料粉，但 $1m^3$ 气体供燃料燃烧放出的热量不足以提供分解所需的热量，因此含尘浓度过高会引起分解率的降低。

分解炉的热平衡计算表面，对窑烟气不通过分解炉的系统，含尘浓度低于 $0.45kg/m^3$ 时，生料可充分分解；含尘浓度在 $0.45kg/m^3$ 以上时，供热量不足以提供分解所需的热量，此时多加燃料也无济于事，料粉浓度越高，分解率肯定越低。如果窑气通过分解炉，且占分解炉入口气流的一半，则尽管窑气本身含有大量显热，但由于 O_2 含量低，单位气体的发热量仅能使含尘浓度 $0.25kg/m^3$ 的料粉分解率达到大约 90%。所以当分解炉的通风量一定时，其喂料量应限制在一定范围内，以保证入窑物料达到生产要求的分解率。

3.1.5 分解炉的热工制度

分解炉内各热工参数（如温度、风速、料粉及燃料浓度等）的分布与配合，就是分解炉的热工制度。生产上控制分解炉温度均匀、稳定的目的，就是稳定分解炉的热工制度。当加入分解炉内的燃料均匀分布，快速燃烧，才能产生稳定均匀的温度场及物料分解所需的热量。如果燃料放出的热量不能迅速传递给物料，则物料的分解率将降低、炉内气温过高而使分解炉系统不能正常运转。因此，高效率的传热是稳定分解炉热工制度的重要环节。正是物料分解需要吸收大量的热，才有可能使炉内温度限制在平衡分解温度附近。只有发热⟶传热⟶吸热三个过程相互配合，燃烧放热速度⟶气固相传热速度⟶吸热分解速度才能达到快速平衡，才能稳定分解炉的热工制度，使入窑生料分解率达到生产要求。

3.2 分解炉的操作控制

入窑生料的分解率直接影响预分解窑的产量、质量及能耗等指标，而操作控制分解炉的目的就是保证入窑生料的分解率达到 95%及以上。

3.2.1　入窑生料的分解率

入窑生料的分解率就是指生料经过预热器的预热及分解炉的分解反应后，在入窑之前就已经发生分解反应的碳酸盐质量占生料碳酸盐总量的百分数，是衡量分解炉运行正常与否的主要指标，其一般值控制在90%～95%。如果分解率过低，就没有充分发挥分解炉的功效，影响窑的产量、质量及热耗等指标；如果分解率过高，使剩余的5%～10%的碳酸盐也在分解炉内完成分解反应，就意味着炉内的最高温度可以达到1200℃，极有可能在炉内发生形成矿物的固相反应，在分解炉内、出口部位及下级预热器下料口等部位产生灾难性的烧结结皮及堵塞，这是预分解窑生产最忌讳发生的！所以不能一味追求入窑生料的分解率而盲目地提高分解炉的温度。

3.2.2　分解炉温度的控制原则

分解炉温度包括炉下游、中游及上游出口温度，生产上主要控制的是出口废气温度，控制的原则是：保证煤粉在炉内充分完全燃烧，炉中温度大于出口温度；保证入窑生料的分解率≥95%；保证出口废气温度≤880℃。

3.2.3　调节分解炉温度的方法

（1）调节用煤量

分解炉出口的废气温度主要取决于煤粉燃烧放出的热量与生料分解吸收热量的差值。一般加入分解炉的煤粉量越多，燃烧放出的热量就越多，分解炉的温度就越高，生料的分解率也越高，反之亦然。所以在实际操作控制时，可以通过改变分解炉的用煤量来调节分解炉的温度。

（2）调节煤粉的燃烧速率

多通道煤粉燃烧器就是通过内风（旋流风）、外风（轴流风）、煤风之间的速度差来调节煤粉的燃烧速率。当煤质发生变化时，通过调节轴流风和旋流风的比例，就可以改变煤粉的燃烧速率。当煤粉的细度粗、水分大、灰分大、发热量低时，其燃烧速率肯定会变慢，放出的热量相对分散，造成分解炉内温度降低，出口废气温度升高，影响生料的分解率，此时可适当增加旋流风量、减少轴流风量，促使煤粉的燃烧速率适当加快，放出的热量相对集中，从而提高分解炉内的温度，反之亦然。所以在实际操作控制时，可以通过调节轴流风和旋流风之间的比例来改变煤粉的燃烧速率。

（3）调节系统的通风量

若进入分解炉的三次风量过小，则提供炉内煤粉燃烧的氧含量就不足，煤粉燃烧速率不但减慢，而且还容易产生不完全燃烧现象，造成分解炉的发热能力降低，入窑生料分解率降低。同时，未完全燃尽的煤粉颗粒在后一级预热器、连接管道内继续燃烧，容易产生局部高温，引发结皮、堵塞现象。因此在炉用煤量、入窑生料量等参数不变的情况下，适当增加分解炉的通风量，有利于提高分解炉的温度。

（4）调节三次风温

生料、煤粉、废气在分解炉内大约停留十多秒钟，因此煤粉的燃烧速率是影响分解炉温的主要因素。根据煤粉的燃烧理论，三次风温升高70℃，燃烧速率大约提高一倍。所以在其他生产条件不变的情况下，三次风温越高，煤粉燃烧速率越快，分解炉内温度也越高。

（5）调节生料量

当加入分解炉的煤粉量不变时，如果增加生料量，物料分解吸收的热量增加，但由于放热总量不变，将使分解炉内温度降低；若减少生料量，物料分解吸收的热量相对变小，分解炉内温度必然升高。因此在实际操作控制时，可以通过改变生料量的方法来调节分解炉内的温度。

3.2.4　分解炉温度的操作控制

（1）当煤粉的挥发分高、发热量高及生料易烧性好时，调节分解炉温度最好的方法就是改变喂煤量。分解炉中的煤粉与生料是以悬浮态方式混合在一起的，煤粉燃烧放出的热量能立刻被生料吸收。当分解炉内温度发生波动变化时，增加或减少一点喂煤量，分解炉的温度可以很快恢复到正常控制值。

（2）当煤粉的挥发分低、灰分高、生料易烧性差、KH 高时，调节分解炉温度最好的方法就是改变生料量。当分解炉的温度降低时，如果采用增加用煤量的办法是不合适的，因为煤质差，燃烧放热速率慢；生料 KH 值高，分解需要吸收的热量多，不能使分解炉内温度快速升高。如果降低生料量，就能迅速有效地遏制分解炉内温度继续下降。根据生产实践经验，物料从均化库出来进入分解炉所需的时间至多是 2min，当减少生料量 5t 时，分解炉温度至多 4～5min 就会恢复正常。如果采用增加用煤量的办法，同样的生产条件，分解炉温至少需要 10min 才能恢复正常。所以遇到这种生产状况，采取减料的办法明显优于加煤的办法，但操作时减料幅度不要太大，每次减 3～5t 比较合适。

（3）最上一级预热器的出口废气温度没有明显变化，分解炉温度开始降低，这时就要增加分解炉的喂煤量，保证入窑生料的分解率。增加用煤量后，如果出现分解炉温度上升缓慢，或者没有升高，或者继续降低，但最下级预热器出口废气温度却一直在上升，这说明煤粉在分解炉内发生了不完全燃烧现象，遇到这种生产状况，就应该迅速减少用煤量，同时适当减少生料量，待分解炉温度有上升趋势时，再适当增加三次风量和用煤量，保证煤粉燃烧所必需的氧含量。

（4）分解炉温度降低时，通过增加用煤量来调节，若用煤量已经超过控制上限，而温度又没有达到预期的升高目的，此时就不应再盲目增加煤粉用量了，而应该适当减少生料量和用煤量，适当增大三次风量，待分解炉的温度有上升趋势时，再缓慢增加用煤量和喂料量。造成这种生产状况的主要原因是三次风温太低，影响煤粉的燃烧速率。

（5）分解炉温度升高时，通过减煤来调节，若用煤量已经低于控制下限，而温度又没有达到预期降低的目的，这时在进一步减小用煤量的同时，应迅速检查供料系统和供煤系统，如果供料系统和供煤系统正常，此时可适当增加喂料量。

（6）当分解炉温度迅速升高，已经达到控制上限，并且还在持续上升，此时应立即较大幅度减煤，阻止温度进一步升高。在原因没有确定的情况下，采用加料降温的方法是不妥的，假如分解炉的温升是由于某级预热器堵塞引起的，加料操作只会加重堵塞的程度和处理的难度。

（7）由于操作员责任心不强，长时间未观察分解炉的温度变化，造成分解炉长时间温度偏低，甚至已经低于生产控制的下限值。遇到这种生产情况，首先要适当减少生料量，阻止炉内温度继续降低，然后再缓慢加煤，每次加煤的幅度不能过大，防止出现不完全燃烧现象，待炉温恢复正常并稳定大约十分钟，再恢复正常的喂料量。

3.2.5　分解炉的点火操作控制

分解炉具备点火的基本条件有两个：分解炉内有足够氧气含量；分解炉内达到煤粉燃烧

的温度。分解炉型不同，采取的点火操作控制方式也不同。

（1）对于在线型分解炉，只要窑尾废气温度达到 800℃及以上，在没有投料的情况下，向分解炉内喷入适量的煤粉，煤粉就会燃烧，完成分解炉的点火操作。

（2）对于离线型分解炉，炉型不同就要采取不同的点火操作。比如 RSP 型分解炉，只要将分解炉通往上一级预热器的锁风阀吊起，即可使来自窑尾的高温废气部分短路进入分解炉内而使炉内温度升高，达到煤粉燃烧的温度，就具备了分解炉的点火条件。再比如 MFC 型分解炉，由于其位置高度低于窑尾高度，则只能先进行投料操作，靠经过预热后的生料粉将炉内温度提高到煤粉燃烧的温度，然后再进行分解炉的点火操作，但操作过程中，一定要注意控制投料量与炉底的风压、风量，避免发生压炉现象而导致点火失败。

3.2.6　多风道燃烧器的选择及操作控制

当分解炉的出口温度长期高于炉中温度 30～40℃时，当分解炉出口温度与下一级预热器出口温度长期出现倒挂现象，温差在 20～30℃时，当分解炉使用无烟煤，其燃烧速率明显变慢时，分解炉就应该选择使用多风道燃烧器。虽然多风道燃烧器引入了少量冷空气作为一次风，但由于其出口风速高，具有很高的冲量，能加剧煤粉与空气的均匀混合，加速煤粉的燃烧，提高分解炉的使用功效。在操作控制时，通过改变轴流风和旋流风的比例来调整分解炉的温度，如果为了提高分解炉的温度，可以适当增加旋流风，降低轴流风；如果为了降低分解炉的温度，可以适当增加轴流风，降低旋流风。

任务 4　多风道煤粉燃烧器的操作控制

任务描述：熟悉多风道煤粉燃烧器的结构及工作原理；掌握多风道煤粉燃烧器的调节及操作控制、常见故障及处理等方面的操作技能。

知识目标：掌握多风道煤粉燃烧器的结构及工作原理等方面的知识内容。

能力目标：掌握多风道煤粉燃烧器的方位调节、操作控制、常见故障及处理等方面的实践操作技能。

4.1　多风道煤粉燃烧器的方位调节

4.1.1　喷煤管中心在窑口截面上的坐标位置

生产实践证明，喷煤管中心在窑口截面上的坐标位置以稍偏于物料表面为宜，如图 6.4.1 所示，图中的 O 点为窑口截面的中心点，A 点即为喷煤管中心在窑口截面上的坐标位置。如果火焰过于逼近物料表面，一部分未燃烧的燃料就会裹入物料层内，因缺氧而得不到充分燃烧，增加热耗，同时也容易出现窑口煤粉圈，不利于熟料煅烧；如果火焰离物料表面太远，则会烧坏窑皮和窑衬，不仅降低耐火砖的使用寿命，还会增加窑筒体的表面温度，甚至引起频繁的结圈、结蛋等现象。窑型不同、燃烧器种类不同，喷煤管的中心位置设定值也不同，比如 ϕ4m×60m 的预分解窑，其喷煤管的中心位置一般控制 A（30，－50）比较合理。

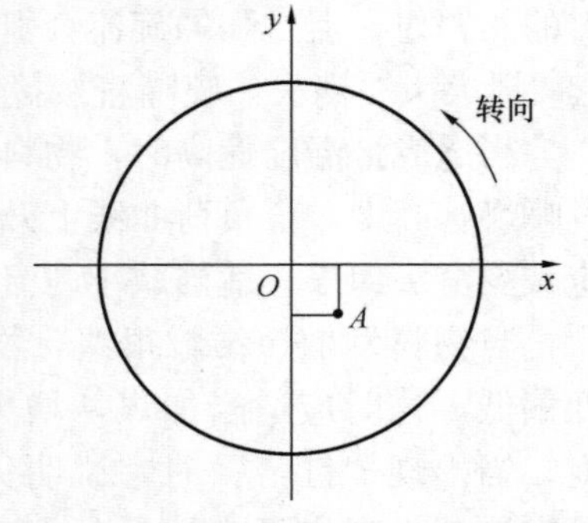

图 6.4.1　喷煤管中心点的坐标位置

4.1.2　喷煤管端部伸到窑口内的距离

喷煤管端部伸到窑口内的距离与燃烧器的种类、煤粉的性质、物料的质量、冷却机的型式及窑情变化有关。如果伸入窑内过多，相当于缩短窑长，火焰的高温区向后移，尾温随之增高，对窑尾密封装置不利；如果伸入窑内过少，相当于增加窑长，火焰的高温区向前移，出窑的熟料温度增加，甚至达到1400℃，窑头密封装置和窑口护板的温度增高，容易受到损伤，窑口筒体容易形成喇叭口状，影响耐火砖的使用寿命。根据生产实践经验，预分解窑喷煤管端部伸到窑口内的距离一般控制100～200mm比较合理。

4.2　多风道燃烧器的操作调节

4.2.1　冷窑点火时的操作

（1）将燃烧器的喷嘴面积调节到最小位置。

（2）将轴流风阀门和旋流风阀门打到关闭。

（3）关闭进口阀门，启动一次风机。

（4）启动气体点火装置。

（5）启动油或气燃烧器。

（6）调整火焰的形状。如果火焰一直向上延伸，必须稍稍打开一次风阀门，增加一次风量，但必须避免过分增加一次风量，以免干扰火焰的稳定性。

（7）火焰稳定后即关闭气体点火装置，并轻轻将其退出燃烧器。

（8）一次风量可随窑温上升逐步加大，为防止火焰冲击衬里，必须始终保持足够的一次风量。

（9）窑衬里温度达到800℃左右时，关掉油燃烧器，启动煤粉燃烧器，开启内风和外风。

4.2.2　火焰形状的调整

外风控制火焰的长度。外风过小，导致煤粉和二次空气不能很好地混合，燃烧不完全，窑尾CO浓度高，煤灰沉落不均而影响熟料的质量，甚至引起结前圈；火焰下游外回流消失，火焰刚度不够，引起火焰浮升，使火焰容易冲刷窑皮，影响耐火砖的使用寿命。外风过大，引起过大的外回流，一方面挤占火焰下游的燃烧空间，一方面降低火焰下游氧的浓度，导致煤粉发生不完全燃烧现象，窑尾温度升高。

内风控制火焰形状，随着内风的增加，旋流强度增加，火焰变粗变短，可强化火焰对熟料的热辐射，但过强的旋流会引起双峰火焰，即发散火焰，易使局部窑皮过热剥落，也易引起“黑火头”消失，喷嘴直接接触火焰的根部而被烧坏。

当烧成带温度偏高时，物料结粒增大，大多数熟料块超过50mm，被窑壁带起的高度超过喷煤管高度，窑负荷曲线上升，且火焰呈白色发亮，窑筒体表面温度升高。此时烧成带，应减少窑头用煤，适当减小内流风，加大外流风用量，使火焰拉长，降低烧成带温度。

当物料发散、结粒很差，物料被带起的高度很低，窑内火焰呈淡红色时，说明窑内温度偏低。这时应适当加煤，增大内流风，减少外风，强化煤粉的煅烧，提高烧成带的温度。当出现“红窑”时，说明火焰出现峰值，烧成带温度偏高，或耐火砖已经脱落，这时应该减少喂煤量，加大外风，减少内风，并及时移动喷煤管，控制熟料的结粒状况，及时补挂窑皮。

4.2.3　一次风量的合理控制

在保证火焰稳定的前提下，一次风量尽可能少，以此来降低热耗，防止窑内结圈；加强对二次热风的卷吸能力，使燃料与空气混合均匀，火焰形成“细而不长”的燃烧状态，以防止强化燃烧所形成的局部高温对烧成带窑皮的负面作用，从而延长耐火砖的使用寿命，也降低 NO_x 的排放量。

4.2.4　控制煤粉和助燃空气的混合速率

二次风温度可达1000℃及以上，窑头燃烧火焰温度高达1800℃左右，其燃烧反应一般已进入扩散控制区。在扩散控制区里，煤粉燃尽时间受煤粉细度的影响较大，而受煤粉品种特性影响较小，在燃料品种和煤粉细度一定的情况下，为在整个烧成范围内形成均匀燃烧的火焰，必须控制煤粉和助燃空气混合速率，保证煤粉的燃尽时间，同时在实际操作中，还要考虑稳定火焰的一些措施，如在设定燃烧器煤粉的出口速度时应以不发生脉冲为前提，在冷窑启动过程中或窑况不稳定、烧成带温度过低、二次风温不高的情况下，可采用油煤混烧的方式来稳定火焰。

4.2.5　保持适度的外回流

适度的外回流对煤粉与空气混合有促进作用，可以防止发生“扫窑皮现象”。如果没有外回流，则表明不是所有的二次空气都被带入一次射流的火焰中，这样在射流扩展附近常常发生耐火砖磨损过快现象，降低窑的运转率。

4.2.6　煅烧低挥发分煤的关键因素

由于低挥发分燃料一般具有较高的着火温度，并且因挥发分含量低，挥发分燃烧所产生的热量不足以使碳粒加热到着火温度而使燃烧持续进行，要采用能够产生强烈循环效应的燃烧器，通过强烈的内循环，使炽热的气体返回到火焰端部，以提高该处风煤温度，加速煤粉的燃烧速度。

4.3　燃烧器常见故障及处理

4.3.1　喷煤管弯曲变形

多通道喷煤管，由于质量重，伸入窑内和窑头罩内的长度较长。为延迟喷煤管的使用寿命，外管需打上50～100mm厚的耐火浇注料，保护其不被烧损；由于窑内有熟料粉尘存在，尤其遇到飞沙料，它们很容易堆积在喷煤管伸入窑内部分的前端，如图6.4.2所示。

喷煤管由多层套管组成，具有一定刚度，粉料堆积较少时影响不大。可是，当堆积较多时，再加上受高温作用，使喷煤管钢材的刚度降低，于是整个喷煤管弯曲。被压弯的喷煤管，射流方向发生变化而失控，这时必须报废换新，造成较大的损失。一旦发现弯曲，就无法平直过来。

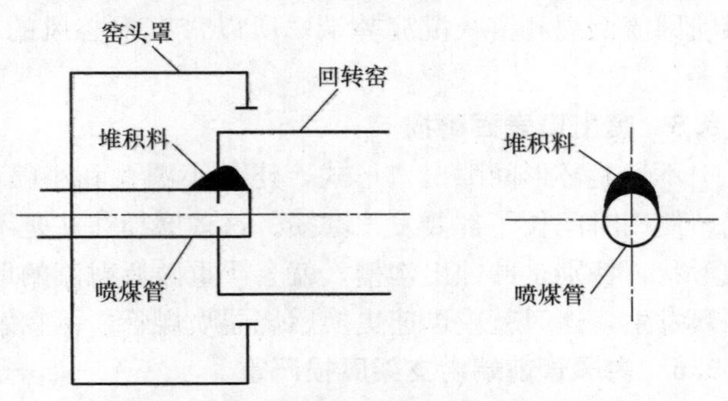

图6.4.2　堆积在喷煤管前端的粉尘

在生产中，通常采用较长的管子，内通压缩空气，将堆积的尘粒定期吹掉；或利用一根长钢管，从窑头罩的观察孔或点火孔伸入，以观察孔为支点，轻轻拨动或振捣，将堆积尘粒清除。这种操作必须熟练、小心谨慎，否则会伤及喷煤管外的耐火浇注料，这时候的浇注料因受高温作用已经软化，稍不小心或不熟练就会有损坏的可能，一经发现浇注料损坏就必须立即抽出更换，因为浇注料损坏后，喷煤管在很短时间内就能被烧坏。

4.3.2 耐火浇注料的损坏

（1）炸裂

喷煤管外部的耐火浇注料保护层最易出现的损坏形式是炸裂，多由于浇注料的质量不好，施工时没有考虑扒钉和喷煤管外管的热膨胀，浇注料表面抹的太光所致。

（2）脱落

因为二次风温度过高，入窑后分布不均匀，从喷煤管下部进入的过多，使喷煤管外部的浇注料保护层受热不均匀，造成脱落，初期出现炸裂裂纹，受高温气体侵入，裂纹两侧的温度更高，由于温差应力的结果，加上扒钉和焊接不牢靠，导致一块块脱落。在浇注料施工之前，扒钉和外管外表没有很好的除锈，浇注料与金属固结不牢靠，当受高温作用时与金属脱落。扒钉和外管外表面没有涂一层沥青或缠绕一层胶带等防热胀措施，当扒钉和外管受热膨胀后，将耐火浇注料胀裂而后脱落。

（3）烧蚀

耐火浇注料受高温、化学作用，其表面一点一点地掉落，逐渐减薄烧损，最后失效。这种失效是慢性的，在露出扒钉时就应更换。只要更换及时，不会造成任何损失，换下后重新打好浇注料，以便使用。

4.3.3 外风喷出口环形间隙的变形

对于外风喷出口是环形间隙的煤粉燃烧器，外风喷出口在最外层，距窑的高温气体最近，受高温二次风的影响大，受中心风或内流风的冷却作用又最小，所以最容易变形。变形后，外风的射流规整性就更差，破坏了火焰的良好形状。采用小喷嘴喷射不但方便灵活，而且能延长喷煤管的使用寿命，尤其是在烧无烟煤时，外风风速一般达 350m/s，只要更换一套带有较小直径的小喷嘴即可，其余基本不变或不需要改变，简单灵活。喷射外风的小圆孔是间断的，而不是连续的环形间隙，所以不容易变形，保证了外风射流的规整性和良好的火焰形状。所以，外风喷出口环形间隙的变形与结构是否合理密切相关。

4.3.4 喷出口堵塞

多通道燃烧器在喷出口中心处形成一个负压回流区，导致煤粉和粉料在此区域的孔隙中回流沉淀，而且厚度会不断增加，轻者对一次风的旋转流产生不利影响，严重时将喷出口堵塞，危害极大。喷出口堵塞后，射流紊乱，破坏火焰的规整性。采用中心风就能有效地解决煤粉回流倒灌和窑灰沉淀弊端，所以带有中心风的四通道燃烧器比无中心风的三通道优越得多。

4.3.5 喷出口表面磨损

不论是环形间隙出口形式，还是小圆孔和小喷嘴的出口形式，或者是螺旋叶片出口形式，使用时间长了都要发生磨损。这种磨损往往是不均匀的，使喷出口内外表面出现不规矩的形状，特别是冲蚀出沟槽，就会严重破坏射流的形状，破坏火焰的规整性，导致工艺事故频繁发生，这时就应迅速更换燃烧器喷煤管，不宜勉强再用。

4.3.6 内风管前端内支架磨损严重

内风管距端面出口 1m 处上下左右各有一个支点，确保煤风出口上下左右间隙相等。当支架磨损后，内风管头部下沉使煤粉出口间隙下小上大，如图 6.4.3 所示，火焰上飘且不稳定，冲刷窑皮，出现此种情况要及时修复支架，确保火焰的完整性。

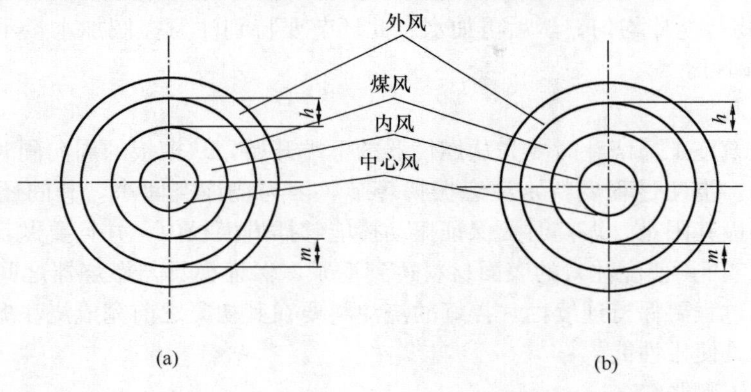

图 6.4.3　煤风出口上下间隙

(a) 支架未磨损；(b) 支架磨损后

4.4　提高燃烧器浇注料使用周期的措施

4.4.1　浇注料的选材

选择刚玉-莫来石喷煤管专用耐火浇注料，有利于提高燃烧器浇注料的使用周期。刚玉-莫来石质耐火浇注料，其承受的最高温度达到 1780℃，超出莫来石质耐火浇注料承受的最高温度 230℃，完全满足窑内 1700℃的环境温度条件；其 Al_2O_3 含量达到 75%，超出莫来石质耐火浇注料 15%，克服了高温作用下容易出现裂纹和剥落现象；其施工加水量相对较低，拌制时比莫来石质耐火浇注料至少降低 1%，增加了浇注料的整体结构强度；其体积密度相对较高，比莫来石质耐火浇注料高 0.2g/cm³，增加浇注料的密实度，减少产生裂纹和裂缝，增加浇注料的整体结构强度。

4.4.2　扒钉的选材和制作

(1) 采用 1Cr25Ni20Si2 耐热钢制作扒钉，其直径为 ϕ8mm×6mm，形状为“V”形，“V”形底部要加工出 20mm 左右的焊接面，扒钉经过防氧化和防膨胀处理，表面涂上一层 2mm 左右的沥青，端部缠一层塑料电工胶布，纵横呈“十”字排列，间距大约为 50mm。

(2) 使用 THA402 电焊条进行焊接。

4.4.3　施工前的准备

(1) 按浇注料的设计厚度（比如 80mm）制作尺寸准确、安装拆卸方便的铁质模板，其厚度是 3mm，长度是 1.5m；模板由两部分半圆体组成，中间用螺栓进行固定和连接，在支设模板以前，模板内表面要保证光滑。

(2) 要将燃烧器竖直固定放置。

(3) 要清理干净搅拌机内部的残余积料。

4.4.4　施工过程

(1) 安装模板

在竖直放置的燃烧器下端，准确地安装好第一段模板，使燃烧器的中心线和模板的中心线保持重合。

（2）拌制浇注料

按生产厂家提供的配合比，准确称量拌制浇注料的材料，并装入搅拌机内预先搅拌2～3 min，保证干混物料搅拌均匀，然后再加水。此环节要特别注意控制加水量不能过多，其值控制在大约5%即可。

（3）浇注施工

采取分段浇筑施工，浇注时要先从燃烧器的下端开始，从模板的周向同时加料，并且一边加料一边振捣。浇注过程要特别注意振捣环节，因为浇注空间小，其间还密布了许多扒钉，操作振动棒极其困难。振捣时要保证振动棒能够插进模板内，并且要做到快插慢拔，每次振捣时间大约40s，使浇注料的表面材料达到返浆，保证模具与燃烧器之间的浇注料振捣密实；浇注施工过程要保持连续性，拌好的浇注料要在其初凝之前完成浇注振捣，否则必须废弃，以免影响其使用性能。

（4）预留施工膨胀缝

沿长度方向，每间隔1.5m，使用厚度是3mm的耐热陶瓷纤维棉制作一道预留膨胀缝；沿环向方向，每间隔1.5m预留一道施工膨胀缝，其预留位置设在两个模板的交接处，使用厚度是3mm木质的三合板制作预留膨胀缝，三合板要用两侧的模板夹紧，避免在振捣的过程中出现倾斜的现象。

（5）脱模

浇注施工结束后，浇注料要保证至少有72h的养护时间，待其完全硬化后方可脱模使用。

4.4.5 使用及维护

投入使用时，要特别注意控制升温速度，在投入使用前2h，应注意缓慢升温，升温速度控制小于2℃/min。使用中要经常检查燃烧器前端上部是否堆积少量高温熟料，并使用高压空气进行喷吹，尽量避免使用钢钎清理，以免损伤积料周边的浇注料；中心风的阀门保持全开，有利于实现对燃烧器端面的冷却，以防止其发生变形。

任务5 篦式冷却机的操作控制

任务描述：熟悉篦冷机的种类、结构及工作原理等方面的知识内容；掌握第三代控制流篦冷机的操作控制；掌握第四代推动棒式篦冷机的操作控制。

知识目标：掌握篦冷机的种类、结构及工作原理等方面的知识内容。

能力目标：掌握第三代控制流篦冷机的操作控制；掌握第四代推动棒式篦冷机的操作控制。

5.1 篦式冷却机的种类

5.1.1 第一代篦式冷却机

第一代篦冷机的工作原理是：从窑头落下的高温熟料铺在进料端的篦床上，在活动篦板的推动下，向前铺满整个篦床；冷空气在穿过熟料层的过程中，完成和熟料的热交换，冷风变成高温热风，供入窑的煤粉燃烧之用；熟料得到冷却，温度降低到大约150℃，便于输送和存储。

推动活动篦板的主梁，采用横向布置、纵向运动。主梁在作纵向运动时很难做到完全密封，虽然篦下有隔仓板，但生产过程中，冷风会从隔仓板上端漏出，形成篦下内漏风，因此第一代篦冷机的冷却效率不高，料层厚度较薄，一般在200～300mm，只能满足日产1000t及以下水泥窑。其主要性能指标是：二次风温度达到600℃及以上；冷却风量为3.5～4.0Nm^3/kg；单位面积产量约20～25t/(m^2·d)；冷却效率至多50%。

5.1.2 第二代篦式冷却机

20世纪60年代预热器窑逐步走向大型化，其产量较传统的干法窑成倍增加；70年代开发出预分解窑，最高产量达到4000t/d，第一代篦冷机根本不能满足生产要求，于是开发了第二代厚料层篦冷机。

第二代篦冷机与第一代篦冷机的主要区别在于：第一代篦冷机风室大，有时几个风室共用一台风机，漏风窜风现象严重，风与熟料热交换差，出篦冷机熟料温度高、热效率低。而第二代厚料层篦冷机风室较小，分多个风室，各风室配置独立的风机，改进了各室间的密封，减少了漏风窜风现象，改善了风与熟料的热交换，料层厚度可以达到500～600mm，从而提高了篦冷机的热效率。其主要性能指标是：二次风温度达到900℃及以上；三次风温度达到600℃及以上；冷却风量为2.7～3.2Nm^3/kg；单位面积产量约32～42t/(m^2·d)；冷却效率65%～70%。

5.1.3 第三代控制流篦冷机

随着预分解技术的日臻成熟和市场的竞争日益激烈，进一步改善篦冷机热回收性能、提高热效率、完善篦冷机运行稳定性、可操纵性，就成为第三代篦式冷却机研制开发的目标。第三代控制流篦式冷却机针对熟料入机后纵向和横向料层厚度、颗粒组成及温度状况，采取两项重大改进：一是改变第二代厚料层篦冷机分风室通风、各室冷却区域面积过大、难以适应料层不均匀状况，将篦床划分为众多的供风小区，便于供风调整；二是采用由封闭篦板梁和盒式篦板组成的阻力篦板冷却单元，使每个阻力篦板冷却单元形成众多的控制气流，从而克服了第二代篦冷机的缺点，显著降低了单位冷却风量，大幅度提高了冷却效率。其主要性能指标是：二次风温度达到1000℃及以上；三次风温度达到800℃及以上；冷却风量为1.7～2.2Nm^3/kg；单位面积产量约40～50t/(m^2·d)；冷却效率70%～75%。

第三代控制流篦冷机的特点是：

(1) 热交换以排为单位，冷却面积小，有利于冷风透过料层。

(2) 设计的篦板阻力较不同颗粒级配堆积的料层阻力相对较高，相应减少了不同料层堆积的阻力对气流的影响，这样可以做到不同颗粒级配的料层对气流的阻力大致相当，冷空气能够均匀地穿过篦床上的熟料层。

(3) 按各排阻力及面积来配置冷却风量，从而做到调节控制空气量来冷却熟料。

(4) 空气梁不易漏风，密封性能好。

(5) 在低温部位，为了节省电能，采用分室通风。

5.1.4 第四代推动棒式篦冷机

第四代推动棒式篦冷机主要由熟料输送、熟料冷却及传动装置等三部分组成。与以往推动篦式冷却机的最大区别是熟料输送与熟料冷却是两个独立的结构。篦板是固定的，不输送物料。熟料输送是由固定篦床上的固定与活动交替排列的横杆做往复运动来实现的。运动横杆还起到搅拌、均化熟料的作用，使熟料完全暴露在冷空气中，迅速冷却。横杆通过固定夹固定，更换、安装方便。横杆磨损对冷却机的运转及热效率没有影响。篦床与运动横杆之间始终保持有一层约50mm的料层，防止熟料的冲击，对篦板起到隔离保护的作用，所以篦板的寿命在5年及以上。

冷却熟料的冷风由固定篦床上的篦板提供，每块篦板采用机械式空气调节阀，实现冷却空气分布的自动调控，使由于温度变化、料层厚度不均及回转窑出料时产生的粗、细料离析等引起的熟料层阻力差异得以自动均衡，实现最佳的空气分布。其主要性能指标是：二次风温度达到1100℃及以上；三次风温度达到900℃及以上；冷却风量为1.5～2.0Nm^3/kg；单位面积产量约45～55t/(m^2·d)；冷却效率75%～80%。

第四代推动棒式篦冷机的优点是：

(1) 熟料输送与冷却独立完成，篦板是固定的，磨损少，不会发生因篦板间隙加大而降低冷却效果，篦板寿命大大延长，设备运行可靠，设备故障率降低。

(2) 篦板结构特殊，确保篦下无熟料落入风室，无须设置卸料斗、料封阀和拉链机等设备，工艺结构简单，操作维护方便。

(3) 采用机械式空气调节阀，使冷空气的控制达到了最小模块化，无须使用密封风机，减少废气量，同等规格下风机数量减少一半。

(4) 体积小，质量轻，体积及质量只是第三代控制流篦冷机的1/2～1/3。

(5) 模块化设计制造，安装快捷，能适应不同外形结构的各种规格篦式冷却机。

(6) 附属设备、土建工程、安装工程少。

(7) 易损件少，横杆的寿命一年半及以上，篦板寿命五年及以上，检修方便，节约成本。

(8) 液压传动，轴承只需每年加油一次，维护工作量少。

第四代篦冷机的冷却效率和电耗等项工艺指标并不比第三代篦冷机先进多少，而且进料部位完全一致，但改进的结构装置主要解决了粉状和大块熟料的冷却及红热熟料对篦板的损坏，此外，取消风室下的拉链机，简化了工艺设备，提高了设备运转率，解决了第三代篦冷机难以解决的技术问题，满足了装备大型化及煅烧代替燃烧出现的工艺技术进展带来的需求，这是冷却机技术一大进步。

5.2　第三代篦冷机的操作控制

第三代篦冷机是新型干法水泥熟料煅烧过程中的常用主机设备，它主要承担出窑熟料的冷却、输送和热回收等重任，其操作控制是否合理，直接影响到熟料的冷却效率、余热回收利用率及水泥窑的运转率。

5.2.1　篦下风系统压力的控制

(1) 高温区的料层厚度一般可以通过观察监控画面进行判断，后续若干段的料层厚度只能通过篦下风系统压力间接判断。如果熟料粒度没有发生变化，篦下风系统压力增大，说明该段篦床上的料层厚度增厚；反之就变薄。如果熟料厚度没有发生变化，篦下风系统压力增大，说明该段篦床上的熟料粒度发生变化，即熟料中的粉料量相对增多；反之粉料量就相对减少。

(2) 篦冷机分段控制速度时，一般用二室的篦下风系统压力联锁控制一段的篦床速度，二段篦床速度为一段的1.1～1.2倍，三段篦床速度为二段的1.1～1.2倍。不同水泥生产厂家的实际生产状况不同，篦床速度的控制数值也不同，此数值仅供参考。

（3）篦下风系统压力增大的原因及处理

当某室的篦下风系统压力增大时，该室的风机电流减小。如果驱动电机的电流增加、液压油压力增加，则说明篦床熟料厚度增加，这时操作上要加快篦床速度。如果驱动电机的电流、液压油压力基本没有变化，则说明篦床熟料厚度没有变化，风压增大是物料中的细粉量增多造成的，这时操作上要增加该室的风量。

（4）某室出现返风的原因及处理

当篦下风系统压力等于或超过风机额定风压时，风机鼓进的冷风不能穿透熟料而从进风口向外冒出，这种现象叫返风。发生返风现象时，鼓风机电流会降低很多，几乎接近空载。这时就要果断地减料慢转窑，仔细检查室下积料是否过多、篦床熟料料层是否过厚，以防止因冷风吹不进而造成高温区的物料结块、篦板和大梁过度受热发生变形。如果是室下堆积的细粉过多，就要先处理堆积细粉，并缩短下料弧形阀的放料时间间隔，保证室下不再有积料；如果是熟料料层过厚，就要加快篦床速度，尽快使料层变薄，恢复正常的冷风量。

5.2.2　料层厚度的控制

（1）篦冷机一般是采用厚料层技术操作的。因为料层厚，可以保证冷却风和高温熟料有充足的时间进行热交换，获得较高的二次风温、三次风温。

（2）料层厚度的控制实际上是通过改变篦床速度的方法来实现的。篦床速度控制的慢，则增大料层厚度，使冷却风和热熟料有充分的热交换条件，并增加冷却风和热熟料的接触面积，也延长其接触时间，冷却效果好；反之，篦床速度控制的快，则料层厚度变薄，熟料冷却效果差。

（3）实际控制料层厚度时，还要注意出窑熟料温度、熟料结粒的变化情况。当熟料的易烧性好、窑内煅烧温度高时，料层可以适当控制薄些，防止物料在高温区粘结成块。当出现飞砂料、低温煅烧料时，料层适当控制厚些，防止发生冷风短路现象。

5.2.3　篦床速度的控制

（1）合理的篦床速度取决于熟料产量和料层厚度。产量高、料层厚时，篦床速度宜快；反之，产量低、料层薄时，篦床速度宜慢。

（2）篦床速度控制过快，则料层薄，出篦冷机的熟料温度偏高，熟料的热回收利用率偏低；反之，篦床速度过慢，则料层厚，冷却风穿透熟料的风量少，篦床上部熟料容易结块，出篦冷机的熟料温度也偏高。

（3）篦床驱动机构。活动篦板的速度实际上是由篦床驱动机构控制的。对于采用液压传动的篦冷机，生产操作控制要考虑篦床的行程和频率两个参数。行程如果调得过长，则篦板速度因为非正常生产因素而必须加快后，很容易发生撞缸事故。反之，行程如果调得过短，在保持相同料层厚度的前提下，必然要加快篦板速度，加快液压缸和篦板的磨损，也容易发生压床事故。

5.2.4　冷却风量的控制

5.2.4.1　冷却风量的控制原则

在熟料料层厚度相对稳定的前提下，加大使用篦冷机“高温区”的风量，适中使用“中温区”的风量，尽可能少用“低温区”的风量。加风的原则是由前往后，保持窑头负压；减风的原则是由后往前，保持窑头负压。

5.2.4.2　冷却风量的使用误区

错误地认为冷却风量越大越好，可以最大限度地回收熟料余热，有利于降低熟料温度。错误地认为冷却风量越小越好，可以最大限度地提高二次风温及三次风温，有利于窑和分解炉的煤粉燃烧。

5.2.4.3　正确判断高温区的冷却风量

借助电视监控画面，通过观察高温区的熟料冷却状态来判断。出高温区末端的熟料，其料层的上表面不能全黑，也不能红料过多，而是绝大多数是暗灰色，极少数是暗红色。

5.2.4.4　“零”压区的控制

篦冷机的冷却风量与二、三次风量、煤磨用风量、窑头排风机抽风量必须达到平衡，以保证窑头微负压。在窑头排风机、高温风机、煤磨引风机的抽力的共同作用下，篦冷机内存在相对的“零”压区。如果加大窑头排风机抽力或增厚料层，使高温段冷却风机出风量减小，“零”压区将会向窑头方向移动，导致二、三次风量下降，窑头负压增大；减小窑头排风机抽力或料层减薄，使高温段冷却风机风量增大，“零”压区将会后移，则二、三次风温下降风量增大，窑头负压减小。所以如何稳定“零”压区对于保证足够的二、三次风量是非常关键的。

5.2.5　篦板温度的控制

5.2.5.1　篦板温度控制系统的设置

为了保证篦冷机的安全运转，在篦冷机的高温区热端设有4～6个测温点，用于检测篦板温度，并通过DCS系统建议设定80℃为报警值。

5.2.5.2　篦板温度高的原因及处理

(1) 冷却风量不足，不能充分冷却熟料。操作上要根据熟料产量适当增加冷却风量。

(2) 篦床运行速度过快，冷却风和熟料进行的热交换时间短，冷却风不能充分冷却熟料。操作上要适当减慢篦床速度，控制合适的料层厚度，保证冷却风和熟料有充足的热交换时间。

(3) 大量垮落窑皮、操作不当等原因造成篦床上堆积过厚熟料，冷却风不能穿透厚熟料层。操作上要加快篦床的速度，尽快送走厚熟料层，恢复正常的料层厚度。

(4) 熟料的KH、n过高，熟料结粒过小，细粉过多，漏料量大。操作上要改变配料方案，适当减小熟料的KH、n值，提高煅烧温度，改善熟料结粒状况，避免熟料结粒过小、细粉过多。

5.2.6　出篦冷机熟料温度的控制

5.2.6.1　出篦冷机熟料温度的设计值是65℃＋环境温度，这在国际上已经成为定规。但实际生产中要达到这个数值有相当难度，如操作不当，经常达到150℃或150℃以上。

5.2.6.2　出篦冷机熟料温度高的原因及处理

(1) 冷却风量不足，操作上要加大冷却风量。如增大冷却风门还是感觉冷却风量不足，就要根据鼓风机电流的大小、篦下风压的大小，判断是否因为熟料料层厚度太厚而造成冷风吹不透熟料层。

(2) 系统窜风、漏风严重。传动梁穿过风室处的密封破损，造成相邻风室的窜风；风室下料锁风阀磨损，不能很好地实现料封，造成外界冷风进入风室；人孔门、观察门等处有缝隙，造成外界冷风进入风室。这时采取的改进措施是找到漏风点，修复、完善破损的密封。

(3) 窑头收尘器风机的风叶严重磨损，造成系统抽风能力不足；操作上为了保证窑头的负压值在控制范围之内，人为的减小冷却风量。这时采取的措施是更换严重磨损的风叶，从根本上彻底解决系统抽风能力不足的问题。

(4) 生料配料不当。如熟料的 KH 过低，煅烧过程中产生的液相量偏多，熟料结粒变粗，也容易结大块，其冷却程度受到很大影响，不能完全被冷透。如 p 过大，煅烧过程中产生的液相量偏多、液相黏度偏大，熟料结粒变大，也容易结大块，其冷却程度受到很大影响，也不能完全被冷透。如 n 过高，煅烧过程中产生的液相量偏少，熟料结粒过小，细粉过多，其流动性变大，冷风和熟料不能进行充分的热交换。如 n 过低，煅烧过程中产生的液相量偏多，熟料结粒变粗，也易结球，不能完全被冷透。这时采取的措施是调整熟料的配料方案，即采用“两高一中”的配料方案，比如 $KH=0.88\pm0.02$；$p=1.7\pm0.1$；$n=2.7\pm0.1$（此配料方案数值仅供参考）。

5.2.7　出篦冷机废气温度的控制

5.2.7.1　控制原则

在保证窑头电收尘器正常工作的前提下，尽量降低出篦冷机的废气温度。

5.2.7.2　出篦冷机废气温度高的原因及处理

(1) 窑内窜生料，熟料结粒细小、粉料多，其流动性很强，与篦下进来的冷风不能进行充分的热交换。这时操作上要大幅度减小一室、二室的供风量，必要时停止篦床运动，防止大量粉料随二次风进入窑内，影响煤粉燃烧。同时要加强煅烧操作，防止因二次风量的减少和二次风温的降低而引发煤粉的不完全燃烧。

(2) 窑头电收尘器的抽风偏大，将分解炉用风、煤磨用风强行抽走。这时操作上要降低窑头风机的转速，减少抽风量。

5.3　第四代篦冷机的操作控制

以 SFC4X6F 型篦冷机为例，详细说明第四代篦冷机的操作控制。

SFC4X6F 型篦冷机是丹麦史密斯公司研发的第四代 SF 型推动棒式篦冷机，是和日产 6000t 水泥熟料的新型干法窑相配套的冷却设备。该篦冷机采用推动棒作为输送设备，采用固定不动的空气分布系统，每块篦板均带有空气动力平衡式空气流量调节器，采用了模块化设计控制。具有可靠性强、运转率高、气流分布稳定、热回收和冷却效率好、冷却风机电耗低及维修工作量小等优点。

5.3.1　SFC4X6F 型篦冷机的结构

5.3.1.1　篦板采用固定的安装方式

该篦冷机的篦板只是承担冷却熟料，不再承担输送熟料的任务，所以篦板采用了固定的安装方式。篦下仅限于连续均匀合理的分配冷却空气，篦床下的区域具有锁风功效；输送熟料的功能则由篦床上的推动棒来完成，由于篦板与推动棒之间的间隙大约有 50 mm，此处的熟料是固定不动的，这些冷熟料不仅能防止落下的熟料对篦板的冲击，又防止了篦板被烧坏和磨损。同时还能保持整体篦板的温度均匀，避免产生局部热胀冷缩应力，减小高温和磨蚀的影响，大大延长了篦板的使用时间。

5.3.1.2　模块化结构

该篦冷机由 4 列 6 个模块组成，包括 5 台液压泵，其中 4 列推动棒使用 4 台液压泵，1 台作为备用；每台液压泵带有 6 个并联布置的液压活塞；各个风室篦板都有自动风量调节阀。

该篦冷机是作为模块系统来制造的，它由一个必备的入口模块和若干个标准模块组成。入口模块一般有 5～7 排固定篦板的长度，2～4 个标准模块的宽度。标准模块由 4×14 块篦板组成，尺寸为 1.3m×4.2m，其上有活动推料棒和固定推料棒各 7 件。每个模块包括一个液压活塞驱动的活动框架，它有两个驱动板，沿着四条线性导轨运动。驱动板通过两条凹槽嵌入篦板，凹槽贯穿整个模块的长度方向。驱动板上装有密封罩构成的阻尘器，防止熟料进入篦板下边的风室。密封罩同样贯穿整个篦冷机的长度方向，在密封罩往复运动时，确保了篦冷机免受熟料的磨损。

5.3.1.3　推动棒

整个篦冷机内有固定棒和推动棒两种棒，这两种棒间隔布置在篦冷机的纵向方向。固定棒紧固在篦板框架的两侧，推动棒是由驱动板驱动。驱动板附带在移动横梁上。不像其他的篦冷机，移动横梁不对任何篦板和其支撑梁支撑，也就是说没有篦板支撑。推动棒是运输熟料的重要装置，有压块固定在驱动板与耳状板之间。由柱销销在篦板上方的内部支撑模块上；推动棒由定位器固定，所以易磨损部件均容易安装和更换。为阻止风室内的风不被溢出，柱销外装有密封罩。

推料棒横向布置，沿纵向每隔 300mm 安装一件，即隔一件是活动推料棒，隔一件是固定推料棒，活动推料棒往复运动推动熟料向尾部运动，推向出料口。推动棒的断面是不等边三角形，底边 125mm，高 55 mm。所有棒及其密封件、紧固件、压块均采用耐热、耐磨蚀铸钢材料制成，在篦床的横向方向每块篦板上都装有一个棒，在这些棒之间，一个是通过液压缸往返运动，行程约为一块篦板的长度，则下一根棒是固定不动的。推动棒在输送熟料的同时，对整个熟料层也起到了上下翻滚的作用，使所有熟料颗粒都能较好接触冷却空气，提高了冷却效率。

5.3.1.4　运行模式

(1) 任意模式：四段篦床各自运行，并可以任意调节各段篦床的篦速，相互之间没有影响。

(2) 往返模式：四段篦床同时向前推到限位后，二段和四段先返回，一段和三段再返回，如此往返运动。

(3) 同开模式：四段篦床同时往返运动，此种模式一般在产量较高、篦冷机料层分布比较均衡时使用。

5.3.1.5　空气流量调节器（简称 MFR）

MFR 有两个技术特点：一是具有最大压差补偿能力；二是在适用压差范围内，可控制气流流速恒定。

该篦冷机的每块空气分布板均安装了 MFR。MFR 采用自调节的节流孔板控制通过篦板的空气流量，保证通过空气分布板和熟料层的空气流量恒定，而与熟料层厚度、尺寸和颗粒温度等无关。如果由于某种原因，通过熟料层的气流阻力发生局部变化，MFR 就会立即自动补偿阻力的变化以确保流量恒定。MFR 没有电气控制，而是基于简单的物理定律和空气动力学原理实现调节，MFR 防止冷却空气从阻力最小的路径通过，并在其操作范围内（阀板角度可以在 10°～45°之间任意调节）都将能保证稳定的气流通过篦板。这些优点有助于优化热回收以及冷却空气在整个篦床上的最佳分布，从而降低燃料消耗或提高熟料产量。

5.3.1.6　空气分布板

该篦冷机的空气分布板具有压降低的特点。在正常操作下，由于节流孔板有效面积大，MFR 几乎不增加系统的压降，所以篦板压力明显比传统的冷却机低，节约电力消耗。组装冷却机时在各个模块下面形成一个风室，每个风室有一台风机供风。SF 型推动棒式冷却机的风室内部没有任何通风管道。在推动棒和空气分布板之间有一层静止的熟料作为保护层，降低了空气分布板的磨损。

5.3.1.7　篦板结构及装机风量

SF 型推动棒式篦冷机的篦板采用迷宫式，篦缝为横向凹槽式，每块篦板底部都安装了 MFR，使整个篦床上的熟料层通过风量相等，达到冷却风均匀分布的最佳状态。在正常操作下，由于节流孔板有效面积大，MFR 几乎不增加系统的压降，所以篦板下的压力明显比传统的篦冷机低，节约了电力消耗，在篦冷机各个模块下面都有独立风室，每个风室由各自风机供风。SFC4X6F 型第四代篦冷机分 7 个风室，8 台风机，总风量 554700m^3/h；如果采用第三代篦冷机则要 16 台风机，总风量要达到 672800 m^3/h。

5.3.1.8　结构特点

（1）进料冲击区采用静止的入口单元。

（2）风室的通风取消了低效的密封空气。

（3）采用空气动力平衡式空气流量调节器，确保最佳的空气分布。

（4）熟料的输送和冷却采用了两个独立的装置。

（5）降低了冷却空气用量，减少了冷却风机的数量，从而减少了需要进行除尘处理的过剩废气。

（6）取消了密封风机；取消了手动调节风量的闸板；取消了风室的内风管等设施。

（7）消除了活动篦板；取消了侧面密封；杜绝了漏风和漏料；取消了漏料锁风阀；篦下无须设置输送设备。

5.3.2　主要操作控制参数

正常生产时，主要通过调整篦速及篦冷机的用风量，来控制合理的篦压及料层厚度，尽量提高入窑的二次风温和入炉的三次风温。主要操作控制参数如下：

（1）熟料产量 250～270t/h。

（2）二次风温 1150～1250℃。

（3）三次风温 800～900℃。

（4）废气温度 220℃±20℃。

（5）熟料温度 100～150℃。

（6）一室篦压控制在 5～5.5kPa。

（7）料层厚度控制在 700～750mm。

（8）液压泵供油压力控制在 170～180Pa。

（9）八台风机的风门开度。八台风机的风门开度如表 6.5.1 所示。

表 6.5.1　八台风机的风门开度

固定篦床（%）	一室（%）	一室（%）	二室（%）	三室（%）	四室（%）	五室（%）	六室（%）
90～95	90～95	90～95	80～90	80～90	70～80	60～70	60～70

5.3.3　篦冷机内偏料、积料过多的处理

由于出窑熟料落点的影响，篦冷机左侧料层要高于右侧料层，造成篦冷机两侧料层分布不均匀，这时可以采取料层高一侧篦速稍快于料层低一侧篦速的办法来调整，即把左侧的一段、二段篦速稍微调快一些，右侧三段、四段篦速比左侧调低 2～3r/min，保证左侧和右侧具有比较均匀的料层厚度。

正常生产时，一室篦压控制在 5～5.5kPa，料层厚度控制在 700～750mm，液压泵供油压力控制在 170～180Pa。如果篦床上熟料层过厚，篦冷机负荷过大，液压泵油压达到 200Pa，可能会发生篦床被压死的现象。这时就要采取大幅度降低窑速、减料，同时四段篦床要分别开启，即一次只能开启其中的一段或两段，等篦冷机内熟料被推走一部分后，再开启其他段篦床。

5.3.4　出篦冷机熟料温度高及废气温度高的处理

由于出窑熟料的结粒状况较差，含有大量的细粉，它们在篦冷机内被风吹拂，漂浮在篦冷机的空间，当它们积聚、蓄积到一定程度会顺流而下，形成冲料现象，引起出篦冷机熟料温度和废气温度超高，严重时还会危及拉链机的运转。针对发生的这种现象，采取如下的技术处理措施：

（1）改善配料方案，适当降低熟料的 KH 值，提高熟料易烧性，改善熟料的结粒状况，减少熟料中的细粉含量。

（2）优化窑及分解炉的风、煤、料等操作参数，稳定窑及分解炉的热工制度，改善熟料的结粒状况，减少熟料中的细粉含量。

（3）在条件允许的情况下，尽量提高篦冷机的用风量。通过调整篦板速度控制熟料层的厚度，保证冷却风均匀通过熟料层，降低出篦冷机熟料的温度。

（4）注意观察篦冷机后三室风机电流的变化，如发现后三室风机电流有明显的依次下滑然后上升现象，表明已经发生冲料现象，这时就要及时调整篦板速度，关闭后两室的风机风门，避免有大股料涌入拉链机，避免拉链机发生事故。

（5）采取掺冷风的方法，降低篦冷机的废气温度高。

5.3.5　篦冷机堆“雪人”的预防措施

由于窑况不稳、结粒不均等现象，在篦冷机进料端易形成堆“雪人”现象，不仅严重影响窑的正常运转和熟料产质量，还直接威胁到推动棒的安全。为避免发生堆“雪人”事故，采取如下的预防措施：

（1）定期检查篦冷机前段的十一台空气炮，正常生产时的循环时间设定为 30min；如果遇到堆“雪人”事故，循环时间由 30min 调整到 20min。

（2）在篦冷机前端开设三个点检孔，要求每班两次定时检查、清扫积料情况。

（3）煤粉燃烧器的端部伸进窑内 150mm，在窑头形成大约 1.0m 左右的冷却带，降低出窑熟料温度。

（4）采用薄料快烧的煅烧方法，控制熟料结粒状况，避免熟料中的细粉过多。

任务 6　预分解窑的操作控制

任务描述：掌握预分解窑的主要操作控制参数；掌握风、煤、料及窑速等操作参数的调节控制；掌握预分解窑温度的调节控制；掌握预分解窑熟料游离氧化钙的控制。

知识目标：掌握预分解窑的主要操作控制参数；掌握风、煤、料及窑速等操作参数的调节控制。

能力目标：掌握预分解窑温度的调节控制；掌握预分解窑熟料游离氧化钙的控制。

6.1　主要操作控制参数

（1）窑传动功率

窑传动功率是衡量窑运行正常与否的主要参数。正常的窑功率曲线应该是粗细均匀，没有明显的尖峰和低谷，随窑速变化而变化。在投料量和窑速保持不变的条件下，如果窑功率曲线变细、变粗，出现明显的尖峰和低谷，均表明窑内热工制度发生了变化，需要调整其他操作参数。如果窑功率曲线持续下滑，则需高度监视窑内来料情况，必要时采取减料、减窑速办法，防止窑内窜生料，出现不合格的熟料。

烧成带温度增加时，熟料被窑壁带起的高度增加，窑功率增加，比色高温计显示的温度增加、窑尾废气中 NO_x 浓度增加；窑内有结圈，窑功率增加；窑内掉窑皮，窑功率降低，但比色高温计显示的温度降低、窑尾废气中 NO_x 浓度降低。

（2）入窑物料温度及末级预热器出口温度

入窑物料的温度决定入窑物料的分解率，在正常生产状态下，为了保证入窑物料的分解率达到 95%及以上，入窑物料的温度一般控制在 840～850℃。末级预热器出口废气温度反映分解炉内煤粉燃烧状况，如果该温度大于分解炉出口废气温度，则说明分解炉内煤粉发生了不完全燃烧现象，在正常生产状态下，末级预热器出口废气温度一般控制在 850～860℃。为了实现预热器及分解炉系统的热工制度稳定，可以用分解炉出口废气温度或最末一级预热器出口废气温度来自动调节分解炉的喂煤量。

（3）一级预热器出口废气温度和高温风机出口 O_2 浓度

这两个参数直接反映系统通风量的适宜程度，如果系统通风量偏大或偏小，可以通过调整窑尾高温风机的阀门开度或转速来实现。正常生产状态下，四级预热系统的一级预热器出口废气温度一般在 350～380℃，五级预热系统的一级预热器出口废气温度一般在 320～350℃，高温风机出口的 O_2 浓度一般在 4%～5%。如果一级预热器出口废气温度过高，可能是由于生料喂料量减少、断料、某级预热器堵塞、换热管道堵塞、分解炉用煤量增加等因素造成的。如果一级预热器出口废气温度过低，可能是由于生料喂料量增加、系统漏风、分解炉用煤量减少等因素造成的。

（4）篦冷机一室篦下压力

篦冷机一室篦下压力不仅反映一室篦床阻力和料层厚度，亦反映窑内烧成带温度的变化。当烧成带温度下降时，熟料结粒变小，致使篦冷机一室料层阻力增大，一室篦下压力必然增高。正常生产控制时，如果篦床速度增加，则料层厚度相应减薄，篦下压力值下降；若篦床速度减小，则料层厚度相应增加，篦下压力值上升。如果将一室篦下压力和篦床速度设计成自动调节回路，当一室篦下压力增高时，篦床速度自动加快，使料层厚度变薄，一室篦下压力降低，保证一室篦下压力保持不变。正常生产条件下，篦冷机一室篦下压力大约控制在4.5～5.5kPa比较合适。

（5）窑头罩负压

窑头罩负压反映冷却机鼓风量、入窑二次风、入炉三次风、煤磨烘干热风、篦冷机剩余风量之间的平衡关系。调节窑头罩压力目的，在于防止窑头冷空气侵入窑内、热空气及粉尘溢出窑外。正常生产条件下，窑头罩呈微负压，负压值一般在30～50Pa之间，不允许出现正压，否则影响窑内火焰的完整形状，损伤窑皮，影响入窑二次风量，熟料细粒、颗粒向窑外溢出、喷出，加剧窑头密封装置的磨损，恶化现场环境卫生，影响比色高温计及电视摄像头的使用效果。通过增加窑尾排风机的风量、减小篦冷机一室的鼓风量等操作方法使窑头罩负压值增加，反之亦然。如果采用开大窑头收尘风机阀门开度的方法增加窑头罩负压值，会影响窑内火焰的完整形状，影响入窑二次风量及入炉三次风量。窑头罩正压过高时，热空气及粉尘向外溢出，使热耗增加、污染环境，不利于人身安全。窑头罩负压过大时，易造成系统漏风、窑内缺氧，产生还原气氛。

（6）烧成带温度

烧成带温度直接影响熟料的产量、质量、熟料煤耗和窑衬使用寿命。当烧成带的温度发生变化时，窑系统会有多个操作参数发生变化，比如窑电流、窑扭矩、NO_x浓度、窑尾废气温度、烧成带筒体表面温度、熟料的升重以及游离氧化钙的数值等。操作员就是根据这些参数的变化趋势和幅度大小，经过综合分析判断，找出导致烧成带温度变化的真正原因，通过调整系统的风、煤、料、窑速等参数进行相应的操作干预，使烧成带的温度尽快恢复到正常值。

（7）窑尾废气温度

窑尾废气温度同烧成带温度一起表征窑内温度的热力分布状况，同最上一级预热器出口气体温度一起表征预热系统的热力分布状况。适当的窑尾温度对于预热窑内物料、防止窑尾烟室、上升烟道及预热器等部位发生结皮、堵塞十分重要。一般可根据需要控制窑尾废气温度在900～1100℃

（8）窑尾袋（电）收尘器入口气体温度

该温度对袋（电）收尘器设备安全及防止废气中水蒸气冷凝结露非常重要，如果是电收尘器，其温度控制范围是120～140℃，如果是袋收尘器，其温度控制范围是150～200℃。为了稳定这个温度，一般在增湿塔安装自动喷水装置，当电收尘器入口气体温度波动时，系统自动增减喷水量，一旦入口气体温度达到最高允许值，电收尘器高压电源将自动跳闸，防止发生安全事故。

（9）筒体表面温度

筒体表面温度可以反映窑内煅烧、窑衬厚薄等状况，是保证窑长期安全运转的一个重要监控参数。点火投料初期，窑内温度低，火焰形状不理想，可以通过观察该温度的变化，了解煤粉的燃烧状况、火焰高温区的位置，为调整火焰提供参考依据；生产过程中则是判断烧成带位置、窑皮厚薄、有无结圈的重要依据。筒体表面温度应该控制小于350℃，否则就要查明原因，采取技术措施，避免发生红窑事故。

（10）最上一级及最下一级预热器出口负压

测量预热器部位的负压值，是为了监视其阻力，以判断生料量是否正常、风机阀门是否开启、防爆风门是否关闭、各预热器是否有漏风或者堵塞情况。由于设计的风速不同，不同生产线的负压值相差很大，但其分布规律都是相同的。当最上一级预热器负压值升高时，首先要检查预热器是否堵塞，如果正常，就要结合气体分析仪的检测结果判定排风量是否过大；当负压值降低时，则应检查喂料量是否正常、防爆风门是否关闭、各级预热器是否漏风，如果正常，就要结合气体分析仪的检测结果判定排风量是否过小。

当预热器发生结皮堵塞时，其结皮堵塞部位与主排风机之间的负压值和 O_2 浓度有所提高，而窑与结皮堵塞部位间的气体温度升高，结皮堵塞的预热器下部及下料口处的负压值均有所下降，甚至出现正压，遇到这种情况，应立即停止喂料操作。

各级预热器之间是互相影响、互相制约的，生产上只要重点监测最上一级和最下一级预热器的出口负压，就可了解整个预热器系统的工作状况。

(11) 窑转速

窑的转速可以调节控制物料在窑内的煅烧时间。在正常生产条件下，只有在提高窑产量的情况下，才应该提高窑的转速，反之亦然。增加窑的转速将引起：入篦冷机熟料层厚度增加；烧成带长度降低；窑负荷降低；熟料中 f-CaO 含量增加；二次风温增加，随后由于烧成带温度降低，使得二次风温也降低；窑内填充率降低；熟料 C_3S 结晶变小。窑的转速降低，作用效果与上述结果相反。在过剩空气恒定的情况下，窑速增加相当于烧成带变短，烧成带温度下降；窑速降低相当于烧成带变长，烧成带温度上升。

(12) 生料喂料量

生料喂料量的选择取决于煅烧工艺情况所确定的生产目标值。增加生料喂料量将引起：窑负荷降低；出窑气体和出预热器气体温度降低；入窑分解率降低；出窑过剩空气量降低；出预热器过剩空气量降低；熟料中 f-CaO 的含量增加；二次风量和三次风量降低；烧成带长度变短；预热器负压增加。由于我们增加了生料的喂料量，要采取相应的技术操作：增加分解炉和窑头煤管的喂煤量；高温风机的排风量；增加窑的转速；增加篦冷机篦床速度。减少生料喂料量，产生的结果与上述情况相反。

(13) 窑速及生料喂料量

无论是哪种水泥窑型，一般都装有与窑速同步的定量喂料装置，其目的是为了保证窑内料层厚度的稳定。但对预分解窑而言，由于采用了现代化的技术装备、生产工艺及控制技术，完全能够保证窑系统的稳定运转，在窑速稍有变动时，为了不影响预热器和分解炉系统的正常运行，生料量可不必随窑速小范围的变化而变化，只有窑速变化较大时，才根据需要人工调节喂料量。所以预分解窑也可以不安装与窑速同步的定量喂料装置。

(14) 窑尾出口、分解炉出口、一级预热器出口的气体成分

窑尾、分解炉出口及预热器出口等部位的气体成分，可以反映窑内、分解炉内的燃料燃烧及通风状况。正常生产状况下，一般窑尾烟气中的 O_2 含量控制在 1.15%～1.50%，分解炉出口烟气的 O_2 含量控制在 2.00%～3.00%。系统的通风量可以通过窑尾排风机的转速及风门开度、三次风管上的风阀进行调节。当窑尾排风机的风量保持不变时，关小三次风门，即相应地减少了三次风量，增大了窑内的通风量；反之，则增大了三次风量，减少了窑内的通风量。如果保持三次风门开度不变，增大或减少窑尾排风机的风量，则相应增大或减少了窑内的通风量。

当窑尾除尘系统采用电收尘器时，对一级出口（或电收尘器入口）气体中的可燃成分

（$CO+H_2$）含量必须严加限制，因为可燃气体含量过高，不仅表明窑内、分解炉内燃料燃烧不完全，增加热耗，更主要的是容易在电收尘器内引起燃烧和爆炸。因此，当电收尘器入口气体中的可燃成分（$CO+H_2$）含量超过0.2%时，则自动发生报警，达到允许最高极限0.6%时，电收尘器高压电源自动跳闸，防止发生爆炸事故，确保安全生产。

（15）氧化氮（NO_x）浓度

NO_x 的浓度与 N_2 浓度、O_2 浓度及燃烧带温度有关，N_2 是惰性气体，在窑内几乎不存在消耗，故 NO_x 浓度就仅与 O_2 浓度和烧成带温度有关。生产实践表明，当火焰温度达到1200℃以上时，空气中的 N_2 与 O_2 反应速度明显加快，燃烧温度及 O_2 浓度越高，空气过剩系数越大，NO_x 生成量越多。生产上测量窑尾 NO_x 的浓度，一方面是为了控制其含量，满足环保要求；另一方面是作为判定烧成带温度变化的参数。

（16）篦冷机的篦床速度

篦冷机篦床速度能够控制篦床上熟料层的厚度。增加篦床速度将引起：熟料层厚度较小，篦下压力降低；篦冷机出口熟料温度增高；二次风温和三次风温降低；窑尾气体中的 O_2 含量增加；篦冷机废气温度增加；篦冷机内零压面向篦冷机下游移动；熟料热耗上升。降低篦床速度将引起：熟料层变厚，篦下压力增加；篦冷机出口熟料温度降低；二次风温和三次风温上升；篦冷机内零压面向篦冷机上游移动；熟料热耗下降。

（17）篦冷机排风量

篦冷机排风机是用来排放冷却熟料气体中不用作二次风和三次风的那部分多余气体，篦冷机排风机的风量一般是通过调节风机的转速和入口风门开度来实现的。在鼓风量恒定的情况下，增大排风机风门开度将引起：二次风量和三次风量减小，排风量增大；篦冷机出口废气温度上升；二次风温和三次风温增高；二次风量和三次风量体积流量减少；窑头罩压力减小，预热器负压增大；窑头罩漏风增加；分界线向篦冷机上游移动；窑尾气体中 O_2 含量降低；热耗增加。在鼓风量恒定的情况下，减小排风机阀门开度作用效果与上述结果相反。在调节篦冷机排风机风量时，除保持窑头罩为微负压以外，还应特别注意窑尾负压的变化，要保证窑尾 O_2 含量在正常范围内。

（18）篦冷机鼓风量

篦冷机鼓风量是用来保证出窑熟料的冷却及燃料燃烧所需要的二次风和三次风。增加篦冷机的鼓风量将引起：篦冷机篦下压力上升；出篦冷机熟料温度降低；窑头罩压力升高；窑尾 O_2 含量上升；篦冷机废气温度增加；零压面向篦冷机上游移动；熟料急冷效果更好。减少篦冷机的鼓风量，作用效果与上述结果相反。

（19）高温风机的风量

高温风机是用来排除物料分解和燃料燃烧产生的废气、保证物料在预热器及分解炉内正常运动。通过调节高温风机的转速和风门开度，来满足煤粉燃烧所需的氧气。提高高温风机转速将引起：系统拉风量增加；预热器出口废气温度增加；二次风量和三次风量增加；过剩空气量增加；系统负压增加；二次风温和三次风温降低；烧成带火焰温度降低；漏风量增加；篦冷机内零压面向下游移动；熟料热耗增加。降低高温风机转速时，产生的结果与上述情况相反。

（20）分解炉喂煤量

分解炉喂煤量决定着入窑生料的分解率，无论煤量是增加还是减少，助燃空气量都应该相应的增加或减少，入窑物料分解率应控制在95%及以上，分解率过高易造成末级预热器内结皮。

增加分解炉喂煤量将引起：入窑分解率升高；分解炉出口和预热器出口过剩空气量降低；分解炉出口气体温度升高；烧成带长度变长；熟料结晶变大；末级预热器内物料温度上升；预热器出口气体温度上升；窑尾烟室温度上升。减少分解炉的喂煤量，产生的结果与上述情况相反。

(21) 窑头喂煤量

窑头喂煤量与烧成系统的热工状况、生料喂料量及系统的排风量有着直接的关系。在保证有足够的助燃空气的情况下，增加窑头喂煤量将引起：出窑过剩空气量降低；火焰温度升高；若加煤量过多，将产生 CO，造成火焰温度下降；出窑气体温度升高；烧成带温度升高，窑尾气体 NO_x 含量上升；窑负荷增加；二次风温和三次风温增加；出窑熟料温度上升；烧成带中熟料的 f-CaO 含量降低。减少窑头喂煤量，产生的结果与上述情况相反。

(22) 三次风

三次风是满足分解炉内燃料燃烧所需要的助燃空气。三次风是来自于篦冷机的热风，温度一般控制在 900℃左右，通过三次风管上的阀门来进行调节。增加三次风阀门开度将引起：三次风量增加，同时三次风温也增加；二次风量减少；窑尾气体中 O_2 含量降低；分解炉出口气体中 O_2 含量增加；分解炉入口负压减小；烧成带长度变短。减小三次风阀门开度，作用效果与上述结果相反。

6.2　风、煤、料及窑速的调节控制

操作预分解窑的主要任务就是调整风、煤、料及窑速等操作参数，稳定窑及分解炉的热工制度，实现优质、高产、低耗。

(1) 窑和分解炉用风量的调节控制

窑和分解炉用风量的分配是通过窑尾缩口闸板开度和三次风门开度来实现的。当高温风机的排风总量不变时，增加窑尾缩口闸板开度，就相当于增加了窑内用风量，减少了分解炉的用风量，反之亦然。正常生产情况下，窑尾 O_2 含量一般控制在 1.5%～2.00%左右，分解炉出口 O_2 含量一般控制在 2.00%～3.00%左右。如果窑尾 O_2 含量偏高，说明窑内通风量偏大，其现象是窑头、窑尾负压增大，窑内火焰明显变长，窑尾温度偏高，分解炉用煤量增加了，但炉温不升高，而且还有可能下降。出现这种情况，在窑尾喂料量不变的情况下，适当关小窑尾缩口闸板开度，如果效果不明显，再适当增加三次风门开度，增加分解炉燃烧空气量，与此同时，再相应增加分解炉用煤量，提高入窑生料 $CaCO_3$ 的分解率。如果窑尾 O_2 含量偏低，说明窑内用风量偏小，炉内用风量偏大，这时应适当关小三次风门开度，也可增大窑尾缩口闸板开度，再增加窑头用煤量，提高烧成带的煅烧温度。

(2) 窑和分解炉用煤比例的调节控制

分解炉的用煤量主要是根据入窑生料分解率、末级预热器及一级预热器的出口废气温度来进行调节的。当窑和分解炉的风量分配合理，如果分解炉用煤量过少，则分解炉温度低，入窑生料分解率低，末级和一级预热器的出口废气温度低。如果分解炉用煤量过多，影响分解炉内煤粉的燃尽率，发生不完全燃烧反应，有一部分煤粉随烟气到末级预热器内继续燃烧，极可能致使末级预热器下两锥体、预热管道等部位产生结皮或堵塞。

窑的用煤量主要根据生料喂料量、入窑生料 $CaCO_3$ 分解率、熟料立升重和 f-CaO 含量

等因素来确定的。用煤量偏少，烧成带温度会偏低，熟料立升重低，f-CaO 含量高；用煤量偏多，窑尾温度过高，废气带入分解炉的热量过高，影响分解炉的用煤量，致使入窑生料分解率降低，不能发挥分解炉应有的作用。同时，窑的热力强度增加，损伤烧成带的窑皮，影响耐火砖的使用寿命，降低窑的运转率，影响熟料的产量。

窑及分解炉的用煤比例还和窑的转速、窑的长径比及燃烧的性能等因素有关，正常生产条件下，窑的用煤比例一般控制在 40%～45%，分解炉的用煤比例控制在 60%～65%比较理想，窑的规格越大，生产能力越大，分解炉用煤的比例也越大。

（3）窑速及喂料量的调节控制

高质量的熟料不是靠延长物料在窑内的停留时间获得的，而是靠合理的煅烧温度及煅烧受热均匀程度获得的。如果物料在窑内的停留时间过长，熟料的产量和质量都会受到不同程度的影响。

在窑喂料量不变的前提下，如果窑速加快，会使窑内物料的填充率降低，这时窑内的产量没有增加，但属于薄料快转操作，有利于熟料煅烧受热的均匀性，生产的熟料质量好。同时，热烟气传热效果好，熟料热耗降低，窑皮及耐火砖受热均匀，不会受到损伤，增加窑的安全运转周期。

当窑速与生料下料量同步，如果保持窑内物料的填充率不变，则窑的产量时刻随着窑速的变化而变化，但窑的热负荷时刻在改变，窑皮及耐火砖的受热不均匀，会受到损伤，影响窑的安全运转周期。这种操作方法只有在入窑生料分解率达到 95%及以上的前提下采用才奏效。很多小型的预分解窑生产线进行技术改造，扩大分解炉的容积，增加分解炉的预分解能力，之后再采取提高窑速的办法，可以大幅度提高窑的产量，取得了较好的生产效果。

薄料快转是预分解窑的显著操作特点。窑速快，则窑内料层薄，生料与热气体之间的热交换好，物料受热均匀，进入烧成带的物料预烧好，即使遇到垮圈、掉窑皮或小股塌料，窑内热工制度变化小，此时增加一点窑头用煤量，变化的热工制度很快就能恢复正常。如果窑速太慢，则窑内料层厚，物料与热气体热交换效果差，物料受热不均匀，窑内热工制度稍有变化，生料黑影就会逼近窑头，极易发生跑生料现象，这时即使增加窑头喂煤量，热工制度也不能很快恢复正常，影响熟料的质量。

（4）风、煤、料及窑速的合理匹配

窑和分解炉用煤量取决于生料喂料量；系统的风量取决于用煤量；窑速与喂料量同步，取决于窑内物料的煅烧状况。所以风、煤、料和窑速既相互关联，又相互制约。

对于一定的生料喂料量，如果分解炉的用煤量过少，物料的分解反应受到影响，入窑物料分解率降低，物料进窑后还要继续发生 $CaCO_3$ 分解反应，但窑内的物料是呈堆积状态的，而分解炉的物料是呈悬浮状态的，两者的热交换条件截然不同，效果相差天壤之别，这些预热分解很差的物料进入烧成带，严重影响煅烧反应，直接影响熟料的质量。如果分解炉的用煤量过多，分解炉内的煤粉会发生不完全燃烧反应，有一部分煤粉跑到下一级预热器内燃烧，可能造成换热管道及下两锥体等部位形成结皮和堵塞；同时，入窑物料预烧好，容易提前产生液相，造成窑内产生后结圈。

对于一定的生料喂料量，如果窑系统的用风量过少，窑内容易形成还原气氛，煤粉发生不完全燃烧反应，不仅增加熟料的煤耗，而且还容易产生黄心料，影响熟料的质量。如果分解炉的用风量过少，炉内形成还原气氛，煤粉发生不完全燃烧反应，影响入窑物料分解率，造成下一级预热器换热管道及下料锥体等部位形成结皮和堵塞。

在风、煤、料一定的情况下，如果窑速太快，尽管有利于热烟气和物料之间的热交换，但烧成带的温度降低很快，影响物料的烧成反应，还容易发生跑生料现象；如果窑速太慢，则窑内料层厚度相对增加，影响物料的热交换。同时，烧成带的温度容易升高，损伤窑皮，影响耐火砖的使用寿命。

（5）风、煤、料及窑速的调整原则

优先调整用风量和用煤量，其次调整生料喂料量，每次调整的幅度大约 1%～2%，如果调整后的效果不理想，最后再调整窑速。

6.3　预分解窑温度的调节控制

6.3.1　控制回转窑温度的原则

控制预分解窑的温度，主要控制的是烧成带温度。烧成带的温度直接影响熟料的产量、质量、煤耗和耐火砖的使用寿命。所以控制预分解窑温度的原则就是：延长耐火砖的使用周期；实现优质、高产、低耗。

6.3.2　判断烧成带温度的方法

（1）火焰的温度

火焰的温度可以用比色温度计直接测量，但测量难度很大，生产上一般通过蓝色钴玻璃观察火焰颜色来间接判定：正常的火焰高温部分处于中部呈白亮，其两边呈浅黄色。

（2）熟料被窑壁带起的高度

正常熟料被窑壁带到和燃烧器中心线几乎一样高度后下落。物料温度过高时，被带起的高度比正常时高，下落时黏性较大，翻滚不灵活。物料温度低时，被带起的高度比正常时低，下落时黏性较小，顺窑壁滑落。

（3）熟料颗粒的大小

正常熟料粒径大多数在 5～15 范围，外表致密光滑，并有光泽。温度过高，液相量增加，熟料颗粒粗大，结块多；温度低时，液相量少，熟料颗粒细小，表面结构粗糙、疏松，甚至为粉状。

（4）熟料立升重和 f-CaO 的高低

熟料立升重是指每升粒径为 5～7mm 的熟料质量。正常生产条件下，烧成温度高，熟料结粒致密，立升重高而 f-CaO 低；烧成温度低，则立升重低而 f-CaO 高。

6.3.3　烧成带温度高

6.3.3.1　表现的症状及现象

（1）烧成带的熟料被窑壁带起的高度增加，熟料结粒明显变粗、变大，出窑熟料的大颗粒明显增多。

（2）火焰的颜色明显变得白亮，形状笔挺，呼啸着伸向窑内方向，没有一点反扑现象，看起来很是活泼有力。

（3）中控 CRT 监控画面上的窑电流、窑扭矩、二次风温、三次风温、窑尾废气温度、NO_x 浓度等参数均有不同程度的升高。

（4）窑前一次风机在没有改变转速的条件下，风压、电流均有不同程度的增大。

(5) 烧成带温度过高时，煤粉燃烧速率极快，火焰甚至没有黑火头，窑内白亮刺眼，物料颜色、火焰颜色、窑皮颜色清晰可辨。

6.3.3.2 主要原因

(1) 窑尾下料量明显减少而用煤量没有及时减少。

(2) 窑尾下料量没有变化而用煤量控制的偏高。

(3) 多通道燃烧器的旋流风比例控制偏大，轴流风比例偏小，致使火焰长度太短，火焰的高温区过于集中。

(4) 二次风温偏高，煤粉燃烧速率过快，火焰的黑火头过短或没有黑火头，造成火焰高温区前移。

(5) 长时间慢转窑。

(6) 生料的易烧性变好。

(7) 煤质变好。

6.3.3.3 处理方法

(1) 如果烧成带的温度升高不是很大，适当减少窑头的用煤量即可产生明显效果。

(2) 如果烧成带的温度升高很大，物料的液相明显增多而且发黏，则首先要减少窑头用煤量，增加窑的转速，再减小燃烧器的旋流风量、增加轴流风量，增加篦冷机的一室风量，增大窑系统的排风量，使火焰拉长。待火焰颜色正常、熟料结粒正常后再逐渐恢复用煤量和窑速。

6.3.4 烧成带温度低

6.3.4.1 表现的症状及现象

(1) 烧成带的熟料被窑壁带起的高度降低，熟料结粒明显变细、出窑熟料的细粉明显增多，进篦冷机时扬起的灰尘较大。

(2) 火焰的颜色明显变暗，由白色变为粉红色，黑火头的长度逐渐变长。

(3) 中控CRT监控画面上的窑电流、窑扭矩、二次风温、三次风温、窑尾废气温度、NO_x 浓度等参数均有不同程度的降低。

(4) 熟料的立升重、游离氧化钙的数值较正常值偏低。

6.3.4.2 主要原因

(1) 窑头用煤量偏小，烧成带的热力强度偏低。

(2) 风、煤、料及窑速等参数控制的不合理，形成细长火焰，高温区不集中。

(3) 窑尾预热器系统出现塌料，入窑物料分解率降低。

(4) 煤质发生变化，比如发热量降低、灰分增加、挥发分减少等。

(5) 入窑生料的 KH、SM 升高，生料的易烧性变差。

(6) 窑内后结圈垮落、厚窑皮脱落。

(7) 篦床上的料层厚度变薄，二次风温降低。

6.3.4.3 处理方法

(1) 当烧成带温度降低较少时，只需要适当增加窑头喂煤量，就可以取得明显效果。

(2) 如果是预热器严重塌料、窑内垮落大量后结圈等因素引起的窑内温度大幅度降低，这时首先就要减少喂料量、降低窑速，同时要增大旋流风量，降低轴流风量，降低篦冷机的转速，提高二次风温，在保证煤粉完全燃烧的条件下，适当增加用煤量。

6.3.5 窑尾温度过高

6.3.5.1 表现的症状及现象

(1) 分解炉出口废气温度升高。

(2) 最低级预热器出口废气温度升高。

(3) 当分解炉采取自动控制时加不进正常煤量。

(4) 窑尾负压增大，窑尾烟室 O_2 含量增高。

(5) 窑内火焰的黑火头变长，烧成带温度降低。

(6) 预分解系统温度和压力基本正常，入窑生料 $CaCO_3$ 分解率偏低。

6.3.5.2 主要原因

(1) 某级旋风预热器可能发生堵塞。

(2) 窑头用煤量过多。

(3) 分解炉用煤量过少。

(4) 窑内通风量过大，火焰偏长，高温区后移。

(5) 煤质变差，比如挥发分减小、灰分增加、煤粉细度变粗，造成煤粉的燃烧速度减慢。

(6) 窑速过慢。

6.3.5.3 处理方法

(1) 停止向预热器喂料，停止向窑、炉的喂煤。

(2) 适当减少窑头用煤量。

(3) 适当增大分解炉的用煤量。

(4) 增大三次风阀的开度，增大分解炉的用风量，减少窑内用风量。

(5) 适当增大一次风量，同时减少轴流风量、增大旋流风量。

(6) 增加分解炉的用煤比例缓慢提高窑速。

6.3.6 窑尾温度过低

6.3.6.1 表现的症状及现象

(1) 窑头出现正压，严重时发生反火现象。

(2) 窑尾负压明显下降，甚至为零。

(3) 煤粉的燃烧速度加快，火焰的黑火头缩短，高温区明显前移。

(4) 最低级预热器的出口废气温度降低。

(5) 分解炉出口的废气温度降低。

6.3.6.2 主要原因

(1) 某级预热器发生塌料现象。

(2) 窑内严重结后圈。

(3) 窑尾烟室及缩口等部位严重结皮。

(4) 预热器系统严重漏风。

(5) 煤的挥发分增高、灰分降低、细度变细，煤粉的燃烧速度加快。

(6) 窑尾生料量增加，入窑物料的分解率降低。

(7) 窑用煤量减少。

(8) 热电偶上积料、结皮。

6.3.6.3 处理方法

（1）减少生料喂料量，适当降低窑速，增加窑头用煤量。

（2）采取冷热交替的办法，处理窑内的后结圈。

（3）采用空气炮、水枪、钢钎等工具，及时清理窑尾烟室及缩口等部位的结皮。

（4）检查并处理预热器系统的漏风问题。

（5）减少一次风量，并且增加轴流风量、降低旋流风量，增加火焰的长度。

（6）适当减少窑尾生料量，适当增加分解炉的用煤量，提高入窑物料的分解率降低。

（7）增加窑头用煤量。

（8）清理热电偶上的积料、结皮。

6.3.7 烧成带温度低，窑尾温度高。

6.3.7.1 产生的症状及现象

（1）火焰较长，黑火头长。

（2）窑皮及物料的温度都低于正常生产时的温度。

（3）烧成带物料被窑壁带起的高度低。

（4）熟料结粒细小、结构疏松多孔、立升重低、f-CaO 含量高。

（5）二次风温低。

6.3.7.2 主要原因

（1）系统风量过大或窑内风量过大。

（2）煤粉质量差，比如灰分高、挥发分低、水分大、细度粗，煤粉燃烧速度慢，易产生后燃现象。

（3）多风道燃烧器的旋流风、轴流风的比例控制不合理，造成火焰细长、不集中。

（4）二次风温过低。

6.3.7.3 处理方法

（1）适当降低系统的风量，或加大三次风阀开度，降低窑内风量。

（2）严格控制煤粉质量，如果煤粉质量差，适当降低出磨煤粉的水分和细度指标。

（3）合理调整多风道燃烧器的位置，适当增加旋流风、降低轴流风的比例，获得比较理想的火焰的形状、长度。

（4）合理调整篦床速度、篦床料层的厚度、各室的风量配置等，获得比较理想的二次风温。

6.3.8 烧成温度高，窑尾温度低。

6.3.8.1 产生的症状及现象

（1）煤粉的燃烧速度快，几乎没有黑火头，火焰长度比较短。

（2）火焰、窑皮及物料的温度均高于正常生产时的温度，整个烧成带白亮耀眼。

（3）熟料结粒粗大，物料被窑带起的高度高，孰料立升重高，f-CaO 含量也高。

（4）窑电流偏高、扭矩偏高。

6.3.8.2 主要原因

（1）燃烧器的燃烧冲量过强，火焰白亮且短。

（2）煤粉质量好，比如挥发分高、灰分小、细度细、水分低。

（3）系统风量过小，窑内通风过小。

（4）窑内有后结圈或长厚窑皮，严重影响窑内通风。

6.3.8.3　处理方法

（1）适当调节内风与外风的比例，减小内风、增大外风。

（2）出磨煤粉的水分指标适当提高，细度控制指标适当提高。

（3）增大系统风量，减小三次风阀门开度，增大窑内的通风量。

（4）适当减小喂料量，移动喷煤管的位置，采用冷热交替法处理后结圈或长厚窑皮。

6.3.9　烧成温度低，窑尾温度低。

6.3.9.1　产生的症状及现象

（1）窑皮、物料的温度都低于正常时的温度，窑内呈现暗红色。窑尾废气温度也低，窑体温度低，窑电流低。

（2）熟料颗粒细小而发散，被窑壁带起的高度明显低，并顺着窑皮表面滑落。

（3）熟料的表面疏松多孔、无光泽、立升重低、f-CaO含量高。

6.3.9.2　原因分析

（1）窑尾喂料量增加，下料不均匀，造成物料预烧差。

（2）煅烧系统漏风严重，正常窑内排风量不足。

（3）煤质变差，比如煤粉的灰分大、挥发分小、发热量低，造成烧成带热力强度降低。

（4）生料的饱和比高、硅率过高，物料易烧性差，煅烧困难。

（5）窑速偏快。

6.3.9.3　处理方法

（1）减小窑尾喂料量，保证物料的预烧。

（2）找到煅烧系统漏风点，并采取堵漏措施解决漏风问题。

（3）适当增加窑头用煤量，增加一次风量，并增加内风、减小外风。

（4）改变生料的配料方案，降低生料的饱和比和硅率。

（5）适当降低窑速，不盲目追求快转率。

6.3.10　烧成温度高，窑尾温度高。

6.3.10.1　产生的症状及现象

（1）烧成带物料发黏，物料被窑壁带起的高度明显增大，物料翻滚不灵活，有时物料呈现饼状。

（2）窑电流偏高、窑扭矩偏高。

（3）窑筒体表面温度偏高。窑尾废气温度高，烧成带温度也高。

（4）出窑熟料的颗粒增大，熟料的表面致密，立升重偏高、f-CaO含量偏低。

6.3.10.2　原因分析

（1）窑头用煤量偏大。

（2）煤质好，比如煤粉的灰分小、挥发分大、发热量高，造成烧成带的热力强度增加。

（3）生料饱和比低、硅率偏低，物料易烧性好。

（4）入窑物料预烧好。

6.3.10.3　处理方法

（1）适当减少窑头用煤量。

（2）调整燃烧器的内外风比例，适当减少内风、加大外风。

（3）在保证生料易烧性的前提下，适当提高生料饱和比和硅率。

（4）适当增加窑尾下料量，并提高窑速。

6.3.11 错误的温度调节方法

（1）窑头恒定用煤量

生产中常常见到这样的情况：不管窑内温度如何变化，连续几个班甚至几天时间，操作员就是不改变窑头的用煤量，除非是点火投料才不得不调节改变窑头的用煤量。当烧成带的温度降低时，不管降低的幅度和原因，只是一味地增加分解炉的用煤量，靠提高入窑物料分解率来强制提高烧成带的温度。这样的操作很容易引起以下不良后果：预分解系统温度控制偏高，增加其烧结性结皮、堵塞的几率；生成的矿物在较长放热反应带内没有发生化学反应，其化学活性会降低，不利于烧成带 C_3S 矿物的形成；只对没有入窑的物料有理论上的帮助，对窑内物料不能起到促进煅烧作用。

操作员这样做的主要原因是担心增加窑头用煤量后出现还原气氛而产生黄心料。其实形成黄心料的原因还有多种，比如熟料结粒过大，内核部分致密，空气渗透性差；形成高浓度的贝利特和硫酸盐，减少了熟料的渗透性；硫化物及碱的存在；窑内高温煅烧增加了燃烧气体中 SO_3 的组分，促进了硫酸碱的挥发等。因此当烧成带温度降低时，最有效的操作方法就是在保证煤粉完全燃烧的前提下，适当增加窑头用煤量。

（2）调节窑速和窑头用煤量改变窑内煅烧温度

大多数的水泥生产企业，操作员的奖金和工资主要取决于其产量和质量指标的完成情况。基于这种考核方案，当烧成带温度升高时，操作员首先想到的是增加下加料量以提高产量；烧成带温度降低时，操作员首先想到的是增加窑头用煤量，即使窑内产生还原气氛也不放弃加煤，实在顶不住了就慢转窑。预分解窑采用的是薄料快转法，如果采用降低窑速和加煤的方法来提高窑内煅烧温度，窑内很容易产生还原气氛，煤粉产生不完全燃烧现象，增加形成黄心料的几率，影响熟料的产量和质量。

（3）忽视筒体表面温度的监控

筒体温度可以间接反映窑内煅烧、窑衬的厚薄等情况，是保证窑长期安全运转的一个重要参数。点火投料初期，窑内温度低，火焰形状不理性，可以通过观察该温度的变化，了解煤粉的燃烧状况、火焰高温区的位置，为调整火焰提供参考依据；生产过程中则是判断烧成带位置、窑内窑皮厚薄、窑内有无结圈等的重要依据。

预分解窑采用的是三通道或者四通道煤粉燃烧器，风量调节灵活，风煤混合均匀，煤粉燃烧快，火焰形状比较理想，窑内窑皮平整均匀；窑径较大、窑速快、烧成带热力强度相对较低，使用优质耐火材料，发生掉砖、红窑等事故大大减少，所以一部分操作员就忽视了对筒体表面温度的监控，当温度升高到 400℃时居然也没有引起重视，结果发生了掉砖红窑事故，筒体留下永久黑疤，产生永久的变形，严重影响耐火砖的砌筑。因此操作员一定要加强对筒体表面温度的监控，发现其升高异常，要及时调整火焰的高温区，防止筒体发生严重变形事故。

6.4 预分解窑熟料游离氧化钙的控制

6.4.1 游离氧化钙产生的原因及分类

游离氧化钙是熟料中没有参加化学反应，而是以游离状态存在的氧化钙，它反映煅烧过程中氧化钙与氧化硅、氧化铝、氧化铁等反应后的剩余程度。

（1）轻烧游离氧化钙

由于窑尾下料量不稳、预热器塌料、窑内掉窑皮、燃料煤粉的成分发生变化、火焰形状不理想等因素的影响，使部分生料经受的煅烧温度不足，在 1100～1200℃的低温条件下形成游离氧化钙。这些游离氧化钙主要存在于生料黄粉以及包裹着生料粉的夹心熟料中，它们对水泥安定性危害不严重，但会降低熟料的强度。

（2）一次游离氧化钙

由于生料配料中的氧化钙成分过高、生料细度过粗、煅烧温度低时，熟料中存在没有与 SiO_2、Al_2O_3、Fe_2O_3 进行完全化学反应而形成的游离氧化钙。这些 f-CaO 经高温煅烧呈“死烧状态”，结构致密、晶体粒径大约 10～20μm，遇水形成 $Ca(OH)_2$ 的反应很慢，通常至少需要三天才发生明显的化学反应，至水泥硬化之后又发生大约 97.9%的固相体积膨胀，在水泥石或混凝土的内部形成局部膨胀应力，使其产生变形或开裂崩溃。

（3）二次游离氧化钙

由于熟料的冷却速度较慢、还原气氛条件下 C_3S 分解成 CaO 及 C_2S、熟料中的碱成分等量取代出 C_3S、C_3A 中的 CaO 等原因而形成的游离氧化钙。这些 f-CaO 是重新游离出来的，故称为二次游离氧化钙，对水泥强度、安定性均有一定影响。

所以，当生产中出现 f-CaO 含量高时，就应该先找到造成 f-CaO 含量高的原因，再采取相应的处理措施。

6.4.2　游离氧化钙含量控制过低的不利影响

（1）游离氧化钙低于 0.5%时，熟料往往呈过烧、甚至是“死烧”状态，此时的熟料缺乏活性，易磨性及强度肯定受到影响。

（2）过低控制熟料中的游离氧化钙含量，就要增加烧成带的热力强度，损伤烧成带的窑皮及耐火砖，影响耐火砖的使用寿命。

（3）增加熟料的热耗和水泥粉磨电耗。

据国外 1989 年 8 月出版的 ICR 杂志报导，熟料中 f-CaO 每降低 0.1%，熟料热耗就要增加 58.5kJ/kg；使用这种熟料磨制水泥，其分步电耗就要增加 0.5%，这种消极影响在 f-CaO低于 0.5%时表现得更明显、更突出。

国内大多数新型干法水泥企业都忽视了游离氧化钙指标过低的不利影响，常将预分解窑熟料f-CaO指标笼统地定在≤1.5%，只是规定了指标上限而没有对下限做出限定，这种不科学的做法，可以通过以下的生产个案计算得到证明。

一条日产 5000t 熟料的水泥生产企业，如果将熟料 f-CaO 控制指标由 1.00%提高到 1.30%，f-CaO 控制指标提高了 0.3%，相当于熟料热耗大约降低 175.5kJ/kg，假设水泥窑每年实际运转 300d，煤炭的低位发热量是 5500kcal/kg，则一年可以节约煤炭量：

$$5000\times1000\times175.50/4.18\times300/5500/1000=11450\text{t}$$

如果煤炭的价格是 800 元/吨，则每年可节约购煤费用 916 万元，折算每吨熟料节约用煤成本 58.5×3×00/4.18/5500＝6.10 元。

如果水泥粉磨分步电耗是 30kW·h/t，全年生产水泥 250 万吨，则每年节约电能 30×0.5%×3×250＝112.5 万千瓦·时，如果电价按 0.75 元/千瓦时计算，则每年节省电费 84.3 万元。所以一年节煤及节电创造的经济效益 916＋84.3＝1000.3 万元。

通过以上计算可知，在保证水泥安定性合格的前提下，f-CaO 控制指标上限适当提高 0.3%，则日产 5000t 熟料的水泥企业，每年节煤及节电创造的经济效益超过千万！所以制定 f-CaO 的控制指标，不但要考虑控制上限，也要考虑控制下限，其合理的控制范围应当是 0.5%～1.5%

6.4.3 游离氧化钙高的原因及处理

6.4.3.1 熟料率值的影响及处理

预分解窑一般采用“两高一中”的配料方案。在实际生产中，如果 *KH* 过高，*SM* 和 *IM* 过高或过低，就容易造成熟料中的 f-CaO 含量偏高。

（1）如 *KH* 过高，则生料中的 CaO 含量相对较高，煅烧形成 C_3S 后，没有被吸收的以游离状态存在的 CaO 含量相对较高，即熟料中的 f-CaO 含量相对较高。所以熟料中的 *KH* 值不能控制得过高，一般在 0.90±0.02 比较合适。

（2）如 *SM* 过高，则煅烧过程中产生的液相量会偏少，烧成吸收反应很难进行，造成熟料中的 f-CaO 含量相对偏高。如 *SM* 过低，则煅烧过程中产生的液相量会偏多，窑内容易结圈、结球，造成窑内通风不好，影响烧成吸收反应的进行，也容易造成熟料中的 f-CaO 含量相对偏高。所以熟料中的 *SM* 值控制得不能过高或过低，一般在 2.60±0.10 比较合适。

（3）如 *IM* 过高，则煅烧过程中产生的液相黏度偏大，烧成吸收反应很难进行，造成熟料中的 f-CaO 含量相对偏高。如 IM 过低，则煅烧过程中产生的液相黏度偏小，烧结温度范围变窄，煅烧温度不容易控制，温度控制高了容易结大块，温度控制低了容易造成生烧，这两种情况都容易使熟料中的 f-CaO 含量相对偏高。所以熟料中的 *IM* 值控制得不能过高或过低，一般在 1.60±0.10 比较合适。

6.4.3.2 生料细度的影响及处理

（1）生料细度的影响

从煅烧角度来说，生料颗粒越细、越均匀，比表面积越大，生料的易烧性越好，烧成的吸收反应越容易进行，熟料中的 f-CaO 含量越低。但是生料的细度控制的越细，生料磨的台时产量就会降低越多，生料的分步电耗就会升高。

（2）生料细度的最佳指标

当生料 0.08mm 筛余指标控制在≤18%时，窑和生料磨的台时产量、熟料 f-CaO 的合格率、熟料强度等指标都比较理想。当生料 0.08mm 筛余指标放宽到≤20%时，窑的台时产量、熟料 f-CaO 的合格率、熟料强度等指标都受到影响，但影响程度不是很大，所以当生料库存量不是很充足时，可以适当放宽生料细度指标而追赶库存量。当生料 0.08mm 筛余指标放宽到≤22%时，窑的台时产量、熟料 f-CaO 的合格率、熟料强度等指标受到很大影响，熟料 f-CaO 的合格率可以达到 80%，但很难达到 85%及以上。所以生料 0.08mm 筛余的最佳指标应该控制在≤20%，且 0.2mm 筛余指标应该控制在≤1.0%。

6.4.3.3 煤的影响及处理

（1）窑头喂煤量正常时，煅烧的熟料外表光滑致密，砸开后断面发亮，熟料的升重和 f-CaO的指标都比较理想，而且合格率都可以达到 85%及以上。

（2）窑头喂煤量稍多时，熟料结粒变大，外表光滑致密，砸开后偶有烧流迹象，并且拌有少量黄心料，熟料的升重指标偏高，f-CaO 含量偏低。但窑头喂煤量过多时，烧成带后部、窑尾烟室温度容易升高，造成烧成带容易结后圈，窑尾烟室容易结皮，影响窑内通风和煅烧，造成熟料中的 f-CaO 含量偏高。所以窑头喂煤量不能控制得过多。

(3) 窑头喂煤量较少时，熟料结粒变小，外表粗糙、无光泽、不致密，砸开后疏松多孔，熟料的升重指标偏低，f-CaO 含量偏高。所以窑头喂煤量不能控制得过少。

(4) 当煤中的灰分≥28%、发热量≤20900kJ/kg 时，火焰的温度明显降低，烧成带的温度明显降低，熟料中的 f-CaO 含量明显增加。这时采取的措施是：降低煤粉的细度，其 0.08mm 筛余指标控制≤10%；降低煤粉的水分含量，其指标控制≤1.5%；适当提高一次风的风压，加大旋流风的比例，其目的在于提高煤粉的燃烧速度，提高烧成带的火焰温度。

(5) 当煤中的硫含量偏高时，容易造成熟料中的 SO_3 含量偏高。当熟料中的 SO_3 含量≥0.8%时，窑尾烟室及上升烟道容易结皮。这时采取的措施是：加强人工清理窑尾烟室及上升烟道的结皮；减少窑头喂煤量；适当提高熟料的 *SM* 值。

(6) 当煤粉水分由 1%增加到 3%时，煤粉的燃烧速度受到严重影响，烧成带的温度明显下降，火焰明显变长，窑内容易结圈、结球，熟料 f-CaO 的合格率很低，甚至低于 60%。如果长时间使用这种煤，这时应该采取的措施是：改变配料方案，适当降低 *KH*、*SM* 和 *IM*，目的在于改善生料的易烧性，减少窑内结后圈、结球现象，提高熟料 f-CaO 的合格率。

6.4.3.4　石灰石的影响及处理

(1) MgO 的影响及处理

石灰石中含有过高的 $MgCO_3$，容易造成熟料中的 MgO 含量偏高。当熟料中的 MgO 含量超过 3.5%时，容易造成液相提前产生，窑内容易结后圈、结球，影响窑内通风。这时采取的措施是：提高熟料的 *SM* 值，以降低液相量；提高熟料中的 Fe_2O_3 含量，改善熟料的结粒状况，以提高熟料的升重，降低熟料中的 f-CaO 含量。

(2) 结晶石英的影响及处理

当石灰石中的结晶石英≥4%时，窑和生料磨的台时产量明显下降，熟料 f-CaO 含量明显偏高。这时采取的措施是：降低出磨的生料细度，其 0.08mm 筛余指标控制≤16%。

6.4.3.5　燃烧器的影响及处理

(1) 燃烧器定位不正确

①燃烧器太偏向物料，会造成一部分煤粉被裹入物料层内而不能充分燃烧，在窑内产生还原气氛，导致火焰温度降低，严重时还会造成窑内结球、结圈，影响窑内通风，造成熟料 f-CaO 含量偏高。

②燃烧器太偏离物料，造成火焰细长而不集中，出现火焰后移现象，导致火焰温度降低，熟料结粒疏松，f-CaO 含量偏高。

③采取的措施是合理定位燃烧器位置：冷态下燃烧器中心线和窑内衬料的交点，距离窑口大约是窑长度的 65%～75%；燃烧器伸进窑口内 100～200mm，中心点偏下 50mm、偏料 30mm。煤粉质量变好时，可将燃烧器内伸 50～100mm，相反，煤粉质量变差时，可将燃烧器外拉 50～100mm。

(2) 燃烧器的结焦及变形

燃烧器前端结焦或变形，影响火焰的对称性和完整性，形成分叉火焰和斜火焰，造成煤粉的不完全燃烧，火焰温度明显降低，烧成带热力强度降低，造成熟料中的 f-CaO 含量偏高。这时采取的措施是：清理燃烧器前端的结焦；修复变形的风管或更换燃烧器。

(3) 燃烧器风道磨穿

多风道燃烧器是靠高速的外风、中速的内风及低速的煤风之间的速度差来实现煤粉和风之间的充分混合的。一旦风管被磨穿，各风道的风量、风速及风向都会发生变化，其优越的性能就不能充分发挥出来，影响煤粉的燃烧，造成熟料中的 f-CaO 含量偏高。风道磨穿的征兆是一次风机的风压降低、电流降低；输送煤粉的罗茨风机的风压升高、电流增大；严重时中心管向外冒煤粉。这时采取的措施是：修复磨穿的风管或更换燃烧器；经常清理罗茨风机的滤网，避免由于滤网的堵塞而造成风压降低。

6.4.3.6 风的影响及处理

(1) 一次风的使用

煤质好时一次风的压力可以控制低些；煤质差时一次风的压力可以控制高些。生产之中经常清理罗茨风机的过滤网，减少滤网堵塞而造成风压降低。

(2) 二次风和三次风的合理分配使用

当三次风的阀门开度过大时，窑内通风量减少，窑头煤加不上去，窑尾废气中的 CO 浓度变高，烟室容易发生结皮现象，窑内容易发生结圈、结球现象，造成熟料 f-CaO 含量偏高。当三次风的阀门开度过小时，分解炉内的风量减少，分解炉内煤量加不上去，这时虽然分解炉出口的温度不会明显变低，但是入窑物料的分解率却降低了，导致窑内煅烧负荷加重。同时，窑内通风增大，火焰长度相对增长，二次风温、三次风温都会降低，熟料结粒疏松，造成熟料 f-CaO 含量偏高。所以无论窑内通风量过大还是过小，很容易产生欠烧料，熟料外部颜色发灰，内部结粒疏松，造成熟料 f-CaO 含量偏高。

(3) 篦冷机鼓风量和系统拉风量的合理分配使用

篦冷机的鼓风量和系统的拉风量是窑用风量的主要来源。当篦冷机采用厚料层操作时，篦冷机的鼓风量不能盲目加大，一定要兼顾窑内使用的风量。如窑内使用的风量不足，轻者造成窑内煤粉的不完全燃烧，重者造成窑尾预热器的塌料，影响生料的分散度、预热和入窑的分解率，造成熟料 f-CaO 含量偏高。

6.4.3.7 窑尾喂料量的影响及处理

(1) 喂料量小而系统用风量过大时，火焰变长、火焰温度下降，这时烧成带的热力强度降低，窑的产量降低，熟料中的 f-CaO 含量偏高。对预分解窑来说，窑的产量越低，操作越不好控制。所以喂料量小时，系统用风量也要相应减小。

(2) 喂料量大而系统用风量过小时，窑内通风明显不好，造成煤粉不完全燃烧现象加重，这时煤粉燃烧效率降低，预热器内容易发生小股生料的塌料，影响生料的分散度、预热和入窑生料分解率，造成熟料中的 f-CaO 含量偏高。所以喂料量大时，系统用风量也要相应增加。

(3) 喂料量波动大时，造成系统负压波动大，这时预热器内容易发生小股生料的塌料，影响生料的分散度、预热和入窑生料的分解率，造成熟料中的 f-CaO 含量偏高。所以操作时要稳定窑尾喂料量。

6.4.3.8 窑速的影响及处理

(1) 窑速过快、过慢都会造成熟料中的 f-CaO 偏高。如窑速过快，造成物料在烧成带停留时间过短，烧成吸收反应不完全，造成熟料中的 f-CaO 偏高。如窑速过慢，造成物料在窑内的填充率过大，热交换不均匀，煤粉的燃烧空间变小，烧成带热力强度降低，烧成吸收反应不完全，造成熟料中的 f-CaO 偏高。

（2）对预分解窑来说，一般采用“薄料快转”的煅烧方法。操作中要稳定窑速，不能过于频繁调整。如处理特殊窑情而必须大幅度降低窑速时，一定要使窑速和喂料量保持同步，避免料层过厚而影响窑的快转率，造成熟料中的 f-CaO 偏高。

（3）对预分解窑来说，一般是“先动风煤，再动窑速”。热工制度的稳定，是“优质、高产、低耗”的前提和保证，一旦窑速调整过大，窑内热工制度就遭到破坏了。所以当窑内温度变化时，为了保证窑内热工制度的稳定，一般先采取调整喂煤量和风量的办法，如果不能达到预期的目的，再采取调整窑速的办法。

6.4.3.9　结球的影响及处理

窑内结球量超过 5%时，不仅影响熟料外观，而且容易造成熟料中 f-CaO 含量偏高。这时应该采取如下的措施：

（1）窑头喂煤量不能加的过多，一定要保证煤粉完全燃烧，窑尾废气中的 CO 浓度控制在≤1.4%，避免窑内结后圈、窑尾烟室结皮。

（2）控制生料中的碱、氯成分含量：$R_{2}O\leqslant1.0\%$，$Cl\leqslant0.015\%$。

（3）控制熟料中的 SO_3、MgO 成分含量：$SO_3\leqslant0.8\%$，$MgO\leqslant3.5\%$。

（4）保证各级预热器翻板阀翻转动作正常，避免内漏风造成塌料，影响生料的分散度、预热和入窑生料的分解率。

6.4.3.10　操作技能的影响

（1）窑操作员实践经验少，没有完全掌握基本的看火技能。比如不会通过看火镜片观察火焰的形状、颜色、长度、粗度、亮度等；不会通过看火镜片观察物料的结粒大小、颜色、被窑壁带起的高度等；不能通过观察火焰、物料而正确判断出 f-CaO 偏高的原因。

（2）判断问题不准确。比如分解炉的出口负压逐渐升高、窑电流逐渐下降时，不能判断出窑尾烟室已经轻微结皮，直到窑电流下降很多、f-CaO 指标偏高很多时，才意识到窑尾烟室已经发生结皮。这时再通知巡检工去清理结皮，已经错过了最佳处理时间，因为时间拖久了，结皮已经长得很厚、很结实，处理难度已经很大了。待完成处理窑尾烟室结皮时，f-CaO偏高已经几个小时了。

（3）处理问题不果断。比如开窑时窑速提的过快，正常生产时大量生料涌进烧成带而慢窑不及时，这两种情况都容易发生跑生料，造成 f-CaO 含量偏高。

（4）处理问题的方法不正确。比如处理 f-CaO 偏高的窑情时，调整操作参数太多，而且时间间隔又短。这样处理不仅效果很差，而且最终也不能找出造成 f-CaO 偏高的真正原因。

（5）片面追求产量指标而忽视质量指标，人为地造成熟料 f-CaO 含量偏高。

（6）操作员要学会通过看火镜片观察火焰和物料的技能；虚心向老师傅请教成功的实践经验；平时注重积累处理问题的成功经验和方法。注重专业理论指导操作。

6.4.4　出窑熟料 f-CaO 含量过高的处理措施

（1）熟料经过篦冷机冷却后，在输送爬斗的适当位置喷洒少量水，以消解部分 f-CaO 对强度和安定性的影响。

（2）磨制水泥时，适当掺加少量的高活性混合材，以消解部分 f-CaO 对强度和安定性的影响。同时，f-CaO 还可以激发混合材的活性，提高水泥的使用性能。

（3）降低水泥的粉磨细度，水泥细度越细，f-CaO 吸收空气中的水分进行消解反应的速度越大，f-CaO 对强度和安定性影响越小。

(4) 适当延长熟料的堆放时间，使部分 f-CaO 吸收空气中的水分进行消解反应。

任务7　点火投料操作

任务描述：熟悉开窑点火前的准备工作；熟悉试车的技术操作；掌握点火、烘窑、投料及停窑等方面的实践操作技能。

知识目标：熟悉开窑点火前的准备工作；掌握试车的操作技能。

能力目标：掌握点火、烘窑、投料及停窑等方面的实践操作技能。

7.1　开窑点火前的准备

7.1.1　接到开窑点火指令后，要与有关部门进行联系，做好相应的准备工作。

(1) 联系电控部门，对窑系统的相关设备送电、各仪器仪表进行复位，要求现场气体分析仪、比色高温计、摄像机和中控室的计算机等设备备妥待用。

(2) 联系机修部门，确认设备是否具备启动条件。

(3) 联系质控部门，确认熟料的入库库号。

(4) 联系生料制备和煤粉制备车间，确保开窑后有足够的质量合格生料和煤粉。

7.1.2　通知预热器岗位巡检工，仔细检查预热器、分解炉等连接管道内有无异物，确保开窑后物料的畅通。点火前将预热器各级锁风翻板阀吊起。

7.1.3　通知回转窑岗位巡检工，检查并清理窑内耐火砖、浇注料等杂物；检查确认燃油（柴油）量充足，燃油设备正常，并提前 1h 现场开启油泵打油循环；检查燃烧器的风管及煤管的连接情况，确保密封完好。

7.1.4　通知篦冷机岗位巡检工，检查并清理篦冷机内的耐火砖、浇注料、篦板等杂物。

7.1.5　通知各岗位巡检工，关闭岗位所有的人孔门、观察孔及捅料孔，并做好密封工作；仔细检查本岗位设备的润滑情况、水冷却情况及设备完好情况。

7.1.6　工艺技术员校核燃烧器的坐标及位置，根据工艺要求制定升温曲线。

7.2　试车

7.2.1　试车目的

通过试车，可以检查安装与检修设备的质量，检查设备传动与润滑系统是否符合标准要求；检验动力控制系统是否满足运转要求；检验电器与仪表是否满足生产控制要求，连锁及报警装置是否灵敏可靠。

7.2.2　试车方法与时间

试车可以采取单机试车、连锁机组试车、主附机同时联合试车等方式。新投产窑主机试车 2～5d，附机 1～2d，使设备传动毛糙部件磨光，由不正常转入正常；大修及中修后的试车时间，可根据实际情况确定 2～4h。

7.2.3　试车的注意事项

(1) 设备经过 2 次启动后，电流表指针在 1s 内没有摆动；或启动后指针超出范围，在 2～3s 内没有回到指定位置，应该由电器维修人员进行专门检查和处理。

(2) 设备启动后，要认真检查其传动部件，如果有振动、撞击、摩擦等不正常的现象，应该由设备维修人员进行专门检查和处理。

(3) 回转窑带负荷试车时，要逐步将窑速提高到正常允许范围内，严禁长时间快转，以免窑筒体发生弯曲变形。

(4) 详细记录试车情况，确保设备正常运转。

7.3 烘窑

点火投料前应该对回转窑、预热器、分解炉等热工设备新砌筑的耐火材料进行烘干，以免升温速度过急过快，耐火砖内部水分骤然蒸发，产生大量裂缝及裂纹，引起爆裂和剥落，缩短使用寿命。烘窑方案要根据耐火材料的种类、厚度、含水量及水泥企业的具备条件而定，一般采用窑头点火烘干方案，烘干前期以轻柴油为主，后期以油煤混烧为主。烘窑的具体操作参考项目 6 的任务 9。

7.4 点火升温操作

(1) 启动窑头空压机组，向相应管路输送压缩空气。

(2) 关闭到生料磨的气体管道阀门，关闭到煤磨的气体阀门，打开到窑尾大布袋收尘器的阀门，关闭三次风闸门。

(3) 启动窑尾废气处理收尘组，开启窑尾废气排风机，调整风门开度，控制窑头罩呈微负压状态（30～50Pa）。

(4) 启动一次风机组，开启窑头一次风机，调整风机的风门开度、内风和外风的风阀开度。

(5) 启动燃油输送组，启动油泵、喷油电磁阀，待着火后调整油量，保证燃油燃烧完全，火焰形状活泼有力、完整顺畅。

(6) 控制喷油量，按升温曲线和升温制度进行升温操作。

(7) 当窑尾温度到 250℃时，启动窑辅助传动，执行表 6.7.1 所示的点火升温盘窑方案。

表 6.7.1 点火升温盘窑方案

窑尾烟室温度（℃）	转窑间隔（min）	转窑量（°）
100～250	60	120
250～450	30	120
450～650	20	120
650～800	10	120
大于 800	连续慢转	

注：如遇下雨天气，须连续慢转窑。

(8) 当窑尾温度到 300℃时，启动高温风机组，开启高温风机，根据升温曲线及窑尾烟气的 O_2 含量（O_2 含量>2%）调节风机转速，同时，调节废气排风机的风量，保证高温风机出口呈负压状态。

(9) 当窑尾温度达 450℃时，将一次风机的放风阀打开，启动轴向一次风机，启动窑头喂煤系统组，进行油煤混烧，喂煤量设定为 2t/h。

（10）根据升温曲线，逐渐增加喂煤量，减少喷油量，调整一次风量（注意内风及外风的比例）和高温风机的排风量，控制合理的烟室氧含量，保证煤粉燃烧完全。

（11）当尾温升到800℃以上时，启动熟料输送系统，并将熟料输送的两路阀倒向生烧库。

（12）启动篦冷机废气粉尘输送组，开启螺旋输送机、回转卸料器等输送设备。

（13）启动篦冷机废气处理组，启动窑头排风机、袋收尘器，调节排风机的转速，使窑头罩呈微负压。开启篦冷机（四、五、六、七室等）后段冷却风机，风机速度设定为零。

（14）启动篦冷机冷却风机组，启动（一、二、三室等）前段冷却风机，为窑内煤粉的燃烧提供足够的氧气。注意风量不能过大，以免影响火焰的形状。

（15）升温过程中，随时注意观察ID风机入口温度和窑尾大布袋收尘器入口温度，当ID风机入口温度大于320℃或窑尾大布袋收尘器入口温度大于220℃时，可开启增湿塔的喷水系统进行喷水降温。

7.5 投料

（1）当窑尾温度升至800℃时，将窑辅传动转换为主传动，速度设定为0.6rpm。

（2）将入窑生料两路阀打向入库方向，启动窑尾喂料组、生料输送至喂料仓组、生料均化库卸料系统及生料均化库充气系统，将皮带秤喂料量设定为0t/h。

（3）逐步增大皮带秤的喂料量，将窑喂料小仓的仓位切换到自动控制，将喂料量设定为60%。

（4）启动熟料冷却系统组，开启冷却机中心润滑油站、篦冷机的各段传动电机及其冷却风机，传动速度设定为最低。

（5）启动预分解炉燃煤系统组，开启预分解炉燃烧器风机、预热器回转锁风阀等设备。

（6）当尾温达到1100℃时，分解炉开始喂煤，喂煤量设定为2t/h。

（7）启动窑尾空气炮系统组，防止预热器旋风筒锥体部位结皮。

（8）将入窑生料两路阀转向预热器，开始投料。

（9）物料进入分解炉后，迅速增加喂煤量，稳定分解炉出口温度在880℃左右，待系统稳定后转到自动控制回路。

（10）调整分解炉用煤量，调整整个系统用风量，保证煤粉完全燃烧，分解炉温度在正常控制范围。

（11）逐渐增加窑内用煤量，保证窑内有足够的热力强度，控制第一股生料不窜生、不烧流。

（12）熟料出窑后，开启篦冷机空气炮系统，防止篦冷机下料口积料。

（13）根据窑内燃烧、熟料冷却状况，调整篦冷机冷却风机的风量。

（14）在保证窑内煤粉完全燃烧的前提下，逐渐加大三次风闸板开度。

（15）逐渐提高窑尾高温风机的转速，增加系统通风量，增加生料喂料量，增幅以每次增加1%~2%为宜（5~10t/次）。

（16）当窑喂料达到满负荷的70%~80%时，保持这种负荷运转8h，进行挂窑皮操作。

（17）结束挂窑皮操作后，继续增加生料喂料量，直到达到100%及以上的负荷。

（18）合理控制窑系统的通风量，确保煤粉充分燃烧，窑尾O_2含量、CO含量在规定范围内。

（19）合理控制篦冷机冷却风量、篦床料层厚度，确保熟料温度在规定范围内。

（20）合理控制多风道燃烧器径向风、轴向风以及炉窑燃煤比例，确保火焰形状理想、不刷窑皮。

7.6　点火中的不正常现象及处理

（1）送煤过多或过早时，煤粉发生不完全燃烧现象，烟囱冒黑烟，火焰颜色愈烧愈暗，这时就要适当减少喂煤量，增加径向风量，待温度升高后再适量增加喂煤量。

（2）窑尾排风量过大时，火焰细长，很快被拉向后边，严重时发生只“放炮”不着火的现象。此时应关小排风机闸板，适当减少煤粉量，增加径向风量，稳定火焰的形状，使高温区向窑前移动。

（3）窑尾排风量过小时，烧成带部位浑浊、气流不畅，火焰不活泼。此时应开大窑尾排风机的闸板，使火焰向窑内方向伸展。

（4）径向风量过大时，火焰摇摆打旋，容易损伤窑皮。这时应该适当降低径向风量、增加轴流风量。

（5）轴向风量过大时，火焰细长、温度越烧越低。这时应该适当降低轴向风量、增加径流风量。

（6）输送煤的风量过小时，喷出燃烧器的煤粒有掉落现象，这时就要增加输送煤的风量。

7.7　临时停窑升温操作

临时停窑点火升温，是指停窑几小时后重新点火升温，其操作与正常投料运转基本相同，就是没有耐火材料的烘干和挂窑皮操作。

（1）煤的控制

窑内温度较高时，可省去喷油直接喷煤，但喷煤前先把窑内物料翻转过来，把热物料放在表面，以利于煤粉的快速燃烧，开始喷煤量设定 2t/h，确认着火后再适当增加燃煤量。

（2）升温速度的控制

正常点火升温，一般控制在 8h 内完成；当窑内温度较高时，可以控制在 4h 内完成。

7.8　紧急停窑操作

窑在投料运行中出现了故障，首先要窑尾止料、分解炉停止喂煤，再根据故障种类及处理时间，完成后续的相关工作。

（1）出现影响回转窑运转的事故（比如窑头收尘器排风机、窑尾收尘器排风机、高温风机、窑主传动电机、篦冷机、熟料入库输送机等设备），都必须进行止料、止煤、停风等停窑操作，窑切换辅助传动，保持连续低速运转，防止窑筒体弯曲，一次风继续开启，冷却燃烧器端面，篦冷机一室、二室风机鼓风量减少，其他风室的风机停转。

（2）分解炉喂煤系统发生故障，可按正常停车操作，也可维持系统低负荷生产，这时要适当减少系统的排风量，并且要特别注意各级旋风筒发生堵塞现象。

（3）预热器发生堵塞事故，要立即采取止料、止煤、慢转窑操作，窑内使用小火保温，抓紧时间捅堵。

(4) 烧成带筒体出现局部温度过高，应立即采取止料、止火操作，查明是掉窑皮还是掉砖。烧成带掉窑皮一般表现为局部过热，筒体表面温度不是很高；掉砖时筒体表面温度一般大于400℃，并且高温区边缘清晰。如果是掉窑皮，则应该采取补挂措施，但要严禁采取压补办法，以免损伤窑体；如果是掉砖，则应该停窑换砖，否则得不偿失。

(5) 如果故障能在短时间内排除，要采取保温操作：减小系统拉风，窑内间断喷煤，控制尾温不超过550℃，C1出口温度不超过350℃。

7.9 计划停窑操作

(1) 接到停窑通知后，计算煤粉仓内的存煤量，确保停窑后煤粉仓内的煤粉烧空；如果要清理生料均化库，也要将库内的生料用光。

(2) 在确定止火前2h，逐步减少生料喂料量，在此期间窑和分解炉系统运行不稳定，要特别注意系统温度、压力的异常变化。

(3) 随着生料的减少，逐步减少窑和分解炉的用煤量，避免窑内结大块，烧坏窑内窑皮或衬砖，避免预热器内筒烧坏。

(4) 停止生料均化库充气组，停止均化库卸料组，将喂料皮带秤设定为0t/h，停止生料输送至喂料仓组，停止窑尾生料喂料组。

(5) 停止分解炉喂煤组，降低高温风机转速，控制窑尾废气中O_2含量在1.5%左右。

(6) 根据窑内情况，逐渐减煤，直至停煤，逐渐减小窑速至0.60r/min，转空窑内物料。

(7) 停止窑头喂煤组，停止窑头一次风机组，通知窑巡检岗位人员将燃烧器从窑内退出来。

(8) 止火1h后，启动辅助传动，执行表6.7.2所示的冷窑方案。

表6.7.2 冷 窑 方 案

止火后的时间（h）	转窑量（°）	间隔时间（min）
1		连续
3	120	15
6	120	30
12	120	60
24	120	120
36	120	240

(9) 随着出窑熟料的减少，相应减少篦冷机冷却风机的风量及窑头废气排风机的风量，注意保证出篦冷机熟料温度低于100℃，窑头呈负压状态。

(10) 当篦冷机内物料清空后，停篦冷机传动电机的冷却风机、润滑油站、篦冷机主传动电机。

(11) 停篦冷机冷却风机组。

(12) 停篦冷机废气处理组。

(13) 停篦冷机废气粉尘输送组。

(14) 停熟料输送组。

(15) 对预热器、分解炉、篦冷机及窑内部进行仔细检查，确认需要检修的项目内容。

任务8 预分解窑特殊窑情的处理

任务描述：掌握预分解窑产生结圈、飞砂料、结球、篦冷机堆“雪人”、黄心料等特殊窑情的原因及处理方法。

知识目标：掌握预分解窑形成结圈、飞砂料、结球、篦冷机堆“雪人”、黄心料等特殊窑情的原因。

能力目标：掌握处理预分解窑的结圈、飞砂料、结球、篦冷机堆“雪人”、黄心料等特殊窑情的实践操作技能。

8.1 预分解窑的结圈

预分解窑结圈的原因比较复杂，一般窑的直径愈小、煤粉的灰分及水分含量愈大、生料的 KH 及 SM 愈低、物料液相黏性愈大，窑内愈容易形成结圈。结圈表明窑处于不正常的生产状态，比如窑内结后圈，会严重影响通风，尾温明显降低，料层波动很大，窑速波动很大，直接影响窑的产量、质量、煤耗和安全运转。

8.1.1 窑尾圈

窑尾圈一般结在离后窑口大约10m远的位置，实质上就是一种结皮性的硫碱圈。

8.1.1.1 窑尾圈的形成原因

(1) 当原燃料中的三氧化硫、氧化钠、氧化钾等有害成分含量较高，在930℃左右时，生成大量的低熔点硫酸盐，使物料液相过早地出现，同时液相黏度比较大，逐渐聚集起来就形成结皮性的硫碱圈。

(2) 分解炉用煤量过多

当分解炉用煤过量过多、三次风量不足时，过剩煤粉随生料入窑，在窑尾遇到过剩空气重新燃烧放热，出现局部温度过高现象，在离后窑口不远处结皮，结皮逐渐积聚形成结圈。

8.1.1.2 窑尾圈的处理

(1) 将燃烧器适当伸进窑尾方向一段距离，加大窑尾排风量，加大窑头用煤量，增长火焰长度，提高窑内温度，使结圈处的温度高于1000℃，就可以将结皮性的硫碱圈烧垮烧融。

(2) 减少分解炉的用煤量

控制分解炉的用煤量，其最大值不超过总用煤量的65%，合理控制三次风量，保证煤粉在分解炉内完全燃烧，减少过剩煤粉入窑的几率。

8.1.2 后结圈

8.1.2.1 后结圈的害处

后结圈一般结在烧成带和放热反应带的交界处。窑内一旦形成后结圈，会对生产造成严重的危害。

(1) 窑内通风受到严重影响，火焰伸不进去，形成短焰急烧，烧成带产生局部高温，损伤窑皮和耐火砖。

(2) 窑尾温度明显降低，物料预烧差。

(3) 窑尾负压上升，来料波动大。

(4) 窑传动电流（功率）增加，熟料电耗增加。

(5) 熟料产量、质量降低，煤耗增加。

(6) 处理结圈时很容易损伤窑皮，甚至发生红窑事故。

(7) 为形成大料球创造条件。如果没有后结圈的阻挡，虽有预热器系统能富集有害元素，但形成的小料球不会停留在圈后越滚越大。

8.1.2.2 后结圈的形成原因

(1) 生料成分的影响

生料中的碱、氯、硫有害成分含量高，生料中的熔融矿物成分含量高，液相出现的温度降低，液相提早出现，液相量大，液相黏度大，容易形成后结圈。

(2) 煤的影响

煤灰中氧化铝成分的含量较高，当煤粉的灰分含量大、细度粗，煤灰沉落在过渡带和烧成带交界位置的煤灰量多，形成的液相量增加，液相黏度增加，形成后结圈的几率增加。

(3) 窑直径的影响

回转窑直径愈小，形成结圈的圆拱力就愈小，结圈就不宜垮落。直径小于 3.0m 的回转窑很容易结后圈，直径大于 3.5m 的回转窑，形成后结圈的几率相对比较小。

(4) 操作的影响

①窑头用煤量过多，产生不完全燃烧现象，窑内出现还原气氛，物料中的三价铁被还原成为亚铁，而亚铁属于低熔点矿物，使液相提早出现，容易形成后结圈。

②内风及外风的比例控制不合理，造成火焰过长，尾温明显升高，物料预烧好，液相提早出现，容易形成后结圈。

③生料成分不稳定、喂料量不稳定，造成窑速波动大、热工制度不稳定，容易形成后结圈。

④窑速过慢，容易形成长厚窑皮，而长厚窑皮是形成后结圈主要原因。

8.1.2.3 后结圈的处理

(1) 冷烧法

当后结圈结得远而不高时，只要将燃烧器拉出窑外适当距离，适当降低窑速，调整火焰形状，使火焰变粗变短，降低结圈处的温度，使圈体出现裂纹和裂缝而逐渐垮落，这种方法叫冷烧法。采取冷烧方法时，要求烧成带温度比正常低，燃烧器尽量拉出窑外最大距离，窑速要力争快转，使火焰长度缩短。

(2) 热烧法

当后结圈结得近而不高时，只要将燃烧器伸进窑内适当距离，再适当增加窑速，调整火焰形状，使火焰变长变细，提高结圈处的温度，将圈逐渐烧熔烧垮，这种方法叫热烧法。采取热烧方法时，要求烧成带温度比正常高，燃烧器尽量向窑内方向伸进，窑速控制要慢，使火焰长度增加。

(3) 冷热交替法

当后结圈结得远而高时，就要采取冷热交替处理法。先采取冷烧法处理大约 2～4h，降低结圈处的温度，使圈体出现裂纹和裂缝；再减少生料喂料量 20%～30%，采取热烧法处理大约 2h，提高结圈处的温度，增大其热应力，使已经出现裂纹和裂缝的圈体垮掉。

（4）停窑处理

如果三种操作方法都无法处理或减缓后结圈的长势，就要采取停窑处理的方法。冷窑后进窑仔细观察结圈的状况，根据结圈的厚度和硬度，选择手锤、钢钎、风镐、风钻、高压水枪等清理工具。

如果采用手锤和钢钎处理，作业程序要从外到内、从上到下进行，在停窑位置的左上方（窑是逆时针方向转动，人面向窑尾），将窑上半圆的结圈打开一道大约300mm宽的槽口，然后慢慢转窑，剩余的结圈会自行脱落，个别没有脱落的部位，再人工处理。

如果风镐、风钻、高压水枪等清理工具，则要从要点下方清打结圈，操作时特别注意不能损伤其下面的耐火砖，注意上方随时可能塌落的窑皮。

（5）掉圈后的操作

后结圈的圈体后往往积有很多生料粉，当后结圈垮落后，圈体及圈体后这些生料，会一起涌进烧成带，使火焰压缩变短变粗，操作不当容易出现局部高温现象，有烧坏窑皮及衬砖的可能，同时，还有跑生料 的可能。所以要预先降低窑速，适当降低窑尾排风量，控制火焰的长度，提高烧成带的热力强度，避免出现跑生料或欠烧熟料现象。

8.1.2.4　防止形成后结圈的措施

（1）在保证熟料质量和物料易烧性的前提下，降低熔融矿物成分含量，适当提高硅率、降低铝率，控制适当的液相量和液相黏度。

（2）控制原燃材料中碱、氯、硫等有害成分的含量。

（3）发现窑内有长厚窑皮就及时处理，避免形成后结圈。

（4）如果煤粉灰分含量大于30%，则控制煤粉细度0.08mm筛余指标在3%～5%之间，细度合格率大于90%；水分指标＜1.2%，合格率大于90%。

（5）控制熟料f-CaO含量小于1.0%。

（6）采取薄料快转的煅烧方法，控制窑的快转率达到90%及以上。

8.1.3　前结圈

8.1.3.1　前结圈过高的危害

前结圈一般结在烧成带靠近窑口的部位。当前结圈高度小于350mm时，对熟料的煅烧有利：延长熟料在烧成带的停留时间，使物料煅烧反应更完全，降低熟料游离氧化钙的含量。但前结圈高度达到400mm及以上时，就会产生如下危害。

（1）影响窑操作员现场观察烧成带窑情，容易造成判断失误，影响操作参数的确定。

（2）减少窑内通风面积，影响入窑二次风量，影响正常火焰形状，煤粉容易发生不完全燃烧现象。

（3）熟料在烧成带内停留时间过长，容易结大块，容易磨损和砸伤窑皮，影响耐火砖的使用寿命。

8.1.3.2　前结圈的形成原因

（1）由于风煤配合不好、煤粉细度粗、煤灰和水分含量大等原因使火焰变长，烧成带向窑尾方向移动，造成烧成带的温度相对降低，熔融的物料凝结在窑口处使窑皮增厚，如果不及时处理，就会发展成前结圈。

（2）煤粉沉落到熟料上，在还原条件下燃烧，三价铁被还原成亚铁，形成低熔点的矿物。

（3）煤灰中三氧化二铝含量高，使熟料液相量增加、黏度增加，熟料熔融矿物含量增加，遇到入窑的二次风，就会被冷却而逐渐凝结在窑口形成前结圈。

8.1.3.3　前结圈的处理

（1）适当增加窑内料层厚度，将燃烧器拉出窑外适当距离，缩短火焰长度，控制火焰的高温部分正好落在前结圈位置上，直接将前结圈烧熔、烧垮。

（2）如果燃烧器已经不能拉出，则操作上采取适当减小排风量、增加内风、减少外风的方法，缩短火焰长度，控制火焰的高温部分正好落在前结圈位置上，直接将前结圈烧熔、烧垮。

（3）烧前结圈时，最好使用灰分低、细度细的煤粉；控制火焰长度不能太短，要保护好窑皮，防止出现红窑事故。

8.1.3.4　防止前结圈的措施

（1）控制煤粉的细度和水分，加快煤粉燃烧速度。

（2）控制预分解窑内不出现冷却带。

（3）提高二次风温，提高前结圈部位的温度。

（4）发现前结圈高度达到350mm就要及时处理。

8.2　飞砂料

飞砂料是指回转窑烧成带产生大量飞扬的细粒熟料，其颗粒大小一般在1mm及以下。窑内产生飞砂料，既影响熟料的产量、质量，又影响熟料的煤耗。

8.2.1　飞砂料的形成原因

（1）液相量不足

水泥熟料的烧结反应是在液相中进行的。烧结反应时液相量过多，容易形成大块；液相量过少，容易产生飞砂现象。

（2）生料中氧化铝或碱的含量高

生料中氧化铝或碱的含量高，熟料在烧成带明显表现过黏、翻滚不灵活，不容易结粒，成片状从窑壁下落滑动，产生大量飞砂现象。

（3）尾温控制过高，物料预烧充分，进入烧成带后明显表现过黏，产生大量飞砂现象。

（4）生料配料方案不当，熟料硅率*SM*偏高、铝率*IM*偏高、铁含量偏低，致使熟料煅烧时液相量偏低、黏度增加，熟料结粒困难，产生大量飞砂现象。

（5）生料配料使用粉煤灰作校正原料，也易形成飞砂料。

8.2.2　处理及预防措施

（1）改变配料方案

熟料硅率过高，液相量会减少；铝率过高，液相量随温度增加的速度减慢，大量出现液相量的时间延迟。从配料方案角度出发，降低熟料硅率和铝率有利于控制及预防飞砂料。

（2）控制煅烧温度

提高煅烧温度，熟料的液相量增加；降低煅烧温度，熟料的液相量降低。从煅烧角度出发，提高煅烧温度，有利于熟料的烧成反应，但煅烧温度过高，熟料的液相量增加，容易产生飞砂料。所以在控制熟料游离氧化钙不超标的前提下，适当降低煅烧温度，有利于控制及预防产生飞砂料现象。

(3) 控制原燃材料的碱、氯、硫含量

适当控制原燃料的碱、氯、硫含量，提高窑的快转率，提高煤的细度，可以大大改善飞砂料现象。如果必须使用碱、氯、硫含量高的原燃材料，在配料方案上，要适当降低饱和比、提高硅率；在操作上，采用较长的低温火焰，避免使用粗短的高温火焰；适当增加窑尾排风量，增加碱、氯、硫的挥发量。

(4) 控制窑灰入窑量

窑灰含碱量一般比生料高，所以窑灰的入窑量要适当控制。特别是碱含量高的原料，其窑灰碱含量更高，应该减少窑灰入窑量，避免碱含量过高引起飞砂料。对于碱含量较低的窑灰，也要和出磨生料混合均匀后再入窑。

(5) 如果窑内前结圈过高，要处理掉前结圈，避免熟料在烧成带停留过长时间。

(6) 加强窑内通风，控制煤粉的热值、细度和水分指标，避免煤粉发生不完全燃烧现象。

(7) 适当降低窑尾排风量，增加内风、降低外风，缩短火焰的长度，降低窑尾温度，减弱物料的预烧效果，控制物料在烧成带出现液相，能够有效减少或减弱飞砂料的形成。

8.3 预分解窑内结球

8.3.1 窑内结球的危害

(1) 加速对结圈后部耐火砖的磨损。

(2) 窑内出现后结圈，容易产生结球现象。料球被后结圈阻隔，不容易顺利通过，在后结圈的后部位置长时间和耐火砖发生摩擦，造成耐火砖严重磨损。

(3) 威胁喷煤管的安全，甚至被迫止料停窑。

超过窑有效半径的“大料球”一旦进入烧成带，很可能撞击到喷煤管，直接威胁喷煤管的安全；窑内通风严重受阻，火焰根本伸不进窑内，只得止料停窑。

(4) 影响篦冷机的正常控制及运行

当“大料球”落入篦冷机后，可能砸弯砸坏篦板，卡死破碎机。人工处理“大料球”需要停窑，既费时耗力，又影响水泥的产量和质量。

8.3.2 形成原因

(1) 原燃材料中有害成分（主要是K_2O、Na_2O、SO_3）含量高或在窑内循环富集，形成钙明矾石、硅方解石等中间矿物，造成窑内结球。

(2) 当窑内结圈或采用厚料层进行操作时，也容易产生结球现象。窑内料层过厚，物料翻滚较慢，容易产生堆积现象，在过渡带出现液相后，液相容易粘结物料，逐渐滚动长大形成大球。

(3) 煤粉的灰分过高、细度过粗，容易发生不完全燃烧现象，使窑尾温度过高，窑后物料出现不均匀的局部熔融，形成结球现象。

(4) 生料配料不当，熟料硅率低；煤灰掺入不均，生料成分波动大，造成热工制度波动大，窑内形成结球。

8.3.3 处理措施

(1) 如果料球比较小（比如球径<500mm），操作上应适当增加窑内通风，保持火焰顺畅；在保证煤粉完全燃烧的前提下，适当增加窑头用煤，但要控制窑尾温度不要过高，并适

当减少生料喂料量、降低窑速，等料球进入烧成带，再适当降低窑速，提高烧成带的热力强度，力争在短时间将其烧垮或烧熔，避免进入冷却机砸坏篦板、卡死破碎机。

(2) 如果料球比较大（比如球径>1000mm)，可采用冷热交替处理法。将燃烧器伸进窑内适当距离，适当降低窑速和生料喂料量，控制烧成带温度达到上线，热烧大约1～2h，再将燃烧器拉出到原来位置冷烧大约1h，这样周而复始的冷热交替处理，直到料球破裂为止。如果操作不能使球径>1000mm大料球破裂，就把它停放在窑口位置进行停窑冷却，降温后实施人工打碎，切忌让大料球滚入冷却机，否则会砸坏、砸弯篦板，得不偿失。

8.3.4 预防措施

(1) 选择“两高一中”（高KH、高SM、中IM）的配料方案。生产实践证明，预分解窑采用高KH、高SM、中IM的配料方案，熟料不仅质量好，而且不易发生结球现象。但是生料比较耐火，对操作技能要求较高。如果采用低KH、低IM的生料，则烧结范围明显变窄，液相量偏多，熟料结粒粗大，容易导致结球。

(2) 控制原燃料中有害成分（主要是K_2O、Na_2O、SO_3）含量，控制生料中$R_2O<1.0\%$，$Cl^-<0.015\%$，硫碱摩尔比在0.5～1.0之间，燃料中$SO_3<3.0\%$。

(3) 加强原煤的预均化操作，降低煤粉细度和水分指标，尤其使用挥发分较低的煤粉，更要注意降低煤粉的细度和水分指标，避免煤粉发生不完全燃烧现象。

(4) 控制窑内物料的填充率，采取“薄料快转”的操作方法，保证窑的快转率在90%及以上。

(5) 窑灰要和出磨生料一起先入均化库进行混合均化再入窑，防止发生窑灰集中入窑现象。

(6) 在保证熟料质量的前提下，可适当降低烧成带温度。

8.4 篦冷机堆“雪人”

8.4.1 “雪人”及形成原因

所谓“雪人”是指熟料从窑口掉落到篦冷机的过程中，在窑门罩下方的固定篦板上堆积起来的高温发黏熟料。这些熟料冷却后，不再是单个的熟料颗粒，而是一个坚硬的熟料块。严重时，这个大熟料块与运转的前窑口相碰，迫使止料停窑处理。冷却后的“雪人”十分坚硬，处理相当费时费力。

篦冷机堆“雪人”主要有以下原因：

(1) 烧成带煅烧温度过高

为了控制熟料中的游离氧化钙，烧成带的温度控制过高，尤其是原料中含有难烧的结晶粗粒石英，被迫强化煅烧，过高的煅烧温度导致熟料出窑后“飞砂”和液相并存，形成了“雪人”。

(2) 短焰急烧

采用短焰急烧操作，通常导致煤粉发生不完全燃烧现象。燃烧不完全的煤粉随熟料进入篦冷机，遇到二次风重新发生燃烧反应，使熟料在高温下发生二次结粒，形成了“雪人”。

(3) 熟料发生粉化现象

如果燃烧器伸进窑内较多，窑速较慢，熟料在窑内停留时间增加，不能形成急冷，则熟料不但易磨性变差，而且容易发生粉化现象，熟料中1mm及以下的细粉颗粒增加，它们在篦冷机与窑头之间循环富集，加剧了篦冷机内“雪人”的形成。

（4）窑门罩处温度过高

煤粉燃烧器拉出窑口，直接在窑门罩内煅烧，等于将烧成高温带移至窑口及篦冷机上方，篦冷机进料口处成了液相熟料堆积的地方，这样就形成了“雪人”。

8.4.2 处理及预防堆“雪人”措施

（1）借助摄像或扫描系统，直接从屏幕上观察火焰形状、熟料翻滚及结粒等状况，发现异常问题，及时调整风、煤、料等参数，避免出现堆积“雪人”现象。

（2）在篦冷机入料端面设置2～4台空气炮，在“雪人”堆积形成初期，强力将“雪人”打掉。但空气炮打下的熟料颗粒常常是飞向篦冷机顶部，降低了该处浇注料的使用寿命。如果空气炮安装侧面，则同样会影响两侧耐火衬料的使用寿命。

（3）在篦冷机入料端面距篦板大约30mm高处，制作4个平行等距的100mm×200mm的方孔，平时使用耐火砖、耐火岩棉、耐火胶泥密封严实，一旦发现堆积“雪人”，在保持窑头负压状态下，逐个移开方孔部位密封的耐火材料，使用钢钎或水枪向“雪人”根部施力，几十分钟便可打碎“雪人”。这种处理方法，无需止料停窑，既省时、省力，又安全、可靠。

（4）篦冷机入料进口端不设置固定篦板。这种办法确实能够大大缓解“雪人”堆积状况，但容易产生离析及布料不均等现象。

（5）如果“雪人”堆积状况相当严重，只能采取停窑人工处理。首先要止料、止火、停窑，各级预热器内不能存料，锁风阀要关严绑扎结实，通过窑尾风机使“雪人”处保持负压状态；其次是处理“雪人”的工作人员要穿戴好劳动保护用品，先使用钢钎清理松散熟料，再使用风镐、水枪等工具打碎坚硬熟料，期间需要转窑时，清理人员要携带工具撤离现场，避免窑内掉落高温熟料伤人。

8.5 预分解窑产生黄心料的原因及处理

8.5.1 理论分析

熟料主要含有氧化钙、二氧化硅、氧化铝和氧化铁等四种氧化物，其中氧化钙、二氧化硅、氧化铝都是白色，氧化铁在氧化气氛下为黑色，在还原气氛下，由于CO和三价铁反应生成二价铁而显现黄色。熟料煅烧过程中，如果窑内通风不良，就会使煤粉产生不完全燃烧现象，形成还原气氛，熟料在烧成带就会呈黄色；熟料进入冷却带，由于氧气充足，氧含量大幅度增加，原来的还原气氛又变成了氧化气氛，熟料中的二价铁就被氧化成三价铁，熟料的颜色又变成了黑色。但此时的熟料已经结粒，氧气扩散到熟料内部比较困难，氧化反应只是发生在熟料表面，所以熟料颗粒的外表面呈现黑色，内部呈现黄色，这就是黄心料的形成过程。可见，产生黄心料的主要原因，就是煅烧过程中产生了还原气氛。

8.5.2 原燃材料有害成分的影响及处理

原燃料中碱、硫、氯等有害成分含量过高，尤其是硫碱比越高，窑尾下料斜坡、预热器下料缩口等部位越容易结皮，从而导致系统通风不良，分解炉及窑内产生还原气氛，煤粉产生不完全燃烧现象，增加形成黄心料的机会。碱、硫、氯在预热器、分解炉及窑内的循环富集，形成低熔点的盐类，容易在窑内结球、形成长厚窑皮乃至结圈，预热器及分解炉的下料缩口等部位出现结皮，影响系统通风，窑内及分解炉内容易产生还原气氛，增加形成黄心料的机会。所以正常生产时，一定控制原燃料中的有害成分，控制进厂原煤的全硫含量<1.5%，熟料中K_2O<0.3%，Na_2O<0.3%，硫碱比<0.8，减少硫、碱、氯在窑尾及窑内的循环富集；同时，加强对窑尾烟室、上升烟道等部位负压值的监控，发现有结皮迹象，及时用高压水枪进行处理。

8.5.3 生料中 Fe_2O_3 成分的影响及处理

生料中的Fe_2O_3 含量大，对煅烧产生的还原气氛更加敏感，出现黄心料的几率更大，其主要原因是在还原气氛下，Fe_2O_3 含量较大时，增加了 Fe^{3+} 被还原成 Fe^{2+} 的机会和形成的数量。

生料中的Fe_2O_3 含量大，生料的易烧性好，但煅烧时液相可能会提前出现，而且数量增多，造成熟料结粒变粗、结大块。当窑内生料量过多时，火焰就会变短变粗，烧成带的温度就会过于集中，火焰高温区相对前移，在烧成带和冷却带的交界部位很容易长前结圈，影响窑内通风，使煤粉产生不完全燃烧现象，形成还原气氛，增加产生黄心料的几率。所以正常生产时，不能片面追求生料的易烧性，盲目增加生料中的Fe_2O_3 含量。

8.5.4 生料中 CaO 成分的影响及处理

生料中的CaO含量增大，出现黄心料的几率也会增大。其主要原因是随着CaO含量的增加，熟料的易烧性下降，操作上就要增加窑头的用煤量，以提高烧成带的温度。当窑头的用煤量增加过多，造成风煤配合不合理时，窑内就会产生还原气氛，增加产生黄心料的几率。所以正常生产时，一定要控制CaO的含量不能过高，（熟料中的CaO不能超过68%）否则增加产生黄心料的几率。

8.5.5 生料质量和分解率的影响及处理

当窑的单位容积产量偏低时，如果生料质量合格率低、质量波动大，对窑的热工制度影响相对小些，产生黄心料的几率也小。当窑的单位容积产量偏高时，如果入窑生料质量合格率低、质量波动大，生料吸收的热量波动大，对窑的热工制度影就大，产生黄心料的几率也大。如果入窑生料的分解率偏高，其在窑内吸收热量少，操作上如不减少窑头煤量，就造成煤粉量的相对过剩，窑内出现还原气氛，产生黄心料的几率增大。如果入窑生料的分解率偏低，其在窑内吸收热量大，操作上如加煤量过大，就造成煤粉量的相对过剩，窑内出现还原气氛，产生黄心料的几率增大。所以正常生产时，保证生料中CaO和Fe_2O_3 的合格率达到90%及以上，入窑生料的分解率达到95%，有利于减少产生黄心料的几率。

8.5.6 单位容积产量的影响及处理

当窑的单位容积产量小于设计值时，窑内有效空间大，窑内风速降低，煤粉燃烧时间增长，燃烧比较充分，不会产生黄心料，或产生黄心料的几率很小。当窑的单位容积产量大于设计值时，窑内有效空间变小，窑内风速变大，煤粉燃烧时间减少，发生不完全燃烧现象，增加产生黄心料的几率。当窑产量增加到一定程度，如果窑内实际通风量小于煤粉燃烧所需要的风量，就会发生不完全燃烧现象。这时，如果采取加大排风量的办法，则窑内气流速度就会增加，煤粉燃烧时间还会缩短，加剧煤粉的不完全燃烧，更容易产生黄心料。所以，正常生产时，单位容积产量达到设计标准时，就不要再盲目增加产量，否则就容易产生黄心料。

8.5.7 煤的影响及处理

煤粉的灰分大、发热量低、挥发分低、细度粗、水分大时，容易造成煤粉燃烧速度减慢，产生不完全燃烧现象，形成还原气氛。有时进厂原煤水分大、灰分大，为提高煤磨产量，保证窑生产所需的煤粉量，又错误地调整了出磨煤粉指标：细度由原来的小于12%提高到小于14%；水分由原来的小于1.2%提高到小于1.5%。其结果严重影响了煤粉的燃烧速度，使火焰拉长，高温区后移，液相提前出现，窑内容易形成大块、结圈，窑尾下料斜坡、上升烟道等部位容易结皮，影响窑内通风，产生还原气氛下，增加形成“黄心料”的几率。所以正常生产时，要控制进厂原煤及煤粉的质量，原煤采购指标是：灰分小于20%，挥发分大于28%，发热量大于23000kJ/kg；出磨煤粉的指标是：细度小于12%，水分小于<1.5%。如果一定进厂不合格的原煤，每次至多进原煤预均化库存量的5%，并且要分堆放置，不能只堆放一个点，要搭配使用，发挥预均化的作用。同时，还要调整出磨煤粉的控制指标，细度由原来的小于12%降低到小于10%；水分由原来的小于1.2%降低到小于1.0%。

8.5.8 窑炉用煤比例的影响及处理

预分解窑的窑炉用煤比例设计值一般是4∶6，但实际生产操作时，这个比例不是固定不变的。增加入窑生料量，就要增加分解炉的煤量，以保证入窑生料的分解率。如果生产条件受限制，不能增加分解炉煤量，这时只有依靠增加窑头煤量，强制提高烧成带的温度。但这样做的后果是人为地造成窑内煤粉过量，产生不完全燃烧现象，形成还原气氛，增大产生黄心料的几率。所以在正常生产时，在保证窑尾废气、分解炉出口废气CO的浓度小于0.3%的前提下，适当增加窑炉用煤，尤其是增加分解炉的用煤量，有利于提高窑的产质量。

8.5.9 燃烧器的影响及处理

燃烧器的喷嘴越接近料层，越容易产生还原气氛。因为喷嘴靠近料层，火焰与物料表面之间的距离变小，氧气含量不足，在物料表面产生严重的还原气氛。同时，未燃或正在燃烧的炭粒又容易掉落在熟料中，而掉落到熟料中的炭粒，减少了与氧气的接触机会，容易发生不完全燃烧现象，产生还原气氛。根据生产实践经验，当燃烧器的中心在第四象限的（50，—30）位置、端面伸进窑内大约200mm时，煤粉燃烧比较理想，窑皮的长度、厚度比较理想，窑内不产生还原气氛。

燃烧器内风、外风、煤风比例不合理，风煤混合不好，煤粉容易产生不完全燃烧现象，产生还原气氛，增大产生黄心料的几率。过小的外风喷出速度，影响直流风的穿透能力，减弱对入窑二次风的卷吸，导致煤粉与二次风不能很好地混合，煤粉燃烧不完全，产生还原气氛；过大的外风喷出速度，会引起过大的回流，强化煤粉的后期混合与燃烧，使火焰核心区拉长，同样导致煤粉燃烧不完全，使窑尾温度过高。内风比例增加，火焰变粗，高温部分集中；内风比例减少，火焰变长，火焰温度相对变低。根据生产实践经验，内外风的比例控制在4∶6～3∶7时比较理想。

8.5.10 窑炉用风比例的影响及处理

三次风负压值偏大，窑尾负压值偏小，表明入分解炉的风量相对过剩，入窑的二次风量相对减少，造成窑内通风量不足，煤粉易产生不完全燃烧现象，形成还原气氛，窑尾温度容易升高，窑尾上升烟道、窑尾下料斜坡等部位容易结皮，影响窑内通风，增加形成黄心料的几率。所以正常生产时，在保证分解炉内煤粉完全燃烧的前提下，尽量减小三次风闸板的开度，控制窑尾负压值在300～400Pa，三次风负压值在300～600Pa，目的是保证窑内用风量，使煤粉能够完全燃烧，不产生还原气氛。

8.5.11 系统漏风的影响及处理

窑尾密封装置出现漏风，外界大量冷风被吸进窑内，不但降低窑内通风量，影响煤粉的燃烧，容易发生不完全燃烧现象，而且降低窑尾的废气温度，影响入窑物料的预热。窑头密封装置出现漏风，增加入窑的冷风量，减少了入窑的二次空气量，影响煤粉的燃烧，容易使煤粉发生不完全燃烧现象。预热器、分解炉等密封部位出现漏风，外界大量冷风被吸进预热系统，不但降低系统的通风量，使煤粉发生不完全燃烧现象，而且降低系统的废气温度，影响各级预热器内的物料预热，降低入窑物料的分解率。预热器锁风阀发生漏风，影响物料预热效果和气料分离效果。篦冷机锁风阀发生漏风，影响风料的热交换，降低二次风温和三次风温，影响煤粉的燃烧。所以正常生产时，一定要加强工艺管理，经常检查系统的漏风情况，发现有漏风的部位，就要及时处理，减少因为漏风而产生的影响。

8.5.12 二次风及三次风的影响及处理

二次风温低，使窑内的煤粉燃烧速率降低，火焰相对变长，窑尾温度升高，造成窑尾下料斜坡、上升烟道等部位结皮，影响窑内通风，使煤粉产生不完全燃烧现象，窑内形成还原气氛，增加形成黄心料的几率。三次风温低，使分解炉内的煤粉燃烧速率降低，影响入窑物料的分解率；同时，分解炉出口的废气温度升高，造成最下级预热器下料缩口等部位结皮，影响窑内通风，使煤粉产生不完全燃烧现象，窑内形成还原气氛，增加形成黄心料的几率。所以在实际生产操作时，通过优化篦冷机的厚料层技术操作，尽量增加料层厚度，降低篦床速度，提高一室的篦下压力，使入窑的二次风温达到950～1000℃及以上，入分解炉的三次风温达到700～750℃及以上，提高煤粉的燃烧速率，保证煤粉完全燃烧，不产生还原气氛。

8.5.13 窑速的影响及处理

窑尾下料量过多，窑速过慢，窑内填充系数过大，一方面减少了窑内通风面积，造成窑内通风不良；另一方面，燃烧器喷嘴和料层之间的距离相对减少，已经燃烧的和没有燃烧的煤粉颗粒容易掉落在料层表面，发生不完全燃烧现象，增加形成黄心料的几率。所以在实际生产操作时，通过风、煤、料及窑速的优化匹配，采用“薄料快转”的煅烧方法，保持窑的快转率在90%及以上，增加物料在窑内的翻滚次数，有利于强化物料的煅烧。

8.5.14 窑尾还原气氛的影响及处理

窑尾废气中含有CO气体成分，分解炉出口废气中没有CO气体成分，说明窑尾存在还原气氛，分解炉内不存在还原气氛。这种生产条件下产生的黄心料，主要原因是窑内通风量不足，煤粉燃烧需要的氧气不足，使煤粉产生了不完全燃烧现象，窑内形成了还原气氛，增加形成黄心料的几率。所以在实际生产操作时，控制窑尾废气及分解炉出口废气中的CO气体浓度小于0.3%，保证煤粉完全燃烧现象，窑内不产生还原气氛。

任务9 新建预分解窑的试生产实践操作

任务描述：熟悉新建预分解窑的烘窑操作及投料试运行操作；掌握操作参数出现异常的判断及处理方法；掌握正常操作及出现紧急窑情的处理方法。

知识目标：熟悉新建预分解窑的烘窑操作及投料试运行操作；掌握操作参数出现异常的判断及处理。

能力目标：掌握新建预分解窑的正常操作技能；掌握新建预分解窑出现紧急窑情的处理

方法。

以日产 5000t 熟料的 ϕ4.8m×72m 预分解窑为例，详细说明新建预分解窑的试生产实践操作。

9.1　点火烘窑的技术操作

9.1.1　耐火材料烘干的技术要求

新建预分解窑在点火投料前，应对回转窑、预热器、分解炉等热工设备内衬砌的材料进行烘干，以免直接点火投料由于升温过急而使耐火衬料骤然受热引起爆裂和剥落。烘窑方案要根据耐火材料的种类、厚度、含水量及水泥企业的具备条件而定，一般采用窑头点火烘干方案，烘干用的燃料前期以轻柴油为主，后期以油煤混烧为主。

回转窑从窑头至窑尾使用的耐火衬料有浇注料、耐火砖，以及各种耐碱火泥等。这些砖衬在冷端有一膨胀应力区，温度超过 800℃时应力松弛，因此 300～800℃区间升温速率要缓，最好控制 30℃/h 以内，最快不应超过 50℃/h，尤其不能局部过热，在 300～800℃区间尽量少转窑，以免砖衬应力变化过大。烘窑期间回转窑的升温制度及转窑制度如表 6.9.1 及如表 6.9.2 所示。

表 6.9.1　回转窑的升温制度

窑尾温度（℃）	升温制度（h）
常温～200	10
200	36
200～400	16
400	24
400～600	16
600	16
600～800	16
800～1000	8

表 6.9.2　回转窑升温转窑制度

窑尾温度（℃）	转窑间隔（min）	转窑量（°）
常温～200	120	90～120
200～400	60	90～120
500～600	30	90～120
600～700	15	90～120
700～800	10	90～120
＞800	低速连续转窑	

注：使用辅助电机转窑；遇到降雨天气时，时间减半。

预热器及分解炉使用的耐火衬料有抗剥落高铝砖、高强耐碱砖、隔热砖、耐碱浇注料、硅酸钙板、耐火纤维及各种耐火粘结剂，并且使用导热系数不同的复合衬里，面积和总厚度比较大，在常温下施工 24h 内不准加热烘烤。升温烘烤确保脱去附着水和化学结合水，附着水脱去温度 150～200℃，化学结合水脱去温度 400～500℃，因此这两温度段要恒温一定时间。预热器衬料烘烤随窑烘干进行，回转窑升温制度的操作应兼顾预热器。C1 出口温度 150～200℃时，恒温 36 h；当 C5 出口 450～500℃时，恒温 24h。

篦冷却机耐火材料的烘干可借助于熟料散热，不需要特别设置单独烘干程序，但要特别注意以下事项：

（1）尽可能采用长时间自然通风干燥。

（2）为防止冷却机耐火材料温度骤增，窑低产量运转时间不少于 48h，操作时也要兼顾三次风管内耐火材料的烘干。

（3）如果窑的负荷率在投料初期就较高，可开启篦冷却前段的冷却风机，减慢烘干速度。

9.1.2 烘窑前需要完成的工作

(1) 窑系统已完成单机试车和联动试车工作。

(2) 煤粉制备系统具备带负荷试运转条件，煤磨已经完成粉磨石灰石的工作。

(3) 煤粉计量、喂料及煤粉气力输送系统已经完成带负荷运转，输送管路通畅。

(4) 空压机站已经调试完毕，可对窑尾、喂料、喂煤等系统正常供气，并且管路通畅。

(5) 窑系统及煤粉制备系统的冷却水管路畅通、水压正常。

9.1.3 烘窑前窑系统的检查与准备工作

(1) 清除窑、预热器、三次风管及分解炉内部的杂物（比如砖头、铁丝等安装遗留的物品）。

(2) 压缩空气管路系统的各阀门转动灵活，开关位置正确，管路通畅、不泄漏；各吹堵孔通畅。

(3) 检查耐火材料砌筑情况，重点检查部位是下料管、锥体、撒料板上下部位的砌筑面光滑，旋风筒蜗壳上堆积杂物要清扫，各人孔门无变形，衬料牢固，检查后关闭所有人孔门，并密封好。

(4) 确认窑系统的测温、测压点开孔正确，指示值准确无误。

(5) 启动分解炉喂煤罗茨风机，也可断开分解炉喂煤管路，防止烘干时潮湿气体发生倒灌现象。

(6) 检查表确认预热器系统旋风筒、分解炉顶部及各级上升管道顶部浇注料排气孔没有封上。

(7) 窑头、窑尾喷煤系统在联动试车后应保证管路通畅，调整灵活，随时可投入运转，油点火装置已进行过试喷。

(8) 确认油泵已备妥，油罐内储轻柴油 25～30t。

(9) 确认清堵工具、安全用品已经备齐。

(10) 点火升温过程中，当窑尾温度升至 600℃、700℃、800℃时，应该分别预投 20～30t 生料。

(11) 初次点火时，当窑尾温度达到 900℃时，窑内煤灰呈酸性熔态物，对碱性耐火砖有熔蚀性。

(12) 在篦冷机一段篦床上铺 200～250mm 厚熟料，防止烘窑期间热辐射使其变形；逐点检查篦板的紧固情况。

(13) 逐点检查熟料输送机紧固件及润滑点。

(14) 熟料进库前要清除施工、安装时遗留的杂物，防止熟料出库时发生堵塞现象。

(15) 检查生料输送斜槽的透气层是否有破损、漏气现象。

(16) 检查窑头、窑尾收尘器并确认可使用。

(17) 检查增湿塔喷水装置，每个喷头均要抽出检查。

(18) 窑头喷煤管按照生产工艺要求进行定位。

(19) 生料均化库内至少存有 8000t 的生料。如果试生产期间生料质量指标与控制指标相差过大，生料库存量可以适当降低。

9.1.4　点火烘窑操作

新型干法水泥企业一般采用回转窑、预热器、分解炉等耐火材料一次完成烘干，并紧接着进行投料的烘窑操作方案。

(1) 确认风管道阀门位置正确：高温风机入口阀门、窑头收尘器排风机入口阀门全关；考虑到环保要求，可先开启窑尾收尘器风机，调整收尘器风机阀门和窑尾高温风机阀门开度，保持窑头罩处于微负压状态；篦冷机各室的风机入口阀门全关；窑头喷煤管各风道的手动阀门全开；水、电、生料、煤粉等供应储备充足。

(2) 准备大约 7m 长的钢管，端部缠上浸油棉纱，作为临时点火棒。

(3) 将喷煤管调至窑口内 50mm 的位置，连接好油枪，关好窑门，确认油枪供油阀门全关，启动临时供油装置。

(4) 自窑门罩点火孔伸入点燃的临时点火棒，全开进油、回油阀门，确认油路畅通后慢慢关小回油阀门，调整油压在 1.8～2.5MPa。

(5) 开启窑头一次风机，其转速调整到正常生产时的 10%～20%左右。

(6) 随着喷油量的增加，注意观察窑内火焰形状，调整窑尾收尘器风机阀门开度，保持窑头处于微负压状态。

(7) 用回油阀门控制油量大小，按预先规定的升温曲线，控制回转窑的升温速率。

(8) 烘窑初期窑内温度较低，且没有熟料出窑，二次风温比较低，煤粉燃烧不稳定，有回火爆燃的危险，操作时应防止发生烫伤事故。窑尾温度达到 350℃时开始喷煤，进行油煤混烧操作。

(9) 为防止尾温剧升，应慢慢加大喂煤量，注意检查托轮的润滑及轴承温升情况。

(10) 烘窑后期要注意窑体窜动，必要时调整托轮，投入窑筒体温度扫描仪，监测窑体表面温度变化。

(11) 烘窑过程中，要不断调整内风和外风的比例，保持较长的火焰，防止筒体发生局部过热现象。

(12) 启动回转窑主减速机稀油站，按转窑制度，启动辅助传动转窑。

(13) 启动启动密封干油泵；启动密封装置的气缸空压机，并调整进入密封气缸的气压符合生产要求。

(14) 随着燃煤量的逐步加大，尾温沿设定趋势上升，当燃烧空气不足或窑头负压较高时，可关闭冷却机人孔门，启动篦冷机一室风机，逐步加大一室风机进口阀门开度。当一室风机进口阀门开至 60%仍感觉风量不足时，逐步启动一室的固定篦床充气风机，乃至二室风机，增加入窑的风量。

(15) 烘窑后期可根据窑头负压和窑尾温度、筒体表面温度、火焰形状等加大窑尾排风量。

(16) 启动窑口密封圈冷却风机。

(17) 尾温升到 600℃时，每间隔 1h，人工活动一次各级预热器的锁风翻板阀，以防受热变形卡死。同时检查预热器衬砖烘干状况。

(18) 烘干后期，仪表技术人员应重新校验系统的温度、压力仪表，确认仪表回路接线正确，数值显示准确。

(19) 如果烧成带筒体出现局部温度过高现象，说明衬砖出了问题，应该采取停煤、停风、停窑等操作，使窑系统处于自然冷却状态，期间注意使用辅助电机转窑。

检查窑内耐火砖时，如果发现有大面积剥落、炸裂，其厚度达到原耐火砖厚度的1/3及以上，就要更换这些损坏的耐火砖，更换时要特别注意不要使已经烘干的耐火砖淋水变湿。

9.1.5 预热器、分解炉、三次风管和篦冷机的烘干操作

预热器、分解炉、三次风管和篦冷机的烘干操作，不需要特别设置单独烘干程序，可在试生产期间处于低产量的条件下完成。

9.1.6 烘干结束标志

（1）检查各级预热器顶部浇注孔有无水汽。把一块干净的玻璃片放在排气孔部位，如果玻璃片上有水汽凝结，则说明烘干过程没有结束；如果玻璃片上没有水汽凝结，则说明烘干过程已经结束。

（2）检查预热器和分解炉烘干的重点部位是C4锥体、C5锥体和分解炉的顶部。检查时可在上述部位的筒体外壳钻孔ϕ6～8mm（视水银温度计粗细而定），孔深要穿透隔热保温层达到耐火砖外表面，在烘干后期插300℃玻璃温度计，如果测试温度达到120℃及以上，则说明该处烘干已符合要求，检查后用螺钉将检查孔堵上即可。

9.2 投料试运行

9.2.1 第一次点火投料前的准备

（1）生料细度指标控制80μm筛余在10％～12％；200μm筛余＜0.5％；生料库存量大于8000t；生料率值根据试生产情况进行调整。

（2）烟煤煤粉细度指标控制80μm筛余＜12.0％，水分＜1.5％；热值＞25000kJ/kg；Aad≤20％。

（3）生料磨和煤磨系统应处于随时启动状态，保证能根据煅烧需要连续供料和供煤。

（4）封闭所有人孔门和检查孔，各级翻板阀全部复位，并调好配重保证开启灵活，检查废气处理系统及增湿塔喷水系统。

（5）确认冷却机热端空气炮可以随时投入使用。

（6）确认全系统PLC正常，各种开车、停车及报警信号正确。重点检查窑主传动控制系统、窑尾高温风机控制系统、窑头篦冷机控制系统的报警信号、报警值的设定及速度调节等。

（7）重点检查校验表6.9.3所示的仪器及仪表。

表6.9.3 重点检查校验的仪器及仪表

序号	测点名称	序号	测点名称
1	窑尾烟室气体温度、压力	10	窑尾喂煤量
2	窑头罩负压	11	五级筒出口温度
3	窑主传动负荷	12	分解炉本体温度
4	篦冷机一室篦板温度	13	分解炉出口温度
5	篦冷机一室篦下压力	14	一级筒出口压力、温度
6	篦冷机二室篦板温度	15	高温风机负荷
7	篦冷机二室篦下压力	16	高温风机入口温度
8	生料喂料量	17	二次风温度
9	窑头喂煤量	18	窑尾烟室出口气体成分检测

(8) 窑尾烟室和 C5 出口处热电偶易损坏，应准备至少两支质量优良的备用热电偶。

(9) 备齐窑头看火工具、窑尾预热器捅堵工具、捅料用个人防护用品（比如防护镜、石棉衣、手套等）。

(10) 设备所需的润滑油、润滑脂等全部备齐；准备一些石棉绳、石棉板、水玻璃等用于系统密封和堵漏。

9.2.2　投料操作

(1) 继续升温至窑尾温度 700～800℃时，启动窑主减速机稀油站组，窑的辅助传动改为主传动，在最慢转速下连续转窑，注意窑速是否平稳，电流是否稳定，如果不正常，应调整控制柜各参数。

(2) 启动液压挡轮。

(3) 加料前应随时注意 C1 筒出口温度，防止入排风机废气超温。

(4) 下料后适当延长油煤混烧时间，待窑头温度升高、能形成稳定火焰时，再停止喷油操作。

(5) 点火后应随即开窑尾喂煤风机，既可降低出 C1 筒废气温度，又可防止烘干不彻底产生的潮气倒灌喂煤系统。

(6) 窑尾烟室废气温度的控制

投料前应以窑尾废气温度为准，按升温制度调整加煤量，投料初期可控制在 1000～1100℃范围内，当尾温超过 1150℃时，要适当减少窑头用煤量，并检查窑尾烟室和炉下烟道内的结皮情况，如发现结皮要及时清理。

(7) 窑速的控制

窑尾废气温度达 200℃及以上时开始间断转窑，达到 800℃及以上时按电气设备允许最低转速连续转窑，到投料前窑速达到 1.0 r/min。当生料进入烧成带即可开始挂窑皮，期间按窑内温度调整窑速，窑速一般控制在 1.0～2.0r/min。窑皮挂好后可将窑速提高到 2.0～3.0r/min，并加大生料喂料量、喂煤量，当窑产量接近设计指标时，窑速应达到 3.5～4.0r/min 左右。

(8) 窑筒体表面温度的控制

间断转窑时应投入窑筒体红外扫描测温仪，筒体表面温度应控制在 350℃以下，最高不得超过 400℃。

(9) 加煤量的控制

窑尾烟室温度达到 350℃及以上时可开始窑头加煤，实现油煤混烧，煤量约为 1t/h 左右，不可太小，注意调整窑头一次风机转速和多通道喷煤管内外风比例来保持火焰形状，燃煤初期有爆燃回火现象，窑头看火操作应注意安全。

9.2.3　投料初期的操作要点

(1) 投料前通知各岗位巡检人员，再次检查确认设备正常。

(2) 逐步加大系统排风量，启动窑头一次风机，控制窑头负压在 30～50Pa，保持窑头火焰形状。

(3) 窑尾烟室温度达到 1000℃及以上时，启动喂料系统。

(4) 投料前，预热器应自上而下用压缩空气吹扫一遍；低产量投料生产时，应 1h 吹扫一次；稳定生产时，2h 吹扫一次。

（5）窑尾烟室气体温度达1000℃、分解炉出口温度达800℃以上、C1筒出口达450℃时开启生料计量仓下的电动流量阀投料。通过生料固体流量计监控初始投料量在250～280t/h左右。如C1出口温度曲线下滑说明生料已入预热器，此时应注意控制喂煤量以保持窑尾烟室温度在1050～1100℃。通过观察C5入窑物料温度确认料已入窑。喂料后生料从C1级预热器到窑尾只需30s左右，在加料最初一小时内，要特别注意预热器的翻板阀，发现闪动不灵活或有堵塞征兆要及时处理；投料的第一个班要设专人看管各级旋风筒的翻板阀，及时调整重锤的位置，此后预热器系统如无异常则可按正常巡回检查。旋风筒锥体是最易堵塞部位，加料初期可适当增加旋风筒循环吹堵吹扫密度和吹扫时间，以后逐渐转为正常。

（6）调整冷风阀开度，使高温风机入口温度不超过400℃。在设定喂料量下进行投料。

（7）启动分解炉喂煤组，炉煤量设定2t/h。

（8）熟料出窑后，二次风温升高，可适当增加窑速及窑头用煤量。

（9）当篦冷机一室篦下压力逐渐升高，应加大该室各风机入口阀门开度，当压力超过4500Pa时，可启动篦冷机带料运转。注意熟料到哪个室，就应加大该室鼓风量，并用窑头排风机入口阀门开度调整窑头罩负压在30～50Pa范围内。

（10）初次投料时，由于设备处于磨合期，易发生各种设备、电气故障。一旦发生设备故障，要及时止煤、止料，保护设备和人身安全。

（11）废气温度的控制

窑尾袋收尘器的入口气体温度一般控制在200℃以下，当温度高于200℃时应开泵喷水降温，试生产的投料初期可控制增湿塔出口温度在160～180℃，并以此调节增湿水量；生产正常后，在不湿底的情况下逐步增加水量降低出口气体温度，控制进袋收尘器的气体温度在130～150℃左右。

（12）窑开始投料后，窑尾收尘系统的输送设备要全部开启。如果灰斗积灰较多，拉链机应断续开动，以免后面的输送设备过载。

（13）增湿塔排灰输送机的转向视出料水分而定，当排灰水分在4%以下时可送至生料均化库，水分≥4%时废弃。投产初期因操作经验不足，或前后工序配合不当造成排灰水分超标，宁可多废弃，也不要回库，以免造成堵塞而影响生产。

（14）当生料磨启动抽用热风时，入增湿塔的废气量将减少，这时要及时调整增湿塔喷水量。

9.2.4 紧急停车操作要领

（1）岗位巡检人员发现设备有不正常的运转状况或危及人身安全时，可通过机旁按钮盒上的紧急停车按钮进行紧急停车操作。

（2）控制室操作员要进行紧急停车时，可通过计算机键盘操作“紧停”按钮，则连锁组内设备依次停机。

9.2.5 停窑的操作

参考项目6的7.7、7.8及7.9等相关内容。

9.2.6 故障停车后的重新启动

故障停车后的重新启动是指紧急停车将故障排除后，窑内仍保持一定温度时的烧成系统启动。窑内温度较低时，先翻窑后采用喷油装置点火，燃油燃烧后再启动喷煤系统，喷煤量的大小应视窑内情况灵活掌握；窑内温度较高时，喷煤前应先转窑，将底部温度较高的熟料翻至上部，直接喷入煤粉即可发生燃烧反应。

9.2.7　分解炉的点火操作

正常生产条件下，窑尾废气温度、末级预热器物料温度都比较高，进入分解炉内的气体温度也比较高，大于煤粉的燃点，因此，只要将煤粉喷入分解炉内，煤粉即可以发生燃烧反应。

9.3　正常操作

9.3.1　运行中的调整

(1) 随着生料量的增加、窑头用煤量的增加、分解炉用煤量的增加，要特别注意观察分解炉及 C5 出口气体温度的变化。

(2) 窑速与生料量的对应关系如表 6.9.4 所示：

表 6.9.4　窑速与生料量的对应关系

喂料量 t/h	250	270	280	290	300	310	320	330	340	350
窑速 rpm	2.0	2.2	2.4	2.6	2.8	3.0	3.2	3.4	3.5	3.6

(3) 根据情况启动窑筒体冷却风机组。烧成带窑皮正常时，筒体温度 250～320℃较正常。温度过高>350℃，筒体需风冷。

(4) 随窑产量提高，注意拉风，最好不要使高温风机入口温度超过 350℃。

(5) 烧成操作，最主要就是使风、煤、料最佳配合，具体指标是：窑头煤比例 40%，烟室 O_2 含量 2%～3%，CO 含量小于 0.3%；分解炉煤比例 60%，分解炉出口温度 880～920℃；窑喂料量 330～350t/h，C1 出口 O_2 含量 3.5%～5%，温度 320～340℃。

(6) 初次投料，当投料量 250～280t/h 时应稳定窑操作，挂好窑皮，一般情况 8～16h 可挂好窑皮，再逐步加大投料量。

(7) 在试生产及正常生产时，若生料磨系统未投入生产，当增湿塔出口温度超过 200℃，增湿塔内即可喷水，喷水量可通过调整回水阀门开度控制。初期产量低时为稳妥起见，增湿塔出口温度可控制在 150～160℃。系统正常后，可逐步控制在 130～150℃。若生料磨系统同步生产，增湿塔的喷水量和出口温度的控制必须满足生料磨的烘干要求。依据生料磨的出口温度及生料成品的水分来控制增湿塔的喷水量以使其出口达到一个合适温度。

(8) 当窑已稳定，入窑尾大布袋废气 CO 含量<0.5 时，应适时投入大布袋，以免增加粉尘排放。

(9) 窑头罩负压控制：调整窑头电收尘器排风机进口阀开度控制窑头罩负压 20～40Pa。

(10) 烧成带温度控制：试生产初期，操作员在屏幕上看到的参数还只能作为参考。

应多与窑头联系，确认实际情况。烧成带温度高低，主要判断依据有：①烟室温度；②窑电流；③高温工业看火电视。

操作员应能用肉眼熟练观察烧成带温度，同时要依据其他窑况作为辅助，区别特殊情况。例如：当窑内通风不良或黑火头过长时，尾温较高，而烧成带温度不一定高；烧成带温度高，窑电流一般变大，但当窑内物料较多，电流也较高；而烧成带温度过高，物料烧流时，窑电流反而下降。

(11) 高温风机出口负压控制：用窑尾大布袋排风机入口阀门开度控制高温风机出口负

压 200～300Pa。

(12) 窑头电收尘器入口温度控制：增大篦冷机鼓风量，保持窑头罩负压，使该点温度控制在小于 250℃。必要时还可开启入口冷风阀降温。

(13) 烟室负压控制：正常值 100～200Pa，由于该负压值受三次风、窑内物料、系统拉风等因素的影响，应勤观察，总结其变化规律，掌握好了，能很好地判断窑内煅烧情况。

9.3.2 正常生产的操作参数

表 6.9.5 窑正常生产的操作参数

序号	操作参数	控制范围	单位
1	投料量	330～350	t/h
2	窑速	3.5～4.0	r/min
3	窑头罩负压	20～50	Pa
4	入窑头电收尘器风温	<250	℃
5	二室篦下压力	5800～6400	Pa
6	五室篦下压力	3000～3700	Pa
7	三次风温	>850	℃
8	窑电流	600～800	A
9	窑尾烟室温度	1050～1150	℃
10	窑尾烟室负压	100～300	Pa
11	烟室废气中 O_2 含量	2～3	%
12	烟室废气中 CO 含量	<0.3	%
13	分解炉本体温度	870～930	℃
14	分解炉出口温度	880～920	℃
15	C5 出口温度	860～880	℃
16	C5 下料温度	850～870	℃
17	C4 出口温度	780～800	℃
18	C3 出口温度	670～690	℃
19	C1 出口温度	300～320	℃
20	C1 出口负压	4500～5300	Pa
21	高温风出口负压	200～300	Pa
22	窑尾大布袋入口温度	110～150	℃
23	窑筒体最高温度	<350	℃
24	生料入窑表观分解率	>90	%
25	出篦冷机熟料温度	65℃＋环境温度	℃

9.3.3 常见的故障及处理

(1) 燃油器

燃油器常见的故障及处理如表6.9.6所示。

表6.9.6　燃油器常见的故障及处理

序号	故障名称	故障原因	处理方法
1	喷头不出油	1. 喷头发生堵塞； 2. 阀门位置不对； 3. 油压力不足，要求达到2.5MPa	1. 清洗； 2. 调整； 3. 调整
2	喷头雾化不良，产生滴油、烟囱冒黑烟现象	1. 燃烧器调整不佳； 2. 压力不足； 3. 过滤网有杂物； 4. 油量过大； 5. 风量配合不佳； 6. 喷头处有杂物； 7. 喷油管的位置不对	1. 调整； 2. 调整； 3. 清洗； 4. 关小节流阀； 5. 调节轴向风、径向风阀门开度； 6. 清洗； 7. 调整喷油管的位置
3	喷油形成的火焰形状不佳	火焰过粗或过细，冲扫窑皮及耐火砖	调节用风或更换雾化片

(2) 火焰

火焰常见的故障及处理如表6.9.7所示。

表6.9.7　火焰常见的故障及处理

序号	故障名称	故障原因	处理方法
1	火焰分叉	1. 喷煤管头部有杂质； 2. 送煤粉空气量不够； 2.1　风机过滤网积灰过多； 2.2　管道缝有杂物堵塞； 2.3　喷煤管口变形	1. 清除； 2.1　清除； 2.2　清除； 2.3　更换
2	火焰过粗	1. 内风、外风比例不匹配； 2. 一次风量过大	1. 增大外风或减小内风，增大出口风速； 2. 适当关小一次风机的阀门开度

(3) 窑尾喂料系统

窑尾喂料系统常见的故障及处理如表6.9.8所示。

表6.9.8　窑尾喂料系统常见的故障及处理

序号	故障名称	故障原因	处理方法
1	气动流量控制阀开关不到位	1. 压缩空气的压力不够 2. I/O没有返回，实际上已到位	1. 提高空压机出口压力； 2. 通知仪表人员处理
2	固体流量计流量保持最大值不能调整	流量阀门被异物卡住	1. 停生料喂料秤，采取旁路喂料； 2. 拆开流量阀取出异物

续表

序号	故障名称	故障原因	处理方法
3	固体流量计流量不能超过某一数值	流量阀执行机构行程中有死点	调节电机和执行机构叶片的固定螺丝
4	斜槽堵死，生料外泄	负荷太大，斜槽上方负压不足	1. 停止进料； 2. 风机继续开，人工振动斜槽壁促进生料流动； 3. 重新启动时，减轻斜槽负荷
5	提升机跳停	1. 失去备妥； 2. 跑偏； 3. 料位高报警	1. 通知电工恢复备妥，重新启动； 2. 重新启动失败，停车打开后盖清理积灰，停车钳工处理； 3. 通知电气仪表工处理
6	斜槽风机震动大	1. 轴承缺油； 2. 轴承损坏	1. 轴承加油； 2. 停风机，更换轴承
7	回转阀跳停	1. 失去备妥； 2. 回转阀被卡死； 3. 回转阀转速低报警	1. 电工恢复备妥后重新启动； 2. 清除卡死回转阀的异物，重新再开启； 3. 通知电工处理

(4) 设备跳闸

设备常见的跳闸故障及处理如表 6.9.9 所示。

表 6.9.9　设备常见的跳闸故障及处理

序号	故障名称	处理方法
1	一次风机跳闸	停止喂煤、喂料，根据情况再作停窑处理
2	预热器高温风机跳闸	1. 停入窑生料及分解炉的喂煤； 2. 减小篦冷机的冷却风量，适当降低篦速； 3. 窑筒体间隔慢转； 4. 减少窑头用煤量，必要时停止喂煤； 5. 若保温时间达四小时以上，要清理烟室
3	分解炉喂煤系统跳闸	1. 减小喂料量，进入 SP 窑操作； 2. 关小三次风风门开度； 3. 适时减少窑头喂料量； 4. 降低窑总通风量及冷却机冷却风量； 5. 加强监视各翻板阀工作情况，每小时清理一次旋风筒下料管翻板阀； 6. 每小时清理一次烟室积料
4	冷却机低温段风机跳闸	1. 减少投料量； 2. 加大热端风机风量
5	窑头收尘排风机跳闸	1. 关闭低温段风机入口阀门； 2. 降低窑速； 3. 减少投料量及喂煤量； 4. 密切注意篦床上物料冷却情况

续表

序号	故障名称	处 理 方 法
6	停电	1. 启动备用电源； 2. 冷风阀全部打开； 3. 窑改辅助传动，来电后立即慢转窑，启动固定箆床及一室风机； 4. 高温风机改辅助传动； 5. 恢复运行前应清理预热器下料管，清理烟室积料

（5）箆冷机

箆冷机常见的故障及处理如表 6.9.10 所示。

表 6.9.10　箆冷机常见的故障及处理

序号	故障名称	故 障 原 因	处 理 方 法
1	熟料被吹起来	1. 风量太大； 2. 箆床上料层不均匀； 3. 料层厚度和风量不匹配	1. 检查风量，减少外部区域冷却风量； 2. 安装窄板或改变窄缝； 3. 降低风量
2	热回收效率低或二次风温低	1. 热回收区风量太大； 2. 风短路； 3. 窑头抽风太大	1. 检查风量，调整风量； 2. 检查不正确的风机风门开度； 3. 关小窑头收尘排风机的风门，减少窑头漏风，控制窑头罩负压在 30～50Pa。
3	出冷却机熟料的温度高	1. 卸料区冷却风量不足； 2. 卸料端熟料冷却不充分，出现“红河”现象； 3. 熟料颗粒大； 4. 在卸料区熟料结料； 5. 箆床速度太快，料层厚度太薄	1. 检查风量并调整； 2. 安装窄板（阻料器）； 3. 增加卸料区风量，降低卸料的熟料温度； 4. 适当降低箆板速度； 5. 降低箆床速度
4	箆板漏料过多	1. 箆板破裂或断裂； 2. 间接充气风量不足，直接充气风量不足，密封风量不足	1. 更换损坏箆板； 2. 调整风机风量
5	堆雪人	1. 卸落的熟料温度高； 2. 卸料区冷却风量不足，如风机跳停； 3. 液相量多； 4. 煤粉灰分高； 5. 箆冷机空气炮不动作	1. 调整火焰形状，延长冷却带； 2. 调整风机的风量； 3. 检查并调整生料化学成分； 4. 检查燃料化学成分； 5. 检查或维修空气炮
6	掉箆板	箆板固定螺栓脱落	1. 按停窑程序停窑； 2. 继续通风冷却熟料，开大冷却机风机入口阀门，使风改变通路，减少入窑二次风量； 3. 继续开动箆床把熟料送空，注意箆板不能掉入破碎机，捡出掉落的箆板； 4. 有人在箆冷机内作业时，禁止窑头喷煤保温

续表

序号	故障名称	故 障 原 因	处 理 方 法
7	电动弧形阀故障		1. 检查各风室漏料情况； 2. 及时更换损坏零件
8	固定篦床堆积熟料	1. 烧成带温度过高； 2. 冷却风量不足； 3. 熟料率值偏差过大； 4. 空气炮故障，不能使用	1. 减少窑头喂煤量； 2. 增加冷却风量； 3. 调整生料配比； 4. 恢复使用空气炮
9	熟料出现“红河”现象	篦速过快	适当降低篦床速度，调整风机阀门开度
10	篦板温度高	1. 熟料粒度过细； 2. 熟料 SM 值过大； 3. 一室冷却风量过大，熟料被吹穿； 4. 固定篦板及一室风量过小，不足以冷却熟料； 5. 篦床上有大块，此时风压大，风量小； 6. 篦床速度过快，料层过薄	1. 提高烧成带的温度； 2. 降低熟料硅率； 3. 关小一室风机阀门开度，适当减慢篦速； 4. 应开大固定篦板一室风机阀门开度，适当加快篦速； 5. 增加风量； 6. 适当减慢篦速

（6）窑及预热器

窑及预热器常见的故障及处理如表 6.9.11 所示。

表 6.9.11　窑及预热器常见的故障机处理

序号	故障名称	故障原因（现象）	处理方法
1	跑生料	1. 窑尾温度下降过大，喂煤量过少； 2. 预热器塌料，生料涌入烧成带； 3. 火焰被生料压缩，烧成带温度下降比较大，窑头负压波动大	1. 减少生料喂料，减窑速； 2. 当出现跑生料预兆时或跑生料前期，可适当加煤。当跑生料已成事实，窑头温度下降较大，宜适当减少喂料量及喂煤量。待电流及烧成带温度呈上升趋势时，即可加料，提高窑速，加料幅度不宜过大
2	预热器塌料	1. 系统排风量突然下降； 2. 锥体负压突然降低； 3. 窑尾温度下降幅度很大； 4. 窑头负压减小，呈正压状态	1. 小塌料可适当增加窑头喂煤量或不作处理； 2. 大塌料按跑生料故障处理
3	掉窑皮、垮圈	1. 窑电流短时间内上升很快； 2. 窑内可见暗红窑皮； 3. 有可能出现局部高温	1. 调整火焰高温点，提高烧成带的热力强度； 2. 适当降低窑速，待窑内正常时可缓慢恢复窑速； 3. 开启窑筒体冷却风机

续表

序号	故障名称	故障原因（现象）	处理方法
4	预热器锥体堵塞	1. 下料翻板阀长期窜风，下锥体结皮； 2. 分解炉煤粉末充分燃烧，物料黏性增大，逐步积于锥体，未及时清堵； 3. 锥体负压急剧减少，下料温度下降，出口温度上升	堵料已经发生，按停窑顺序停窑，停窑四小时之内禁止用拉大风的方法处理堵料，需要人工捅堵
5	温度指示误差大	1. 热电偶被物料糊住； 2. 热电偶被烧断	1. 清理积料； 2. 更换热电偶
6	压力指示偏低	1. 测压管被粉尘堵塞； 2. 旋风筒积料	1. 用压缩空气吹扫测压管； 2. 用压缩空气吹扫旋风筒锥部
7	上升烟道结皮	1. 原料中含有碱、氯、硫等有害成分； 2. 窑尾温度偏高； 3. 窑尾还原气氛严重； 4. 系统热工制度不稳定	1. 清理结皮； 2. 定时使用空气炮； 3. 调整进分解炉的分料比例； 4. 防止窑内产生还原气氛； 5. 加强原燃材料预均化
8	窑尾密封圈冒灰	1. 上升烟道结皮； 2. 窑尾斜坡积料； 3. 窑内物料填充率太高	1. 清理结皮； 2. 清理斜坡积料； 3. 减少生料喂料量或止料，加大窑速
9	窑头密封圈冒灰	1. 窑头正压太大； 2. 跑生料； 3. 冷却机堆雪人	1. 放慢篦床速度，加大窑头抽风； 2. 减料、减煤、减风； 3. 处理“堆雪人”故障
10	托轮油壶温度高	1. 冷却水量不足； 2. 油路不畅	1. 加大冷却水量； 2. 疏通油路
11	窑筒体温度高	1. 掉窑皮； 2. 耐火砖薄； 3. 烧成带温度高； 4. 入窑生料率值不当，不容易挂窑皮； 5. 烧成带掉砖引起红窑	1. 开启筒体冷却风机，冷却高温区； 2. 调节燃烧器内外风比例，改变火焰的高温区，如筒体温度高于400℃还有上升趋势，只有采取停窑换砖； 3. 保证入窑生料分解率，减轻窑头压力； 4. 适当提高生料的铝率； 5. 停窑补砖
12	窑筒体温度低	窑皮太厚	1. 窑打快车； 2. 提高入窑生料硅率值，降低铝率

(7) 熟料输送及回灰系统

熟料输送及回灰系统常见的故障及处理如表6.9.12所示。

表 6.9.12 熟料输送及回灰系统常见的故障及处理

序号	故障名称	故障原因	处理方法
1	熟料输送机跳停	1. 无备妥； 2. 过载跳停； 3. 拉绳开关动作跳停	1. 电工检查后恢复备妥重启即可； 2. 检查过载原因，排除故障后重启； 3. 复位拉绳开关后重启
2	篦冷机水平拉链机跳停	过载跳停	如果篦冷机风室漏料不多，且故障15min内能排除，可不停窑，反之就要停窑处理
3	收尘器回灰拉链机、螺旋输送机、回灰阀跳停	1. 过载跳停； 2. 连锁跳停	1. 如果处理时间在15min以内，可先打至现场手动位置再启动，故障排除后中控重启，否则只有停窑处理； 2. 满足连锁条件后重新送高启动
4	窑头袋收尘器跳停	1. 连锁跳停； 2. 其他原因	1. 满足连锁条件后重新送高启动； 2. 15min内不能排除故障，只有停窑处理

9.3.4 操作参数异常的判断及处理

9.3.4.1 窑尾温度过高

窑尾温度过高的判断及处理如表6.9.13所示。

表 6.9.13 窑尾温度过高的判断及处理

序号	原因	判断	处理方法
1	某级预热器堵塞，来料减少	结合预热器各点温度、压力，判断堵塞位置	止料处理
2	窑头用煤量过多	分解炉加不进煤，窑筒体表面温度偏高，窑炉用煤比例不合适	窑头减煤
3	黑火头偏长，煤粉细度粗	根据窑尾烟气 O_2 含量及用肉眼观察方法	调整燃烧器内风及外风的比例；降低煤粉细度指标
4	窑内通风不良	窑尾烟气 O_2 含量低，CO浓度偏高	增大系统拉风
5	热电偶损坏	温度单向性变化	换热电偶

9.3.4.2 窑尾温度过低

窑尾温度过低的判断及处理如表6.9.14所示。

表 6.9.14 窑尾温度过低的判断及处理

序号	原因	判断	处理方法
1	C2、C3、C4级预热器塌料	窑头间歇反火，预热器压力瞬间变化比较大	塌料量小时，可略减窑速；塌料量大时，减窑速的同时再减料

续表

序号	原因	判断	处理方法
2	窑内有后结圈	窑尾负压增大，可短时间止料、止煤，向窑内观察后结圈的位置及形状	1. 结圈小时，将燃烧器伸进窑内适当距离，并降低窑速、减料； 2. 结圈大时，采取冷热交替的办法
3	窑内通风量过大	窑尾废气中的 O_2 含量高	减少系统通风量
4	窑尾烟室热电偶上结皮	温度反应迟钝，指示明显偏低	处理结皮；换热电偶

9.3.4.3　窑尾负压过高

窑尾负压过高的判断及处理如表 6.9.15 所示。

表 6.9.15　窑尾负压过高的判断及处理

序号	原因	判断	处理
1	系统拉风过大	高温风机入口负压高，C1 出口风温高	减少系统排风量
2	窑内结圈	窑尾废气温度低，窑头火焰无力发飘	结圈小时，可调煤管位置、一次风量处理结圈
3	烟室斜坡积料	现场观察	适当降低窑尾温度

9.3.4.4　窑尾负压过低

窑尾负压过低的判断及处理如表 6.9.16 所示。

表 6.9.16　窑尾负压过低的判断及处理

序号	原因	判断	处理方法
1	系统总排风量不足	高温风机入口负压偏低，C1 出口风温低	增大系统拉风
2	分解炉下缩口结皮	三次风入炉压力偏高	处理分解炉的结皮
3	烟室斜坡积料	现场观察	适当降低窑尾温度

9.3.4.5　末级预热器入口温度升高

末级预热器入口温度升高的判断及处理如表 6.9.17 所示。

表 6.9.17　末级预热器入口温度升高的判断及处理

序号	原因	判断	处理
1	加料不足或突然分解炉断料	某级旋风筒堵塞，或 C4 塌料入窑	1. 迅速减煤； 2. 确认有堵塞时止料；无堵塞时，控制分解炉的喂煤量至温度正常
2	分解炉喂煤失控	分解炉温度迅速升高	迅速止尾煤，待温度降下后减料，查找故障点

9.3.4.6　一级预热器出口温度升高

一级预热器出口温度升高的判断及处理如表 6.9.18 所示。

表 6.9.18 一级预热器出口温度升高的判断及处理

序号	原 因	判 断	处 理 方 法
1	喂料量变小	各级筒温度普遍升高，且负压下降	加大生料喂料量
2	系统通风量过大	高温风机入口负压升高	减少系统通风量

9.3.5 紧急窑情的处理

9.3.5.1 高温风机停机

(1) 现象

系统压力突然增加；窑头罩出现正压；高温风机电流显示为零。

(2) 采取的措施

①立即停止分解炉的喂煤量。

②立即减少窑头的喂煤量。

③适当降低窑速。

④退出摄像仪、比色高温计等仪表，以免其遭到损坏。

⑤调节一次风量，保护好燃烧器。

⑥根据实际情况，调整篦床速度，减少冷却风量，调整窑头排风机转速，保持窑头呈负压状态。

⑦待高温风机故障排除启动后进行升温，重新投料操作。

⑧若高温风机启动失败，采取下列技术操作：减小篦冷机鼓风量；增加篦冷机排风机风量，尽量保持窑头罩为负压；适当降低窑速；适当降低篦床速度；适当减小一次风量，防止过多的冷空气破坏窑皮及耐火材料。

9.3.5.2 生料断料

(1) 现象

①一级预热器出口气体温度急剧上升。

②每级预热器及烟室负压迅速增加。

③每级预热器的温度值都迅速升高。

(2) 采取的措施

①迅速停止分解炉的喂煤。

②迅速调整喷水系统喷水量，确保进高温风机气体温度不超过 320℃（生料磨停机时小于 240℃）。

③迅速降低窑尾高温风机转速。

④根据尾温变化适当减少窑头喂煤量，保证正常的烧结温度。

⑤根据情况降低窑速

⑥降低篦冷机的篦床速度，减少冷却风量。

⑦如果断料事故在 30min 之内成功处理，则将窑置于最低转速；停止篦冷机篦床，并根据篦床熟料厚度间歇运转。

9.3.5.3 窑主电机停

(1) 现象：窑停止运转。

(2) 采取的措施

①重新启动窑主电机。

②若启动失败，马上执行停窑操作程序：停止喂料；停止分解炉喂煤；减少窑头喂煤；减小窑尾高温风机转速；减小篦冷机篦床速度；减少篦冷机鼓风量；调节篦冷机排风量，保持窑头罩负压；启动窑的辅助传动，防止窑筒体变形。

9.3.5.4　分解炉断煤

(1) 现象：分解炉温度急剧降低。

(2) 处理措施

①迅速降低窑速。

②迅速降低生料喂料量。

③迅速减慢窑尾高温风机转速。

④减慢冷却机篦床速度。

⑤查找断煤原因。

9.3.5.5　篦冷机篦板损坏

(1) 现象

①篦冷机风室内严重漏料。

②篦板温度过高。

③篦板压力下降。

(2) 处理措施

①仔细检查，确认篦板已经损坏，这时要执行停机程序：停止喂料；停止分解炉喂煤；减少窑头喂煤；将窑主传动转为窑辅助传动；增加篦冷机鼓风量，目的是加速熟料冷却；增加篦冷机的篦速，加速物料的输送速度，最快排出物料。

②当篦冷机的温度降低到人可以进入时，执行下列操作：停止所有的鼓风机；停止篦冷机驱动电机；停止篦冷机破碎机；停止窑的辅助传动；所有 ICV 开关均已上锁；如果翻动窑体，维修人员必须先撤出篦冷机。

9.3.5.6　篦冷机排风机停机

(1) 现象：窑头罩呈正压；排风机电流降为“0”。

(2) 处理措施

①将篦冷机后段风机转速都设定为“0”，减少前段风机的鼓风量。

②降低篦冷机的篦床速度。

③减少窑的喂料量和喂煤量。

④降低窑的转速。

⑤增加窑尾高温风机的排风量。

⑥关闭排风机的风门，重新启动。

⑦若启动失败，则采取下列操作程序：减少生料喂料量；减少窑炉煤量；降低窑速；降低篦床速度；调整高温风机转速，尽量保持窑头负压；调整篦冷机前段风机的鼓风量；再重新启动。

9.3.5.7　篦冷机驱动电机停机

(1) 现象：篦床压力增加；篦冷机鼓风量减少

(2) 措施：

①减少生料喂料量。

②减少窑炉喂煤量。

③窑的转速减为最慢。

④减小窑尾高温风机的转速。

⑤关闭篦冷机速度控制器后重新启动。

⑥若启动失败，启动紧急停机程序，及时通知电工和巡检工进行检查处理，完毕后按启动程序重新升温投料。

9.3.5.8　燃烧器净风机停机

（1）现象：火焰形状改变；风压降低为零。

（2）处理措施

①关闭净风机的风门，重新启动。

②如果启动失败，则减少生料喂料量；减少窑炉煤量；降低窑速；降低篦床速度；调整高温风机的转速，保持窑内处于氧化气氛，煤粉完全燃烧，减少生成CO；电工和巡检工检查处理后，按启动程序重新升温投料。

9.3.5.9　熟料输送设备停机

（1）现象：冷却机负载加重；冷却机里有大块窑皮；篦下压力高；篦冷机驱动电机电流升高。

（2）措施处理

①立即将窑速调到最小，重新启动熟料输送机和篦冷机驱动电机。

②十分钟之内不能成功启动，需要执行停窑操作程序。

③窑停之后，减少转窑次数，防止篦冷机超载。

9.3.5.10　红窑

（1）现象

①筒体表面有明显的变色迹象。

②筒体表面扫描温度在450℃及以上。

③出窑熟料中有掉落的耐火砖。

（2）处理措施

①开启筒体冷却风机。

②改变煤管的内风外风比例，保持火焰细长，不会侵蚀窑皮。

③尽可能地减少停窑和开窑，维持正常的烧成带温度。

④改变入窑生料的化学组分，避免生料饱和比过高，保证有足够的液相量，改善生料的易烧性。

⑤如果红窑部位发生在烧成带，并且红迹面积不是很大，可以采取补挂窑皮的办法继续正常生产；如果红窑部位发生在轮带及其附近部位，这里通常不能挂上窑皮，应马上停窑。

⑥不能向红窑部位泼洒冷水，这样将使筒体变形。

6.3.5.11　全线停电

（1）现象：生产线的所有设备全部停止运转。

（2）措施

①迅速通知窑头岗位启动窑辅助传动柴油机。

②通知窑巡检手动将煤管退出。

③通知窑巡检将摄像仪、比色高温计退出。

④通知篦冷机巡检岗位人员特别注意冷却机篦床的检查。

⑤供电正常后，将各调节器设定值、输出值均打至0位。

⑥供电后应迅速启动冷却机冷却风机、窑头一次风机、熟料输送设备，重新升温投料。

9.3.6　安全注意事项

（1）窑点火时一定注意调整窑头负压，特别是短时间停窑重新点火时，防止窑头向外喷火伤人。

（2）窑投料运转，现场打开人孔门作业时，防止热气向外喷出伤人。

（3）窑正常运转时，控制CO含量在0.20%以下，防止收尘设备发生燃烧爆炸事故。

（4）巡检中特别注意检查大型电机的电流及轴承温度，防止设备跳停和烧坏。

（5）根据窑筒体表面温度的变化，控制窑皮的厚度，保护窑筒体发生变形。

（6）进入分解炉的废气未达到煤粉燃烧温度时，严禁给煤操作，以免发生燃烧爆炸事故。

（7）操作过程中注意风、煤、料及窑速的配合，防止温度过高烧坏有关设备。

（8）停窑时应尽量将煤粉仓中的煤粉烧空，防止煤粉自燃，便于检查、维修煤粉输送设备。

（9）窑尾排风机入口温度不允许超过320℃，若有超过趋势，开启喷水降温装置。

（10）保护好窑尾大布袋收尘器，当生料磨未开时，高温风机入口温度不允许超过240℃。

（11）保护好窑头大布袋收尘器，收尘器入口温度不允许超过180℃。

（12）增湿塔排灰水分过高（手抓成团）时，不得输送到均化库，要采取外放处理。

思　考　题

1. 新型干法水泥熟料煅烧工艺流程。
2. 悬浮预热器的工作原理。
3. 分解炉的类型及工作原理。
4. 回转窑的工艺带及工艺反应。
5. 预热器发生堵塞的原因。
6. 预热器系统塌料的原因及处理操作。
7. 预防预热器系统结皮与堵塞的措施。
8. 分解炉内煤粉的燃烧特点。
9. 分解炉出口气体温度高应如何处理？
10. 四风道煤粉燃烧器的工作原理。
11. 如何调节多风道煤粉燃烧器的方位？
12. 多风道煤粉燃烧器的常见故障有哪些？
13. 第三代篦冷机的操作控制要点。
14. 第四代篦冷机的操作控制要点。
15. 预分解窑的主要操作控制参数。

16. 判断烧成带温度的方法。
17. 熟料游离氧化钙含量高的原因及处理措施。
18. 预分解窑大中检修后的试车目的。
19. 预分解窑后结圈的形成原因及处理措施。
20. 预分解窑产生飞砂料的原因及处理措施。
21. 预分解窑产生黄心料的原因及处理措施。
22. 新建预分解窑的烘窑操作要点。
23. 新建预分解窑投料初期的操作要点。
24. 如何处理预分解窑的红窑事故?
25. 如何处理篦冷机“堆雪人”事故?

项目7　水泥制成操作技术

项目描述：本项目主要讲述了水泥制成的生产工艺和设备知识内容。通过本项目的学习，掌握水泥球磨机粉磨系统、辊压机粉磨系统和立磨粉磨系统的生产工艺流程、主要设备结构及工作原理、生产实践操作技能。

任务1　水泥球磨机粉磨系统的工艺流程及设备

任务描述：熟悉水泥球磨机粉磨系统的工艺流程及主要设备的结构、工作原理及技术特点。

知识目标：掌握水泥球磨机粉磨系统的主要设备结构、工作原理及技术特点等方面的理论知识。

能力目标：掌握水泥球磨机粉磨系统的生产工艺流程及设备布置。

1.1　水泥球磨机粉磨系统的工艺流程

水泥球磨机粉磨系统的工艺流程如图7.1.1所示。其工艺过程是熟料、石膏、混合材等材料经电子皮带秤计量后通过入磨皮带机喂入水泥球磨机，粉磨后的物料由磨尾卸出，经提

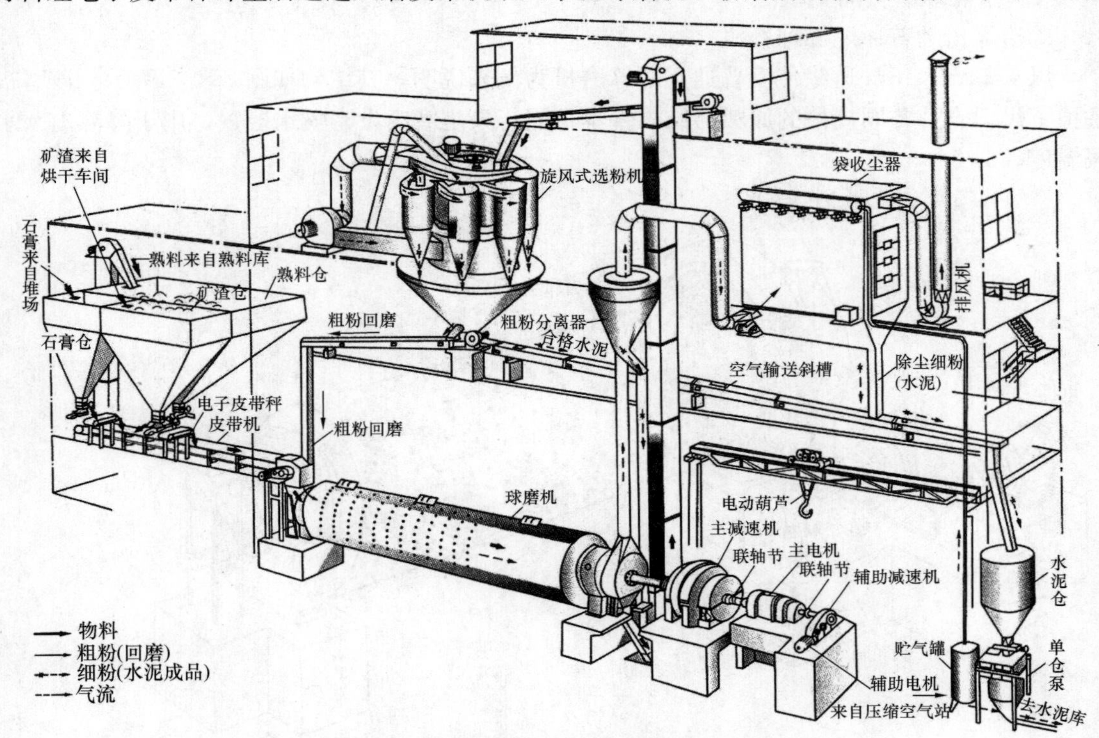

图7.1.1　水泥球磨机粉磨系统工艺流程

升机、空气斜槽等输送设备喂入选粉机进行筛分和分离，细度合格的细粉经过空气斜槽输送到水泥库，粗粉经过空气斜槽及下料管，再次喂入球磨机接受粉磨。出磨较细的部分颗粒随出磨气体直接进入粗粉分离器，粗粉经过提升输送进入选粉机进行筛分和分离，细粉随出磨气体进入袋收尘器，经袋收尘器过滤收集的成品水泥，经空气斜槽输送到水泥库储存，净化后的气体在主排风机的作用下，经过烟囱排入空气。

1.2 水泥球磨机粉磨系统的主要设备

1.2.1 水泥球磨机

水泥球磨机的结构与生料球磨机的结构很相似，主要由进料装置、出料装置、筒体（包含隔仓板、衬板、研磨体、磨门等）、支承装置、传动装置、润滑系统、冷却系统等部分组成，但水泥球磨机不设烘干仓，并增加了磨内喷水装置。

（1）水泥球磨机的特点

①球磨机的优点

适应各种工艺条件下的连续生产，目前世界最大的球磨机生产能力可达到1050t/h，完全满足现代水泥工业设备大型化的技术要求，物料粉碎比可达到300及以上，产品细度的控制与调节相当方便；设备维护及维修简单方便，安全运转率高，可以实现无尘操作。

②球磨机的缺点

研磨体的研磨能量利用率很低，只有3%左右；磨内研磨体及衬板等金属消耗量大；磨机运转产生的噪声大，分步粉磨电耗高；磨机转速慢，须配置大型减速机，一次性投资比较大。

（2）水泥球磨机的类型

①边缘传动普通尾卸球磨机

以ϕ2.4m×13m边缘传动普通尾卸球磨机为例来说明，其结构如图7.1.2所示。该磨机去掉了烘干仓，与同规格的原料磨结构基本相同，只是磨内设有喷水装置，用于降温出磨水泥温度。

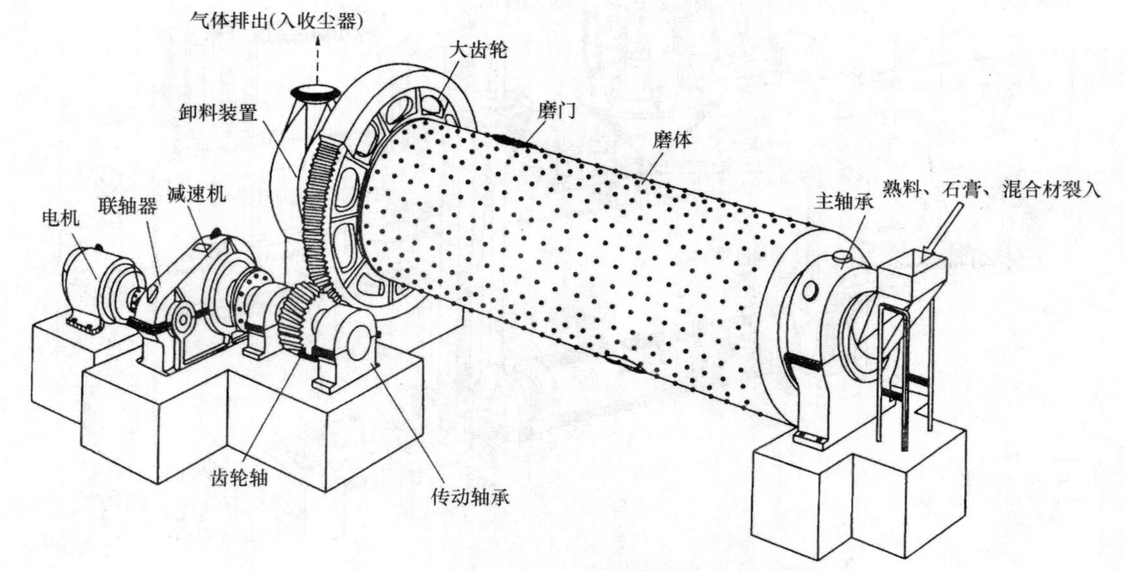

图7.1.2 ϕ2.4m×13m边缘传动尾卸水泥磨

②中心传动高产高细尾卸球磨机

以 ϕ3.5m×13m 中心传动高产高细尾卸球磨机为例来说明，其结构如图 7.1.3 所示。该磨机为中长磨，设置三个仓，第一、二仓采用阶梯衬板，第三仓采用小波纹无螺栓衬板，一仓和二仓之间采用双层隔仓板分开，二仓和三仓之间采用单层隔仓板分开。为降低出磨水泥温度，在磨机的进料端设有喷水装置，有的水泥磨也设有筒体淋水装置。

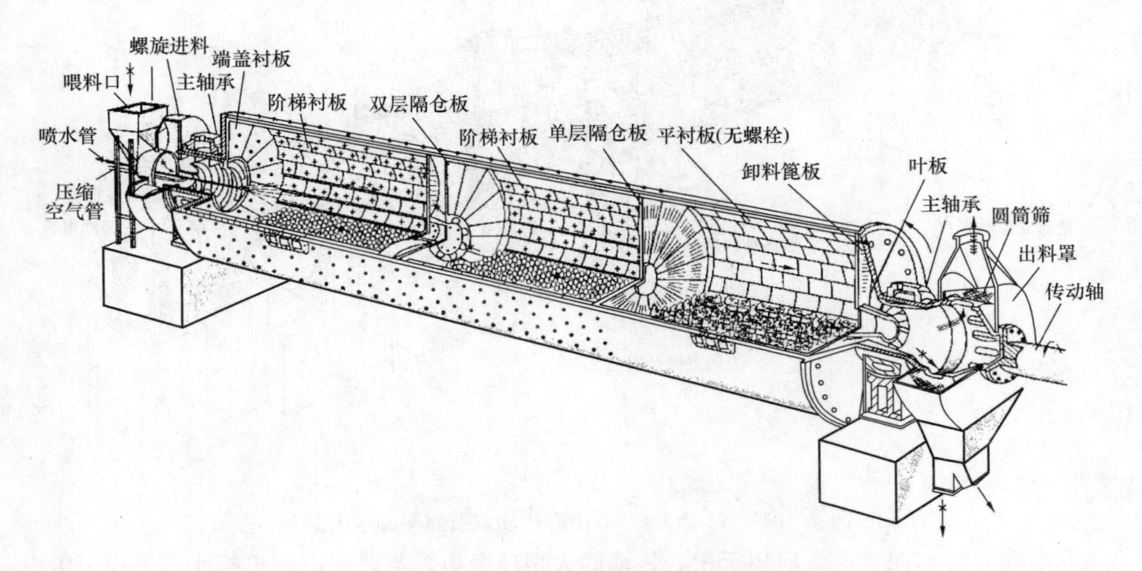

图 7.1.3　ϕ3.5m×13m 中心传动高产高细尾卸球磨机

高产高细球磨机的外表与普通球磨机没有明显区别，但进行了技术改造。首先对隔仓板进行了较大改进，并在磨内设置了筛分隔仓板装置，以拦截较大颗粒物料进入细磨仓；其次，根据磨机的长径比和水泥质量的要求，合理设置仓位，对于筒体长径比为 2～4 的磨机，采用两个仓，长径比大于 4 的磨机，采用 3 个仓，尽量少采用或不采用 4 个仓。一般来说，球磨机的仓位越多，越有利于研磨体对粉磨物料粒度的适应性，越有利于粉磨效率的提高，但仓位过多，实现各仓粉磨能力平衡的难度越大，只有各仓粉磨能力相平衡，才能优化粉磨过程。再次，依据物料特征及生产条件，合理分配研磨体的装载量和级配，并注重使用微型研磨体，使研磨体以最大表面积与物料充分接触，提高研磨效率，从而强化粉磨效果和降低粉磨电耗，达到球磨机节能和高产的目的。

(3) 滚动轴承球磨机

水泥球磨机多年以来一直采用巴氏合金瓦的滑动轴承。1992 年开始研制将滚动轴承应用在水泥球磨机的主轴承上，取得了成功。使用滚动轴承的球磨机，比同规格普通球磨机综合节电 10%左右，增产 25%左右，节省润滑油在 80%～90%之间，研磨体装载量增加 15%～20%，产品细度调节控制方便灵活，运行维修量小，启动电流小，安全运转效率高。

(4) 双滑履尾卸水泥磨

以 ϕ4.2m×13m 中心传动双滑履尾卸水泥磨为例来说明，其结构如图 7.1.4 所示。该磨机支撑点选在磨机筒体上，从机械设计方面来讲，可简化结构及改善磨机筒体的受力，因此可以减少筒体钢板厚度，从而减轻设备重量。针对粉磨水泥使磨内产生高温的现象，该磨机可以充分利用其两端的进料口、出料口的最大截面积来加强通风散热，同时也可降低气流出口风速，避免较大颗粒的水泥被气流带走。

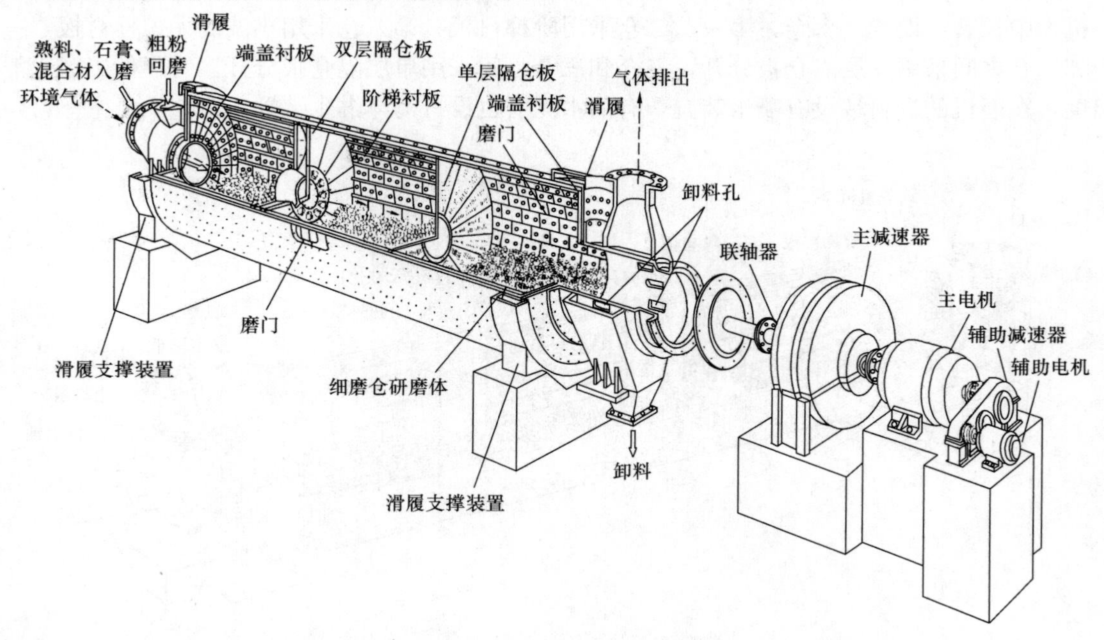

图 7.1.4　ϕ4.2m×13m 中心传动双滑履尾卸水泥磨

双滑履尾卸水泥磨广泛应用于中心传动的大型球磨机。与普通球磨机相比，去掉了中空轴和主轴承，以在筒体两端安装的滑环代替了中空轴，滑环与滑履底座内采用油膜润滑，取代了主轴承的功能。筒体支撑点的距离缩短，筒体的弯矩得到了减轻。大型球磨机采用主轴承支承时，连接中空轴与筒体的螺栓受剪切力的作用，容易产生断裂现象。改用滑履支承后，不仅消除了安全隐患，而且在刚度允许的情况下，减薄了筒体钢板的厚度，设备重量降低了大约 10%，也相应降低了制造成本。

与同规格球磨机相比，由于滑履磨没有主轴承，物料从入磨到出磨的距离和时间相应缩短，而粉磨工艺参数没有变化，因此，磨机产量可提高大约 10%，物料流动耗能减少。一般情况下，当研磨体装载量达到原装载量的 90%时，就能够达到原来的设计产量，有利于磨机节能提产。

1.2.2　选粉机及收尘设备

水泥球磨机系统的选粉机及收尘设备的相关内容参见生料制备系统及煤粉制备系统。

任务 2　水泥球磨机粉磨系统的操作

任务描述：熟悉水泥球磨机粉磨系统的开停车操作；熟悉水泥球磨机粉磨系统的正常操作控制。

知识目标：掌握水泥球磨机粉磨系统的开停车操作及正常操作控制等方面的理论知识。

能力目标：掌握水泥球磨机粉磨系统的开停车操作及正常操作控制等方面的生产操作技能。

2.1　水泥球磨机粉磨系统的开停车操作

2.1.1　现场设备的检查

（1）润滑设备和润滑油量的检查及调整

润滑油量应达到设备的要求，即不能过多，也不能过少，油量过多，会引起设备发热；油量过少，设备会因为缺油而损坏。因此要定期检查、补充、更换润滑油，保证润滑油的品种、牌号正确，油中无水及其他杂质。

①水泥磨主轴承稀油站的油量要适当，油路要畅通。

②水泥磨减速机稀油站的油量要适当，油路要畅通。

③所有设备的传动装置，包括减速机、电动机等润滑点要加好油。

④所有设备轴承、活动部件及传动链条等部位要加好油。

⑤检查油质是否变劣，确定是否换油。

⑥所有电动执行机构要加好油。

⑦检查箱底部所有放油孔，拧紧堵孔螺栓。

⑧设备部门、人孔门、检查门的检查及密封。

（2）设备内部、检查门及人孔门的检查和密封。

在设备启动前，要对设备内部进行全面检查，清除安装或检修时掉在设备内部的杂物，以防止设备运转时卡死或损坏设备，造成不必要的损失。在设备内部检查完后，应将所有的人孔门、检修门严格密封，防止生产时发生漏风、漏料及漏油等现象。

（3）闸阀

各物料定量给料机进口闸板阀、棒闸阀要全部开到合适的位置，保证物料的畅通。

（4）重锤翻板阀的检查与调整

所有重锤翻板阀要根据磨机不同负荷进行调整，重锤位置调整要适当，使翻板阀受到适当的力时能自动灵活地打开，松手后能关闭严密。

（5）所有阀门的开闭方向及开度的确认

①所有的手动阀门在设备启动前，首先要确认开关的位置，并做开关位置标识，然后打到适当的位置。

②在现场确认所有的电动阀门开关的位置、运转是否灵活、阀轴与连杆是否松动，然后由中央控制室进行遥控操作，确认中控与现场的开闭方向是否一致，开度与指示是否准确。如果阀门带有限位开关，还要与中控室核对限位信号是否有返回。

（6）冷却水系统的检查

冷却水系统对保护设备是非常重要的。在设备启动前应检查冷却水系统管路阀门是否已经打开，水管连接部分要保证无渗漏，特别是对磨机主轴瓦和润滑系统的油冷却器，不能让水流到油里去。对冷却水量要进行合理的控制，水量过小，会造成设备温度的上升，水量过大，会造成不必要的浪费。

（7）设备的紧固检查

设备的紧固情况，如磨机的衬板螺栓、电机和减速机的基础地脚螺栓、提升机链斗固定螺栓等不能出现松动现象。

（8）压缩空气的检查

检查各用气点的压缩空气管路是否能正常供气，压缩空气压力是否达到设备的要求，管路内是否有铁锈等杂物，若有铁锈等杂物，需要清理干净。

2.1.2 现场仪表的检查

现场设有许多温度、压力及料位仪器，可以帮助有关人员及时了解设备的运行状态。在开车前，对现场仪表要进行系统的检查，并确认电源已经接通并有指示。

2.1.3 水泥库进料前的检查

水泥库进料前必须进行认真的检查，若有问题，应彻底解决，以免造成水泥库进料后产生问题难以处理。

(1) 库内充气箱采用涤纶织物作为透气层，很容易造成机械损伤、焊渣烧坏、长期受潮使强度下降等，因此必须认真检查透气层是否有破损及小风洞，箱体边缘是否有漏气，以免进料后，充气箱透气层因损坏而进料，使充气箱无法正常工作。

(2) 水泥库内各管道接头、焊缝处，要用肥皂水检查是否有漏气现象，以免水泥细粉进入罗茨鼓风机内，造成转子损坏。

(3) 确认充气箱和管道是否牢固，箱底与基础间接触是否平整，以免进料后因受力不均而变形，造成管道漏气。

(4) 进入水泥库内检查时要穿软底鞋，库内、库顶施焊时，应用石棉板覆盖充气箱，或在库底铺一层水泥或细砂覆盖充气箱，以免烧坏透气层。

(5) 水泥库底板预留有管道孔洞，在管道安装后应用钢板焊死，空隙应用混凝土浇筑。

(6) 必须确保水泥库顶及库壁不能漏水，在水泥库进料前应启动库底罗茨风机进行库内充气，直至库内不再潮湿。充气时应打开各人孔门。

(7) 密封库侧人孔门，不得发生漏料、漏气现象。

(8) 检查库底罗茨风机出口安全阀是否能按要求泄气。

2.1.4 水泥球磨机系统的正常开车操作

(1) 中控操作员确认现场除磨主机外设备都备妥，通知空压机站供风，并与现场岗位工联系，检查未备妥的设备。

(2) 按化验室通知入库进行库选，打开相应的库顶收尘器，并通知现场岗位巡检工核实。注意生产中不得切换库顶双路阀门。

(3) 通知现场单仓泵岗位工，确认进气压力达到4.5MPa及以上，并手动送泵2～3次。

(4) 选择油泵系统，若室温低于10℃时，应提前2h通知现场磨机岗位启动加热器，注意温度不得超过50℃，并注意观察各油泵的油压情况。

(5) 操作前关闭所有电动阀门。

(6) 启动收尘器及回灰组，注意观察电流情况。

(7) 启动选粉机组及提升机组，注意观察电流情况。

(8) 正常后，按次序打开阀门，提高选粉机转速，并观察工况时稳定。

(9) 通知现场磨机岗位慢转磨机，确认磨主机已经备妥。

(10) 启动磨主机，注意观察电流的变化情况。

(11) 15min内启动喂料机组，按化验室给定的指标设定物料配比，按磨音、提升机功率等操作参数调整喂料量及风量。

(12) 非紧急情况不得按紧急按钮。

(13) 出磨水泥温度达到95℃，通知现场磨机岗位启动磨内喷水。

(14) 优化操作参数，在保证质量的前提下，提高磨机的台时产量，降低粉磨电耗和金属消耗。

2.1.5　水泥球磨机系统开车的顺序

正常的开车顺序是逆流程开车，即从进水泥库的最后一道输送设备起按顺序向前开，直至开动磨机后再开喂料机。注意在开启每一台设备时，必须等前一台设备运转正常再开启下台设备。开车前的准备工作确保正常无误，磨机启动时先启动减速机和主轴承的润滑油泵及其他润滑系统。

水泥球磨机系统的正常开车顺序如下：磨机润滑油泵机组启动→单仓泵组启动→收尘组启动→选粉机组启动→提升机组启动→磨机组启动。根据化验室的通知单，设定物料配合比，待磨机系统稳定后，注意观察系统各个环节的参数变化，勤与现场联系，精心操作和调整，使磨机处于最佳工作状态。

2.1.6　水泥球磨机系统正常停车操作

(1) 将喂料量设定为零位，停止喂料系统，确认已经止料。

(2) 止料后10～15min停磨主机，通知现场按规定的间隔时间翻磨。

(3) 关小磨尾排风机风门开度，其开度设定为10%～30%。

(4) 15min后停提升机组。

(5) 选粉机调速设定零位，关闭循环风及阀门，停选粉机机组。

(6) 30min后停收尘及回灰组，并关闭各电动阀门。

(7) 通知现场单仓泵满指示机构，手动送泵3～5次。

(8) 停库顶系统，通知空压机停。

(9) 停稀油站，备用油泵自动开泵。

2.1.7　水泥球磨机系统正常停车顺序

水泥球磨机系统的正常停车顺序如下：将喂料量设定值降到“0”→确认磨机处于低负荷运转→磨机组停车，主电机停车，磨机轴承的高压油泵自动启动→合上辅助传动离合器，用辅助传动间隔慢转磨机→出磨收尘器组停车（慢慢关闭排风机进口阀门）→出磨提升机组停车→选粉机组停车→单仓泵组停车→水泥磨稀油站组停车。

2.1.8　水泥球磨机系统故障停车和紧急停车

在设备运转过程中，由于设备突然发生故障、电机过载跳车、现场停车按钮误操作等原因，系统中的全部或部分设备会联锁停车。在紧急情况下，为了保证人身和设备的安全而使用紧急停车时，也会使整个系统联锁停车。为了保证设备能顺利地再次启动，必须采取必要的措施。

(1) 设备突然停车时的基本程序

① 马上停掉与停车设备有关的部分设备。为防止喂料计量仓发生料满现象，应迅速将气动分料阀打到旁路至磨机入口，并降低喂料量。

② 为防止磨机变形，应尽快恢复稀油站组设备的运行，完成磨机的翻磨操作。

③ 尽快查清设备突然停车的原因，判断能否在短时间内（30min）处理完毕，以决定再次启动磨机时间，并进行相应的操作。

(2) 设备紧急停车操作程序

当出现紧急情况，需要系统全部停车。设备紧急停车后，应对喂料量设定值、供油压力、阀门位置和开度等进行调整。故障排除后，再及时恢复系统运行。处理完紧急情况，再次启动磨机系统时需特别注意，由于系统在紧急情况下停车，各输送设备内积存有物料，因此再次启动时，不能像正常情况那样立即喂入物料，要在设备内物料输送完后，才能开始喂料。

2.2 水泥球磨机系统的正常操作控制

2.2.1 水泥球磨机系统的基本操作原则

（1）喂料量要均衡稳定。

（2）操作参数曲线要相对稳定。

（3）关注磨机的电流。

（4）关注磨机的功率。

（5）关注出磨提升机的电流。

（6）关注出磨提升机的功率。

（7）关注系统各处的温度。

（8）关注系统各处的压力。

（9）优化操作参数，实现优质高产低耗。

2.2.2 水泥球磨机系统的主要控制参数

生产上控制水泥球磨机的参数很多，包括检测参数和调节参数，其中检测参数反映磨机的运行状态，调节参数则是控制及调整磨机的运行状态。以 ϕ3.5m×11m 水泥球磨机为例来说明，其主要控制参数如表 7.2.1 所示，其中 1～12 为检测参数，13～16 为调节参数。

表 7.2.1 水泥球磨机的主要控制参数

序号	参数	最小值	最大值	正常值
1	磨机电耳％	0	100	70～85
2	出磨提升机电流 A	0	180	80～120
3	入水泥库提升机电流 A	0	200	90～120
4	选粉机电流 A	0	100	50～75
5	出磨气体温度℃	0	130	85～110
6	出磨气体负压 Pa	0	4000	2000～3000
7	出选粉机气体温度℃	0	130	80～100
8	出选粉机气体负压 Pa	0	5000	2500～4000
9	选粉机功率 kW	0	80	40～60
10	收尘器压差 Pa	0	5000	2500～3500
11	0.08 筛余％	0	100	6～10
12	出磨水泥温度℃	0	100	80～90
13	生料喂料量 t/h	0	200	100～130
14	选粉机转速 r/min	0	550	200～400
15	主排风机进口阀门开度％	0	100	80～100
16	选粉机风机阀门开度％	0	100	80～100

2.2.3　水泥球磨机主要控制参数的调节

（1）磨机喂料量的调节

均匀喂料是磨机优质、高产、低耗的有效途径。喂料量过少，不仅会使磨机产量降低，且单位产品的电耗、球耗会相应提高。喂料量过多，如果粉磨系统是闭路系统，则磨机负荷率过大，影响选粉机的选粉效率，同时还会使出磨提升机等附属设备超负荷运行，增加设备产生故障的几率。

喂料量的调节主要依靠磨机电耳测得磨音的强弱（第一位）来调整。当磨音下降时，说明磨内存料量大，操作上应该减少喂料量；反之，则应增加喂料量。出磨提升机功率的变化只能作为调节磨机喂料量的第二参数，因为提升机功率大小不但和出磨物料量有关，而且也和磨机粗粉循环量有关，所以当磨音正常时，提升机功率虽然增大，只要不产生报警，并不需要调整磨机的喂料量。

（2）排风量的调节

系统排风量大小直接关系到系统的稳定运转及磨机能力的发挥。适当加大磨内通风可以冷却磨内物料，改善物料的易磨性；及时排出磨内水蒸气，降低糊球和篦子板堵塞现象；增加极细物料在磨内的流速，减少细粉的缓冲垫层作用，因而能提高粉磨产品的质量。但如果风量过小，产量就会降低；风量过大，系统阻力就会加大、电耗增加，提升机、选粉机负荷均会增大。因此，应通过设在排风机前的阀门开度来调节系统的总风量，使各控制点的压力稳定在要求的范围内。

（3）磨机出口压力

磨机出口压力反映磨内通风阻力的大小。磨机出口负压大，说明磨内通风量大，反之亦然。

（4）出磨气体温度

出磨气体温度的高低直接反映出磨水泥温度的高低，水泥温度通常较气体温度低 5～10℃，水泥温度过高易造成石膏脱水，影响水泥凝结时间。导致出磨气体、水泥温度高的主要原因是入磨熟料温度高、入磨气体温度高（尤其是夏季）、磨内通风量小等。处理时就要增大磨内通风量，开大选粉机一次风冷风阀的开度。

（5）选粉机的转速

选粉机转速高则水泥细度细，比表面积大，反之亦然。

（6）选粉机粗粉回料量

粗粉回料量大小反映了磨内循环负荷率的大小。粗粉回料量大，磨内循环负荷率高，磨机产量高，能耗低；反之，磨机产量低，能耗高。循环负荷率大小主要依靠磨内通风量即系统的排风量来调节，系统的风量大，循环负荷率高；反之亦然。

2.2.4　水泥球磨机系统正常操作控制

（1）控制磨音（电耳）

磨音的大小反映了磨内存料量的多少。磨音过大，表明磨内物料量过少，可能产生空磨现象，这时磨机的产量过低，消耗过大；磨音低沉，表明磨内存料量过多，粉磨能力不足，可能发生饱磨现象。操作上应根据入磨物料粒度、产品细度等及时调节喂料量，使磨内存料量保持稳定，确保磨音在要求的控制范围内。

（2）控制压力

①磨机进、出口压差

磨机进口和出口压差的大小，能够反映磨内物料量的多少、磨内是否发生堵塞及磨内通风量的大小等。压差过大，表明磨内发生堵塞或磨内通风量过大。在正常生产情况下，应依据不同的生产情况，调节入磨喂料量或系统排风机阀门开度，确保磨机进出口压差在要求的控制范围内。

②稳定磨机入口压力

入磨负压反映了磨内存料量、通风阻力、通风量等情况。入磨负压过低，磨内通风阻力大，通风量小，磨内存料量多；入磨负压过大，磨内通风阻力小，通风量较大，磨内存料量少。当入磨物料量、各测点压力、选粉机转速、系统排风机运转都正常时，入磨负压在正常范围内变化。通常通过调节磨内存料量或根据磨内存料量调节系统排风机入口阀门开度来控制入磨负压大小。

③稳定收尘器出口气体压力

收尘器出口气体压力反映了在收尘器内气体通过时的阻力大小，可以反映出收尘器内部结构是否合理。若阻力过大，会加重排风机的负荷，严重时会影响磨内的通风效果，影响磨机产量。应合理布置收尘器的内部结构，发现阻力较大时应及时调整。

（3）控制出磨气体温度

出磨气体温度的大小反映了磨机的烘干效果及喂料量的多少。出磨气体温度过低，磨内物料烘干效果差，出磨产品水分大；出磨气体温度过高，会引起二水石膏脱水，造成水泥假凝现象。通常应根据出磨气体温度，及时调节喂料量或入磨风温及风量，确保出磨气体温度在要求的控制范围之内。

（4）控制出磨提升机功率

出磨提升机功率的大小反映了出磨喂料量的大小。出磨提升机功率过大，说明出磨喂料量过多，磨内粉磨能力不足；反之，出磨喂料量过少，磨机磨音大，则可以判断是磨机喂料不足造成的。通常应根据磨音的大小，及时调节喂料量，确保出磨提升机功率在要求的控制范围之内。

（5）控制选粉机电流

选粉机电流的大小反映了出磨喂料量的多少及选粉机上游设备的运转情况。选粉机电流过大，表明入选粉机的喂料量过多；选粉机电流过小，表明入选粉机的喂料量过少，其原因可能是出磨物料量少，也可能是选粉机前的输送设备出现堵塞等故障。通常应根据入磨物料粒度、易磨性等及时调节喂料量，使入选粉机喂料量稳定，确保选粉机电流在要求的范围之内。

（6）控制出磨水泥细度

出磨水泥细度主要反映了选粉机工作情况的好坏及系统风量的大小。在系统通风一定、各测点压力正常的情况下，水泥成品细度改变，表明选粉机转速发生变化或选粉机内部结构有损坏；若选粉机转速未发生变化，表明磨内通风量改变。通常应调节选粉机转速来控制出磨水泥细度；若是因系统通风量变化造成的水泥细度改变，则需要调节系统排风机阀门的开度。

任务3　水泥球磨机系统的常见故障及处理

任务描述：熟悉水泥球磨机系统的常见故障及处理等方面的知识和技能。

知识目标：掌握水泥球磨机系统发生的常见故障原因。

能力目标：掌握处理水泥球磨机系统常见故障的实际生产操作技能。

3.1 水泥球磨机喂料量异常

3.1.1 磨机喂料量过大

(1) 征兆及现象

① 磨音低沉，电耳记录值下降。

② 磨机电流变小。

③ 斗式提升机功率上升，粗粉回料量增加。

④ 磨机出口负压上升，压差增大。

⑤ 产量较高，细度粗。

⑥ 出磨气体温度降低。

⑦ 满磨时磨主电机电流下降。

(2) 处理方法

①斗式提升机功率变化时，应分析是由喂料量引起的还是由堵料引起的，如果确定是由喂料量引起的，就要减少喂料量，如果确定是由堵料引起的，就要处理堵料。

②降低喂料量，并在低喂料量的状态下运转一段时间，在各参数显示磨机较空时，再慢慢地增加喂料量，当各参数改善达到正常值后，操作上要稳定喂料量。

③如果降低喂料量不能改善磨况，则采取停止喂料操作。

3.1.2 磨机喂料量过小

(1) 征兆及现象

① 磨音清脆响亮，有电耳监控的磨机电耳显示值上升。

② 磨机电流变大。

③ 斗式提升机功率降低，选粉机回料量减少。

④ 磨机出口负压变小，仓压下降。

⑤ 产量较低，细度细。

⑥ 出磨气体温度上升。

(2) 处理方法

慢慢地增加磨机的喂料量，直到各操作参数改善达到正常值。

3.2 磨机系统压力异常

3.2.1 磨尾负压偏高

(1) 征兆及现象

中控室模拟画面显示磨尾负压偏高。

(2) 原因分析

① 磨尾排放量过大。

② 磨内通风阻力大，其原因可能是磨内料量过多或发生堵塞现象。

(3) 处理方法

① 降低磨尾排放量过大。

② 降低喂料量或停止磨机的喂料。

3.2.2 收尘器出口压力过高

（1）征兆及现象

中控室模拟画面显示收尘器出口压力值偏高。

（2）原因分析

① 收尘器内的通风量过大。

② 收尘器内部积料过多。

（3）处理方法

①适当关小磨尾排风机入口阀门。

②清理收尘器内部积料过多。

3.2.3 排风机入口压力过高

（1）征兆及现象

中控室模拟画面显示排风机入口压力过高。

（2）原因分析

① 磨内排风量过大，使磨尾风机入口负压过高。

② 磨尾收尘器通风阻力过大，其原因可能是收尘器内部积料过多、滤袋挂灰过多。

（3）处理方法

① 关小该风机入口阀门，降低其入口负压。

② 清理收尘器内部过多的积料；清理滤袋上的过多挂灰。

3.3 磨机系统温度异常

3.3.1 出磨气体温度过高

（1）征兆及现象

中控室模拟画面显示出磨气体温度过高。

（2）原因分析

① 入磨熟料温度过高。

② 磨机通风量过小。

③ 喂料量过小。

④ 物料研磨时间过长。

（3）处理方法

① 降低熟料温度。

② 加强磨内通风。

3.3.2 循环风温度过高

（1）征兆及现象

中控室模拟画面显示循环风温度过高。

（2）原因分析

选粉机冷风阀开度过小。

（3）处理方法

增大选粉机冷风阀开度。

3.3.3　磨机主轴承温度过高

（1）征兆及现象

中控室模拟画面显示磨机主轴承温度过高。

（2）原因分析

① 轴瓦刮研不良，接触面精度达不到规定的要求。

② 润滑油牌号选择不当。

③ 冷却水不足或停止。

④ 润滑油使用时间过长，未能定期更换。

⑤ 磨机传动不平稳，引起机体震动。

⑥ 超载运行。

（3）处理方法

当发现磨机主轴承温度过高时，应立即停止主电机，开启辅助电机，使磨机缓慢转动，这样可避免中空轴与瓦寸之间的油膜被破坏，避免局部温度过高而化瓦，然后在分析具体原因，采取妥善的处理措施。

3.3.4　磨机轴瓦温度过高

（1）征兆及现象

中控室模拟画面显示磨机轴瓦温度过高。

（2）原因分析

①料温过高。

②润滑油中断、不足或有水分及其他渣滓。

③供油压力不足、温度过高。

④主轴承冷却水不足或水温过高。

（3）处理方法

① 降低入磨物料温度。

② 检查润滑油，如果含水过多、杂质过多，就要更换润滑油。

③ 调整供油系统的压力，降低润滑油的温度。

④ 检查轴承冷却水管路，保证冷却水充足。

3.3.5　磨机减速机轴承温度高

（1）征兆及现象

中控室模拟画面显示磨机减速机轴承温度高。

（2）原因分析

① 供油压力低、温度过高。

② 润滑油中有水或其他杂质。

③ 冷却水不足。

（3）处理方法

① 检查供油系统，调整供油压力及温度。

② 更换有水或其他杂质的润滑油。

③ 检查冷却水管路系统，保证充足的冷却水量。

3.4 电流异常

3.4.1 磨机主电机电流明显增大

(1) 征兆及现象

中控室模拟画面显示磨机主电机的电流明显增大。

(2) 原因分析

① 磨内掉隔仓板或掉衬板。

② 喂料量变化过大。

(3) 处理方法

①立即停磨检查并更换。

②温度喂料量。

3.4.2 磨机主排风机电流明显增大

(1) 征兆及现象

中控室模拟画面显示磨机主电机的电流明显增大。

(2) 原因分析

① 风机挡板失灵。

② 风机叶片变形。

③ 风机轴承有故障。

(3) 处理方法

① 检查并修复挡板。

② 检查、修复或更换变形的风机叶片。

③ 检查、修复或更换风机轴承。

3.4.3 出磨提升机电流过大

(1) 征兆及现象

① 磨音低。

② 磨机电流较小。

③ 磨机出入口气体压力差增大等现象。

(2) 原因分析

① 喂料量过大。

② 喂料量没变，而回磨粗粉量增大，致使出磨物料量过大。

(3) 处理方法

① 减少喂料量。

② 检查选粉机转速是否过高、系统排风是否过大、入磨物料的粒度是否变大等情况，然后分别采取措施进行处理。

3.4.4 选粉机电流过高

(1) 征兆及现象

中控室模拟画面显示选粉机电流过高。

(2) 原因分析

①选粉机转速过高。

②入选粉机内的喂料量过大。

③ 选粉机有异物卡住。

④ 选粉机轴承有故障。

(3) 处理方法

如果是入选粉机喂料量过多而引起选粉机的电流过高，应减少磨机喂料量，必要时可停止喂料，待磨音、磨机电流、出磨提升机电流、选粉机电流达到正常后，再逐渐增加喂料量至正常值。如果是选粉机转速过高造成的，则在不影响水泥细度的前提下，适当降低选粉机转速。如果是选粉机轴承、异物卡住等原因造成的，则应停车检查及处理。

3.5　回磨粗粉量异常

3.5.1　回磨粗粉量过大

(1) 征兆及现象

① 出磨提升机电流过大。

② 细磨仓入口负压明显下降。

③ 出磨负压增大。

④ 磨机进出口压差增大。

(2) 原因分析

① 选粉机转速过高。

② 磨机排风量过大。

③ 选粉机转速和磨尾拉风都没变，而入磨物料粒度大、易磨性差，操作上没有及时减少喂料量。

(3) 处理方法：

① 适当降低选粉机转速。

② 降低磨内排风量。

③ 降低喂料量或停止喂料。

3.5.2　回磨粗粉量过小

(1) 征兆及现象

①出磨提升机电流过小。

②细磨仓入口负压明显增加。

③磨机出口负压减小。

④磨机进出口压差减小。

(2) 原因分析

①选粉机转速过低。

②磨机排风量过小。

③入磨物料粒度大、易磨性等物理性能变好。

(3) 处理方法：

①适当增加选粉机转速。

②适当增加磨内排风量。

③适当增加喂料量。

3.6 水泥细度异常

3.6.1 水泥细度过粗

(1) 征兆及现象

化验室检测结果显示水泥细度粗。

(2) 原因分析

① 选粉机转速低。

② 系统通风量大。

③ 磨机喂料量大，粉磨效果差。

④ 磨机隔仓板破损，磨内物料流速快。

⑤ 选粉机导向叶片磨损严重，选粉效果不好。

(3) 处理方法：

① 提高选粉机转速。

② 减小排风机风门挡板开度。

③ 适当减少喂料量。

④ 停磨检查补修、更换破损严重的隔仓板。

⑤ 停磨检查补修、更换磨损严重的导向叶片。

3.6.2 水泥细度过细

(1) 征兆及现象

化验室检测结果显示水泥细度过细。

(2) 原因分析

① 选粉机转速太快。

② 磨机通风量过小。

③ 喂料量过小。

(3) 处理方法

① 适当降低选粉机转速。

② 增加排风机风门的开度。

③ 增加喂料量。

3.7 设备故障

3.7.1 磨机粗仓（细仓）堵塞

(1) 征兆及现象

①磨音低。

②出磨提升机功率下降。

③选粉机出口负压上升。

④磨机主电机电流增加。

(2) 原因分析

①喂料量过高。

②磨内通风量过低。

③隔仓板堵塞。

（3）处理方法

① 降低喂料量，如效果不好，就要停止喂料。

② 增加磨内通风量。

③ 如果是细仓堵塞，一定要停止磨内喷水。

④ 如果是隔仓板堵塞，就要停磨检查并清理隔仓板的篦缝。

3.7.2　隔仓板破损或脱落

（1）征兆及现象

①磨音异常，从磨音操作记录上可以发现有明显的刺状曲线，且有明显的峰值出现。

②水泥细度明显变粗。

③粗粉回料量明显增加。

（2）处理方法

停磨认真检查，修复或更换隔仓板。

3.7.3　衬板脱落

（1）征兆及现象

① 磨音操作记录曲线上有明显的峰值。

② 现场可听到明显的周期性金属冲击声。

③ 筒体衬板螺栓处冒灰较严重。

（2）处理方法

立即停磨进行仔细检查，重新安装衬板。

3.7.4　选粉机斜槽堵塞

（1）征兆及现象

① 提升机功率急剧上升。

② 选粉机电流急剧下降。

（2）原因分析

①斜槽帆布层出现破损漏洞。

②斜槽风机跳停。

（3）处理方法

立即停磨进行仔细检查，如果是斜槽风机跳停，只需重新开启斜槽风机，将堵塞的斜槽处理畅通即可。如果是斜槽帆布层出现破损漏洞，则需要重新修复或更换帆布层。

3.7.5　磨机排风机停车

（1）征兆及现象

① 排风机跳闸。

② 系统内其他设备停车，因为设备联锁关系造成排风机停车。

（2）处理方法

① 将喂料量设定为“0”。

② 关闭排风机进口阀门。

③ 磨机慢转翻磨。

④ 排除故障后重新启动排风机。

3.7.6 袋收尘器风机停车

（1）现象及原因分析

① 跳闸或现场停车。

② 系统设备联锁造成袋收尘器停车。

③ 灰斗料位计长时间报警。

④ 风机电机超载、电源断电。

⑤ 袋收尘器的滤袋表面严重挂灰。

⑥ 脉冲阀工作失灵（空气压力降低、杂质堵塞、定时器失灵）。

⑦ 排气口有粉尘（滤袋破损、滤袋密封不严、进出口压差增大）。

（2）处理方法

①将磨机喂料量设定为“0”。

②关闭排风机进口阀门，降低系统循环负荷。

③磨机慢转翻磨。

④检查风机电机。

⑤停机检查并清理滤袋。

⑥检查压缩空气气源，清理脉冲阀。

⑦修补或更换滤袋，并重新密封滤袋。

3.7.7 磨机粗仓饱磨

（1）征兆及现象

①饱磨初期，磨机电流、出磨提升机电流、选粉机电流都会升高，出磨水泥温度没有明显变化。

②出磨负压升高。

③粗仓磨音降低。

④饱磨严重时，磨头大量返料，磨机电流、出磨提升机电流、选粉机电流都会下降，甚至出现接近空载时的电流，出磨水泥温度降低很多。

（2）原因分析

①喂料量过高、加料速度过快。

②物料的易磨性变差。

③粗仓级配不合理或装载量过低，造成破碎能力显著下降。

④粗仓隔仓板篦缝严重堵塞，大量没有破碎的熟料夹在隔仓板篦缝中，使得一仓的物料不能及时排出，进而出现了磨头大量返料。

（3）处理方法

①处理初期的饱磨，可以适当减少喂料量，开大主排风机阀门开度，提高选粉机转速，大约 5～10min，再降低主排风机阀门开度，使夹在篦缝中的熟料颗粒掉落。处理时要多次重复这个操作过程。

②处理严重的饱磨，要采取断料、加大磨尾抽风，15min 内如有物料流出，可以使用①的操作方法继续进行处理；如果 15min 内仍无物料流出，只有采取停磨清理堵塞的隔仓板篦缝。

③在饱磨消除后的 2h 内，增加产量幅度不要太大，2h 后可稳定到原来的台时产量。因

为发生饱磨后，粗仓钢球级配已经被打乱，如果加产幅度变大又会出现饱磨现象。

④值得注意的是，在出现比较严重的饱磨现象时，轻易不要采取停磨办法，因为一旦停磨处理，有可能导致磨机启动不起来。

⑤如果属于研磨体级配或装载量原因造成饱磨现象，可以利用检修机会重新调整研磨体级配或装载量。

3.7.8 磨机细仓饱磨

(1) 征兆及现象

①饱磨初期，磨机电流、出磨提升机电流、选粉机电流都会升高。

②出磨负压升高。

③细仓磨音降低。

④饱磨严重时，磨头大量返料，磨机电流、出磨提升机电流、选粉机电流都会下降，甚至出现接近空载时的电流。

(2) 原因分析

①喂料量过高、喂料速度过快。

②细磨仓钢球级配不合理或装载量少，降低细磨仓的研磨能力。

③粗磨仓与细磨仓之间的隔仓板严重破损，没有破碎的大颗粒物料进入细磨仓，相对增加细磨仓的研磨负荷。

④出磨篦板的篦缝严重堵塞，水泥细粉不能及时排除磨外。

⑤细磨仓内通风过低。

(3) 处理方法

①如果磨尾仍有水泥流出，减少喂料量或停止喂料，加大磨内通风量。

②如果磨尾已无水泥流出，采取断料，加大磨内通风量，15min 内如果还没有水泥流出，则需要停磨检查处理。如果是粗磨仓与细磨仓之间的隔仓板严重破损，需要更换隔仓板；如果出磨篦板的篦缝严重堵塞，就要清理出磨篦板的篦缝。

③如果属于细磨仓研磨体级配或装载量原因造成饱磨现象，可以利用检修机会重新调整研磨体级配或装载量。

3.7.9 包球

(1) 包球的概念

包球又称糊球，是水泥粉磨作业中经常发生的现象。当磨内温度高于 120℃、物料比表面积达 $120m^2/kg$ 时，物料在研磨体的冲击下，即可带上电荷，吸附在研磨体、衬板和隔仓板上。同时，细料本身也会因所带电荷的不同而互相吸附，形成小片状，这种现象称为包球。磨内温度越高、物料磨得越细，包球现象就越严重。

(2) 征兆及现象

①磨音低沉。

②磨机产量下降。

③产品细度增粗，但比表面积提高。

④出磨水泥和出磨气体温度都上升。

⑤磨机和出磨提升机电流下降。

(3) 原因分析

发生包球现象后，研磨体被物料包裹，衬板上吸附着一层物料，在这种情况下，缓冲作用大为加重，磨音低沉，有时还发出“呜呜”声；隔仓板和出料篦板的篦缝被物料堵塞，致使喂料量被迫减少，磨机产量下降，产品细度增粗，但比表面积提高；同时，磨机和出磨提升机电流下降；出磨物料和出磨气体的温度都上升；产品筛余物中有薄片状物料，这种薄片是在吸附作用下形成的，用手指轻压即成细粉。

发生包球现象后，磨内温度很高，衬板可能翘起，衬板螺栓可能断脱，其原因是磨内存料量很少，钢球对衬板的冲击力增强。由于磨内温度很高，出磨的水泥温度也高，而且发黏，输送设备容易堵塞，磨机出口大瓦温度很高，有时可以达到80℃及以上，很可能发生烧瓦事故。

（4）处理方法

处理包球，切不可像处理饱磨那样采用减少或停止喂料的方法，否则磨内温度会更高，产生的包球现象会更严重。处理包球的方法如下：

①采取降低磨内温度的措施，如改善磨内通风、加强筒体淋水、降低入磨物料温度等。

②向水泥磨内加入适量的干矿渣、干炉渣等具有助磨性质的物料。

③加入适量的助磨剂。如在入磨熟料上滴加水泥产量0.2%的三乙醇胺（浓度30%），加入助磨剂大约2h，磨机的生产即可恢复正常。

④包球如果是磨机各仓粉磨能力不平衡造成的，则应取出适量后仓球段或增加前仓钢球；如果是球段的平均球径太大，应以适量较小的球段取代等量最大的球段，必要时，需重新进行球段级配。

⑤采用磨内喷雾降温装置。由于雾化水蒸发变成水蒸气吸收大量的热，从而有效降低磨内温度。同时由于水蒸气可消除静电，避免水泥因静电互相吸附而结团黏附衬板。

任务4　带辊压机的水泥粉磨工艺及设备

任务描述：熟悉带辊压机水泥粉磨工艺流程及主要设备的结构、工作原理及技术特点。

知识目标：掌握带辊压机水泥粉磨系统的主要设备结构、工作原理及技术特点等方面的理论知识。

能力目标：掌握带辊压机水泥粉磨系统的生产工艺流程及设备布置。

4.1　带辊压机的水泥粉磨工艺系统

带辊压机的水泥粉磨工艺系统主要包括预粉磨工艺系统、混合粉磨工艺系统、联合粉磨工艺系统、部分终粉磨工艺系统和终粉磨工艺系统。

4.1.1　预粉磨工艺系统

当采用预粉磨工艺系统时，其设备配置主要包括辊压机、斗提机、球磨机、高效选粉机等，其工艺流程如图7.4.1所示。

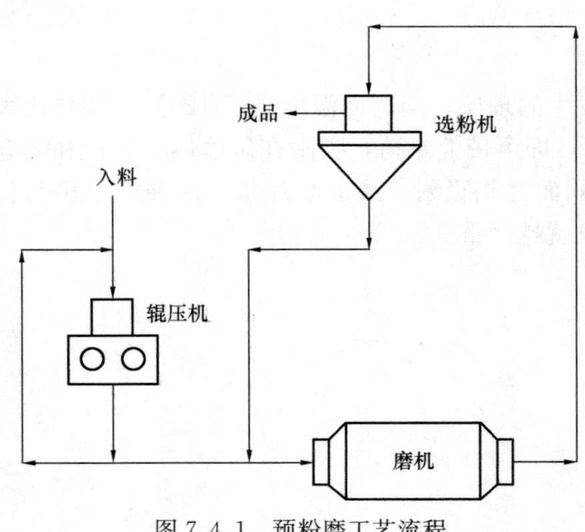

图7.4.1　预粉磨工艺流程

物料通过辊压机挤压后，辊缝两端的

物料所受到的挤压力较小，颗粒比较大，这就是所谓的“边缘效应”。这一部分物料经斗提机返回称重仓。中间部分的物料，65%～80%的颗粒小于2mm，其中小于0.09mm的颗粒占20%以上，经过辊压机下分料阀分割，按要求数量喂入球磨机。球磨机与高效选粉机组成球磨系统，由高效选粉机分离出合格产品，粗粉回球磨机继续接受粉磨。

预粉磨工艺系统的特点是：工艺流程简单，辊压机担负的粉磨任务小，辊压机的物料循环量不能超过新喂料量的100%，系统节能幅度约20%，磨机产量可以提高40%左右，对老厂技术改造特别实用。

4.1.2　混合粉磨工艺系统

当采用辊压机混合粉磨工艺系统时，其设备配置主要包括辊压机、斗提机、球磨机、高效选粉机等。它与预粉磨工艺系统的区别在于：从高效选粉机分离的粗粉，有一小部分返回到辊压机的喂料中，其作用可以使辊压机的喂料更加密实，提高其挤压效果。其工艺流程如图7.4.2所示。

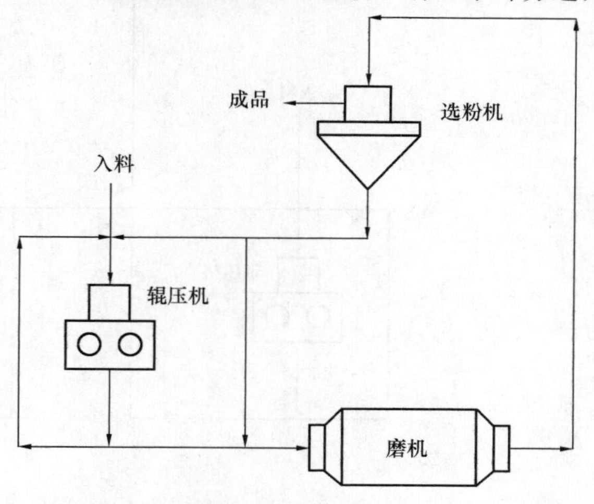

图7.4.2　混合粉磨工艺流程

混合粉磨工艺系统的特点：流程较复杂，系统控制路程较远，调整缓慢，但辊压机担负了较多的粉磨任务，辊压机的物料循环量不能超过新喂料量的130%，系统节能幅度约30%，磨机产量可以提高70%左右。

混合粉磨系统设备布置难度较大，辊压机系统和球磨机系统两者交叉，在老厂技术改造中，对老系统的影响比较大，因而只适用于新建厂。混合粉磨工艺系统在不增加打散分级机情况下，可以大幅度提高系统的产量，并有显著的节能效果。

4.1.3　联合粉磨工艺系统

当采用联合粉磨工艺系统时，其设备配置主要包括辊压机、斗提机、打散分级机、球磨机、高效选粉机等。它与预粉磨工艺系统的区别在于：通过辊压机的物料，经斗提机进入打散分级机，分离出的粗粉返回到辊压机的喂料中，小于一定粒度的细粉送入球磨机接受粉磨，大大提高了磨机的粉磨效率。其工艺流程如图7.4.3所示。

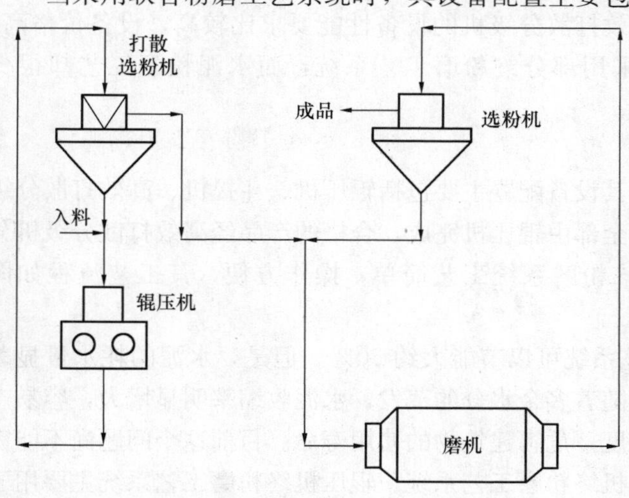

图7.4.3　联合粉磨工艺流程

联合粉磨工艺系统的特点是：物料通过辊压机后，要经过打散分级机进行分级，粗颗粒返回辊压机再次挤压，细颗粒半成品入球磨机接受粉磨，因此，入磨的物料粒度更均匀，球磨机的粉磨效率更高；半成品的细度随最终成品的要求可以变更，辊压机就相应的担负了更多的粉磨任务。辊压机的物料循环量是新喂料量的 200%～300%，节能幅度约 40%，磨机产量可以提高 100%左右。

联合粉磨工艺系统能够充分发挥辊压机和球磨机两者各自的优势，工艺系统相对比较简单，无论是进行技术改造的老厂，还是新建的水泥企业，都应该是首选方案。

4.1.4 部分终粉磨工艺系统

当采用辊压机部分终粉磨工艺系统时，其设备配置主要包括辊压机、斗提机、高效打散分级机、球磨机等。通过辊压机的物料，经斗提机进入高效打散分级机，分离出成品和粗颗粒，粗颗粒一部分进入球磨机，另一部分返回辊压机的喂料中，以改善物料的粒度分布组成。其工艺流程如图 7.4.4 所示。

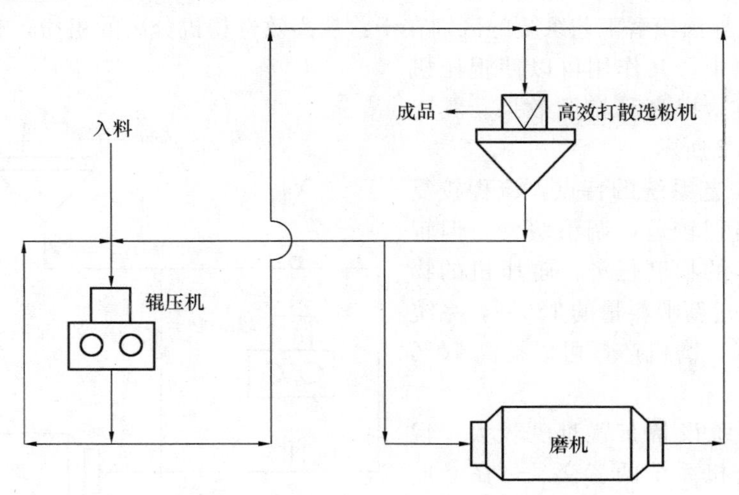

图 7.4.4 部分终粉磨工艺系统

部分终粉磨工艺系部分终粉磨工艺系统的特点是：出辊压机的物料与出球磨机的物料一起进高效的打散分级机，细粉作为成品，粗粉返回球磨机和辊压机。其优点是它可以使通过辊压机物料中的达到产品粒度要求的部分直接进入水泥成品，避免发生过粉磨现象，相对提高球磨机的生产能力。其缺点是对高效打散分级机的设备性能要求比较高，设备价格高，系统投资比较大。生料粉磨工艺常常采用部分终粉磨工艺系统，而水泥粉磨工艺却很少采用。

4.1.5 终粉磨工艺系统

当采用辊压机终粉磨工艺系统时，其设备配置主要包括辊压机、斗提机、高效打散分级机等，不需要球磨机，破碎及粉磨工作全部由辊压机完成，合格的产品经高效打散分级机分离出来，粗粉返回辊压机循环粉磨。该粉磨系统工艺简单，操作方便，其工艺流程如图 7.4.5 所示。

与传统的球磨机粉磨系统相比，该系统可以节能大约 50%。但是，水泥的耗水量显著增加，在水泥发生凝结及硬化过程中，随着多余水分的蒸发，水泥收缩率明显增大，容易产生局部应力和微裂纹，影响混凝土的强度，危害建筑物的使用寿命。目前这个问题尚不能完全解决，所以水泥的生产很少采用辊压机终粉磨工艺系统。辊压机终粉磨工艺系统主要用于水泥生料和高细矿渣的粉磨。

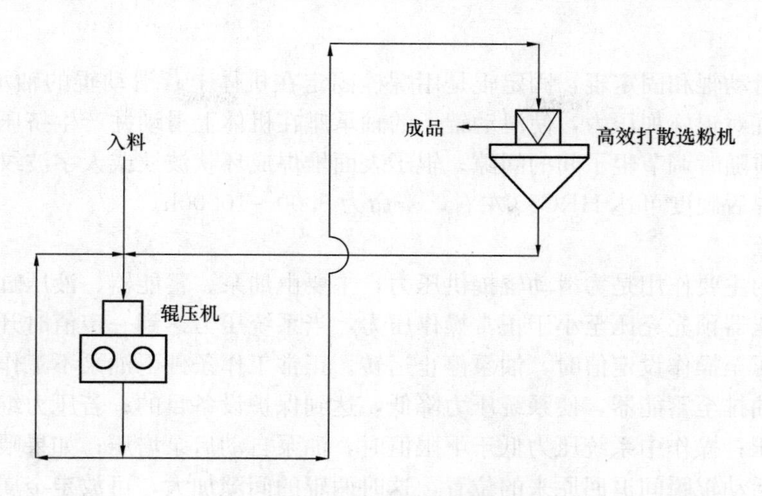

图 7.4.5 终粉磨工艺流程

4.2 辊压机水泥粉磨系统的主要设备

4.2.1 辊压机

（1）辊压机的结构

以德国洪堡公司生产的 RPV100-63 型辊压机为例来说明，其结构如图 7.4.6 所示。辊压机主要由两个辊子和一套产生高压的液压系统构成，主要包括压辊轴系、传动装置、主机架、液压系统、进料装置等部分。

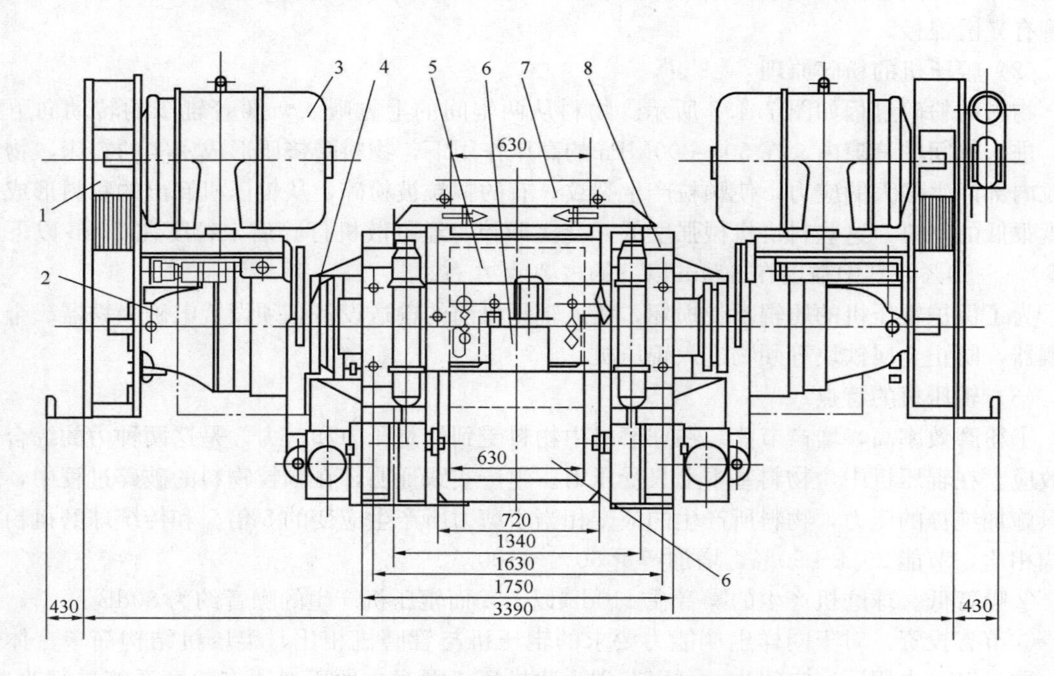

图 7.4.6 洪堡公司 RPV100-63 型辊压机

1—带传动；2—行星减速机；3—主电动机；4—扭矩支承装置；
5—压辊轴系；6—主机架；7—液压系统；8—进料装置

①挤压辊

辊子分为滑动辊和固定辊，固定辊是用螺栓固定在机体上；滑动辊的轴承装在滑块上，两端四个平油缸对辊施加压力，使滑动辊子的轴承座在机体上滑动并产生挤压力，同时按喂料量和物料性质随时调节辊子间的间隙。辊子表面堆焊成环状波纹或人字波纹或斜井字形波纹的耐磨层，焊后硬度可达 HRC55 左右，寿命为 8000～10000h。

②液压系统

液压系统的主要作用是为滑动辊提供压力，主要由油泵、蓄能器、液压缸、控制阀件等部分组成。蓄能器预先充压至小于正常操作压力，当系统压力达到一定值时开始喂料，辊子后退，继续供压至操作设定值时，油泵停止运转。正常工作条件下油泵不工作，系统中如压力过大，液压油排至蓄能器，使系统压力降低，达到保护设备目的；若压力继续超过上限值时，则自动卸压；操作中系统压力低于下限值时，油泵自动启泵增压；如果喂料中混有金属铁块等硬物，活动辊瞬间退回原来的位置，这时两辊的间隙加大，可放走金属铁件，保护辊面不受损伤。

③喂料装置

喂料装置内衬采用耐磨材料。它是弹性浮动的料斗结构，料斗围板（辊子两端面挡板）用碟形弹簧机构使其随辊子滑动面浮动。用一丝杆机构将斗围板上下滑动，可使入辊压机的料层厚度发生变化，以适应不同性质物料的挤压。

④主机架

主机架采用焊接结构，由上下横梁及立柱组成，相互之间用螺栓连接。固定辊的轴承座与底架端部之间有橡皮起缓冲作用，活动辊的轴承底部衬以聚四氟乙烯，支撑活动辊轴承座处铆有光滑镍板。

（2）辊压机的粉碎原理

物料的粉碎过程如图 7.4.7 所示。物料从两辊间的上方喂入，随着辊子的转动向下运动，进入辊间的缝隙内。在 50～300MPa 的高压作用下，物料受挤压形成密实的料床，物料颗粒内部产生强大的应力，使颗粒产生裂纹，有的颗粒被粉碎，从辊压机卸出的物料形成了强度很低的料饼，这些料饼机械强度低，受搓即碎，经打散机打碎后，粒度在 2mm 以下的占 80%～90%，其中粒度在 80μm 以下的占 30%左右。

为了保护辊压机的压辊不受损坏，在入辊压机前的输送设备必须设置电磁吸铁器、金属探测器，防止金属铁块等硬物进入辊压机。

（3）辊压机的特点

①粉磨效率高，增产节能。在球磨机中物料受到的是压力和剪力，是这两种力的综合作用效应。在辊压机中，物料基本上只受压力。生产实践证明，在颗粒物料的破碎过程中，如果只施加纯粹的压力，物料所产生的应变相当于剪力所产生应变的 5 倍。和传统球磨机粉磨方式相比，节能 25%～50%，增加产量 50%～100%。

②噪音低。球磨机产生的噪音在 110dB 以上，而辊压机产生的噪音约为 80dB。

③节省投资。对于同样生产能力要求的辊压机与管磨机相比，辊压机结构简单、体积小、重量轻，占用厂房空间小，可以节省土建投资，同时也便于对原有粉磨系统进行改造。此外，辊压机的操作、维修也非常简便。

④由于辊压机辊子作用力大，因此辊压机存在辊面材料脱落及磨损、轴承容易破坏、减

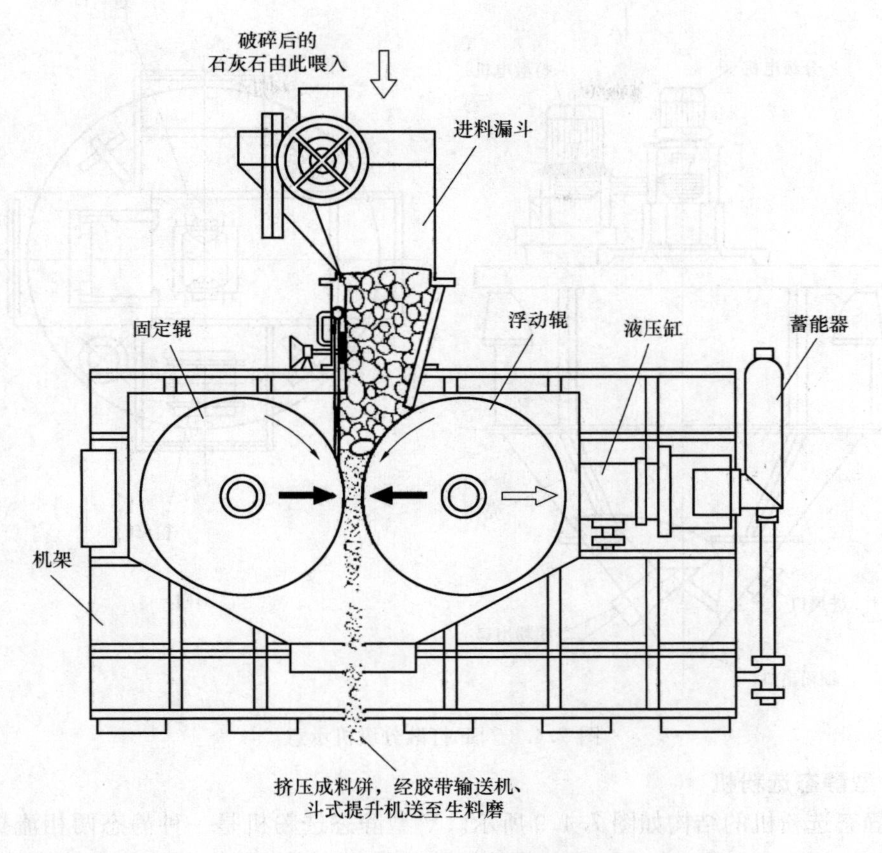

图 7.4.7 辊压机粉碎物料的过程

速齿轮易过早溃裂等问题。

⑤辊压机系统对工艺操作过程要求严格，如要求喂料料柱密实、充满，并保持一定的喂料压力，回料量控制要恰当，粉磨工艺系统配置要合适，否则它的优越性就很难发挥出来。

⑥工作环境好。物料在挤压辊罩内，被连续稳定地挤压粉碎，有害粉尘不易扩散，同时，由于近乎无冲击发生，故辊压机的噪音比管磨机小得多。

⑦易于发展。传统球磨机受到加工、运输、热处理等条件的限制，其大型化受到很大的制约。配辊压机粉磨系统很好地解决了此类问题，使粉磨系统向大型化发展变成了现实。

4.2.2 SF打散分级机

SF打散分级机是辊压机联合粉磨系统中的关键设备，是集打散、分级于一体，兼有烘干功能的设备，其结构如图 7.4.8 所示。它是应用离心冲击破碎原理对挤压后的片状物料进行打散的，并应用惯性和空气动力对打散后的物料进行分级筛分，如要实现烘干操作，可将热风引入分级区，使之在分级过程中对物料进行烘干。打散分级不但控制入磨物料粒度的均匀性，而且将粗颗粒返回辊压机，促进辊压机稳定运行。打散分级机的循环负荷率一般控制在 100%～150%之间，分级后的物料切割粒径大约为 2mm，入磨物料比表面积在 100～150m^2/kg 之间，80μm 筛余在 35%～55%之间，能够将辊压机处理的 50%～90%物料提供给球磨机，系统产量大约提高 50%～70%，节约电能大约 15%～25%。

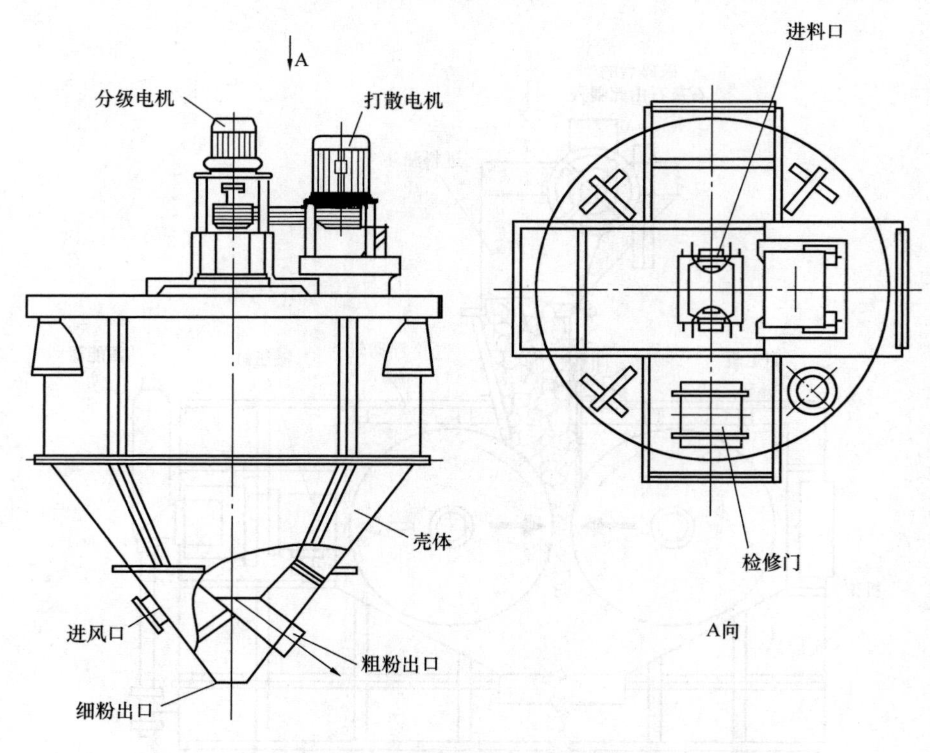

图 7.4.8　SF 打散分级机示意

4.2.3　V 型静态选粉机

V 型静态选粉机的结构如图 7.4.9 所示。V 型静态选粉机是一种静态两相流折流装置，兼具打散、分离、选粉等多种功能，结构简单无回转运动部件，物料靠重力下落，在选粉机内被阶梯式导流板冲散，带料气流进入磨机的选粉机被分选。该机完全靠风力提升、输送，分级精度高，但电耗也高。V 型静态选粉机对物料细度无法调节，半成品细度通过风量来调节，风速降低，半成品变细。因此，对风机的风量、风速控制至关重要。V 型选粉机与辊压机组成粗料循环闭路系统，可提高辊压后的料饼质量，但要求辊压机的磨辊长径比大，并采用低压循环的操作方式。

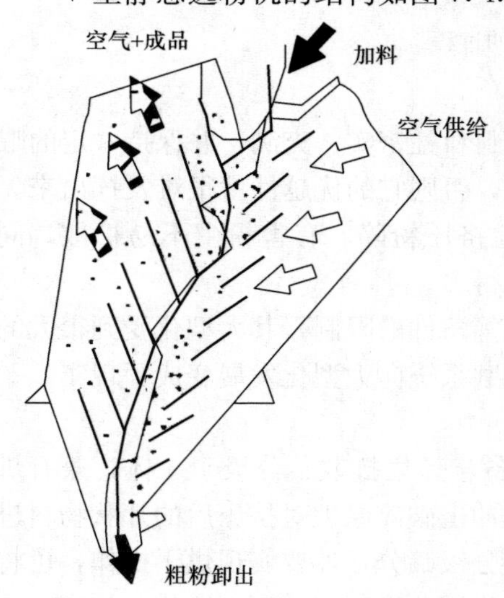

图 7.4.9　V 型静态选粉机示意

V 型选粉机可将辊压机处理的 30%～40%的物料送入球磨机机，分级后的物料颗粒切割粒径一般在 0.5mm 左右，比打散分级机的分级精度更高，物料粒径分布更细、更均匀，入磨物料比表面积可达 $180m^2/kg$及以上，粒径小于 1.0mm 的物料比例占 95%及以上，粒径小于 80μm 的细粉颗粒可达 6.5%～8.5%，系统产量大约提高 80%～100%，节电大约 20%～30%。

任务5　辊压机水泥粉磨系统的操作

任务描述：熟悉辊压机水泥粉磨系统的开停车操作；熟悉辊压机水泥粉磨系统的正常操作控制。

知识目标：掌握辊压机水泥粉磨系统的开停车操作及正常操作控制等方面的理论知识。

能力目标：掌握辊压机水泥粉磨系统的开停车操作及正常操作控制等方面的生产操作技能。

5.1　辊压机系统的开车及停车操作

5.1.1　辊压机系统内设备的分组

辊压机系统内设备的分组如表7.5.1所示。

表7.5.1　辊压机系统内设备的分组

序号	组　名	组内设备
1	辊压机润滑组	1. 减速机稀油站； 2. 辊压机轴承和滑道干油站
2	物料输送组	1. 胶带输送机； 2. 金属探测器； 3. 电磁除铁器； 4. 斗式提升机
3	水泥配料站组	1. 袋式收尘器； 2. 胶带输送机； 3. 各物料定量喂料机
4	辊压机传动组	1. 辊压机传动主电机； 2. 液力增压系统； 3. 气动闸板阀

5.1.2　辊压机系统的启动操作

辊压机系统启动操作顺序如表7.5.2所示。

表7.5.2　辊压机系统启动的操作顺序

序号	操作步骤	检查与调整
1	1. 确认系统运转前的准备工作已完成； 2. 与化验室联系，确认水泥生产的配合比、质量指标和水泥进库号； 3. 确认压缩空气和冷却水已正常供应	确认1、2、3已经完成
2	水泥配料站进料	1. 检查各配料仓料位； 2. 确认物料输送系统能正常运行

续表

序号	操作步骤	检查与调整
3	确认各阀门位置	1. 定量喂料机的控制闸门打开到适当位置； 2. 分料阀设定在指定位置； 3. 气动闸板阀关闭； 4. 辊压机喂料调节板打到30%～50%
4	辊压机润滑组启动 1. 减速机稀油站； 2. 辊压机轴承和滑道干油站	注意检查油压和供油情况，注意过滤器前后油压，如压差高，应及时清洗过滤器或更换过滤器
5	物料输送组启动 1. 胶带输送机启动； 2. 金属探测器启动； 3. 除铁器启动； 4. 斗式提升机启动	特别注意提升机启动电流和运转情况
6	水泥配料站组启动 1. 袋式收尘器启动； 2. 胶带输送机启动； 3. 各物料定量喂料机启动	特别注意胶带输送机电流和运转情况
7	根据化验室给定的水泥配合比设定相应的喂料量	1. 根据化验室的要求，设定水泥配合比； 2. 保证辊压机喂料称重仓的仓重相对稳定，控制辊压机的喂料量相对稳定
8	辊压机传动组启动 1. 设定辊压机辊缝20mm，辊缝偏差<2mm； 2. 设定供油压力为8MPa； 3. 辊压机传动主电机启动； 4. 辊压机液力增压系统启动（自动）； 5. 气动闸板阀启动	1. 注意辊压机传动主电机启动电流； 2. 辊压机传动主电机运转稳定（主电机运转电流稳定）后，打开气动闸板阀； 3. 正常开始喂料后，注意辊压机传动主电机电流的变化
9	系统压力的调整	1. 根据物料的挤压效果，逐渐将供油压力加至8～10MPa； 2. 调整系统运转稳定，使辊压机振动在允许范围之内
10	系统稳定后，投入自动调节回路	系统稳定后，投入自动调节回路，并较长时间观察回路运行状况

5.1.3 辊压机系统停车操作

辊压机系统停车操作顺序如表7.5.3所示。

表7.5.3 辊压机系统停车操作顺序

序号	操作步骤	检查与调整
1	确认停车范围及时间	1. 确认停车范围； 2. 确认停车时间； 3. 了解停车目的

续表

序号	操作步骤	检查与调整
2	将自动调节回路改为手动操作	
3	将喂料量设定值降到零，或者降低喂料量	1. 如果整个水泥粉磨系统停运，将喂料量设定值降到零； 2. 如果只是辊压机系统停运，将喂料量降至适当值即可
4	如果只是辊压机系统停车，喂料量降至适当值后，将气动分料阀打到旁路至水泥磨入口	注意控制喂料量，防止水泥磨发生饱磨现象
5	水泥配料站组停车 1. 各物料定量喂料机停运； 2. 胶带输送机停运； 3. 袋式收尘器停运	1. 确认停车范围是整个水泥粉磨系统还是去找的一部分，确认输送设备上的物料已排空； 2. 注意喂料称重仓的料位
6	确认辊压机处于低负荷运转	1. 斗式提升机功率下降； 2. 辊压机电流大幅度下降，几乎接近空载值； 3. 注意喂料称重仓的料位
7	辊压机传动组停运 1. 关闭气动插板阀； 2. 辊压机传动主电机停运； 3. 辊压机液力增压系统停运（自动）	确认气动插板阀至辊压机间的溜子内物料已卸空
8	物料输送组停车 1. 斗式提升机停车； 2. 胶带输送机停车； 3. 金属探测器停车； 4. 除铁器停运	确认输送设备上的物料已排空
9	辊压机润滑组停车 1. 减速机稀油站停车； 2. 辊压机轴承和滑道干油站停车	确认辊压机润滑组已经停车

5.2　水泥粉磨系统的启动

5.2.1　系统启动前的检查和调整

（1）确认系统所有设备完好，人孔门、检查门等已经关闭，并且密封严实。

（2）水泥磨主电机、减速机、选粉机等设备润滑油站的油箱油位、油质合格、油温正常，供油系统的控制阀门保持在正常运行状态，油泵已经投入连锁控制。

（3）辊压机减速机油站、液压站油箱油位、油温正常，油系统各阀门保持在正常运行状态。辊压机液压装置自动控制系统正常，具备自动控制功能。确认辊压机轴承、滑槽润滑良好，辊压机轴承、滑槽干油润滑装置自动工作正常。

（4）确认传动机械的轴承油位在油窗 1/2～2/3 之间，油质合格。

（5）有冷却水的设备在启动前必须检查冷却水，保证冷却水正常，供水系统无渗漏现象。

（6）确认压缩空气压力满足生产要求，具备生产开车条件。

（7）所有手动门在设备启动前打到适当位置；所有电动门就地与中控确认开关灵活、方向正确。

（8）所有设备地脚螺栓及设备连接部件必须牢固无松动。

（9）检查电器开关柜是否已推到工作位置，电气保护整定值是否合适，控制电源是否已送上，检查设备是否已经备妥。

（10）确认现场仪表的显示值与中控显示值要一致。

（11）根据化验室水泥入库通知单，通知现场岗位巡检工做好水泥入库准备工作。

（12）根据化验室下达的质量控制指标，调好配料比例及给料量根据具体条件组织生产，通知有关岗位注意相互配合。

（13）确认所有的设备已经备妥，具备开车条件。

（14）将各排风机进口风门开度设置到零位，并通知现场岗位巡检工将相关控制风门开度调至合适位置。

（15）将选粉机转速设定为零。

5.2.2 水泥粉磨系统设备分组

水泥粉磨系统设备分组如表 7.5.4 所示。

表 7.5.4 水泥粉磨系统的设备分组

序号	组 名	组 内 设 备
1	润滑油站组	（1）磨尾稀油站； （2）磨头稀油站； （3）水泥磨主电机稀油站； （4）水泥磨减速机稀油站； （5）选粉机稀油站； （6）辊压机减速机稀油站； （7）辊压机轴承和滑道干油站
2	收尘输送组	（1）水泥库顶空气输送斜槽； （2）水泥库库顶收尘器； （3）入水泥库提升机； （4）水泥库提升机进口斜槽收尘器； （5）水泥库提升机进口斜槽； （6）水泥磨袋收尘器下空气斜槽； （7）水泥磨袋收尘器； （8）水泥磨袋收尘器排风机； （9）水泥磨袋收尘器控制器
3	选粉机组	（1）选粉机回粉空气斜槽风机； （2）选粉机； （3）入选粉机空气斜槽风机； （4）出磨提升机； （5）出磨空气斜槽风机
4	磨排风机组	（1）水泥磨排风机； （2）水泥磨排风收尘器

续表

序号	组　名	组 内 设 备
5	水泥磨传动组	水泥磨主电机
6	循环风机组	(1) 旋风筒； (2) 旋风筒下空气斜槽风机； (3) 循环风机； (1) 喂料秤
7	磨头喂料组	(1) 水泥配料库下收尘器； (2) 金属探测器； (3) 入磨斗提出口皮带输送机； (4) V-选粉机； (5) 入磨斗式提升机； (6) 水泥配料皮带输送机； (7) 水泥配料库底定量给料机
8	粉煤灰喂料组	(1) 粉煤灰库收尘器； (2) 斗式提升机出口空气输送斜槽； (3) 粉煤灰入磨斗式提升机； (4) 斗式提升机进口空气输送斜槽； (5) 粉煤灰转子秤
9	辊压机组	辊压机

5.2.3　水泥粉磨系统的启动操作

水泥粉磨系统的设备控制均有“集中程控”、“机旁控制”两种状态，现场有“开”、“停”开关，正常生产时各设备都处于“集中程控”状态，输出前端设备跳停，上游设备联锁跳停，现场进行单机启动时设备处于“机旁控制”状态，开单机部分设备是不参与联锁控制的，但停单机设备是受联锁控制的，主要是避免设备内部积料过多而发生生产故障。水泥粉磨系统的启动操作顺序如表7.5.5所示。

表7.5.5　水泥粉磨系统的启动操作顺序

序号	操作步骤	检查与调整
1	确认该系统运转前的检查、准备工作已完成，与化验室联系，确认水泥品种、强度等级、配合比和水泥进库号，确认设备已备妥，确认压缩空气站已正常运转	通知相关岗位配合操作
2	水泥配料仓进料	检查各配料仓料位正常，确认物料输送系统能正常运行
3	确认各阀门位置	水泥磨排风机入口阀门关闭；水泥磨袋收尘器排风机入口阀门关闭；选粉机一、二、三次风阀门在指定位置；循环风机入口阀门关闭；辊压机棒闸阀开到适当位置
4	磨润滑系统准备 与现场联系确认油泵的选择，如油温低，稀油站油箱要加热	检查选择的油泵管路阀门是否调整正常；检查油箱的温度是否正常

续表

序号	操作步骤	检查与调整
5	润滑系统组启动 1. 启动预告信号（15s）； 2. 选粉机稀油站启动； 3. 水泥磨主电机稀油站启动； 4. 水泥磨减速机润滑油站启动； 5. 辊压机干油站及其减速机稀油站启动	润滑系统启动后，注意观察油压和供油情况，如果过滤器前后油压差高，应清洗过滤器或更换过滤器等
6	启动水泥收尘输送组 1. 启动预告信号（10s）； 2. 按化验室的要求选择水泥库号； 3. 启动库顶收尘器； 4. 启动水泥库顶空气输送斜槽； 5. 启动水泥入库斗提机； 6. 启动至水泥库斗提机空气斜槽； 7. 启动水泥磨袋收尘器下空气斜槽收尘器； 8. 启动水泥磨袋收尘器下空气斜槽； 9. 启动水泥磨袋收尘器排风机； 10. 启动水泥磨袋收尘控制器	检查皮带传动电机、托辊等部件有无异常振动，注意皮带跑偏时对张紧装置进行调整；注意空气输送斜槽风机启动电流及运行是否正常
7	启动选粉机组 1. 启动选粉机回粉空气斜槽； 2. 启动选粉机； 3. 启动入选粉机空气斜槽； 4. 启动出磨提升机； 5. 启动出磨空气斜槽	注意选粉机的启动电流，慢慢调整选粉机转速至合适速度。注意提升机启动电流，现场注意提升机的运行状态
8	启动磨排风系统组 1. 启动预告信号（10s）； 2. 启动水泥磨排风机； 3. 选择收尘器下料； 4. 启动袋收尘器控制器	注意风机的启动电流，慢慢打开排风机进口阀门至合适的位置
9	启动水泥磨传动组 1. 查水泥磨主电机备妥； 2. 启动预告信号（15s）； 3. 检查磨尾稀油站、磨头稀油站、水泥磨高压油站运行正常； 4. 启动磨主电机	再次检查各供油系统是否正常，注意水泥磨启动电流，注意磨音信号。如果主机第一次未能启动，检查后进行第二次启动，两次启动之间要有一定的间隔时间，试生产阶段高压油泵与水泥磨同步运行，90%负荷考核完后，改为水泥磨启动 15min 后自动停运。
10	启动循环风机组 1. 启动预告信号（10s）； 2. 启动旋风筒下空气斜槽； 3. 启动旋风筒回转下料器； 4. 启动循环风机； 5. 启动喂料秤	检查循环风机运行电流是否正常

续表

序号	操作步骤	检查与调整
11	启动磨头喂料组 1. 启动预告信号（10s）； 2. 启动水泥配料库下收尘器； 3. 选择三通阀方向（入磨或入 V 选）； 4. 启动入磨斗提出口皮带机； 5. 启动入磨斗式提升机； 6. 启动水泥配料皮带输送机； 7. 启动仓底定量给料机	长时间不喂料，水泥磨会因钢球空砸衬板、隔仓板而损坏，因此水泥磨启动 10min 内必须向磨内喂料。为了减少水泥磨断料时间，必须做好水泥粉磨配料库进料工作。注意皮带跑偏时对张紧装置进行调整。根据化验室的要求设定物料配比，调整定量给料机的供料比例，设定喂料量
12	启动粉煤灰喂料组 1. 启动预告信号（10s）； 2. 启动粉煤灰库收尘器； 3. 启动斗式提升机出口空气输送斜槽； 4. 启动粉煤灰入磨斗式提升机； 5. 启动斗式提升机进口空气输送斜槽； 6. 启动粉煤灰转子秤	检查粉煤灰转子秤是否发生堵塞现象
13	辊压机组 1. 启动辊压机； 2. 开启稳重仓气动闸门	确认辊压机干油站、辊压机减速机稀油站已启动； 控制称重仓仓重稳定在合适位置
14	系统稳定后，投入自动调节回路 1. 投入出磨气体压力调节回路； 2. 投入出选粉机气体压力调节回路； 3. 投入磨负荷调节回路	观察自动调节回路运行是否稳定；注意水泥库的料位变化，及时更换水泥库

5.2.4 水泥粉磨系统的停车操作

正常生产条件下的停车顺序与开车顺序相反，即先开的设备后停。但应注意水泥磨停运后，水泥磨后面的输送设备一般应继续运转一段时间，直到把其中的水泥物料输送完后再停，防止设备内积存水泥物料，下次再开机时启动困难或不便于检修。短时间停磨，润滑油系统一般不要求停运，长时间停磨或有检修工作时可停运润滑油系统。水泥粉磨系统的停车操作顺序如表 7.5.6 所示。

表 7.5.6 水泥粉磨系统的停车操作顺序表

序号	操作步骤	检查与调整
1	确认停运范围及停运时间	确认停运范围；确认停运时间；了解停运目的
2	将自动调节回路改为手动操作	
3	将喂料量设定值降到 0	
4	辊压机组停运 停运辊压机	确认入辊压机棒闸已关闭后，才能停运辊压机
5	磨头喂料组停运 1. 停运各喂料秤； 2. 停运配料仓下皮带输送机； 3. 停运斗式提升机； 4. 停运入 V-选皮带机； 5. 停运配料库下收尘器	确认各输送设备上的物料已排空后再停相应输送设备

续表

序号	操作步骤	检查与调整
6	粉煤灰喂料组停运 1. 停运粉煤灰转子秤； 2. 停运入斗提空气输送斜槽； 3. 停运斗式提升机； 4. 停运出斗提空气输送斜槽	确认各输送设备上的物料已排空后再停相应输送设备
7	循环风机组停运 1. 停运循环风机； 2. 停运旋风筒回转下料器； 3. 停运旋风筒下皮带秤	调整相应风机阀门开度
8	确认水泥磨处于低负荷运转	确认斗式提升机电流下降；磨音信号增大；选粉机电流下降
9	水泥磨传动组停运 1. 磨尾稀油站高压泵启动，磨头稀油站高压泵启动； 2. 延时 10s，磨主电机停运； 3. 延时 120s，停磨头、磨尾稀油站低压泵； 4. 停磨头、磨尾稀油站高压泵	现场用辅助传动间隔慢传水泥磨；水泥磨筒体温度接近环境温度时，水泥磨慢转停运。高压油泵有较长的延时要求，一般水泥磨筒体温度达到环境温度时才停转
10	磨排风系统组停运 1. 水泥排风机停运； 2. 水泥磨收尘器停运； 3. 回转锁风阀停运	袋收尘器排空后停运
11	选粉机组停运 1. 出磨空气斜槽风机停运； 2. 出磨提升机停运； 3. 入选粉机空气斜槽停运； 4. 选粉机停运； 5. 选粉机回粉空气斜槽停运	慢慢将选粉机转速降为 0，确认各输送设备上的物料已排空，再进行选粉机组的停运
12	水泥磨主排收尘输送组停运 1. 停运袋收尘器主排风机； 2. 停运袋收尘器控制器； 3. 袋收尘器下空气斜槽停运； 4. 袋收尘器下空气斜槽收尘器停运； 5. 入水泥库斗提机空气斜槽停运； 6. 入水泥库斗提机停运； 7. 水泥库顶空气输送斜槽停运； 8. 水泥库顶收尘器停运	确认各输送设备上的物料已排空，再停相应输送设备
13	润滑系统组停运 1. 水泥磨减速机润滑油站停运； 2. 选粉机稀油站停运； 3. 水泥磨主电机稀油站停运； 4. 辊压机干油站及减速机稀油站停运	长时间停运或有检修工作时，可以停运润滑油系统
14	水泥磨系统停运后，要对系统中的设备进行全面的检查和维护维修	停磨后的检查、维护、维修

5.2.5　水泥粉磨系统的故障停车

设备在运行过程中，由于突然发生电气或机械故障、现场停运按钮误操作等原因，造成设备跳闸，系统中的全部或部分设备将会联锁停车，如连锁不动作，操作员应立即停运相关设备，确保不发生事故及不扩大故障范围。故障停车的操作步骤如下：

（1）某台设备因故障而停车（辊压机除外），为防止相关设备受影响，并为重新启动系统设备创造条件，必须立即停运所有上游设备，联系检修人员检查故障原因，进行紧急处理和调整，下游设备可视情况继续运转，若20min内不能恢复该设备运转，按停机要领全系统停车。

（2）设备故障造成系统连锁跳停时，必须通知现场巡检员启动风机、慢转水泥磨。

（3）水泥配料站机组故障造成断料，20min之内不能恢复的应立即停水泥磨，其余设备按正常操作要领停运或继续运转。

（4）水泥制成系统突然停电时，应立即与电气值班人员联系，启用备用电源，尽快启动各设备的润滑油泵，并要求现场慢转水泥磨。

5.2.6　水泥粉磨系统的紧急停车

在紧急情况下，为了保证人身和设备的安全，应立即使用系统紧急停机开关，停运系统所有设备。为了保证设备能顺利地再次启动，必须采取必要的措施。紧急停车条件如下：

（1）系统发生故障，严重威胁人身及设备安全时。

（2）设备轴承温度剧烈上升，已经达到极限，采取任何措施都无法控制时。

（3）系统内发生严重险情（比如发生水淹、火灾等危险），危及设备安全运转时。

（4）某一设备电流超过额定值，通过技术处理不能恢复正常值时。

（5）因信号和自动控制失灵而导致润滑系统、水冷却系统发生故障，使润滑油温超过规定值或无法正常供油时。

（6）设备剧烈振动，有可能发生“飞车”的危险。

（7）设备重要联结螺栓发生松动、折断或脱落，危及设备安全时。

（8）电机冒火花、明显闻到电机内部有焦味及设备轴承冒烟时。

（9）DCS系统停电或死机，短时间内无法恢复时。

（10）系统内某一设备达到保护跳闸值而未跳闸时。

设备紧急停运后，应对喂料量设定值、选粉机转速、阀门开度等参数进行调整。如果润滑系统没有故障，应立即启动，慢转水泥磨，并尽快恢复系统运行。处理完紧急情况，再次启动时需特别注意：由于系统是在紧急情况下停运的，各输送设备内积存有物料，不能像正常停车那样立即喂入物料，要在设备内物料输送和粉磨完后，再开始喂料。

5.3　辊压机水泥粉磨系统的正常操作控制

5.3.1　辊压机水泥粉磨系统的主要控制参数

辊压机系统在生产中需要控制的参数很多，参数间的因果关联也比较紧密。这些控制参数包括检测参数和调节参数，其中检测参数反映磨机的运行状态，调节参数则是控制及调整磨机的运行状态。以ϕ4.2m×12m球磨机和辊压机组成的水泥粉磨系统为例来说明，其主要控制参数如表7.5.7所示，其中1～15为检测参数，16～19为调节参数。

表 7.5.7 水泥球磨机的主要控制参数

序号	参 数	最小值	最大值	正常值
1	磨机电耳%	0	100	70～85
2	出磨提升机电流 A	0	200	140～160
3	入水泥库提升机电流 A	0	200	150～170
4	入辊压机提升机电流 A	0	200	160～180
5	辊压机稳流称重仓料位	0	100	75～90
6	辊压机的辊压力 MPa	0	18	10～14
7	选粉机电流 A	0	100	60～80
8	出磨气体温度℃	0	130	80～110
9	出磨气体负压 Pa	0	1500	600～800
10	出选粉机气体温度℃	0	130	80～105
11	主排风机出口负压 Pa	0	9000	6000～7500
12	选粉机功率 kW	0	80	45～70
13	收尘器出口负压 Pa	0	7000	4500～6000
14	0.08 筛余%	0	100	3～6
15	出磨水泥温度℃	0	115	80～100
16	生料喂料量 t/h	0	200	130～150
17	选粉机转速 r/min	0	600	300～500
18	主排风机进口阀门开度%	0	100	90～100
19	选粉机风机阀门开度%	0	100	85～100
20	入 V 型选粉机冷风阀的风门开度	0	100	70～85

5.3.2 辊压机水泥粉磨系统主要参数的调节

辊压机水泥粉磨系统主要参数的调节参考项目 7 的任务 2。

5.3.3 辊压机水泥粉磨系统的正常操作控制

带辊压机的水泥粉磨系统操作方法与球磨机粉磨系统基本相同，其差异在于系统中增加了一台辊压机。辊压机操作控制参数主要包括辊压力、辊缝宽度、喂料量和循环量的控制。辊压力是保证物料完成破碎和粉磨的基础；辊缝宽度是辊压机台时能力的保证；合理的循环负荷率是提高粉磨效率和设备稳定性的关键。

（1）控制辊压力

辊压力是影响辊压机生产效果的一个重要参数。辊压力太小，不能发挥料层的优势，影响物料的破碎和粉磨效率；辊压力太大，不但增加辊子的磨损，也增加物料的电耗，更容易产生振动故障。辊压机的辊压力是可调参数，操作时应根据物料的粉磨性能合理选择，按设备运行状况进行调整。其选择原则是在满足挤压工艺性能的前提下，尽可能降低辊压力。操作人员可通过用手碾碎完整料饼，初步判断辊压力是否合适。

（2）控制辊缝宽度

控制辊缝宽度是辊压机控制系统的核心工作。在辊速不变的情况下，增加辊缝宽度，相当于增加喂料量，辊压机的台时产量高。辊缝宽度是否合理，直接影响物料的破碎及粉磨效果，正常辊缝宽度一般为辊径的2.5%～3.5%，辊缝宽度过大，活动辊压力会直接通过垫片传到固定辊上，而物料却得不到有效的挤压，因此当辊缝宽度大于设定值时，需要增加辊压力；辊缝过小，则会使辊压机产生强烈振动现象；当辊缝出现偏差时，动辊两端要分别进行泄压、加压及保压操作，以保证辊缝处于平直状态。

（3）控制循环负荷率

辊压机的循环负荷率是指回辊压机的喂料量与辊压机新喂料量的比值。合适的循环负荷率，有利于与入辊压机的新鲜物料形成合理的粒度级配，提高料饼的密实性，改善辊压机的挤压效果。如果回料量过多，进入辊压机物料中的细粉量偏多，物料很快通过辊压机，不能形成密实的饼料；而且会因回料中气体受压向上溢出，影响辊压机的正常下料；也易使挤压辊滑动，引起辊压机强烈振动，使料饼循环量增大，造成能量浪费。作为预粉磨，辊压机粗粉循环负荷率一般控制在30%～40%比较合理。

（4）控制振动

在正常生产条件下，浮动辊受进料粒度变化的影响而产生振动。辊压机的进料粒度宜小于辊径的3%，或小于辊缝宽度的3.5倍，如果进料粒度超出这个范围，造成料床厚度不均匀，会加大辊压机的振动量；物料仓离析引起的喂料粒度变化也会使辊压机振动加剧；如果用于平衡扭矩的支承装置调节不当，也会引起辊压机振动。因此，要避免辊压机产生剧烈的振动，就要使辊压机喂料稳压仓的料柱大于1m，喂料粒度均齐，粒径要求95%以上小于辊径的3.5%，个别大块粒径不能大于辊径的5.0%。

任务6 辊压机水泥粉磨系统的常见故障及处理

任务描述：熟悉并掌握辊压机系统常见的故障及处理方法；熟悉并掌握水泥粉磨系统常见的故障及处理方法。

知识目标：掌握辊压机和水泥粉磨系统常见故障的产生原因及表现的征兆等方面的知识。

能力目标：掌握处理辊压机和水泥粉磨系统常见故障的生产操作技能。

6.1 辊压机辊缝异常

6.1.1 辊压机辊缝过大

（1）征兆及现象

① 仪表显示辊缝过大。

② 在喂料量不变的情况下，恒重仓料位逐渐下降。

③ 循环提升机电流增大。

④ 料饼中的细粉量减少。

（2）处理方法

①适当减小辊压机的辊缝，调整辊压机的辊缝在20～30mm之间。

②减小辊压机恒重仓的下料闸门开度，减小下料量。

6.1.2 辊压机辊缝过小

（1）征兆及现象

① 仪表显示辊缝过小。

② 在喂料量不变的情况下，恒重仓料位逐渐升高。

③ 循环提升机电流减小。

④ 料饼中的细粉量增多。

（2）处理方法

① 检查侧挡板是否磨损，若磨损严重，则更换挡板。

② 检查辊面磨损情况，若磨损严重，则需要修补。

③ 适当增加辊压机的辊缝，调整辊压机的辊缝在20～30mm之间。

6.1.3 辊压机辊缝变化频繁

（1）征兆及现象

位移传感器显示辊压机辊缝变化频繁。

（2）处理方法

① 检查辊面是否局部出现损伤，若已损伤应及时修复。同时检查除铁器及金属探测器是否正常工作。

② 观察辊压机进料是否出现时断时续，若进料不顺畅，应检查进料溜子及稳流仓是否下料不畅。

6.1.4 辊压机辊缝偏斜

（1）征兆及现象

①位移传感器显示辊压机辊缝偏斜。

②辊压机频繁纠偏。

（2）处理方法

①观察辊压机进料是否出现偏斜，进料沿辊面是否粗粒不均，并及时对进料溜子进行调整。

②检查侧挡板是否磨损，若已严重磨损，则更换侧挡板。

③观察左、右侧压力是否补压频繁，检查液压阀件。

6.2 辊压机轴承温度异常

（1）征兆及现象

辊压机轴承温度显示报警。

（2）处理方法

① 检查轴承运转是否正常，若声响较大，检查轴承是否加入了足够的润滑油，以保证轴承润滑质量。

② 检查冷却水系统，检查冷却水量是否充足，水口镇阀门的开度是否合适。

6.3 辊压机电流异常

6.3.1 辊压机电流过高

（1）征兆及现象

① 辊压机传动主电机电流指示过高。

② 供油压力偏高。

（2）处理方法

① 降低供油压力。

② 降低喂料量。

6.3.2　辊压机电流过低

（1）征兆及现象

① 辊压机传动主电机电流指示偏低。

② 供油压力偏低。

（2）处理方法

① 增加供油压力。

② 增加喂料量。

6.4　辊压机进出料异常

6.4.1　辊压机通过量偏高

（1）征兆及现象

① 在喂料量不变的情况下，喂料计量仓料位逐渐下降。

② 辊压机辊缝偏大。

（2）处理方法

①减少辊压机喂料调节板的开度，减少喂料量。

②适当减少辊缝。

6.4.2　辊压机通过量偏低

（1）征兆及现象

①在喂料量不变的情况下，喂料计量仓位逐渐升高。

②辊压机辊缝偏小。

（2）处理方法

① 增加辊压机喂料调节板的开度，增加喂料量。

② 适当加大辊缝。

6.4.3　料饼循环量偏大

（1）征兆及现象

①水泥磨喂料量相对减少。

②循环提升机电流增加。

（2）处理方法

调节分料阀的开度，适当减少边料循环量。

6.4.4　料饼循环量偏小

（1）征兆及现象

①水泥磨喂料量相对增加。

②循环提升机电流减少。

（2）处理方法

调节分料阀的开度，适当增加边料循环量。

6.5 辊压机振动偏大

6.5.1 辊压机振动偏大

（1）征兆及现象

① 辊压机振动指示值偏大。

② 现场确认振动偏大。

（2）处理方法

①检查喂入辊压机的物料是否有大块，如果确实有大块，就要把大块挑出，避免其进入辊压机。

②检查辊压机的挤压压力，如果挤压压力偏高，就要适当降低挤压压力。

6.5.2 辊压机振动瞬间偏大

（1）征兆及现象

辊压机振动指示瞬间偏大，之后又恢复正常。

（2）处理方法

如果振动值瞬间变大，应检查是否有金属硬块通过，同时检查除铁器和金属探测器的工作是否正常。

6.6 辊压机跳停

（1）征兆及现象

①主电机电流超高，高限急停。

②主电机电流差高，高限急停。

（2）处理方法

① 检查辊压机料仓的下料闸板开度是否过大，如果过大就要适当减小其开度。

② 打开辊压机辊罩检修门，检查是否有物料堵塞情况，如果有就要疏通干净。

③ 检查侧挡板是否与电流高的辊轴有擦碰现象。

④ 检查进料调节板是否与电流高的辊轴有擦碰现象。

⑤ 检查辊面花纹是否已严重磨损，测量动辊和定辊直径，如果已经严重磨损，则进行辊面堆焊修复。

6.7 辊压机及磨机的润滑系统故障

（1）征兆及现象

① 油泵跳闸或现场停车。

② 油压过高或过低。

③ 辊压机系统、磨机系统的联锁停车。

（2）处理方法

①将喂料量设定为“0”。

②减小磨机排风机进口阀开度。

③对油泵和油管路系统进行检查，清理润滑油中的过多粉尘杂质。

6.8　辊压机挤压效果差

（1）现象及征兆

被挤压物料中的细粉过多、辊压机运行辊缝小、工作压力低

（2）影响分析

经过辊压机双辊高压挤压后的物料，其内部结构产生大量的晶格裂纹及微观缺陷、小于2.0mm颗粒与小于80μm细粉含量增多，分级后的入磨物料粉磨功能指数显著下降15%～25%，易磨性明显改善，从而大幅度提高磨机的产量，降低了粉磨系统的分步电耗。但辊压机对物料粒度及均匀性非常敏感，粒状料挤压效果好，粉状料挤压效果差，既有“挤粗不挤细”的料床粉磨特性。当物料中细粉料量多时，会造成辊压机实际运行辊缝小，工作压力低，若不及时调整，则挤压效果会变差、系统电耗增加。

（3）解决办法

①控制粒度<0.03D（D是指辊压机的辊子直径）的物料比例占总量的95%及以上。生产实践证明，粒度在25～30mm之间且均齐性较好的物料挤压效果最好。

②做好不同粒度物料的搭配，避免过多较细物料进入辊压机而影响其正常做功；同时，可根据物料特性对工作辊缝及插板开度及时进行调整，其调节原则如表7.6.1所示。

表7.6.1　辊压机工作辊缝及入料控制斜插板设置原则

项　目	工作辊缝设置	入料控制斜插板设置
入机物料水分大，颗粒粗	放宽	上调
入机物料水分小，颗粒细	放窄	下调
辊压机振动大	放宽	上调
辊压机主电机电流过高	放宽	下调
生产低等级水泥（熟料量低）	放宽	微调
生产高等级水泥（熟料量高）	放窄	微调

6.9　辊压机侧挡板磨损严重

（1）现象及征兆

工作间隙值变大，边缘漏料。

（2）影响分析

辊压机辊子中间部位物料的挤压效果好，细粉产生量多，而边缘挤压效果差，细粉量少甚至漏料，这就是辊压机的“边缘效应”。当两端侧挡板磨损严重，工作间隙值变大时，边缘漏料更加严重，显著减少挤压后物料的细粉含量。同时，部分粗颗粒物料还将进入后续动态或静态分级设备，对分级设备内部造成较大磨损。

（3）解决办法

①辊压机侧挡板与辊子两端正常的工作间隙值一般为2～3mm之间，实际生产可以控制在1.8～2.0mm之间。

②采用耐磨钢板或耐磨合金铸造件制作侧挡板，生产上要备用1～2套侧挡板，以应对临时性更换。在采用耐磨合金铸造件之前，应将表面毛刺打磨干净，便于安装使用。更换安

装过程中用塞尺和钢板直尺测量控制工作间隙值。

③实施设备故障预防机制，正常生产时一般7～10d利用停机机会检查侧挡板与辊子之间的间隙，若超出允许范围，就要及时调整修复，并做好专项备查记录。

6.10 辊压机动辊及静辊的辊面磨损严重

(1) 现象及征兆

动辊及静辊的辊面光滑或严重出现凹槽，物料的挤压效果变差。

(2) 影响分析

辊压机辊面磨损或剥落严重出现凹槽以后，（主要是辊面中间部分），运行辊缝出现变化；辊面花纹磨损呈现光滑状态以后，对物料的牵制、啮合能力明显削弱，挤压粉碎效果大打折扣。严重磨损或剥落后的辊面对物料施加的挤压力不均匀、局部漏料、出机料饼中粗颗粒增多，甚至有未经挤压的物料，影响球磨机的粉磨功能，也会加剧分级设备的磨损。

(3) 解决办法

①应急性维修

辊面磨损不严重时，请专业维修技术人员实施在线堆焊处理，恢复辊子原始尺寸及表面花纹。对于磨损较严重的辊面，若企业有备用辊，应及时更换，并将辊面磨损严重的辊子送至专业堆焊厂家维修处理。

②物料进入辊压机稳流称重仓之前，应设置多道电磁除铁装置及金属探测报警器，防止铁块等其他金属异物进入辊压机而损坏辊面。

③利用停机时间检查辊面磨损情况，检查频次是每周一次至三次，并做好专项检查记录。

6.11 辊压机工作压力值低，运行电流低

(1) 现象及征兆

中控模拟画面显示辊压机工作压力值低，运行电流低。

(2) 影响分析

辊压机在不同运行工作压力下，被挤压的物料所产生的小于80微粉含量是不同的，这个参数直接影响磨机的产量、水泥质量及粉磨分步电耗指标。在其设计允许范围内，合理提高辊压机的工作压力，可增加物料中80微粉含量的比例。

造成辊压机工作压力值低，运行电流低的主要原因有：

①稳流称重仓底部下料锥斗与水平面夹角较小，影响下料速度。

②稳流称重仓仓容小、运行仓位低、存料量过少、下料不连续。

③稳流称重仓或下料管壁因物料水分造成黏附挂料，料流呈断续状。

④稳流称重仓至辊压机之间垂直距离偏短，下料管内料流小、料压偏低。

⑤稳流称重仓至辊压机之间下料管直径规格过大，下料管内料压低。

⑥辊压机料流控制斜插板拉开比例小。

(3) 解决办法

①改造稳流称重仓下料锥斗部位，将其与水平面夹角放大至70°左右为宜，排料通畅。

②稳流称重仓内有效存料一般不低于30t，否则就要进行适当增容改造，因为仓容增

大，储料量多，对稳定入辊压机料流有利。

③稳流称重仓未增容前，应保证操作料位不低于 70%。

④稳流称重仓至辊压机之间垂直下料管高度一般应不低于 3.0m。

⑤设计辊压机下料管的直径规格时，应该使下料管内充满物料，实现过饱和喂料，这样能够提高料压，稳定辊压机工作压力及挤压做功状态。

⑥辊压机正常做功时，动辊液压件呈平稳的规律性水平往复移动；两个主电机运行电流达到其额定电流值的 60%～80%，运行辊缝控制在 $\geqslant 0.02D$（D 是指辊压机的辊子直径），入料插板开度在 50%～80%之间。

⑦控制入辊压机物料综合水分 $\leqslant 1.50\%$；对稳流称重仓内壁、锥斗及下料管等部位，采用聚乙烯抗磨塑料板、高强度耐磨钢板等进行抗磨、防粘处理，保持物料顺畅。

6.12　高效选粉机循环负荷率偏大

（1）现象及征兆

出磨水泥细度偏粗，高效选粉机循环负荷率偏大。

（2）影响分析

在闭路粉磨系统中，当成品细度不变时，循环负荷率随出磨细度变粗而增大，选粉效率降低。出磨细度越细，回料细度越粗，则循环负荷越低，选粉效率越高，回料量越少，系统处于良性循环状态。当磨内粉磨效率低，出磨细度偏粗，合格成品量少，则循环负荷率越高，选粉效率越低，回料量越多；反之，则选粉效率高，循环负荷低。所以降低高效选粉机的循环负荷率，磨内必须磨细。

（3）解决办法

对球磨机内部结构进行相应的合理调整与改造，比如优化设计研磨体级配及装载量；增设或改进研磨体活化装置；适当延长物料在磨内的停留研磨时间；应用优质助磨剂技术等，实现磨内磨细，有效提高出磨物料中成品颗粒含量，降低出磨细粉 80μm 及 45μm 的筛余值，为选粉机实现有效分选创造条件。

6.13　水泥磨机研磨体做功能力差

（1）现象及征兆

水泥磨机的台时产量低、80μm 及 45μm 筛余偏大、粉磨电耗高。

（2）水泥磨机研磨体做功能力差的原因分析

①水泥磨机各仓的长度比例分配不合理，研磨体对物料的细磨做功能力不足。.

②水泥磨机系统拉风过大，磨内物料流速较快，有效研磨时间偏短。

③磨内研磨体级配不合理，平均直径取值偏大，球或段之间的空隙率较大，研磨能力相对降低。

④研磨体及衬板工作表面发生黏附现象，研磨能力相对降低。

⑤入磨熟料温度偏高，熟料及混合材易磨性变差。

⑥入磨物料综合水分偏大，容易发生包球现象。

⑦隔仓板（含内筛板）及出磨篦板的缝隙取值过大，出磨篦板之间连接的缝隙偏大。

⑧水泥磨机各仓衬板磨损严重，对研磨体提升能力不足。

（3）解决办法

①配用打散分级的双闭路球磨机粉磨系统，一仓可采用 $\phi30\sim\phi60$mm 的四级钢球设计级配来，如果易磨性较差或磨尾出料中小颗粒料较多，则可以再增加 $\phi70$mm 钢球，平均直径可在 42～48mm 之间选取；如果物料易磨性较好，或配入流动性好的粉煤灰混合材，可增加 $\phi20$mm 的小钢球，以降低钢球之间的空隙率，平均球可选≤40mm，以提高一仓研磨体能力，为第二仓创造条件。

②配用 V 型选粉机的双闭路球磨机粉磨系统，一仓主要作用由粗碎变为粗粉磨，平均球径取值不宜太大，通常选用 20～50mm 的四级钢球级配，平均球径可在 25～30mm 之间选取，如果平均球径取值大，则球间空隙大，磨内物料流速较快，研磨能力不充分。

③磨机二仓的研磨体可选 $\phi17$mm、$\phi15$mm、$\phi12$mm、$\phi10$mm 等四级小钢球，也可用少量 $\phi20$mm 钢球辅助，平均球径可在 13～15mm 之间选取。

④闭路粉磨系统也可以应用开路高细磨的筛分隔舱版，粗筛板缝宽度可取 6～8mm，内筛板缝宽度取 2.0mm，有效控制料流速度及均匀通风，促使磨内研磨体实现良好的“分段粉磨”。出磨篦板及中心圆板筛缝也可取 6～8mm，若安装内筛板，则内筛板缝可取 4.0mm。

⑤当研磨体及衬板工作表面因静电产生严重黏附现象时，可加入分散性能良好的助磨剂，以消除微细颗粒的黏聚现象。

⑥随着水分的增大，物料韧性增大，易磨性变差，粉磨效率降低，控制入磨综合物料的水分＜1.5％。

⑦熟料温度越高，其易磨性越差，越难磨细。熟料温度高也是造成磨内黏附现象的主要原因，生产过程中应将不同温度的熟料调整搭配使用，控制入磨熟料温度＜100℃。

⑧开路粉磨系统的磨内风速控制在 0.8～1.2m/s，闭路粉磨系统的磨内风速控制在1.0～1.5m/s，这样既可及时排出磨内水分，降低磨温，又能有效控制物料流速，提高磨细效果。

⑨采用筒体淋水降温措施，控制出磨水泥温度在 100～115℃比较合适。

6.14 打散分级效果差

（1）现象及征兆

入磨物料粒度变大，大于 5mm 的颗粒明显增多。

（2）故障原因

①风轮磨损后分级风量变小，严重影响风选效果。

②打散盘上的锤头、衬板凸棱磨损，打散功能显著降低。

③分级筛板的缝隙尺寸偏大、磨穿及破损造成漏料，时部分粗颗粒进入细粉区域。

④内锥筒粘料，导致物料淤积，粗颗粒由内筒体间隙外溢。

⑤环形卸料通道杂物堵塞未及时清理，影响过料能力。

⑥物料及打散盘中心偏移，影响打散分级效果。

⑦物料水分较大，料饼强度高，不易打散与分级。

⑧变频调速系统显示主轴转速与实际转速不一致，发生传动皮带打滑导致丢转现象，造成打散分级效果差。

（3）解决办法

①利用停机时间，认真检查内部易损件，及时更换打散锤头、衬板凸棱、风轮、分级筛

板等易磨损件。

②易损件的更换周期一般为 6 个月左右，生产上时常保持 1～2 套完好的各种易损件备件，其材质应选用高硬度合金抗磨材料。

③人工及时清理环形卸料通道杂物。

④发现打散机运行电流异常升高时，利用停机时间，重点检查并修复打散盘的中心偏移问题。

⑤采用经过校准的转速表，每周对主轴转速进行二次测定及校验，确保其不丢转。

6.15　V 型选粉机分选效果差

(1) 现象及征兆

入磨物料的粗颗粒增多；入辊压机物料的粗颗粒增多。

(2) 故障原因

①入 V 型选粉机物料呈料柱状且过于集中，不能形成松散、均匀料幕。

②打散隔板严重磨损，影响物料打散效果。

③系统拉风量过大，导流板间风速高，分选的物料中粗颗粒过多。

④旋风筒入口处严重积灰，系统通风阻力增大，影响细粉的收集。

⑤漏风管道磨损破裂，造成系统漏风。

⑥循环风机叶轮磨损严重。

(3) 解决方法

①在 V 型选粉机内部，使用高硬度耐磨材料或普通 50mm×50mm 的角钢，增设 2～3 排交错布置的打散棒，增强对料饼的打散及分级效果，使其内部形成均匀、分散的料幕。

②根据磨损程度，确定修复或更换打散隔板。

③V 型选粉机出风部位阻力越大，旋风筒风道越易积灰，气体流场越不均匀，对细粉收集的影响越大。所以可将出风部位的弧度放缓，减少系统通风阻力，消除旋风筒风道的积灰，提高细粉的收集效果。

④用每周停机时间对 V 型选粉机内部及系统通风管道、循环风机叶轮等进行详细检查，对通风管道磨损漏风部位实施密封，消除漏风对系统的影响。叶轮可用高强度耐磨钢板制作，或敷贴耐磨陶瓷进行防磨处理。

⑤V 型选粉机导流板间的风速越高，分选的入磨物料粒度越粗，比表面积越低。正常生产时，导流板间的风速一般控制在 5.5～6.0m/s 比较合适，这时入磨物料的比表面积可以达到 180m^2/kg 及以上。

6.16　水泥粉磨系统常见的故障及处理

除了辊压机系统的设备之外，水泥粉磨系统的常见故障及处理可以参考项目 7 的任务 3 相关内容。

任务 7　水泥立磨终粉磨技术

任务描述：掌握立磨粉磨水泥存在的问题及应该采取的技术措施；深刻理解水泥立磨终

粉磨技术代表水泥粉磨工艺的发展方向。

知识目标：掌握立磨粉磨水泥存在的技术问题及应该采取的技术措施等方面的知识内容。

能力目标：掌握稳定立磨料床、改善水泥颗粒级配的生产操作技能。

7.1 水泥立磨终粉磨技术代表水泥粉磨工艺的发展方向

水泥粉磨工艺主要有球磨机、辊压机＋球磨机及立磨三种技术形式，单就粉磨分步电耗来说，球磨机粉磨工艺大约在 40～45kW·h/t，辊压机＋球磨机粉磨工艺大约在 30～35 kW·h/t,立磨粉磨工艺大约在 25～30kW·h/t，显然球磨机粉磨工艺的粉磨分步电耗最大，立磨粉磨工艺的粉磨分步电耗最低，但目前国内水泥粉磨仍然以球磨机粉磨工艺为主。球磨机的粉碎机理是对于大块物料，靠球的冲击，一定要被一个球击中才能有破碎作用，对于细小物料，靠球的剪切，颗粒必须夹在两个球之间的作用点上才能起研磨作用，这在整个磨机中的几率很小，磨机中的钢球只有 3%～5%做有用功，其余的 95%～97%的钢球都在做无用功，水泥球磨机粉磨系统的电耗大约占水泥企业生产电耗的 70%。100 多年来球磨机的结构和工艺系统有了很大改变，但粉碎机理依旧，所以能量利用率没有大幅度的变化。虽然人们一直想从根本上取消球磨机，但由于它结构简单、实用可靠、适合水泥工业粉磨要求的粒度，所以长期处于主导地位。近几年来，通过国内外水泥科研工作者的努力，以立磨为代表的新一代水泥粉磨技术得到了广泛应用和发展，尤其是水泥立磨终粉磨技术，以其工艺系统流程简单，单位电耗低、水泥产品质量稳定以及操作方便等诸多优点，引起水泥行业的高度重视。国外大公司在水泥立磨终粉磨方面技术已经非常成熟，已经有很多水泥厂家成功应用水泥立磨粉磨水泥。比如国内云南国资东骏水泥有限公司 2005 年 6 月引进 2 台丹麦史密斯公司生产的 OK33-4 型水泥立磨，分别粉磨矿渣混合材和熟料，生产指标和质量指标都比较理想，具有显著的节能效果。再比如，天津水泥设计研究院于 2004 年 9 月为台湾幸福水泥公司在越南福山设计的无球化工厂，设计能力为日产 5000t 水泥熟料，配套 1 台 LM48.4 型生料磨、2 台 LM46.2＋2C 型水泥磨和 1 台 MPS3070BK 型煤磨，水泥生产总电耗降到 78～80kW·h/t，取得显著的节能效果。水泥立磨的生产实践表明，立磨作为水泥终粉磨工艺，完全可以像球磨机粉磨系统一样，生产出硅酸盐水泥、普通水泥、矿渣粉、矿渣水泥、火山灰水泥、石灰石水泥、粉煤灰水泥等水泥品种，产品的标准稠度用水量、颗粒粒径分布范围等性能指标完全可以和球磨机粉磨的水泥产品相媲美，能够满足各种工程需要，并且具有显著的节能效果，可以肯定地说，水泥立磨代表水泥粉磨工艺的发展方向，立磨粉磨的水泥生产量占世界水泥总量的比例也证实了这个结论：2004～2005 年，立磨粉磨的水泥生产量占世界水泥总量的比例为 26%；2008～2009 年，立磨粉磨的水泥生产量占世界水泥总量的比例为 61%；2011～2012 年，立磨粉磨的水泥生产量占世界水泥总量的比例达到了 83%，2004～2012 的 9 年时间，立磨粉磨的水泥生产量平均每年增长 13.77%，立磨作为水泥终粉磨具有生命力和竞争力，确实代表水泥粉磨工艺的发展方向。

7.2 立磨粉磨水泥存在的问题

7.2.1 料床不稳定

新型干法水泥企业生产水泥的细度一般控制 0.08 筛余≤1.0%，生料的细度一般控制

0.08 筛余≤16.0%，单就细度而言，水泥的细度比生料的细度细很多。水泥颗粒中 2～32μm 的微细颗粒大约占 50%，在立磨风扫操作条件下，它们会产生很强的向上力，使得磨辊不能有效地啮入大块物料，不能形成稳定的料床，甚至引发磨机振动跳停。

7.2.2　水泥颗粒的粒径分布过窄

建筑工程上使用颗粒粒径分布过窄的水泥，其需水量明显增多，混凝土容易出现硬化开裂、强度降低等不良现象。立磨采用料床的形式粉磨水泥，每次传递给磨辊和磨盘之间物料的能量很少，物料要得到所需细度的粉磨能量，就必须多次接受磨辊和磨盘的挤压粉磨作用，这就导致物料在立磨内需要进行多次循环挤压粉磨。如果选粉过程有效，成品水泥的细度尽管合格，但其颗粒的粒径分布过窄，2～32μm 的微细粉颗粒含量少，影响混凝土的使用性能。

7.3　稳定料床的措施

7.3.1　OK 型水泥立磨

OK 型水泥立磨通过改变磨辊和磨盘的结构形式来稳定料床。

如图 7.7.1 所示，OK 型水泥立磨的磨辊具有球面结构形式，并且辊面中央有一个凹槽，磨盘呈曲线状，磨盘及磨辊是沟槽形盘和轮胎斜辊搭配组合，在磨盘和磨辊之间形成一个楔形高压区和低压区。物料在低压区预先布置形成料床，磨辊中间的槽型结构能够排除物料中的气体，避免物料形成流态化，快速绕过磨辊，而是使物料均匀通过高压区接受磨盘和磨辊的挤压粉磨作用。粉磨后的物料通过磨内选粉机的筛分和分级，粗粉物料重新返回磨盘接受挤压粉磨作用，细度合格的成品水泥，则由气体携带排出磨外，通过收尘器收集下来。

7.3.2　LM 型水泥立磨

LM 型水泥立磨通过改变磨辊的数量和磨辊的大小来稳定料床。

如图 7.7.2 所示，LM 型水泥立磨将原来 4 个相同规格的磨辊改成 2 大 2 小，交错安装布置。大辊（主辊）主要起粉磨作用；小辊（辅辊）主要起预先布置料床作用，为主辊能更好地实施对物料高压粉磨创造条件。

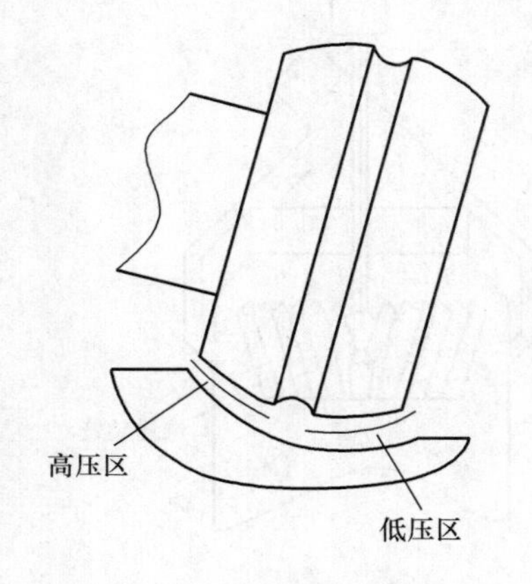

图 7.7.1　OK 型水泥立磨的磨辊及磨盘形式

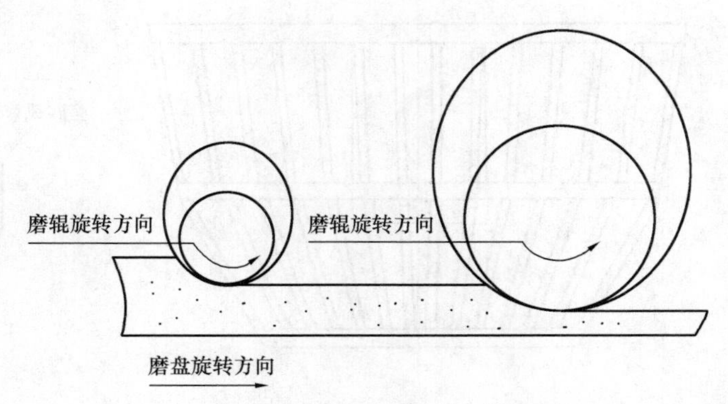

图 7.7.2　LM 型水泥立磨主辊及辅辊的工作原理图

7.3.3 调节磨盘挡料环的高度

增加磨盘挡料环的高度，磨盘上的料床厚度就会增加；减小磨盘挡料环的高度，磨盘上的料床厚度就会变薄。合适的料床厚度，有助于提高磨机的粉磨效率，如果料床厚度太厚，则粉磨效率降低，增加物料在磨内的循环次数，水泥颗粒的粒径分布变窄，微细粉含量减少；如果料床厚度太薄，则容易引起磨机振动，甚至跳闸停机。

7.4 改善水泥颗粒级配的措施

7.4.1 OK 型水泥立磨

OK 型水泥立磨通过调节高效选粉机的操作来改善水泥的颗粒级配。

OK 型水泥立磨是把 O-Sepa 高效选粉机的选粉原理应用到立磨选粉分级装置上。通过调整通过选粉机的空气流量、选粉机转子的转速来调节产品颗粒级配。增加通过选粉机的空气流量，成品水泥颗粒变粗，反之变细；增加选粉机转子的转速，成品水泥颗粒变细，反之变粗。应用高效选粉机，提高了选粉效率，降低物料在磨内的循环率，改善了水泥粒径分布曲线，使其不至于过陡，从而使产品颗粒级配符合建筑施工要求。

7.4.2 LM 型水泥立磨

LM 型水泥立磨通过选用锥形笼式转子来改善水泥的颗粒级配。

如图 7.7.3 所示，LM 型水泥立磨选粉机选用锥形笼式转子，其目的是加宽水泥颗粒粒径分布范围，使水泥颗粒级配更趋于合理，满足建筑施工要求。当磨机通风量及转子转速为定值时，筛选的成品水泥粒径与转子半径的平方根成正比，因此 LM 型水泥立磨的选粉装置选用锥形笼式转子，有助于改善水泥颗粒粒径分布过窄的缺陷。

7.4.3 MPS 型水泥立磨

MPS 型水泥立磨主要通过采用锥形选粉机和控制旁路风量来改善水泥的颗粒级配。如图 7.7.4 所示，调节设置在磨机周围旁路风管的风量，改变通过选粉机的风量，实现调节成品水泥的颗粒级配。减少旁路风管的风量，增加通过选粉机的风量，成品水泥的细度就会变粗，反之变细。调节锥形选粉机的转速，也可以实现调节成品水泥的颗粒级配，增加选粉机的转速，成品水泥的细度变细，反之变粗。

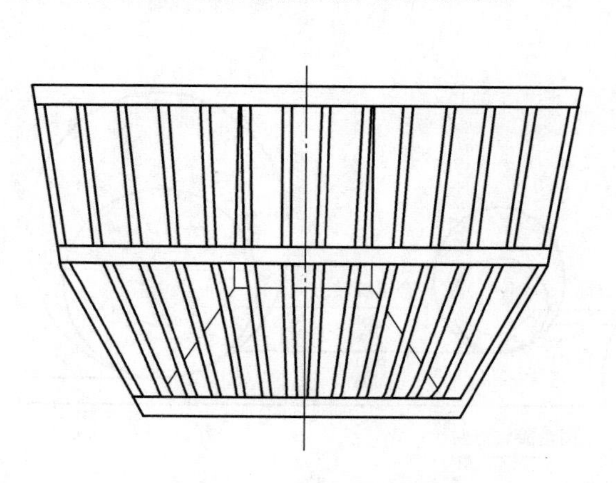

图 7.7.3 锥形笼式转子示意图

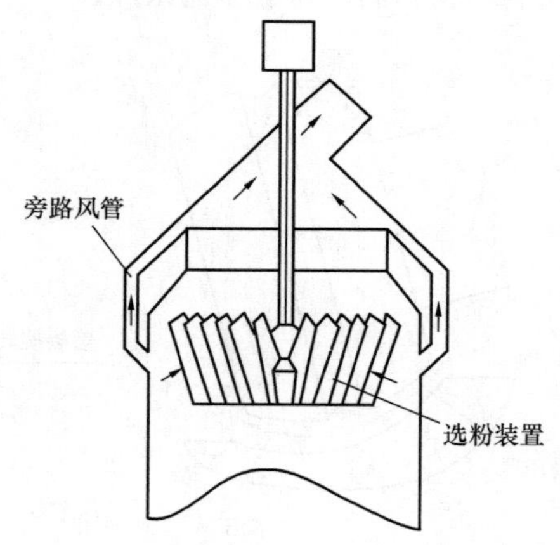

图 7.7.4 MPS 型水泥立磨选粉机的调节原理图

7.4.4　调整磨辊的研磨压力

增加磨辊的研磨压力，则产生的细粉数量多，减少物料在磨内的循环次数，水泥颗粒的粒径分布范围变宽；减少磨辊压力，则产生的粗粉数量多，增加了物料在磨内的循环次数，水泥颗粒的粒径分布范围变窄。所以适当增加磨辊的研磨压力，有助于改善水泥的颗粒级配，增加水泥颗粒的粒径分布范围。但要特别注意，磨辊的研磨压力增加到某一临界值后，再继续增加磨辊的研磨压力，对物料的挤压粉磨作用不再明显提高，而主电机的功率却明显增大，水泥单位电耗明显增大，磨机的振动值明显增大。

7.5　水泥立磨终粉磨的应用

以 TRMK4541 型水泥立磨为例，详细说明水泥立磨粉磨水泥的应用。

7.5.1　工艺流程

TRMK4541 型水泥立磨工艺流程如图 7.7.5 所示。熟料、石膏和混合材称重后，由喂料皮带经锁风阀喂入立磨，物料在立磨中随着磨盘的转动从中心向边缘运动，同时受到磨辊的挤压而被粉碎。粉碎后的物料在磨盘边缘处被从风环进入的热气体带起，粗颗粒落回磨盘再粉磨，较细颗粒被带到选粉机内进行筛分，筛分后的粗粉由内部锥斗返回到磨盘再粉磨，合格细粉被带入袋式收尘器收集作为成品。部分难磨的大颗粒物料在风环处不能被热风带起，通过排渣口进入外循环系统，经过除铁后再次进入立磨与新喂物料一起粉磨。收集是成品水泥通过空气输送斜槽、提升机等设备输送到水泥成品库。磨机通风和烘干需要的热风由热风炉提供，热风通过管道进入磨机，出磨气体通过收尘器净化后，一部分排入大气，另一部分循环入磨。

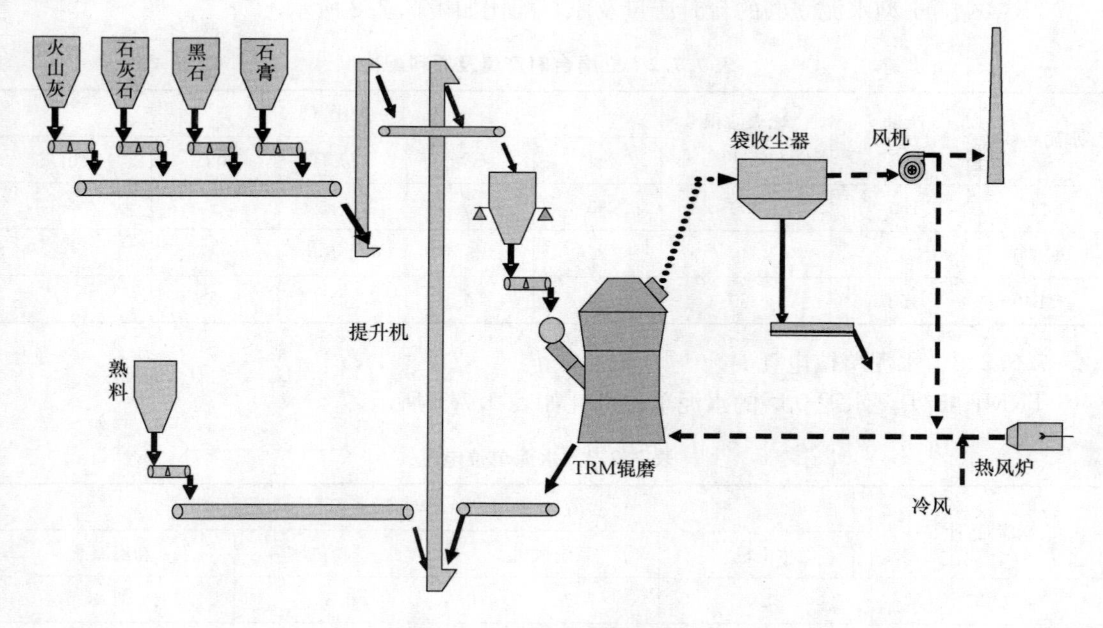

图 7.7.5　立磨工艺流程图

7.5.2　主要设备及性能

TRMK4541 型水泥立磨粉磨系统的主要设备及性能如表 7.7.1 所示。

表 7.7.1 主要设备及性能

序 号	名 称	单 位	性能及参数
1	立磨规格		TRMK4541
	生产能力	t/h	150～180
	成品细度	m^2/kg	≥320
	出磨水分	%	≤0.5
	电机功率	kW	4000
2	外循环斗式提升机		
	输送能力	t/h	265
	电机功率	kW	55
3	袋式收尘器		
	处理风量	m^3/h	450000
	压力损失	Pa	<1770
4	排风机		
	风量	m^3/h	500000
	全压	Pa	8000
	电动机功率	kW	1600

7.5.3 生产运行

7.5.3.1 台时产量及原料配比

TRMK4541 型水泥立磨的台时产量及原料配比如表 7.7.2 所示。

表 7.7.2 立磨台时产量及原料配比

水泥品种	产量 (t/h)	比表面积 (m^2/kg)	配比（%）				
			熟料	石膏	石灰石	黑石	火山灰
OPC	150	330	95	5	—	—	—
PCB50	155	340	93.5	5	1.5	—	—
PCB40	160	360	84	4	4	3	5

7.5.3.2 水泥单位电耗

TRMK4541 型水泥立磨的水泥单位电耗如表 7.7.3 所示。

表 7.7.3 水泥单位电耗

水泥品种	电耗（kW·h/t）			
	主电机	系统风机	选粉机	粉磨系统
OPC	21.7	9.3	0.3	31.3
PCB50	21.0	9.0	0.3	30.3
PCB40	18.1	8.8	0.3	27.2

由表 7.7.3 可以看出，该系统粉磨水泥的电耗与圈流球磨机系统相比，大约降低 30%。

7.5.3.3 系统监测点的气体温度及压力

系统监测点的气体温度及压力如表7.7.4所示。

表7.7.4 系统监测点的气体温度及压力

入磨气温（℃）	入磨负压（Pa）	出磨气温（℃）	出磨负压（Pa）	立磨压差（Pa）	出收尘器负压（Pa）	系统风机开度（%）
65～70	200～350	90～95	5500～6500	5000～6000	7000～8000	80～90

7.5.3.4 系统风量

磨机稳定运行时，对系统风量进行了测定，测得出袋收尘器风管的气体参数为：气体温度77℃，气体压力－7400Pa，工况风量350000m^3/h，标况风量240000m^3/h。

7.5.3.5 磨机的振动值

磨机产生振动对设备的影响很大，必须将磨机的振动值控制在一定的范围内才能有效地保护磨机。不同的检测点检测的振动值也是不同的，TRMK4541型磨机的振动传感器安装在减速机壳体推力轴承的侧面壳体上。磨机正常运行时的振动值在2.0mm/s左右，属较低的振动范围，在磨机旁感觉运行非常平稳。

7.5.3.6 无需使用助磨剂

添加助磨剂有利于稳定料床、提高磨机产量，但也增加生产成本。TRMK4541型水泥立磨在不添加助磨剂的条件下，就能保证料床的稳定和产量，为企业生产节约了成本。

7.5.3.7 磨内无需喷水

向磨盘上的物料喷水也有利于稳定料床，但喷水会增加系统的烘干成本，同时，水泥细颗粒在高温下容易发生水化反应，降低水泥的强度。TRMK4541型水泥立磨在不喷水的条件下，就能保证料床的稳定，相当于为企业生产节约了成本。

7.5.4 产品性能

7.5.4.1 水泥的颗粒粒径分布

TRMK4541型水泥立磨粉磨的成品颗粒分布如表7.7.5所示。

表7.7.5 水泥成品的颗粒分布

水泥品种	颗粒含量（%）						n值	筛余（%）		比表面积（m^2/kg）
	≤5（μm）	5～10（μm）	10～30（μm）	30～45（μm）	45～60（μm）	≥60（μm）		30（μm）	45（μm）	
OPC	24.11	13.64	34.44	16.49	8.28	3.04	0.98	25.1	13.6	320
PCB40	26.19	13.74	31.86	13.80	9.38	5.03	0.90	29.8	16.3	330

由表7.7.5可知，TRMK4541型水泥立磨粉磨的成品颗粒分布很宽，均匀性系数小于1，与球磨机系统粉磨的水泥成品相当。

7.5.4.2 水泥的标准稠度需水量

TRMK4541型水泥立磨粉磨的水泥标准稠度需水量较低，检测结果只有26.40%，与圈流球磨机粉磨系统的水泥产品相当。

7.5.4.3 混凝土的流动度

TRMK4541型水泥立磨粉磨的水泥成品配制的混凝土坍落度测定结果及与国外水泥立

磨的比较如表7.7.6所示。

表7.7.6　混凝土坍落度对比表

水泥品种	混凝土类型	混凝土配合比							坍落度(mm)
		水灰比	水(kg)	水泥(kg)	矿粉(kg)	砂(kg)	石(kg)	减水剂	
TRMK4541-PCB40	C60	0.3	154	453.0	77.0	705.0	1014.0	聚羧酸1.2%	240
国外立磨-PCB40	C60	0.3	154	453.0	77.0	705.0	1014.0	聚羧酸1.2%	200

由表7.7.6可知，TRMK4541型水泥立磨粉磨的水泥配制的混凝土坍落度达到240（比国外立磨的还大40），具有良好的流动性能，有利于建筑工程的现场施工。

7.5.5　结论

TRMK4541型水泥立磨粉磨的水泥，其标准稠度用水量、颗粒粒径分布范围等性能指标都与球磨机粉磨的水泥产品相当，完全满足各种建筑工程需要，并且具有显著的节能效果。TRMK4541型水泥立磨的成功生产实践，充分地证明水泥立磨终粉磨技术代表水泥粉磨工艺的发展方向。

任务8　水泥制成系统的生产实践

任务描述：掌握水泥球磨机的研磨体及配球应用；掌握水泥球磨机粉磨系统、联合水泥粉磨试生产及矿渣立磨等的操作控制。

知识目标：掌握水泥球磨机研磨体及配球应用等方面的知识内容。

能力目标：掌握水泥球磨机粉磨系统、联合水泥粉磨试生产及矿渣立磨等的操作技能。

8.1　ϕ4.0m×12m水泥球磨机粉磨系统的中控操作控制

8.1.1　工艺流程简介

熟料、石膏及混合材（粉煤灰）等原材料经过皮带输送机送至磨头仓，再从磨头仓经电子皮带秤按比例搭配，喂入水泥球磨机内进行粉磨。磨尾风机提供磨内通风，磨内细粉物料在风力作用下从磨尾吐出，经斜槽和出磨提升机等输送设备进入选粉机进行选粉，粗粉回到磨内继续接收粉磨，细粉随出磨气体进入袋收尘器内收集，收集的水泥成品经斜槽、皮带输送机和提升机等输送设备进入水泥库。

8.1.2　粉磨系统的主机设备

粉磨系统主机设备如表7.8.1所示。

表7.8.1　粉磨系统主机设备表

序号	设备名称	技术参数
1	双仓水泥磨	规格：ϕ4.0×12m；筒体转速：16.6r/min；辅传功率：55kW；主电机功率：4000kW；电流：466A；电压：6000V；能力：90～130t/h；装球量：250t
2	主排风机	风量：185000m^3/h；风温：120℃；风机全压：6000Pa；含尘量：100mg/Nm^3；电机功率/电压：450kW/6kV

续表

序号	设备名称	技术参数
3	选粉机	空气量：180000m³/h；料气比：2.5～3kg/m³；最大喂料量：550t/h；比表面积：340～360m²/kg；生产能力：110～190t/h；成品细度：80μm筛筛余≤3%
4	收尘器	处理风量：179400m³/h；压缩空气压力：0.5～0.7MPa；出口浓度：≤50g/m³；运行阻力：<3000Pa；压差：1700Pa；进口气体温度：≤120℃

8.1.3 水泥磨系统分组及联锁

（1）选粉机稀油站控制组

点击"选粉机稀油站控制组"，弹出对话框，给出启动信号，启动选粉机稀油站。要求现场确认稀油站的工作状况（油温、油压、油位、油路等）

（2）磨机稀油站控制组

点击"磨机稀油站控制组"，弹出对话框，给出启动信号，磨前轴承稀油站、磨后轴承稀油站、磨主电机稀油站以及磨主减速机稀油站同时启动。2min后磨前轴承稀油站和磨后轴承稀油站的高压泵启动。

（3）水泥入库控制组

此组设备均为单启，按照物流方向的逆向启动。

（4）水泥出磨控制组

点击"水泥出磨组"，弹出对话框，给出启动信号，则现场设备按顺序启动。

（5）出磨收尘控制组

点击"出磨收尘控制组"，弹出对话框，给出启动信号，则现场设备按顺序启动。

（6）磨机控制组

点击"磨机控制组"，弹出对话框，查看磨机启动条件是否满足，如若不满足，根据报警提示，现场解除报警后再给出启动信号，现场水电阻启动后，磨机启动。

（7）配料控制组

点击"配料控制组"，弹出对话框，给出启动信号，则现场设备按顺序启动。

（8）粉煤灰输送组

（9）熟料输送组

（10）辅材输送组

8.1.4 水泥磨系统开停机组

水泥磨系统开停机组如表7.8.2所示。

表7.8.2 水泥磨系统开停机组表

C01	原材输送系统	C04	水泥磨主控回路
C02	配料系统	C05	出磨系统主控回路
C03	水泥磨辅助系统主控回路	C06	水泥储存系统主控回路

8.1.5 运转前的准备

（1）做好开机前的各项检查工作。

（2）通知电气人员送电，与空压机、水泵房取得联系，进行供气、供水。

(3) 通知化验室下达质量控制指标和熟料出库、水泥入库的库号。

(4) 根据化验室下达的水泥配合比通知单，设定熟料、石膏、石灰石、粉煤灰掺入的混合比例。

(5) 根据水泥入库通知单，通知岗位巡检工换库，并检查各输送设备是否畅通。

(6) 进行联锁检查，确认所有设备是否已经打至“中控”位置、是否已经备妥（以各中控界面上显示为准）。

(7) 通知现场其他无关人员撤离现场，启动磨机慢转一圈并脱慢转。

(8) 将主排风机和磨尾风机的风门开度调至“0”，选粉机的转子转速调适合位置（比如100～150rpm）。

8.1.6 开机操作控制

(1) 打开电脑显示水泥粉磨系统流程图。

(2) 设备启动和停止有组启停、按顺序单机启停、现场按顺序启停三种方式。设备的运转、停止、故障用五种颜色分别表示：

①白色表示有备妥，设备启动条件满足。

②灰色表示无妥备不具备启动条件。

③绿色表示设备在运转，受中央控制室控制。

④绿色表示设备在现场启动运转，不受中央控制室控制。

⑤红色闪烁表示设备有故障，启动条件不满足。如遇到红色闪烁在控制流程图上点击故障复位。

(3) 各机组启动顺序如图 7.8.1 所示。

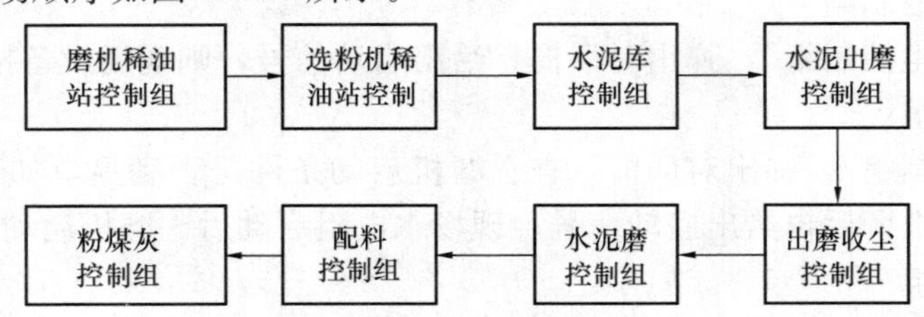

图 7.8.1　粉磨系统启动顺序

(4) 开启磨机稀油站控制组

用鼠标点“水泥粉磨”电脑屏幕显示水泥粉磨流程图，点击“磨机稀油站组”弹出对话框，点击“自动”，再点击组“启动”键，发出设备组启动信号，待设备组按顺序启动完毕后，关闭对话框。磨稀油站控制组在主机启动前 15min 启动，为轴提供保证运行的动静、压油膜。现场检查油压是否正常（0.2～0.4MPa），压差是否过大（不超过 0.15MPa），高压油泵油压在 6～10MPa。

(5) 开选粉机稀油站组

点击“选粉机稀油站组”弹出对话框，点击“自动”，再点击组“启动”键，发出设备组启动信号，待组设备按顺序启动完毕后，关闭对话框。启动时巡检工必须到现场观察，供油是否正常，油压是否在正常范围内（0.2～0.4MPa），压差是否过大（不超过 0.15MPa）。

(6) 开水泥入库控制组

点击“水泥入库组”弹出对话框，选择化验室通知库号，点击“自动”，再点击“启动”

键，发出设备组启动信号，待设备组按顺序启动完毕后，关闭对话框（发出设备组启动信号首先启动警铃）。

（7）开启水泥出磨控制组

待选粉机稀油站正常运转供油，主风机风门开度全部关闭，选粉机转速在启动范围（100～150 转）。点击“水泥出磨组”弹出对话框，点击“自动”，再点击组“启动”键，发出设备组启动信号，待组设备按顺序启动完毕后，关闭对话框。点击水泥粉磨流程图主排风机风门开度框，给定风门开度根据磨系统负压给定开度，再点击选粉机转速框给定选粉机转速。

（8）开启磨尾收尘控制组

点击“磨尾收尘组”弹出对话框，点击“自动”，再点击组“启动”键，发出设备组启动信号，待组设备按顺序启动完毕后，关闭对话框。点击水泥粉磨流程图磨尾收尘风机风门开度框，给定风门开度根据磨系统负压给定开度。

（9）开启水泥磨控制组

开磨机组之前，应在现场对磨机启动慢转 360°，脱开辅助传动，点击“水泥磨机组”检查规定启动条件是否满足，如不满足启动条件，通知有关人员检查设备，只到满足条件为止。待磨机满足气动条件是，点击“自动”，再点击“启动”发出设备组启动信号，待启动完毕后，关闭对话框。

（10）开启配料控制组

开启该组之前，根据化验室的配料要求，在控制界面上设定原材料的配料比。设定好配合比之后，点击“配料组”对话框，点击“自动”，再点击“启动”键，发出组启动信号待组启动完毕后，关闭对话框。为防止加料过程中，喂料量一次加料过多，加料速度过快而产生磨机堵塞，待磨机各参数稳定后逐步增加喂料量。

（11）开启粉煤灰控制组

待磨机电流稳定后，打开粉煤灰库壁下空气阀，调到适合位置，点击“粉煤灰控制组”弹出对话框，点击“自动”，再点击“启动”发出设备组动信号，待启动完毕后，关闭对话框。磨机加料结束后，操作员根据运行参数变化要及时缓慢调节主排风机、磨尾收尘风机的挡板开度及选粉机转速，使磨机逐渐进入稳定状态，严禁大幅度操作参数造成磨机工况不稳定。

8.1.7　正常操作控制

当水泥磨出磨提升机功率上升时，重新设定增加喂料量；如此反复循环直至达到最终负荷；同时辅以相应的主排风机转速、选粉机转速及循环风挡板或冷风挡板开度的调节，具体如图 7.8.2 所示的水泥磨加载喂料曲线。

（1）正常运转操作过程中，操作员要连续观察各仪表数值的变化，精心操作，使磨机各参数保持在最佳状态，确保磨机稳定，优质高产的运行。

（2）运转记录必须在正点后 10min 以内填写，严禁几小时或交班时一次完成记录，记录数据要真实、及时、有效、完整。

（3）水泥磨产品质量指标有细度、比表面积、SO_3 百分含量、烧失量等，操作员在生产运转中，要及时依据化验室提供的分析化验数据调整操作参数，满足化验室质量指标要求。

（4）熟料的出库要考虑熟料质量不同等因素，出库前及时与化验室取得联系，是否要调

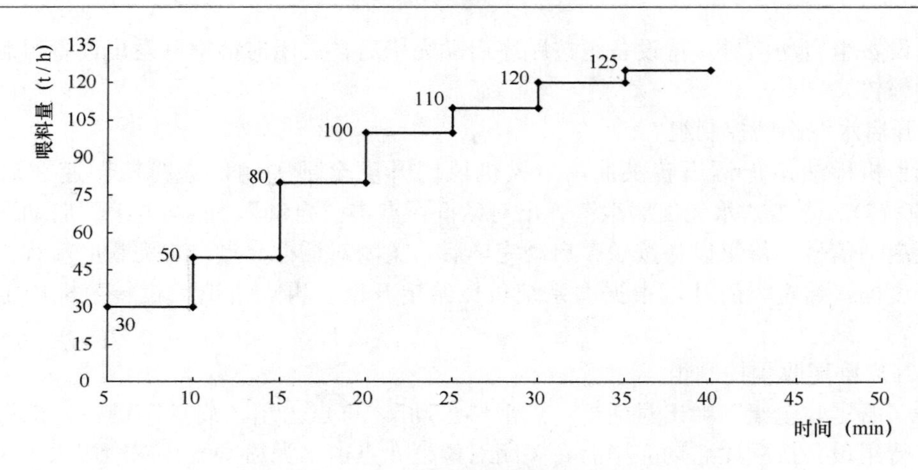

图 7.8.2 水泥磨加载喂料曲线

整配比。

(5) 严格按照化验室的混合材掺量指标操作，保证混合材实际掺量指标值在要求“浮动”的范围内。

(6) 勤观察各种原料的情况如物料的粒度、水分、温度等，及时对操作参数作出调整，以免造成磨机工况不稳。

(7) 勤听磨机的音频变化，及时调整喂料量，使设备的效率充分发挥把水泥生产的吨耗降到最低水平。

(8) 主要操作参数控制范围

水泥粉磨系统的主要控制参数如表 7.8.3 所示。

表 7.8.3 水泥粉磨主要操作参数

序号	操作参数	正常控制范围	序号	操作参数	正常控制范围
1	磨机总喂料量	90～130t/h	8	出磨气体温度	<110℃
2	磨机主电机电流	345～410A	9	磨机出口气体静压	<2.7kPa
3	出磨提升机电流	75～110A	10	主排收尘压差	<3.0kPa
4	入库提升机电流	85～125A	11	主排风机挡板	50%～100%
5	选粉机转速	700～1150	12	选粉机风机电流	35～50A
6	选粉机电流	85～125A	13	风机挡板	20%～100%
7	出磨水泥温度	<120℃	14	主排风机电流	150～250A

8.1.8 停机操作

(1) 停机之前应确保各设备中的水泥尽量走空，以免下次开机时造成堵料。

(2) 停机顺序如下

粉煤灰控制组→配料控制组→水泥磨控制组→磨尾收尘控制组→水泥出磨控制组→水泥入库控制组。

(3) 如短时间停机，水泥输送及选粉机等设备在磨机停止后继续运转 15min 即可进行停机操作，如长时间停机则适当延长时间，但不应超过 1h，同时通知岗位巡检工检查空气斜槽、重力翻板阀等设备积灰是否排空。

（4）磨机稀油站控制组在停磨后各轴承温度反馈数值已接近常温，并在磨机慢转周期全部完成后方可停机。

（5）选粉机稀油站控制组在停机后接近常温时方可停机，并按磨机操作规程进行磨机慢转。

（6）主风机风门开度在停机后应全部关闭，选粉机转子转速降到一定范围内（比如150r/min）。

（7）粉煤灰库壁下的气管阀应全部关闭。

（8）认真填写停机时间、停机原因。

8.1.9　异常生产状况的处理

系统内的某台设备因故障而停止时，为防止相关设备受影响，为重新启动创造条件，必须进行相应的处理。

（1）磨机喂料全部中断或熟料、石膏中断，15min内仍不能恢复时，必须立即停止磨机运转，其余设备根据实际情况按正常操作要领进行停止或继续运转。

（2）设备故障造成的系统联锁跳停，必须及时现场启动选粉机稀油站磨系统稀油站，并按磨机操作规程启动磨机辅传。

（3）主机设备故障跳停，进行紧急处理和调整下游设备继续运转，如30min内不能恢复，按停机要领进行停机操作。紧急处理和调整步骤如下：①立即检查故障原因；②按磨机操作规程启动磨辅传动。

（4）空压机出现故障不能按所要求压力供气时，通知空压机岗位启动备用空压机继续供气。

（5）当磨机运转异常，并判断有筒体衬板、端盖衬板脱落或发现有衬板破损、螺栓松动较严重，折断等情况时立即停磨处理。

（6）当发现磨机堵塞，且入口处向外溢料时，立即停止喂料，但磨机要继续运转，待其恢复正常，重新启动喂料机组。

（7）当收尘设备严重堵塞，也不能形成系统负压，影响设备的安全生产时，应及时汇报，建议停磨处理。

（8）从磨机各运转参数判断隔仓板或卸料板严重堵塞，应及时汇报，建议停磨检查处理。

（9）当磨机的磨音发闷，磨机电流下降，磨尾出料很少而磨头可能出现返料，检查物料的粒度、水分，温度等是否有变化，适当减少喂料量或止料。

（10）当有下列情况之一时，可使用设置在七个磨停组对话框内“紧急停车”键：主机和在线关键设备发生严重故障；发生人身事故或有事故苗头时；其他意外情况必须紧急停机时。

（11）当稀油站的泵油压力和供油压力压差较大，且以发出报警信号，切换备用过滤器，通知巡检工清洗过滤器作备用。

（12）操作必须注意的事项

①无论在任何情况下，磨机必须在安全静止状态下方可启动。

②紧急停机或跳停后，磨机仓内有较多存料时，当再次启动，不要急于马上喂料，要在出磨提升机功率稍有下降再开始喂料。

③严禁频繁启动磨机，连续二次以上启动磨机，必须征得电气技术人员的同意。

8.1.10 水泥磨系统常见故障及处理

（1）磨机细仓饱磨现象及处理

磨机细仓饱磨现象及处理如表 7.8.4 所示。

表 7.8.4 水泥磨细仓饱磨的现象及处理

观察点	斗提功率	磨机功率	一仓磨音	二仓磨音	磨头	磨尾负压	回粉	水泥温度
现象	下降	下降	发闷	发闷	冒灰	上升	减少	下降
故障原因	1. 喂料量过高； 2. 喂料过快或脉动喂料； 3. 钢球级配不合理或装载量少； 4. 磨内通风过高或过低； 5. 二仓隔仓板堵； 6. 回转筛堵； 7. 细仓隔仓板破损			处理办法	1. 如果磨尾仍有物料流出，减少喂料或停止喂料，加大循环负荷，待各参数恢复正常后，分析原因，做出相应调整后再逐步加喂到正常值； 2. 如果磨尾已无物料流出，检查回转筛，如果发生堵塞，停磨清理； 3. 如果磨尾已无物料流出，回转筛未堵。断喂料，同时加大抽风，15min 内如有物料流出，按第 1 操作，如在 15min 内仍无物料流出，停磨清理一、二仓隔仓板； 4. 如果是原因 3，只有利用停窑检修机会。如果是原因 5、6、7 则采取相应的处理措施			

（2）磨机粗仓饱磨现象及处理

磨机粗仓饱磨现象及处理如表 7.8.5 所示。

表 7.8.5 水泥磨粗仓饱磨的现象及处理

观察点	斗提功率	磨机功率	一仓磨音	二仓磨音	磨头	磨尾负压	回粉	水泥温度
现象	下降	不确定	发闷	清脆	冒灰	上升	减少	下降
故障原因	1. 喂料量过高； 2. 喂料过快或脉动喂料； 3. 一仓级配不合理或装载量过低； 4. 磨内通风过高或过低； 5. 粗仓隔仓板堵			处理办法	1. 如磨尾仍有物料流出，减少喂料或停止喂料，加大循环负荷，待物料恢复正常后，分析原因，做出相应调整后再逐步增加喂料量到正常值； 2. 如果磨尾已无物料流出，断喂料，加大磨尾抽风，15min 内如有物料流出，按第 1 操作；如在 15min 内仍无物料流出，停磨清理一、二仓隔仓板； 3. 如果是原因 3，只有利用停窑检修机会。如果是原因 4、5，则采取相应的处理措施			

（3）磨尾料渣过多

①磨机破碎能力不足，补充型号稍大的球。

②磨内物料流速过快，减少磨内通风量。

③发生了饱磨现象，见饱磨处理方法。

④磨尾料渣增多，并夹有小钢球，其原因是出料篦板破损。处理的方法是对出料篦板进行修补或更换。

（4）磨机轴瓦温度偏高

①检查润滑油量情况，保证有足够的润滑油。

②检查润滑油油泵是否正常工作，有故障及时排除。

③检查润滑系统的阀门是否到位。

④检查油过滤器是否堵，并及时清理。

⑤检查冷却水量及水温，必须保证足够的冷却水，并控制冷却水温不能过高。

⑥出磨水泥温度过高，调节出磨水泥温度。

⑦轴瓦隔热材料缺损，大修中整改。

(5) 出磨提升机电流超负荷

①减少磨内通风，减慢磨内物料流速。

②减少喂料量。

③调整二仓钢球级配，增加研磨能力。

(6) 袋收尘器故障及处理

袋收尘器的常见故障及处理如表7.8.6所示。

表7.8.6　袋收尘器的故障及处理

常见故障	检查部位	判断工作情况	排除方法
运行阻力大	储气罐	压力是否正常	增加压缩空气压力或检查供气管路
	脉冲阀	是否工作，如不工作	详见脉冲阀故障的处理
	提升阀	是否工作，如不工作	详见提升阀故障的处理
	排灰装置	不排灰	详见排灰装置故障的处理
	过滤袋	如糊袋比较严重	更换或清洗
	排风机挡板	开度过大	调整到合理值
运行阻力小	提升阀	全开（初期）	检查并处理
	收尘器出口	可见粉尘，过滤破损	更换破损滤袋
	排风机挡板	开度过小	调整到合理值
脉冲阀故障	清灰程序控制器	是否正常工作，如不工作	修复
	电磁阀	线圈是否烧坏，如烧坏	更换
	脉冲阀膜片	是否破损，如破损	更换
		是否有杂物，如有	清理
	储气罐	压力是否低，如低	增加压力或检查处理气管路
提升阀故障	阀盖	阀盖是否脱落，如脱落	重新安装
		阀盖不能盖住排气孔	重新调整盖子的位置
	提升气缸	活塞密封是否破损，如破损	更换
		活塞缸中是否有杂物回润滑油	清理并润滑
	电磁阀	线圈是否烧坏，如烧坏	更换
	储气罐	压力是否过低，如过低	增加压力或检查处理气管路
排灰装置故障	重锤翻板阀	工作是否灵活，如不灵活	修复或清理
	开式斜槽鼓风机	是否正常，如不正常	修复
	开式斜槽	帆布是否破损，如破损	修复

（7）风机故障

风机的常见故障如表 7.8.7 所示。

表 7.8.7　风机的故障及处理

常见故障	原　因	处理方式
风机功率过大	叶片磨穿	停机焊补，并做动平衡调整
	用风量过大	根据工艺要求关小风机挡板
	天气寒冷	增加循环风量，阀门关小
	出、入口堵，风机挡板开度过大	停机修理
	风机挡板变形，实际开度较大	摸索观察并在停机时修理
	功率监测装置不准确	修复或校正
	风机叶片、外壳内积料	停机处理
风机有异常的噪声或振动	轴承器松	停机维修
	风叶不均匀磨损	修补，并做动平衡测试试验
	轴向窜位叶轮擦壳体	停机维修
	叶轮或壳体变形	停机维修，并做好动平衡调整
	地脚螺丝松	拧紧地脚螺丝
	叶片正、反面内积料或不均匀积料	停机清理
	壳体内有杂物	停机清理
	轴变形	运行校正或停机更换
轴承温度过大	油位偏低或过高	调整到标准值
	冷却水断或水量偏少	调整到标准值
	轴承轴向间隙不够	重新调整
	轴承点蚀或损坏	更换轴承
	加错油品或润滑油变质	更换油位
	油品使用周期过长或油中杂质多	换油或调整
	冷却风扇或风叶损坏或失效	修理
	甩油环失效或部分失效	修理

（8）水泥细度调节及控制

水泥细度的调节及控制如表 7.8.8 所示。

表 7.8.8　成品水泥细度的调节及控制

装置措施 / 调节方向 / 现象	选粉机转速	冷风板开度	主排风机风门开度	喂料量	其　他
表面积高筛余低	↓	↑	↑	↑	降低研磨体装载量，提高平均球径，加强通风
表面积高筛余正常	↓	—	—	—	—
表面积正常筛余低	—	↑	↑	—	—
表面积低筛余高	↑	↓	↓	↓	提高研磨体装载量，降低平均球径

注：“↑”表示提高，“↓”表示降低，“—”表示不变或微调。

(9) 出磨水泥温度调节及控制

出磨水泥温度的调节及控制如表 7.8.9 所示。

表 7.8.9　出磨水泥温度的调节及控制

现象 \ 调节方向 \ 调节措施	主排风机挡板	冷风挡板	循环负荷	喂料量	隔仓板	球径	装球量
过高	↑	↑	↑	↑	清理	↑	↓
过低	↓	↓	↓	↓	—	↓	↑

注："↑"表示提高，"↓"表示降低，"—"表示不变或微调。

8.1.11　水泥粉磨系统设备设置保护温度

水泥粉磨系统设备设置的保护温度如表 7.8.10 所示。

表 7.8.10　设备设置温度保护表

序号	系统温度测点	报警值	跳停值
1	磨机主减速机轴承 1＃瓦温度	60℃	65℃
2	磨机主减速机轴承 2＃瓦温度	60℃	65℃
3	磨机主减速机轴承 3＃瓦温度	60℃	65℃
4	磨机主减速机轴承 4＃瓦温度	60℃	65℃
5	磨机主减速机轴承 5＃瓦温度	60℃	65℃
6	磨机主减速机轴承 6＃瓦温度	60℃	65℃
7	磨机主减速机轴承 7＃瓦温度	60℃	65℃
8	磨机主减速机轴承 8＃瓦温度	60℃	65℃
9	磨机主减速机轴承 9＃瓦温度	60℃	65℃
10	磨机主减速机轴承 10＃瓦温度	60℃	65℃
11	磨机主减速机轴承 11＃瓦温度	65℃	65℃
12	磨机主减速机轴承 12＃瓦温度	65℃	65℃
13	磨机前轴承 1＃瓦温度	65℃	68℃
14	磨机前轴承 2＃瓦温度	65℃	68℃
15	磨机后轴承 1＃瓦温度	65℃	70℃
16	磨机后轴承 2＃瓦温度	65℃	70℃
17	磨主电机前轴承温度	60℃	65℃
18	磨主电机后轴承温度	60℃	65℃
19	磨主电机定子 A 相 1＃温度	100℃	120℃
20	磨主电机定子 A 相 2＃温度	100℃	120℃
21	磨主电机定子 B 相 1＃温度	100℃	120℃
22	磨主电机定子 B 相 2＃温度	100℃	120℃
23	磨主电机定子 C 相 1＃温度	100℃	120℃
24	磨主电机定子 C 相 2＃温度	100℃	120℃

续表

序号	系统温度测点	报警值	跳停值
25	主排风机前轴承温度	70℃	80℃
26	主排风机后轴承温度	70℃	80℃
27	主排风机电机前轴承温度	80℃	85℃
28	主排风机电机后轴承温度	80℃	85℃
29	主排风机电机定子 A 相 1＃温度	100℃	120℃
30	主排风机电机定子 A 相 2＃温度	100℃	120℃
31	主排风机电机定子 B 相 1＃温度	100℃	120℃
32	主排风机电机定子 B 相 2＃温度	100℃	120℃
33	主排风机电机定子 C 相 1＃温度	100℃	120℃
34	主排风机电机定子 C 相 2＃温度	100℃	120℃
35	磨尾收尘风机前轴承温度	70℃	80℃
36	磨尾收尘风机后轴承温度	70℃	80℃
37	选粉机上轴承温度	70℃	75℃
38	选粉机下轴承温度	70℃	75℃
39	磨主排风机入口气体温度	100℃	80℃
40	袋收尘入口气体温度	100℃	80℃
41	磨出口气体温度	120℃	130℃
42	磨尾出料温度	120℃	140℃

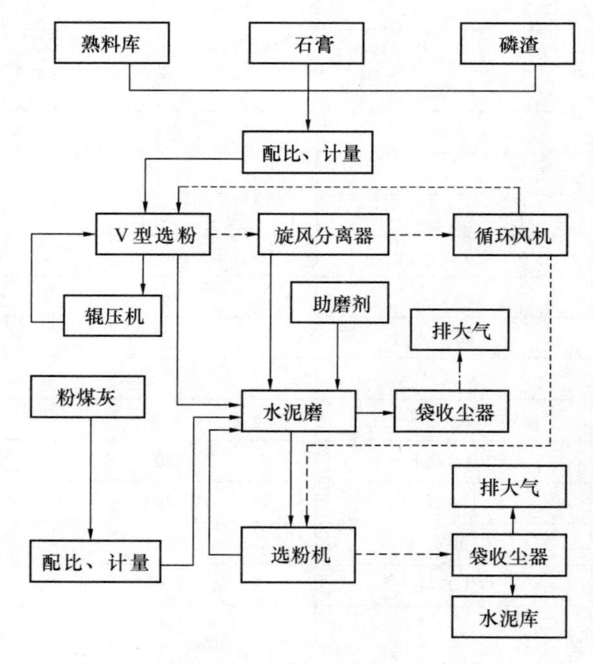

图 7.8.3　联合水泥粉磨生产工艺流程

8.2　联合水泥粉磨的试生产操作

以 $\phi 4.2m \times 13m$ 球磨机组成的联合水泥粉磨系统为例，详细说明联合水泥粉磨的试生产操作。

8.2.1　联合粉磨工艺流程

$\phi 4.2m \times 13m$ 球磨机组成的联合水泥粉磨工艺流程如图 7.8.3 所示。

根据不同的水泥品种和等级，按着化验室给定的水泥配合比设定相应的物料比例。经过电子皮带秤计量的熟料、石膏及磷渣等物料，经由皮带输送机（该皮带输送机上设有除铁器和金属探测器，可除去混入物料中的金属铁件等，确保辊压机安全运转）、斗提机输送到辊压机的称重稳流仓，再经过称重稳流仓下的双层棒闸、气动平板控制阀进入辊压机，经过辊压机高压挤压作用的物料由斗提机输送到 V 型选粉机。物料在 V 型选粉机内阶梯布置的冲击板上逐步下落并被松散，再经选粉机的筛分和分选，小于 3 的细颗粒物料经空气输送斜槽喂入水泥球磨机，大于 3 的粗颗粒物料则重新返回辊压机，继续接受挤压破碎作用。

V 型选粉机内与物料逆向运动的气流，携带较小的细粉颗粒从选粉机顶部排出，进入双列旋风收尘器，其收集的细粉物料通过空气输送斜槽喂入水泥磨，经过双列旋风收尘器选粉后的气体进入循环风机。出循环风机的含尘气体分为两路，一路与环境空气组成 O-Sepa 选粉机的一次风，另一路与环境空气、称重稳流仓和辊压机的收尘废气组成 V 型选粉机的选粉风量。

在水泥磨出口排风机的抽力作用下，水泥磨的进口及出口形成比较大的负压，环境风以及经辊压机、V 型选粉机等设备组成的预粉磨系统粉磨后的物料及粉煤灰在负压作用下被喂入水泥磨，粗磨后的物料，通过隔仓板进入细磨仓，细磨后的物料从磨尾的出料装置排出磨外，经空气输送斜槽、斗提机和空气输送斜槽进入 O-Sepa 选粉机中。而水泥磨出口的微细物料在排风机的强制抽力作用下，随气流一起进入水泥磨出口收尘器，收尘器收集下来的水泥细粉如合格则输送到水泥库，如果不合格则通过水泥磨出口提升机进入 O-Sepa 选粉机中。喂入 O-Sepa 选粉机中的物料，通过旋转的撒料盘和固定的冲击板作用，在分散状态下被抛向导向叶片和转子间，物料在此受旋转涡旋气流的作用，不同粒径的颗粒在离心力和旋转气流向心力的作用下，沿选粉区的高度从上到下连续不断地被转子的涡流叶片分选，细度合格的细粉通过涡流叶片，被气流从上部的出风管带走，不合格的粗颗粒继续向下流动，经灰斗处时，受到三次风（三次风全部由环境空气组成。）的再一次分选作用，进一步除去混在粗粉中的细粉，最后选下的粗粉，经重锤单翻板阀、空气输送斜槽返回水泥磨，再次接受粉磨作用。出 O-Sepa 选粉机的含尘气体，进入气箱式脉冲袋收尘器，其收集下的粉尘作为水泥成品，经输送设备直接输送到水泥库，净化后的气体经过出磨排风机实现对空排放。

8.2.2　联合粉磨系统的主要设备及技术性能

联合粉磨系统的主要设备及技术性能如表 7.8.11 所示。

表 7.8.11　联合粉磨系统的主要设备及技术性能

序号	设备名称	规格型号	主要技术性能
1	入磨斗提	NSE650×43000	功率 160kW，能力 700～750t/h
2	辊压机	RP140-110	物料料度≤60mm，电机功率 2800kW，能力 460～510t/h，物料最高水分是 5%
3	V 型选粉机	VRP-800	能力 800t/h，处理风量 180000～210000m³/h
4	双滑履球磨机	4.2m×1.3m	电压 10kW，主电机功率 3150kW，转述 15.6r/min，装球量 209t，生产能力 129～150t/h，出磨比表面积 360～380m²/kg
5	选粉机	O-SpeaN-3000	电机功率 110kW，能力 110～180t/h，最大给料量 500t/h，转子转速 135170r/min
6	循环风机	M4-73NO.18F	电机功率 250kW，风量 180000m³/h
7	主排风机	6-2X29NO.23.5F	电机功率 630kW，风量 210000m³/h
8	主袋收尘器	PPC149-2×8	处理风量 210830m³/h，总过滤面积 2980m²

8.2.3 电机单独试运转的通用方案

8.2.3.1 检查内容

(1) 电机本身及周围环境清洁，无妨碍运行的物件。

(2) 确认电机联轴器已脱开。

(3) 电机轴承油量充足，油质良好、清洁，油位正常。若系强制润滑，应使油系统运行良好；如果轴承使用冷却水进行冷却，则应投入冷却水系统。

(4) 通风道清洁无杂物。

(5) 地脚螺栓完好、牢固无松动现象。

(6) 接地线、电缆头接触良好，安全可靠。

(7) 所有测温元件完好，指示准确。

(8) 测试电机绝缘合格，保护装置完整，电源已经送上。

(9) 对于直流电机或设有水电阻启动的电机，应检查滑环、电刷接触是否正常良好。如果设有冷却风机的，则冷却风机必须启动运行。

8.2.3.2 电机单独试运转

(1) 检查试转电机是否符合运转条件。

(2) 在 DCS 上点击“启动”按钮，检查确已启动，电流为空载电流。

(3) 检查电机转向是否正确。

(4) 记录空载电流、轴承温度及振动值等参数，以便存档备查。

8.2.3.3 电机运转中的检查项目

(1) 电机运转声音是否正常、有无异味。

(2) 检查监测电机轴承温度及空冷器风温是否正常，振动、电流是否在规定范围内。

(3) 检查电机线圈及铁芯温度是否在规定范围内。

(4) 检查基础及各部紧固螺栓、接线是否牢固。

(5) 检查直流电机电刷、整流子是否有冒火及过热现象，设有水电阻启动的电机，其电刷是否有冒火及过热现象。

(6) 检查轴承润滑油位是否正常，油质是否良好，油环转动是否灵活及带油是否均匀，轴承是否有异音、过热及渗漏油现象。

8.2.3.4 电机带减速机（液耦）试运转

(1) 试运转的技术要求与电机单独试运转基本相同。

(2) 液力耦合器勺管执行器动作灵活、无波动现象，冷却器进出口油压、油温及冷却水进出口水温等仪表指示正常、完好。

(3) 开启、停车操作及运转中的检查内容与电机单独试转基本相同。

8.2.4 斗式提升机的试运转

8.2.4.1 头部试运转的技术要求

(1) 减速器无异常振动和冲击声。

(2) 液力耦合器及减速器无渗油现象。

(3) 提升机头部试运转不少于 4h。

(4) 主轴承温升不超过 30℃。

8.2.4.2　整机空载试运转的技术要求

提升机整机空载试运转，必须在安全设施完备的情况下进行，并应符合下列技术要求：

(1) 超越离合器动作正常，辅助传动应平稳。

(2) 电器控制可靠，电动机、减速机、液力耦合器运转平稳，无渗油现象。

(3) 牵引件运转正常，无打滑、偏移现象，料斗与其他部件无碰撞。

(4) 各轴承温升不超过 30℃。

(5) 整机空载运转不少于 4h。

8.2.4.3　负荷试运转的技术要求

(1) 提升量达到设计要求。

(2) 无明显回料现象。

(3) 轴承温升不超过 40℃。

(4) 间断停运 2～3 次，确认逆止器工作可靠。

(5) 头部噪音不超过 85dB。

(6) 头部主轴承处振动速度小于或等于 4.5mm/s。

(7) 负荷试运转不少于 24h。

8.2.5　胶带输送机的试运转

8.2.5.1　试转前的准备工作

需要润滑的设备部位要按技术要求加注润滑脂、润滑油；检查各紧固件有无松动现象；检查各部件是否符合安装要求。

8.2.5.2　空载试运转

(1) 送上电源，启动运转开关，检查传动滚筒、改向滚筒、驱动装置运转是否正常。

(2) 检查上托辊、下托辊的转动是否灵活，胶带是否有跑偏现象。

(3) 检查拉紧装置、清扫装置等调节是否合适。

(4) 如有不良现象，应停机加以调整，调整后重新进行空载试转。

8.2.5.3　负载试运转

(1) 空载试运转正常。

(2) 设置额定输送量的 60％负载进行半载试验，检查传动滚筒、改向滚筒、驱动装置及上下托辊组是否有异声或不转动等现象。

(3) 检查轴承是否发热，温升是否过高。

(4) 检查输送带有无跑偏现象，其他装置是否正常，如有不良现象，应停机查找问题原因，调整后重新进行试运转。

(5) 半载试验正常后，进行额定输送量的满载试验，依照半载试验过程进行。

8.2.6　空气斜槽的试运转

8.2.6.1　试运转前的检查

(1) 空气斜槽安装完毕。

(2) 检查空气输送斜槽外观完好，槽体内部无异物。

(3) 检查槽体横向应保持水平，否则物料偏于低侧。

(4) 收尘器处于备用状态。

8.2.6.2　空载试运转

(1) 测试空气输送斜槽风机电机的绝缘必须合格，送上电源。

(2) 开启空气输送斜槽的风机，进行测压试验，如果上下槽的压差太小，将使通过的风量减少，影响物料的输送。

(3) 检查风机运转正常、无异音。

8.2.6.3　负载试运转

(1) 空气斜槽空载试验合格。

(2) 启动收尘器运行。

(3) 槽体透气均匀、槽体连接要密实、无漏风现象。

(4) 检查风机运行平稳，无异声、无发热现象。

(5) 观察到物料处于流态化输送状态。

8.2.7　水泥磨润滑油站试运转

8.2.7.1　试运转前的检查

(1) 稀油站系统安装完毕。

(2) 油箱油位在1/2～2/3之间，油温在20～40℃之间，稀油站系统完整、完备、完好。

(3) 润滑油泵外观完整、完备，过滤器、加热器能正常投用，仪表指示准确，工作性能良好。

(4) 油质合格，无乳化变质现象，油箱、冷油器及冷却水管阀门完整。

(5) 冷却进水、回水通畅，水量充足。

(6) 检查润滑油泵进出口门、双筒过滤器进出口门、冷油器进出口门、压力调节器进口门、润滑油母管出油门及各轴承进油门。检查关闭冷油器旁路门、再循环门、油箱排油门等。

(7) 稀油站油泵电机测绝缘合格，电源已送上。

(8) 润滑油泵静态联锁试验合格。

8.2.7.2　水泥磨润滑油泵联锁试验

(1) 任启一台润滑油泵，待电流正常后，调整润滑油压在0.2～0.3MPa之间，并检查回油是否正常。

(2) 投入备用油泵联锁，缓慢开启再循环门，待油压降至0.12MPa时，备用油泵应自动启动，当油压降至0.05MPa时，应发出连跳水泥磨信号，关闭再循环门，停止运行油泵。用同样的方法再做另一台油泵联锁试验。

(3) 投入备用油泵联锁，直接停止运行油泵，备用油泵应自动启动；用同样的方法再做另一台油泵联锁试验。

8.2.7.3　水泥磨润滑油站试验合格要求

(1) 润滑油站系统及油泵、阀门连续运转时间不少于4h。

(2) 系统无渗油、漏油、漏水现象，各阀门开关灵活好用，油泵运转正常，油压稳定。

(3) 系统联锁试验合格。

8.2.8　水泥粉磨系统风机试运转

8.2.8.1　试运转前的检查及准备

(1) 风机安装工作结束，具备空载试运转条件。

（2）检查风机各轴承润滑油的油质、油位是否正常，轴承冷却水是否畅通。

（3）检查各连接件间的连接是否牢固，各紧固螺栓、地脚螺栓及装配螺栓有无松动、断裂、脱落的现象等。

（4）各风门挡板操作灵活，现场开度指示与中控指示一致。

（5）检查机壳、平台支撑、电动机机座、减速机底座等是否焊牢。

（6）检查各仪表、测温元件是否完整、完好。

（7）检查人员撤离现场，各人孔门关闭。

（8）送上风机动力电源、控制电源。

（9）袋收尘器试运合格。

（10）照明良好、光线充足。

（11）测温仪、振动表等完整、完好。

8.2.8.2　风机电机的试运转

（1）有风机电机单试转单，安装人员在场。

（2）测试电机绝缘合格。

（3）脱开电机与风机联轴器。

（4）检查风机动力电源、控制电源已送上。

（5）联系中控启动风机。

（6）检查电机转向正常；试转时间不少于 2h。

（7）测量电机各轴承温度、振动必须合格。

（8）记录各轴承温度、振动值及启动时间。

8.2.8.3　风机整机试运转

（1）风机电机单试转合格。

（2）停运电机，联系机修人员接风机联轴器。

（3）检查风机满足启动条件。

（4）测试电机绝缘合格。

（5）风机动力电源、控制电源已送上。

（6）风机进口风门关闭，出口风门全开。

（7）联系中控启动风机。

（8）测试风机各轴承温度、振动合格，无异声。

（9）逐渐开大风机入口风门挡板，进行风机带负荷试运转。

（10）每 30min 测量一次风机各轴承温度、振动值，试转时间要求不少于 2h。

（11）记录风机不同荷载条件下的电流值、轴承温度、振动值。

（12）试运转合格后，停运风机，根据要求确定是否对风机停电。

8.2.9　O-Sepa 选粉机的试运转

8.2.9.1　空载试运转

将转子的转速调到最高，连续运行 2～4h。空载试运转应满足下列技术要求：

（1）运转平稳，无异常振动和噪音。

（2）各轴承温升不超过 30℃。

（3）监测仪表及控制系统工作正常。

(4) 润滑油洁净，油管通畅，润滑状况良好。

(5) 观察、检测并记录电流波动情况。

(6) 检查并紧固各连接螺栓。

(7) 检查空气量的分配比例。

在空负荷试运转中，将一、二、三次进风口处的阀门按下列风量要求调节到合适位置并保持不变，一、二、三次风的比例为67.5%：22.5%：10%。

8.2.9.2　负载试运转

空载试运转合格后，方能进行负载试运转，加载程序可按水泥磨试运转计划进行，负载运转除满足无负荷试运转要求外，还需满足下列技术要求：

(1) 各轴承温升不得超过40℃。

(2) 各连接部位牢固可靠，密封部位密封良好，不得有漏风、漏灰、漏油现象。

(3) 电动机电流的调整。

8.2.10　辊压机试运转

8.2.10.1　液压系统的检查

(1) 蓄能器是否按要求充入氮气，压力为4～6MPa。

(2) 液压缸是否排气完毕。

(3) 检查液压油箱内液压油的油位是否在规定的高度内。

(4) 用机旁开关点动液压油泵，观察其转向是否正确。

(5) 复查液压油站上所有截止阀是否与所需要动作的方向一致。

(6) 升压前，检查移动辊轴系做水平动作时，有无阻碍其运转的杂物，与其他设备有无可能发生干扰，特别是两辊间的四只轴承座之间有无异物或铁块妨碍移动辊运动。

8.2.10.2　压力测试的检查

(1) 将现场控制柜转换至单机状态下方能进行压力测试。

(2) 检查压力加减是否灵活，加减速度是否正常。在7～9MPa范围内正常加压速度为0.2～0.3MPa/1～2s，正常减压速度为0.5MPa/4～6s。

(3) 液压系统静态保压性能良好，可以控制在规定的压降范围内。

(4) 加压至9MPa，保压10min，再完成快速卸压一次。

(5) 将液压系统调节至不同的压力，复查显示仪表上的指示数值，在4.5～9MPa的范围内，其压力显示误差不大于±0.2MPa。

(6) 压力测试完毕后，再次确认油位是否位于油位计规定刻度范围。

8.2.10.3　辊缝的检查

(1) 加压至9MPa后，将动辊推至中间架接触部位，调整位移传感器，使传感器显示值为出厂原辊缝。

(2) 加压至9MPa，再将压力卸为0MPa时，左右侧辊缝是否变化，若有变化应记录其变化值。

(3) 复查限位开关位置。

8.2.10.4　辊压机主体的检查

(1) 按工作转动方向，人工转动减速机高速轴，检查辊轴及减速机运转是否灵活，检查并确认辊轴轴系内外无任何妨碍传动系统及辊轴转动的异物，尤其是辊缝中无铁块及其他杂物，仔细观察轴系有无卡擦现象及异音。

(2) 检查减速机的高速轴、低速轴，轴承端盖是否有漏油现象。

(3) 检查已安装到位的侧挡板，并调整弹簧至要求位置。

(4) 检查进料位置是否灵活，核实标尺位置是否正确，将进料位置分别摇至最大、最小位置，手动盘车检查流量调节板与动辊、定辊是否发生卡碰现象。

(5) 复查锁紧盘连接螺栓是否达到要求的预紧力矩值。

8.2.10.5　空载试运转

(1) 整机安装完毕，并经严格检查合格后，方可进行试运转。

(2) 连续试运转不少于 8h。

(3) 整机运转平稳，无异常现象。

(4) 主轴温升不大于 35℃。

8.2.10.6　负载试运转

(1) 空载试运转合格后，方可进行负载试运转。

(2) 整机负载试运转运转中，无异常振动现象。

(3) 连续运转不少于 24h。

(4) 主轴承温升不大于 40℃。有强制冷却机型，主轴承最高温度不高于 60℃；无强制冷却机型，主轴承最高温度不高于 75℃。

8.2.11　水泥磨的试运转

8.2.11.1　水泥磨主驱动电机单独试运转

(1) 确认水泥磨主驱动电机与水泥磨减速机联轴器确已断开。

(2) 检查水泥磨主驱动电机，符合启动条件，测试绝缘合格后送电。

(3) 启动电机空载单独运行 2h。

(4) 电机转向正确，轴承温升、振动等参数正常，做好记录。

(5) 电机空载试运转合格后停运电机，根据下一步工作要求进行停电等操作。

(6) 完成主驱动电机单独试转后，按相同方法试转辅传电机。

8.2.11.2　水泥磨主驱动电机带减速机单独试运转

(1) 确认水泥磨主驱动电机单独试转合格。

(2) 确认水泥磨主驱动电机与水泥磨减速机联轴器确已连接。

(3) 确认水泥磨减速机联轴器与本体联轴器确已断开。

(4) 检查水泥磨减速机油质正常，轴承油位正常。

(5) 现场检查符合启动条件，启动电机带减速机单独运行 1h。

(6) 检查电机转向正确，温升、振动等参数正常，并做好记录。

(7) 主驱动电机带减速机试转合格后，按相同方法试转辅传电机带辅传减速机运行。

8.2.11.3　水泥磨试运转内容

(1) 检查电机转向正确，轴承温升、振动等参数正常，并做好记录。

(2) 检查水泥磨运转是否平稳，滑履轴承的振幅不能超过 0.12mm/s。

(3) 托轮轴瓦温度不得超过 60℃。

(4) 各部位的润滑装置及冷却水系统工作正常。

(5) 各密封部位是否密实，无漏油、漏水现象。

(6) 检查所有连接螺栓、地脚螺栓和筒体衬板、端盖衬板螺栓是否有松动、脱落和折断。

(7) 电动机及其控制系统应工作正常，各部位连锁装置工作正常，运转中电流应在规定范围内。

(8) 检查信号装置是否灵敏。

(9) 试运转期间做好记录，温度记录包括托瓦及润滑油的温度、高低压稀油站油冷却器入口、出口的油温和水温、电动机及减速机的油温和轴承温度、进料及出料料温、室内环境温度等；压力记录包括高压油进托瓦时的最高和最低压力、低压润滑油泵的供油压力；运转时发生故障的时间、内容、原因、排除措施等。

8.2.11.4　水泥磨试转前的准备

(1) 电机单独试转合格，减速机试转合格，水泥磨系统安装完毕并经过严格的检查，确认合格后，可以进行试运转。

(2) 试运转时，操作人员应在安全区域，设备内部无任何遗留杂物，设备周围无妨碍运转的物件。

(3) 向两个滑履轴承、主电机轴承和主减速器内泵注入润滑油。

(4) 按有关技术文件的要求，向滑履轴承稀油站注入润滑油。

(5) 检查润滑系统及冷却水系统、所有联结螺栓和地脚螺栓、控制系统、仪表、照明、信号等装置是否完整良好。

(6) 水泥磨启动前，先试开润滑油系统，检查其是否有异常振动、漏油现象，油量是否符合标准要求，淋油管的淋油是否正常，回油是否顺畅，各机构运转是否正常等。

(7) 若油温低于设定温度时，试转前应开启润滑油站的加热器，将润滑油加热，以免油凝固而影响设备正常运转。

(8) 检查冷却水系统。通水是否畅通，管路是否有漏水、渗水现象。对于滑履轴承的冷却水管道，装配后应进行 0.63MPa 的水压试验，时间为 20min，不得有渗漏现象，尤其处于轴承内部的接头，必须密实、封闭可靠。

(9) 所有润滑系统管道安装完毕后，应进行油循环和油压测试，试验压力为工作压力的 1.25 倍，时间为 15min，不得发生渗漏现象。

(10) 高压油管路进行 32MPa 油压试验，延续 5min 合格。

(11) 检查所有具有方向性的零件是否符合安装要求，所有附属设备试运转正常。

(12) 各密封部位要密实良好，不准出现金属间的摩擦。

(13) 稀油站试运正常，设有润滑油站的设备皆须在其润滑油站试运转合格之后才能进行试转。

8.2.11.5　水泥磨空载试运转

(1) 启动油站（包括电机润滑装置），将润滑油打入滑履轴承和主轴承，使油沿滚圈轴向均匀分布，并使高压油进入托瓦。

(2) 启动传动装置润滑系统，启动慢速驱动装置，使水泥磨慢转 1～2 转，检查并确认水泥磨转向正确，且无碰撞和妨碍正常运转之处，然后停磨，脱开辅助传动装置。

(3) 联系中控操作员启动水泥磨，记录启动电流及回落时间等。

(4) 操作员记录启动时间，每 30min 抄录一次轴承温度、电机温升、电流等参数，时刻监视各参数变化。

(5) 空载运行 1h 后停运检查，无问题再连续运转 8h。

(6) 运行中发现设备异常，应立即停运，并做好记录和汇报。

(7) 单机空载试转不少于 8h，期间设备如未见异常，停运该设备，并做好记录。

(8) 水泥磨停运后，中控在 DCS 画面设“禁操”，联系电工对该设备进行停电。

(9) 试转记录汇总后交试转负责人。

8.2.11.6　空载试运转注意事项

(1) 使用辅助传动时，不允许高压油泵停止运行。

(2) 若水泥磨启动或运行时有异常现象，立即停运进行检查调整，特别注意检查水泥磨减速机和主轴承部位。

(3) 水泥磨慢转时，要特别注意润滑油的工作状态，检查润滑效果。

(4) 确认润滑、冷却水系统无异常后，可停止慢速驱动，脱开离合器，启动主电机。

8.2.11.7　水泥磨负载试运转

水泥磨空载试转中发现的问题全部得到彻底解决后，即可进行水泥磨的装球工作，进行负载试运转。

(1) 负载试运转前，先开动粉磨系统的其他附属设备。

(2) 未带辊压机负载试运转时，按表 7.8.12 所示的规定项目内容进行水泥磨负载试运转。

表 7.8.12　水泥磨负载试运转

阶段	研磨体装载量/比率（t/%）	喂入物料量（t）	运转时间（h）
1	67.5/30	33	24
2	112.5/50	55	72
3	165.75/75	82.5	120
4	225/100	110	96

8.2.11.8　水泥磨负载试运转注意事项

(1) 表 7.7.11 中的时间为水泥磨和其他设备运转良好状态下的净时间。在试转阶段，如果有设备出现故障，则必须把用于检修和调整的时间扣除。

(2) 负载试运转期间，除按空载试运转规定的有关内容检查外，还要检查电机的电流波动；进料和出料装置是否漏料；各密封部位是否密实良好，轴承温度不得超过空载试运转的规定值。

(3) 负荷试运转期间一旦发现不正常情况时，应立即停止运转，并进行检查及修理。

8.2.12　水泥粉磨系统载荷整体试转

水泥磨负载试转正常后，即可进行载荷整体试转。

8.2.12.1　启动前检查

(1) 首先启动高、低压油站，将润滑油打入滑履轴承，使油沿滚圈轴向均匀分布，并使高压油进入托瓦。

(2) 启动减速机、主电机润滑油泵，调整供油正常。

(3) 启动慢速驱动装置，使水泥磨慢转，检查并确认水泥磨转向是否正确，无碰撞和妨碍正常运转之处。

(4) 使用辅助传动时，不允许高压油泵停止运行。若水泥磨启动或运行时有异常现象，立即停运进行检查调整，特别是水泥磨减速机和主轴承部位。水泥磨慢转时，要特别注意润滑状态，检查润滑效果。

(5) 确认润滑、冷却水系统无异常后，可停止慢速驱动，脱开离合器。

(6) 将化验室下达的质量控制指标、熟料出库分配及水泥入库库号通知现场巡检工，并做好准备工作；设定熟料、石膏、粉煤灰等混合材的掺加比例，将喂料量设定为零。

(7) 通知水泵房供水，空压机站供气，并具备系统运行条件。

(8) 将各排风机进口风门置零，将其余相关风门调至合适位置。

(9) 将选粉机转速设定为零。

(10) 水泥磨装球。

各荷载试运转时研磨体的装载量如表 7.8.13 所示。

表 7.8.13 荷载试运转时研磨体装载量 (t)

研磨体尺寸(mm)	30%负荷		50%负荷		75%负荷		100%负荷	
	一仓	二仓	一仓	二仓	一仓	二仓	一仓	二仓
ϕ40	3.42		5.7		8.55		11.4	
ϕ30	9.405	9.3	15.675	15.5	23.5125	23.25	31.35	31
ϕ20	4.275	18	7.125	30	10.6875	45	14.25	60
ϕ15		18		30		45		60
小计	17.1	45.3	28.5	75.5	42.75	113.25	57	151
总计	62.4		104		156		208	

8.2.12.2 系统启动

系统检查工作结束，即可按规定启动系统设备，进行满载试运转。

8.2.12.3 试生产结束后的检查内容

(1) 运转中不易检查到的设备部位的升温情况。

(2) 润滑油的油质变化，油中是否有金属铁屑和污物，滤油器的滤网是否有污物。

(3) 地脚螺栓、紧固螺栓、连接螺栓及键销等固定件有无松动及损坏现象。

(4) 检查齿轮传动、啮合情况及运转部件的接触情况。

(5) 任何检查及修理工作，必须在转机停运后进行，并在电动机开关上挂“禁止合闸”的标示牌。

(6) 设备运转过程中，不能用手或其他东西探入轴承、减速机或齿轮罩内部进行任何检查、修理或清洗工作，不能拆除安全防护设施。

(7) 在回转机械设备附近，不准戴手套或将抹布缠在手上擦抹机器外表，不要将擦抹材料缠绕到回转机械设备上。

(8) 工作服应束紧，避免设备转动部分绞住衣角衣袖，造成人身事故。

(9) 检修工具及零件不得放在回转机械设备上，特别是转轮上。

(10) 严格按照水泥磨启停顺序进行启停操作，如果水泥磨突然停电，应将水泥磨及其附属设备的电源开关复位。

(11) 水泥磨停运转期间，筒体和滑履轴承温度尚未降至常温之前，不准停止润滑和冷却水系统。

(12) 当水泥磨长时间停运，应将磨内研磨体卸出，以免筒体变形。

(13) 冬季长时间停磨，管道内的冷却水要放净，轴承冷却水道中的水，要用压缩空气吹尽，以免冻坏设备。

8.2.12.4 试生产中的注意事项

(1) 水泥磨衬板及隔仓板

在负载试转各阶段装球前，为防止水泥磨衬板，隔仓板的损伤，必须在磨内装入适量的物料。水泥磨不允许长时间空转，如果水泥磨启动后5min内不能喂料，则应停磨；运行中如果终止喂料10min，则应停磨。

在各试转阶段，要特别注意对衬板螺栓、磨门螺栓的紧固，发现松动要随时停磨紧固，否则有可能掉衬板。各阶段试转完成后，都要进水泥磨内进行全面检查，检查磨内衬板、隔仓板、卸料部分是否有严重磨损，筒体内所有紧固螺栓有无松动、折断或脱落现象，清除夹在隔仓板篦缝里的杂物等。

(2) 轴承温度

在所有运转部件中，最重要的是轴承，而最易损坏的部件之一也是轴承。为了避免重大事故的发生，必须认真检查轴承的温度、润滑油的温度、油量及油压等。

(3) 入磨物料

在水泥磨的运转过程中，要保证入磨物料的连续性，定时观察各仓的料位变化，及时补料进料，防止仓空或堵塞造成物料中断。

要注意观察入磨物料粒度的变化情况。如果入磨物料粒度较大，则应适当减少入磨的喂料量。一般要求入磨物料粒度控制在＜2mm的占65％及以上。

(4) 水泥磨翻转

为防止水泥磨筒体变形，在停磨后应通过慢驱装置转动水泥磨，每隔10～30min将磨转动180°，直到水泥磨冷却到室温为止。

8.3 水泥球磨机的研磨体及配球应用

8.3.1 研磨体的种类与材质

研磨体的作用就是把喂入球磨机磨内的块粒状物料击碎并磨成细粉。对喂入粗磨仓内的大块物料，研磨体主要以冲击、破碎为主，研磨为辅，这时的磨音比较大；对于进入细磨仓内的细小物料，研磨体主要以研磨作用为主，这时的磨音比较小。

(1) 钢球

钢球是球磨机使用最广泛的一种研磨体，在粉磨过程中与物料发生点接触，对物料的冲击力大。钢球主要用于双仓开路磨的粗磨仓，双仓闭路磨及管磨机的粗磨仓和细磨仓。钢球的直径一般在ϕ15～110之间，其中粗磨仓一般选用ϕ50～110，细磨仓选用ϕ20～50，其性能参数如表7.8.14所示。

表 7.8.14 钢球的性能参数

钢球直径	1个钢球的质量（kg）	1吨钢球的个数（个）	钢球的堆积密度（kg/m³）	1个钢球的表面积（cm²）	1吨钢球的表面积（m²/t）
15	0.014	71428		7.069	50.493
20	0.033	30303		12.566	38.03
25	0.064	15625		19.63	30.67
30	0.111	9009	4850	28	25
40	0.263	3802	4760	50	19
50	0.514	1946	4708	78	15.2
60	0.889	1125	4660	113	12.7
70	1.410	709	4640	154	11.0
80	2.107	474	4620	201	9.5
90	2.994	334	4590	254	8.5
100	4.115	243	4560	314	7.6
110	5.478	183		380	6.95

（2）钢段

磨机细磨仓中的研磨体，对物料的主要作用是研磨。钢段的外形为短圆柱形或截圆锥形，与物料发生线接触，研磨作用强，但冲击力小，可以代替钢球用于细磨仓的粉磨，常用的规格有 ϕ15mm×20mm、ϕ18mm×22mm、ϕ20mm×25mm、ϕ25mm×30mm 等。

（3）钢棒

钢棒是湿法磨常用的一种研磨体，直径一般为 ϕ40～90mm，长度要比磨仓的长度短 50～200mm。例如 ϕ3.5m×13m 的湿法棒球磨，第一仓的有效长度为 2750mm，则钢棒的规格可以选定为 ϕ60mm×2565mm、ϕ65mm×2565mm 和 ϕ70mm×2565mm。

8.3.2 研磨体材质的选择

水泥球磨机使用的研磨体，要求具有较高的耐磨性和耐冲击性，其材质既坚硬耐磨，又不易破裂，选择研磨体材质时，必须要考虑其硬度和韧性。

（1）硬度

研磨体的硬度越大，其耐磨性越大。如果物料的硬度不高，不必过高追求研磨体的硬度，只要能适应粉磨要求即可。水泥磨的钢球硬度一般选择 HRC45～55，超过 HRC55 时，其耐磨性提高的幅度已经极小了。高铬铸铁球、高铬锻钢球、中锰铸铁球、马氏体球墨铸铁球都能满足要求。

（2）韧性

研磨体要有足够的韧性，才能保证其对物料反复冲击作用而不发生破碎、炸裂现象。同一直径的钢球，在大直径磨机内的冲击力比在小磨机内的冲击力大，所以大直径磨机所用钢球的韧性要更大。

高铬铸铁是铬含量比较高的合金白口铸铁，其特点是耐磨、耐热、耐腐蚀，具有较好的韧性，适合做粗磨仓的大球；低铬铸铁的铬含量相对较少，韧性较高铬铸铁差，但有良好的耐磨性，适合做细磨仓的衬板、小球及钢段。

8.3.3 研磨体的级配

（1）研磨体的填充率

研磨体的填充容积是指研磨体的体积和研磨体之间空隙体积的总和。研磨体的填充容积占磨机有效容积的百分数，叫研磨体的填充率。不同类型磨机的填充率如表7.8.15所示。

表7.8.15 磨机的填充率值

磨机类型	填充率值	磨机类型	填充率值
开路长磨或中长磨	0.28～0.35	一级闭路长磨	0.30～0.36
闭路双仓磨	0.30～0.32	二级闭路短磨	0.40～0.45
管磨机的仓段	0.25～0.33		

（2）设计研磨体级配的意义

不同直径及不同质量研磨体的配合称为研磨体的级配，主要是根据物料的物理化学性质、磨机的构造以及产品的细度等因素确定的。物料在粉磨过程中，开始粒度较大，需用较大直径的钢球冲击破碎。随着物料粒度的变小，需用小钢球粉磨物料，以增加对物料的研磨能力。在研磨体装载量不变的情况下，缩小研磨体的尺寸，就能增加研磨体的接触面积，提高研磨能力。选用钢球的规格与被磨物料的粒度有一定的关系，比如物料粒度越大，钢球的平均直径就应该选的大些，反之亦然。由此可见，磨内的研磨体必须设计合理的级配，既保证其具有一定的冲击能力，又有一定的研磨能力。

（3）设计研磨体级配的原则

①根据入磨物料的粒度、硬度、易磨性及产品细度要求来设计。当入磨物料粒度较小、易磨性较好、产品细度要求细时，就需加强对物料的研磨作用，装入研磨体直径应小些；反之，当入磨物料粒度较大，易磨性较差时，就应加强对物料的冲击作用，研磨体的球径应较大。

② 大型磨机和小型磨机、生料磨和水泥磨的钢球级配应有区别。由于小型磨机的筒体短，物料在磨内停留的时间也短，所以在入磨物料的粒度、硬度相同的情况下，为延长物料在磨内的停留时间，其平均球径应较大型磨机小，但不等于不用大球。在磨机规格和入磨物料粒度、易磨性相同的情况下，由于生料细度较水泥粗，加之黏土和铁粉的粒度小，所以生料磨应加强破碎作用，在破碎仓应减小研磨作用。

③ 磨内只用大钢球，则钢球之间的空隙率大，物料流速快，出磨物料粗。为了控制物料流速，满足细度要求，经常是大小球配合使用，减小钢球的空隙率，使物料流速减慢，延长物料在磨内的停留时间。

④ 设计各仓研磨体级配时，一般大球和小球的数量都应少，而中间规格的球应多，即所谓的“两头小中间大”。如果物料的粒度大，硬度大，则可适当增加大球，而减少小球。

⑤ 单仓球磨应全部装钢球，不装钢段；双仓磨的头仓用钢球，后仓用钢球或钢段；三仓以上的磨机，一般前两仓装钢球，其余仓装钢段。为了提高粉磨效率，不允许钢球和钢段混合使用。

⑥ 闭路磨机由于有回料入磨，钢球的冲击力由于“缓冲作用”会减弱，因此平均球径应取大些。

⑦ 如果衬板带球能力不足，冲击力减小，应适当增加大球数量。

⑧ 研磨体的总装载量不应超过设计允许的装载量。

研磨体的级配主要包括各磨仓研磨体的类型、级数、球径（最大、最小、平均球径）的大小、不同规格的研磨体（钢球、钢棒、钢段等）所占的比例及装载量。完成研磨体的级配设计，需进行生产实践检验，并结合实际生产情况进行合理的调整。

（4）研磨体的最大球径及平均球径

①对于闭路磨机的粗磨仓

最大球径计算公式：$$D_{大} = 28 \times \sqrt[3]{d_{95}} \times \frac{f}{\sqrt{K_m}}$$

平均球径计算公式：$$D_{平} = 28 \times \sqrt[3]{d_{90}} \times \frac{f}{\sqrt{K_m}}$$

式中：d_{95}、d_{80}——入磨物料最大粒度、平均粒度，mm；一般以 95%、80%通过的筛孔孔径表示；

K_m——物料的相对易磨性系数，如表 7.8.16 所示；

f——磨机单位容积物料通过量影响系数，根据磨机每小时的单位容积通过量 K 从表 7.8.16 查得。

其中，$$K = (Q + QL)/V \quad (t/h \cdot m^3)$$

式中：Q——磨机小时产量（t/h）；

L——磨机的循环负荷率（%）；

V——磨机有效容积（m^3）。

表 7.8.16 单位容积物料通过量 *K* 与 *f* 值的关系

K（t/h・m³）	1	2	3	4	5	6	7	8
f	1.01	1.02	1.03	1.04	1.05	1.06	1.07	1.08
K（t/h・m³）	9	10	11	12	13	14	15	16
f	1.09	1.10	1.11	1.12	1.13	1.14	1.15	1.16

②对于闭路磨机的细磨仓

最大球径计算公式：$$D_{大} = 46 \times \sqrt[3]{d_{95}} \times \frac{f}{\sqrt{K_m}}$$

平均球径计算公式：$$D_{平} = 46 \times \sqrt[3]{d_{90}} \times \frac{f}{\sqrt{K_m}}$$

式中 d_{95}、d_{80}——入磨物料最大粒度、平均粒度 mm；一般以 95%、80%通过的筛孔孔径表示。

③ 混合平均球径计算公式

$$D_{平} = \frac{D_1G_1 + D_2G_2 + \cdots + D_nG_n}{G_1 + G_2 + \cdots + G_n} \quad (mm)$$

式中：D_1，D_2，$\cdots D_n$——分别为 G_1，$G_2 \cdots G_n$ 钢球质量的直径，mm；

G_1，G_2，$\cdots G_n$——分别为 D_1，$D_2 \cdots D_n$ 直径的钢球质量，t。

8.3.4 研磨体装载量和级配合理性的判断方法

（1）根据产品的产量和细度判断

若磨机产量增加，细度变粗，则可能是粗仓球径偏大、隔仓板缝隙变宽及通风能力过剩；若磨机产量下降，细度变粗，粗仓球径偏小、装载量少或出料篦缝偏大；若产量下降，细度变细，增加喂料量即返料，则粗仓球较少或平均球径小，或隔仓板堵、通风不好。球磨机新加入的钢球，因表面粗糙或有毛刺，需待10天或半个月后才能做出判定。

（2）根据仓末隔仓板处有无小渣小料判断

如果仓末隔仓板处无小渣小料现象，说明最大球径和装载量比较合适；如果存在小渣小料现象，说明研磨体的大球径不足，装载量也不足，具体增径多少、补充装载量多少要视小渣小料颗粒的大小和数量而定。

（3）根据磨音判断

在喂料量不变的前提下，如果磨音明显变小，说明研磨体大球的装载量过少，应该适当增加研磨体大球的装载量，反之亦然。

（4）根据磨机的运转电流判断

在喂料量不变的前提下，如果磨机的运转电流明显变小，说明研磨体的装载量过少，应该适当增加研磨体的装载量，反之亦然。

（5）根据磨内的球料比判断

球料比是指磨机各仓研磨体的质量和物料质量之比。开路磨的球料比一般控制在6.0左右，闭路磨的球料比要控制小些。如果一仓前端钢球冲击声不连续，磨音比较低，而在一仓中后部位磨音比较高，说明一仓存料量偏多，造成磨音不正常。三仓开路水泥磨，正常停料、停磨观察，一仓露半个球面，或料面球面持平；二仓料面球面持平，或料面高出球面10～30mm；三仓料面高出球面30～50mm。二仓闭路水泥磨，正常停料、停磨观察，如果料面球面平整，说明钢球级配合理；如果仓前部有凹部分，说明大直径钢球装载量不足；如果仓尾部有凹部分，说明小直径钢球装载量不足。

（6）根据磨内物料的筛析曲线判断

物料筛析曲线的制作步骤如下：

①停机、停料

停止磨机的喂料，停止磨机及磨尾排风机。

②冷却磨机

采取磨机筒体洒水措施，使磨机温度迅速降低到45℃及以下。

③入仓取样

打开磨机各仓的人孔门，进入仓内取样。从磨内入料端开始，沿轴向每隔1m或0.5m做一个取样点。每个取样点由磨机径向的左右两侧和中部三个点组成，要把表面上的物料除去，取料面下大约10mm左右的物料，这样取得的由每个断面上三个试样组成的平均样，作为该取样点的磨内筛余试样，装入编号的样品袋内，再取下一个样品。此外，在进出料端及隔仓板的前后还要分别安排取样点。

④测定试样筛余量

每个取样点的样品，要分别做0.2mm和80um的筛余量。

⑤筛余曲线的制作

以磨机的轴向长度为横轴，以每个样品的筛余量为纵轴，即可作出物料的筛余曲线，并以此判断磨机的工作状况。

⑥研磨体级配及装载量的判定

如果一仓取样筛析 0.08mm 筛余值开始下降很快，之后下降逐渐减缓，说明该仓研磨体级配基本合理，如果 0.2mm 筛余值下降很快，说明该仓研磨体级配非常合理。如果筛余曲线中出现斜度不大或有较长的一段接近水平线，则表明磨机的粉磨状况不良，物料细度在这一段较长距离内变化不大，其原因可能是研磨体的级配、装载量和平均球径等不合理，应该改变研磨体的级配或清仓剔除破碎、炸裂的小球。如果隔仓板前后的筛余百分数相差很大，说明两仓粉磨能力不平衡，此时应检查隔仓板篦孔宽度是否符合要求，如果宽度超过设计值 2mm，就应该更换或堵补；如果篦孔有堵塞现象，则应剔除堵物。

对传统开流水泥磨而言，一仓末端＞5.0mm 的颗粒应全部消除，二仓末端＞0.83mm 筛余小于 1%。对高细高产开流水泥磨而言，一仓末端 1.0mm 筛余不超过 10%，二仓末端 0.2mm 筛余不超过 3%。对辊压机预粉磨而言，一仓末端 1.0mm 筛余不超过 4%，二仓末端 0.2mm 筛余不超过 2.5%，不开辊压机时，0.2mm 筛余不超过 2%。对联合粉磨而言，一仓末端 0.2mm 筛余不超过 4%，二仓末端 0.2mm 筛余不超过 1%。

8.3.5 补充研磨体的方法

（1）用单位产品的研磨体磨损量（同类研磨体年耗量/磨机年产量）乘以磨机阶段产量。

（2）用单位时间的研磨体磨损量（同类研磨体年耗量/磨机年运转时间）乘以磨机阶段运转时间。

（3）停止喂料并停磨机，测量磨内球面到磨机中心线的高度，除以磨机有效内径可算得当时的填充率，再与原配球时填充率对比，计算补球量。

（4）根据空磨时的主电机电流值，与经验值比较确定研磨体补充量。

（5）采用定期清仓补球的办法。

以上五种方法都有一定的局限性，这是因为磨机的运转是一个不断变化的复杂过程，影响因素很多，容易出现判断失误而造成盲目补球。第五种办法尽管麻烦，但准确度很高，是新型干法水泥企业普遍采用的办法。

8.3.6 水泥球磨机研磨体的级配计算

以 ϕ3m×9m 水泥磨为例，详细说明其配球计算过程。已知磨机有效内径 $D=2.9$m；磨机三个仓的有效长度分别为 $L_1=2.25$m，$L_2=2.95$m，$L_3=3.10$m。入磨的熟料比例是 82%，矿渣是 15%，石膏是 3%；熟料的易磨性系数为 0.95，矿渣的易磨性系数为 0.80；磨机台时产量 $Q=34$t/h，熟料和矿渣的筛析结果如表 7.8.17 所示。设磨机一仓研磨体的填充率为 $\varphi=30\%$，循环负荷率 $\eta=280\%$，试计算一仓（粗仓）的钢球级配。

表 7.8.17 入磨物料的筛析结果

试样编号	熟料筛析结果（方孔筛筛余值%）					矿渣筛析结果（方孔筛筛余值%）				
	30mm	19mm	13mm	10mm	5mm	5mm	3mm	2mm	1mm	0.5mm
1	3.7	14.3	33.1	35.1	67.2	13.7	21.4	35.5	62.4	91.0
2	9.1	24.2	35.6	46.8	68.4	9.4	15.5	35.0	57.0	87.4
3	14.4	29.1	45.8	58.3	75.2	9.3	17.8	34.1	55.2	86.1
4	7.3	21.8	39.2	50.6	66.0	9.4	18.6	36.7	59.0	89.1

8.3.6.1 计算一仓（粗仓）钢球的装球量

一仓（粗仓）钢球的平均堆积密度取 4.61t/m^3，则

$$G_1 = \frac{\pi}{4}D_0^2 L_1 \varphi_1 = 0.758 \times 2.9^2 \times 2.25 \times 0.3 \times 4.61 = 20.54\text{t}$$

8.3.6.2　计算一仓（粗仓）钢球级配

（1）计算入磨物料综合易磨性系数 K_m

石膏的掺加量很少（只有 3%），可以把它并入熟料中，则入磨熟料的比例为 82%+3%=85%。

$$K_m = 0.95 \times 85\% + 0.80 \times 15\% = 0.927$$

（2）计算一仓（粗仓）的单位容积物料通过量 K_1 及单位容积物料通过量的影响系数 f_1

$$K_1 = \frac{Q + Q\eta}{0.785 D_1^2 L_1} = \frac{34 + 34 \times 280\%}{0.785 \times 2.9^2 \times 2.25} = 8.7\text{t/m}^3 \cdot \text{h}$$

K_1=8.7t/m³·h 时，查表并计算得 f_1=1.087。

（3）计算入磨混合物料的平均粒度 d_{80} 和最大粒度 d_{95}

①计算熟料和矿渣的平均粒度 d_{80} 和最大级粒度 d_{95}，以表 7.8.17 中各熟料和矿渣样品筛析试验的各筛孔通过量为纵坐标，并以通过量相对应的各孔孔径为横坐标，在坐标纸上标出对应的筛析结果并将其连接起来，则每个试样均有一条筛析曲线，由此筛析曲线可以查取各试样 80%和 95%所通过的筛孔孔径。其结果如表 7.8.18 所示。

表 7.8.18　试样平均粒径及最大粒径

样号		1#	2#	3#	4#
熟料	d_{80}（mm）	15	20	25	18
	d_{95}（mm）	25	36	45	34
矿渣	d_{80}（mm）	3.3	2.8	2.7	2.8
	d_{95}（mm）	5.4	5.3	5.2	5.3

②入磨混合物料 d_{80} 的计算

1# 混合样的计算：d_{80}=15×85%+3.3×15%=13.25mm

2# 混合样的计算：d_{80}=20×85%+2.8×15%=17.42mm

3# 混合样的计算：d_{80}=25×85%+2.7×15%=21.65mm

4# 混合样的计算：d_{80}=18×85%+2.8×15%=15.72mm

$$d_{80} = \frac{13.25 + 14.72 + 21.65 + 15.72}{4} = 17.0\text{mm}$$

③入磨混合物料 d_{95} 的计算

1# 混合样的计算：d_{95}=25×85%+5.4×15%=22.06mm

2# 混合样的计算：d_{95}=36×85%+5.3×15%=31.4mm

3# 混合样的计算：d_{95}=45×85%+5.2×15%=39.0mm

4# 混合样的计算：d_{95}=34×85%+5.3×15%=29.70mm

$$d_{95} = \frac{22.06 + 31.4 + 39.0 + 29.7}{4} = 30.54\text{mm}$$

④计算一仓（粗仓）混合钢球的平均球径 $D_{平均}$

$$D_{平} = 28 \times \sqrt[3]{d_{80}} \times \frac{f}{\sqrt{K_m}} = 28 \times \sqrt[3]{17} \times \frac{1.087}{\sqrt{0.93}} = 81.14\text{mm}$$

⑤计算一仓（粗仓）混合钢球的最大球径 $D_{最大}$

$$D_{大} = 28 \times \sqrt[3]{d_{95}} \times \frac{f}{\sqrt{K_m}} = 28 \times \sqrt[3]{30.5} \times \frac{1.087}{\sqrt{0.93}} = 98.61\text{mm}$$

此值接近 100mm，所以确定 100mm 为最大级球径。

（4）确定一仓（粗仓）钢球级配

①一仓（粗仓）钢球选取 ϕ100、ϕ90、ϕ80 和 ϕ70mm 四种级配，填入表 7.8.19 的①栏。

②粒径 30 及以上的入磨物料比例是

$$(3.7 + 9.1 + 14.4 + 7.3)/4 \times 0.85 = 7.3\%。$$

③根据最大入磨物料粒度 30mm 及以上的比例是 7.3%，确定最大球 ϕ100mm 的比例是 15%；按照"两头小，中间大"的配球经验，试设 ϕ90mm 球的比例是 25%，ϕ80mm 的比例是 35%，ϕ70mm 球的比例是 25%，分别填入表 7.8.19 的②栏中，再将①栏、②栏对应的数值相乘，填入③栏对应的格内，第②栏累计 100%，第③栏累计 83mm。

④按试设的配比，混合钢球的平均球径为 83mm，比计算值 81.14 大 1.86mm，应减少一种大球的配比，并增加一种小球的配比，增减的比值要相同。从 ϕ90mm 球中减少 9.3%，其重量球径缩小了 9.3%×90mm＝8.37mm，同时增大 ϕ70mm 球 9.3%，其重量球径增 9.3%×70mm＝6.51mm，调整后球径减少 8.37mm－6.51mm＝1.86mm，满足球径的要求。将调整配比填入④栏、⑤栏的格中。

⑤将②栏和④栏中对应的数值分别两两相加，填入对应的第⑥栏中；将③栏和⑤栏中对应的数值分别两两相加，填入对应的第⑦栏中。这样⑥栏的数值就是各级钢球的配比，⑦栏合计项的数值就是一仓钢球的重量平均球径，⑧栏各项对应的数值就是①栏对应球径所加入的钢球重量。

表 7.8.19　一仓（粗仓）试设调整配球表

钢球规格 ϕ (mm)	试设		调整		确定配球方案		
	配比 (%)	$d_{平}$ (mm)	配比 (%)	$d_{平}$ (mm)	配比 (%)	$D_{平}$ (mm)	重量 (t)
100	15	15	0	0	15	15	3.081
90	25	22.5	−9.3	−8.37	15.7	14.13	3.22
80	35	28	0	0	35	28	7.19
70	25	17.5	+9.3	+6.51	34.3	24.01	6.98
合计	100	83	0	−1.86	100	81.14	20.54
①	②	③	④	⑤	⑥	⑦	⑧

8.4　矿渣立磨的操作控制

把易磨性不同的熟料和矿渣分开单独粉磨，然后再进行混合而配制普通水泥、矿渣水泥，符合节能粉磨工艺，已成为很多新型干法水泥企业的选择，目前世界范围内使用立磨粉磨矿渣的占 95%及以上。现以 LGMS5725 型矿渣立磨为例，详细说明矿渣立磨的操作控制。

表 7.8.20　LGMS5725 型矿渣立磨粉磨系统的主要设备

序号	设备名称	技术参数
1	LGMS5725 水泥矿渣立磨	型号：LGMS5725；电机功率：5000kW；生产能力：高炉矿渣 150～170t/h，水泥熟料 200～220t/h；磨盘转速：22r/min；磨盘直径：ϕ5700mm；主辊直径：ϕ2500mm；辅辊直径：ϕ1600mm；磨辊宽度：790mm；磨辊数量：3+3；入磨物料水分：<12%，最大<15%；入磨矿渣粒度：85%<10mm，最大粒径 30mm；出磨物料水分：≤0.5%；出磨微粉细度：≥420m²/kg；出磨熟料细度：≥350m²/kg
2	Flender 高效选粉机	电机功率：500kW；输入转速：1480r/min；输出转速：50～175r/min（变频调速）
3	返料回转锁风阀（辅锁风阀）	进料口尺寸：800mm×1000mm
4	湿料回转锁风阀（主锁风阀）	进料口尺寸：750mm×1400mm
5	密封风机	风量：6032m³/h；风压：7610Pa
6	外循环斗提机	型号：NE150×44500mm。电机功率：37kW
7	袋收尘器	处理风量：650000m³/h；袋数：3168；排列数×室数：2×8；风温：90～140℃
8	主排风机	风量：700000m³/h；电机功率：2240kW

8.4.1　LGMS5725 型矿渣立磨的工作原理

LGMS5725 型矿渣立磨是以滚压原理对物料进行粉磨的。含水分大约 10%的矿渣，经电子皮带计量秤配料、皮带机送至立磨回转喂料阀，再由下料溜管进入磨盘中心。电动机通过减速机带动磨盘水平恒速转动，磨盘上的物料既做圆周运动，又做离心运动。矿渣立磨有 3 个主磨辊和 3 个辅磨辊，交叉对称布置。辅辊主要对物料完成摊铺、排气、压实功能；主辊通过液压装置加压，完成对物料的挤压粉磨作用。磨盘圈边设有挡料圈，有助于物料在磨盘上形成厚度合适的料床。主风机设置在收尘器之后，在风机的抽吸作用下，磨内处于负压状态，热风炉的热风、外界的冷风以及循环风由立磨喷吹环下方的进风口入磨。经过碾压粉磨的物料在离心力的作用下被甩至磨盘边，在喷吹环处被高速上升的热气流带入磨机上部的选粉机进行筛分，粗颗粒则沿选粉机内壁返回磨盘，重新接受挤压粉磨作用，细度合格的细粉随热气流进入磨外的收尘器，收集下来的矿渣细粉，经输送设备送入矿渣粉库。在喷吹环处没有被热风带起的铁渣、大颗粒物料和难磨物料，经刮板、摆锤锁风翻板阀排出磨外，再经外循环的除铁器除铁后，由提升机输送入磨。矿渣立磨和生料立磨一样，都是集物料的破碎、粉磨、输送、选粉、烘干为一体的高性能设备，既可以完成对矿渣的粉磨，也可以完成对水泥的粉磨。

8.4.2　开机前的准备工作

（1）通知岗位巡检工对所有设备进行检查，关闭所有人孔门、检修门，并做好密封工作，防止发生漏风、漏料现象。

（2）确认系统内所有电动阀门的开关动作灵活，确认中控与现场阀门开度指示值一致，带有限位开关的阀门，需核对限位是否正确。

（3）确认系统内所有电动阀门开到适当位置，保证料、气畅通。

（4）确认磨机储能器内的氮气压力符合启动条件。

(5) 确认系统所有设备都处于妥备状态，允许启动操作。

(6) 确认现场所有测温、测压及料位检测仪表的电源已经接通，现场与中控指示值一致。

(7) 确认各用气点的压缩空气管路畅通，油水分离器清理干净，压缩空气压力达到生产的要求。

(8) 检查所有润滑站的油压、油温是否达到标准要求，如果油温、压力不够要及时调整，必要时提前加热稀油站；检查各液压站的油过滤器是否堵塞，冷却水是否畅通。

(9) 冬季启磨要提前 1h 暖磨，保证启磨时出磨气体温度在 120℃左右。

(10) 检查矿渣库的料位，如果矿渣库存量不足，要提前开启输送皮带补料。

(11) 检查石灰石库的料位，如果石灰石库存量不足，要提前开启输送皮带补料。

8.4.3 开机操作

(1) 开机前 1h 开启所有的润滑油站，如果油温过低，要提前 1～2h 开启加热器。

(2) 热风炉在升温初期，主排风机没有开启前，要先开启密封风机，防止主排风机开启后负压过高，使磨辊密封圈内进入灰尘。

(3) 开启主排风机前要把主排风机进口阀门、循环风阀门、热风阀门全部关到“0”位。

(4) 热风炉温度升到一定时，开启外冷却风机，再开启主排风机。

(5) 主排风机开启后，马上开大热风阀门（大约 30%左右），等现场要求开鼓风机时，再根据炉膛负压值来调节热风阀的开度。鼓风机阀门开大会减少炉膛负压，这时要相应的开大热风阀来平衡炉膛负压。

(6) 热风阀开到 70%左右时，根据炉膛负压相应的开大主排风机入口阀门开度。如果入磨温度和出磨温度上升得比较快，要加大冷风阀的开度，来延缓出磨温度的快速上升。

(7) 热风炉温度达到 700℃左右时，开启袋收尘器、选粉机及矿粉入库系统设备。特别注意开启选粉机前，一定控制磨机出口负压不得大于 2500Pa，否则会导致选粉机跳闸。

(8) 热风炉温度达到 800℃时，主排风机的转速要调节到位 42～45Hz 之间。磨机进口温度达到 190℃及以上、出口温度达到 130℃及以上，开启外循环系统的主锁风阀和辅锁风阀。

(9) 热风炉温度稳定时，开磨机主电机，开启后注意热风炉的炉膛负压要保持稳定，不要波动太大。

(10) 开启除铁器、入磨皮带、矿渣计量秤、石灰石计量秤，注意刚喂料时喂料量设定 130t 就可以，通知现场先开一路水。

(11) 物料入磨 1min 后开始研磨。磨辊研磨压力预先设定 65bar，辅辊的位置预先抬高到 200mm。

(12) 磨机运行平稳时，开启外循环排渣入磨皮带，排渣量设定 5t/h，现场把外加水打开。然后把喂料量减少 5t/h，保证喂料量和排渣量相加等于正常喂料量。

(13) 根据喂料量和排渣量调节磨辊的研磨压力，磨辊的最高研磨压力不得超过 85bar。

(14) 主要控制参数

①入磨气体温度控制在 190℃及以上。

②出磨气体温度控制在 80～90℃。

③入磨负压大于 1400Pa。

④磨内压差控制在 3800～4200Pa。

⑤排渣量控制在 0～3t/h。

⑥立磨主电机电流 250～300A。

⑦选粉机电流 300～400A。

⑧主排风机电流 80～120A。

8.4.4　停机操作

（1）首先把磨主电机进相机退相，停返料皮带，停止研磨，停计量秤，停止喷水，开大冷风阀门，防止出磨气体温度过高，导致选粉机轴承温度过高、袋收尘器入口温度过高，造成设备损坏。

（2）排渣皮带上没有排渣后，可以停主电机。

（3）热风炉压好炉子后，停鼓风机。

（4）停外循环系统，观察出磨温度如果呈下降趋势，可以停选粉机。

（5）入库提升机电流呈空载时，停入库系统设备。

（6）磨内温度降下来后，停主排风机，最后停密封风机。

（7）1h 后再把各个油站停掉，然后把加热器组停。

8.4.5　运行操作控制

（1）料层厚度的调节

①调节挡料圈的高度

增加挡料圈的高度，料层厚度相应会增加；减小挡料圈的高度，料层厚度相应会变薄。合适的料层厚度，有助于提高磨机的粉磨效率和台时产量。料层太厚，则粉磨效率降低，料层太薄则容易引起磨机振动，甚至跳闸停机。

②调节磨辊压力

增加磨辊压力，则产生的细粉多，料层将变薄；减少磨辊压力，则产生的粗粉多，选粉机筛选后返回磨内的粗粉也多，料层将变厚，磨机进出口的压差变大，同时通过外循环的物料量也增加，外循环斗提电流将上升。

③调节磨内风速

在选粉机转速保持不变的条件下，增加磨内风速，则物料细度变粗，磨内的细粉物料能及时排出，内循环量降低，料层厚度变薄；降低风速，则物料细度变细，通过选粉机后返回到磨内的物料增加，内循环量加大，料层厚度增加。

④通过选粉机转速来调节。在风速一定的情况下，转速加大，则物料细度变细，通过选粉机后返回到磨内的粗粉量增加，内循环增加，磨内压差增加，料层厚度增加；转速降低，则物料细度变粗，内循环变小，磨内压差将下降，料层厚度降低。

⑤调节入磨物料的喷水量。喷水量加大，磨盘料层将密实板结而变厚，喷水量降低，磨内料层将疏松变薄。如果加水量过小，料层过薄，将引起磨机振动跳停。如果加水量过大，料层过厚，合格细粉不能及时排出，磨内压差大，也会引起磨机振动。喷水量的大小应结合磨内料层厚度、出磨风温、磨机振动等因素来控制。

（2）研磨压力

研磨压力是影响磨机产量、粉磨效率和磨机功率的主要因素。研磨压力增加，物料粉磨效率增加，磨机产量增加，但消耗功率也增加，导致单位产品能耗增加，磨辊磨损加剧。因此，设定研磨压力时，一定要兼顾磨机产量、产品能耗及磨辊寿命三个因素。

（3）出磨气体温度

立磨具有烘干兼粉磨功能，出磨气体温度是衡量烘干作业的重要指标。为了保证出磨物料水分小于0.5%，一般控制出磨气体温度大约在80～90℃之间。如果出磨气体温度太低，则细粉的含水量增大，不仅使粉磨效率和选粉效率降低，还可能造成收尘系统冷凝，影响收尘效率；如果出磨气体温度太高，则烟气增湿降温效果不好，影响收尘效率。

（4）控制合理的风速

合理的风速可以形成良好的内部循环，使磨盘上的料层厚度稳定，粉磨效率高。但风速是由风量决定的，而风量又和磨机的喂料量相联系，如果喂料量增大，风量就应该增大；反之则减小。磨内风量可以由磨机进口负压、磨机出口负压及磨内压差等参数来表征，磨机进出口负压大、磨内压差大，表明磨内通风量大。生产上稳定这些参数，就表明稳定了风量和料床。

（5）控制矿粉的细度

矿粉细度受选粉机转速、系统风量、磨内喂料量等因素的影响。在系统风量和喂料量不变的条件下，增加（降低）选粉机的转速，可以降低（增加）成品矿粉细度，但每次调节的幅度控制在0.5～1Hz之间，调节幅度过大，会导致磨机振动加大、甚至跳闸停机。在选粉机转速和喂料量不变的条件下，降低系统的风量，可以降低成品矿粉细度。在选粉机转速和系统风量不变的条件下，降低喂料量，可以降低成品矿粉的细度。

8.4.6 立磨常见故障及处理

（1）磨机振动

①入磨物料含有铁块等金属硬物。处理方法就是发挥电磁除铁器、金属探测器的功效，避免金属硬物进入立磨。

②入磨物料颗粒级配两极分化严重，尤其是当细粉过多时导致料层变薄。加强物料的均化作用，避免物料发生离析现象。

③入磨喂料量不稳定、物料水分不稳定，造成磨盘上料层不稳定。处理方法是稳定喂料量和喷水量。

④磨盘上料层过薄。当料层厚度小于30mm时，就要及时增加喂料量，直到料层厚度达到50mm。

⑤磨机进出口压差不稳定。处理方法就是稳定喂料量和磨内通风量。

（2）系统漏风

如果监测显示立磨进风口处风量小于出口处风量超过5%，则有可能是回转下料阀、磨门、外部管道等部位发生漏风。系统漏风会降低喷嘴环处的风速，减少细粉排出量，增加外循环吐渣量，加大磨机进出口压差，料层厚度增加，引起磨机振动、甚至停机。同时，大量冷风进入磨机，还会造成磨内和管道气体温度降低，影响烘干效果。处理方法就是找到漏风点，加强堵漏密封工作，彻底消除漏风现象。

（3）进出口压差不稳定

磨机进出口压差低，说明入磨物料量少于出磨物料量，循环负荷率降低，料层逐渐变薄。磨机进出口压差高，说明入磨物料量大于出磨物料量，循环负荷率增加，料层逐渐变厚。料层过薄或过厚，都容易引起磨机产生振动、甚至停机。造成进出口压差波动的因素有磨辊压力的变化、喂料量的变化、系统风量的变化等。处理方法是根据压差的变化，及时调整操作参数，控制压差在0.45～0.55MPa之间。

（4）出磨气体温度的控制

出磨气体温度低，说明烘干能力不足，成品水分含量大，矿渣磨不细，而主机电流和选粉机电流都可能会增大甚至过负荷跳停。出磨气体温度高，容易造成磨辊的润滑油老化失效，加剧磨辊损坏；当主机电流、选粉机电流和压差正常时，如果出磨气体温度高，则吐渣量将增大，磨机产量降低，严重时造成料层越来越薄。正常生产时控制吐渣量在喂料量的15%以内，出磨气体温度在90～100℃。

（5）吐渣量大

①在生产工艺参数相同的情况下，磨机出口气体温度低，说明磨内风量变大，吐渣量减小；机出口气体温度高，说明磨内风量变小，吐渣量增大。处理方法是控制出磨气体温度在90～100℃，不出现大的波动变化。

②由于配料计量秤故障，实际喂料量大于显示值。处理方法是校准矿渣计量秤。

（6）磨辊压力

磨辊研磨压力增加，磨机产量增加。但当达到某一临界值后继续增加磨辊研磨压力，主电机的电流明显增大，单位产品电耗增大，磨机的振动可能增大。磨辊研磨压力减少，料层逐渐变厚，主电机电流增加，磨机压差增大，吐渣量增加。

（7）通风量的控制

磨内风量过大时，磨盘上的物料被过多带出，使料层越来越薄，甚至处于下限，磨机压差减少，主电机电流降低，振动值增大；风量不足，磨细的成品不能被及时带出，磨机压差增大，主电机电流增大，料层变厚，吐渣量明显增加，引起磨机振动、甚至停机。

（8）选粉机转速的控制

选粉机转速不变，磨机通风量越大，风速越高，产品细度越粗。当风量不变时，选粉机转速越快，产品细度越细。正常生产时，选粉机转速控制在120～140r/min。

（9）产品细度控制

①调节磨辊研磨压力

增加磨辊研磨压力，产品细度变细；减小磨辊研磨压力，产品细度变粗。

②调节选粉机的转速

增加选粉机的转速，产品细度变细；降低选粉机的转速，产品细度变粗。

③调节磨机的通风量

增加磨内通风量，产品细度变粗；减少磨内通风量，产品细度变细。

④调节选粉机定子叶片角度

增加选粉机定子叶片角度，产品细度变细；减小选粉机定子叶片角度，产品细度变粗。

（10）产量的控制

增加喂料量，磨机产量提高，料层厚度增加，这时就要增加磨辊压力和磨内通风量，但须控制主电机的电流和振动值。磨机在低产量运行时，为避免料层薄引起过大振动，可采用降低辊压、提高选粉机转速的操作方法。

（11）外循环仓装

如果外循环料仓已经装满矿渣，而掺进磨的矿渣量又不能太多，这时可以通过粉料阀排出矿渣，以免影响外循环正常运行。

思 考 题

1. 水泥球磨机粉磨系统的工艺流程。
2. 水泥球磨机粉磨系统的主要设备。
3. 水泥球磨机系统的基本操作原则。
4. 水泥球磨机系统的主要控制参数。
5. 球磨机粉磨的水泥细度过粗的原因及处理方法。
6. 水泥球磨机粗仓发生饱磨的原因及处理方法。
7. 水泥球磨机细仓发生堵塞的原因及处理方法。
8. 带辊压机的预粉磨工艺流程。
9. 带辊压机的联合粉磨工艺流程。
10. 带辊压机的终粉磨工艺流程。
11. 辊压机的工作原理。
12. SF 打散分级机的工作原理。
13. V 型静态选粉的工作原理。
14. 辊压机水泥粉磨系统的启动操作。
15. 辊压机水泥粉磨系统的紧急停车操作。
16. 辊压机水泥粉磨系统主要参数的调节控制。
17. 辊压机水泥粉磨系统的正常操作控制。
18. 打散分级效果差的原因及处理方法。
19. V 型选粉机的分选效果差的原因及处理方法。
20. 立磨粉磨水泥存在的问题。
21. 立磨粉磨水泥稳定料床的措施。
22. 立磨粉磨水泥改善水泥颗粒级配的措施。
23. 水泥球磨机补充研磨体的方法。
24. 水泥立磨常见故障及处理。

参 考 文 献

[1] 周惠群．水泥煅烧技术及设备[M]．武汉：武汉理工大学出版社，2010.

[2] 杨晓杰，李强．中央控制室操作[M]．武汉：武汉理工大学出版社，2010.

[3] 谢克平．新型干法水泥生产精细操作与管理[M]．成都：西南交通大学出版社，2011.

[4] 肖争鸣，李坚利．水泥工艺技术[M]．北京：化学工业出版社，2012.

[5] 赵晓东．用正交试验法优化烧成系统操作参数[J]．水泥工程，2000(5)：37-38.

[6] 赵晓东．应用断料空烧法处理回转窑的后结圈[J]．水泥工程，2004(1)：42-42.

[7] 赵晓东．Φ4.6m×(9.5+3.5)m 中卸磨的达标生产实践[J]．水泥技术，2009(5)：90-91.

[8] 赵晓东．浅谈降低出磨水泥温度的措施[J]．水泥，2009(5)：35-36.

[9] 赵晓东．回转窑飞砂料的形成及处理[J]．水泥，2009(12)：31-32.

[10] 赵晓东．回转窑粘散料的形成和处理[J]．水泥工程，2010(2)：30-32.

[11] 赵晓东．磷石膏作缓凝剂的实践[J]．新世纪水泥导报，2010(3)：59-61.

[12] 赵晓东．浅谈第三代篦冷机的操作控制[J]．新世纪水泥导报，2011(1)：43-45.

[13] 赵晓东．预分解窑熟料游离氧化钙量的控制[J]．新世纪水泥导报，2011(4)：20-23.

[14] 赵晓东．水泥助磨剂的优化选择和实践应用[J]．新世纪水泥导报，2011(5)：52-54.

[15] 赵晓东．熔渣代替矿渣配料生产水泥熟料[J]．新世纪水泥导报，2012(2)：43-44.

[16] 赵晓东．应用高温粘结剂镶砌回转窑的衬砖[J]．四川水泥，2012(3)：102-103.

[17] 赵晓东．浅谈降低预分解窑熟料煤耗的措施[J]．水泥工程，2012(6)：26-27.

[18] 赵晓东．X 射线荧光分析仪在煤炭全硫测定中的应用[J]．新世纪水泥导报，2013(2)：67-69.

[19] 赵晓东．提高燃烧器浇注料使用周期的措施[J]．新世纪水泥导报，2013(3)：56-58.

[20] 赵晓东．浅谈预分解窑黄心料的形成和处理[J]．水泥工程，2013(5)：34-36.

[21] 赵晓东．SFC46F 型篦冷机的结构及操作控制[G]．//水泥实用技术手册．北京：《水泥》杂志出版社，2013：321-323.

[22] 赵晓东．立磨粉磨水泥存在的问题及解决措施[G]．//水泥实用技术手册．北京：《水泥》杂志出版社，2013：324-326.